本书案例欣赏

◎ 变幻文字动画的效果

◎ 变形特效的效果

◎ 动物形状补间动画

◎ 调整颜色属性

◎ 城市风采幻灯片的效果

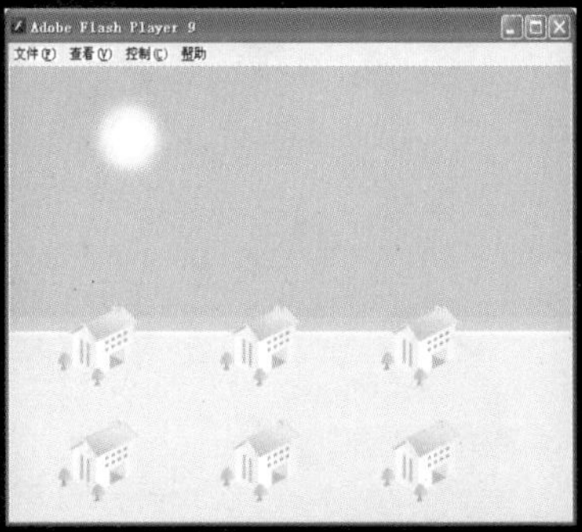

◎ 复制到网格的效果

◎ 导航按钮的效果

◎ 风车

◎ 飞机

本书案例欣赏

◎ 卡通猫

◎ 海豚跃起

◎ 绘制企鹅图像

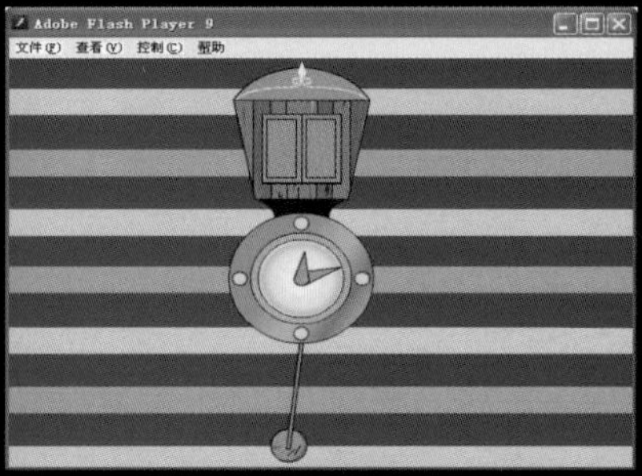

◎ 挂钟

◎ 绘制多边形和星形

◎ 模糊滤镜文字的效果

◎ 蝴蝶

◎ 美丽的春天的效果

◎ 看图识字

◎ 商业广告

◎ 赛车

◎ 飘雪

◎ 设计文字的效果

◎ 秋思

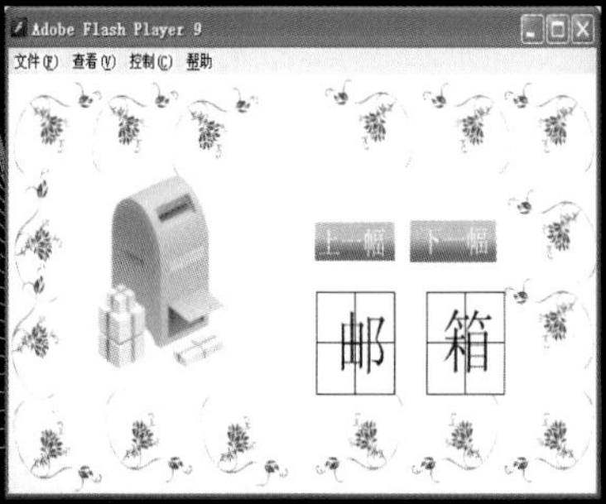

◎ 少儿识字

◎ 嵌入字体的效果

◎ 圣诞快乐

◎ 青春

本书案例欣赏

◎展开特效的效果

◎形状补间动画

◎小树生长

◎投影特效的效果

◎兔子

◎转换位图为矢量图

◎图形中添加文字

◎童年

◎小鹿喝水

◎斜角滤镜文字的效果

◎中秋佳节效果

手把手教你学 Flash CS3

叶舟 编著

電子工業出版社
Publishing House of Electronics Industry
北京•BEIJING

内 容 简 介

本书重点介绍了 Flash 软件制作动画的全方位知识，包括：Flash 快速入门、动画制作基本功、动画基础、逐帧动画、动作补间动画、形状补间动画、遮罩动画、引导路径动画、场景动画、元件、实例和库资源、时间轴特效、文本特效、创建有声动画、简单互动——使用行为、幻灯片及影片测试与发布、ActionScript 3.0 介绍、ActionScript 3.0 简单使用、综合案例等知识，采用手把手讲解知识要点的方式，结合完美的动画实例，配合详细的步骤设计，能让读者快速学习和进入动画制作状态，无论是否具备动画和美术的基础知识，使用本书都能使您找到想要的知识。

本书不仅适合做读者的入门教程，还适合想了解 ActionScript 的学员，同时本书配有实例光盘，供读者学习使用。

图书在版编目（CIP）数据

手把手教你学 Flash CS3 / 叶舟编著. —北京：电子工业出版社，2008.10
ISBN 978-7-121-06978-9

I. 手… II. 叶… III. 动画－设计－图形软件，Flash CS3 IV. TP391.41

中国版本图书馆 CIP 数据核字（2008）第 093412 号

责任编辑：朱沭红
印　　刷：北京智力达印刷有限公司
装　　订：北京中新伟业印刷有限公司
出版发行：电子工业出版社
　　　　　北京市海淀区万寿路 173 信箱　邮编 100036
开　　本：787×1092　1/16　印张：33.75　字数：763 千字　彩插：2
印　　次：2008 年 10 月第 1 次印刷
印　　数：4000 册　定价：59.00 元（含光盘 1 张）

凡所购买电子工业出版社图书有缺损问题，请向购买书店调换。若书店售缺，请与本社发行部联系，联系及邮购电话：（010）88254888。

质量投诉请发邮件至 zlts@phei.com.cn，盗版侵权举报请发邮件至 dbqq@phei.com.cn。

服务热线：（010）88258888。

Preface 前言

本书以 Flash CS3 软件为介绍对象，以案例驱动，由浅入深，由简到繁的讲解方式，全方位的介绍了 Flash 动画制作的方式方法，书中内容讲解详细，步骤介绍清晰。摒弃了繁冗的理论讲解，以理论与实践相互结合的方式来讲解知识点，让读者能够更快的理解和掌握动画制作的技能。

本书知识结构图

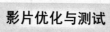

- **Flash 动画基础**
  - 第 1 章 快速入门——Flash CS3 基础
  - 第 2 章 动画制作基本功
  - 第 3 章 动画基础
- **动画类型与资源管理**
  - 第 4 章 逐帧动画
  - 第 5 章 动作补间动画
  - 第 6 章 形状补间动画
  - 第 7 章 遮罩动画
  - 第 8 章 引导路径动画
  - 第 9 章 场景动画（5 个实例）
  - 第 10 章 元件、实例和库资源（3 个实例）
- **动画特效**
  - 第 11 章 时间轴特效
  - 第 12 章 文本特效
  - 第 13 章 创建有声动画
- **影片优化与测试**
  - 第 14 章 简单互动——使用行为
  - 第 15 章 幻灯片及影片测试与发布
- **ActionScript 3.0 脚本信息**
  - 第 16 章 ActionScript 3.0 介绍
  - 第 17 章 ActionScript 3.0 简单使用
- **综合例子**
  - 第 18 章 综合案例

本书适合读者

本书涉及 Flash CS3 制作动画的各个方面，适合以下读者学习、参考。

- 网站、网页动画设计与制作人员
- 专业多媒体设计与开发人员
- Flash 游戏设计与开发人员
- 美术院校电脑美术班专业师生
- 动画制作培训班学员
- Flash 动画爱好者与自学人员

本书写作特点

全面展现动画制作流程

1．各类文件位置指示，快速定位

源　文　件：	CDROM\12\源文件\制作位图文字的动画.fla
素材文件：	CDROM\12\素材\sunset.jpg
效果文件：	CDROM\12\效果文件\位图文字的动画的效果.swf

2．详细步骤介绍，轻松上手

（1）打开源文件“制作嵌入字体的动画.fla”，选取动画右上角的“冰雪世界”文字，通过属性面板，可以看到此文字应用了“汉仪雪峰体简”字体，如图 12-9 所示。

（2）选择“窗口>库”命令，将库面板展开，然后在库面板中的空白区的域单击右键，在弹出的菜单中选择“新建字型”命令，如图 12-10 所示。

图 12-9　文字的字体属性

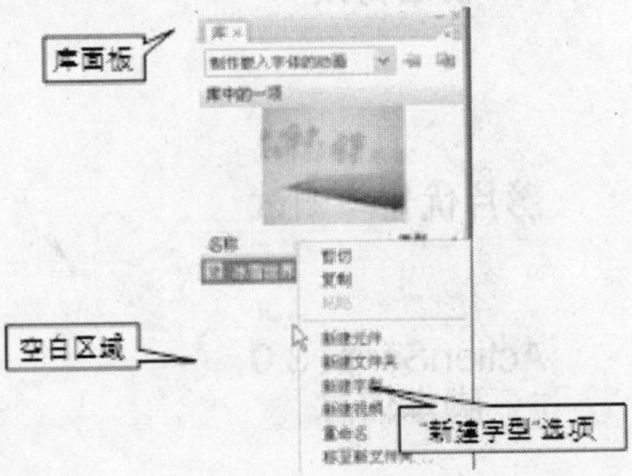

图 12-10　创建字型

（3）在弹出的“字体元件属性”对话框中，输入名称“汉仪雪峰简体”，单击“确定”按钮，这时候，在库面板中就可以看到多了一个字体类型，如图 12-11 所示。

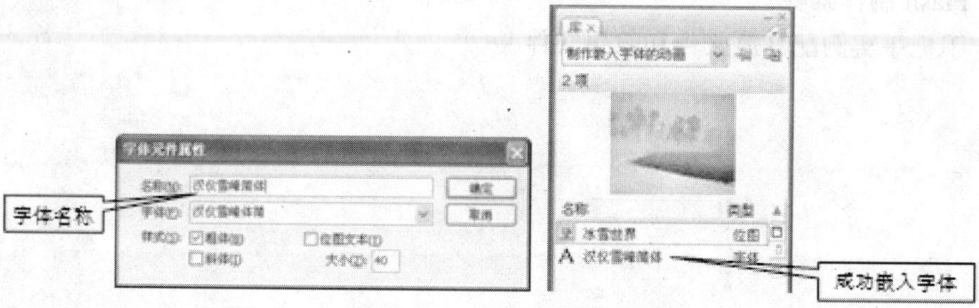

图 12-11　确定字体元件属性

3．清晰的图中标注，学习更容易

4．温馨要点提示，全面掌握知识

提示 模糊参数说明

模糊 X、模糊 Y：模糊的宽度和高度。

品质：模糊的质量级别。

5．切中要害的高手点评，助您提高

高手点评

至此，文字的分离与设计就完成了，对分离后文字的制作，只简单地应用了放射状颜色效果，以及对文字进行了一些基础的编辑操作，其实，所有对图形的操作功能都可以应用，读者完全可以随心所欲地使用各种其他的功能，例如透明度等。

全程的手把手实例介绍，实用为上

本书作者都是一线 Flash 制作人员，非常清楚制作 Flash 时每个步骤需要注意的细节、事项，这对写作非常有益。作者尽力做到了讲解清晰，语言通俗易懂。

本书不论讲 Flash 基础知识，还是讲 Flash 应用，均采用实例驱动的方式进行讲解，让读者在实践中以最快的方式掌握 Flash，制作出高水平的作品。

光盘赠送

- Flash 制作素材
- 手把手实例配套源文件和效果文件

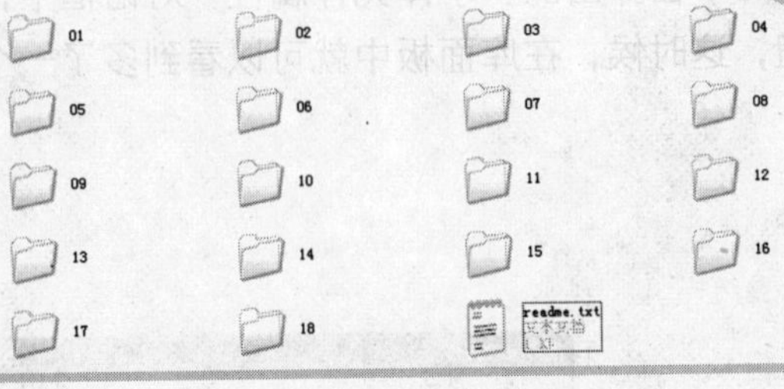

致谢

写作的过程是艰辛的，在本书的编写过程中，得到了围围、张玲、黄爱萍、安娜等人的热情帮助，在此表示感谢，如对本书有任何问题请发送邮件至 jsj@phei.com.cn。

编　者

2008-5

Contents 目录

第1篇 Flash 动画基础

第 1 章 快速入门——Flash CS3 基础 2

1.1 了解 Flash CS3……3
1.1.1 Flash 的特点……3
1.1.2 Flash 动画的应用领域……3
1.1.3 动画原理……4
1.1.4 动画制作流程……5
1.2 熟悉 Flash CS3 界面……6
1.3 创建 Flash 文档……10
1.3.1 Flash 文件概述……10
1.3.2 创建或者打开 Flash 文档并设置其属性……11
1.3.3 打开多个文档时查看文档……12
1.3.4 保存 Flash 文档……13
1.4 学以致用——蝴蝶飞舞……14
1.5 本章小结……27

第 2 章 动画制作基本功——绘图基础 28

2.1 关于矢量图和位图……29
2.1.1 矢量图与位图概述……29
2.1.2 矢量图与位图的区别联系……29
2.1.3 位图与矢量图之间的转换……30
2.2 绘制矢量图……32
2.2.1 绘制直线……32
2.2.2 绘制矩形和椭圆……34
2.2.3 绘制多边形和星形……37
2.2.4 在图形中添加文字……39
2.3 填充图形……41
2.3.1 填充线条颜色……41
2.3.2 填充区域颜色……43
2.3.3 设置颜色属性……45
2.3.4 调整颜色属性……46
2.4 编辑图形……48
2.4.1 选择图形……48
2.4.2 移动、复制和删除图形……50
2.4.3 缩放、旋转和倾斜图形……52
2.4.4 任意变形图形……53
2.4.5 组合与分离图形……54
2.4.6 对齐图形……55

2.4.7 查看图形……56
2.5 学以致用——绘制企鹅图像……57
2.6 学以致用——绘制兔子图像……60
2.7 本章小结……64

第 3 章 动画基础 65

3.1 场景……66
3.1.1 场景概述……66
3.1.2 设置场景……66
3.1.3 使用场景……67
3.2 图层……70
3.2.1 图层的概念、类型和作用……71
3.2.2 图层的基本操作……72
3.3 帧……77
3.3.1 帧的类型与作用……77
3.3.2 编辑帧……78
3.4 学以致用——秋思……82
3.5 本章小结……86

第 2 篇 动画类型与资源管理

第 4 章 逐帧动画 88

4.1 初识逐帧动画……89
4.2 逐帧动画的特点……90
4.3 创建逐帧动画的方法……92
4.3.1 通过导入创建逐帧动画……92
4.3.2 通过编辑帧创建逐帧动画……97
4.4 学以致用——老鼠眨眼……109
4.5 本章小结……111

第 5 章 动作补间动画 112

5.1 动作补间的概念……113
5.2 创建动作补间动画……113
5.3 动作补间的属性……116
5.4 学以致用——挂钟……125
5.4.1 勾勒挂钟外形……125
5.4.2 为挂钟上色……129
5.4.3 制作动画……132
5.4.4 添加背景……133
5.5 本章小结……134

第 6 章 形状补间动画 135

6.1 形状补间的概念……136
6.2 创建形状补间动画……136
6.3 形状补间的属性……141
6.4 学以致用——魔镜……143

6.5 学以致用——海浪运动……146
6.6 学以致用——小树生长……151
6.7 学以致用——圣诞快乐……153
6.8 本章小结……159

第 7 章 遮罩动画 160

7.1 关于遮罩动画……161
7.1.1 遮罩动画的概念……161
7.1.2 遮罩动画的应用……161
7.1.3 遮罩动画的原理……162
7.2 关于遮罩层……162
7.2.1 遮罩层的概念……162
7.2.2 遮罩层与普通图层……163
7.3 创建遮罩层……167
7.4 学以致用——放大镜效果……171
7.5 学以致用——镜头……175
7.6 本章小结……178

第 8 章 引导路径动画 179

8.1 认识引导路径动画……180
8.1.1 引导路径动画的概念……180
8.1.2 引导层和其对象的关系……180
8.1.3 创建引导路径动画的应用……180
8.2 创建引导路径动画的方法和属性设置……181
8.2.1 创建引导路径动画的方法……181
8.2.2 引导路径动画的属性设置……183
8.3 引导路径的应用技巧……184
8.4 学以致用——蝴蝶飞舞……188
8.5 学以致用——飘飞的花瓣……191
8.6 学以致用——地球围绕太阳转……194
8.7 学以致用——海豚跃起……198
8.8 学以致用——飘雪……214
8.9 本章小结……230

第 9 章 场景动画 231

9.1 单场景动画……232
9.1.1 单场景动画的概念和特点……232
9.1.2 创建单场景动画……233
9.2 多场景动画……235
9.2.1 多场景动画的概念和特点……235
9.2.2 创建多场景动画……237
9.3 学以致用——单场景动画……240
9.4 学以致用——多场景动画的实现……242
9.5 学以致用——赛车……244
9.6 本章小结……247

第 10 章 元件、实例和库资源 248

10.1 元件介绍……249
10.1.1 元件的类型……249
10.1.2 创建元件……250
10.1.3 将动画转换为影片剪辑元件……251
10.1.4 重制元件……252
10.1.5 编辑元件……253
10.2 使用元件实例……254
10.2.1 创建实例……254
10.2.2 设置实例属性……255
10.2.3 实例交换……257
10.2.4 更改实例的类型……258
10.2.5 分离实例元件……259
10.3 管理库资源……260
10.3.1 文档之间复制库资源……261
10.3.2 库资源之间的冲突……262
10.4 共享库资源……264

10.4.1 认识共享库资源 ······264
10.4.2 处理运行时共享资源 ······264
10.4.3 在源文档中定义运行时共享资源 ······264
10.4.4 链接到目标文档的运行时共享资源 ······266
10.4.5 更新或替换元件 ······266
10.5 学以致用——自讨没趣 ······268
10.6 学以致用——撕裂照片 ······271
10.7 本章小结 ······273

第3篇 动画特效

第11章 时间轴特效 276

11.1 时间轴特效简介 ······277
11.1.1 特效的套用方法 ······278
11.1.2 编辑特效 ······278
11.1.3 参数设置 ······279
11.2 变形/转换特效 ······280
11.2.1 变形特效 ······280
11.2.2 转换特效 ······282
11.3 帮助特效 ······284
11.3.1 分散式直接复制 ······284
11.3.2 复制到网格 ······286
11.4 效果特效 ······288
11.4.1 分离 ······288
11.4.2 展开 ······290
11.4.3 投影 ······291
11.4.4 模糊 ······292
11.5 学以致用——美妙的春天 ······294
11.6 本章小结 ······297

第12章 文本特效 299

12.1 文本工具属性 ······300
12.2 文本类型 ······301
12.3 创建文字链接 ······303
12.4 嵌入字体 ······304
12.5 创建文字特效 ······305
12.5.1 利用分离命令设计文字 ······306
12.5.2 利用位图制作文字 ······308
12.6 滤镜特效 ······309
12.6.1 滤镜概述 ······309
12.6.2 活动滤镜 ······310
12.6.3 投影滤镜 ······311
12.6.4 模糊滤镜 ······312
12.6.5 发光滤镜 ······312
12.6.6 斜角滤镜 ······313
12.6.7 渐变发光滤镜 ······314
12.6.8 渐变斜角滤镜 ······315
12.6.9 调整颜色滤镜 ······316

12.7 学以致用——变幻文字······317
12.8 本章小结······320

第13章 创建有声动画 322

13.1 声音效果······323
13.1.1 导入声音······323
13.1.2 引用声音······323
13.1.3 编辑声音······324
13.1.4 给按钮添加声音······326
13.1.5 声音属性······326
13.1.6 压缩声音······327
13.2 视频效果······328
13.2.1 视频类型······328
13.2.2 导入视频······329
13.2.3 编辑视频······329
13.3 学以致用——鹿······333
13.4 本章小结······336

第4篇 影片优化与测试

第14章 简单互动——使用行为 338

14.1 认识行为面板······339
14.2 控制视频······340
14.2.1 导入视频······340
14.2.2 添加按钮······345
14.2.3 设置行为······346
14.3 加载外部影片······349
14.3.1 制作空影片元件······349
14.3.2 引用元件······349
14.3.3 设置行为······350
14.4 学以致用——影片欣赏······351
14.5 本章小结······354

第15章 幻灯片及影片测试与发布 355

15.1 幻灯片动画······356
15.1.1 幻灯片简介······356
15.1.2 按钮行为导航······358
15.1.3 屏幕转变特效······360
15.2 影片优化······363
15.3 影片测试······365
15.4 影片导出······366
15.4.1 导出影片······366
15.4.2 导出动画图像······367
15.5 影片发布······367
15.5.1 发布设置······367
15.5.2 发布动画和网页······369

15.5.3 发布动画放映文件 ……372
15.5.4 发布 GIF 动画 ……373
15.6 学以致用——城市风采 ……374
15.7 本章小结 ……381

第 5 篇 ActionScript 3.0 脚本信息

第 16 章 ActionScript 3.0 介绍 384

16.1 了解 ActionScript 3.0 ……385
16.1.1 ActionScript 3.0 简介 ……385
16.1.2 ActionScript 3.0 新增功能 ……386
16.2 编程基础 ……387
16.2.1 计算机程序用途 ……387
16.2.2 变量 ……388
16.2.3 常量 ……392
16.2.4 数据类型 ……393
16.2.5 函数 ……394
16.2.6 运算符 ……402
16.3 ActionScript 3.0 语法规则 ……408
16.3.1 点语法 ……408
16.3.2 分号与括号 ……409
16.3.3 关键字和保留字 ……410
16.3.4 字母大小写 ……411
16.3.5 注释 ……411
16.4 学以致用——计算人工搬板砖 ……412
16.5 本章小结 ……414

第 17 章 ActionScript 3.0 简单使用 415

17.1 插入 ActionScript 脚本 ……416
17.1.1 在动作面板中添加 ActionScript 脚本 ……416
17.1.2 使用独立的 ActionScript 文件 ……417
17.2 流程控制语句 ……419
17.2.1 条件选择语句 ……420
17.2.2 循环语句 ……422
17.2.3 无条件跳转语句 ……427
17.3 基于对象编程 ……432
17.3.1 认识对象——用 ActionScript 控制影片播放 ……433
17.3.2 Flash CS3 的对象家族 ……436
17.3.3 创建自己的对象 ……439
17.3.4 事件侦听器 ……441
17.4 学以致用——圣诞礼物 ……442
17.5 本章小结 ……446

第6篇 综合例子

第18章 综合案例 448

18.1 制作个人简历 449
- 18.1.1 实例分析 449
- 18.1.2 制作流程 450
- 18.1.3 制作步骤 451

18.2 制作电子贺卡——中秋佳节 459
- 18.2.1 实例分析 460
- 18.2.2 制作流程 460
- 18.2.3 制作步骤 463

18.3 商业广告制作——产品展示动画 475
- 18.3.1 实例分析 476
- 18.3.2 制作流程 476
- 18.3.3 制作步骤 479

18.4 制作多媒体课件——少儿看图识字（一） 500
- 18.4.1 实例分析 500
- 18.4.2 制作流程 501
- 18.4.3 制作步骤 501
- 18.4.4 实例小结 505

18.5 制作多媒体课件——少儿看图识字（二） 505
- 18.5.1 实例分析 506
- 18.5.2 制作流程 506
- 18.5.3 制作步骤 507
- 18.5.4 实例小结 511

18.6 商业广告制作——产品宣传动画 511
- 18.6.1 实例分析 511
- 18.6.2 制作流程 511
- 18.6.3 制作步骤 511
- 18.6.4 实例小结 515

18.7 制作 Flash 小游戏 515
- 18.7.1 实例分析 516
- 18.7.2 制作流程 519
- 18.7.3 制作步骤 520
- 18.7.4 实例小结 522

第 1 篇

Flash 动画基础

第 1 章　快速入门——Flash CS3 基础
第 2 章　动画制作基本功——绘图基础
第 3 章　动画基础

第 1 章

快速入门——Flash CS3 基础

本章导读

目前，无论是在网络上还是在电视上都可以看到一些非常有趣的 Flash 广告和动画片，太吸引人了，我也很想学学怎么制作这些动画，但是不知道从什么地方开始学习。

其实那些动画从表面上看很有意思，似乎很复杂，其实制作是很简单的。但是要学习如何制作那些绚丽的动画，你需要从基础知识学起，例如本章讲述的 Flash 动画的特点，动画原理，Flash 动画制作的界面等。

本章主要学习以下内容：

- 了解 Flash CS3
- 熟悉 Flash CS3 界面
- 创建 Flash 文档
- 学以致用
- 本章小结

1.1 了解 Flash CS3

现在，Flash 动画的使用越来越广泛了，软件升级的速度也越来越快，但是本质的制作原理和动画的实现没有多大的变化，从本节开始，将进入 Flash 动画制作的学习世界。

1.1.1 Flash 的特点

Flash CS3 是 Adobe 公司发布的一款新版本的多媒体动画制作软件，它也是一种设计交互动画的工具，Flash 发布之初就受到了广大用户的喜爱，不仅仅是因为它是一种所见即所得的制作工具，更是因为它有着自己的特点，主要特点如下：

技巧 "所见即所得"是指用 Flash 软件设计的作品，只要导出就可以看到效果，不需要像网页、软件需要搭建自己的运行平台才可以得到结果。

1．文件的数据小，传播速度快

由于 Flash 动画对象是基于矢量图像设计的，同时，描述丰富的动画对象只需要很少的矢量图形，与位图相比较，在文件数据量上有明显的优势，由于 Flash 文件数据量小，又是使用流媒体播放技术，因此 Flash 动画在网络上的传播受到了用户的喜爱。

提示 "流媒体播放"是指一种在网络上边下载边播放的技术。用户在网络上欣赏时，不需要将文件全部下载，只要下载部分文件，用户在播放时，会自动地下载剩下的文档内容。

2．表现形式多样，使用范围广泛

制作 Flash 动画时，可以导入或者添加文字、图片、声音、视频以及动画等，因此使用 Flash 制作的动画的表现形式也很多样化，其次，由于文件的数据量小，传播速度快，可以被广泛地用于 MTV 制作、网页中的动画，以及一些小的游戏等。

3．交互功能强大

Flash 具有强大的交互功能，在 Flash 中可以嵌入 ActionScript 脚本语言，更好地实现 Flash 的交互功能，Flash 软件提供了事件行为等功能，可以更好地控制 Flash 动画的播放、停止或者其他功能。

1.1.2 Flash 动画的应用领域

随着 Flash 动画软件版本的升级、功能的强大和网络的发展，Flash 动画的使用领域越来越广泛，主要领域如下：

1．网络广告

使用浏览器浏览网页时，不难发现在网页中总是会镶嵌一些动画的，不能说全部是

Flash 动画，但是至少可以说在网页中镶嵌的动画大部分是用 Flash 制作的，如图 1-1 所示。

2．在线游戏

由于 Flash 动画有强大的交互功能，利用 Flash 中的动作脚本语言可以编写一些简单的游戏，同时，这些小的游戏程序可以在网络上作为在线游戏。在线游戏的特点是操作简单，而且趣味性也很强，因此受到广大网民的喜爱，如图 1-2 所示。

图 1-1 网络广告

图 1-2 在线小游戏

3．课件制作

Flash 动画不仅仅被用在网络中，在教学领域也有重要的作用。制作 Flash 动画时，在文件中可以导入或者添加文字、图片、声音、视频以及动画等，同时还具有强大的交互功能，因此使用 Flash 制作的多媒体课件被越来越多的教学所采用，多媒体课件如图 1-3 所示。

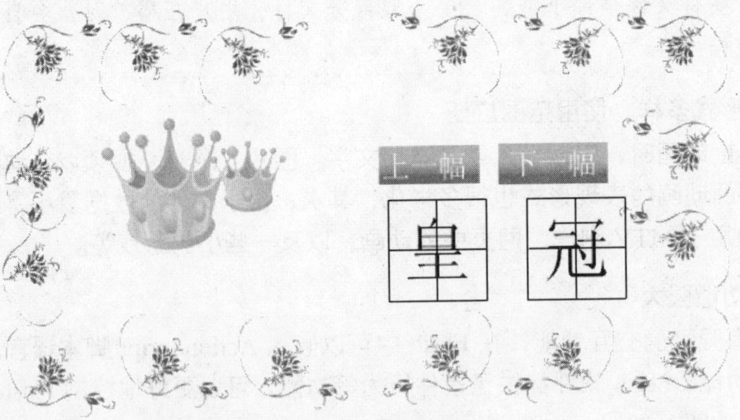

图 1-3 多媒体课件

1.1.3 动画原理

1．动画播放原理

所有的动画，包括 Flash 动画都是一个原理——将许多静止的图片按照一定的时间顺序进行播放，给人眼产生的错觉就是画面会连续动起来。那些静止的图片叫帧，播放速度越快，动画越流畅，电影胶片的播放速度就是 24 帧/秒。

2．Flash 动画制作原理

由上可以看出，产生动画最基本的元素就是那些静止的图片，即帧，所以，怎么生成帧就是制作动画的核心，而用 Flash 做动画也是这个道理——时间轨上每个小格其实就是一个帧，按理说，每一帧都是需要制作的，但 Flash 能根据前一个关键帧和后一个关键帧自动生成其间的帧，而不用人为地刻意制作，这就是 Flash 制作动画的原理。

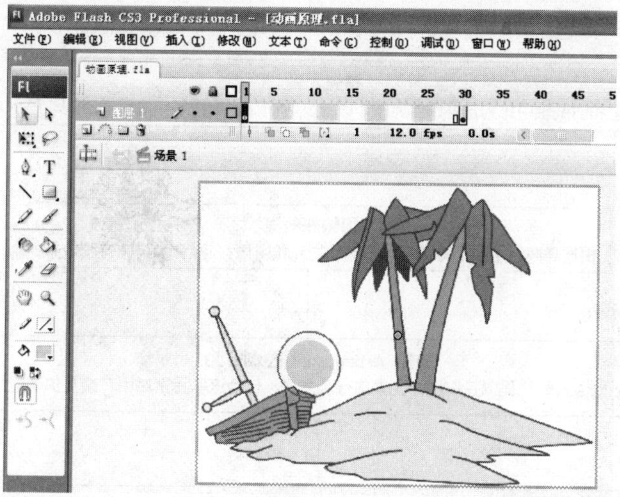

1.1.4 动画制作流程

如果要熟练制作绚丽的动画，还需要初学者了解一下制作动画的流程，知道自己在制作过程中需要参考的信息，这样可以帮助初学者提高制作动画的效率。

动画的制作流程如图 1-4 所示。

计划应用程序指在动画制作之初，弄清楚做动画的目的和需要达到的效果，例如，使用动画制作一个 MTV，最好是能根据歌词去设计在故事中需要体现的故事背景、任务等。

添加媒体元素是根据前期的策划而定的，根据策划时需要得到的信息才可以找到更多更好的素材，并且在收集的同时可以对素材进行分类整理，如此收集的素材更有针对性、目的性。

排列元素、应用特殊效果和控制动画是设计整个动画的关键部分，需要制作者认真对待。它主要是指根据策划的需要，对动画中的各个项目进行精心地处理与分析而采用一些具体实施手段。

调试动画也是一个很重要的步骤，它是对设计动画效果的一种检测，在调试阶段需要认真地对设计的动画进行测试。它是对动画的效果、质量等方面进行检测，它还需要尽可能多地在不同配置的电脑上进行检测和调试，以达到最初的策划目标。

优化和发布动画是动画制作的最后阶段，虽然使用 Flash 制作的动画文件数据量小，但是，在发布之前最好对制作的动画进行一番优化，使其能达到最好的优化效果，同时，制作者发布动画时，还可以对动画的生成格式、画面品质、动画效果等进行一番设置，以期得到最佳效果。

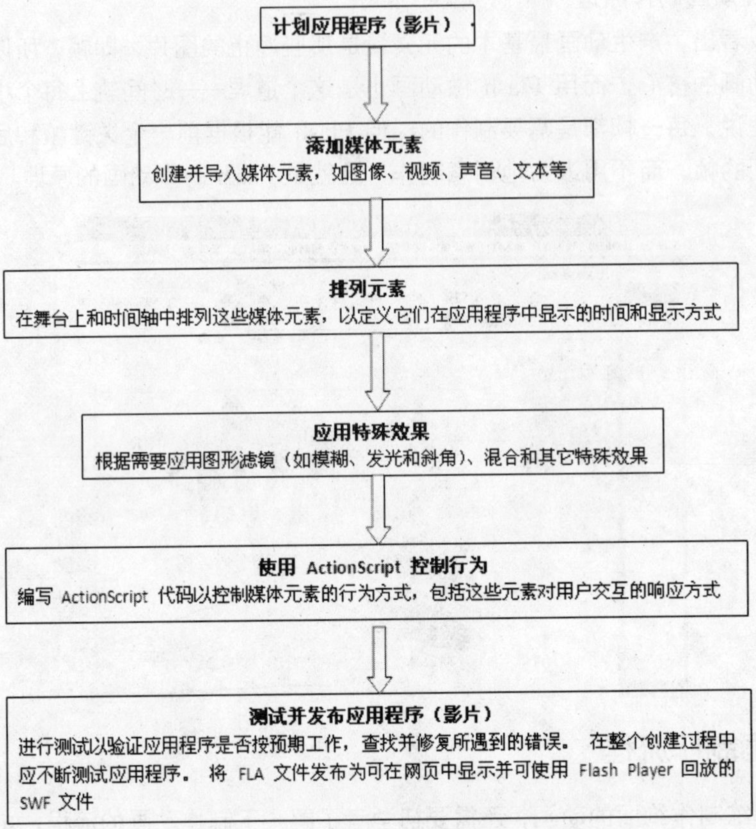

图 1-4 动画制作流程图

即问即答

制作 Flash 动画的流程似乎很简单，学习做动画难吗?

Flash 动画的制作是很简单，其实学习做动画也不难，关键是要掌握学习的要领和方法，其中关键的步骤也就是素材的准备和设计，因为不管您前期的策划多么好，都是要通过后期的设计来实现的，因此，学习动画还需要了解一些绘画方面的知识。

1.2 熟悉 Flash CS3 界面

上一节只是学习了动画的相关知识，本节将介绍 Flash 动画制作的界面，同时，介绍一些学习动画制作的方法等。

（1）启动 Flash CS3，界面如图 1-5 所示。

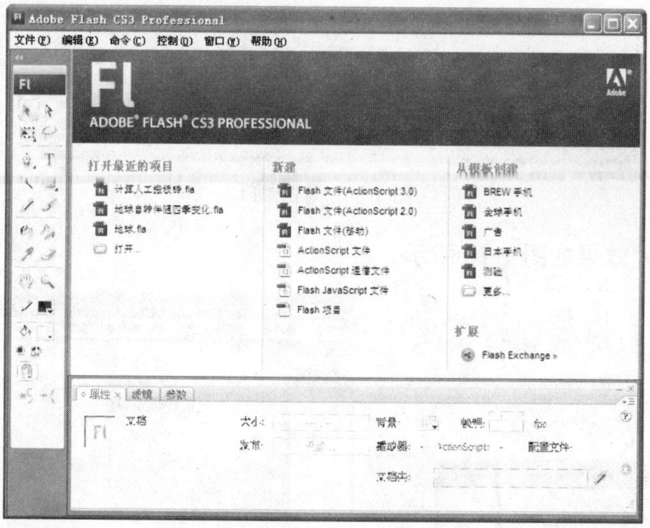

图 1-5　Flash 界面

（2）如果是需要打开已经创建过的文件，可以在“打开最近的项目”中选择。如果在该选项中没有要打开的项目，可以单击“打开...”，在弹出的对话框中选择。如果是需要新建一个文件，可以在“新建”项目中选择，还可以从模板中创建动画。例如，选择“新建”中的“Flash 文件（ActionScript 3.0）”。软件编辑界面如图 1-6 所示，工具箱如图 1-7 所示。

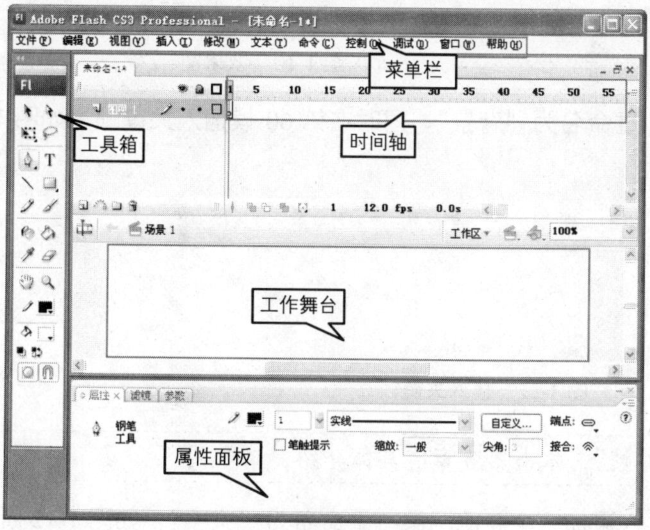

图 1-6　软件编辑界面

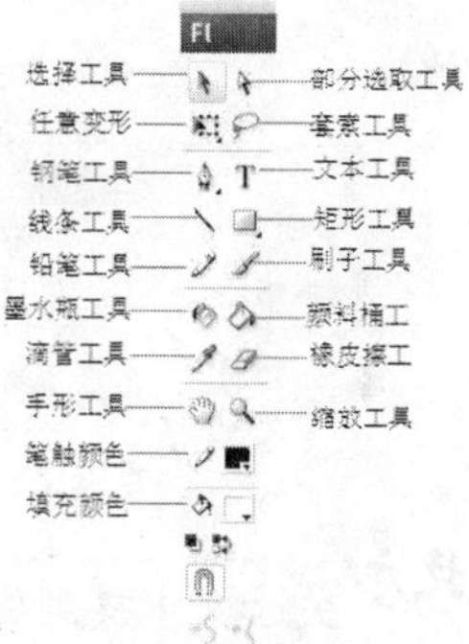

图 1-7　工具箱

（3）进入 Flash 制作界面后，可以通过属性窗口对文档属性进行设置，如图 1-8 所示。

（4）设置文档属性，尺寸保持不变，所有的选项可以使用默认设置，如图 1-9 所示。

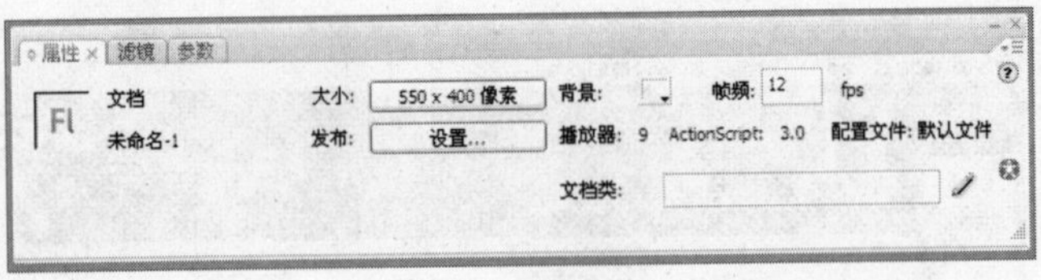

图 1-8　属性窗口

导入背景图片效果如图 1-10 所示。

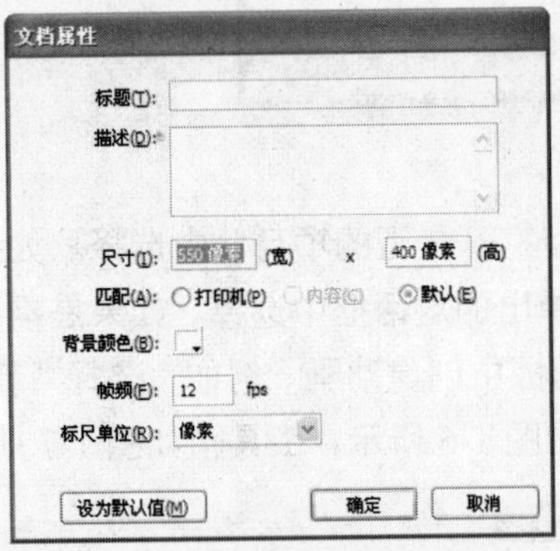

图 1-9　属性设置对话框

图 1-10　效果图

（5）双击“图层 1”名称，重命名为“背景”，同时在第 60 帧插入关键帧，如图 1-11 所示。

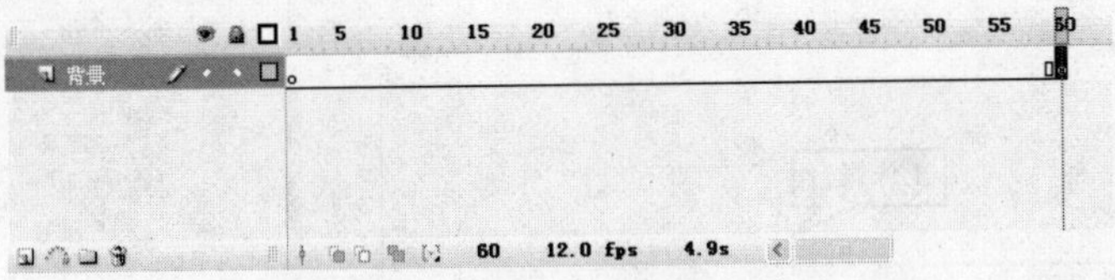

图 1-11　插入关键帧

提示　关于文中提到的“关键帧”，本书第 3 章有具体介绍，请参阅。

（6）单击插入图层按钮 ，添加一个新的图层，重命名为“文字”，如图 1-12 所示。

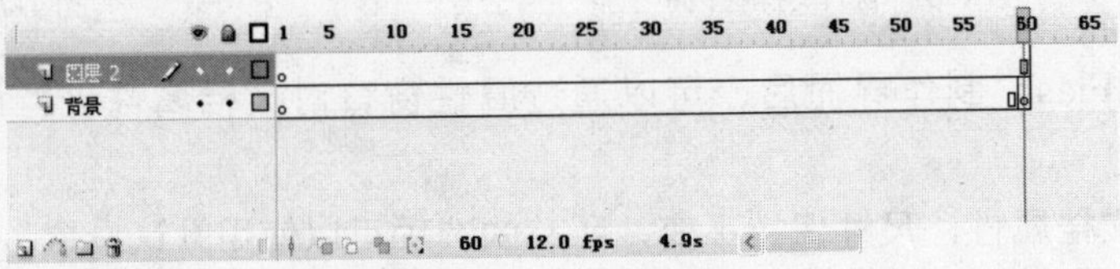

图 1-12　设置图层

（7）在“文字”图层的第 60 帧插入关键帧，输入文字，如图 1-13 所示。

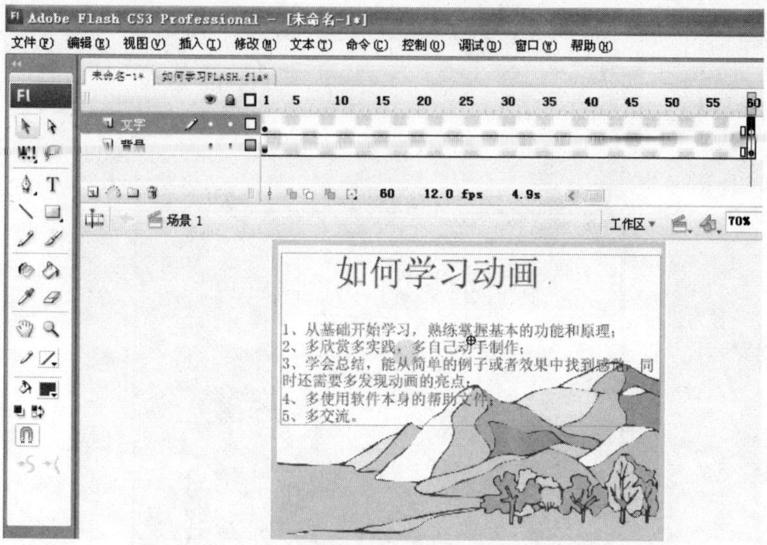

图 1-13　添加文字

（8）选择“文字”层的第 1 帧，将两段文字拖拽到舞台外，如图 1-14 所示。

图 1-14　编辑第 1 帧

（9）在第 1 帧到第 60 帧之间，任意选择一帧，单击鼠标右键，选择快捷菜单中的“创建补间动画”选项，或者在属性面板中选择“补间”下拉菜单中的“动画”选项，如图 1-15 所示。

（10）按快捷键“Ctrl+Enter”，测试影片的效果如图 1-16 所示。

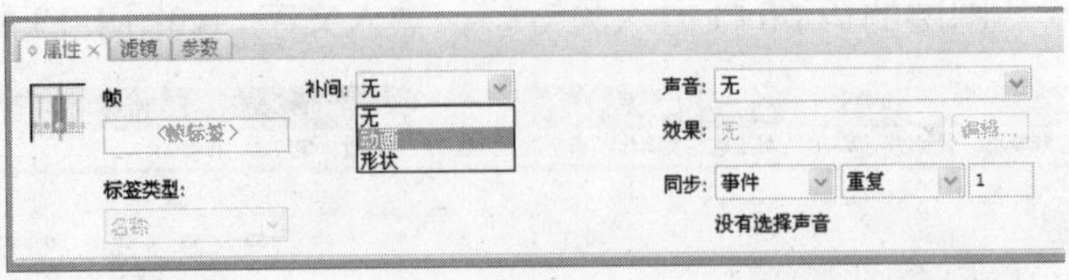

图 1-15　创建动画

图 1-16　最后效果

效果说明：测试影片，可以看到文字是从左缓慢插入显示的。

看了上面的这个动画，我也按照步骤做了一遍，好像只是要编辑第一帧和最后的一帧就可以创建动画了。

你的这种说法很正确，利用 Flash 能快速制作动画的功能就是在此体现的，只要设计好动画的第一帧和确定好动画的最后一帧，其余的中间过程可以由软件自己生成。

1.3 创建 Flash 文档

创建 Flash 文档与创建其他文件不同，创建 Flash 文件时需要根据前期策划的需要创建合适的文档，本节将重点介绍关于 Flash 文档的类型和创建。

1.3.1 Flash 文件概述

在 Flash 里可以处理各种文件类型，每种文件类型的用途各不相同。

FLA 文件是在 Flash 中使用的主要文件，其中包含 Flash 文档的基本媒体、时间轴和脚本信息。媒体对象是组成 Flash 文档内容的图形、文本、声音和视频对象。时间轴用于告诉 Flash 应何时将特定媒体对象显示在舞台上。可以将 ActionScript 代码添加到 Flash 文档中，以便更好地控制文档的行为并使文档对用户交互做出响应。

SWF 文件（FLA 文件的编译版本）是在网页上显示的文件。当发布 FLA 文件时，Flash 将创建一个 SWF 文件。

AS 文件指 ActionScript 文件。可以使用这些文件将部分或全部 ActionScript 代码放置在 FLA 文件之外，这对于代码组织和有多人参与开发 Flash 内容的不同部分的项目很有帮助。

SWC 文件包含可重用的 Flash 组件。每个 SWC 文件都包含一个已编译的影片剪辑、ActionScript 代码以及组件所要求的任何其他资源。

ASC 文件是用于存储 ActionScript 的文件，ActionScript 将在运行 Flash Media Server 的计算机上执行。这些文件提供了实现与 SWF 文件中的 ActionScript 结合使用的服务器端逻辑的功能。

JSFL 文件是 JavaScript 文件，可用来向 Flash 创作工具添加新功能。

FLP 文件是 Flash 项目文件。可以使用 Flash 项目来管理单个项目中的多个文档文件。Flash 项目可将多个相关文件组织在一起以创建复杂的应用程序。

高手点评

利用 Flash CS3 制作动画时，必须先要了解 Flash CS3 支持的文件类型，那样在创建 Flash 文件时，可以根据实际的需要，创建合适的文件类型，因此在创建文件、制作动画之前最好能先了解一下文件类型，对后面学习动画制作的文件处理会很有帮助。

1.3.2　创建或者打开 Flash 文档并设置其属性

文档的制作都是从创建开始的，创建文档是一个由无到有的过程，打开文档一般是指一个修改的开始。下面介绍如何创建 Flash 文档。

手把手实例　如何创建和设置文档属性

（1）启动 Flash CS3，界面如图 1-17 所示。

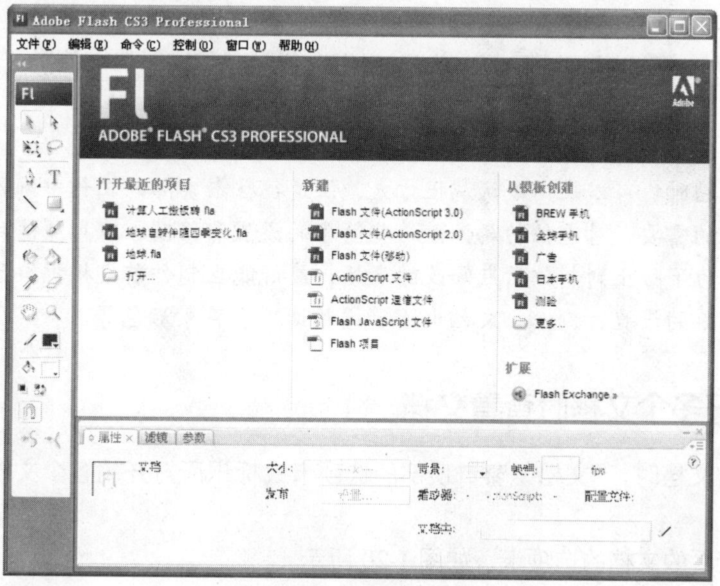

图 1-17　新建界面

（2）如果是需要打开已经创建过的文件，可以在“打开最近的项目”中选择。如果在该选项中没有要打开的项目可以单击“打开...”，在弹出的对话框中选择。如果是需要新建一个文件，可以在“新建”项目中选择，还可以从模板中创建动画。例如，选择“新建”中的“Flash 文件（ActionScript 3.0）”，打开界面如图 1-18 所示。

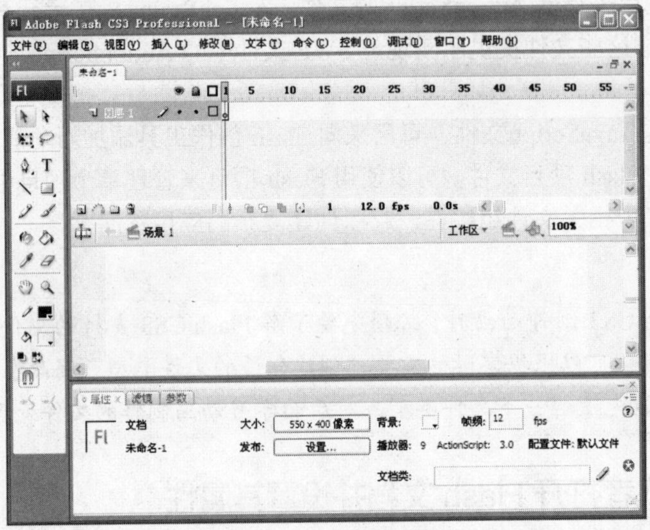

图 1-18　软件编辑界面

（3）进入 Flash 制作界面后，可以通过属性窗口对文档属性进行设置，如图 1-19 所示。

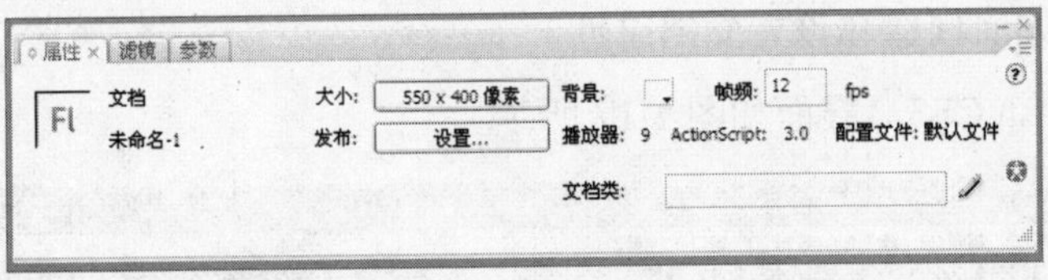

图 1-19　属性窗口

高手点评

创建文档时，可以采用默认属性方式，但是往往在实际的工作中制作动画时会根据实际情况的需要，对文档的属性做一些简单的设置和修改，以期望达到更好的视觉效果，同时为了防止到制作后期修改的麻烦，最好能在制作前期根据自己的规划对文档做一些简单的设置，例如，文档大小、播放速度、背景颜色等。

1.3.3　打开多个文档时查看文档

打开多个文档时，“文档”窗口顶部的选项卡会标识所打开的各个文档，允许在它们之间轻松导航。

单击要查看的文档的选项卡，如图 1-20 所示。

默认情况下，选项卡按文档创建顺序排列。可以通过拖动文档选项卡来更改它们的顺序，如图1-21所示。

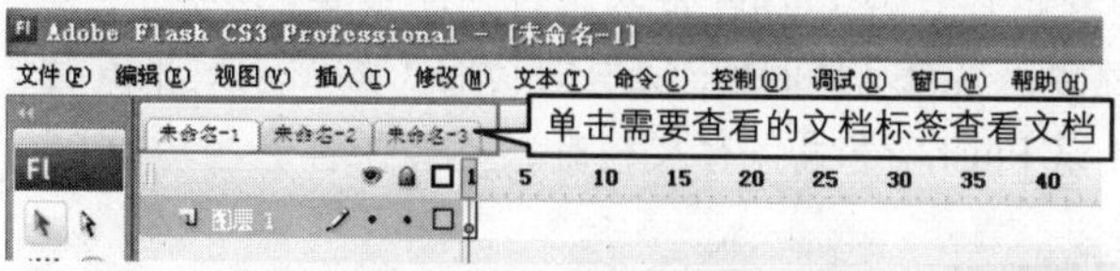

图1-20 查看多个文档

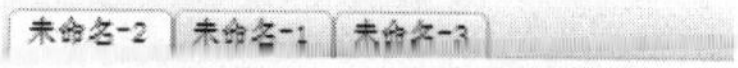

图1-21 修改文档顺序

高手点评

一般来说，同时打开多个Flash文档的情况不多见，但是查看多个文档的功能可以用于制作动画时，再另外新建一个文档做设计动画的前期设计，如此，可以在一个文档中做动画设计，在另一个文档中对要制作的动画做一个前期的测试，直到效果满意后，再切换到原设计动画文档中进行编辑。当然，使用查看多个文档的功能，还可以很方便地实现多人合作，在前期进行统一的设置，然后分配给多人去制作，到最后使用多个文档查看的功能可以很方便地将这些多人合作的文档统一起来。

1.3.4 保存Flash文档

可以用当前的名称和位置或其他名称或位置保存Flash文档。

如果文档包含未保存的更改，则文档标题栏、应用程序标题栏和文档选项卡中的文档名称后会出现一个星号（*）。保存文档时星号即会消失。

1. 保存Flash文档

（1）要覆盖磁盘上的当前版本，请选择“文件”>“保存”。

（2）要将文档保存到不同的位置和/或用不同的名称保存文档，或者要压缩文档，请选择“文件”>“另存为”。

（3）如果选择“另存为”，或者以前从未保存过该文档，请输入文件名和位置。

（4）单击“保存”。

2. 将文档另存为模板

（1）选择“文件”>“另存为模板”。

（2）在“另存为模板”对话框的“名称”框中输入模板的名称。

（3）从“类别”弹出菜单中选择一种类别或输入一个名称，以便创建新类别。

（4）在“描述”框中输入模板说明（最多255个字符），然后单击“确定”。

（5）在“新建文档”对话框中选择该模板时，会显示此说明。

3. 将文档另存为Flash 8文档

（1）选择“文件”>“另存为”。

（2）输入文件名和位置。

（3）从“格式”弹出菜单中选择“Flash8文档”，再单击“保存”。

注意 如果出现一条警告消息，指示如果保存为 Flash8 格式则将删除内容，请单击“另存为 Flash8”以继续。如果文档包含只能在 Flash9 中使用的功能（如图形效果或行为），则可能发生这种情况。Flash 以 Flash8 格式保存文档时，不会保留这些功能。

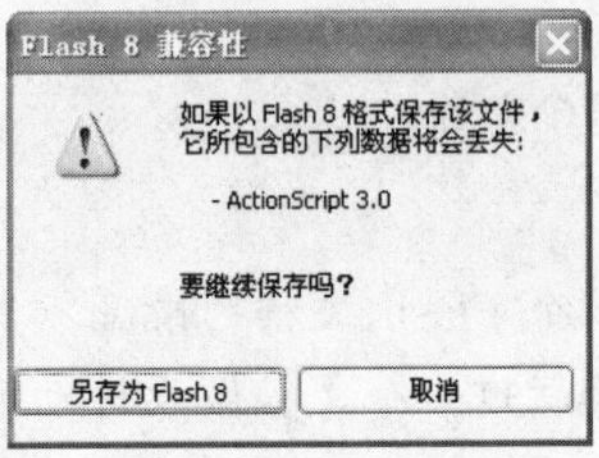

图 1-22　保存文件

4. 在退出 Flash 时保存文档

（1）选择“文件”>“退出”（Windows）或“Flash”>“退出 Flash”（Macintosh）。

（2）如果打开的文档包含未保存的更改，Flash 会提示保存或放弃每个文档的更改。

（3）单击“是”保存更改并关闭文档，单击“否”关闭文档，不保存更改。

高手点评

保存文档是电脑用户经常要做的事情，如果对制作的文档不进行保存，这是很危险的事情，在 Flash 保存文档时，需要弄清楚保存文档的文件名和路径，还有应该注意的是保存文件的版本号，注意选择保存文件的方式，是要覆盖原来的文件还是另外保存文件等，同时为了后期制作的方便，还可以直接将文件保存为模板。当然只要不发生意外，当关闭软件，退出 Flash 时，系统会自动提示是否要保存当前文档。

即问即答

创建文档和保存文档这么简单，在做动画时候也需要使用吗？

创建文件和保存文件虽然很简单，但是创建文档是在制作动画的开始，保存文档应该算作设计的末尾，这样的首尾呼应的环节应该是很重要的，没有创建就不能开始进行其他的设计，没有保存等于是做了无用功，因此，创建、设置和保存文档等都是很重要的环节。

1.4 学以致用——蝴蝶飞舞

源 文 件：	CDROM\01\源文件\蝴蝶.fla
素材文件：	
效果文件：	CDROM\01\效果图\蝴蝶.swf

通过上面对概念的学习，可以打开软件，自己动手试试一些简单的动作制作，下面是制作一个文字形状变化。

（1）启动 Flash CS3，界面如图 1-23 所示。

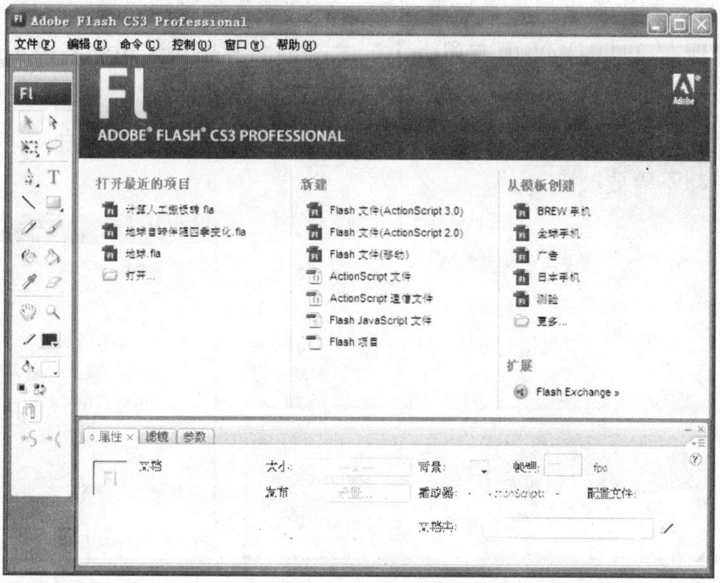

图 1-23　新建界面

（2）选择“新建”项目中的“Flash 文件（ActionScript 3.0）”，界面如图 1-24 所示。

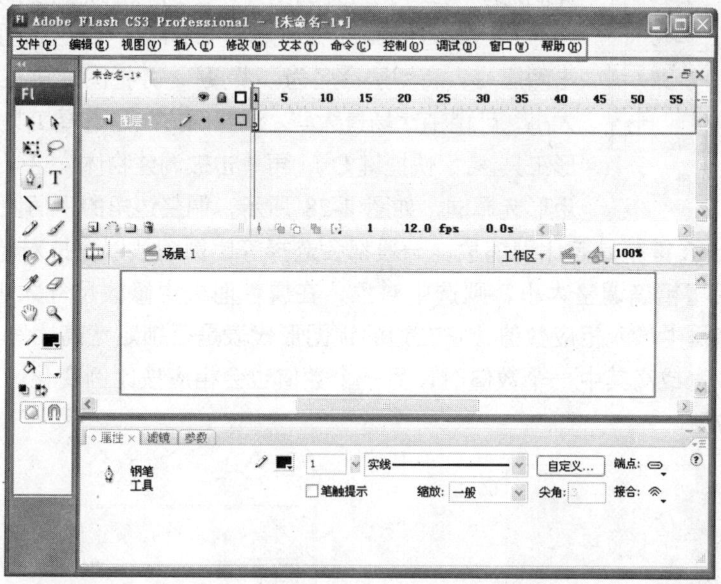

图 1-24　软件编辑界面

提示 选择“新建”项目中的“Flash 文件（ActionScript 3.0）”是因为 Flash CS3 支持 ActionScript 3.0 版本的脚本语言，同时还可以选择其他的文件类型。

（3）进入 Flash 制作界面后，通过属性窗口对文档属性进行设置，如图 1-25 所示。

（4）可以看到在属性面板当中有“大小”这一项，单击它旁边的条形框就可以修改场景大小，如图 1-26 所示，在“尺寸”中修改数字，然后单击“确定”即可。另外在“大小”的右边还有“背景”这一项，单击它旁边的颜色框 就可以改变背景色，如图 1-27 所示。一般来说背景色都不需要改变。

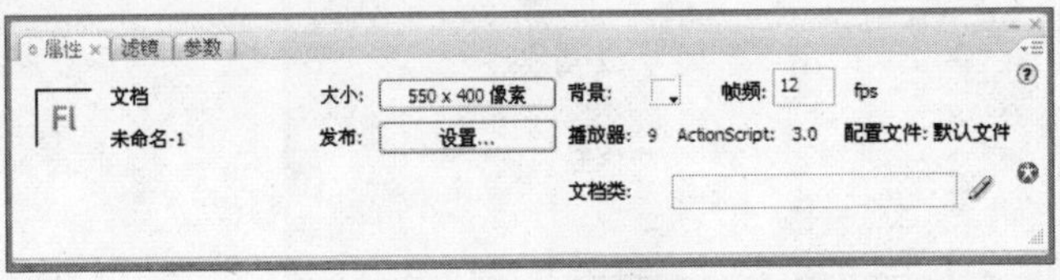

图 1-25　属性窗口

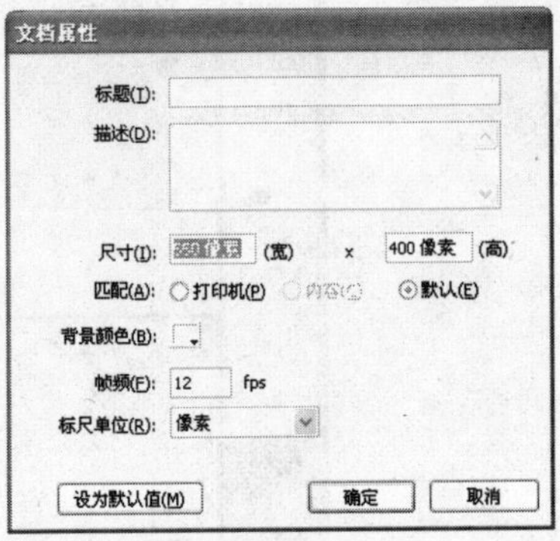

图 1-26　修改场景尺寸

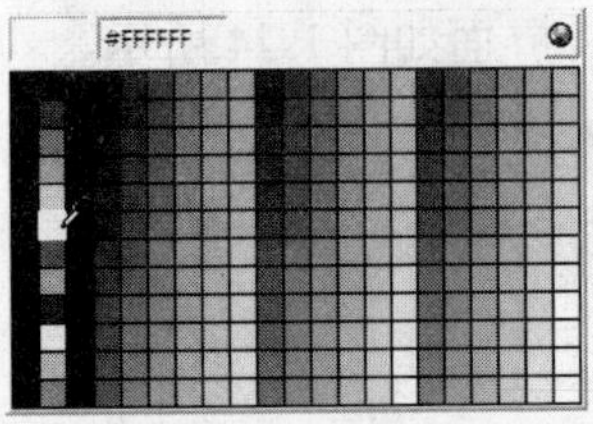

图 1-27　改变背景色

（5）其实在 Windows 自带的图片中就有很多漂亮的风景图片。挑选一张鲜花盛开的图片，把它作为底图。鼠标左键单击“文件>导入>导入到舞台”（快捷键 Ctrl+R），将这张图导入进来，双击图层 1，将图层命名为“背景”，并把图片放在场景中，调整大小，可稍稍比场景大些。调整的方法是选择工具箱中的任意变形工具 （快捷键 Q），再单击被调整物体，这张图四周会出现矩形选择框，如图 1-28 所示，调整边角的手柄便可任意缩小放大，同时按住 Shift 键就是等比例缩放，一般都会选择等比例缩放以保持对象原来的比例。

（6）如果希望精确调整大小，则选中对象，在属性面板中修改尺寸大小，如图 1-29 所示，在宽和高框中输入相应数值，它左边的锁图形代表是否锁定宽高比例，如果锁定比例的话，则修改宽或高其中一个数值时，另一个数值也会相应按比例变化。XY 则表示图像所在的坐标位置。

图 1-28　任意变形

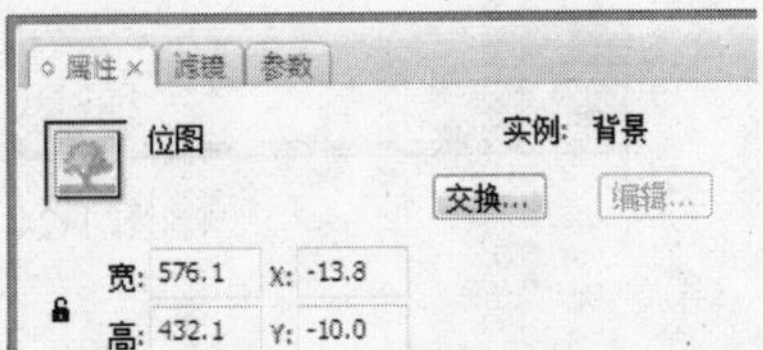

图 1-29　图像属性

（7）单击时间轴面板左下方的“插入图层”按钮，如图1-30所示，新建一个图层，命名为“蝴蝶”。可能有人会问，为什么一定要新建图层呢？这是因为蝴蝶需要做动画。初学者在做动画时，如果把所有东西都做在一层当中，容易出错，因此，为了避免混乱，应尽量把层次分清楚。另外，可以先把背景层锁定，以免操作时误对背景层执行命令。

提示 图层名右边有3个小按钮，如图1-31所示，第一个眼睛图标代表是否隐藏图层，点上后会出现一个叉子，这样图层就不会出现在场景中，当然最终渲染时还会出现在影片中。第二个锁图标代表是否锁定图层，当图层被锁定时，该图层不能执行任何命令，这是为了避免误操作。第三个方框图标代表显示对象边框，当单击此图标时，该图层的物体就只剩下边线。

（8）勾勒出蝴蝶的边线。这里运用工具箱中的直线工具（快捷键N）画出蝴蝶的大概形状。直线工具的用法是按住鼠标左键拖动鼠标，即可绘制出想要的直线，画水平和垂直直线的时候同时按住Shift键，可以画出绝对直线。这里有一个小窍门：在绘制像蝴蝶这样的对称物体时，可以先画出一半，剩下的一半只需复制并反转先前画好的一半，这样，画出的东西不仅精确美观而且方便省事。画出蝴蝶的大概形状如图1-32所示。

（9）接下来，可以利用选择工具（快捷键V）来修改蝴蝶的形状，使直线变圆滑。单击工具箱中的选择工具后将鼠标放在需要修改的直线上，会看到鼠标的后面多了一条小弧线，此时，拖动直线就可以使直线变成想要的弧线形状。另外，如果将鼠标放在直线的接合点上时，鼠标的后面就会变成一个小直角，这就代表可以拖动这些最初设的关键点来修改整体的形状，画出的蝴蝶形状如图1-33所示。蝴蝶的翅膀一般分为两部分，上半部分的翅膀较大，下半部分较小，整体看起来呈倒梯形状。

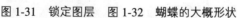

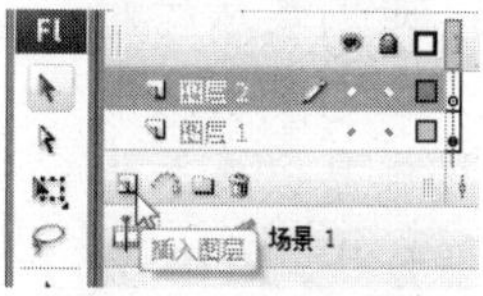

图1-30 新建图层

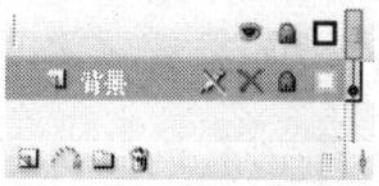

图1-31 锁定图层

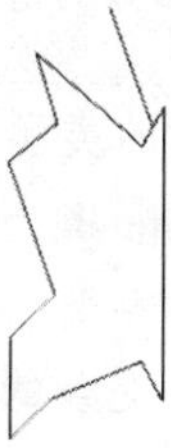
图1-32 蝴蝶的大概形状

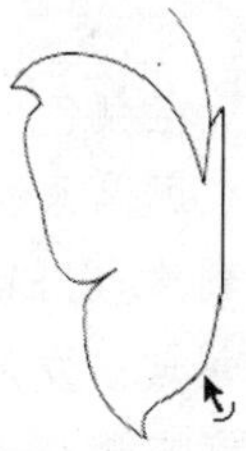
图1-33 直线变圆滑

提示 另外，无论是直线工具还是选择工具，当选取它们后，在工具箱的最下方都有一个磁石工具，单击后绘制的路径将自动贴紧对象，这样，绘制的每根线条就很容易闭合。这个工具在绘画的过程中非常有用，因为在上色的过程中，如果不是闭合的空间是无法喷上任何颜色的。当你需要闭合的线条时，就可以先单击这个工具再进行绘制或修改。

（10）为蝴蝶的翅膀添加一些细节，让它变得漂亮起来，效果如图1-34所示。当然，如果有绘图板的话，画起来就会更加得心应手。在绘制过程中，一直没使用铅笔工具，但是，当使用绘图板时就可以少用直线工具，多使用铅笔工具。当单击铅笔工具 按钮后，工具箱最下方就会出现一个直线选项，可以将它设成平滑曲线，如图 1-35 所示。这样画出的直线就是圆滑的曲线，不用再费劲修改，非常方便。在绘制较复杂的图形时，建议使用绘图板，可以灵活掌握对象的外形。但是，一般在像例子中这样的矢量图的绘制当中，一只小小的鼠标已经足够用了。

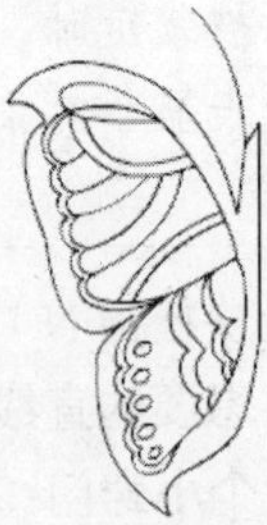

图 1-34　蝴蝶翅膀细节勾勒

图 1-35　铅笔工具线条

（11）为蝴蝶上色。上色时首先要考虑到的是和背景颜色的协调：既不能让蝴蝶颜色和背景太相似看不出来，也不能对比太强烈显得突兀。这里的背景用的是鲜艳的橘色，衡量之后，作者认为用白色作为蝴蝶的底色和背景的橘色比较搭配，另外还可用一些渐变色来衬托。

（12）用鼠标左键单击工具箱中的油漆桶图标（快捷键 K），在右侧的色彩面板中修改属性。“类型”这一项指填充方式，默认为“纯色”，单击右边的小三角，在下拉菜单中选择“线性”填充方式，如图 1-36 所示。

提示 在颜色面板中，填充色的类型有 4 种，分别是纯色、线性、放射状、位图。纯色顾名思义，指单一的色彩填充方式。线性为直线型填充方式，是创建从起始点到终点沿直线逐渐变化的渐变。放射状也是一种渐变填充方式，但它是以从中心焦点出发沿环形轨道向外混合的扩散方式来填充色彩的。而位图则是以选定的图案来代替色块填充。选择何种方式填充要看被上色物体的需要。另外，RGB 数值，即红、绿、蓝 3 个数值的下面有一个 Alpha 数值，这个数值是用来调节透明度的，它可以改变颜色的透明度值。在渐变填充时，可以在某个色彩点上应用透明度，这样一来，在色彩渐变的同时，透明度也可以随着渐变。

（13）选择线性填充方式后，色彩面板就变成如图 1-37 所示。

（14）左键单击下方渐变定义栏，即水平细长条色彩框下方的颜色指针，如图 1-38 所示，即选定需要修改渐变色其中一端的色彩。选定后，颜色的修改可以在下面 RGB 色板中调出一个适合的色彩，移动色板中间的十字就可以选定颜色，色板右边的竖条可以调节明度，左键按住竖条右面的小三角滑块就可以调节选定颜色的明度，如图 1-39 所示。

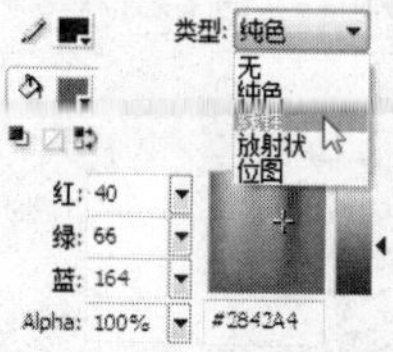

图 1-36　填充类型

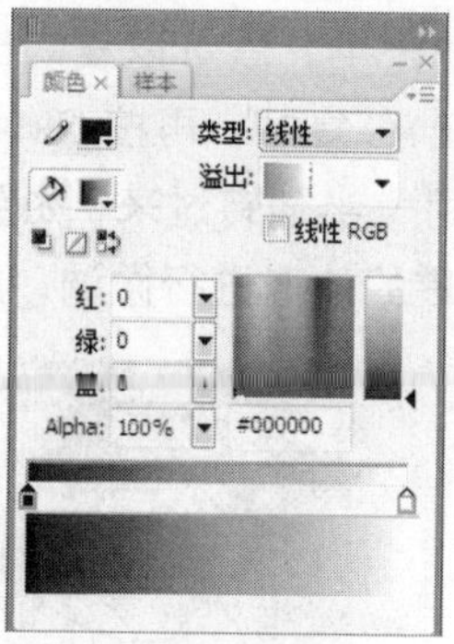

图 1-37　线性渐变

图 1-38　选定颜色指针调节

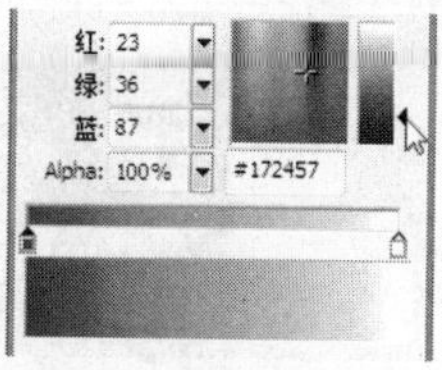

图 1-39　修改颜色

（15）如果要精确调节的话，还可以直接输入“RGB” 3 个色的数值。运用此方法，改变渐变色条的另一端的颜色，再指定这一端透明度降低，方法也是先选中这一端的颜色指针，再调节 Alpha 的透明度值，调节出颜色如图 1-40 所示。学会如何应用颜色后，再给蝴蝶上色，蝴蝶很小，因此不用上太复杂的颜色，上好色的效果如图 1-41 所示。从图中可以看到，蝴蝶的颜色有一些透明度，可以稍微透出背景的颜色。为了不让边线过于死板，还可以选中蝴蝶，修改它的边线属性，在属性面板中把线条的颜色由黑色改为深蓝色。

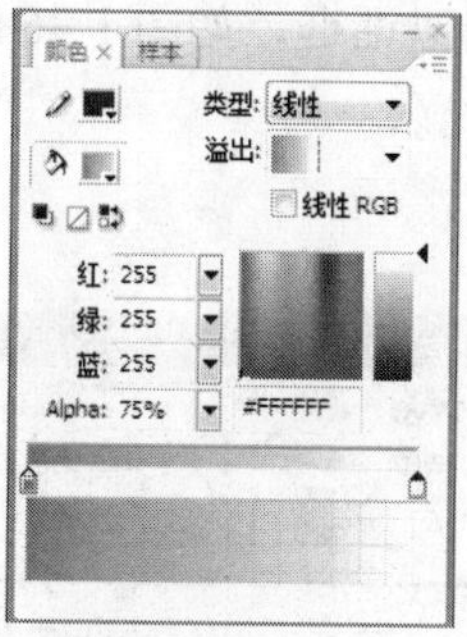

图 1-40　修改好的渐变色

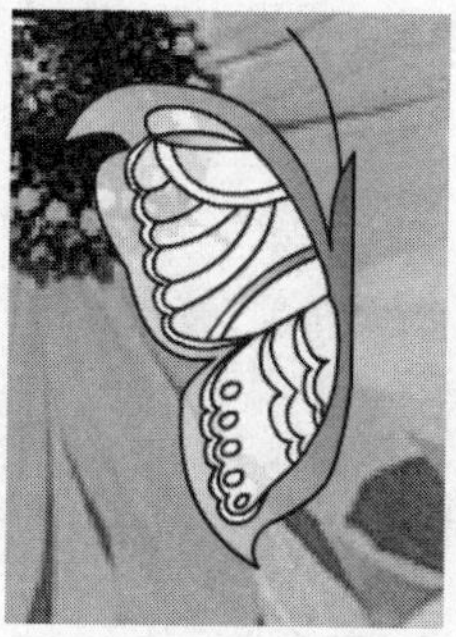

图 1-41　蝴蝶上色效果

提示　在修改线条颜色时，可以整体选中对象，在属性面板中单独修改线条的颜色。如果只修改少数线条的颜色，还可以用工具箱中的墨水瓶工具（快捷键 S）。使用方法是单击这个工具，在属性面板中把线条颜色修改成需要的颜色，然后把鼠标移动到需要修改的线条上，鼠标会变成墨水瓶工具的图标，单击一下鼠标左键，线条的颜色就会改变。不仅仅是颜色，单击墨水瓶工具后，还可以在属性面板中修改线条的其他属性，如线的类型、粗细等，如图 1-42 所示。修改后，再对准需要修改的线条单击一下左键就可以了。

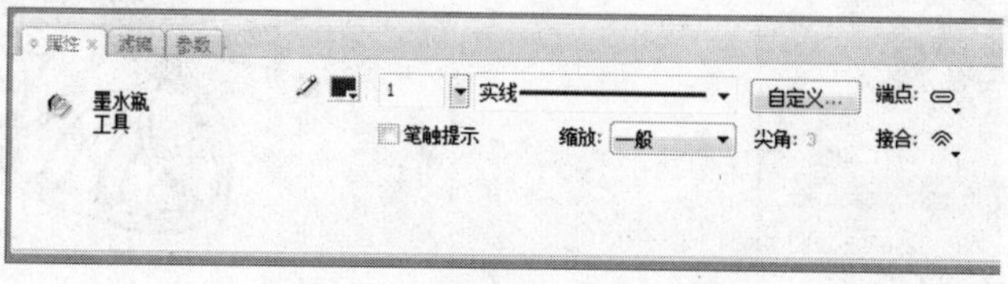

图 1-42　墨水瓶工具属性

（16）复制出蝴蝶的另一半。画完了蝴蝶的一半，就可以复制出它的另一半，组成完整的形状了。方法是选中现有的一半，按住 Ctrl+C 复制，再按 Ctrl+Shift+V 原位粘贴，用任意变形工具把中心点挪到轴心，将粘贴出的另一半翻转过来，如图 1-43 所示。一只蝴蝶就绘制完毕了。如果觉得不满意，可以再对蝴蝶的外形进行微调，效果如图 1-44 所示。

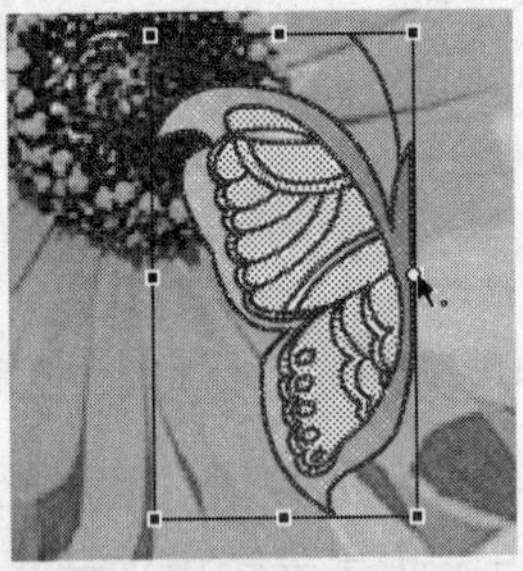

图 1-43　复制粘贴并确定轴心

图 1-44　蝴蝶完成效果

下面先来制作蝴蝶飞舞时扇动翅膀的动作。根据动画的原理，只要画出蝴蝶的两个关键动作，翅膀上下扇动的两帧并让它循环，就可以表现出飞舞的蝴蝶的动作。

（17）选择蝴蝶图层，在场景中的蝴蝶上单击鼠标右键，选择“转换为元件”（快捷键 F8），如图 1-45 所示，会弹出一个“转换为元件”的对话框，如图 1-46 所示。

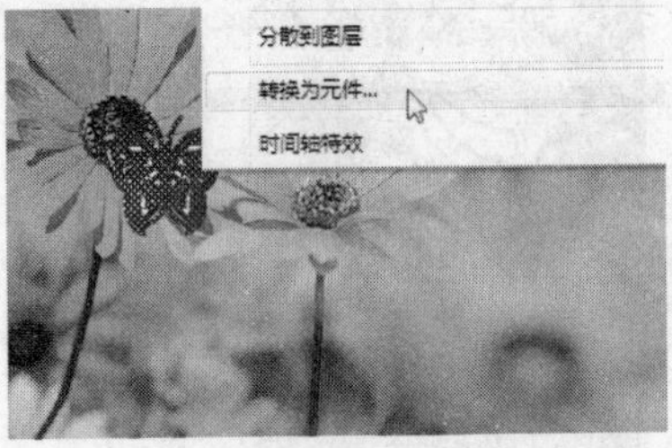

图 1-45　转换为元件

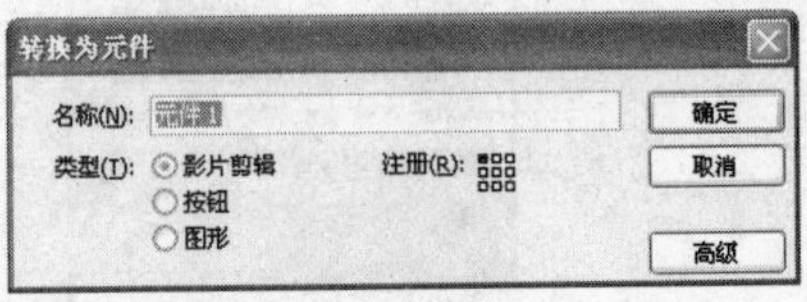

图 1-46　转换为元件对话框

（18）将对话框中的“名称”一项设为“蝴蝶”，在“类型”的 3 个选项中选择“影片剪辑”，然后单击“确定”。这时，可以看到场景旁边的库中出现了名称为“蝴蝶”的元件，如图 1-47 所示。双击场景中的蝴蝶，进入此元件。现实中，蝴蝶不可能是正面对着人，因此，要把它旋转到合适的角度并稍稍做一些变形，如图 1-48 所示。然后，再创建一个新的关键帧。

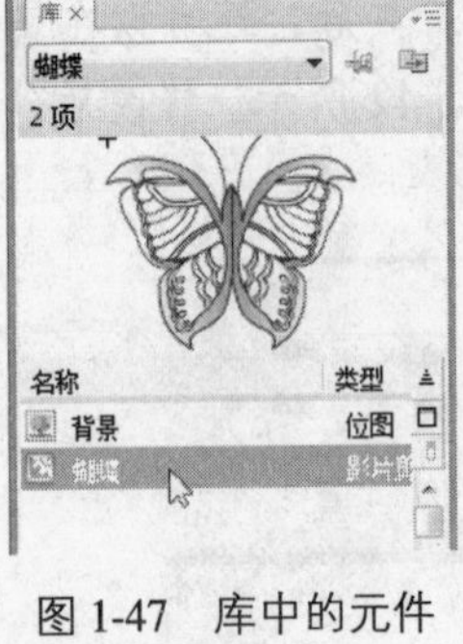

图 1-47　库中的元件

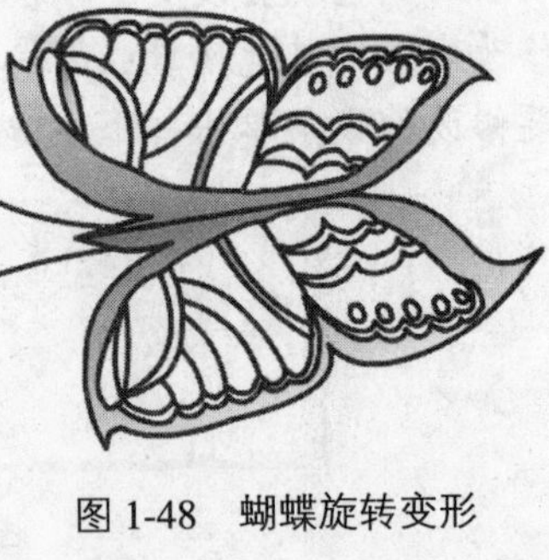

图 1-48　蝴蝶旋转变形

（19）在现有关键帧的旁边一帧上单击右键，选择“插入关键帧”（快捷键 F6），如图 1-49 所示，这时，图层 1 上就会出现 2 个关键帧。单击图层下方工具中的绘制图层外观工具，如图 1-50 所示。这个工具的作用是，在某一帧上，除了看到这一帧的图形外，还可以同时看到另一帧的图形，这就相当于拷贝台的作用，使得能对比前一帧的动作来修改后一帧的动作，使两个图形的动作连贯起来。

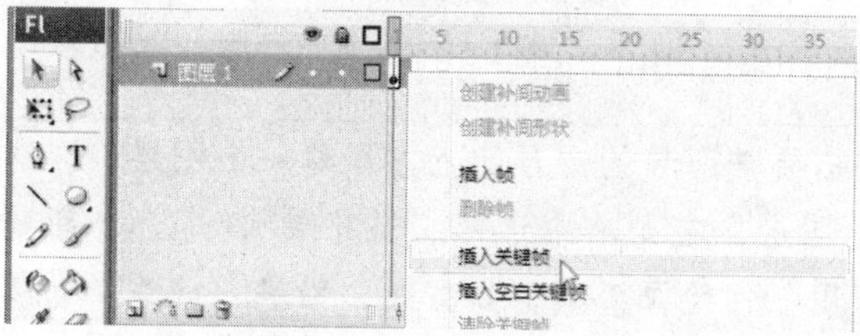

图 1-49　插入关键帧

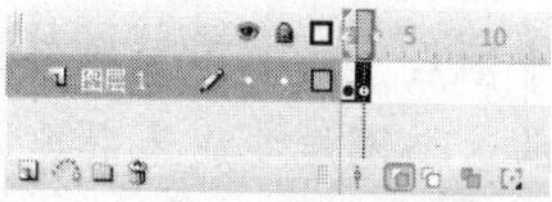

图 1-50　绘图图层外观

提示

画第 2 帧时，要依据第 1 帧的图形来绘制。翅膀扇动的动作很大，需要对第 1 帧的图形进行较大改动。因此，画的时候要对准第 1 帧，两帧的图形一定要在同一位置。

（20）按照前面所说的方法，分别画出第 1 帧和第 2 帧的不同动作，注意连贯性和动作原理，可以参考一些真实的图片进行绘制。绘制好的分解动作如图 1-51 所示，这两帧图片循环播放便形成蝴蝶扇动翅膀的动画了。做蝴蝶翅膀扇动的第 2 帧时有一个小技巧：不必擦掉所有的图形重新画，可以用任意变形工具把一半翅膀翻转过来，叠在另一个翅膀上，就造成了蝴蝶翅膀叠起来的效果。但是两帧的位置要微微调整，并且外形要稍微有所变化，否则会造成只有一只翅膀在扇动的错觉。

图 1-51　蝴蝶动作分解

（21）单击场景左上方的返回箭头回到场景中，将蝴蝶缩放到合适的大小，就可以开始做引导线动画了。

（22）添加引导线。在时间轴面板左下角有一个小按钮，是添加引导层按钮。选中蝴蝶图层，单击添加引导层按钮，或右击此图层，在菜单中选择“添加引导层”，这时，在蝴蝶图层上方就出现了引导层，如图 1-52 所示。用直线工具在引导层上绘制一条曲线，如图 1-53 所示。

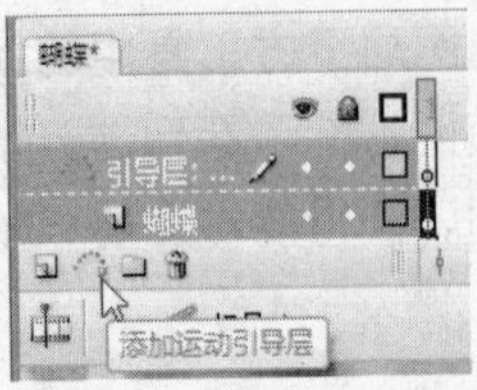

图 1-52　添加引导层

图 1-53　添加引导线

提示 添加引导层还有一种方式：在需要被引导的图层的上方新建一个图层，在这个图层上绘制引导路径后，右击此图层，在菜单中选择“引导层”，那么，新建的这个图层便成为引导层，它能把用任何绘画工具，如直线、铅笔、钢笔、椭圆等绘制出的线条变为物体运动的轨迹。此时，图层前面是一个钉子图形，表示它还没有引导任何物体。选中需要被引导的图层，并拖动它到引导层上，松开鼠标，引导层便成立了。

（23）添加完运动轨迹后，要给蝴蝶设定它飞到花朵上的时间。在时间轴上为所有图层添加帧数至第 45 帧。方法是一起选中所有图层的第 45 帧，右击鼠标，选择“插入帧”（快捷键 F5），如图 1-54 所示。

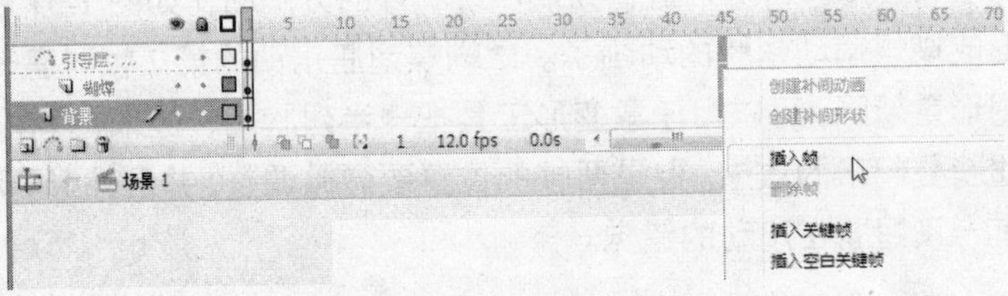

图 1-54　选择“插入帧”

（24）这样，所有图层就都变成了 45 帧的长度，如图 1-55 所示。再次选中蝴蝶图层的第 45 帧，右击鼠标，在弹出的菜单中选择“转换为关键帧”（快捷键 F6），这样，蝴蝶图层的第 1 帧和最后一帧都成为关键帧，如图 1-56 所示。在 Flash 中，至少需要前后两个关键帧的动作，中间才能形成动画。

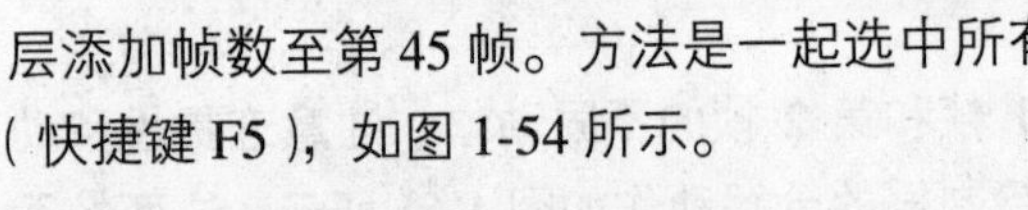

图 1-55　所有图层都添加 45 帧

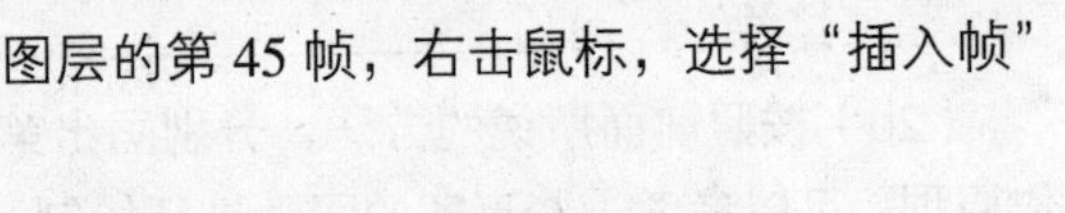

图 1-56　插入关键帧

提示 当添加数量比较多的帧数时，就不能一帧一帧地添加。这时，可以在要添加的长度的最后一帧上直接插入帧，这样就大大加快了速度。另外，如果有多个层都需要添加同样长度的帧数，就可以把所有层的最后一帧一起选中，添加。大量应用快捷键可以大大加快制作动画的速度。在对帧的操作中，最常用到的快捷键就是插入帧（快捷键 F5），插入关键帧（快捷键 F6），插入空白关键帧（快捷键

F7）。另外，工具箱中的常用工具也应记住其快捷键，方便操作，如直线工具（快捷键 N），油漆桶工具（快捷键 K），选择工具（快捷键 V），任意变形工具（快捷键 Q）等。

（25）下面，先选中蝴蝶图层的第一个关键帧，将蝴蝶元件拖移到起点上，如图 1-57 所示。再选中蝴蝶图层的最后一个关键帧，将元件移到终点上，如图 1-58 所示。执行操作时需要注意的是，要将蝴蝶的中心点对准引导线的两个端点，才能使引导线动画成立。如果对不上中心点的话，说明在工具箱最下方的磁石工具  没有选中，选中后就很容易将两个中心点吸附上。

（26）右击蝴蝶图层两个关键帧中的任何一帧，在菜单中选择“创建补间动画”，这个小动画基本上就形成了。在主菜单中选择“控制>测试影片”（快捷键 Ctrl+Enter），看一下动画效果，没什么大的问题，但是稍微有些单调，可以再多加几只蝴蝶。方法是选中场景中的蝴蝶元件，按 Ctrl+C 复制这个元件，然后，在所有图层上新建一层，命名为“蝴蝶 2”，按 Ctrl+V 粘贴元件。按照前面讲过的方法，给这一层的蝴蝶再添加一条引导线，注意与第一只蝴蝶有所区别，另外，可以利用任意变形工具对蝴蝶飞行的方向和大小进行改变，使大小两只蝴蝶从不同的方向用不同的速度飞进场景，如图 1-59 所示。

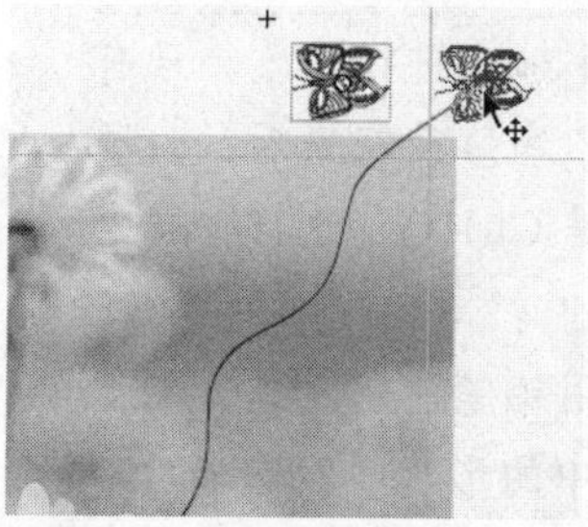

图 1-57　移动元件至起点

图 1-58　移动元件至终点

图 1-59　方向不同的两只蝴蝶

（27）要使蝴蝶在不同的时间进入场景，两只蝴蝶就不能从第 1 帧起一起开始移动，要区分出前后顺序，将第二只蝴蝶进入场景的时间延后，即将此图层和它的引导层的第 1 帧一起向后挪动，如图 1-60 所示。

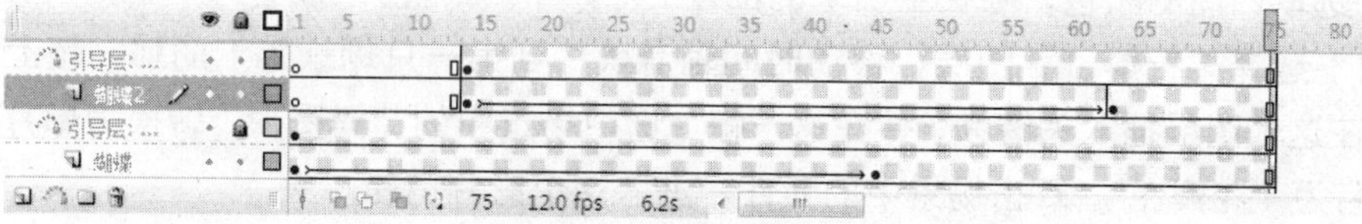

图 1-60　关键帧后移

（28）测试影片，可以看到有两只蝴蝶从画面的不同方向飞进来，如图 1-61 所示。

蝴蝶落在花上面时，一般花瓣会有些震动，现在就来做这个动画。先来分析一下这个动画：蝴蝶落在花朵上的时候，花瓣才会开始有震动，因此，这个动画的关键帧应该设在蝴蝶落下的那一帧。另外，花瓣颤动的动画和蝴蝶扇动翅膀是一样的性质，都是循环的动作，只需把这一瓣花做成一个元件，让它在蝴蝶落下后循环动作就可以了。

（29）先来做第一只蝴蝶所在的花瓣。选中背景，选择主菜单中的“修改〉分离”（快捷键 Ctrl+B），将背景层分离，再用套索工具（快捷键 L）圈选出蝴蝶落在其上的花瓣，剪切下来，如图 1-62 所示。在背景层上新建一层，命名为“花瓣 1”，按 Ctrl+Shift+V，原位粘贴在新建的图层上。

图 1-61 测试效果

图 1-62 剪切花瓣

提示 所有的图片在导入时，都是整体的，无法单独选中某个地方进行修改，只有将图片分离后，才可以进行改动。分离的快捷键是 Ctrl+B，当修改完毕后，为了避免对它进行误操作，还可以再组合起来，组合的快捷键是 Ctrl+G，这样，被分离的图便又组合成一体。

套索工具比较灵活，如果用不习惯套索工具，还可以用铅笔、钢笔或直线工具勾勒出花瓣的形状，再用选择工具就可以选中闭合曲线中的形状了，选取后，只需将先前画的线条删除即可。另外，原位粘贴与普通的粘贴是两个概念，原位粘贴指将要粘贴的物体按照它原来所在的位置粘贴，快捷键是 Ctrl+Shift+V；但是，粘贴却不一定将物体粘贴在它原来的位置上，快捷键也不同，是 Ctrl+V。

（30）再将背景层空，出的位置填充上与周围环境相似的颜色。可以用滴管工具（快捷键 I）选取四周的颜色，喷在空出来的位置上。

（31）选择“花瓣 1”图层，移动时间轴滑块，到第一只蝴蝶落下的那一帧上，即第 45 帧，在这个图层插入关键帧，并在这一帧上选中场景中的花瓣图形，转换为影片剪辑元件，命名为“花瓣 1”。双击场景中的元件，进入这个影片剪辑。

提示 注意一定要在第 45 帧时建个关键帧，将图形转换为影片剪辑，如果没有设关键帧就直接将图形转换为元件，那么这个花瓣就会从头到尾都在颤动，这不符合需要。在 45 帧之前，这个花瓣都是分离状态的静态图形，从 45 帧之后才是有动作循环的影片剪辑。在做动画时，转换元件时选择的类型一般都是“影片剪辑”，静止的图形转换为元件时，类型选择“图形”就可以了。

（32）选中影片剪辑中的花瓣图形，把它转换为类型是图形的元件，注意命名不要和库中其他元件重名。然后，单击任意变形工具，单击场景中的图形，就会出现矩形调节框，将花瓣的轴心移动到花瓣根部，如图 1-63 所示。移动轴心的作用是在动画中，花瓣以花瓣根为轴心上下移动。

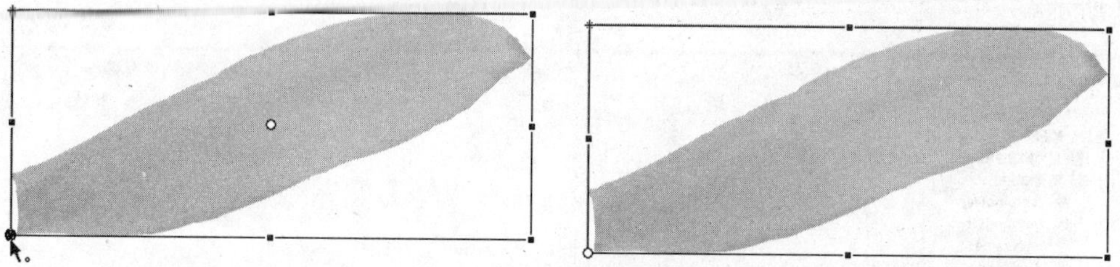

图 1-63　移动轴心

（33）在图层的第 5 帧插入关键帧，单击任意变形工具，将鼠标移动到矩形框的角上，鼠标会变成旋转把柄，稍微往下旋转图形，使得和第 1 帧的图形产生一些距离，如图 1-64 所示。

（34）复制第 1 帧，粘贴到第 10 帧，使第 10 帧形成和第 1 帧相同的关键帧。复制帧有两种方法，第一种是选中第 1 帧，同时按住 Alt 键和鼠标左键，拖动它到第 10 帧上松开。第二种方法是在第 1 帧上右击鼠标，在菜单中选择“复制帧”，在第 10 帧上右击鼠标，选择“粘贴帧”。复制帧后，只需在这 3 个关键帧中间加上两段补间动画就可以了，如图 1-65 所示。

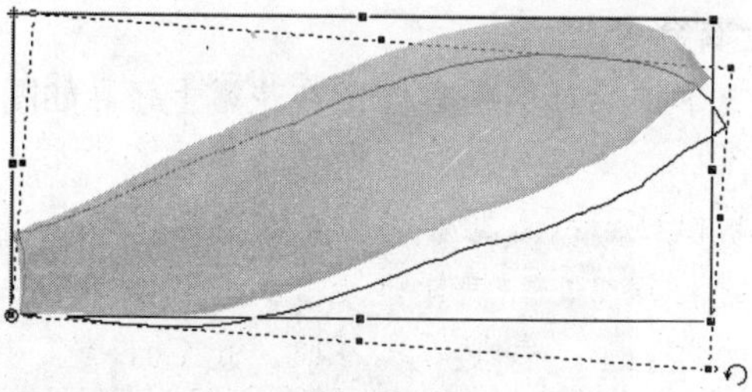

图 1-64　旋转图形

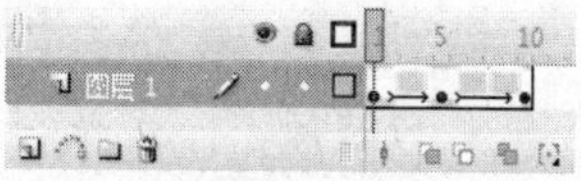

图 1-65　花瓣的补间动画

（35）依照前面讲的方法，将第二只蝴蝶落脚的花瓣也做出颤动的效果。图层顺序如图 1-66 所示。单击 Ctrl+Enter 测试影片效果，可以看到，当蝴蝶落下时，两个花瓣都开始颤动。如果觉得蝴蝶落下的时间有点短，可以回到场景中，将所有图层的帧数延长一些，这里，将图层延长到第 90 帧，注意一定要选择所有图层的第 90 帧一起添加帧。

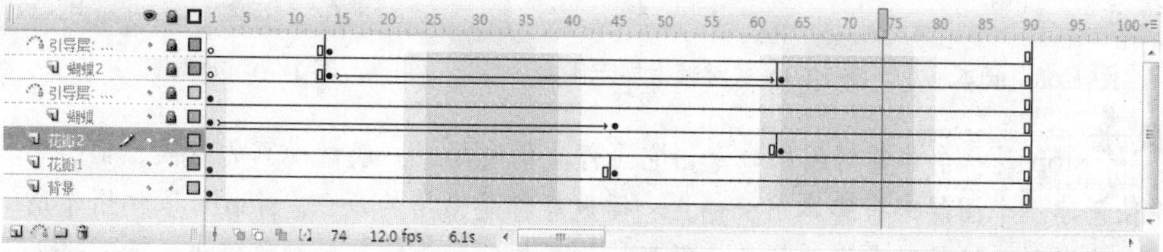

图 1-66　图层顺序

（36）若让蝴蝶飞到花瓣上后就一直停留，就需要在脚本中写 stop 命令。方法是新建一个图层，命名为“Action”，在这个图层的第 90 帧插入关键帧。如果 Flash 面板中没有“动作”这一项，就执行主菜单的“窗口〉动作”（快捷键 F9）命令调出来。它可以是浮动的面板，在不用的时候关上，也可以将它移动到属性面板处，与属性面板放在一起，如图 1-67 所示。

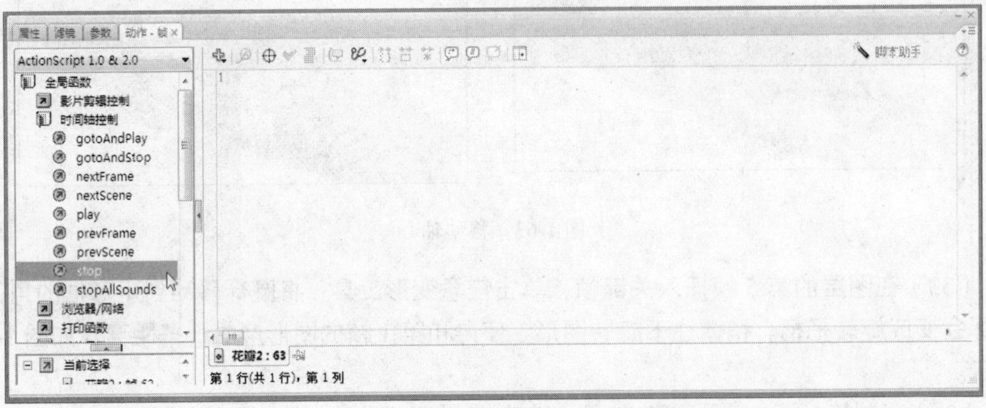

图 1-67　动作面板

（37）选中新插入的关键帧，双击“时间轴控制”中的“stop”，这时，在面板中就会出现相应脚本，如图 1-68 所示。

（38）与此同时，这一层的关键帧上也会有所显示，证明已经写上脚本，如图 1-69 所示，上面一个“a”的标记代表这个关键帧上有命令。

（39）现在再测试影片，就会发现，蝴蝶飞下来后就会一直停留在花瓣上了，如图 1-70 所示。

图 1-68　脚本

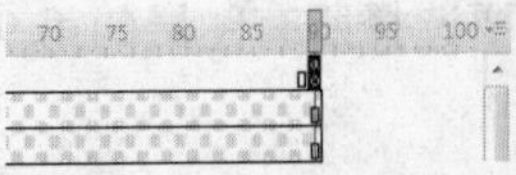

图 1-69　关键帧上显示出命令标记

图 1-70　效果图

提示 stop 是一个非常好用的命令，它是停止的意思。一般做动画的时候，都会单独新建一个图层来写脚本用，停止、播放等都是常用的命令。stop 可以作用于所有的图层，但是不会影响元件的循环，如果想让元件循环的动作停止，就要进入元件中单独写命令。在这个例子中，主要是学习引导线动画的应用，对于脚本命令这里就不细说了。

1.5 本章小结

本章主要介绍关于 Flash CS 的相关基础知识，介绍了 Flash 的应用领域、特点、动画的原理以及创建文档、设置文档和保存文档等基本操作。

本章通过学与练的合理结合，通章以介绍相关概念为主，让读者初步对动画的相关领域知识有一个整体的结构概念，对于本章的内容，读者不需要精读，只作简单的了解即可。

第 2 章

动画制作基本功——绘图基础

本章导读

Flash 软件不是用于做动画的吗？怎么还可以用这个软件来绘图呀？真的有这么神奇吗？在电脑中刚刚安装了 Flash CS3 软件，迫不及待地想试试如何在 Flash 中绘制图形，我该如何绘制各种图形呢？

Flash 软件绘制的图形都是矢量图形，在 Flash 中有一个工具箱，提供了绘制图形的工具，你可以利用这些工具轻松绘制各种图形。在用 Flash 制作动画时，使用矢量图形比用位图需要的存储空间更小，因此本章将重点介绍在 Flash 软件中的绘图基础。

本章主要学习以下内容：

- 关于矢量图和位图
- 绘制矢量图
- 填充图形
- 编辑图形
- 学以致用
- 本章小结

2.1 关于矢量图和位图

根据计算机显示图形的原理，遇到的计算机显示的图形主要可以分为两大类：矢量图形和位图图形。因此，只有了解了矢量图和位图的概念以及它们之间的联系和差别，才能正确地处理各种类型的图形。

2.1.1 矢量图与位图概述

矢量图是使用包括颜色和位置属性的直线和曲线（称为矢量）来描述图形。例如一朵花，如图 2-1 所示。花朵包括两部分：花朵的边缘的点组成的轮廓和轮廓内的填充区域。

在矢量图形中，花朵的颜色由花朵的轮廓曲线的颜色和轮廓所包围区域的颜色决定，与轮廓内部单独的点无关。

对于矢量图形，编辑时可以对描述图形形状的线条和曲线的属性进行修改，也可以对矢量图形进行移动、放缩、变形以及在不改变图形显示质量的前提下更改颜色等操作。

位图是通过使用在网格内排列的不同颜色的点（称为像素）来描述图形。例如花朵图像，如图 2-2 所示，由网格中每个像素点的位置和颜色值来描述。

图 2-1　矢量图形

图 2-2　位图图形

对于位图图形，编辑时修改的是像素，不是直线和曲线，所以，要更改花朵的性质不能通过修改描述花朵的轮廓的直线或曲线来实现。

高手点评

在 Flash 动画中，主要使用矢量图形来制作动画，掌握矢量图和位图的概念对后续的学习会有很好的帮助。

2.1.2 矢量图与位图的区别联系

矢量图形具有独立的分辨率。也就是说，在保证质量的前提下，它可以显示在各种分辨率的输出设备中，而不影响品质。在矢量方式下，图形被放大以后仍然保持原清晰度，这是区分矢量图与位图的最好方法，如图 2-3 所示。

位图图形不具有独立的分辨率，即位图图形跟分辨率有关，故在分辨率比位图图形本身低的输出设备上显示图形会降低图形的品质。编辑位图图形时修改的是像素，不是直线和曲线，因此编辑位图图形会更改它的外观品质。特别是，在缩放一个位图图形时，会因为网格内的像素进行了重新分配而导致图形边缘变得粗糙、模糊，如图 2-4 所示。

图 2-3　矢量图的放大

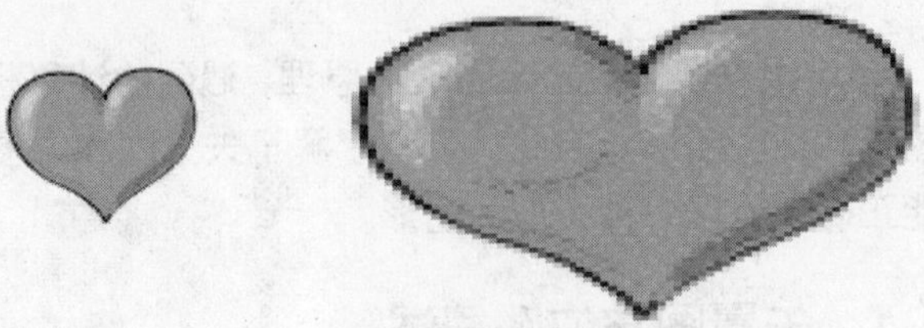

图 2-4　位图的放大

高手点评

Flash 采用的是矢量图形格式，因此放大或缩小其创建的图形不会影响图形的分辨率，同时，将图形放大是否失真是辨别矢量图与位图的最好方法。

2.1.3　位图与矢量图之间的转换

选择“修改>位图>转换位图为矢量图”命令可以把位图转换为可编辑的矢量图形。以矢量图形方式处理图像，可以减小文件大小。

手把手实例　转换位图为矢量图

源 文 件：	CDROM\02\源文件\转换位图为矢量图.fla
素材文件：	CDROM\02\素材\苹果.jpg
效果文件：	CDROM\02\效果文件\转换位图为矢量图.swf

图 2-5　苹果位图

（1）选择“文件>新建”命令，在弹出的对话框中选择“常规”选项卡下的“Flash 文件（ActionScript 3.0）”选项，单击“确定”按钮，创建一个影片文档。

（2）选择“文件>导入>导入到舞台”命令，在弹出的窗口中选择要导入的位图文件，然后单击 打开(O) 按钮，便将文件导入到舞台，调整图片的大小使其适合舞台的大小。导入到舞台中的位图如图 2-5 所示。

（3）单击选中舞台中的位图图形，然后选择“修改>位图>转换位图为矢量图”命令，弹出“转换位图为矢量图”对话框，如图 2-6 所示。

下面介绍一下“转换位图为矢量图”对话框中各个参数和选项的作用。

- “颜色阈值”要求输入一个值。比较两个像素后，若该颜色阈值高于两个像素在 RGB 颜色值上的差异，则认为这两个像素颜色相同。
- “最小区域”用来设置为某个像素指定颜色时需要考虑的周围像素的数量。
- “曲线拟合”用来确定绘制轮廓的平滑程度。
- “角阈值”用来确定保留锐边还是进行平滑处理。

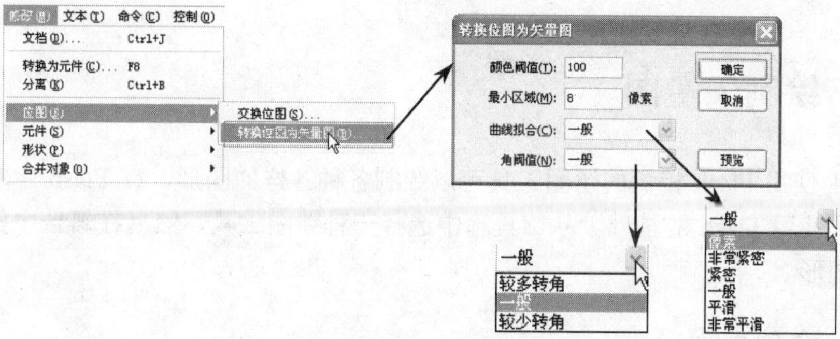

图 2-6　转换位图为矢量图

设置好各个参数和选项后，单击 确定 按钮即可。若要创建最接近原始位图的矢量图形，请按照如图 2-7 所示的设置来设置各个参数和选项值。

（4）转换后的矢量图如图 2-8 所示。选择"文件>保存"命令，定义文件名为"转换位图为矢量图.fla"。

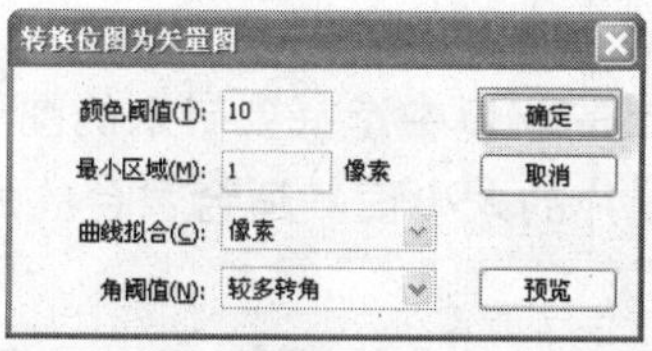

图 2-7　最接近原始位图的设置

图 2-8　苹果矢量图

技巧 若位图含有复杂的形状和多种颜色，那么转换后得到的矢量图形要比原始的位图文件大。设置"转换位图为矢量图"对话框中的各种参数，可以找到文件大小和图像品质二者之间的平衡点。

高手点评

转换位图得到的矢量图的效果越好，则文件越大，处理速度越慢。位图转换为矢量图后，就成了一些独立的填充区域和线条。

即问即答

把位图转换为矢量图形以后，在"库"中，矢量图形和位图元件有关联吗?

把位图转换为矢量图形以后，矢量图形就不再链接到"库"中的位图元件了。

在 Flash 中要修改位图图像该怎么办?

可以在把位图分离后，使用 Flash 的绘画和涂色工具来修改图像。

2.2 绘制矢量图

使用 Flash 提供的绘图工具可以绘制各种各样的图形，在 Flash 中掌握绘制图形的方法是使用 Flash 的基础。从工具箱中选择一种绘图工具，然后在舞台中拖曳鼠标便可以绘制图形。

2.2.1 绘制直线

在 Flash 工具箱中提供了绘制线条的工具，利用线条工具可以绘制各种线型的直线。

手把手实例 绘制直线

源 文 件：	CDROM\02\源文件\绘制直线.fla
素材文件：	CDROM\02\素材\木板.jpg
效果文件：	CDROM\02\效果文件\绘制直线.swf

（1）选择“文件>新建”命令，在弹出的对话框中选择“常规”选项卡下的“Flash 文件（ActionScript 3.0）”选项，单击“确定”按钮，创建一个影片文档。

（2）选择“文件>导入>导入到舞台”命令，在弹出的窗口中选择要导入的图形文件，然后单击 打开(O) 按钮，便将文件导入到舞台，调整图片的大小使其适合舞台的大小。导入到舞台中的图形如图 2-9 所示。

（3）选择“插入>新建元件”命令，弹出“创建新元件”对话框，如图 2-10 所示，输入元件名称为“棋盘”，选择元件类型为“图形”，然后单击 确定 按钮，进入图形元件的编辑状态。

图 2-9 木板

图 2-10 “创建新元件”对话框

注意 关于元件的概念，本书第 10 章有具体的讲解，请参阅。

（4）在工具箱中单击（线条工具）按钮，如图 2-11 所示。选择“窗口>属性”命令，打开属性面板，这时显示直线工具属性面板，如图 2-12 所示。

图 2-11　线条工具

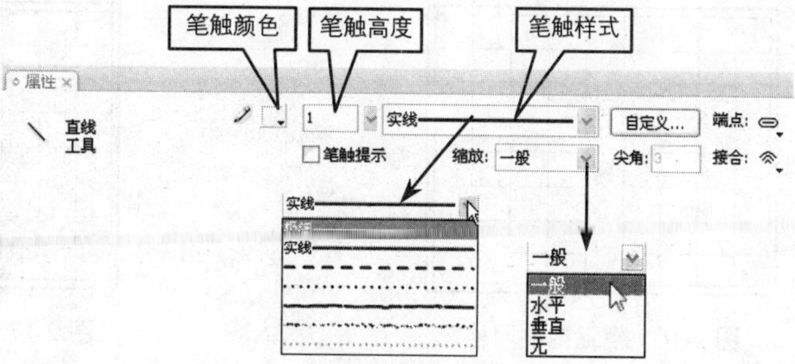

图 2-12　直线工具属性

（5）在属性面板中设置直线的（笔触颜色）为黑色（#000000），笔触高度为 4，笔触样式为实线。把鼠标移到舞台中，拖曳鼠标便绘制出了一条直线，线条的粗细、线型等参数与在直线属性中设置的参数完全一样，如图 2-13 所示。

图 2-13　第一条直线

（6）继续在舞台中绘制 3 条直线，并用绘制的直线组成棋盘的轮廓形状，如图 2-14 所示。

（7）在属性面板中设置直线的笔触高度为 2.5，其他属性保持同上。在舞台中绘制 6 条直线并组合起来形成棋盘的内轮廓，如图 2-15 所示。

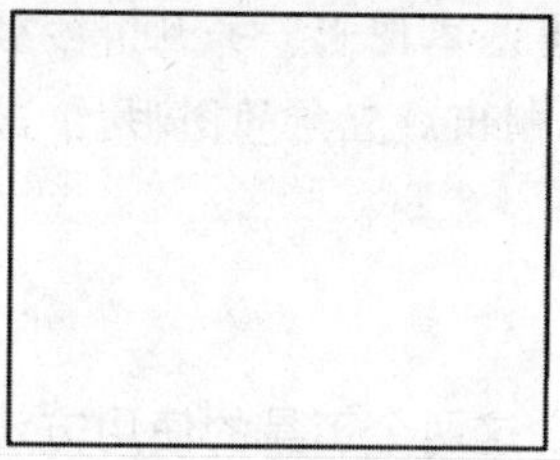

图 2-14　棋盘轮廓

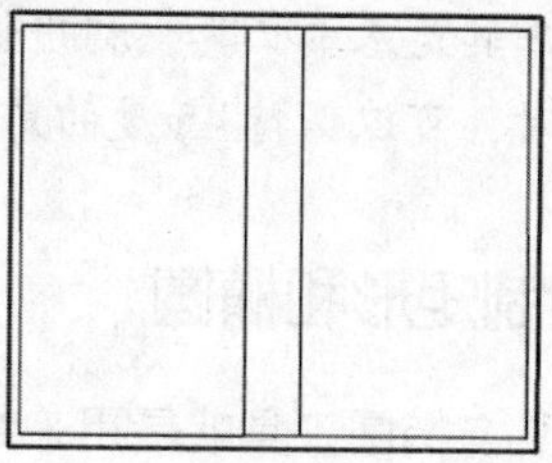

图 2-15　棋盘内轮廓

（8）在属性面板中设置直线的笔触高度为 1.5，其他属性保持同上。在舞台中绘制直线并组合起来形成棋盘内的网格，如图 2-16 所示。

（9）在属性面板中设置直线的笔触高度为 2.5，其他属性保持同上。在舞台中绘制直线并组合起来形成棋盘内的定位点，如图 2-17 所示。

（10）单击工具箱中的（文本工具）按钮，在舞台中绘制好的棋盘上拖曳鼠标，出现文本输入框，输入文字“楚河”和“汉界”，这样棋盘就绘制好了，如图 2-18 所示。

（11）“棋盘”元件绘制完毕后，单击舞台窗口上方的 场景 1 按钮，回到场景编辑状态。选择“窗口>库”命令，打开“库”面板，如图 2-19 所示。选中当前图层的第 1 帧，从库中将“棋盘”元件拖曳到舞台中，最终的效果图如图 2-20 所示。选择“文件>保存”命令，定义文件名为“绘制直线.fla”。

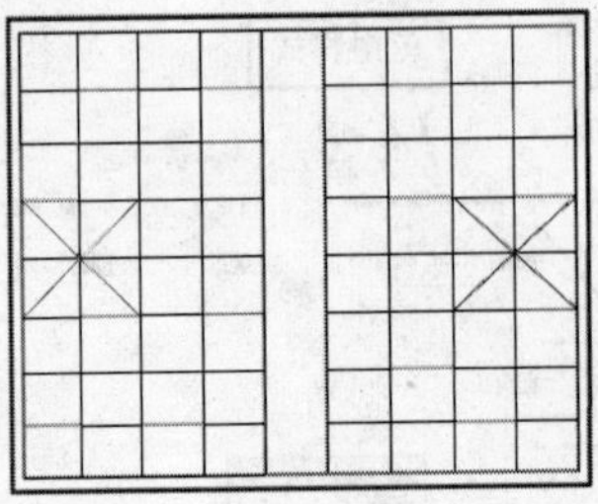

图 2-16　棋盘内的网格

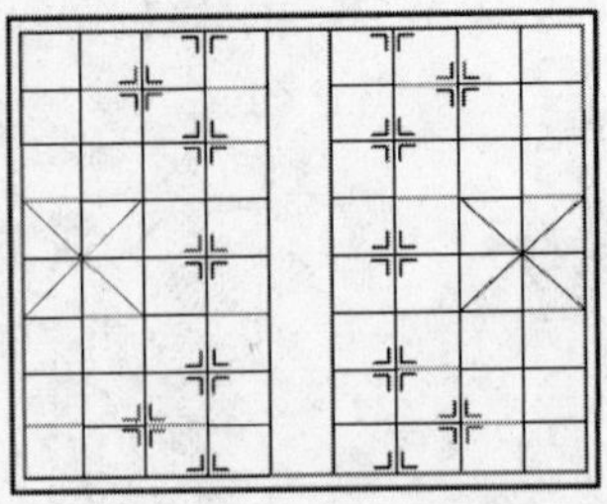

图 2-17　棋盘内的定位点

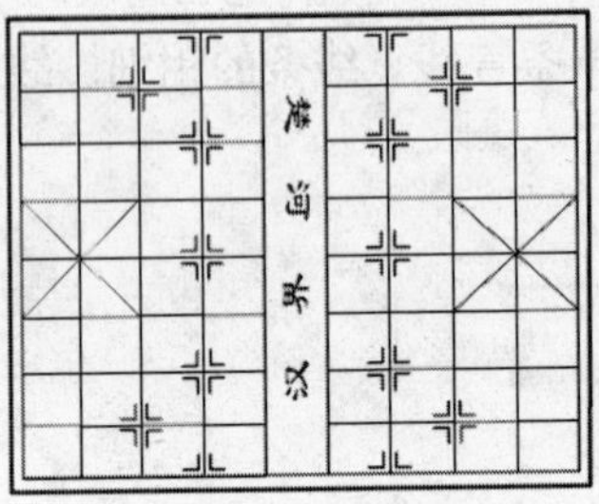

图 2-18　棋盘

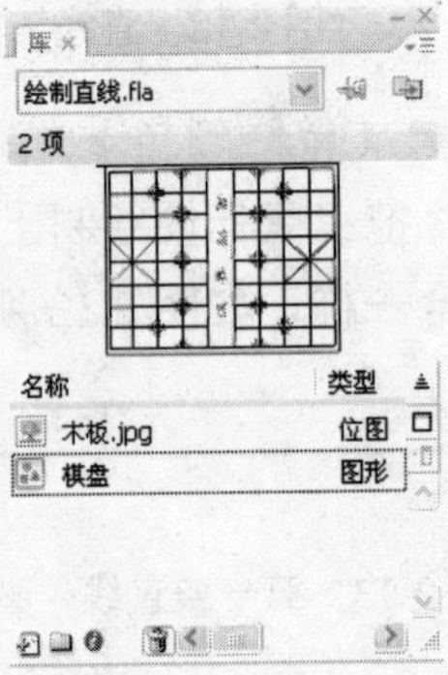

图 2-19　库

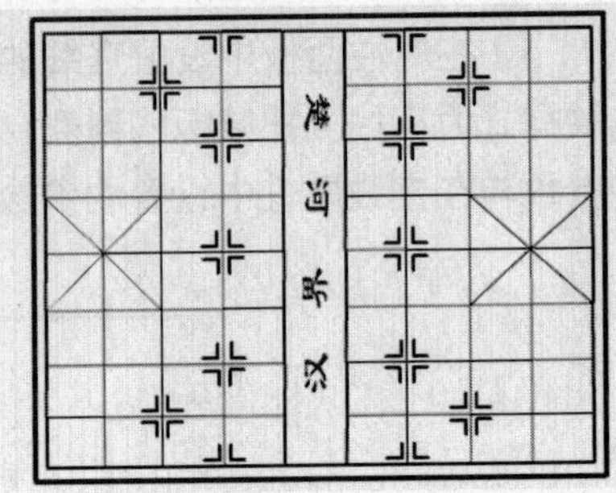

图 2-20　效果图

技巧　拖曳鼠标的同时按住 Shift 键，可以沿水平、垂直或 45 度的方向绘制直线。

高手点评

线条工具是基本工具，利用该工具可以绘制许多基本图形，并且，按住 Shift 键绘制直线时，可以保持 45 度的角度，因此很容易绘制出成直角的图形。

2.2.2　绘制矩形和椭圆

矩形工具与椭圆工具就是用来绘制矩形和椭圆的，这两个工具的使用方法类似。如果在绘图的过程中，交叉地使用这两个绘图工具绘制图形，会得到更多意想不到的效果。

手把手实例　绘制矩形和椭圆

源 文 件：	CDROM\02\源文件\绘制矩形和椭圆.fla
素材文件：	CDROM\02\素材\小村庄.jpg
效果文件：	CDROM\02\效果文件\绘制矩形和椭圆.swf

（1）选择“文件>新建”命令，在弹出的对话框中选择“常规”选项卡下的“Flash 文件（ActionScript 3.0）”选项，单击“确定”按钮，创建一个影片文档。

（2）选择“文件>导入>导入到舞台”命令，在弹出的窗口中选择要导入的图形文件，然后单击 打开(O) 按钮，将文件导入到舞台，调整图片的大小使其适合舞台的大小。导入到舞台中的效果如图 2-21 所示。

（3）选择“插入>新建元件”命令，弹出“创建新元件”对话框，如图 2-22 所示，输入元件名称为“熊猫”，选择元件类型为“图形”，然后单击 确定 按钮，进入图形元件的编辑状态。

图 2-21 舞台背景

图 2-22 创建新元件

（4）单击工具箱中的 （矩形工具）按钮并按住鼠标，弹出图形工具选项，如图 2-23 所示，选择矩形工具 。

（5）选择“窗口>属性”命令，打开属性面板，在属性面板中设置 （笔触颜色）为黑色（#000000），笔触高度为 4，笔触样式为实线， （填充颜色）为白色（#FFFFFF），矩形边角半径为 15，如图 2-24 所示。设置好矩形的属性参数后，把鼠标移到舞台中，拖曳鼠标便绘制出矩形，如图 2-25 所示，熊猫的脸就画好了。

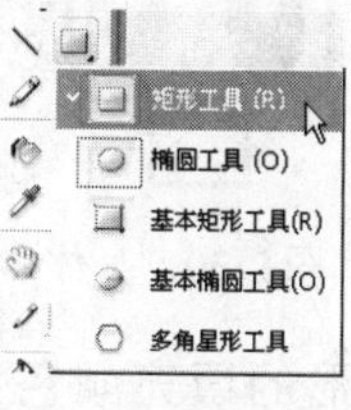

图 2-23 图形工具选项

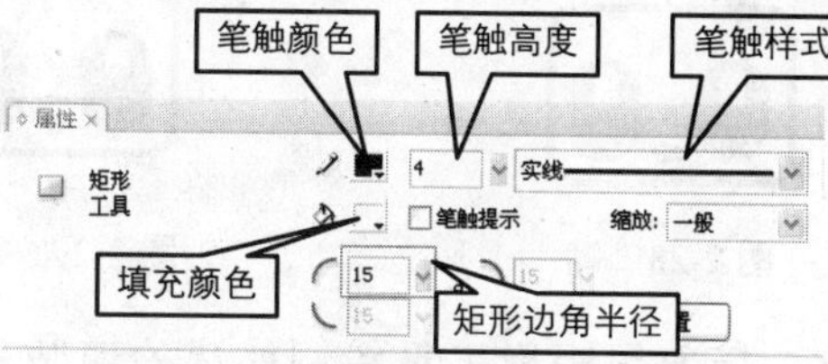

图 2-24 矩形工具属性面板

（6）接着用矩形工具绘制熊猫的眼睛。首先在矩形工具属性面板中，设置矩形边角半径为 30，其他属性设置同上，在舞台中拖曳鼠标绘制一个小矩形。然后更改属性面板中矩形的填充颜色为黑色（#000000），其他属性保持不变，在舞台中拖曳鼠标绘制另外一个小矩形（大于前一个小矩形）。把两个小矩形组合起来放到绘制好的熊猫脸上就形成了眼睛的图形。两只眼睛的画法相同，可以复制得到另一只眼睛，如图 2-26 所示，熊猫的两只眼睛就画好了。

（7）绘制熊猫的嘴。选择工具箱中的椭圆工具 ，然后在椭圆工具属性面板中设置椭圆的 （笔触颜色）为黑色（#000000），笔触高度为 4，笔触样式为实线， （填充颜色）为黑色（#000000），结束角度为 180 度，如图 2-27 所示。

图 2-25　熊猫的脸

图 2-26　眼睛

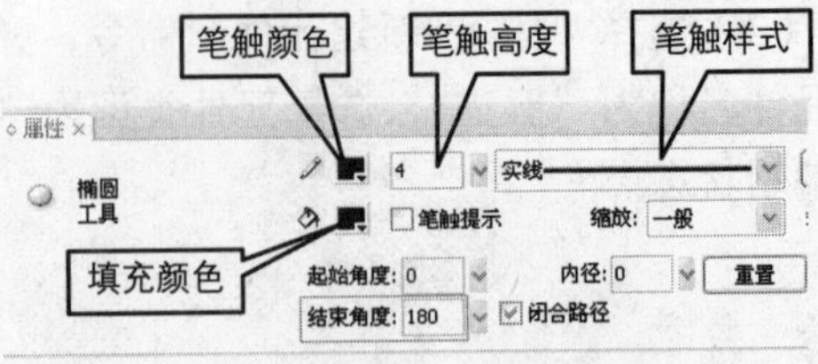

图 2-27　椭圆工具属性面板

（8）把鼠标移到舞台中，拖曳鼠标绘制出一个小椭圆，把椭圆放置在熊猫的脸上，这样，熊猫的嘴就画好了，如图 2-28 所示。

（9）接着用椭圆工具绘制熊猫的耳朵。保持椭圆工具的属性参数设置同上，在舞台中拖曳鼠标绘制一个小椭圆。然后更改属性面板中椭圆的填充颜色为白色（#FFFFFF），其他属性保持不变，在舞台中拖曳鼠标绘制另外一个小椭圆（略大于前一个小椭圆）。把两个小椭圆组合起来放到绘制好的熊猫脸上就形成了耳朵的图形。两只耳朵的画法相同，可以复制得到另一只耳朵，如图 2-29 所示，熊猫的两只耳朵就画好了。整个熊猫的头部就画完了。

（10）用矩形工具绘制熊猫的身体。在工具箱中选择矩形工具，然后在矩形工具属性面板中，设置（笔触颜色）为黑色（#000000），笔触高度为 4，笔触样式为实线，（填充颜色）为白色（#FFFFFF），矩形的边角半径为 0。在舞台中拖曳鼠标绘制一个矩形，把它放置到熊猫头部的下面，如图 2-30 所示，熊猫的身体就有了。

图 2-28　嘴

图 2-29　耳朵

图 2-30　身体

（11）接着用矩形工具绘制熊猫的四肢。更改属性面板中矩形的填充颜色为黑色（#000000），矩形边角半径为 30，其他属性保持不变。在舞台中拖曳鼠标绘制 4 个小矩形，并把它们放到熊猫的身体上，就形成了熊猫的四肢。这样，熊猫就画完了，绘制好的熊猫如图 2-31 所示。

（12）"熊猫" 元件绘制完毕后，单击舞台窗口上方的 场景 1 按钮，回到场景编辑状态。选择 "窗口>库" 命令，打开 "库" 面板，如图 2-32 所示。选中当前图层的第 1 帧，从库中将 "熊猫" 元件拖曳到舞台中，最终的效果如图 2-33 所示。选择 "文件>保存" 命令，定义文件名为 "绘制矩形和椭圆.fla"。

技巧　若拖动时按住 Shift 键，可以将形状限制为正圆形和正方形。

图 2-31　熊猫

图 2-32　库

图 2-33　效果图

高手点评

对于矩形工具，通过输入一个角半径值便可以指定圆角。另外，在舞台中拖曳时，按住向上箭头键或向下箭头键可以调整圆角半径。对于椭圆工具，可以通过输入起始角度和结束角度的值来指定椭圆的形状。

2.2.3　绘制多边形和星形

在工具箱的矩形工具组中，有一个多角星形工具。使用多角星形工具可以绘制任意的多边形和星形图形。

手把手实例　绘制多边形和星形

源 文 件：	CDROM\02\源文件\绘制多边形和星形.fla
素材文件：	CDROM\02\素材\草地.jpg
效果文件：	CDROM\02\效果文件\绘制多边形和星形.swf

（1）选择“文件>新建”命令，在弹出的对话框中选择“常规”选项卡下的“Flash 文件（ActionScript 3.0）”选项，单击“确定”按钮，创建一个影片文档。

（2）选择“文件>导入>导入到舞台”命令，在弹出的窗口中选择要导入的图形文件，然后单击 打开(O) 按钮，便将文件导入到舞台，调整图片的大小使其适合舞台的大小。导入到舞台中的图片如图 2-34 所示。

（3）选择“插入>新建元件”命令，弹出“创建新元件”对话框，如图 2-35 所示，输入元件名称为“小狮子”，选择元件类型为“图形”，然后单击 确定 按钮，进入图形元件的编辑状态。

（4）单击工具箱中的 （矩形工具）按钮并按住鼠标，在弹出的图形工具选项中选择多角星形工具 ，如图 2-23 所示。

（5）选择“窗口>属性”命令，打开属性面板，在属性面板中单击 选项... 按钮，弹出“工具设置”对话框，如图 2-36 所示。

图 2-34　舞台背景

图 2-35　“创建新元件”对话框

各个参数和选项的设置操作如下：

- 样式：根据所要绘制的图形选择“多边形”或“星形”。
- 边数：在此输入一个介于 3 到 32 之间的数字，确定要绘制图形的边数。
- 星形顶点大小：在此输入一个 0 到 1 之间的数字来指定星形顶点的深度。该数字越接近 0，绘制的顶点就越深（像针一样）。如果是绘制多边形，要保持此设置不变。（此设置不会影响多边形的形状）

（6）在“工具设置”对话框中设置样式为星形，边数为 10，星形顶点大小为 0.80，然后单击 确定 按钮。设置属性面板中的 （笔触颜色）为黑色（#000000），笔触高度为 4，笔触样式为实线， （填充颜色）为橙红色（#FF5F00），如图 2-37 所示。

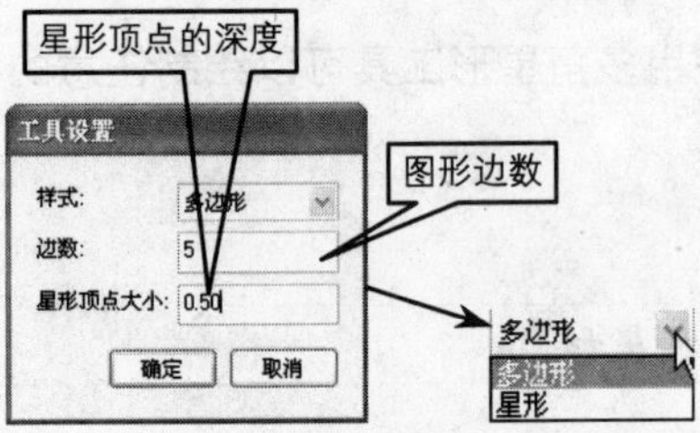

图 2-36　工具设置

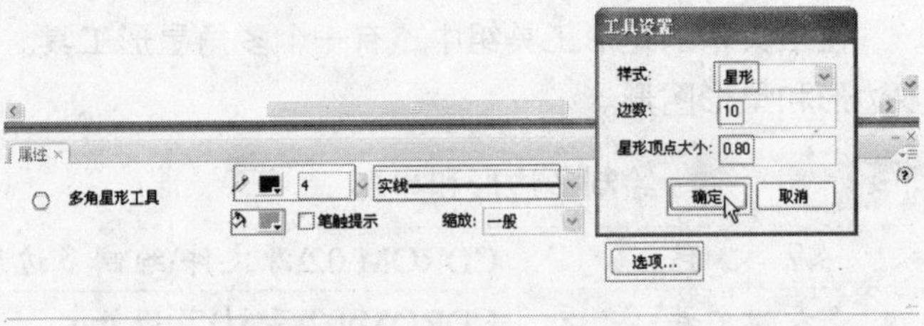

图 2-37　多角星形工具属性

（7）把鼠标移到舞台中，在舞台中拖曳鼠标便可以绘制如图 2-38 所示的星形。

（8）在属性面板中单击 选项... 按钮，然后在“工具设置”对话框中设置样式为多边形，边数为 5，单击 确定 按钮。设置属性面板中的 （填充颜色）为橙黄色（#FF9F00），其他属性设置保持不变。在舞台中拖曳鼠标，绘制一个多边形，并把它放置到所绘制的星形图形上，如图 2-39 所示。

（9）单击工具箱中的 （铅笔工具）按钮，并在铅笔工具属性面板中设置 （笔触颜色）为黑色（#000000），笔触高度为 4，笔触样式为实线。在舞台中拖曳鼠标，绘制小狮子的脸部和身体图形，并填充身体部分为橙黄色（#FF9F00）。最后绘制完成的图形如图 2-40 所示，很像一只小狮子吧。

（10）“小狮子”元件绘制完毕后，单击舞台窗口上方的 场景 1 按钮，回到场景编辑状态。选择“窗口>库”命令，打开“库”面板，如图 2-41 所示。选中当前图层的第 1 帧，从库中将“小狮子”元件拖曳到舞台中，最终的效果如图 2-42 所示。选择“文件>保存”命令，文件名为“绘制多边形和星形.fla”。

图 2-38　星形

图 2-39　多边形

图 2-40　小狮子

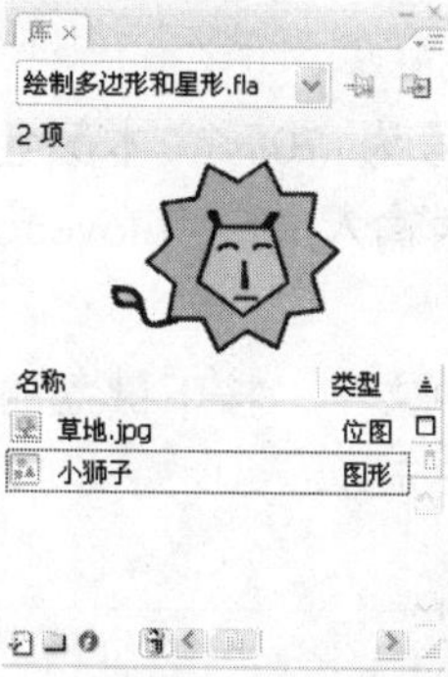

图 2-41　库

图 2-42　效果图

2.2.4　在图形中添加文字

Flash 工具箱中还包含文本工具，可以利用文本工具在图形中添加文字。

手把手实例　在图形中添加文字

源 文 件：	CDROM\02\源文件\图形中添加文字.fla
素材文件：	CDROM\02\素材\足球.jpg
效果文件：	CDROM\02\效果文件\图形中添加文字.swf

（1）选择“文件>新建”命令，在弹出的对话框中选择“常规”选项卡下的“Flash 文件（ActionScript 3.0）”选项，单击“确定”按钮，创建一个影片文档。

（2）选择“文件>导入>导入到舞台”命令，在弹出的窗口中选择要导入的文件，然后单击 打开(O) 按钮，便将文件导入到舞台，调整图片的大小使其适合舞台的大小。导入图片后舞台背景如图 2-43 所示。

（3）单击工具箱中的 T（文本工具）按钮，如图 2-44 所示。这时弹出文本工具属性面板，如图 2-45 所示。

图 2-43　舞台中的图形

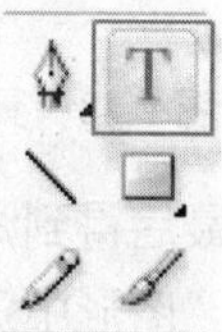

图 2-44　文本工具

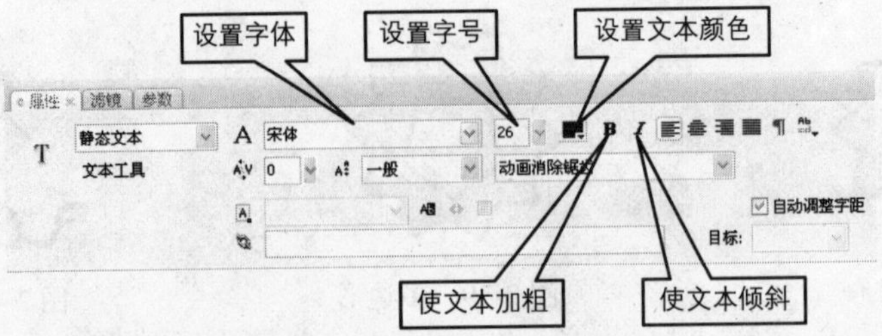

图 2-45　文本工具属性

（4）在属性面板中设置字体为 Times New Roman、字号为 70，文本颜色为灰色（#999999）。在舞台中单击鼠标，则出现文本输入框，在文本框中输入文字“I love football”，如图 2-46 所示。

（5）单击工具箱中的 （选择工具）按钮，在舞台中选中文字，按下键盘的 Ctrl+D 组合键，则在舞台中复制了文字“I love football”，如图 2-47 所示。

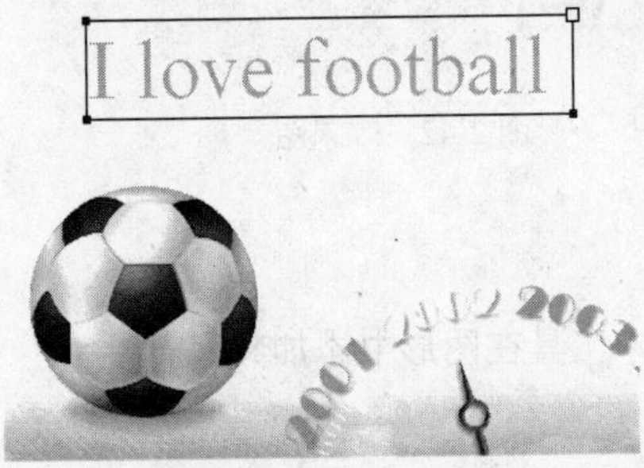

图 2-46　输入文字

图 2-47　复制文字

（6）再次单击工具箱中的 T（文本工具）按钮，在舞台中选中复制得到的文字，然后设置文本颜色为红色（#FF0000）。舞台中的文字如图 2-48 所示。

（7）接着单击工具箱中的 （选择工具）按钮，在舞台中选中复制的文字，把它移动到原文字的上方，如图 2-49 所示，这样便得到了立体文字的效果。

图 2-48　更改文本颜色

图 2-49　立体文字

（8）最后得到添加了立体文字的图形如图 2-50 所示。选择“文件>保存”命令，定义文件名为“图形中添加文字.fla”。

图 2-50　效果图

即问即答

要想更改部分线条的属性该怎么办呢？

使用箭头工具将线条的某一部分选中后，就可以单独更改选中部分的线条属性，如图 2-51 所示。

可以自定义线条样式吗？

如果在属性面板中的所有线条样式都不合适，可以按照需要定制线条样式。自定义线条样式的操作如下：

单击直线工具属性面板中的 自定义... 按钮，会弹出如图 2-52 所示的“笔触样式”对话框。各选项设置完成后，单击 确定 按钮即可。

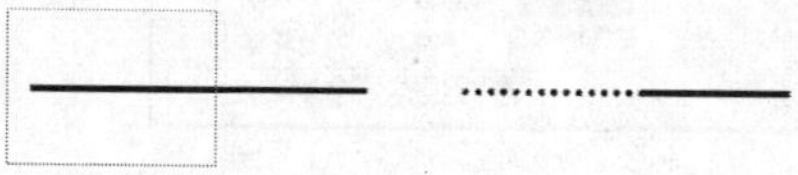

图 2-51　更改选中部分的线条属性

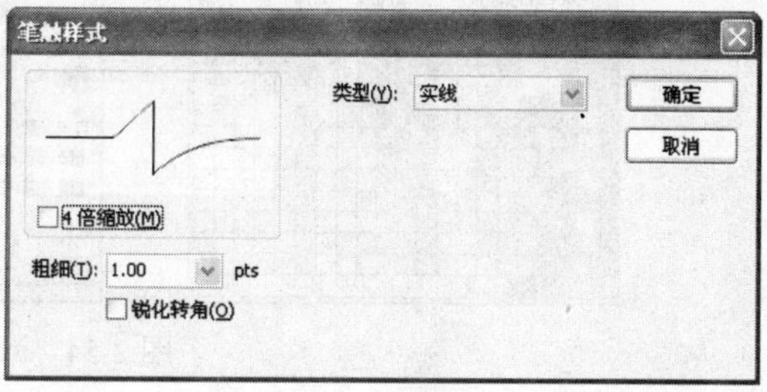

图 2-52　笔触样式对话框

2.3 填充图形

工具箱中为图形填充颜色的填充工具主要包括颜料桶工具和墨水瓶工具。

2.3.1　填充线条颜色

填充线条颜色时，单击工具箱中的 （线条颜色）按钮，弹出如图 2-53 所示的颜色列表窗口，在该列表窗口中可以直接选择所需的颜色。

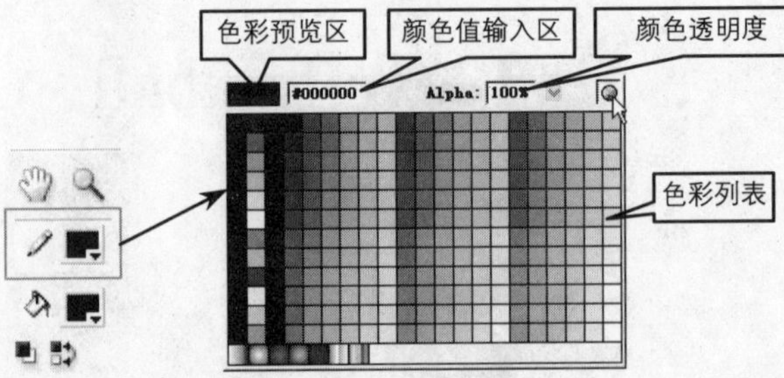

图 2-53　颜色列表窗口

颜色列表窗口说明：

- 色彩预览区：显示当前选择的颜色。
- 颜色值输入区：可以在该文本框中输入 16 进制色彩的数值来直接获得颜色。
- Alpha：用于指定颜色的透明度，该文本框中数值的取值范围是 0~100 之间，0 表示完全透明，100 表示完全不透明。
- 色彩列表：是可供用户选择的各种单色和渐变颜色。为线条设置颜色，只能选择单色，不能选择渐变颜色。

如果对色彩列表中所提供的颜色不满意，可以单击颜色列表窗口右上角的 按钮，会弹出“颜色”对话框，如图 2-54 所示，可以在该对话框中自定义颜色。

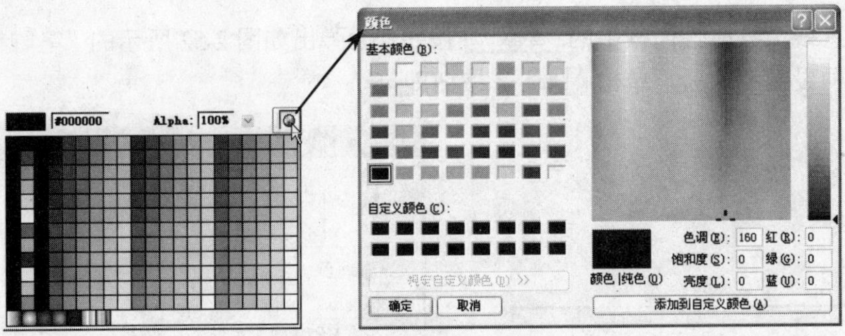

图 2-54　颜色对话框

在颜色对话框中，可以从“基本颜色”区域中选择一种颜色，然后对颜色的色调、饱和度和亮度进行设置；也可以在“红/绿/蓝”文本框中精确地设置颜色。

手把手实例　填充线条颜色

源 文 件：	CDROM\02\源文件\填充线条颜色.fla
素材文件：	CDROM\02\素材\象棋盘.tif
效果文件：	CDROM\02\效果文件\填充线条颜色.swf

（1）选择“文件>新建”命令，在弹出的对话框中选择“常规”选项卡下的“Flash 文件（ActionScript 3.0）”选项，单击“确定”按钮，创建一个影片文档。保持文档属性面板中的设置不变，定义文件名为“填充线条颜色.fla”。

（2）选择“文件>导入>导入到舞台”命令，将绘制好的象棋盘图形导入到舞台中。选中舞台中的象棋盘图形，然后选择“修改>位图>转换位图为矢量图”命令，将其转换为矢量图，如图 2-55 所示。

提示 位图必须经过矢量化才能操作和编辑。

（3）为棋盘填充线条颜色。单击工具箱中的（笔触颜色）按钮，弹出颜色列表窗口，在列表窗口中直接选择填充颜色为红色（#FF0000），如图 2-56 所示。

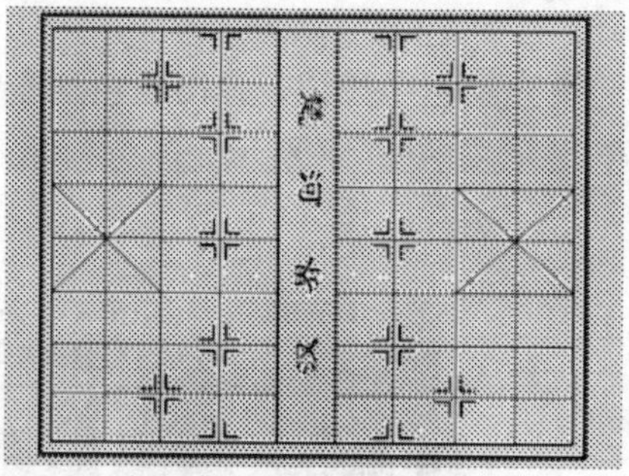

图 2-55　象棋盘矢量图

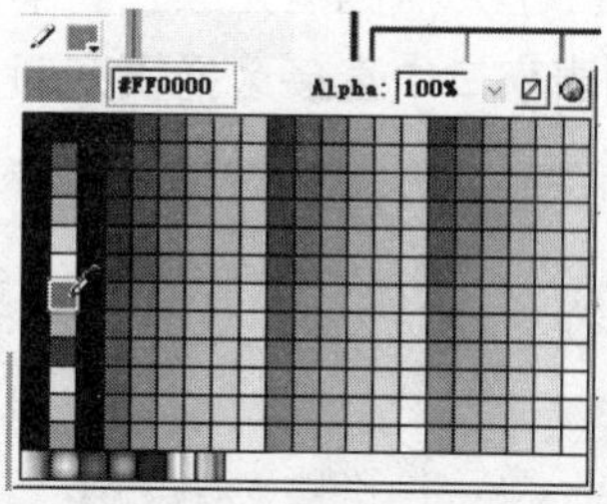

图 2-56　选择线条颜色

（4）选择好笔触颜色后，单击工具箱中的（墨水瓶工具）按钮，然后在舞台中棋盘图形中需要填充颜色的线条上单击鼠标，如图 2-57 所示。

（5）填充好颜色的棋盘效果如图 2-58 所示。

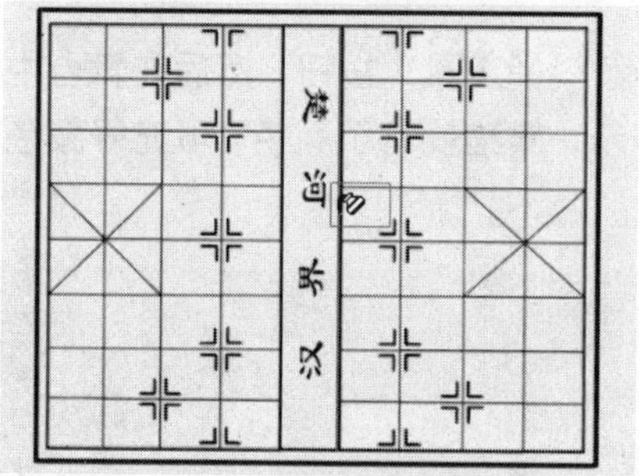

图 2-57　填充线条颜色

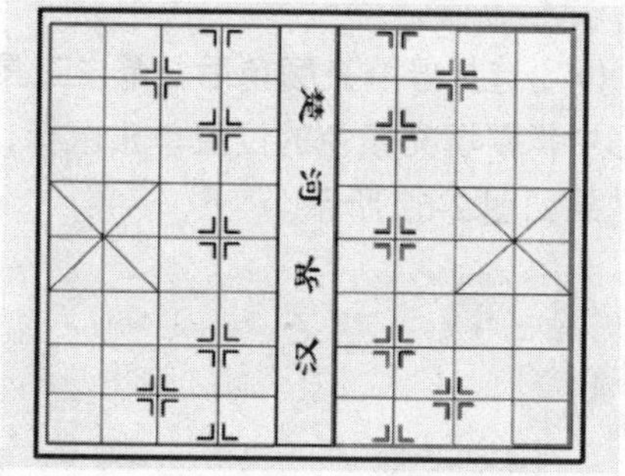

图 2-58　填充好的棋盘

2.3.2　填充区域颜色

使用工具箱中的颜料桶工具可以为图形填充区域颜色。

手把手实例　填充区域颜色

源 文 件：	CDROM\02\源文件\填充区域颜色.fla
素材文件：	CDROM\02\素材\熊猫.tif
效果文件：	CDROM\02\效果文件\填充区域颜色.swf

（1）选择“文件>新建”命令，在弹出的对话框中选择“常规”选项卡下的“Flash 文件（ActionScript 3.0）”选项，单击“确定”按钮，创建一个影片文档。保持文档属性面板中的设置不变，定义文件名为“填充区域颜色.fla”。

（2）选择“文件>导入>导入到舞台”命令，将“熊猫.tif”位图文件导入到舞台中。选中舞台中的位图，然后选择“修改>位图>转换位图为矢量图”命令，将其转换为矢量图，如图 2-59 所示。

提示 位图必须经过矢量化才能操作和编辑。

（3）为熊猫填充颜色。单击工具箱中的（填充颜色）按钮，弹出颜色列表窗口，在列表窗口中直接选择填充颜色为浅蓝色（#00FFFF），如图 2-60 所示。

图 2-59　熊猫矢量图

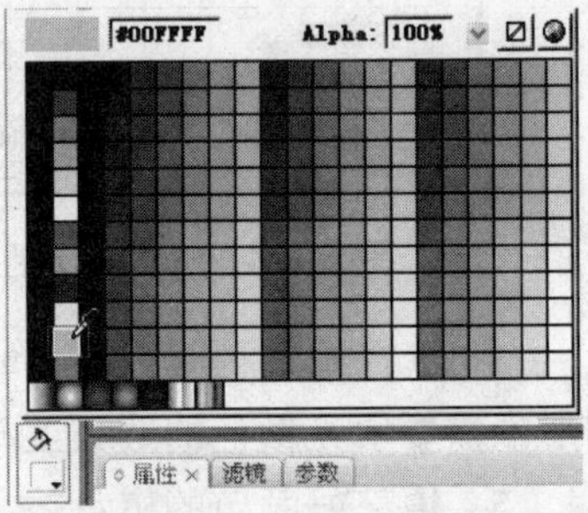

图 2-60　选择填充颜色

（4）选择好填充颜色后，单击工具箱中的（颜料桶工具）按钮，然后在舞台中熊猫图形中需要填充颜色的位置单击鼠标，如图 2-61 所示，熊猫就有了颜色。填充好颜色的熊猫效果如图 2-62 所示。

图 2-61　填充颜色

图 2-62　彩色熊猫

填充区域颜色时，还可以选择渐变颜色。颜色列表窗口最下面一行为渐变色区域，单击任一渐变色，则弹出渐变色的设置颜色面板，如图 2-63 所示。

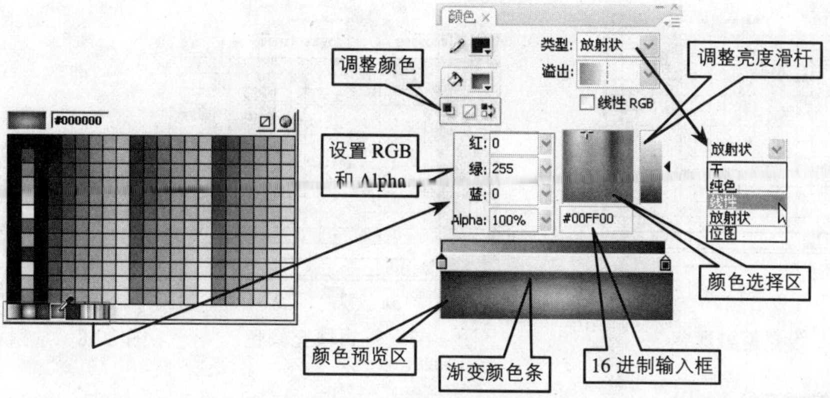

图 2-63　设置渐变色颜色面板

在该颜色面板中的“类型”下拉列表中有两种渐变方式：

- 线性：渐变色的起点到终点呈一条直线，如图 2-64 所示。
- 放射状：渐变色的起点到终点呈一个环形，如图 2-65 所示。

图 2-64　线性渐变

图 2-65　放射状渐变

在该颜色面板中有 3 个用来调整颜色的按钮：

- ：将线条颜色设置为黑色，填充色设置为白色。
- ：选择“笔触颜色”或“填充颜色”按钮后，单击该按钮，可以将颜色设置为无色。
- ：把当前的“笔触颜色”和“填充颜色”进行交换。

2.3.3　设置颜色属性

设置了绘图工具的颜色属性后，绘制的图形才具有希望的颜色。操作步骤如下：

（1）在工具箱中单击（笔触颜色）按钮，弹出颜色列表窗口，在该窗口中选择一种颜色。如图 2-66 所示，设置的笔触颜色为绿色（#00FF00）。

（2）在工具箱中单击（填充颜色）按钮，同样，在弹出的颜色列表窗口中选择一种颜色。如图 2-67 所示，设置图形的填充颜色为起始色为蓝色（#0000FF）、终止色为黑色（#000000）的放射状渐变色。

（3）单击工具箱中的（椭圆工具）按钮。在舞台中拖曳鼠标进行绘制图形，图形具有所设置的颜色属性值，如图 2-68 所示。

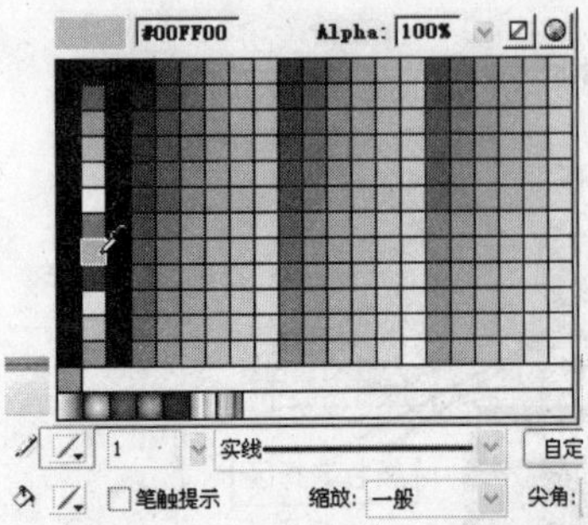

图 2-66　设置笔触颜色

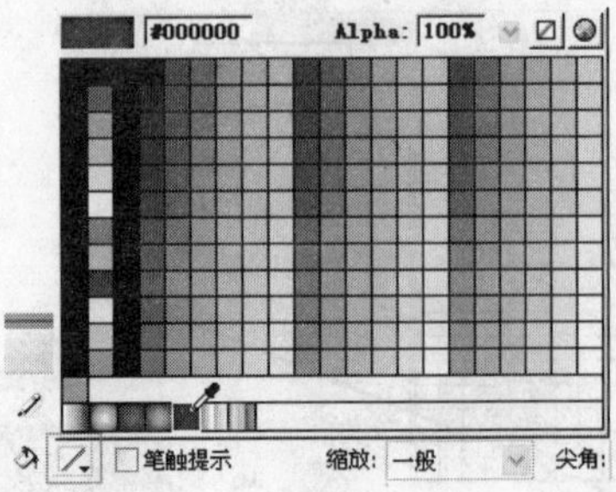

图 2-67　设置填充颜色

图 2-68　放射状渐变色

2.3.4　调整颜色属性

如果对图形的填充颜色不满意，可以用下面两种方法来调整图形的填充颜色属性：

1．直接改变图形的填充颜色

首先在舞台中选中图形，然后单击工具箱中的（填充颜色）按钮，在弹出的颜色列表窗口中选择颜色之后，图形的填充颜色就改变了。

2．用颜料桶工具改变

单击工具箱中的（颜料桶工具）按钮，然后再单击工具箱中的（填充颜色）按钮，在弹出的颜色列表窗口中选择颜色，在舞台中单击图形，这样就改变了图形的填充颜色。

手把手实例　**调整颜色属性**

源 文 件：	CDROM\02\源文件\调整颜色属性.fla
素材文件：	CDROM\02\素材\彩色熊猫.tif
效果文件：	CDROM\02\效果文件\调整颜色属性.swf

（1）选择“文件>新建”命令，在弹出的对话框中选择“常规”选项卡下的“Flash 文件（ActionScript 3.0）”选项，单击“确定”按钮，创建一个影片文档。保持文档属性面板中的设置不变，定义文件名为“调整颜色属性.fla”。

（2）选择“文件>导入>导入到舞台”命令，将熊猫图形导入到舞台中。选中舞台中的熊猫图形，然后选择“修改>位图>转换位图为矢量图”命令，将其转换为矢量图，如图 2-69 所示。

（3）单击工具箱中的（选择工具）按钮，在舞台中熊猫的头部单击鼠标，选中头部图形，如图 2-70 所示。

（4）然后单击工具箱中的（填充颜色）按钮，在弹出的颜色列表窗口中选择白色（#FFFFFF），如图 2-71 所示。选择了颜色后，熊猫头部的填充颜色就改变了，如图 2-72 所示。

图 2-69　矢量图

图 2-70　选中熊猫的头部

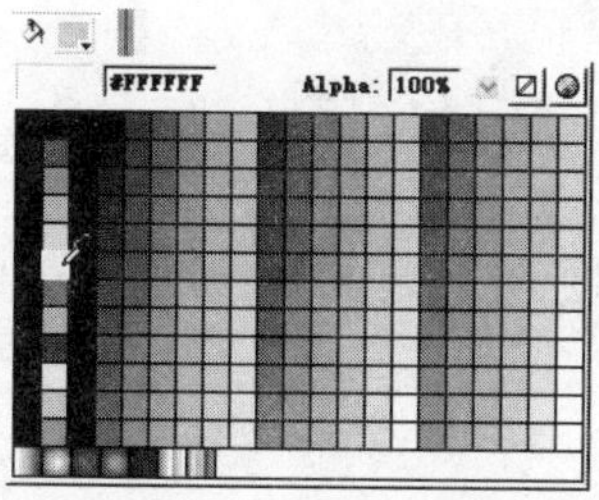

图 2-71　选择颜色

图 2-72　调整了头部颜色

（5）用同样的方法调整熊猫身体的颜色属性为橙黄色（#FF9F00）。最后得到穿着橙黄色衣服的熊猫，如图 2-73 所示。

图 2-73　身穿红衣的熊猫

调整图形的线条颜色属性操作与调整图形的填充颜色属性操作类似，在此不再重复。

注意 （墨水瓶工具）用于修改图形的线条颜色属性，（颜料桶工具）用于修改图形的填充颜色属性。

即问即答

绘制的图形有时不能填充，这是怎么回事？

如果绘制的图形不能填充，很可能图形不是封闭的，存在小间隙，这时可以在颜料桶工具的模式设置菜单中选择“封闭大空隙”选项，如图 2-74 所示，然后进行填充就 OK 啦。

图 2-74　封闭大空隙

2.4 编辑图形

对舞台中的图形的操作包括选择、复制、移动和删除等，是 Flash 动画创作中最常用到的，也是创建 Flash 动画的基础。

2.4.1 选择图形

在 Flash 中，选择图形主要是通过工具箱中的选择工具和套索工具来进行的。

1．使用选择工具

工具箱中的 （选择工具）有选取图形的作用。在工具箱中单击 （选择工具）按钮，有 3 种方法选择图形：

方法一：单击舞台中的一条线或一个填充区域，就可以选中该线条或填充区域。图 2-75 显示了被选中的一条线和一个填充区域，图形选中后被覆盖了一层灰色的网线。

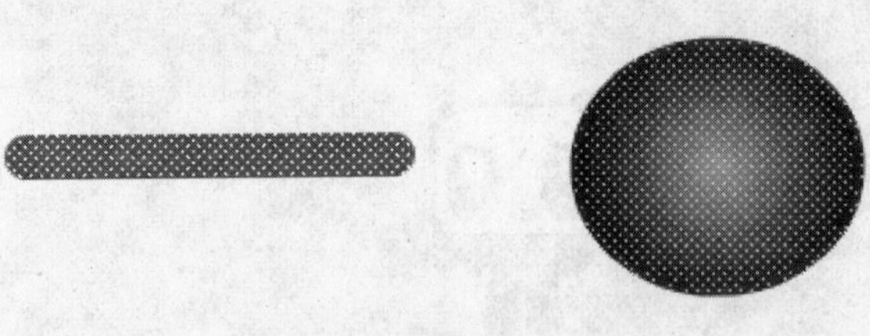

图 2-75　被选中的图形

技巧 按住 Shift 键可以依次选中多个图形对象。

方法二：双击选中一条线或一个填充区域，同时还会选中与之相连的线条。

图 2-76 中线条相互交叉。如图 2-77 所示，单击线上任意一点，选取一条线或者称为一“段”线。双击则选中相连接的所有线条，如图 2-78 所示。

图 2-76 舞台中的线条

图 2-77 单击选中一条线

图 2-78 双击选中相连的所有线条

图 2-79 显示的是在图 2-76 的基础上填充了中间区域。单击填充区域中任意一点，选取了这个填充区域，如图 2-80 所示。双击填充区域则选中与之相邻的轮廓线，如图 2-81 所示。

图 2-79 舞台中的图形

图 2-80 单击选中填充区域

图 2-81 双击选中相邻的轮廓线

总而言之，双击一条线，会选中该线条及与之直接或间接相连的所有线条；双击一个填充区域，会选中该填充区域及其轮廓线。

方法三：用鼠标拖曳出一个矩形框来选择图形，框中的图形被选中。

如图 2-82 所示，图形的一部分被矩形框围住，释放鼠标后，框中的图形被选中了。

图 2-82 矩形框中的图形被选中

2．使用套索工具

与 （选择工具）不同，套索工具可以选择不规则图形。

按下工具箱中的 （套索工具）按钮，在舞台中拖曳鼠标，沿着鼠标运动轨迹会产生一条不规则的细黑线，释放鼠标后，围在圈中的图形被选中，如图 2-83 所示。

图 2-83　使用套索工具选择图形

注意　用套索工具拖曳出的线条不一定要封闭。当线条没有封闭时，Flash 会自动使之封闭。

高手点评

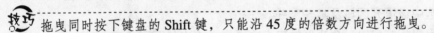

选择图形是移动、复制和删除图形等操作的前提，只有选中了图形，才能对其进行各种操作。

2.4.2　移动、复制和删除图形

移动图形主要有以下 4 种方法：

1. 用鼠标移动。选中舞台中的一个或多个图形，然后把鼠标移到它的上面并拖曳，到达新的位置后释放鼠标，即实现了移动图形。

技巧　拖曳同时按下键盘的 Shift 键，只能沿 45 度的倍数方向进行拖曳。

2. 用键盘的方向键移动。选中舞台中的一个或多个图形，然后按一次键盘的方向键，选中的图形就会向相应的方向移动一个像素。

技巧　按键盘的方向键的同时按下 Shift 键，则一次移动 10 个像素。

3. 用属性检查器移动。选中舞台中的一个或多个图形，然后选择“窗口>属性>属性”命令。在弹出的属性面板中，在 **x** 和 **y** 输入框中分别输入被选中图形的左上角位置的 **x** 和 **y** 值（相对舞台左上角而言），如图 2-84 所示。

4. 用信息面板移动。选中舞台中的一个或多个图形，然后选择“窗口>信息”命令。在弹出的信息面板中，在 **x** 和 **y** 输入框中分别输入被选中图形的左上角位置的 **x** 和 **y** 值（相对舞台左上角而言），如图 2-85 所示。

复制图形主要有以下 4 种方法：

1. 用鼠标复制。在舞台中选中一个或多个图形，把鼠标移到它的上面，在拖曳的同时按下键盘的 Alt 键，原图形仍被保留，这样就实现了复制图形。

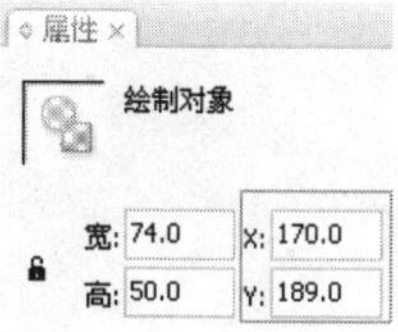

图 2-84　属性面板

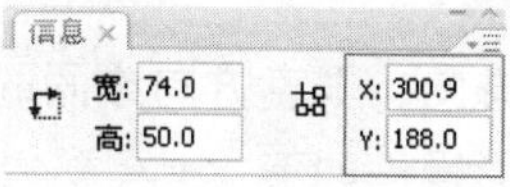

图 2-85　信息面板

2. 直接复制。在舞台中选中一个或多个图形，然后选择菜单“编辑>直接复制”命令，如图 2-86 所示，被选中图形就被复制到了舞台中。

3. 用剪切板复制。

（1）在舞台中选中一个或多个图形，然后选择菜单“编辑>复制”命令，如图 2-87 所示，被选中图形就被复制到了剪切板中，被选中图形仍然保留在舞台中。

（2）选择菜单“编辑>粘贴到当前位置”命令，如图 2-88 所示，剪切板中的图形被复制在被选中图形原来的位置；选择菜单“编辑>粘贴到中心位置”命令，如图 2-88 所示，将把剪切板中的图形复制在舞台的中央位置。

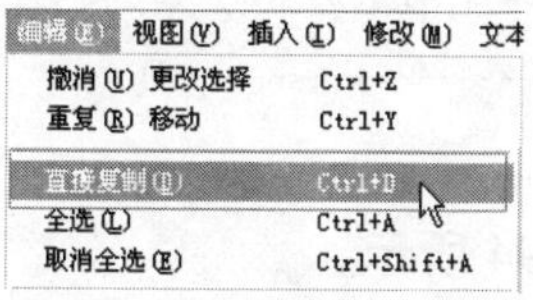

图 2-86　直接复制命令

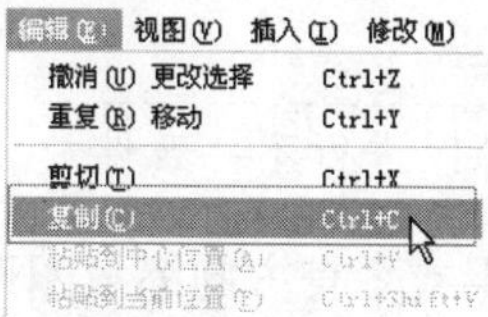

图 2-87　复制命令

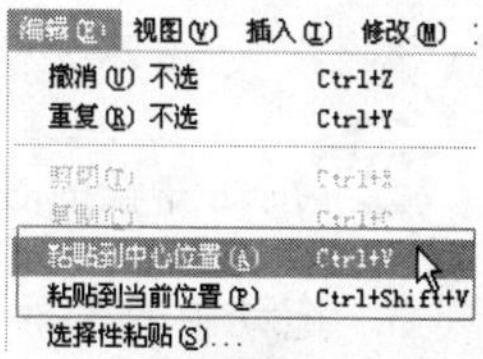

图 2-88　粘贴命令

4. 执行右键菜单命令复制。右击图形，从弹出的菜单中选择“复制”，然后在舞台的任意空白处右击，从弹出的菜单中选择“粘贴”，如图 2-89 所示，即实现了复制图形。

选中舞台中一个或多个图形后，有以下 4 种方法将其删除：

1. 按下键盘的 Delete 键或 BackSpace 键。
2. 选择菜单“编辑>清除”命令，如图 2-90 所示。
3. 选择菜单“编辑>剪切”命令，如图 2-90 所示。
4. 右击图形，从弹出的菜单中选择“剪切”，如图 2-91 所示。

图 2-89　右键菜单复制和粘贴命令

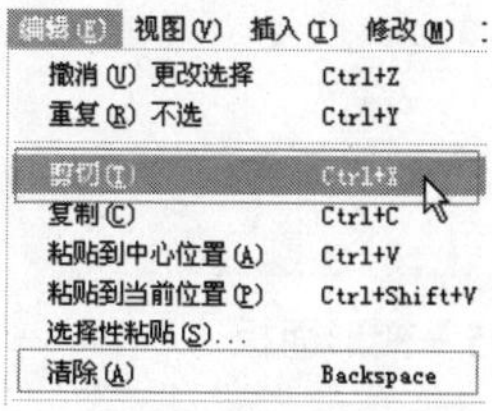

图 2-90　剪切和清除命令

图 2-91　剪切命令

高手点评

移动、复制和删除图形是 Flash 中最基本和最常用的图形操作。

2.4.3 缩放、旋转和倾斜图形

沿水平方向、垂直方向或同时沿两个方向都可以缩放图形。

缩放图形操作如下：

1．在舞台中选择一个或多个图形，然后选择“修改>变形>缩放”命令，如图 2-92 所示。

2．拖动某个角手柄，可以沿水平和垂直方向缩放图形，缩放时长宽比例保持不变，如图 2-93 所示。

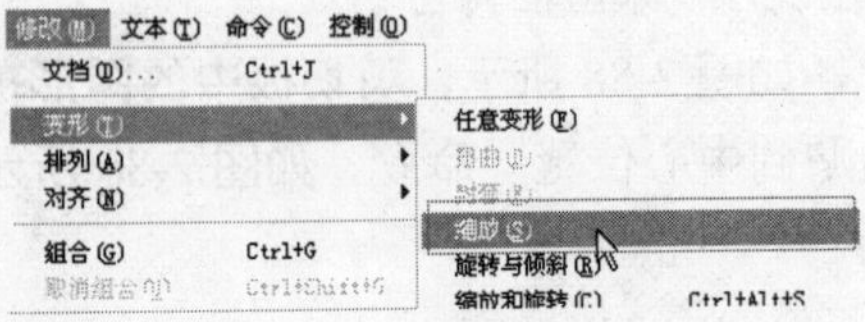

图 2-92　缩放命令

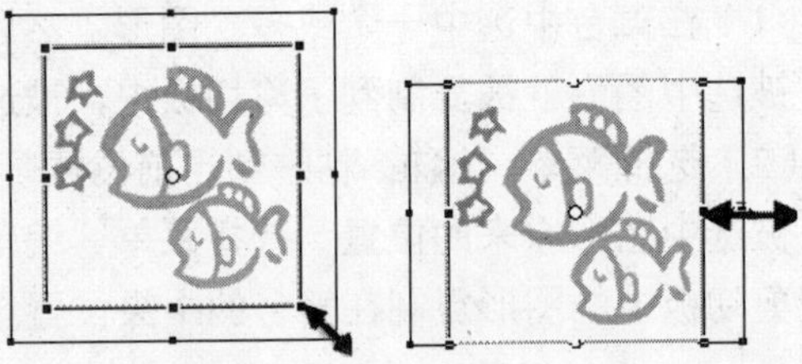

图 2-93　拖动某个角手柄

技巧 按住键盘的 Shift 键拖动可以进行不一致缩放。

3．拖动中心手柄，可以沿水平或垂直方向缩放图形，如图 2-94 所示。

旋转图形可以使图形围绕其变形点旋转。

旋转图形操作如下：

（1）在舞台中选择一个或多个图形。

（2）选择“窗口>变形”命令，弹出变形面板，如图 2-95 所示，单击选择“旋转”，在输入框中输入旋转角度值，然后单击右下角的 ⊞（复制并应用变形）按钮。旋转的图形效果如图 2-96 所示。

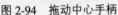

图 2-94　拖动中心手柄

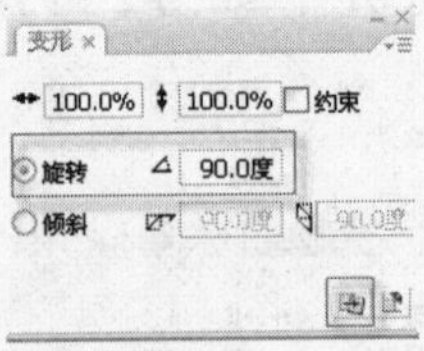

图 2-95　变形面板

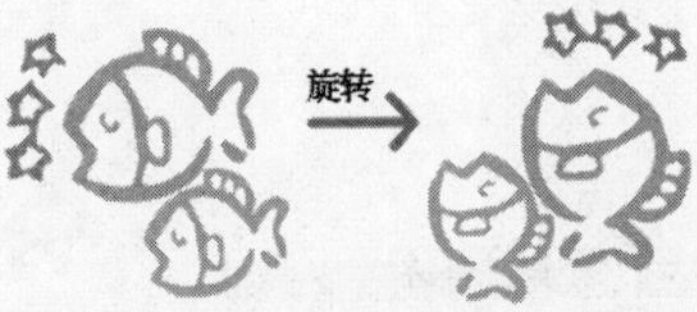

图 2-96　用变形面板旋转图形

可以通过沿一个或两个轴来倾斜图形，也可以用变形面板来倾斜图形。

用变形面板倾斜图形操作如下：

（1）在舞台中选择一个或多个图形。

（2）选择“窗口>变形”命令，弹出变形面板，如图 2-97 所示，单击选择“倾斜”选项，在输入框中分别输入水平和垂直角度值，然后单击右下角的 ⊞（复制并应用变形）

按钮。倾斜的图形效果如图 2-98 所示。

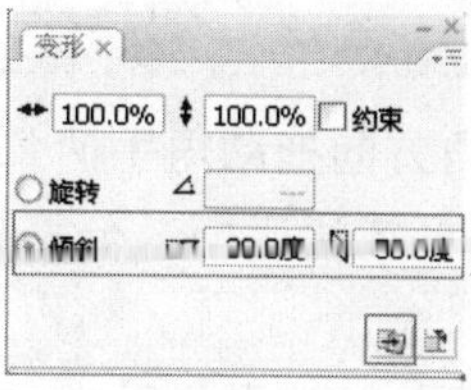

图 2-97　变形面板

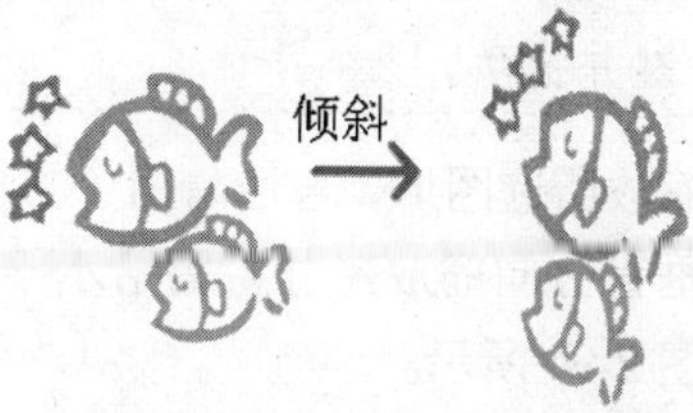

图 2-98　用变形面板倾斜图形

2.4.4　任意变形图形

可以单独执行移动、旋转、缩放和倾斜等某个变形操作，也可以组合执行多个变形操作。

任意变形图形操作如下：

（1）在舞台中选中图形。

（2）单击工具箱中的（任意变形工具）按钮，在舞台中所选图形的周围移动指针，指针发生变化，表明哪种变形功能可用。拖动手柄，使所选图形变形：

- 要移动所选图形，需把指针放在边框内的图形上，然后将图形拖曳到新位置，如图 2-99 所示。

注意　移动图形时，不要拖动变形点。

设置旋转或缩放的中心，拖曳变形点到新位置，如图 2-100 所示。

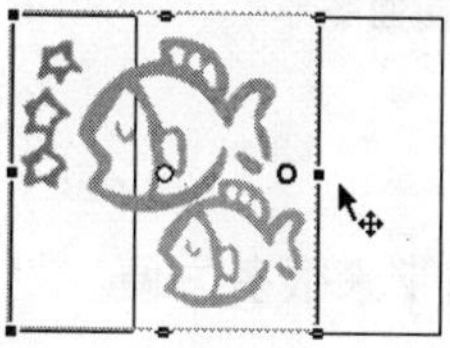
图 2-99　移动图形

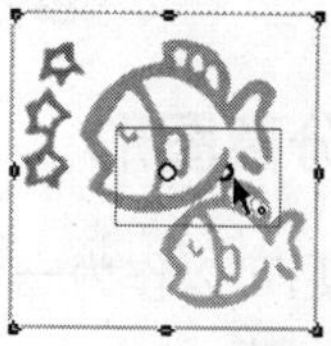
图 2-100　移动变形点

- 要旋转所选图形，需把指针放在角手柄的外侧，然后拖曳，所选图形即可围绕变形点旋转，如图 2-101 所示。

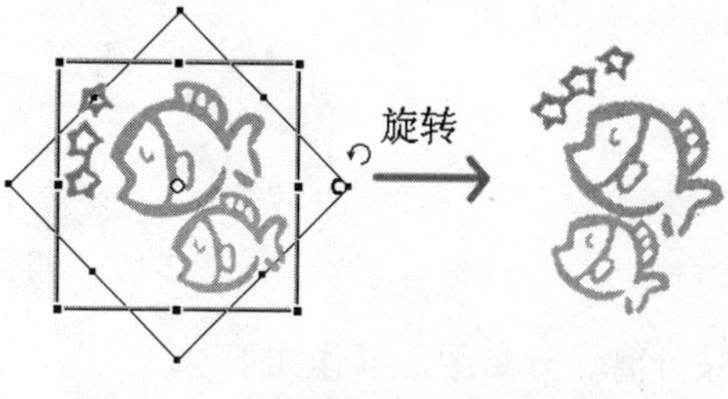

图 2-101　用任意变形工具旋转图形

技巧 按住 Shift 键并拖动可以以 45 度为增量进行旋转。若要围绕对角旋转，需按住 Alt 键并拖动。

- 要缩放所选图形，若沿着两个方向缩放尺寸，需沿对角方向拖动角手柄；若沿水平或垂直方向缩放尺寸，需沿水平或垂直方向拖动角手柄或边手柄。分别如图 2-93 和图 2-94 所示。
- 要倾斜所选图形，需把指针放在变形手柄之间的轮廓上，然后拖动，如图 2-102 所示。

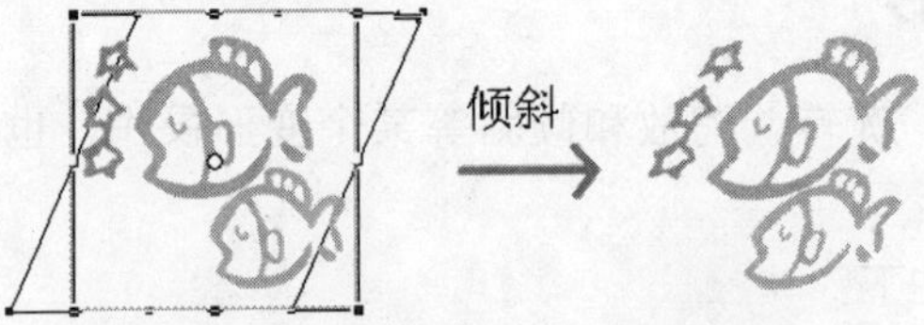

图 2-102　用任意变形工具倾斜图形

- 要扭曲所选图形的形状，需在按住键盘的 Ctrl 键的同时拖动角手柄或边手柄，如图 2-103 所示。

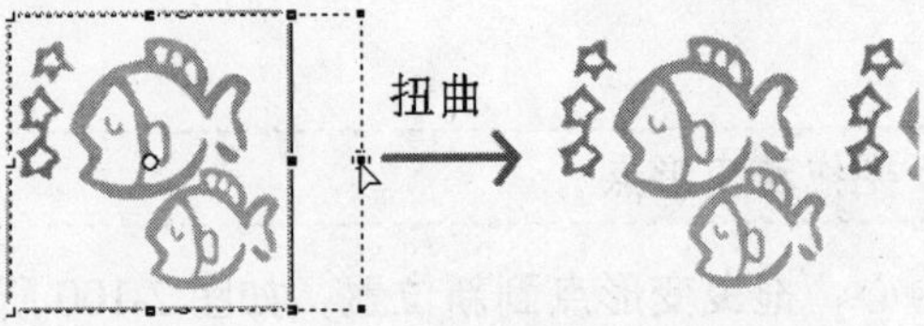

图 2-103　用任意变形工具扭曲图形

2.4.5　组合与分离图形

多个图形组合后可以作为一个图形来处理，从而带来很多方便。

组合图形操作如下：

（1）在舞台中选择要组合的图形。

（2）选择“修改>组合”命令，如图 2-104 所示。

组合图形效果如图 2-105 所示。

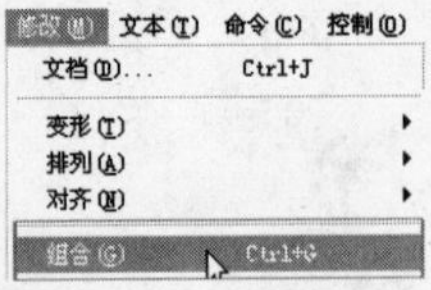

图 2-104　组合命令

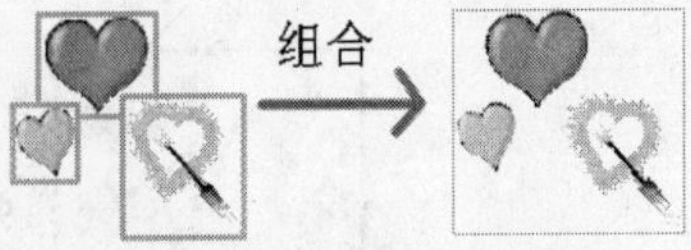

图 2-105　组合图形

舞台中的图形也可以被分离。分离图形操作如下：

（1）在舞台中选择要分离的图形。

（2）有两种方法分离图形：

- 选择“修改>分离”命令，如图 2-106 所示。
- 右击，从弹出的菜单中选择“分离”，如图 2-107 所示。

图 2-106　分离命令

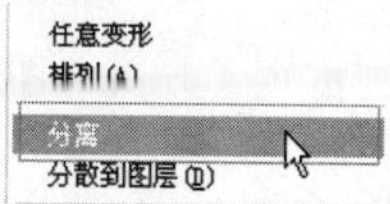

图 2-107　右键菜单分离命令

分离的图形效果如图 2-108 所示。

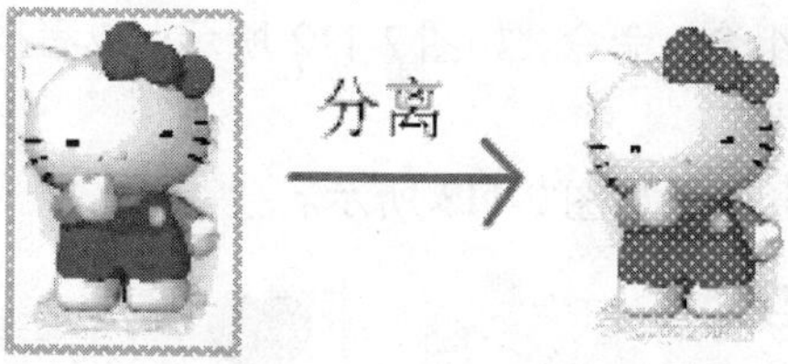

图 2-108　分离图形

高手点评

在分离组合图形后，尽管可以立即选择“编辑>撤消”命令，但分离操作不是完全可逆的，它会对图形产生一些影响。

2.4.6　对齐图形

对齐图形的方式很多，可以归纳为垂直对齐和水平对齐两类。

对齐图形操作如下：

（1）在舞台中选择要对齐的图形。

（2）对齐图形有两种方法：

- 选择“修改>对齐”命令，然后选择对齐命令即可对所选定的图形进行相应对齐，如图 2-109 所示。
- 选择“窗口>对齐”命令，弹出对齐面板。单击面板中 ⌶（相对于舞台）按钮，然后选择某个对齐按钮即可相对于舞台对图形进行相应的处理，如图 2-110 所示。

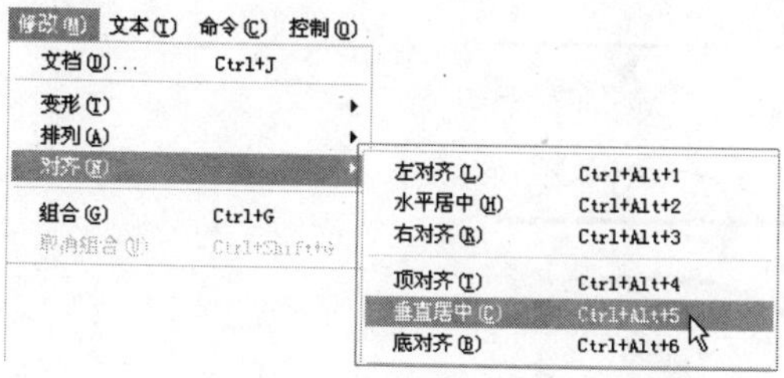

图 2-109　对齐命令

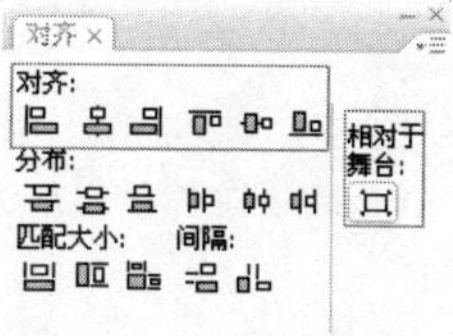

图 2-110　对齐面板

垂直居中的对齐操作示意图如图 2-111 所示。

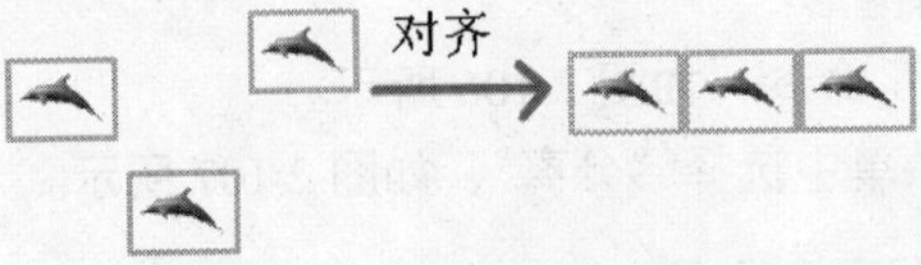

图 2-111　对齐操作示意图

2.4.7　查看图形

多数复杂图形是由一些图形组合而成的，要查看图形组合之前的状态，操作如下：

（1）在舞台中选择要查看的图形。

（2）选择“修改>取消组合”命令，如图 2-112 所示，或者按下键盘的 Ctrl+Shift+G 键，即可查看图形组合之前的状态。

执行取消组合后的图形效果如图 2-113 所示。

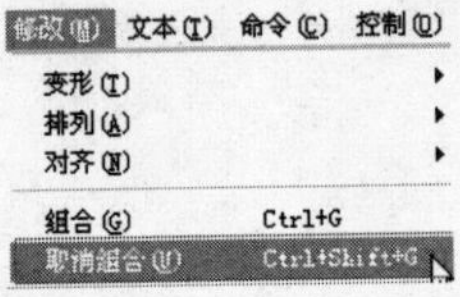

图 2-112　取消组合命令

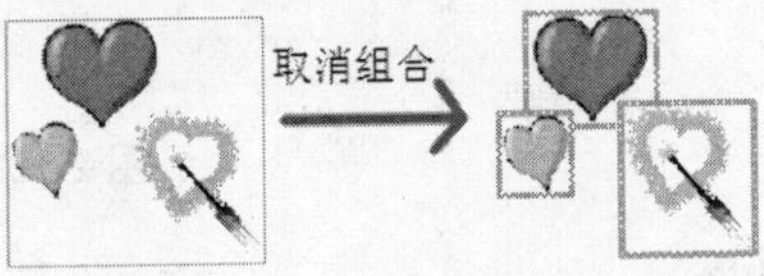

图 2-113　取消组合图形

高手点评

不要混淆“取消组合”命令和“分离”命令。“取消组合”将组合的图形分开并返回到组合前的状态，而且它不会分离位图。

即问即答

可以调整线条形状吗？怎样才能做到？

当然可以。单击工具箱中的（选择工具）按钮，在舞台中将鼠标指针移动到线条要变形的部位，当指针变为形状时拖动就可以对线条进行变形，释放鼠标就结束了线条的变形，如图 2-114 所示。

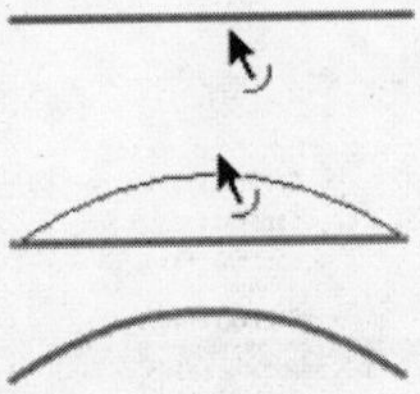

图 2-114　线条变形

2.5 学以致用——绘制企鹅图像

源 文 件：	CDROM\02\源文件\绘制企鹅图像.fla
素材文件：	CDROM\02\素材\背景.jpg
效果文件：	CDROM\02\效果文件\绘制企鹅图像.swf

为了更好地掌握本章所讲的内容，本节将通过一个企鹅图像的制作实例，来讲解绘制图形的一些具体操作。最终完成的企鹅图形如图 2-115 所示。

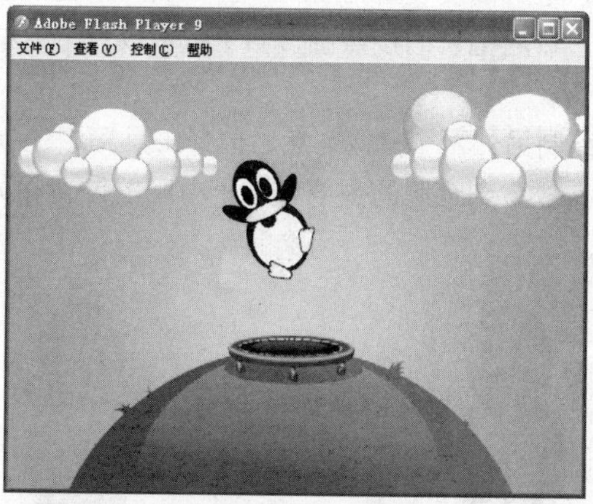

图 2-115　效果图

（1）选择“文件>新建”命令，在弹出的对话框中选择“常规”选项卡下的“Flash 文件（ActionScript 3.0）”选项，单击“确定”按钮，创建一个影片文档。保持文档属性面板中的设置不变，定义文件名为“绘制企鹅图像.fla”。

（2）导入背景图片。单击选中“图层 1”的第 1 帧，然后选择“文件>导入>导入到舞台”命令，如图 2-116 所示，在弹出的窗口中选择要导入的文件，然后单击 打开(O) 按钮，便将文件导入到舞台，调整图片的大小使其适合舞台的大小，如图 2-117 所示。

图 2-116　导入到舞台命令

图 2-117　舞台的背景图

（3）选择“插入>新建元件”命令，弹出“创建新元件”对话框，如图 2-118 所示，输入元件名称为“企鹅”，选择元件类型为“图形”，然后单击 确定 按钮，进入图形元件的编辑状态。

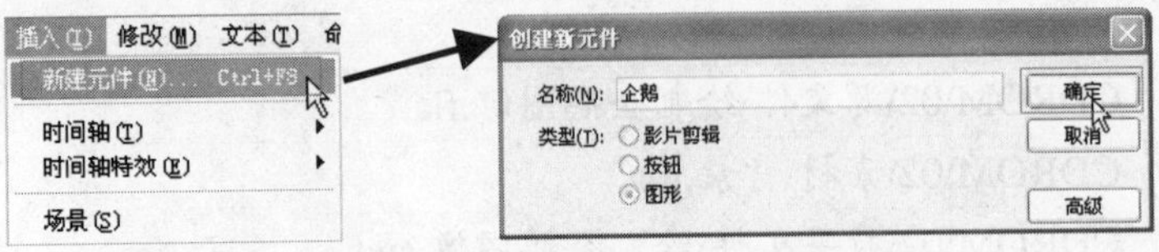

图 2-118 创建新元件对话框

（4）单击工具箱中的 （椭圆工具）按钮，将椭圆工具属性中的 （笔触颜色）设置为黑色（#000000），笔触高度设置为 1， （填充颜色）设置为黑色（#000000）。在舞台中绘制两个椭圆，然后把它们按照图 2-119 所示放置，这样粗略得到了企鹅的头部和肚子。

（5）接着在舞台中绘制另外两个椭圆，然后选择工具箱中的 （任意变形工具）分别将两个椭圆旋转，并将其放置到企鹅的头部和肚子中间的位置，如图 2-120 所示，这样企鹅的两个小翅膀就有了。

图 2-119 头部和肚子

图 2-120 翅膀

（6）选择“修改>组合”命令，将前面绘制的对象组合，接下来绘制企鹅的眼睛。单击时间轴面板上的 （插入图层）按钮，创建一个新图层。单击该图层的第 1 帧，然后在工具箱中选择 （椭圆工具），在舞台上绘制两个不同大小的椭圆，设置它们的 （笔触颜色）为黑色（#000000），笔触高度为 1， （填充颜色）分别为黑色（#000000）和白色（#FFFFFF），将它们组合起来便成了企鹅的眼睛。

（7）选中绘制的眼睛图形，按组合键 Ctrl + C 复制，然后按组合键 Ctrl + V 粘贴，得到另一只眼睛。为了使企鹅可爱一点，可以使两只眼睛略有不同。把这两个眼睛图形放到企鹅的头部，得到了如图 2-121 所示的图形。

（8）继续用椭圆工具在舞台中绘制一个椭圆，设置椭圆的 （笔触颜色）为黑色（#000000），笔触高度为 1， （填充颜色）为白色（#FFFFFF）。然后把椭圆放置到企鹅的肚子上，如图 2-122 所示，这样便得到了企鹅的白色肚子。

（9）绘制企鹅的嘴。单击时间轴面板上的 （插入图层）按钮，创建一个新图层。单击该图层的第 1 帧，选择工具箱中的 （椭圆工具），在舞台上绘制一个椭圆，设置椭圆的 （笔触颜色）为黑色（#000000），笔触高度为 1， （填充颜色）为起始色为白色（#FFFFFF）、终止色为黄色（#F3FEC5）的放射状渐变，如图 2-123 所示。然后设置椭

圆工具属性中的 （填充颜色）为黑色（#000000），结束角度为 180，在舞台中绘制另外一个椭圆。把绘制好的两个椭圆组合起来，放置到企鹅的头部和肚子之间，如图 2-124 所示，这样，企鹅的嘴就画好了。

图 2-121　眼睛

图 2-122　白色肚子

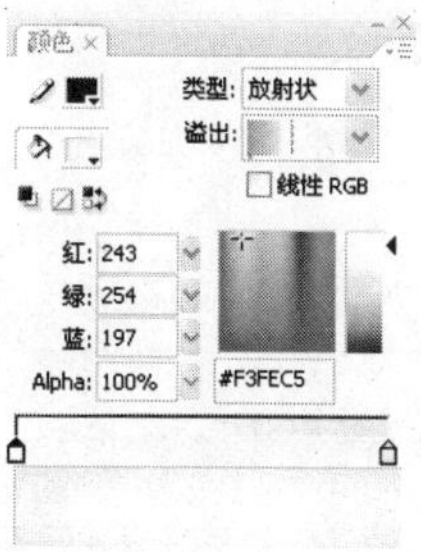

图 2-123　填充颜色

图 2-124　嘴

（10）绘制企鹅的脚。在椭圆工具属性中设置 （填充颜色）为起始色为白色（#FFFFFF）、终止色为黄色（#F3FEC5）的放射状渐变，然后在舞台中绘制一个椭圆。再选择工具箱中的 （选择工具），把椭圆变形成企鹅脚的样子。然后复制绘制好的脚，得到另外一只脚。把两只脚放置到企鹅上，如图 2-125 所示，到此，“企鹅”元件制作好了。

（11）“企鹅”元件绘制完毕后，单击舞台窗口上方的 场景 1 按钮，回到场景编辑状态。选择“窗口>库”命令，打开“库”面板，如图 2-126 所示。选中当前图层的第 1 帧，从库中将“企鹅”元件拖曳到舞台中，然后用工具箱中的 （任意变形工具）将其倾斜变形，这样，整个绘制企鹅图像的 Flash 文件就制作完成了，最终效果如图 2-127 所示。

图 2-125　脚

图 2-126　库

图 2-127 效果图

2.6 学以致用——绘制兔子图像

源 文 件：	CDROM\02\源文件\学以致用.fla
素材文件：	无
效果文件：	CDROM\02\效果文件\学以致用.swf

（1）选择“文件>新建”命令，在弹出的对话框中选择“常规”选项卡下的“Flash 文件（ActionScript）”选项，单击“确定”按钮，创建一个影片文档，选择“修改>文档”命令，在文档属性对话框中设置大小为 550×400，帧频为 12，背景色为白色，如图 2-128 所示。

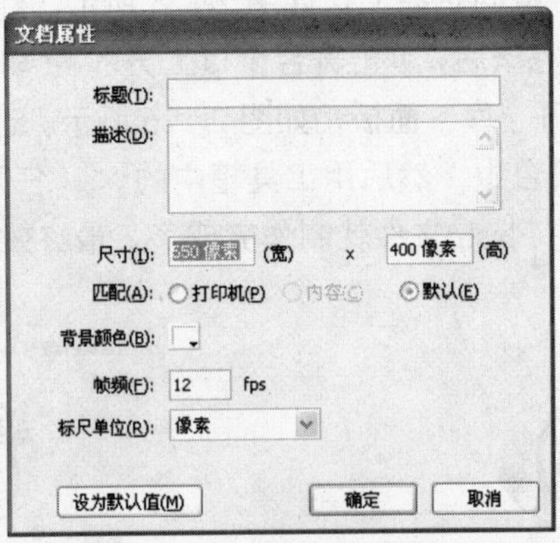

图 2-128 文件属性设置

（2）选择“插入>新建元件”命令，在“新建元件”对话框的“名称”处输入“背景”，类型选“图形”，单击“确定”按钮，如图 2-129 所示。使用 工具，绘制矩形，然后使用 工具，执行“窗口>颜色”命令，在颜色面板中的“类型”选择“线性”，如图 2-130 所示。

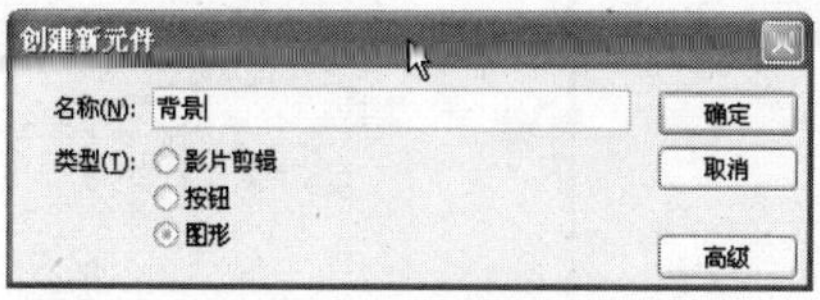

图 2-129　创建新元件

图 2-130　设置颜色

背景绘制完后，效果如图 2-131 所示。

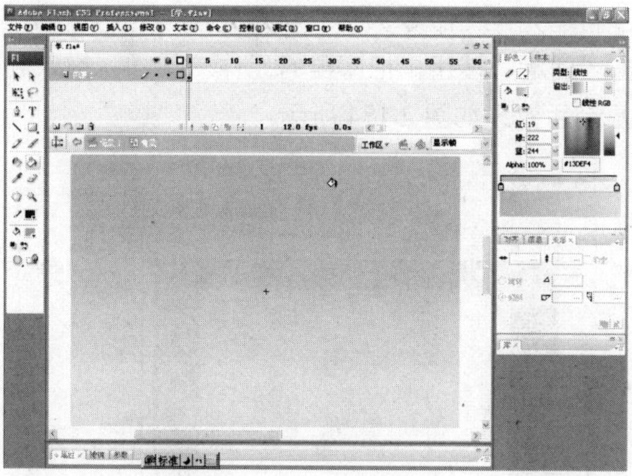

图 2-131　背景效果

（3）选择“插入>新建元件”命令，在“新建元件”对话框的“名称”框输入“圆圈”，类型选“图形”，单击“确定”按钮，选择 工具，绘制一个圆形，如图 2-132 所示。复制圆圈，并使用 工具改变圆圈的颜色，绘制完后如图 2-133 所示。

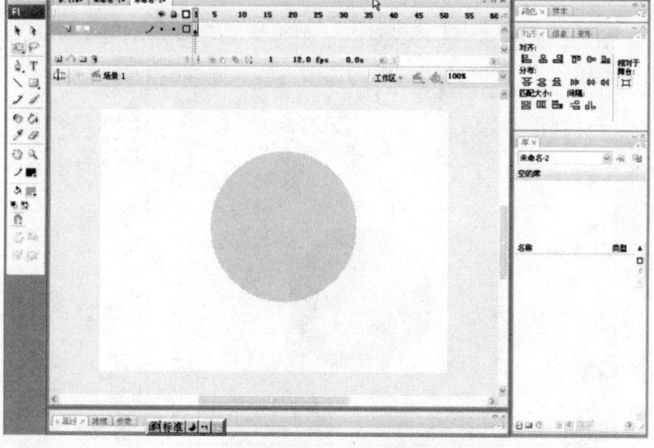

图 2-132　圆形

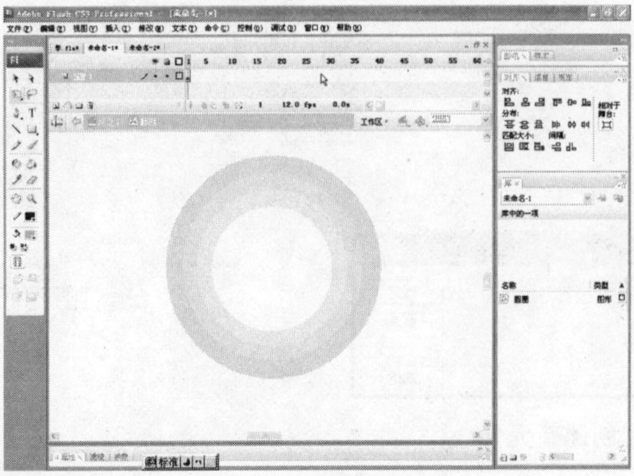

图 2-133　圆圈

（4）选择“插入>新建元件”命令，在“新建元件”对话框的“名称”框输入“云”，类型选“图形”，单击“确定”按钮，把库里的元件“圆圈”拖入到 Layer1 层的第 1 帧，复制元件“圆圈”，复制后效果如图 2-134 所示

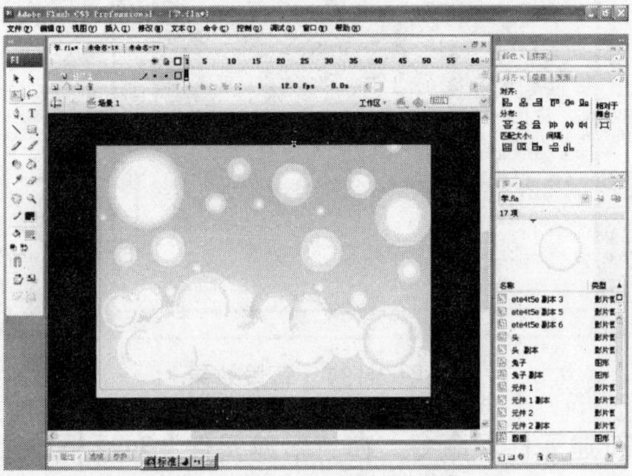

图 2-134　云

（5）选择“插入>新建元件”命令，在“新建元件”对话框的“名称”框输入“兔子四肢”，类型选“图形”，单击“确定”按钮，选择 工具，绘制一个圆形，如图 2-135 所示。

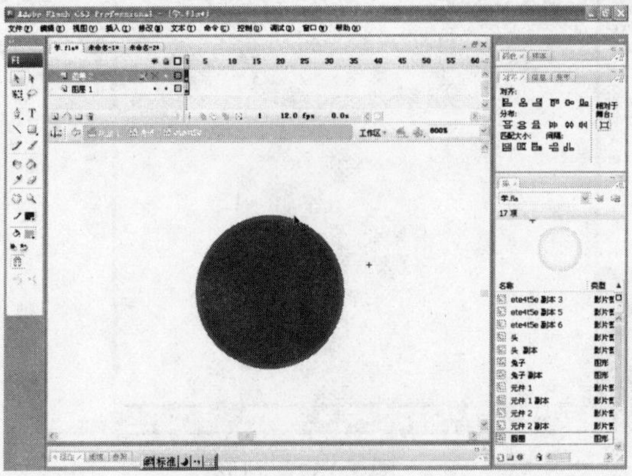

图 2-135　圆形

使用 工具，勾出兔子四肢反光的部分，使用 工具填充，如图 2-136 所示，再绘制兔子四肢高光的部分，先使用 工具，选择“窗口>颜色”命令，在颜色面板中设“类型”为“线性”，如图 2-137 所示。高光部分绘画完毕后，如图 2-138 所示。

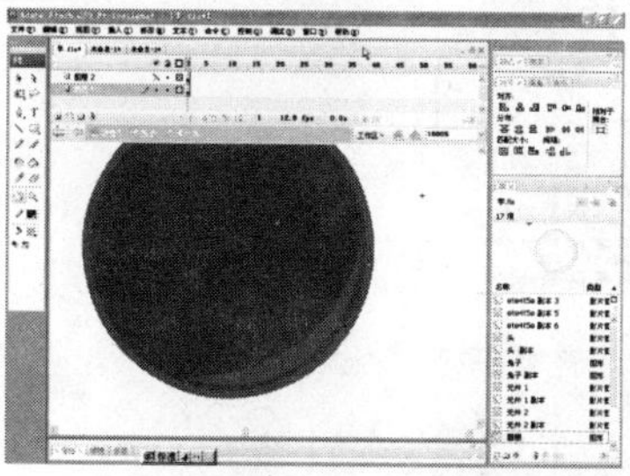

图 2-136 加反光

图 2-137 设置颜色

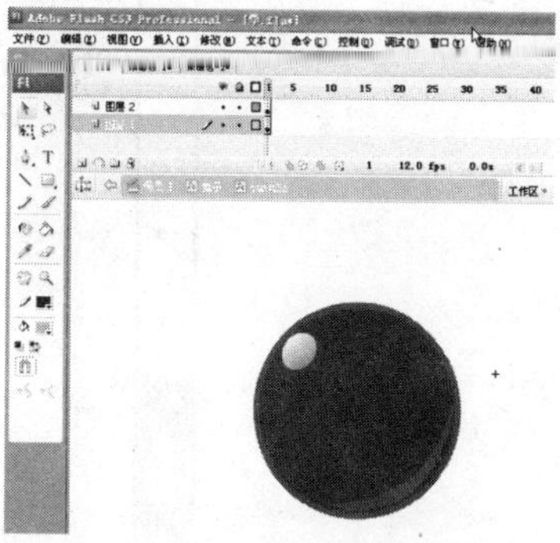

图 2-138 兔子四肢

（6）复制元件“兔子四肢”，并使用 工具对兔子的四肢进行变形，复制后如图 2-139 所示。

图 2-139 兔子头和四肢

（7）选择“插入>新建元件”命令，在“新建元件”对话框的“名称”框输入“兔子眼睛”，类型选“图形”，单击“确定”按钮，选择 工具绘制圆形，并使用 工具填充颜色，绘制后如图 2-140 所示。

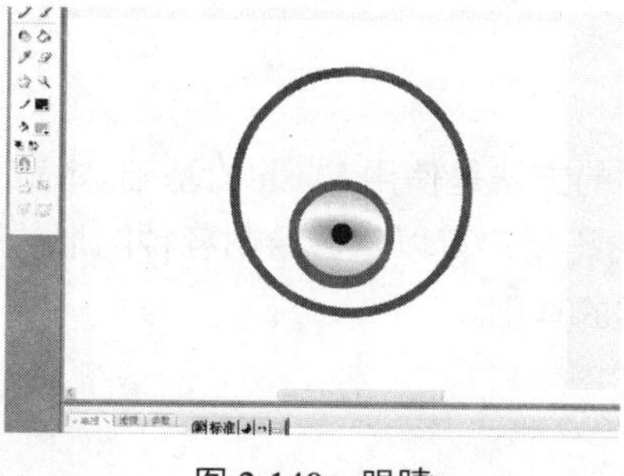

图 2-140 眼睛

复制出另外一只眼睛，使用 ╲ 工具绘制嘴巴，使用 ↖ 工具调节直线的曲度，绘制后效果如图 2-141 所示。

图 2-141　兔子

（8）利用相同的方法再绘制一只橙色的兔子，最后把两只兔子放在场景中，效果如图 2-142 所示。

图 2-142　最终效果

（9）选择“控制>测试影片”或者按快捷键“Ctrl+Enter”观看效果。

2.7 本章小结

掌握在 Flash 中绘制图形的方法是使用 Flash 的基础。本章详细介绍了与绘制图形相关的基础知识，通过本章的学习，用户可以掌握绘制各种图形的基本步骤和方法，为制作精美复杂的 Flash 动画打下坚实的基础。

第 3 章

动画基础

本章导读

现在已经了解了如何绘制图形，那么这些图形是如何组成一个 Flash 动画文档的呢？

用精心绘制的图形来表达一部 Flash 作品的内涵，完整的连接，有序的播放能让作品更美观、更到位。那么如何做到这一点呢？这就是本章所要掌握的重点：场景、图层及帧的应用。

图形是 Flash 程序构成的基础，它们之间是通过场景联系起来的。所有图形都是以图层的方式存在于场景之中，采用时间轴与帧控制的方式为各个图层定义动画，这些动画组合起来就形成了一个 Flash 动画文档。

本章主要学习以下内容：

- 场景介绍
- 图层介绍
- 帧的相关操作
- 学以致用
- 本章小结

3.1 场景

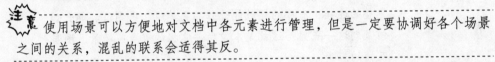

本小节主要介绍场景的基本概念、参数设置及使用方法，使得对 Flash CS3 中场景的运用有一个整体的认识。

3.1.1 场景概述

场景就是一部动画中各个独立的工作区域，它将各个图形有机组合起来。一个 Flash 文档可以包括多个场景，各个场景之间并不存在直接的联系，可以使用场景按照主题思想组织文档。例如，把单独的场景分别用于影片简介、片头、片尾、字幕等。

使用场景可以完成按照主题意思来组织、管理 Flash 文档的目的，类似于采用几个 SWF 文件一起创建一个较大的演示文稿。每个场景都对应一个时间轴，当播放头到达一个场景的最后一帧时，将继续前进到下一个场景。从 FLA 文件发布 SWF 文件时，每个场景的时间轴会合并为 SWF 文件中同一个时间轴。在创作连续场景动画的时候，利用这一点可以得到非常好的效果。

注意 使用场景可以方便地对文档中各元素进行管理，但是一定要协调好各个场景之间的关系，混乱的联系会适得其反。

高手点评

各个场景之间可以独立设计，可以在每一个场景定义自己的图层，构建自己的时间轴帧动画，甚至可以为不同场景的对象定义不同的动作。但是在测试影片时，各个场景一定要统一测试，以避免时间轴冲突所带来的问题。

3.1.2 设置场景

场景元素由 3 部分组成：背景、图层及帧动画。场景设置分别对应 3 部分：文档属性、图层设置与时间轴控制。图层将在 3.2 节，时间轴将在 3.3 节详细介绍，下面主要介绍文档属性的设置。

可以通过右击场景工作区的背景部分，在弹出的菜单中选择“文档属性”，或者在场景工作区下方的“属性”面板中选择“大小”的设置按钮来打开文档属性设置窗口，如图 3-1 所示。

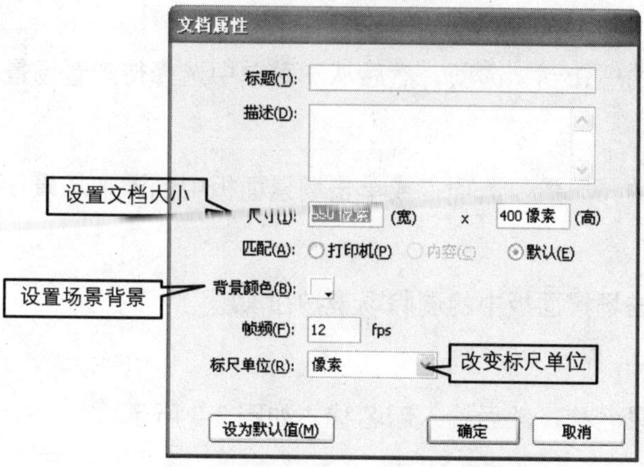

图 3-1　文档属性设置窗口

可以通过改变尺寸来控制场景的大小，选择背景颜色改变场景的背景，改变标尺单位以便于衡量文档中各个图形的位置信息。例如，如果选择标尺单位为“像素”，那么工作区上方与左侧的标尺单位就为“像素”，场景的大小也会以像素作为衡量单位。

技巧　右击场景工作区，弹出的菜单中有许多对场景设计有帮助的选项。“标尺”、“网格”和“辅助线”便于对场景上图形的精确定位操作，选择“贴紧”可以方便地对齐两个或多个对象。

高手点评

场景相当于一个 Flash 文档的背景，合理的设置可以使动画效果得到最好的发挥。在后面的设计中将会发现合适的场景设置对整个文档会有很大的帮助。

3.1.3　使用场景

场景的相关操作主要通过场景面板来实现，选择“窗口>其他面板>场景”以打开场景面板，如图 3-2 所示。

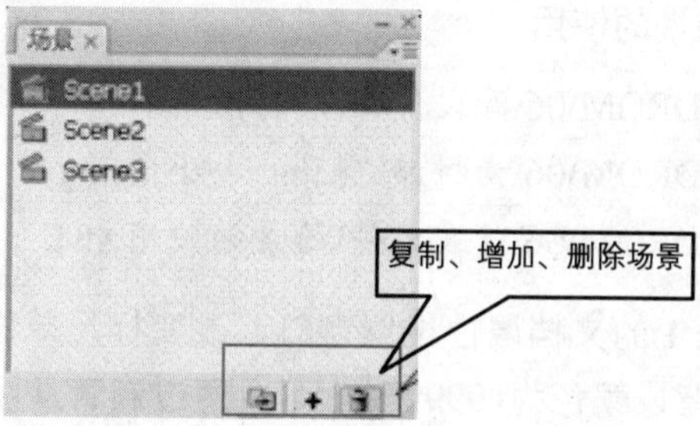

图 3-2　场景面板

下面介绍场景操作中常用的命令与实现方法。

1. 查看特定场景

选择“视图”菜单中的“转到”选项，然后从子菜单中选择待查看场景的名称。

2. 添加场景

选择“插入”菜单中的“场景”选项，或单击场景面板中的添加场景按钮 ![+]。

3. 删除场景

选择待删除场景，单击场景面板中的删除场景按钮 ![删除]。

4. 改变场景的名称

在场景面板中双击场景名称，然后输入新名称，如图 3-3 所示。

5. 重制场景

选择目标场景，单击场景面板中的直接重制场景按钮 ![重制]。

6. 改变文档在场景中的顺序

在场景面板中将场景名称拖拽到合适的位置。

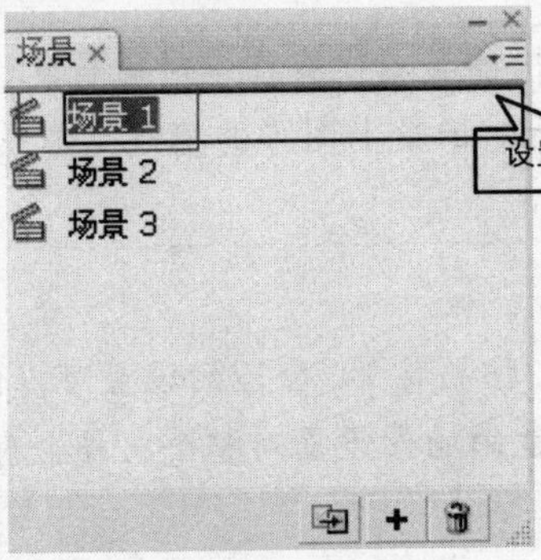

图 3-3　场景面板

技巧 场景面板中场景的顺序就代表了生成 SWF 文件时时间轴动画的播放顺序。通过合理设置场景的顺序，用户可以以非线性方式浏览 Flash 电影。

手把手实例　场景的使用

源 文 件：	CDROM\06\源文件\场景的使用.fla
素材文件：	CDROM\06\素材\都市.jpg 、小憩.jpg
效果文件：	CDROM\06\效果文件\场景的使用.swf

（1）打开场景 1 的文档属性设置窗口，改变标尺单位为 cm，改变尺寸的宽为 15cm，高为 10cm，改变背景颜色为#999966（可以通过滴管从图中选取），如图 3-4 所示。

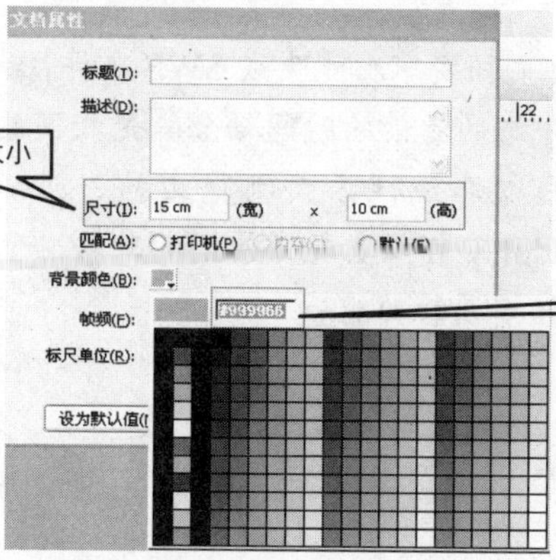

图 3-4 设置场景属性

（2）选择“文件>导入>导入到舞台”命令，导入“都市.jpg”文件。

（3）单击导入的“都市.jpg”图片，选择“任意变形”工具，适当地改变图片大小之后，选择菜单“修改>位图>转换为矢量图”，如图 3-5 所示。

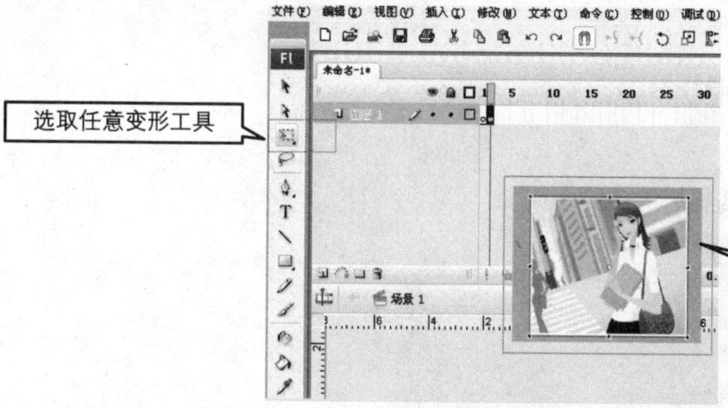

图 3-5 改变场景中图片大小、形状、位置

（4）选择“窗口>其他面板>场景”，打开场景面板，更改“场景 1”名称为“都市”。完成的都市场景效果图如图 3-6 所示。

（5）新建一个场景，改变背景颜色为#0099FF，导入“小憩.jpg”文件，重复上面的操作，在场景面板中改场景 2 名称为“小憩”，场景效果图如图 3-7 所示。

图 3-6 都市场景效果图

图 3-7 小憩场景效果图

高手点评

如果对场景使用 Flash 文档发布功能生成 SWF 文件，会发现动画效果是两个场景之间快速切换，这与前面介绍的场景的时间轴合并是相同的。要在每个场景之后停止或暂停文档，或允许用户以非线性方式浏览文档，可以使用动作。例如，使用 ActionScript 的函数 gotoandplay 可以实现场景间的跳转，下面一段程序实现了点击一个按钮后文档从场景 1 开始播放的功能。

```
on (release)
{tellTarget (_root.场景1) {gotoAndPlay (1);}
}
```

即问即答

刚才学会了制作场景的方法，那应该怎么操作来实现场景之间的相互跳转呢？

能提出这个问题，看来你是真的掌握了制作场景的方法。在场景之间跳转，动作应该写在_root，在 MC 内的按钮动作如果是跳到另外的场景，直接编写下面的这段代码不会看到效果：

```
on(release){
_root.gotoAndPlay("场景 2", 1);}
```

以下是一种解决方法：

在场景 1 的第 1 帧写个函数：

```
function gotoScene2(){
gotoAndPlay("场景 2", 1);
}
```

在 MC 里的按钮上写：

```
on(release){
_root.gotoScene2();
}
```

如果有多个按钮，以此类推。多加练习，在日后的 Flash 制作中，要用到以上写法，相信做的 Flash 会更加出色。

高手点评

可以采用加载内容或使用影片剪辑的方式来减少由于多场景之间的转换方式复杂带来的不便。场景与 ActionScript 结合使用还需要注意时间轴压缩带来的问题，需要更细致复杂的调试。

3.2 图层

本小节主要介绍 Flash 中图层的定义与各种操作。图层是 Flash 文档界面设计的基础，灵活地掌握与使用图层，不但能轻松制作出各种特殊效果，还可以大大提高工作效率。

3.2.1　图层的概念、类型和作用

Flash中的图层是帮助有序地组织文档中的插图，并在每个图层上绘制、编辑文档中的插图、动画和其他元素。每个图层上的文档相对独立，编辑时不会影响到其他图层。简单地说，图层像一张张按顺序叠放在一起的胶片，组合起来就形成了页面的最终效果，在图层上没有内容的场景区域中，可以透过该图层看到下面的图层。图层中可以加入文本、图片、表格、插件，等等，也可以在里面再嵌套图层。按照图层的功能定位，可以将其分为6类：

"一般"表示该图层为普通图层，也是图层的默认状态。

"引导层"表示该图层为导向图层，其作用是辅助其他图层对象的运动或定位，例如可以为一个球指定其运动轨迹，可以在该图层上创建网格或对象，来帮助对齐其他对象，如图3-8所示。

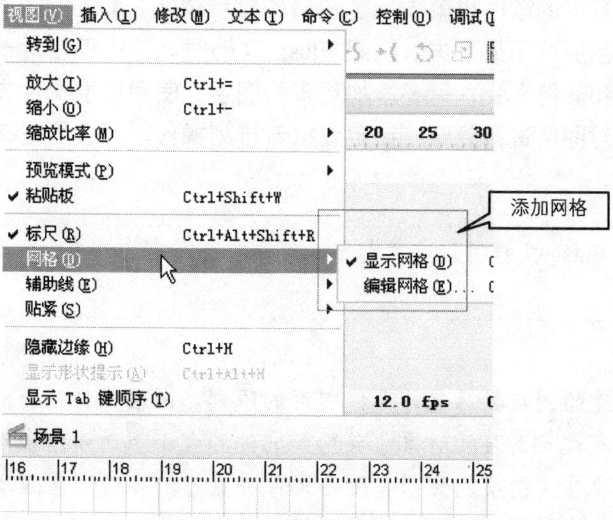

图3-8　添加网格

"被引导层"表示该图层为被导向图层，该选项在上一层为一导向层或被导向层时才有效。当该项被选择时，所代表的层与引导层将产生某种关联。

"遮罩层"表示该图层是遮罩图层，遮罩层中的对象被看做是透明的，其下被遮罩的对象在遮罩层对象的轮廓范围内可以正常显示。

"被遮罩层"表示该图层为被遮罩层，与"遮盖层"同时出现，同时生效，如图3-9所示。

"文件夹"表示一个图层集合，便于对图层的控制和管理。

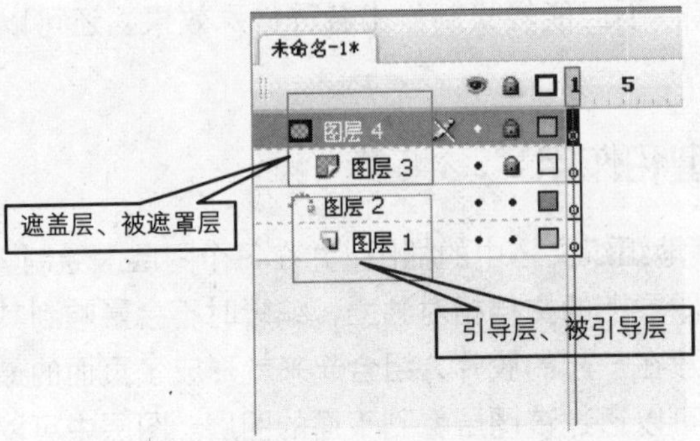

图 3-9　引导层、遮罩层

技巧 要组织和管理图层，可以创建图层文件夹，然后将图层放入其中。在时间轴中可以展开或折叠图层文件夹，而不会影响在场景中看到的内容。用户可以对声音文件、ActionScript、帧标签和帧注释分别使用不同的图层或文件夹，这有助于快速找到这些项目以进行编辑。

图层在场景中的顺序也就表示了图层的显示顺序，上方的图层将覆盖下方的图层。一般来说，背景图层处于最下方。创建 Flash 文档时，其中仅包含一个图层。要在文档中组织插图、动画和其他元素，需要添加更多的图层，使用图层文件夹是一个不错的选择。设计过程中可以对图层进行隐藏、锁定或重新排列操作。图层的正确使用是后面动画设计与帧控制的基础。

技巧 一个 Flash 文档可以在“发布设置”中选择在发布 SWF 文件时是否包括隐藏图层。

高手点评

可以创建的图层数只受计算机内存的限制。图层数目不会影响发布的 SWF 文件的大小，只有放入图层的对象才会增加文件的大小。所以，在进行 Flash 文档设计的时候并不需要吝惜图层的使用，图层文件夹也可以方便地管理图层。但是，图层也不能过度滥用，这将会给动画设计带来很多的麻烦。

3.2.2 图层的基本操作

图层的基本操作主要通过左上角的图层面板与图层属性对话框来实现。下面介绍图层的基本操作方法。

1. 创建图层和图层文件夹

单击图层面板底部的“插入图层”按钮，或者选择“插入”菜单的“插入>时间轴>图层”创建一个图层，选择“插入>时间轴>图层文件夹”来创建图层文件夹。创建图层或文件夹之后，它将出现在所选图层的上方。新添加的图层将成为活动图层，如图 3-10 所示。

2．显示/隐藏/锁定图层和图层文件夹

单击面板中图层或文件夹名称右侧的“眼睛”列可以显示或者隐藏图层或文件夹，在“眼睛”列中拖动图层或文件夹可以同时操作多个图层或文件夹。单击眼睛图标可以隐藏时间轴中的所有图层和文件夹，再次单击会取消隐藏效果，如图3-11所示。

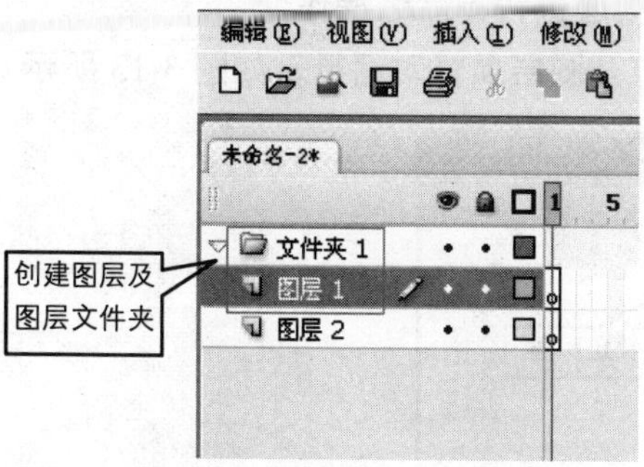

图3-10 插入图层

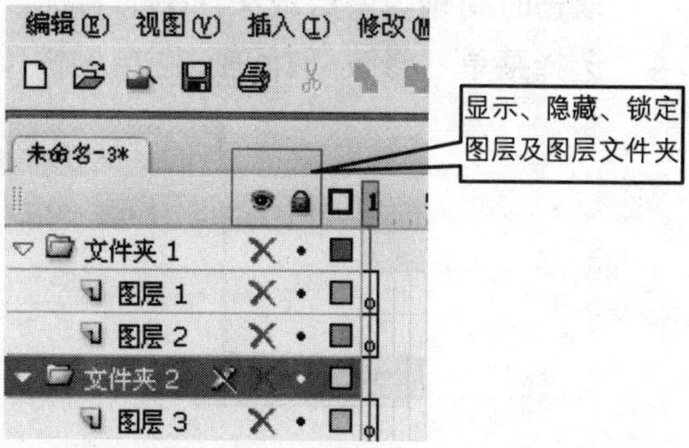

图3-11 显示/隐藏/锁定图层

技巧 按住Alt单击当前图层的眼睛列可以显示/隐藏除当前图层或图层文件夹以外的所有图层和图层文件夹，按住Ctrl单击任一图层的眼睛列可以显示/隐藏该场景中所有图层和图层文件夹。

单击图层或文件夹名称右侧的“锁定”列，可以锁定一个图层，再次单击将取消锁定状态。在“锁定”列中拖动图层或文件夹可以同时操作多个图层或文件夹。单击挂锁图标会锁定该场景中的所有图层。

技巧 图层处于锁定状态下，对该图层所做出的任何修改将无效。在Flash制作中，用户应该养成习惯，凡是完成一个层的制作就立刻把它锁定，以免误操作带来麻烦。

3．查看图层和图层文件夹

可以通过轮廓来查看图层上的内容。单击待查看图层名称右侧的“轮廓”列，会将该图层上所有对象显示为轮廓，再次单击会取消这种效果，如图3-12所示。

图层轮廓显示的颜色是可以改变的。在时间轴中选择该图层，然后选择菜单“修改>时间轴>图层属性”，在“图层属性”对话框中，单击“轮廓颜色”框，选择一种新颜色，再单击“确定”就可以完成对轮廓颜色的改变。

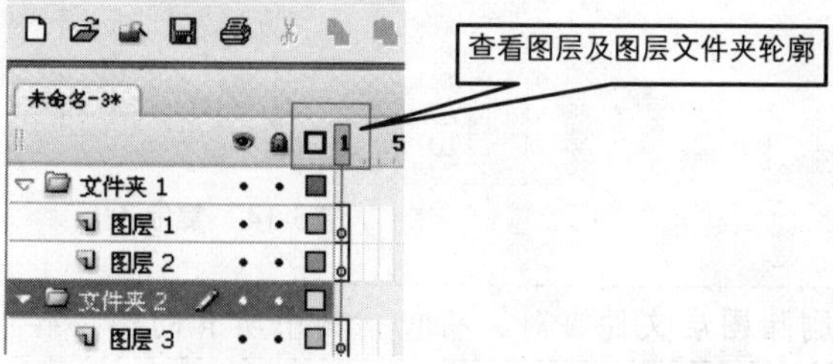

图3-12 查看图层轮廓

技巧 按住 Alt 和 Ctrl 仍然可以完成对多个图层的同时操作，这个技巧是广泛适用于 Flash CS3 的许多地方的。

4．编辑图层和图层文件夹

双击时间轴中图层或文件夹的名称，可以对图层进行重命名操作。

选择菜单“修改>时间轴>图层属性”，可以打开图层属性对话框，如图 3-13 所示。

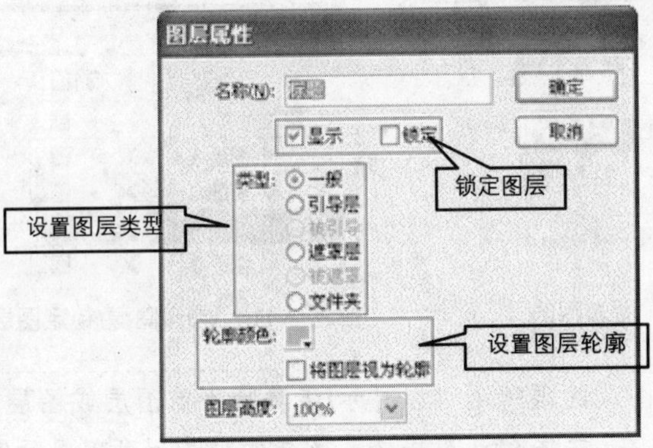

图 3-13　图层属性对话框

在图层属性对话框中可以对图层的名称与显示方式、图层的类型、图层的轮廓颜色与图层的高度进行修改。

5．图层的复制与删除

选定一个图层或文件夹，选择菜单“编辑>时间轴>复制帧”，然后选定一个新图层或文件夹，选择“编辑>时间轴>粘贴帧”可以完成图层的复制操作，如图 3-14 所示。

选择一个图层或文件夹，单击时间轴中的“删除图层”按钮 ，完成图层的删除。

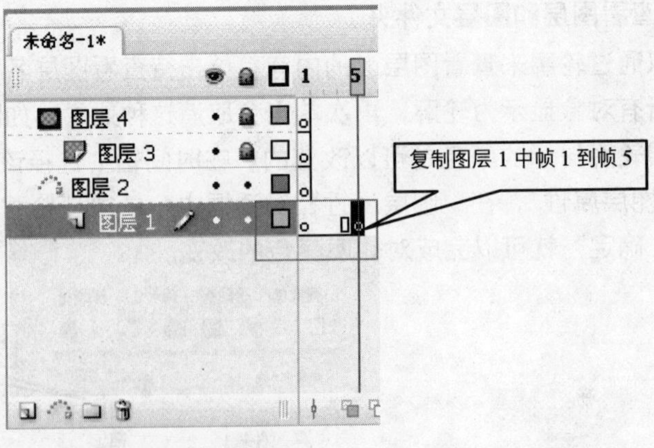

图 3-14　复制图层

注意 删除图层文件夹时，将包括其中所有的图层和内容。

6. 组织图层与图层文件夹

通过图层文件夹，可以将图层放在一个树形结构中，有助于组织工作流程。展开文件夹可以查看文件夹包含的图层而不影响在场景中可见的图层。图层文件夹中可以包含图层，也可以包含其他文件夹，类似于计算机的文件管理。

将图层或图层文件夹的名称拖入/拖出图层文件夹，可以实现图层文件夹内项目的添加/删除操作。对图层文件夹的属性改变将影响文件夹中的所有图层。例如，锁定一个图层文件夹将锁定该文件夹中的所有图层。

手把手实例 图层的使用

源 文 件：	CDROM\06\源文件\图层使用.fla
素材文件：	CDROM\06\素材\童年背景.jpg 娃娃.jpg
效果文件：	CDROM\06\效果文件\图层使用.swf

（1）改变场景大小为350像素×240像素，场景名称为“童年”。

（2）选择菜单“文件>导入>导入到舞台”，选择“童年.jpg”文件，改变图层1名称为“童年”，选择工具箱中“任意变形”工具，对图片适当调整大小，如图3-15所示。

（3）插入图层2，改变图层2名称为“娃娃”，导入“娃娃.jpg”文件，对图片调整大小。

（4）插入图层3，改变图层3名称为“球”，用椭圆工具在该图层绘制一个红、绿、蓝色圆，选择类型为“放射状”，如图3-16所示。

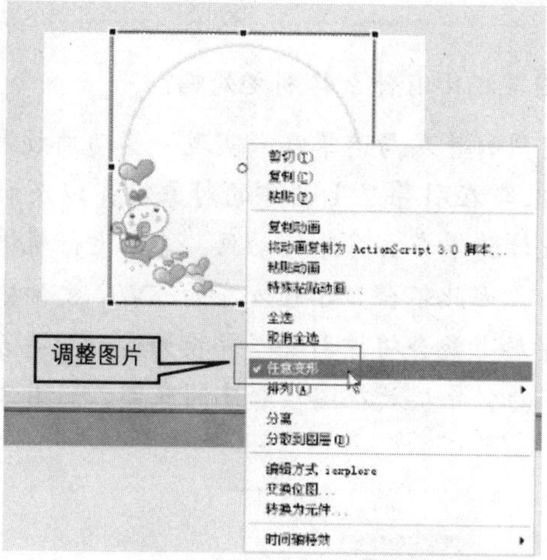

图3-15 调整图片

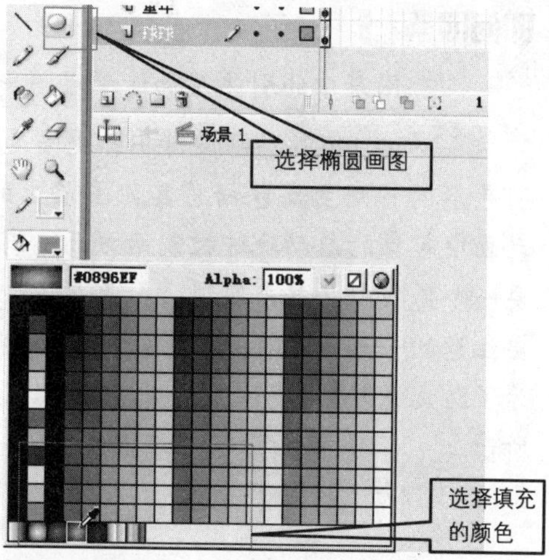

图3-16 为椭圆工具选色

（5）插入图层4，改变图层3名称为“球球”，操作同上。

（6）拖拽“球”图层到所有图层的下面，同时对“球”、“球球”图层中的球调整大小、位置，改变颜色。

初步使用图层完成的效果图如图3-17所示。

图 3-17　效果图

高手点评

在为每一个图层导入图片后，可以利用“任意变形”工具重新定义图片的大小。对于输入 Flash 的图片，最好先在其他图像处理软件（如 Photoshop、Firework）中调整好大小再进行导入，而不要直接导入后再用变形命令进行大小调整。这是因为导入的图片改变尺寸是不会改变场景中原图的体积大小的，提醒大家最好在导入前调整好尺寸。

即问即答

图层中的引导层和遮罩层与一般图层相比有什么特别之处吗？

在 Flash 动画设计中，更多地会使用引导层与遮罩层来实现一些动画效果。引导层的作用主要包括将其他图层上的对象与在引导层上创建的对象对齐以及补间动画中对象的启动轨迹控制两方面，例如设计骑单车去月球的动画，单车飞行轨迹需要一个弧线引导层来实现。引导层不会导出，因此不会显示在发布的 SWF 文件中。要注意的一点是，将一个常规图层拖到引导层上就会将该引导层转换为运动引导层。为了防止意外转换引导层，用户可以将所有的引导层放在图层顺序的底部，如图 3-18 所示。

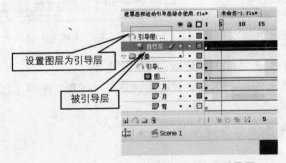

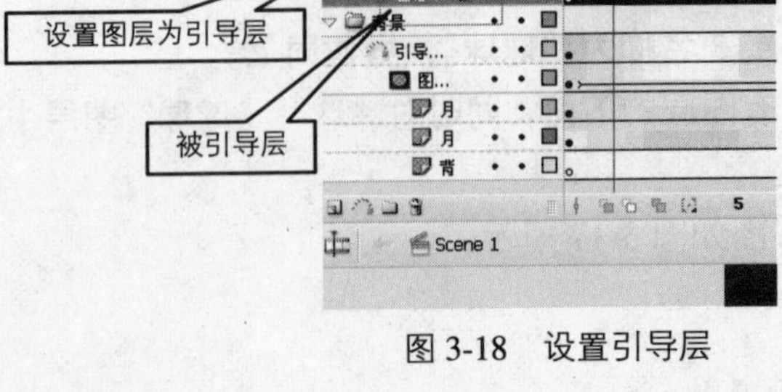

图 3-18　设置引导层

遮罩层中图层的内容完全覆盖在被遮罩层上面，只有遮罩层内有内容的地区可以显示下层图像信息。使用遮罩层可以实现许多意想不到的动画效果，例如设计黑夜里的探照灯动画，灯光部分需要遮罩层来实现。完成一个 Flash 动画效果是需要多种图层协调作用的，用户需要合理安排图层之间的关系与顺序，如图 3-19 所示。

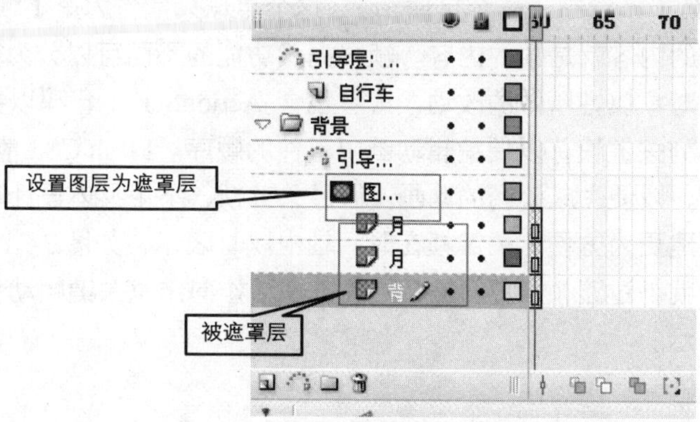

图 3-19　遮罩层

高手点评

引导层与遮罩层在使用中要注意很多细节问题。例如，引导层的导引物件的中心点与导引路径需要首尾重合，引导动画关键帧与过渡帧的分配问题，遮罩层图层透明度的设置，等等。这些细节的处理需要经验的长足积累。

3.3 帧

本小节将对 Flash 的帧这个概念的方方面面作一介绍，使读者对 Flash 动画设计与时间轴帧控制有一个初步的认识。

3.3.1 帧的类型与作用

人都知道，电影是由一格一格的胶片按照先后顺序播放出来的，由于人眼有视觉滞留作用，这一格一格的胶片按照一定速度播放出来，看起来画面就“动”了。动画制作采用的也是这一原理，而这一格一格的胶片，就是 Flash 中的“帧”。

一个 Flash 文档中，随着时间的推进，动画会按照时间轴的横轴方向播放，时间轴就是对帧进行操作的场所。在时间轴上，每一个小方格就是一个帧，在默认状态下，每隔 5 帧就用数字标示出来，如时间轴上 1、5、10、15 等数字的标示，如图 3-20 所示。

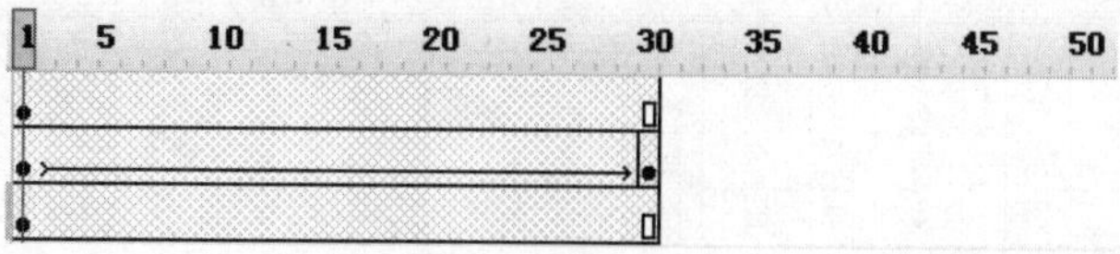

图 3-20　时间轴帧标示

可以通过改变帧频来控制每帧的时间。帧频表示每秒时间轴播放头经过多少帧，例如每秒 12 帧表示每帧 0.05 秒。右击场景，在弹出菜单中选择“文档属性”，打开场景属性面板，可以改变帧频。

帧在时间轴上的排列顺序决定了一个动画的播放顺序，每帧的具体内容需在相应的帧的场景内进行制作。例如在第 1 帧绘制了一个足球，那么这个足球只能作为第 1 帧的内容，第 2 帧还是空的。动画播放的内容就是帧的内容。帧根据其功能的不同可以分为 3 种：

关键帧定义了对动画的对象属性所做的改动，或者包含 ActionScript 代码以控制文档的某些方面。在时间轴中排列关键帧，以便编辑动画中事件的顺序。Flash CS3 能够补间，即自动填充关键帧之间的帧，以便生成流畅的动画。通过关键帧，不用具体设计每个帧就可以生成动画，使动画的创建更为方便。关键帧在时间轴中以 表示，如图 3-21 所示。

两个关键帧之间的部分就是过渡帧，它们是起始关键帧动作向结束关键帧动作变化的过渡部分。过渡帧用灰色表示。

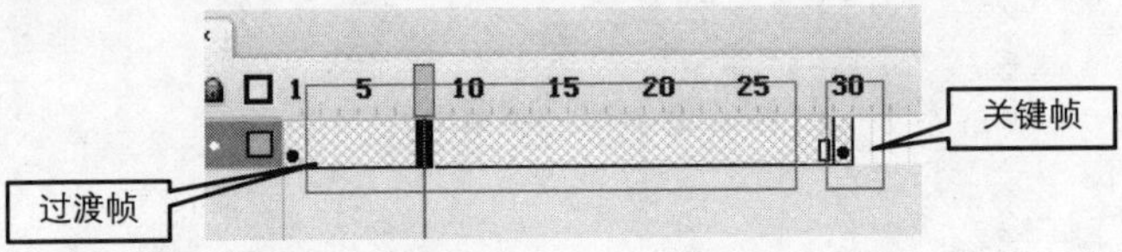

图 3-21　帧的类型

注意　过渡帧作为过渡部分，延续时间越长整个动画变化越流畅，前后的联系越自然。但是过渡部分越长，整个文件的体积就会越大，需要在两者之间找一个平衡点。

在一个关键帧里没有任何对象，这种关键帧称为空白关键帧。在时间轴中以 表示。

注意　空白关键帧并不是没有作用，进行动作调用的场合常常需要空白关键帧的支持。

在 Flash 中，帧的概念贯穿了动画制作的始终，Flash 的动画设计可以归结为对各个图层的时间轴进行设计，定义对应的关键帧以及设计关键帧时刻场景上各图层的状态，然后再采用补间等操作来完善过渡帧的状态。

高手点评

帧的播放顺序不一定会严格按照时间轴的横轴方向进行，例如自动播放到某帧停止，接受用户的输入，或者直到某件事情被激活后才能继续播放下去，等等，采用 ActionScript 可以很方便地实现这一切。

3.3.2　编辑帧

下面介绍时间轴上帧的常用操作。

1. 在时间轴中插入帧

选择菜单“插入>帧”，或者右击时间轴，选择“插入帧”，都可以实现插入新帧。选择“插入>关键帧”，可以创建关键帧，选择“插入>空白关键帧”，插入空白关键帧。

2. 帧的复制

选中帧或者帧序列，选择菜单“编辑>时间轴>复制帧”。再选择要替换的帧或序列，然后选择“编辑>时间轴>粘贴帧”。

注意 帧的复制操作与图层的复制操作相同。实际上选择了一个图层也就选择了这个图层整个时间轴，相当于选择了一系列帧。帧复制与图层复制本质上是相同的。

3. 帧的删除

选中帧或序列，选择“编辑>时间轴>删除帧”命令。

4. 清除关键帧

选中关键帧，选择菜单“编辑>时间轴>清除关键帧”命令，如图 3-22 所示。

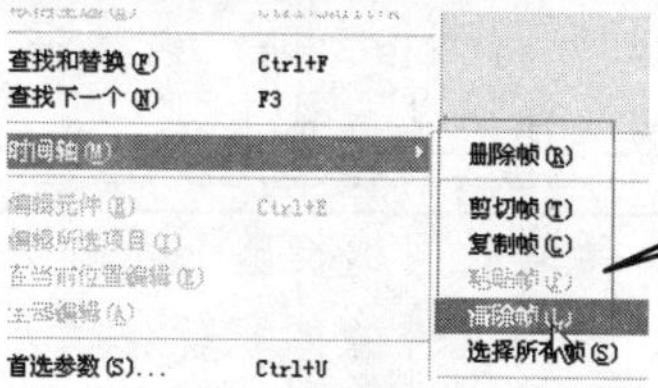

图 3-22 编辑帧

注意 被清除的关键帧以及到下一个关键帧之前的所有帧的场景内容都将由被清除的关键帧前面的帧的场景内容所替换。

5. 帧的属性控制

选中一帧，场景下方就会出现该帧的属性面板，如图 3-23 所示。

图 3-23 帧属性面板

“帧标签”可以起到标示帧的作用，加了标签的帧上会出现一个三角符号的标记。补间动画和补间形状可以把两个关键帧的状态用场景、图层渐变的方式联系起来，声音可以加入音效控制。

技巧 缓动参数非常有用，例如需要设计一个汽车启动的动画，设置缓动参数为一个负值，动画效果就是汽车慢慢加速；同样设置缓动参数为正值，汽车就会慢慢减速。缓动参数的绝对值就是动画加速度的大小。

手把手实例 简单帧动画的设计

源 文 件：	CDROM\06\源文件\青春.fla
素材文件：	CDROM\06\素材\青春.jpg、蝴蝶.jpg
效果文件：	CDROM\06\效果文件\青春.swf

（1）改变场景大小为 300 像素×310 像素，场景名称为“青春”。

（2）执行“文件>导入>导入到舞台”命令，把“青春”图片导入到舞台中，选择时间轴，在 40 帧处插入关键帧。

（3）新建图层 2，更名为“蝴蝶”，执行“文件>导入>导入到库”，把蝴蝶图片导入到库中。

（4）选择图层“蝴蝶”的时间轴，在第 1 帧处插入关键帧，拖拽“蝴蝶”元件到舞台中，使用“任意变形”工具改变蝴蝶形状、大小、位置，复制第 1 帧，分别在第 5、10、15、20、25、30、35、40 帧处执行“粘贴帧”命令，分别在各帧处调整“蝴蝶”的形状，如图 3-24 所示。建议在修改蝴蝶形状时参照蝴蝶鸟瞰图，让“蝴蝶”连续播放时更自然。

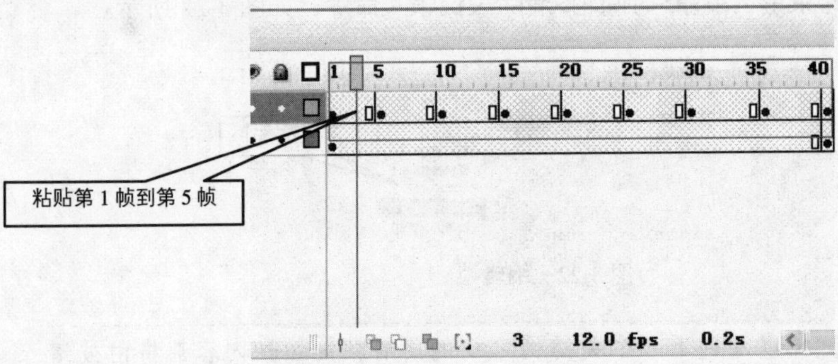

图 3-24 粘贴帧

（5）右击“蝴蝶”图层的时间轴第 1 帧到第 5 帧部分，选择“创建补间动画”。右击第 5 帧到第 10 帧部分，选择“创建补间动画”，重复操作，直到第 40 帧处，如图 3-25 所示。

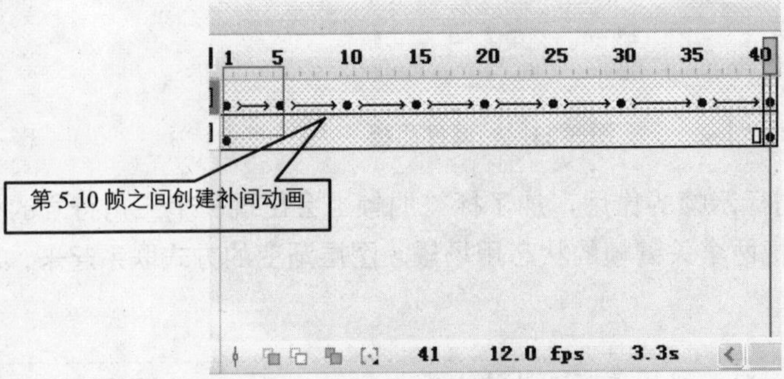

图 3-25 创建补间动画

（6）完成后，按“回车”键，测试刚才所做的结果，如图 3-26 和图 3-27 所示。

图 3-26 青春第 1 帧

图 3-27 青春第 5 帧

高手点评

创建补间动画/补间形状是Flash动画设计中一种常用的方法。在补间动画中，在一个特定时间定义一个实例、组或文本块的位置、大小和旋转等属性，然后在另一个特定时间改变这些属性。也可以沿着路径应用补间动画。在补间形状中，在一个特定时间绘制一个形状，然后在另一个特定时间改变该形状或绘制另一个形状，Flash会内插二者之间的帧的值或形状来创建动画。需要注意的是，并不是所有情况补间都会生效，例如在复杂的组合图层上使用补间动画或者在位图上使用补间形状是无效的。

即问即答

既然每一帧的时间是固定的，那么最后文档的执行速度是不是只与帧频有关呢？

并不是这样。一般来说，虽然帧频是固定的，动画的播放速度主要取决于每个帧内部数据的合理安排。Flash 能够处理矢量图与位图，使用矢量图的好处在于它不会随图形大小改变而改变自身体积，因此它在 Flash 中的使用比位图更为普遍。但矢量图在屏幕上进行显示前，需要 CPU 对其进行计算，如果在某一帧里有多个矢量图，同时它们还有自己的变化，如色彩、透明度等的变化，CPU会因为同时处理大量的数据信息而速度缓慢，动画看起来就会有延迟，影响播放效果。因此，在同一帧内，尽量不要让多个组件同时发生变化，它们的变化动作可以分开来安排。

高手点评

如果某一帧里有大量的数据，可以考虑用“预装载技术”加以解决。所谓“预装载技术”，就是指在时间轴前面包含数据较少的帧中，先将后面要装载的部分内容，如部分组件先行装入，这样，当影片播放到后面时，只需要再装载前面没装载的部分就行了。预装载技术通过数据分流对提高影片播放的流畅性是很有用的。采用“预装载技术”，要注意不能在前面将预装载的内容显示出来，因此，在原有基础上，需要多建一个图层，并将预先装载的内容放到底层，而且，上面图层的内容要能遮盖住底层预装载的数据。

3.4 学以致用——秋思

源 文 件：	CDROM\06\源文件\秋思.fla
素材文件：	CDROM\06\素材\落叶.jpg，树.jpg
效果文件：	CDROM\06\效果文件\秋思.swf

下面利用本章所学图层和帧的知识，来制作一个简单的 Flash 动画——“秋思”。

（1）建新文档，改变场景大小为 550 像素×400 像素，场景名称为“秋思”，帧频设置为 30，如图 3-28 所示。

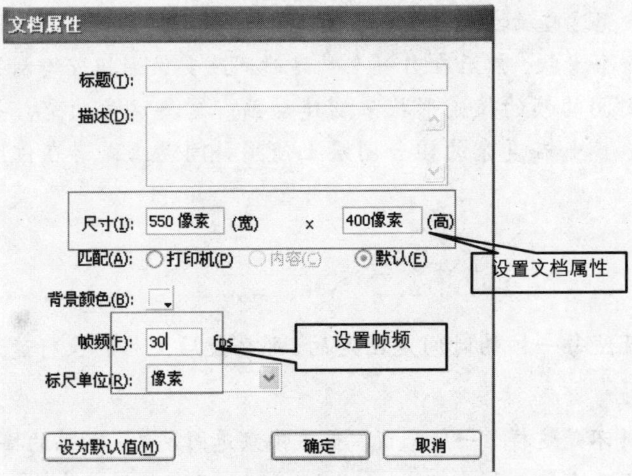

图 3-28 设置文档属性

（2）执行“文件>导入>导入到库”，把“树”背景图片和叶子图片导入到库中，针对以下操作中要频繁用到“叶子”图片，建议把图片导入到库中，以方便使用。执行“修改>对齐>相对舞台分布”，打开对齐面板，设相对于舞台水平中齐，垂直中齐，把背景和舞台对齐。

（3）执行“窗口>库”，调出导入的图片。点击图层第 1 帧，把“树.jpg”从库里拖入舞台，“使用任意变形”工具调整，使其与舞台一样大小。把图层 1 改为“背景层”图层，右键点击背景“树”图片，执行“转换为元件>图形”命令，转换为图形元件，更名为“背景”。选择“背景”层，找到 300 帧处，点击鼠标右键执行“插入帧”，如图 3-29 所示。

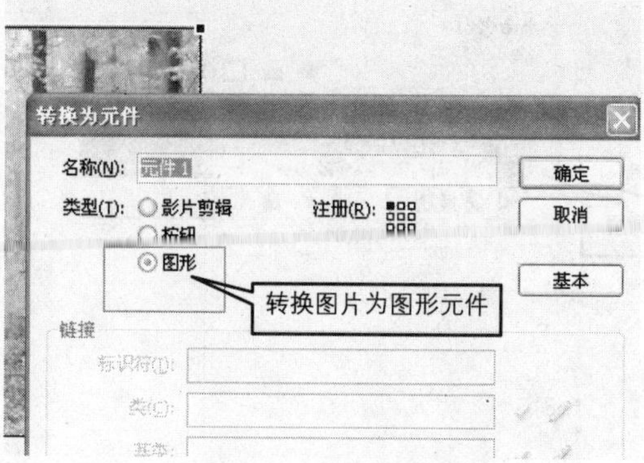

图 3-29 转换为图形元件

（4）锁定背景层，新建图层 2，更名为“叶子”图层，点击第 1 帧，从库里把叶子图片拖入舞台,选取工具箱中的“任意变形”工具把叶子调好方向、大小，对叶子点右键，执行“转换为元件”命令，设“类型”为“影片剪辑”，更名为“叶子”，如图 3-30 所示。

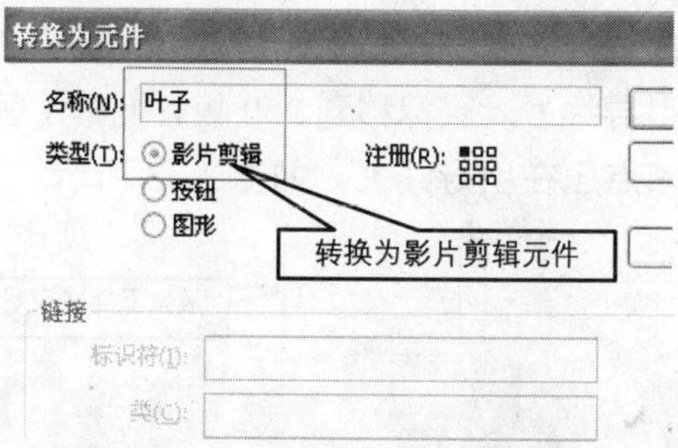

图 3-30 转换图片为影片剪辑元件

（5）在第 250 帧处点击右键，执行“插入关键帧”命令，在 1~250 帧内任选一帧，点右键，选择“创建补间动画”命令，建立 1~250 帧的叶子运动动画，在属性面板上勾选“调整到路径”，如图 3-31 所示。

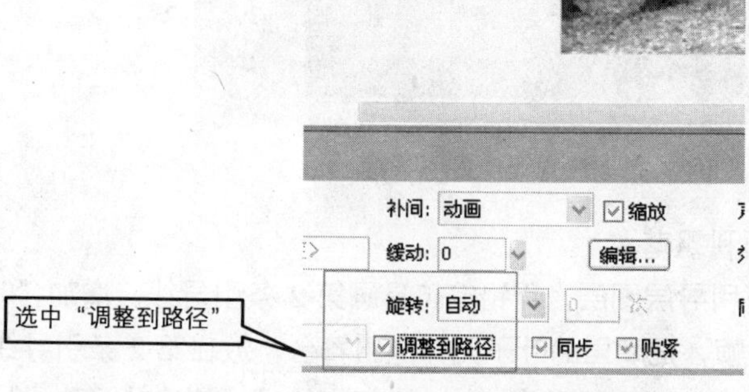

图 3-31 调整到路径

（6）新建图层 3，更名为“引导层”，在“引导层”图层上点击右键，执行“引导层”命令。拖动叶子图层到引导层图层，这时叶子图层变为被引导图层，如图 3-32 所示。

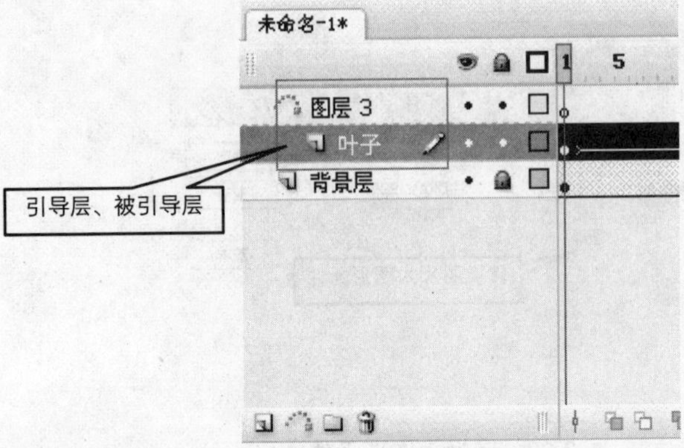

图 3-32　引导层、被引导层

（7）锁定“叶子”图层，选定“引导层”图层，选用工具箱中的“铅笔”工具，笔触颜色随意，“附属”选项为“平滑”，填充色为无。在引导层的第 1 帧画一条平滑曲线，即叶子运动轨迹。

（8）解锁叶子图层，选定叶子图层，把第 1 帧的叶子元件拖到引导线的上端。注意：一定要把元件的帧点压在引导线上。鼠标移到 250 帧，把第 1 帧里的叶子元件拖到引导线的下端。记住要把元件的帧点压在引导线上，如图 3-33 所示。

图 3-33　放置元件在引导线上

（9）按回车测试，叶子顺利飘落。

（10）锁定叶子图层，打开引导层图层，用铅笔工具画第 2 条引导线，增加“叶子 2”图层，在“叶子 2”图层的第 11 帧，把库里的叶子元件拖出舞台，放在第 2 条引导线的上端，在第 260 帧插入关键帧，在 11~260 帧内任意一帧处点右键，执行“创建补间动画”命令，点击 260 帧，把引导线上端的叶子元件移到下端，把属性面板上的“调整到路径”打勾。

（11）不断重复第 10 步，每复制或重新画一条引导线，就相应加一图层，每一新图层比前一图层后退 10 帧，直到认为叶子够了为止，如图 3-34 所示。

图 3-34　勾画叶子运动的引导线

技巧　尽量采用复制帧与粘贴帧的操作以保证动画过程中各图层元素的基本位置保持不变。当然也可以采用图层元素的信息选单中的位置信息来控制，可以通过执行菜单“窗口>信息”来查看。

（12）OK！测试一下影片，放松一下，欣赏刚刚完成的作品，如图 3-35 所示。

图 3-35　秋思

高手点评

每次完成一个 Flash 文档设计之前，都应该考虑能否对其进行优化以达到最好的效果。一般来说优化分为 4 部分：帧优化、组件优化、图形优化与声音优化。

帧优化主要指对帧内容的合理安排，例如采用数据分流来实现预装载；组件的采用可以减小文件的体积，减小组件的数量也是必需的；图形优化主要指对各种图片源的预处理，预先采用图形编辑软件调整位图大小；声音优化主要指对动画中的音乐进行压缩。

3.5 本章小结

本章介绍了场景、图层与帧的概念及相关操作，通过对该章的学习，可以对 Flash 文档的设计流程有一个初步的了解。

场景是 Flash 文档的基础，图层与帧控制都是在场景上才得以实现。图层是 Flash 界面的组成元素，涵盖了文档中所有的图形与元件。帧控制决定了文档的动画方式，每一个场景、图层均可以定义不同的帧方式来实现独特的效果。一个好的 Flash 文档需要把三者有机结合起来，多加练习，逐步深入探索图层、帧更多的用法，让自己的动画作品播放更流畅，更加完美。

第 2 篇

动画类型与资源管理

第 4 章　逐帧动画
第 5 章　动作补间动画
第 6 章　形状补间动画
第 7 章　遮罩动画
第 8 章　引导路径动画
第 9 章　场景动画
第 10 章　元件、实例和库资源

第 4 章

逐帧动画

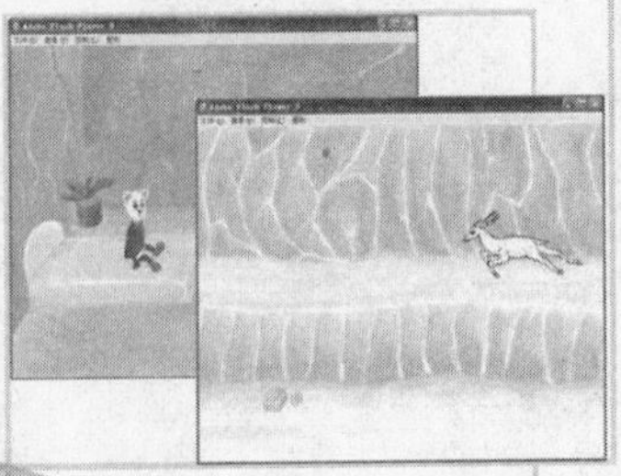

本章导读

我在电视上看到动作细腻的动画片，很想使用 Flash 软件制作成那样的逐帧效果，那么逐帧动画的原理是什么呢?

逐帧动画的原理其实很简单，就是在每一帧上插入一个动作，后面一帧是前面一帧的下一个动作，由于播放的速度快，所以看到的是动态的画面，在电视上观看的动画片就是根据这个原理制作的。

本章主要学习以下内容：

- 初识逐帧动画
- 逐帧动画的特点
- 创建逐帧动画的方法
- 学以致用
- 本章小结

4.1 初识逐帧动画

逐帧动画是一种重要的制作动画的方法，制作逐帧动画的工作量是比较大的，它和电影电视动画的制作原理非常相似。

逐帧动画的制作原理是在时间轴上插入多个连续的关键帧，每一帧都有不同的动作，从第一帧到最后一帧的动作是连贯的。逐帧动画制作出来的效果是非常细腻的，所以它广泛应用在动作细节的表现上。每一个关键帧都可以看成是一个动作结构的分解，如图 4-1 所示。

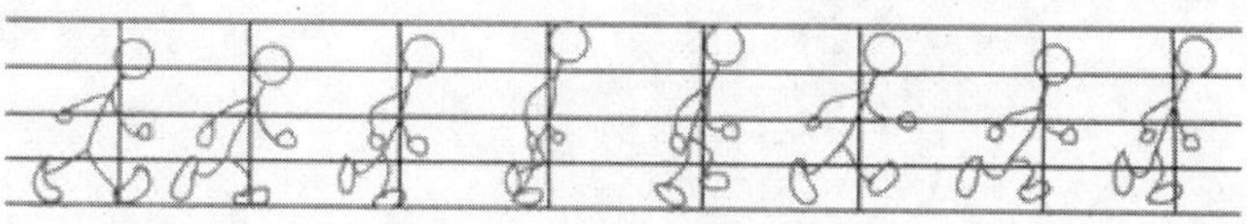

图 4-1　人物行走动作分解

学习逐帧动画对制作高质量的动画是非常有帮助的，只有细腻的动作才能够更好地表现故事情节。

认识逐帧动画首先要知道“逐帧”的含义。所谓“逐”就是由上一帧逐渐地向下一帧过渡，人所看到的画面也是从上一幅转到了下一幅，由于时间间隙短，人眼所看到的就是形象的动作了。再来讲一下“帧”，帧的概念在上一章已经有所了解了，后面将通过制作逐帧动画来训练熟练地使用关键帧。这些插入的关键帧都是连续的，如图 4-2 所示。

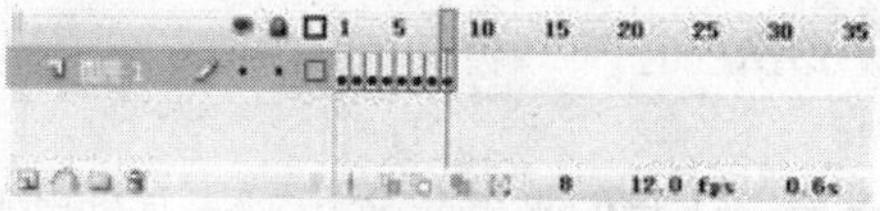

图 4-2　连续的关键帧

帧的一个重要的属性是帧频，是指每秒显示的动画帧数，Flash 默认的帧频是 12fps，一般在动画电影中的帧频是 24fps。可以在 Flash 文档属性中设置帧频，如图 4-3 所示。

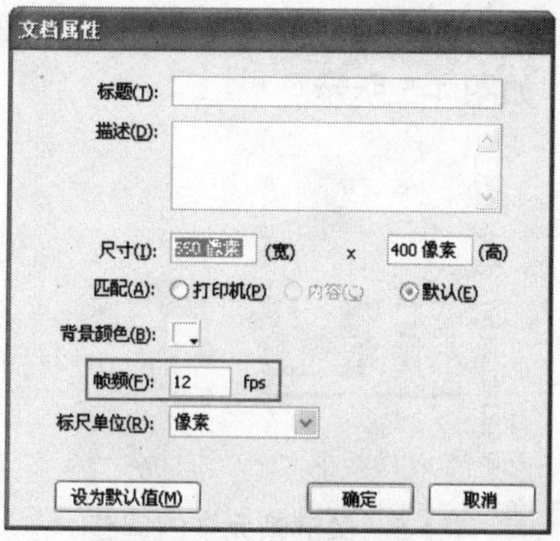

图 4-3　设置帧频

理解逐帧动画的制作原理，有一个好办法就是可以在笔记本页面的右下角绘画，每一页也就好像一个关键帧，然后用手快速地翻页，翻页的速度越快就好像设置的帧频越大，每秒翻过去的页数就越多；速度越慢帧频越小，每秒翻过去的页数就越少。可以通过这种方式来认识逐帧动画，很直观吧！如图 4-4 所示。

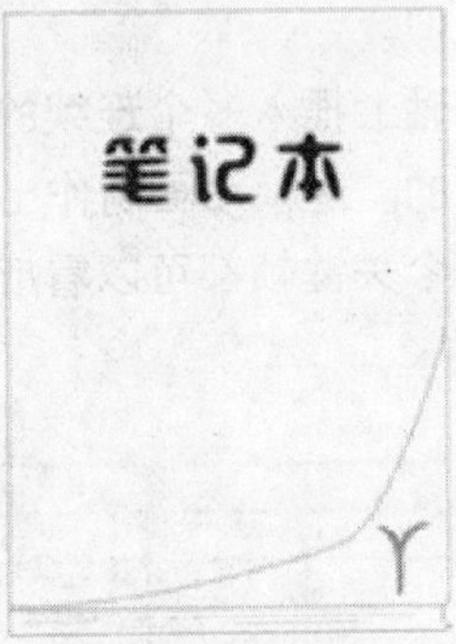

图 4-4　翻页效果

学习逐帧动画平时要多临摹一些漫画作品，收集一些经典动画的原画，仔细地揣摩其中的技巧和规律，然后多加练习，一定会有事半功倍的效果的。

高手点评

使用绘图纸功能可以提高制作逐帧动画的效率，是非常重要的功能。这在 4.3.2 节作详细介绍。

4.2 逐帧动画的特点

认识了逐帧动画之后，让我们来看看它相对于其他动画有哪些优势和特点吧。

好啊，快点告诉我吧！

逐帧动画相对于补间动画拥有更自由的表现力，在逐帧绘制完动画元素后，可以灵活地对各个关键帧中的元素进行调整，使动作更加协调。

在 Flash 中，可以使用 Ctrl+Enter 键对影片进行测试，如果对某个关键帧中的元素动作不太满意，可以随意调整，如图 4-5 所示。

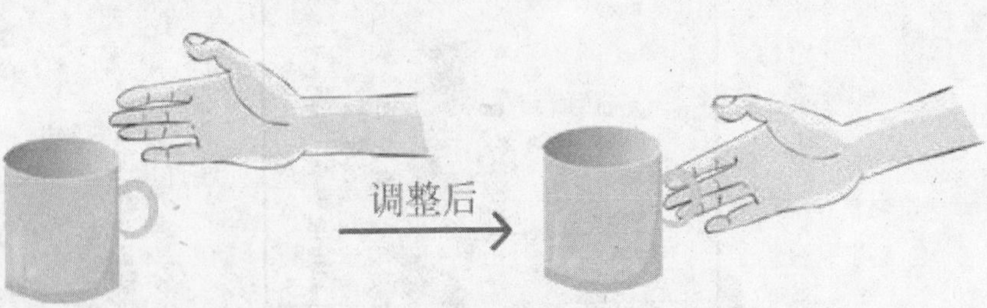

图 4-5　关键帧元素的调整

逐帧动画和电影动画的制作有相似之处，适用于动作很细腻的动画。补间动画往往只有位置的过渡效果，而逐帧动画则是注重动作的过渡效果，拥有补间动画无法实现的功能，如图 4-6 所示。

逐帧动画中直升机的螺旋桨在飞行中转动，而补间动画中的没有旋转，所以逐帧动画的过渡效果更加形象。

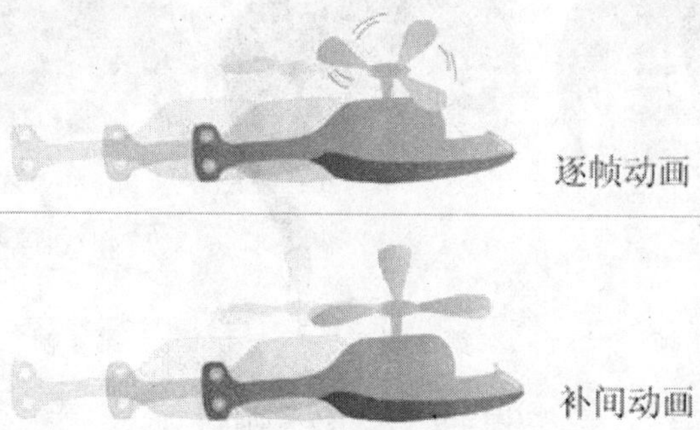

图 4-6　过渡效果对比

前面讲的都是逐帧动画的动作的表现，其在人物和动物表情的表现方面也是非常出色的。人物或者动物的表情都是通过脸部来表现的。嘴、眼和眉毛是脸部表情的关键部位，如图 4-7 所示。

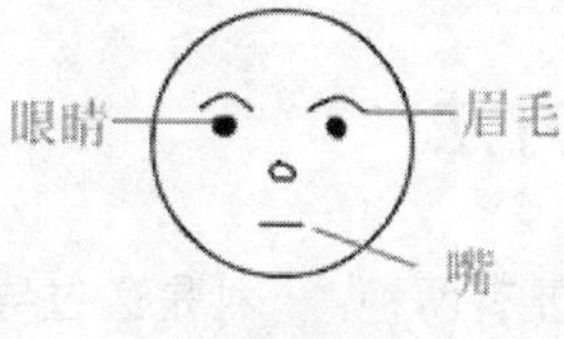

图 4-7　脸部表情

在逐帧动画中，每一个关键帧都有不同的表情，对于表情的变化可以通过修改关键帧中的眉毛、嘴、眼睛来表现喜、怒、哀、乐。用逐帧动画来制作表情变化，会使人物表情更加生动，如图 4-8 所示。

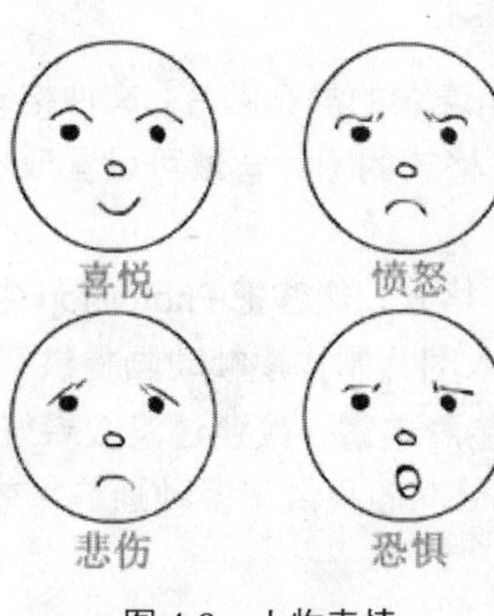

图 4-8　人物表情

制作逐帧动画可以非常容易地调整每一个关键帧中元素的位置，修改一些细节的变化。在动画中经常会出现人物转头或转身的动作，首先要确定好头部的位置，然后根据比例确定身体以及四肢的位置（技巧：可使用绘图纸功能，根据上一帧的元素来确定身体以及四肢的位置），然后进行细微调整，如图 4-9 所示。

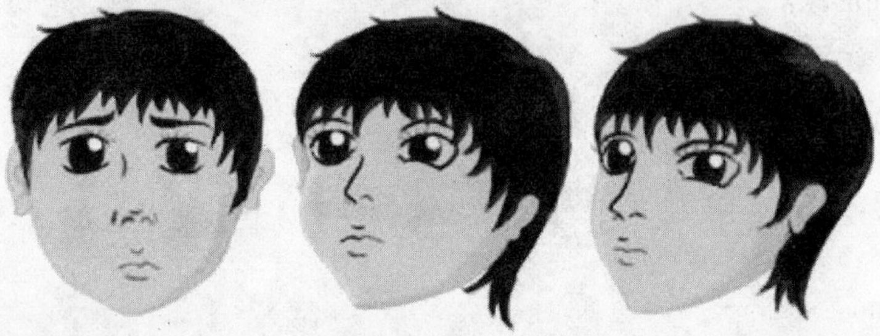

第 1 帧　　第 3 帧　　第 4 帧

图 4-9　人物转头动作

逐帧动画的其中一个特点是可以非常容易地找到某一关键帧中不协调的动作，并加以修改，使之更加完美。

高手点评

逐帧动画的特点就是动作细腻，表现自由，表情生动，可灵活调整。

4.3 创建逐帧动画的方法

逐帧动画的创建方法主要有两种：一种是通过导入创建逐帧动画，另一种是通过编辑帧创建逐帧动画。这两种创建方法各有其优，就一起来学习它们的制作方法吧。

4.3.1 通过导入创建逐帧动画

通过导入创建逐帧动画就是将绘制好的动作导入到 Flash 中，每一帧对应一个动作，播放连续的关键帧从而使动画连贯。

导入到 Flash 中的一般是动作连续的静态图片，文件格式一般为 jpg、png、gif 等类型，jpg 是一种压缩的图片类型，png 格式的图片背景可设置成透明，gif 格式的图片可以导入序列图片。

在 Flash CS3 中可以导入 psd 格式，能够把 Photoshop 中的图层导入到 Flash 中，Flash CS3 中的这一新增功能为通过导入图片制作逐帧动画提供了很大的方便。

使用 Photoshop 绘制的图片色彩丰富，颜色过渡效果好。如果追求画面的效果，最好使用 Photoshop 绘制、上色，Photoshop 提供了多种画笔，效果要比在 Flash 中制作更加逼真，如图 4-10 所示。

图 4-10　Photoshop 与 Flash 动画角色对比

也可以使用 Painter 软件绘画，Painter 提供了更多种类的画笔，比如：水粉、油画笔、水彩等，电影动画场景一般具有水粉画的风格。Painter 一般用来绘制轮廓和动画场景，如图 4-11 所示。

图 4-11　动画场景

可以先在 Painter 中用 2B 铅笔把轮廓勾出，Painter 中的 2B 铅笔工具的笔触比较好，如图 4-12 所示。

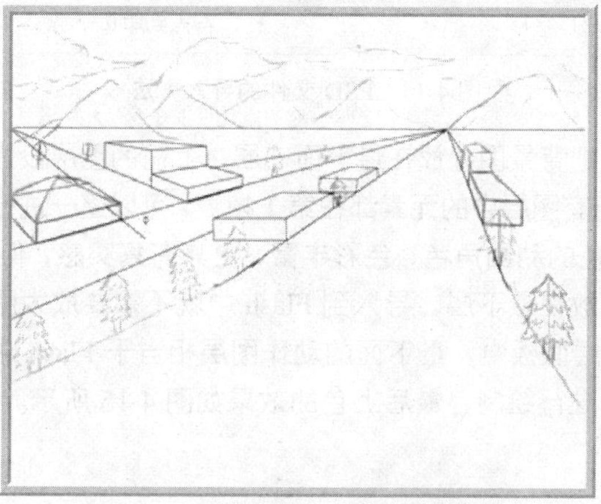

图 4-12　使用 Painter 绘制轮廓

然后选择合适的画笔进行上色，在上色时应该熟练地运用 Photoshop 提供的画笔的功能，其中，用柔光一般画云朵、亮光，等等。还要注意物体的明暗度，通过颜色的调节来实现，光线明亮的地方尽量用浅色，光线暗淡的地方尽量用深色，一定要注意颜色跨度不要太大，非常明亮的地方可以用半透明的白色进行上色，画面效果好的动画场景可以给人感觉非常逼真，如图 4-13 所示。

图 4-13　使用 Photoshop 上色

由于 Flash CS3 支持导入 PSD 格式的图片，一般把已经上色的图片保存为 PSD 格式，这样可以把所有图层导入到 Flash 中。把 PSD 文件导入到 Flash 中有两种方法：一种是导入到库，另一种是导入到舞台，如图 4-14 所示。

图 4-14　PSD 文件的导入方法

制作逐帧动画一般把背景图片放在最下面一层，上面的图层设为动作图层，当把 PSD 图片导入 Flash 中时，所有图层中的元素都在第 1 帧上，可以逐一进行调整，直到画面流畅。

使用 Photoshop 上色的动画角色，色彩丰富，更具有真实感，但是位图放大容易失真，所以绘制时最好把背景放在最下层，导入到 Flash 中就不需要放大图片了。

在 Photoshop 的图层面板中，最下面的动作图层相当于 Flash 中的第 1 帧，每个图层逐一地与关键帧对应。进行绘制，最后上色的效果如图 4-15 所示。

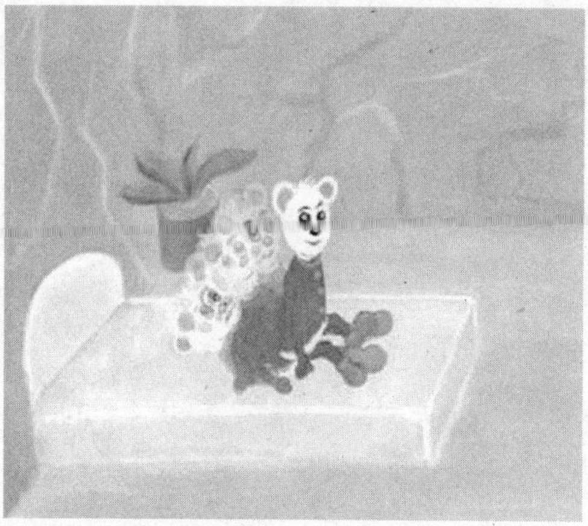

图 4-15　在 Photoshop 中绘制起床动作

在对动画角色上色之后，把 PSD 文件导入到 Flash 中，然后进行调整，如图 4-16 所示。

第 1 帧

第 2 帧

第 3 帧

第 4 帧

第 5 帧

第 6 帧

图 4-16　动画角色的分解动作

在 Photoshop 或 Painter 中绘制角色动作只能一帧绘制一个动作，不能像在 Flash 中可以调整身体的某个部位或者移动位置，非常容易地来调节动作，但是也有技巧，举一个头部转动的例子，首先画一个圆把脸部固定，用竖线固定嘴和鼻子的位置，横线固定眼睛的位置，画出正面，最后画出低头的动作，圆的位置是不变的，如图 4-17 所示。

图 4-17 只是简单结构图，仅将眼睛、鼻子、嘴的位置标出来了。接下来，在细致绘制时，就应该体现出立体效果，同时，脸型、头发的绘制都应该协调。

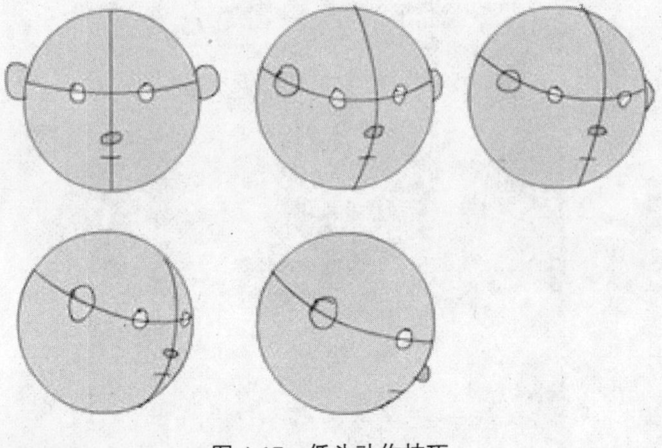

图 4-17　低头动作技巧

手把手实例　**挥动手臂**

源 文 件:	源文件/Fla/摆手臂.fla
素材文件:	源文件/swf/摆手臂.swf

在制作逐帧动画时，也可以借助任意变形工具调整关键帧的动作，会使制作某些动作更加简单，下面以手臂放下动作为例进行讲解。

（1）首先用铅笔工具绘制出手部和胳膊，绘制时要抓住手部的特征，可以多观察自己的手，并且做出多种常用的动作。会发现食指和拇指之间有空隙，拇指肚是突起的，从腕关节到指尖呈一条直线。在拇指和食指之间最好上浅颜色，手腕处上浅颜色，其他地方上深色。对于胳膊内侧最好用浅颜色上色，外侧用深颜色上色，能够充分地表现出立体感。如图 4-18 所示。

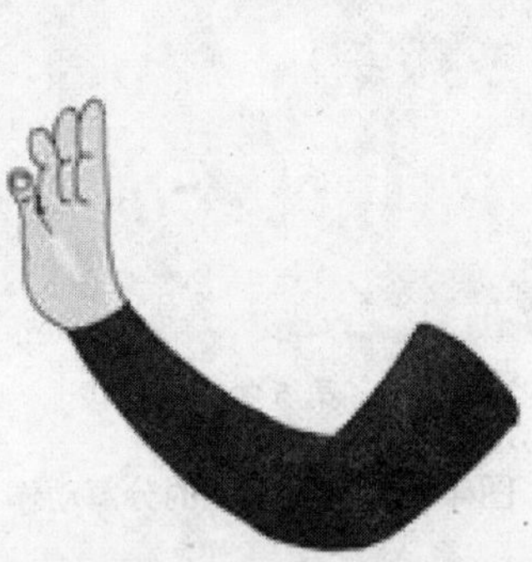

图 4-18　手臂的位置及上色

（2）下图是模仿太极中的一个动作。通过使用任意变形工具调整手臂的位置，将胳膊根部设为固定点，用任意变形工具进行旋转，这样可以提高制作动画的效率，如果逐帧绘画的话会很复杂，这样制作可以达到事半功倍的效果。如图 4-19 所示分别是绘图纸功能中的绘图纸外观效果和编辑多个帧效果。

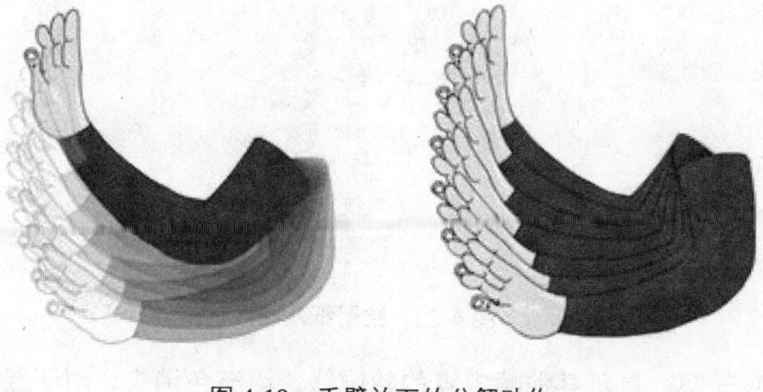

图4-19　手臂放下的分解动作

高手点评

在日常生活中，多观察人或者动物的行为动作，把典型的动作看做是关键帧里的动作，多画结构图，不久就会画出自己满意的协调动作了。

4.3.2　通过编辑帧创建逐帧动画

通过编辑帧制作动画就是在Flash中直接绘制角色动作，每个关键帧中都有一个动作，也可以是调整位置。

编辑帧制作的逐帧动画要比通过导入创建的更容易一些。但是一些制作逐帧动画的技巧还是要熟练地掌握。

将通过实例来讲解一些制作逐帧动画的技巧。首先讲解一下在动画中经常出现的动物尾巴摆动的制作技巧。

尾巴在摆动过程中唯一不动的是根部，其他的部位做上下摆动或者左右摆动，尾巴的尖部沿着曲线运动，这样根部和尖部就确定了，其他部位尽量地画自然些，如图4-20所示。

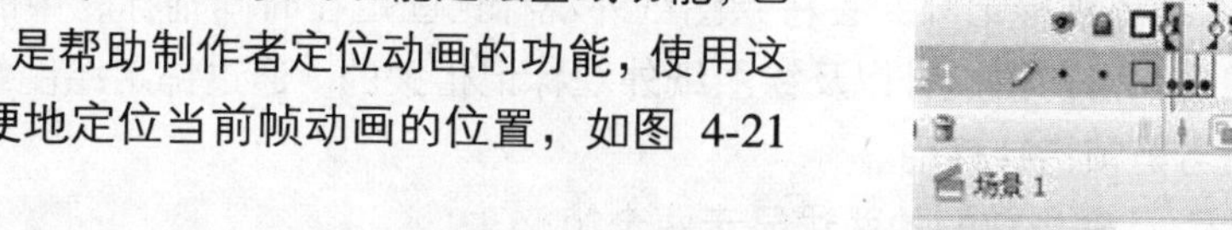

图4-20　动物尾巴的运动

制作逐帧动画中一个重要的功能是绘图纸功能，也叫洋葱皮效果，是帮助制作者定位动画的功能，使用这一功能可以方便地定位当前帧动画的位置，如图4-21所示。

下面详细地对绘图纸功能的各个按钮进行介绍。

绘图纸外观按钮：显示其他帧的效果是半透明的，如图4-22所示。

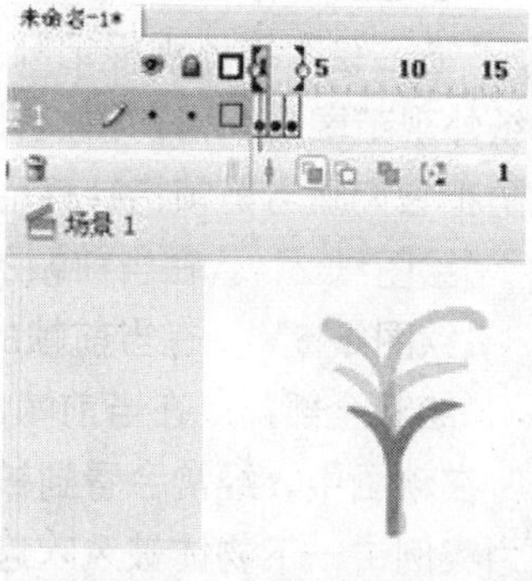

图4-21　洋葱皮效果

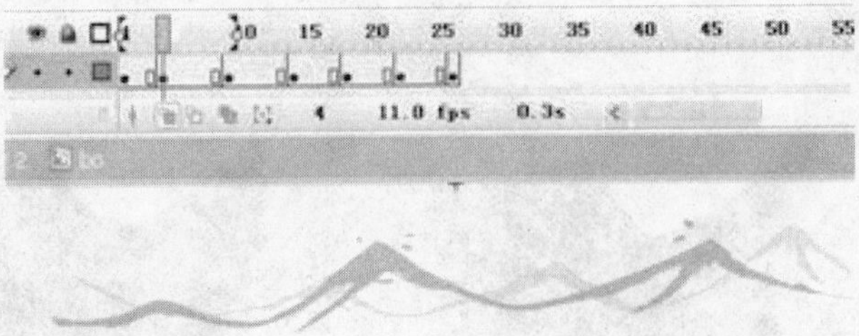

图 4-22　绘图纸外观

绘图纸外观轮廓：显示其他帧内容的轮廓线，填充色消失，对于绘制当前帧的轮廓有很大的帮助，如图 4-23 所示。

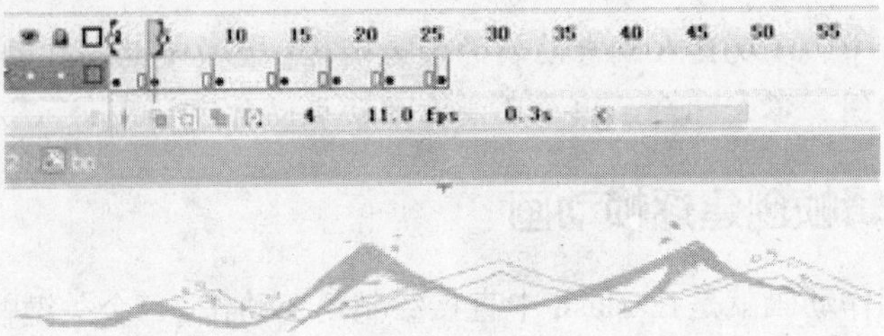

图 4-23　绘图纸外观轮廓

绘图纸显示多帧按钮：单击后可以显示全部帧内容，并且可以进行“多帧同时编辑”，如图 4-24 所示。

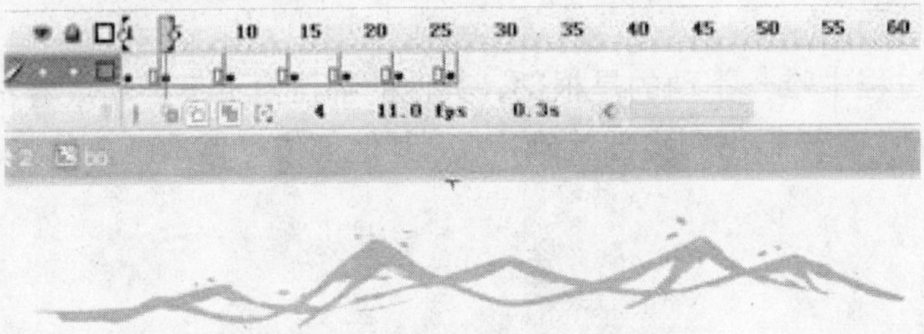

图 4-24　绘图纸显示多帧

修改绘图纸标记：在弹出的菜单中有以下选项：

“总是显示标记”：会在时间轴标题中显示绘图纸外观标记，无论绘图纸外观是否打开。

“锚定绘图纸外观标记”：会将绘图纸外观标记固定在时间轴标题中的当前位置。绘图纸外观范围是和当前帧指针以及绘图纸外观标记相关的。通过锚定绘图纸外观标记，可以防止它们随当前帧指针移动。

“绘图纸 2”：在当前帧的两边显示两个帧。

“绘图纸 5”：在当前帧的两边显示 5 个帧。

“绘制全部”：在当前帧的两边显示全部帧。

在动画中，经常会看到被风吹动的旗子或者窗帘，结合绘图纸功能，就拿吹动的旗子作为实例讲一下物体被风吹起时运动的轨迹，如图 4-25 所示。

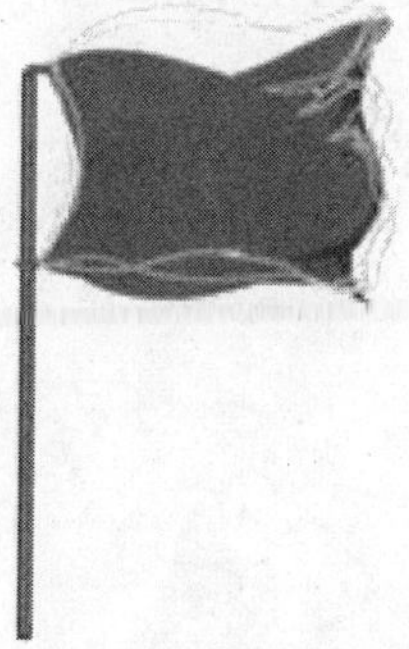

图 4-25　旗子飘动的绘图纸外观轮廓

运用绘图纸功能就可以把旗子的运动逐一绘制出来了，如图 4-26 所示。

图 4-26　旗子飘动

窗帘被风吹动的效果和旗子的飘动很相似，线条都做局部的曲线运动，如图 4-27 所示。

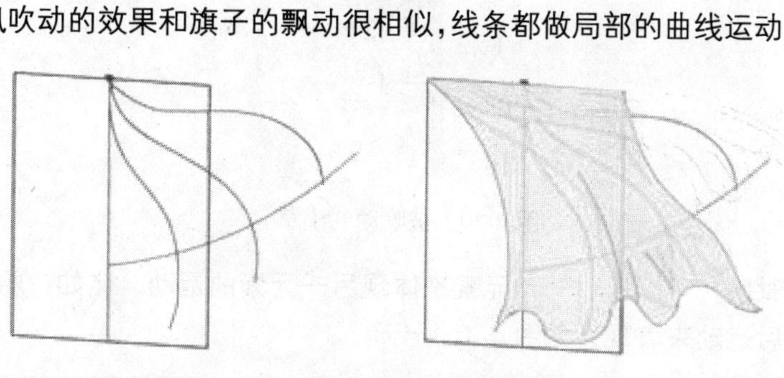

图 4-27　窗帘飘动

表现柔软的物体一般都将其固定在一个点或一条线上，通过外力或者动力，从曲线一端运动到另一端，不同质地的物体受力的大小不同，运动的轨迹也有所不同。下面的实例是用手甩动丝巾的动作，如图 4-28 所示。

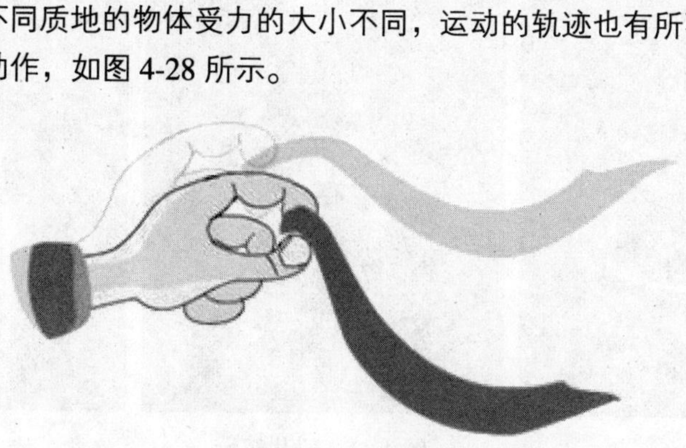

图 4-28　甩动丝巾

丝巾末端的运动轨迹是曲线的，手指捏住丝巾的地方为固定点，如图 4-29 所示。

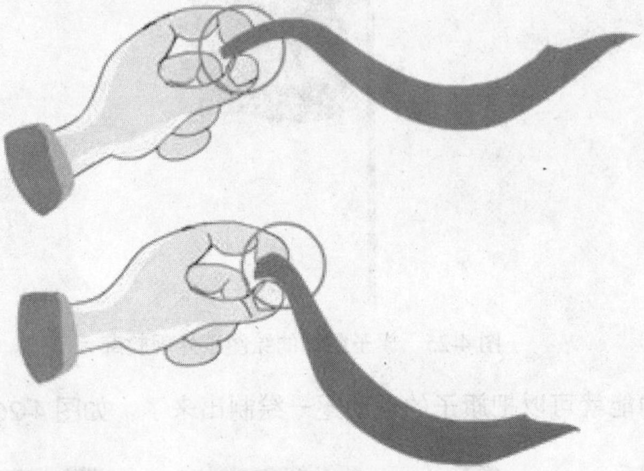

图 4-29　固定点

风吹动的小草也是根部固定，尖部做圆弧运动，如图 4-30 所示。

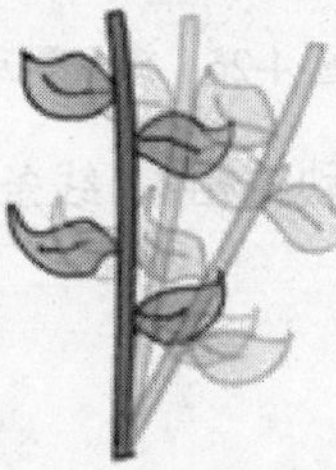

图 4-30　被吹动的小草

在做动画的时候，可以通过一种元素来体现另一元素的运动，比如：船儿向前航行，可以通过波浪向后运动来表现，如图 4-31 所示。

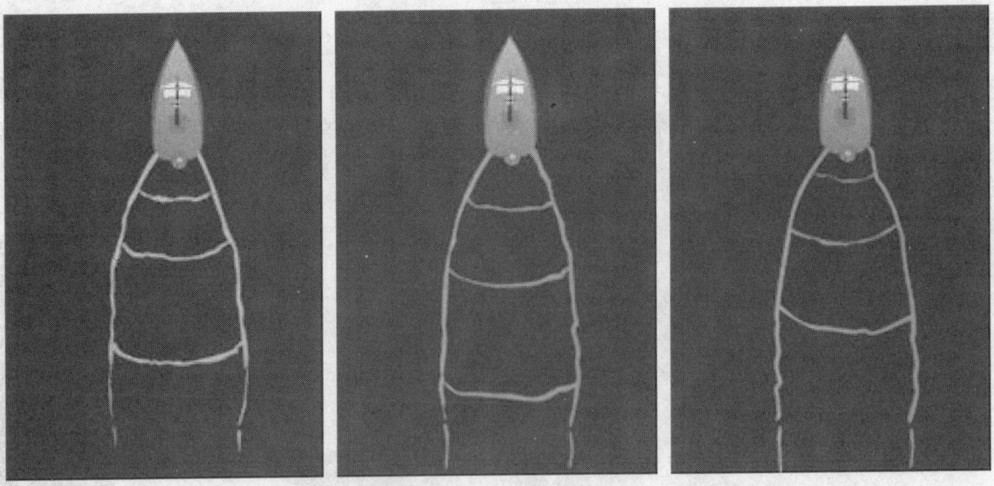

图 4-31　船儿航行

人物行走和动物奔跑都是动画中经常要制作的。在人物行走中，当手臂摆动幅度最大的时候，头部距离地面的位置最低。当手臂摆动幅度最小的时候，头部距离地面的位置最高。实例中走路的分解动作一共 12 帧，如图 4-32 所示。

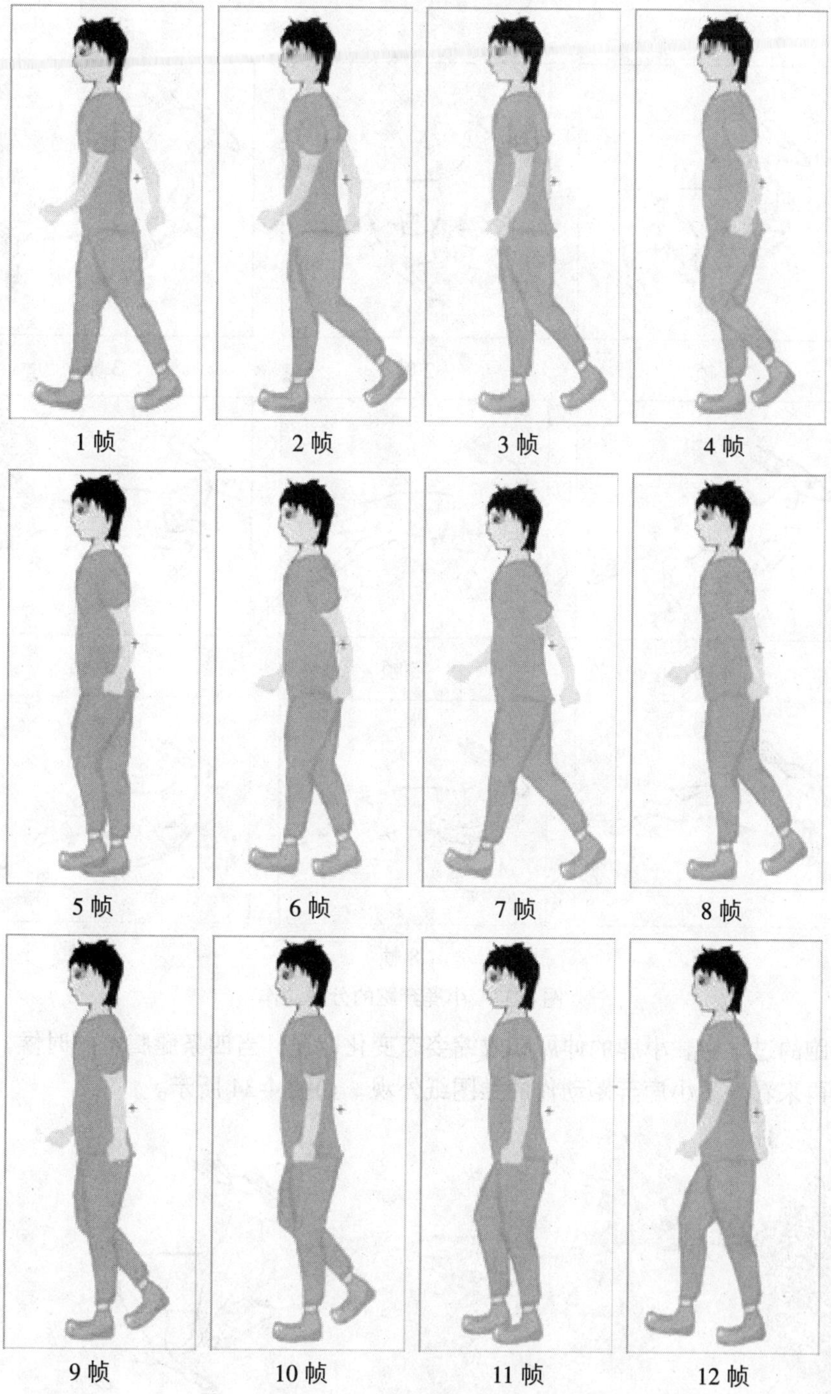

图 4-32　人物行走的分解动作

上面讲的是人物行走的分解动作，那么动物奔跑的动作绘制时有什么技巧呢?

当然有技巧了。以实例中的小鹿为例，动物在奔跑过程中身体部分是不会变的，只需改变它们的四肢，调整身体的位置就可以制作出小鹿奔跑的逐帧动画了，如图 4-33 所示。

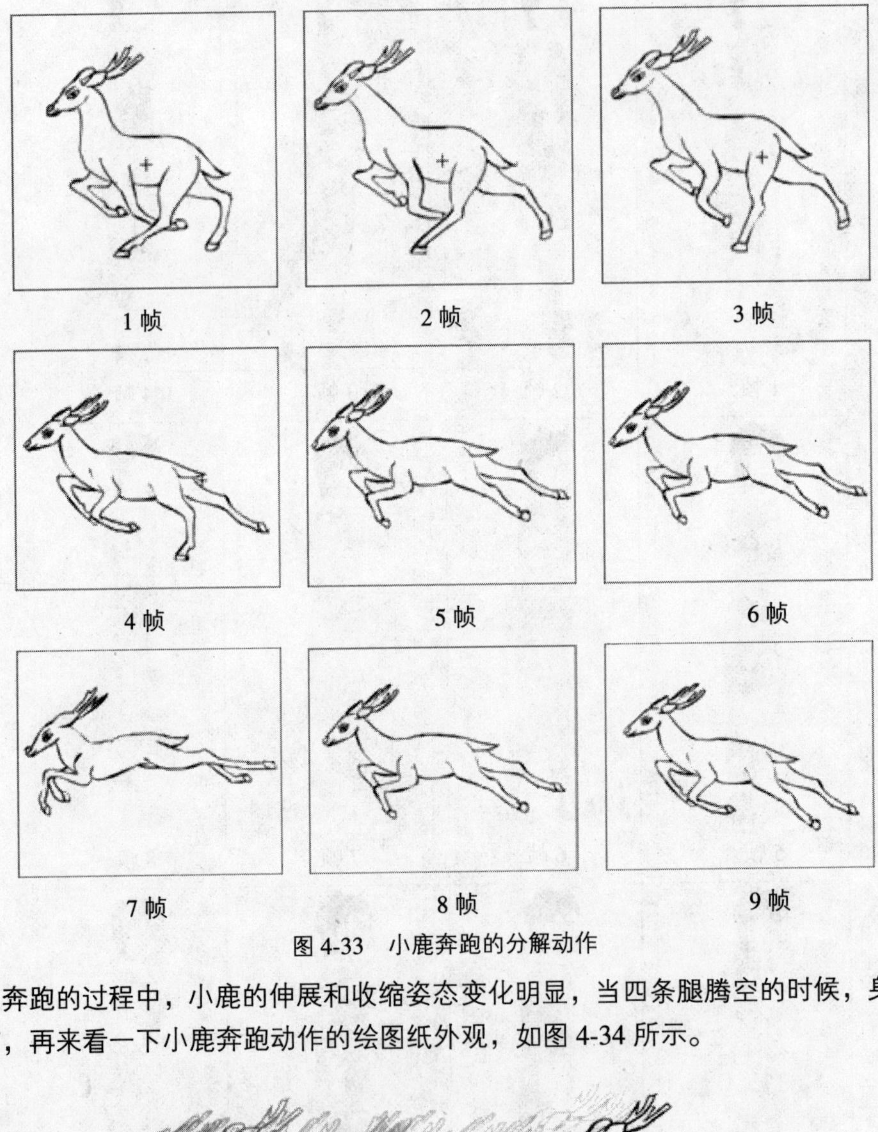

图 4-33　小鹿奔跑的分解动作

在奔跑的过程中，小鹿的伸展和收缩姿态变化明显，当四条腿腾空的时候，身体的位置最高，再来看一下小鹿奔跑动作的绘图纸外观，如图 4-34 所示。

图 4-34　绘图纸外观

上面讲的是小鹿奔跑的动作，身体和头部是不需要绘制的，接着讲一下小鹿喝水的分解动作，只有小鹿的其中一条腿是运动的，身体前倾，头低着，如图 4-35 所示。

1 帧

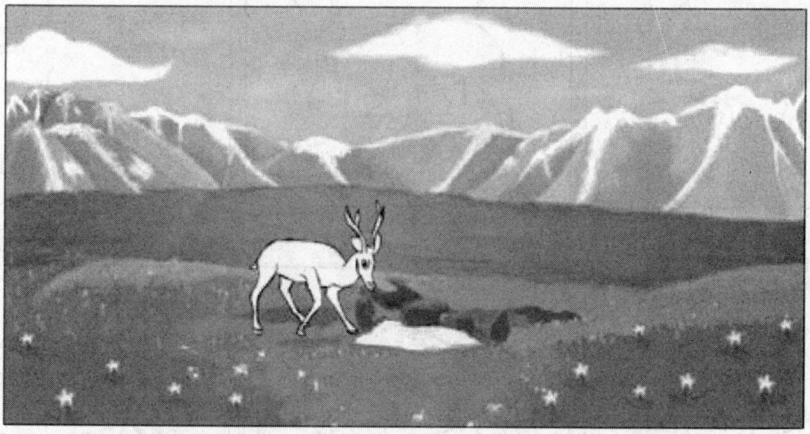

2 帧

3 帧

4 帧

抬腿动作

1 帧　　2 帧　　3 帧

4 帧　　5 帧　　6 帧

7 帧　　8 帧　　9 帧

图 4-35　小鹿喝水的分解动作

在逐帧动画制作过程中，为了丰富剧情需要绘制小鸟的飞翔动作，小鸟在飞行过程中身体没有任何变化，只需绘制翅膀即可。小鸟的身体比较轻，主要是通过扇动翅膀进行飞翔，如图 4-36 所示。

图 4-36 小鸟飞翔分解动作

下面来看一下小鸟飞翔的绘图纸效果，如图 4-37 所示。

图 4-37 小鸟飞翔绘图纸效果

有些时候也会制作鱼类的逐帧动画，鱼类在水里游动的路线一般是曲线的，在游动的过程中，鱼尾在不停地摆动，产生向前的推力，是稍有停顿的摆动，如图 4-38 所示。

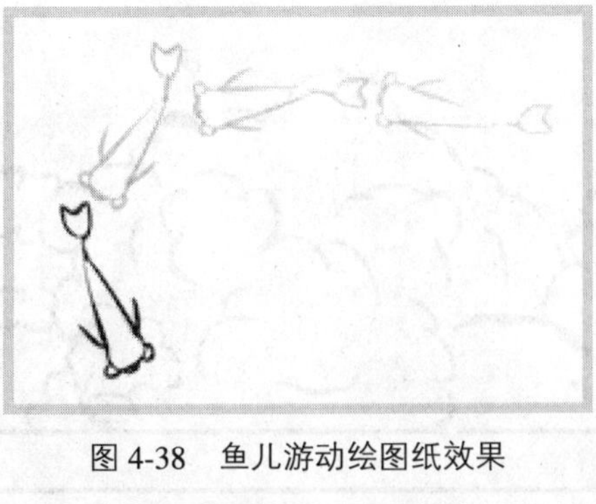

图 4-38 鱼儿游动绘图纸效果

逐帧动画中的元素有很多都是沿着曲线的轨迹运动的，要注意观察事物运动的细节，在制作动画时要把帧与帧衔接好，以免造成动作不协调、位置不合适、跳动或者顺序颠倒，影响动作完成的质量。

动画中常常会看到烟雾或者爆炸的场景。爆炸体现了力的存在，力有主动力和被动力之分。烟雾、爆炸等都属于被动力的范畴，是被推动的力。一旦确定了力的方向就容易绘制了，如图 4-39 所示。

1 帧

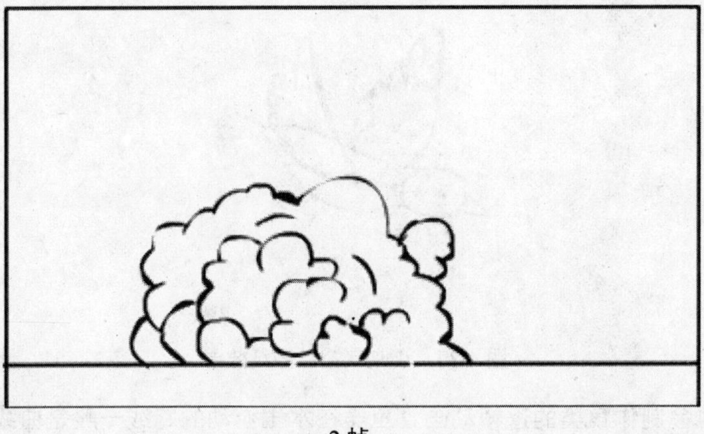

2 帧

3 帧

图 4-39　爆炸分解动作

先绘制出第 1 帧，然后借助绘图纸功能绘制出第 2 帧，逐一地进行绘制，一定要把握住推力的方向，如图 4-40 所示。

图 4-40 爆炸绘图纸效果

在逐帧动画的制作中要注意事物的运动特点，而不是凭空地去画，要表现的不是事物本身，而是事物形象的动作。

可以通过改变人或动物的表情和举止来表现心理活动，要在绘制表情上下功夫，以免观众对人物的心理理解错误。

时间的控制也是制作逐帧动画很重要的环节，对于事物运动的时间控制一定要恰当，不要过快，也不要过慢。比如：小鸟向前飞行的速度很快，但是翅膀扇动的频率很慢，就会出现不协调的画面。鱼儿向前游动的速度很快，但是鱼尾和鱼鳍的摆动很慢，也是不协调的。所以，时间的控制对于逐帧动画很重要。

手把手实例 老鼠摇头

源 文 件：	源文件/Fla/摇头.fla
素材文件：	源文件/Fla/抬手臂.fla
效果文件：	源文件/swf/摇头.swf

有时可以把元素的各个部分组合，图 4-41 中老鼠的头部、胳膊、腿部、身体、足部可以分别组合成一个整体，需要调节哪一个整体都可以进行逐帧调整。

（1）将老鼠分解成很多的部分，并且将每部分分别放在不同的图层中，需要选择哪部分只要点击该图层就可以选定。这样做可以方便选择，并且可以避免遮挡其他部位，如图 4-41 所示。

（2）先做老鼠摇头的动作：使用任意变形工具旋转头部，旋转时将下巴部位固定，然后进行旋转，该动作一般用在卡通人物说话和可爱的表情中，如图 4-42 所示。

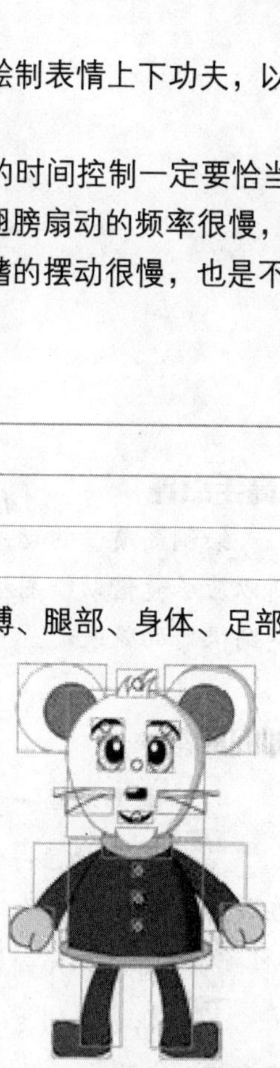

图 4-41 老鼠的各个部位

图 4-42　老鼠摇头动作

（3）再做老鼠抬起胳膊的动作：使用任意变形工具调整胳膊的位置，将手臂的根部固定，向上旋转。下面分别是绘图纸功能中的绘图纸外观效果和编辑多个帧效果，如图 4-43 所示。

图 4-43　老鼠抬起胳膊的分解动作

高手点评

绘制高质量的动画、细腻的动作、精美的动画场景，仅仅使用鼠标不容易完成，所以应尽量借助绘图板进行绘制。也没有必要每一帧都绘制，有时做一下微调也可以达到很好的效果。

即问即答

电影动画一秒钟大概需用多少帧呢？

电影动画一秒钟大概需要 25 帧左右连续播放，能够使绘制的静态原画动作在荧屏上顺畅地播放。

通过导入制作逐帧动画，可不可以导入 swf 格式的动画？

当然可以了。swf 格式动画导入到 Flash 中只保留一个图层，补间动画也不存在了，都变成了关键帧。

导入的 psd 格式图片可以将背景图层删除，其他格式的图片能不能将背景图层设为透明呢？

png 格式的图片就可以将背景设为透明。

绘制逐帧动画时遇到重复的动作，有什么办法减少工作量呢？

对于重复的动作可以通过复制帧和粘贴帧两个步骤来完成。比如：上面讲了小鹿喝水的动作，低头和抬头的动作的运动方向是相反的，可以把包含低头动作的关键帧复制，然后粘贴帧，最后翻转帧，就做完了抬头的动作，从而避免了重复性劳动。

刚刚初学动画的人在绘制走路动作有时力不从心，有没有办法避免绘制腿部动作？

如果剧情不是很需要的话是可以避免的。你可以把上半身上下移动，模仿出走路的动作。

有些优秀的动画作品中的动画角色的动作很流畅，有没有什么方法能够使我绘制角色动作的水平提高得更快呢？

你可以把视频或者动画导入到 Flash 中，然后添加一层，在新添加的层上临摹角色的动作，多加练习，你的绘制水平就会有很大的提高了。

4.4 学以致用——老鼠眨眼

源 文 件：	源文件/Fla/眨眼.fla
效果文件：	源文件/swf/眨眼.swf

掌握制作逐帧动画技巧会使动作的绘制更加容易，动作的播放更加顺畅。为了更加熟练地掌握制作逐帧动画的简单技巧，制作老鼠闭眼的逐帧动作，如图 4-44 所示。

图 4-44　老鼠闭眼分解动作第 1 帧

（1）将图 4-44 放在图层 1 中的第 1 帧处。眨眼主要是眼皮和眉毛在活动，所以要表现这个动作主要是让眼皮动起来，先在眼睛的上部画上一半月形的眼皮，注意在图层 2 的第

2 帧处绘制，如图 4-45 所示。

图 4-45　老鼠闭眼分解动作第 2 帧

（2）在图层 2 的第 3 帧处插入关键帧，用画笔工具在原有的眼皮上绘制，使眼皮覆盖眼睛更多的面积，表现出眼睛慢慢闭上的效果，然后再插入两帧，执行上面的操作，插入的帧数越多动作就越细腻，如图 4-46 所示。

图 4-46　老鼠闭眼分解动作第 3~5 帧

（3）在图层 2 的第 6 帧处插入关键帧，用画笔工具绘制，将眼睛全部覆盖，眼睛就闭上了，如图 4-47 所示。

图 4-47　老鼠闭眼分解动作第 6 帧

（4）读者可能会说“这是闭眼，眨眼是先闭眼再睁开眼睛呀！难道用橡皮擦一点一点地擦除吗？”不用那么麻烦的，只需将所有帧选中，点击鼠标右键，选择“复制帧”，接着粘贴帧，将粘贴的帧选中，点击右键，选择“翻转帧”就可以了，如图 4-48 所示。

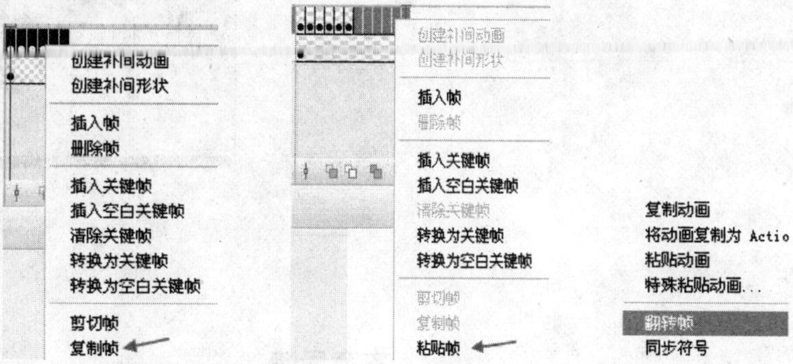

图 4-48　编辑帧

4.5 本章小结

在本章中详细介绍了逐帧动画的概念，逐帧动画的特点，以及通过导入创建逐帧动画和通过编辑帧创建逐帧动画。通过本章的学习，能掌握制作逐帧动画的技巧，提高制作动画的效率和质量。

第 5 章
动作补间动画

本章导读

在前一章学习了逐帧动画的制作，了解了其制作过程，但是那样需要对每帧进行设计和描绘，同时，还不能有太大的跳跃，难道 Flash 软件就没有提供简单的制作方法吗？

制作动画时，Flash 软件提供了一个非常强大的功能，而且在设计动画时，可以根据需要选择动画的方式，而且只需要制作人员设计好动画的第 1 帧和最后一帧，中间过程可以通过选择软件提供的动画类型来实现。

本章主要学习以下内容：

- 动作补间的概念
- 创建动作补间动画
- 动作补间的属性
- 学以致用
- 本章小结

5.1 动作补间的概念

动作补间动画用来实现一个对象（图形）相对位置发生了变化的动画效果。在动作补间动画中，Flash 会自动生成由第 1 帧到最后一帧动作的中间过渡动画。另外，Flash 还能补间图形对象的形状、大小和颜色等属性。

制作动作补间动画时需要的是一个整体的对象，不需要像逐帧动画那样去一帧一帧地设计和描绘，只要确定好动作动画的第 1 帧和最后需要得到结果的一帧就可以实现动画了，因此，使用动作补间制作动画，给设计动画的过程提供了很大的方便，同时也提高了制作动画的效率，如图 5-1 所示。

图 5-1　简单动作动画

高手点评

在利用动作补间制作动画时，首先要注意需要发生动作变化的对象是一个整体的对象，不是被分离或者打散的，同时还要注意设计的第 1 帧和最后一帧，这样，中间的过渡帧就可以使用软件自带的功能自动实现。

5.2 创建动作补间动画

手把手实例　创建动作补间动画

源 文 件：	CDROM\05\源文件\飞机.fla
素材文件：	CDROM\05\素材\天空.jpg、飞机.gif
效果文件：	CDROM\05\效果\飞机.swf

（1）选择“文件>新建”命令，在弹出的对话框中选择“常规”选项卡下的“Flash 文

件（ActionScript 3.0）”选项，单击“确定”按钮，创建一个影片文档。保持文档属性面板中的设置不变，文件名为“动作补间动画.fla”。

（2）单击当前图层“图层 1”的第 1 帧，选择“文件>导入>导入到舞台”（快捷键 Ctrl+R）命令，如图 5-2 所示，将“天空.jpg”图形导入到舞台中，并用任意变形工具（快捷键 Q）调整图形的大小。当单击任意变形工具后，左键单击图片，这时就会出现一个矩形调节框，如图 5-3 所示，调整边角的手柄便可任意缩小放大，同时按住 Shift 键就是等比例缩放，一般都会选择等比例缩放来控制住对象原来的比例。

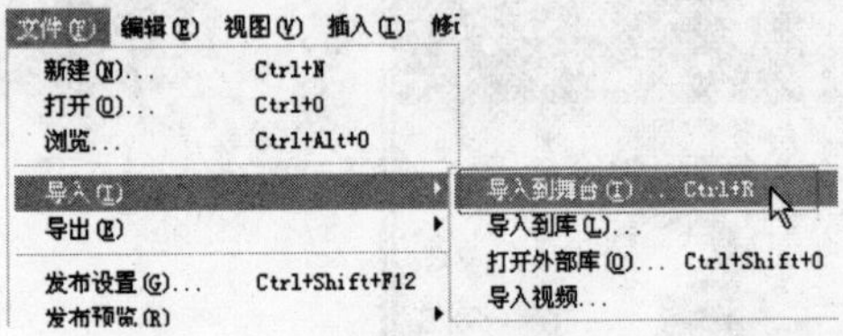

图 5-2　导入命令

图 5-3　调节图片大小

（3）把图片调节到刚好和舞台大小一致或比场景稍微大一些，如果拿不准，也可以选择“视图〉标尺”（快捷键 Ctrl+Shift+Alt+R），将舞台的外沿框住，如图 5-4 所示。

图 5-4　标尺

（4）双击图层 1，如图 5-5 所示，将图层 1 命名为“背景”。在当前图层的第 80 帧上右击鼠标，在弹出的菜单中选择“插入帧”（快捷键 F5），使第 1 帧的内容延续到该帧。然后单击时间轴面板上的（插入图层）按钮，创建一个新图层，并命名为“飞机”，此时时间轴如图 5-6 所示。

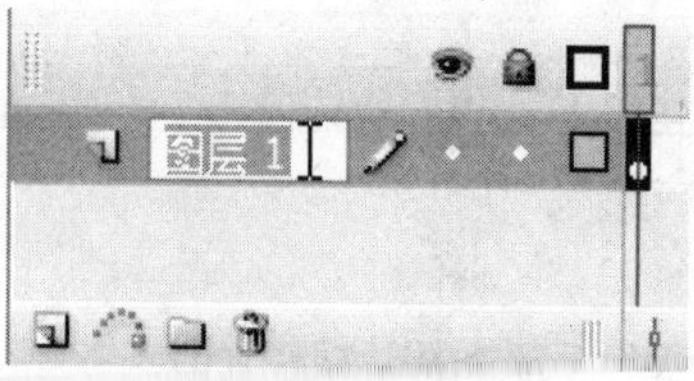

图 5-5　图层命名

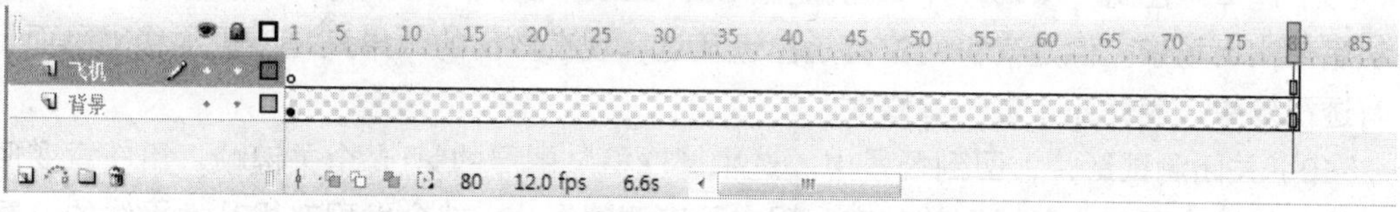

图 5-6　时间轴

（5）选中“飞机”图层，按键盘上的 Ctrl+R 将“飞机.gif”图片导入舞台，注意这张图片要在“飞机”图层上。

（6）选中“飞机”图层的最后一帧，右击鼠标，在弹出的菜单中选择“插入关键帧”（快捷键 F6），使这个图层的第 1 帧和最后一帧都成为关键帧，如图 5-7 所示。在 Flash 中，补间动画形成的必要条件就是至少要有两个关键帧。

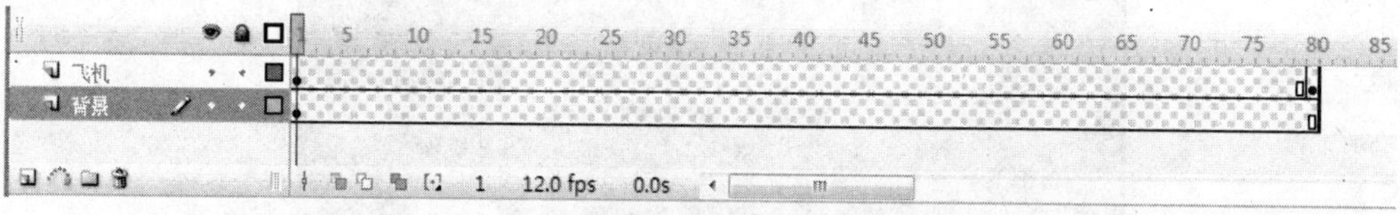

图 5-7　两个关键帧

（7）选中“飞机”图层的第 1 个关键帧，将飞机图片移动到场景的右下角，如图 5-8 所示，再选中这个图层的最后一个关键帧，将图片移动出场景左上角，如图 5-9 所示。

图 5-8　第 1 帧飞机的位置

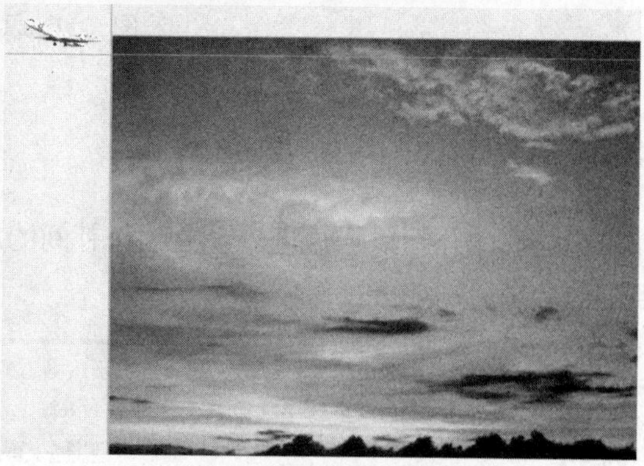

图 5-9　第 2 帧飞机的位置

（8）右击“飞机”图层的两个关键帧中间的任何一帧，在弹出的菜单中选择“创建补间动画”，一个飞机飞过天空的动作就形成了，如图 5-10 所示，紫色的部分代表两个关键帧之间有“动作补间”。

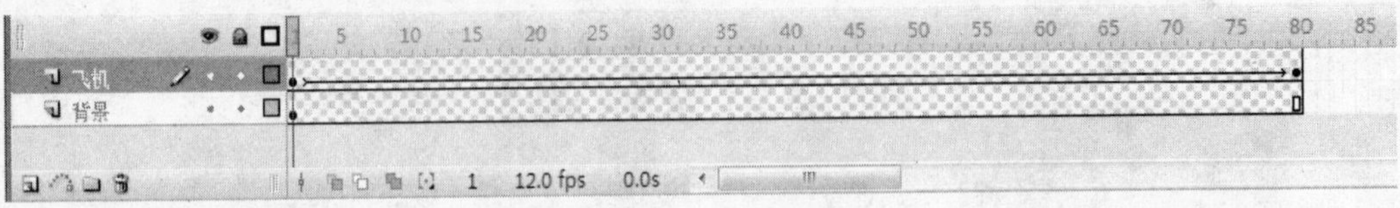

图 5-10　动作补间

（9）选择“控制〉测试影片”（快捷键 Ctrl+Enter）测试一下效果，可以看到画面中飞机从底部飞出场景。但是飞机的位置是由远及近，现在做出的效果只是飞机平移出画面，没有透视效果。因此还要进一步修改。

（10）关闭测试影片，回到场景中。选中“飞机”图层的第 1 个关键帧，用任意变形工具将飞机缩小至基本看不到的状态，现在再来测试影片，就会发现飞机从地平线的位置由小至大飞出场景，如图 5-11 所示。一个飞机飞行的小动画就完成了。

图 5-11　测试效果

5.3 动作补间的属性

创建动作补间动画时可以设置动作补间的属性。动作补间的属性面板如图 5-12 所示，各选项含义分别如下：

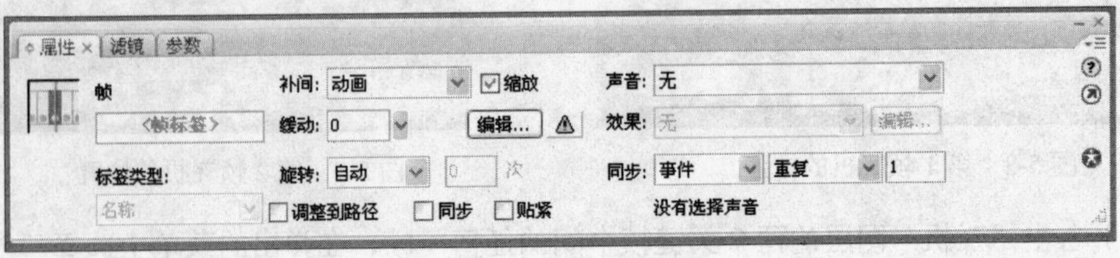

图 5-12　动作补间的属性

缓动：用来调整对象的渐变速度。若要产生更逼真的动画效果，可以对补间动画应用缓动。若要应用缓动，拖动“缓动”右侧的指针或在文本框中输入一个值，为创建的补间动作指定一个缓动值，以调整补间帧之间的变化速率：

- 若要动作的开始部分很慢，越接近动作的结束方向越快，可以向上拖动指针或在文本框中输入一个介于-1和-100之间的负值。
- 若要动作的开始部分很快，越接近动作的结束方向越慢，可以向下拖动指针或在文本框中输入一个介于1和100之间的正值。

默认情况下，补间帧之间的变化速率是不变的。缓动可以通过逐渐调整变化速率创建更为自然的加速或减速效果。

旋转：用来设置对象旋转的方式，有逆时针、顺时针和自动方式，如图5-13所示。

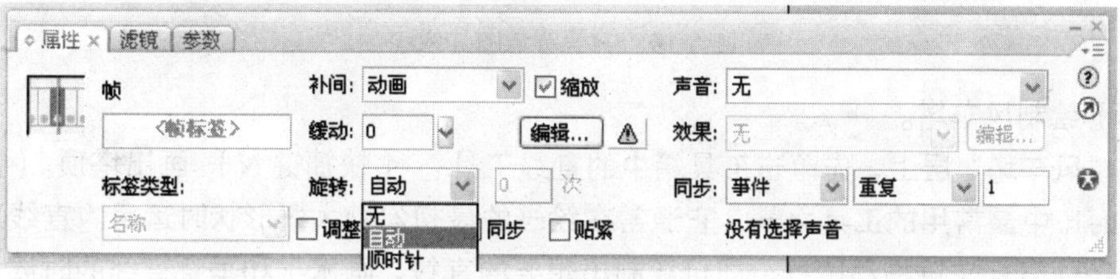

图5-13　选择旋转方式

手把手实例　**利用动作补间的属性创建动画**

源文件：	CDROM\05\源文件\风车.fla
素材文件：	CDROM\05\素材\天空.jpg、飞机.gif
效果文件：	CDROM\05\效果\风车.swf

下面，通过制作一个荷兰风车的小动画来更好地了解动作补间动画的属性。

（1）选择“文件>新建”命令，在弹出的对话框中选择“常规”选项卡下的“Flash文件（ActionScript 3.0）”选项，单击“确定”按钮，创建一个影片文档。保持文档属性面板中的设置不变，定义文件名为“风车.fla”。

（2）单击当前图层“图层1”的第1帧，选择“文件>导入>导入到舞台”（快捷键Ctrl+R）命令，将“田野.jpg”图形导入到舞台中，并用任意变形工具（快捷键Q）调整图形的大小，可以用前面例子讲过的按住Shift键等比例缩放的方法，把图片调节到刚好和舞台大小一致或比场景稍微大一些。已经用“标尺”（快捷键Ctrl+Shift+Alt+R）将舞台的外沿框住。调节好的图片大小如图5-14所示。

（3）双击图层1，将图层1命名为“背景”，然后点击“插入图层”按钮，在“背景”图层上新建一层，命名为“风车塔”。大家都见过荷兰风车的样子，是一个小塔形的建筑上安装了一个很大的四叶扇，像电风扇一样，新建的这一层就用来画荷兰风车的塔。

图 5-14　调节背景图片大小

（4）绘制风车塔。

在“风车塔”层上，先单击工具箱中的直线工具（快捷键 N），画出塔顶。（直线工具是 Flash 中最常用的工具之一，它通常在绘画的最初勾勒大概形状时运用。直线工具的用法是按住鼠标左键拖动鼠标，即可绘制出想要的直线，画水平和垂直直线的时候，同时按住 Shift 键，可以画出绝对直线。）绘制出一个三角形塔顶外形，如图 5-15 所示。

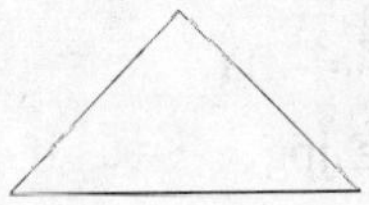

图 5-15　塔顶

提示　使用直线工具时，可以根据需要修改线条的属性，如粗细、类型等。修改的方法是：

选中直线工具，在属性面板中会出现直线的属性，如图 5-16 所示。

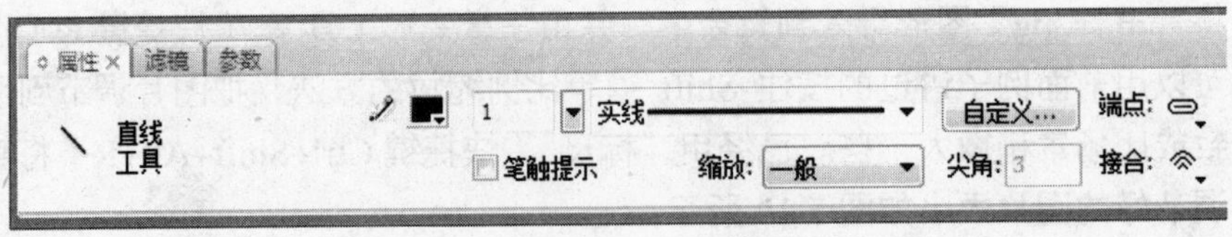

图 5-16　直线工具的属性

铅笔图标右边的颜色框用来修改线条的颜色，点击它会出现颜色选择面板，如图 5-17 所示。Alpha 值代表颜色的透明度。选择一个颜色作为边线的颜色，一般都用黑色。颜色选框旁边的数值输入框用来输入线条的粗细数值，也可以用数值框旁边的小三角滑块来调节，如图 5-18 所示。

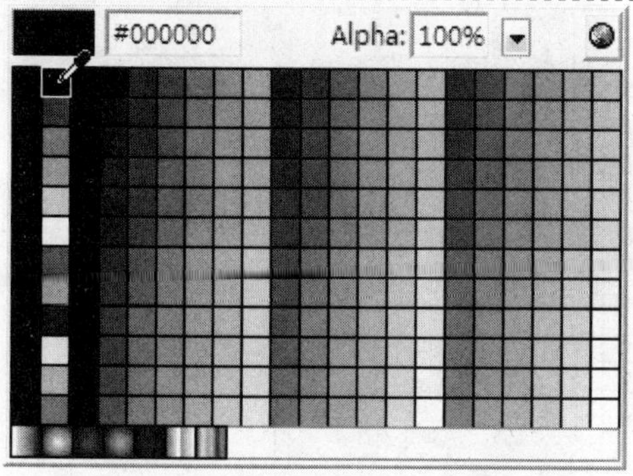

图 5-17　线条颜色选择

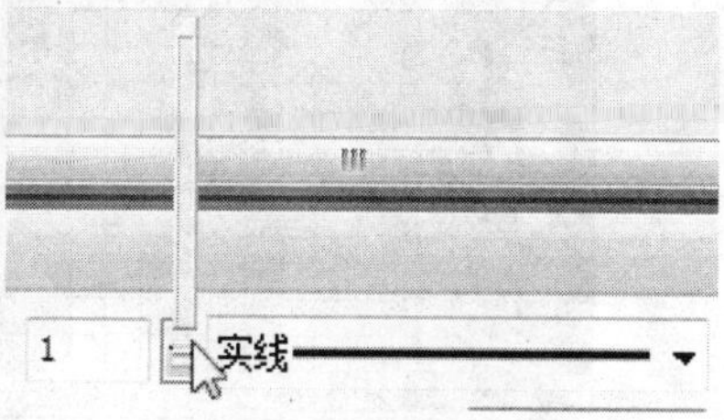

图 5-18　调节线条粗细

在旁边的选框用来调整线条的类型，如实线、极细实线、虚线等，如图 5-19 所示。勾线的时候可以用黑色，粗细为 1 的实线。

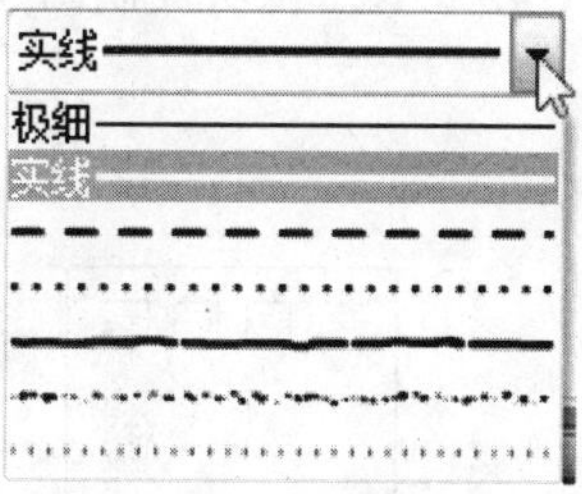

图 5-19　选择线条类型

单击矩形工具（快捷键 R），画出塔身。这里只需要矩形边线，不用填充颜色，因此单击矩形工具后，在矩形工具的属性面板中禁用填充色，矩形工具的属性面板如图 5-20 所示。

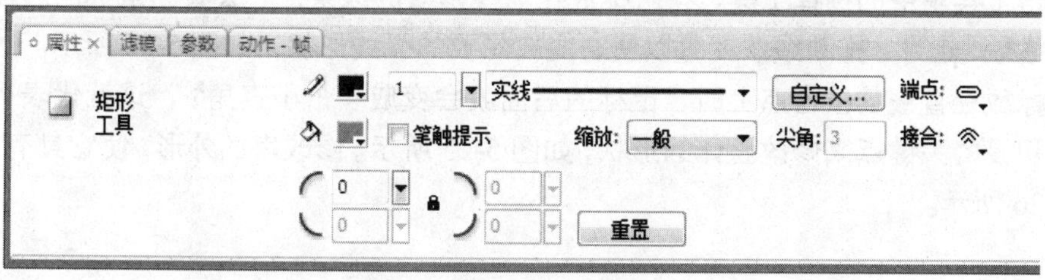

图 5-20　矩形工具属性面板

矩形工具的属性设置和直线工具相同，就不多说了。可以看到铅笔图标下方有一个油漆桶图标，它代表矩形工具的填充色，点击它旁边的颜色框，在弹出的颜色选择面板的右上角有一个禁用标志，如图 5-21 所示，点击它后矩形框就没有填充色了，颜色框就会出现禁用的标志。按住鼠标左键在场景中拖动，创建矩形，如图 5-22 所示。

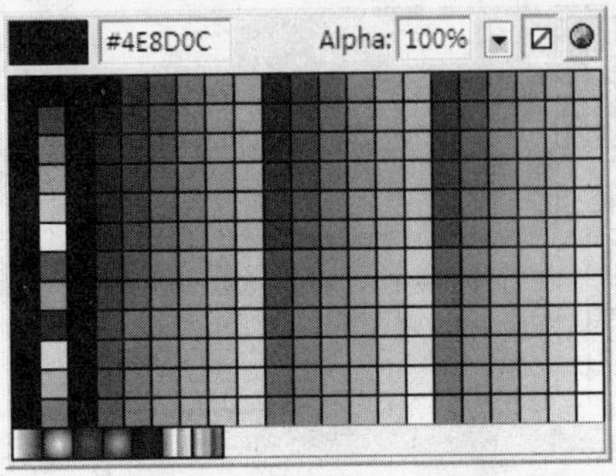

图 5-21　禁用颜色填充

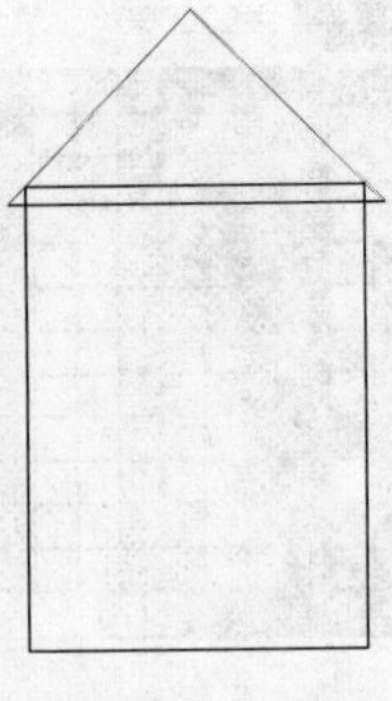

图 5-22　创建塔身

用“选择”工具 （快捷键 V）选中不需要的边线，按键盘上的 Del 键将之删除，再用矩形工具为这个小塔添加小窗。可以先添加一个小窗，然后选中它，同时按住 Alt 键拖动对象，便复制出第 2 个小窗，用此方法依次复制出 3 个，绘制好外形如图 5-23 所示。

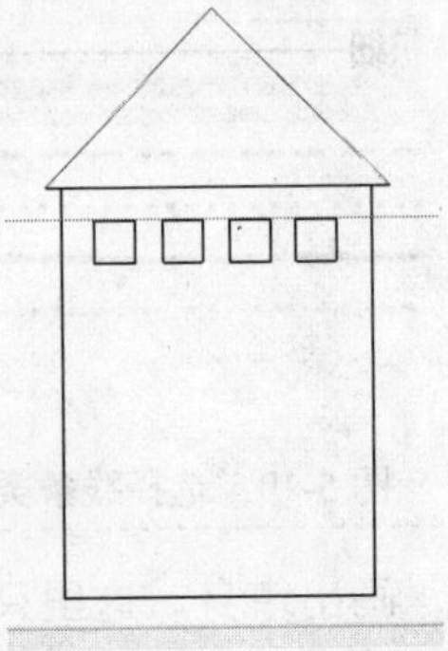

图 5-23　风车塔外形

单击工具箱中的选择工具，将鼠标放在需要修改的线条上，会看到鼠标的后面多了一条小弧线，此时，拖动线条就可以使它变成想要的弧线形状，如图 5-24 所示。另外，如果将鼠标放在直线的接合点上时，鼠标的后面就会变成一个小直角，这就代表可以拖动这些最初设的关键点来修改整体的形状，如图 5-25 所示。修改塔的外形，使它具有立体感，如图 5-26 所示。

图 5-24　修改线条弧度

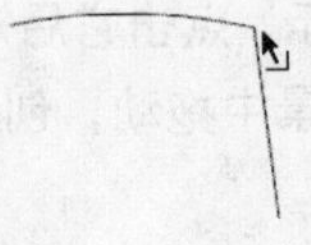

图 5-25　拖动节点

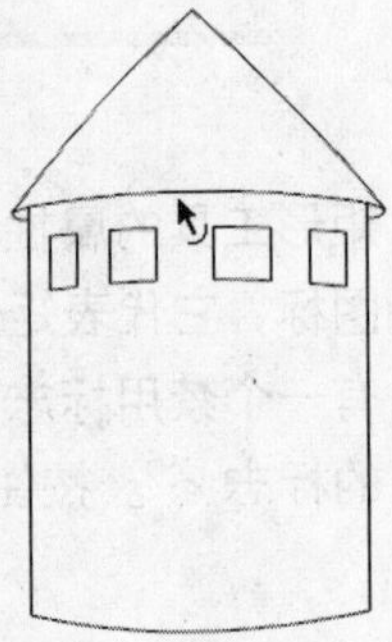

图 5-26　修改后的塔外形

（5）填充色彩。

为了配合田野的风光，可以把塔的主体填充为白色，用渐变的方式填充会让塔具有立体感。首先选中工具箱中的油漆桶工具（快捷键 K），在右侧的色彩面板中修改属性。“类型”这一项指填充方式，默认为“纯色”，单击右边的小三角，在下拉菜单中选择“线性”填充方式，如图 5-27 所示。选择线性填充方式后，色彩面板就变成如图 5-28 所示。

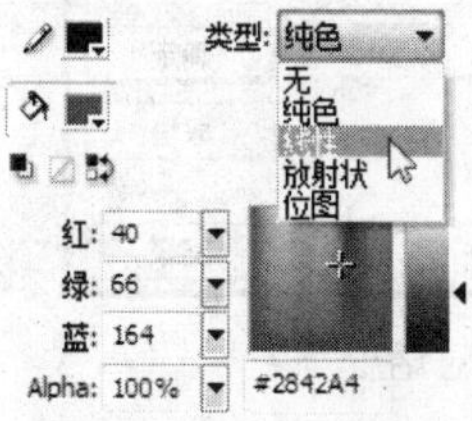

图 5-27　填充类型

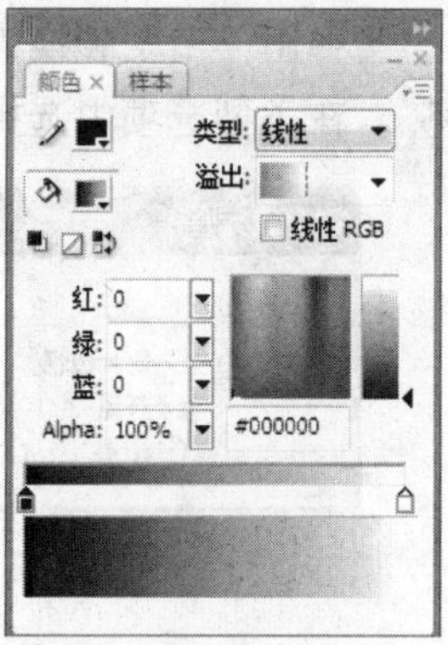

图 5-28　线性渐变

双击下方渐变定义栏即水平细长条色彩框下方的颜色指针，如图 5-29 所示，在弹出的颜色框中选定需要修改的渐变色其中一端的色彩，如图 5-30 所示。

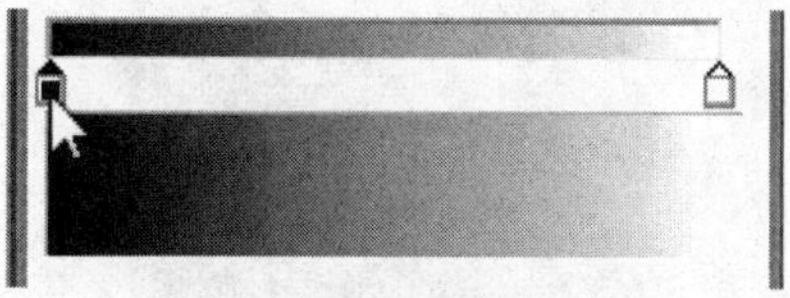

图 5-29　双击颜色指针

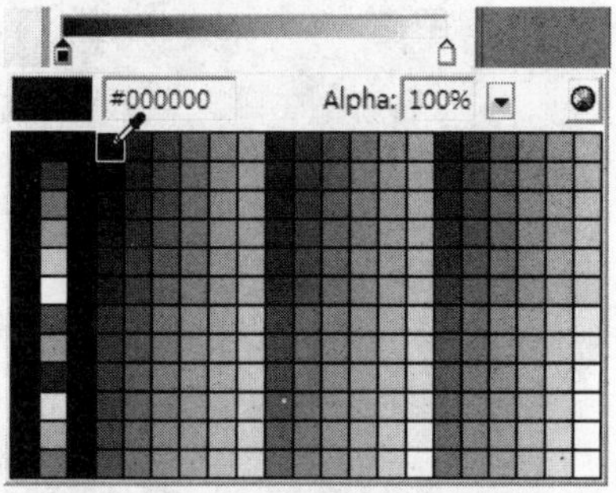

图 5-30　选择渐变颜色

然后再修改渐变色另一端的颜色。再将鼠标移动到需要填充色彩的区域内，单击鼠标左键，颜色就填充好了，如图 5-31 所示。然后再选择纯色填充方式，将窗户和边角处填充上颜色，如图 5-32 所示。

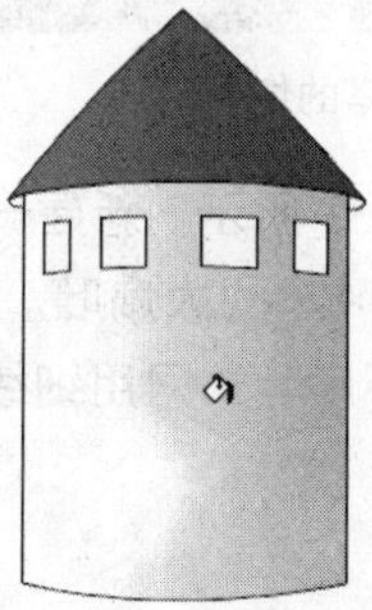

图 5-31　填充渐变色

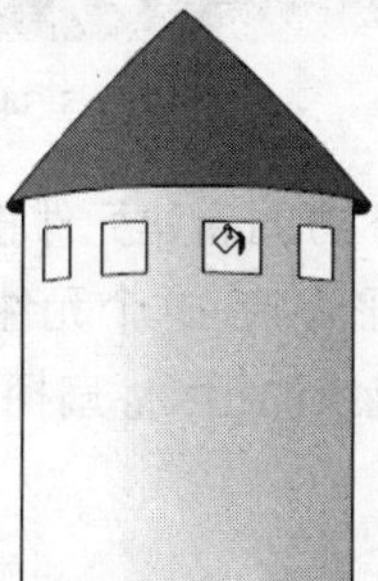

图 5-32　填充纯色

提示 在 Flash 中，如果需要物体是白色，必须填充一遍白色。因为在空白状态下，物体即使在画面中看起来是白色的，也会透出场景的颜色，Flash 将它默认为透明。如果在这个物体下层还有其他物体，那么透出的将是它下层的物体。

（6）选中“风车塔”图层，这一层上的物体就被选中，右击鼠标，在弹出的菜单中选择“转换为元件”，会弹出一个“转换为元件”对话框，如图 5-33 所示。在这个对话框中将元件命名为“塔”，在类型选项中选择“图形”。这样，这个物体就成为了一个元件。

图 5-33　转换为元件对话框

（7）双击此元件，进入这个元件中。双击选中塔身周围的边线，删除它。回到场景中，将“塔”元件缩小尺寸并移动它到合适的位置，如图 5-34 所示。

图 5-34　缩小并移动塔的位置

（8）点击库面板下方的新建元件按钮，如图 5-35 所示。新建一个元件，命名为“扇”，并在类型中选择“图形”。在这个元件中绘制荷兰风车的大扇叶。这里用直线工具就可以了，但是要注意修改直线的粗细。扇柄部分用粗线，扇叶的网用细线，绘制好扇叶如图 5-36 所示。

图 5-35　新建元件

图 5-36　扇叶

（9）点击舞台左上方的返回箭头，回到场景中。在“风车塔”图层上再新建一层，命名为“风车扇”，从库中将“扇”元件拖入这一图层，移动到风车塔的顶部，并缩小至与塔匹配，如图 5-37 所示。

图 5-37　缩小扇叶并移动到塔顶上方

（10）一起选中所有图层的第 40 帧，右击鼠标，在弹出的菜单中选择“插入帧”（快捷键 F5），将所有图层都延长至第 40 帧，如图 5-38 所示。

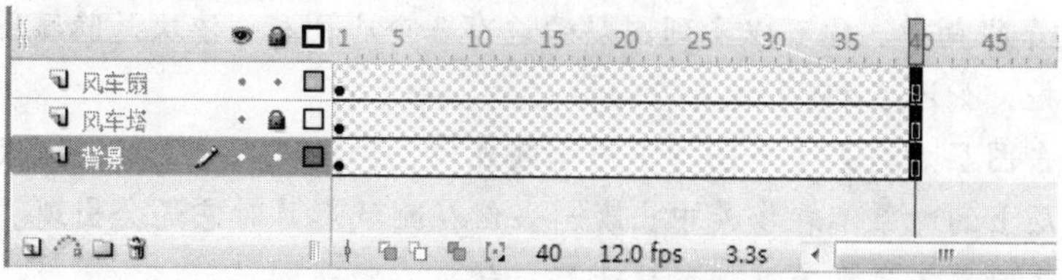

图 5-38　所有图层延长至第 40 帧

再选中“风车扇”图层的最后一帧，右击鼠标，在菜单中选择“插入关键帧”（快捷键 F6），使这一层的第 1 帧和最后一帧都成为关键帧。在这两帧之间右击鼠标，选择“创建补间动画”，这时属性面板中就会出现动作补间动画的属性。

在旋转类型一项中选择“顺时针”，次数数值框输入 1，“同步”的两个选择框分别选择“事件”和“循环”，如图 5-39 所示。

图 5-39　设置属性

这代表扇叶在 40 帧的时间内顺时针旋转 1 圈。现在测试影片，可以看到风车一直在旋转，如图 5-40 所示。这个利用动作补间动画的属性制作的小动画就完成了。

图 5-40　影片测试效果

即问即答

我在移动一个图层上的物体的时候，却不小心移动了其他图层上的物体，怎么才能避免这种情况呢？

这个很简单，你可以看到图层旁边有 3 个小图标，依次是隐藏图层、锁定图层、显示边框，如图 5-41 所示。

当你点击图层右边第 1 个图标下的小圆点时，会出现叉子图标，这代表隐藏此图层，使该图层上的对象不在场景中出现，当然在测试影片时它还会出现。通常在仔细刻画一个物体时，不希望有其他物体干扰，就可以隐藏图层。

第 2 个小锁图标代表锁定图层。点击后就不能对该图层进行任何操作，这样，移动其他图层的物体或是进行其他操作时，就不会对这一层误操作。多用于当两层的物体是重叠的，移动上层物体很容易同时移动下方图层上与它重叠的物体的情况。因此，在对一层物体进行操作时，最好事先将其他图层锁定，就会完全避免对其他图层的误操作。

第 3 个图标是显示边框，如果点上这个图标，那么，这个图层在场景中的物体就只会显示其线。这个图标多用于遮罩动画。

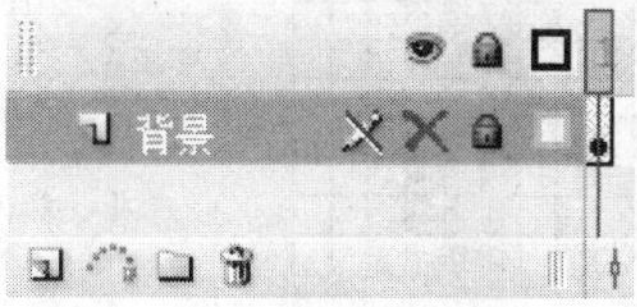

图 5-41　锁定图层

即问即答

在绘图时到底用哪种工具比较好？

这要视需要而定。如果你有一块数位板，就是通常所说的绘图板，那么你可以使用铅笔工具直接画出流畅的线条，非常方便。但大部分人还是使用鼠标，这时直线工具就是非常好的帮手，可以先利用直线工具绘制出物体的大概外形，再用选择工具修改外形，使画出的形状准确细致。或是使用钢笔工具，通过调节每个节点的位置来调整外形。矩形或圆形工具则是为了绘制较规矩的形状。这几个绘图工具的使用方法大体上一致，都是在属性面板中修改线条的颜色、粗细、类型等，或是修改填充色。但需要注意的是，为了将来上色方便，所有的形状都必须是闭合的，否则是无法上色的。

5.4 学以致用——挂钟

通过前两个小例子的制作，大概了解了动作补间的用法。现在就来制作一个挂钟动画以加深对动作补间在动画中应用的理解。

5.4.1　勾勒挂钟外形

1. 表盘

使用椭圆工具（快捷键 O）画出表盘，同时按住键盘上的 Shift 键可以画出正圆形。注意先在属性面板中将填充色禁用，如图 5-42 所示，这样画出的圆形就只有边线。选中这个圆形，按 Ctrl+C 复制这个圆，再按 Ctrl+Shift+V 原位粘贴这个圆，此时这两个圆形是重叠在一起的，在场景中只能看到一个圆。

选中这个圆，打开“变形”面板。在“变形”面板中可以看到上方有一个百分比数值框，如图 5-43 所示，勾上“约束”，在数值框中把 100%改为 70%，就会看到场景中出现了两个同一圆心的圆形，照此方法再添加一个同心圆，(在现有的两个圆之间，并且离里圈的圆近些。)如图 5-44 所示，表盘的基本形状就出来了。

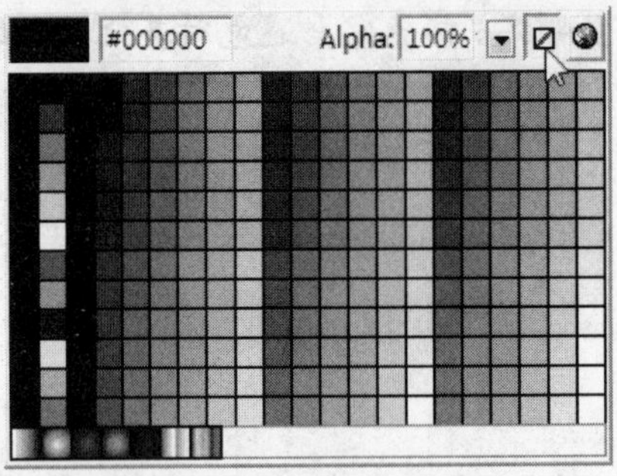

图 5-42　禁用填充色

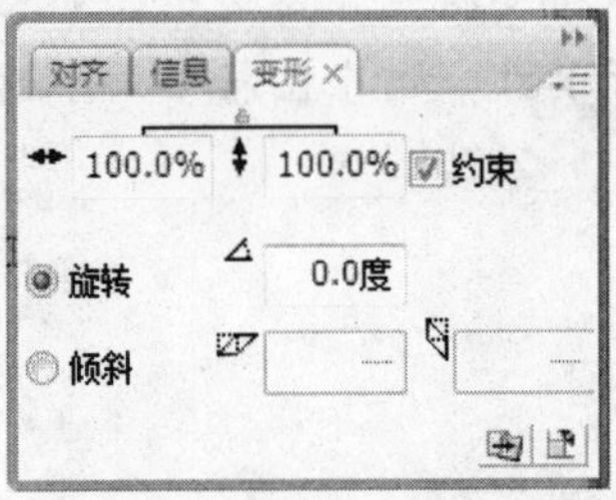

图 5-43　变形面板

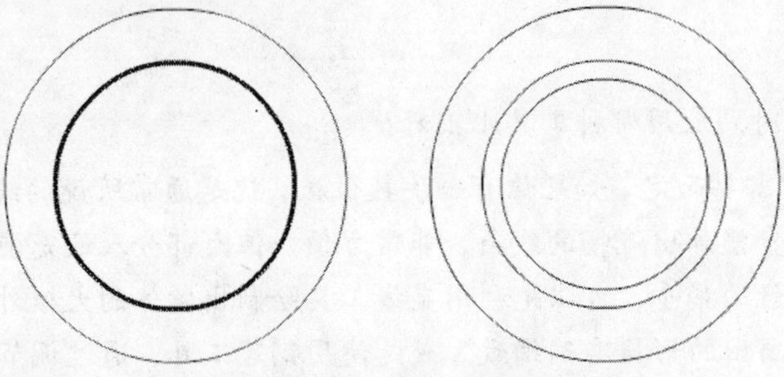

图 5-44　3 个同心圆的位置

2．时间刻度

先画一个正圆形，移动到表盘外圈正上方，也就是 12 点的位置，再分别复制 3 个移动到 3 点、6 点以及 9 点的位置，可以按 Shift+Alt+Ctrl+R 调出“标尺”工具，参照标尺使刻度的位置准确，如图 5-45 所示。

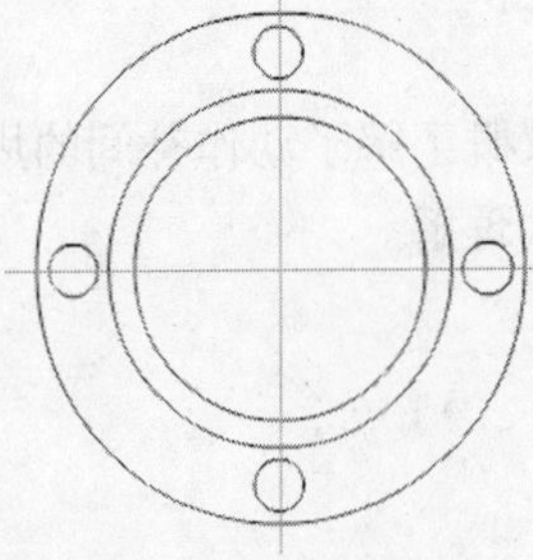

图 5-45　时间刻度

3．钟摆

将图层 1 改名为“表盘”，在它的上方新建一个图层，命名为“钟摆”，然后将这个图层选中，拖动到“表盘”图层下方。隐藏和锁定上方的图层。

选中钟摆图层的空白帧，在场景中画出钟摆的形状，如图 5-46 所示。钟摆的柱可以用矩形工具（快捷键 R）绘制，使用方法和椭圆工具类似，也在属性面板将填充色禁用，在场景中拖动鼠标即可画出矩形。用任意变形工具（快捷键 Q）修改形状。然后去掉它上方图层的隐藏，将钟摆调整到合适的尺寸并移动到表盘下，如图 5-47 所示。

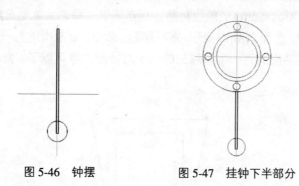

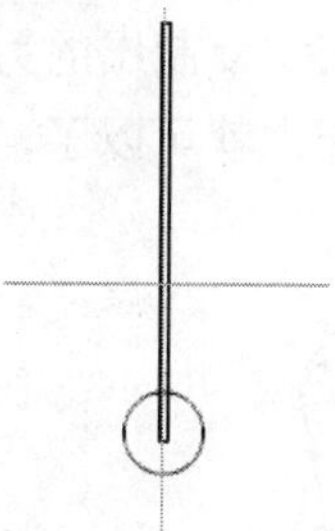

图 5-46　钟摆

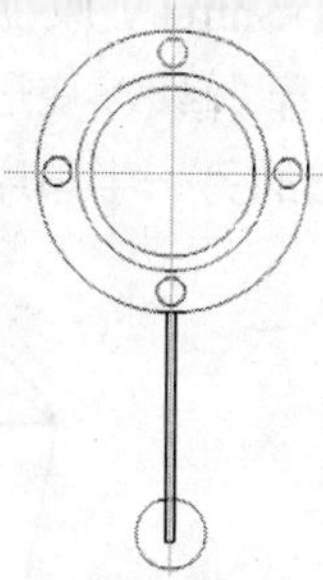

图 5-47　挂钟下半部分

4．挂钟的上半部分

通常看见的挂钟在上半部分都会有一个类似定时装置的东西，每隔一定时间就会报时。现在就来画出挂钟上半部分的外形。画这部分时不用新建图层，在“表盘”图层上绘制就可以了。

画对称物体的时候有个小窍门，可以先画出一半的形状，剩下的一半只需复制画好的部分，翻转过来就可以了。用直线工具（快捷键 N）画出上半部分的大概形状如图 5-48 所示。

接着可以用选择工具（快捷键 V）来修改这个外形，使它具有一定的弧度，如图 5-49 所示。为了让它看起来更漂亮，再为它添加一些细节，如图 5-50 所示。

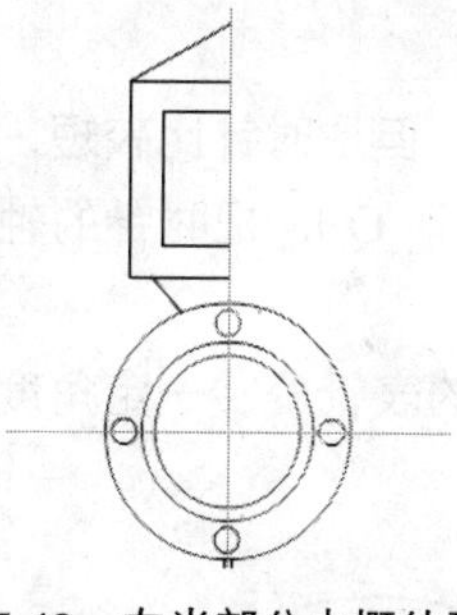

图 5-48　左半部分大概外形

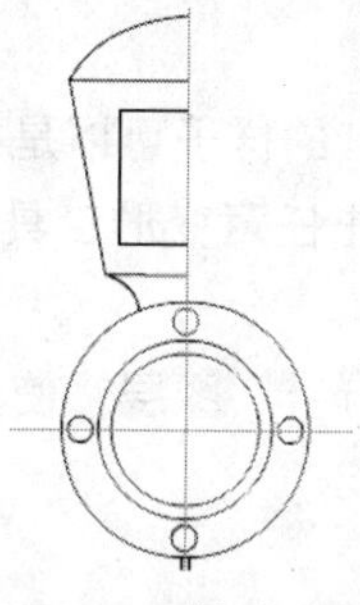

图 5-49　修改外形

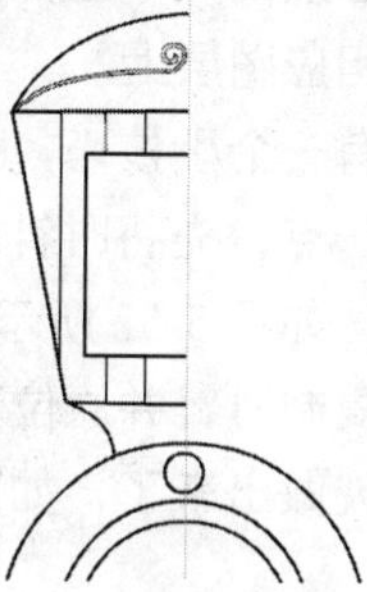

图 5-50　添加细节

提示

由于是比较细致的纹路，因此可以按照需要在属性面板修改线条的粗细或类型。在画稍细的线条时，可以将原本粗细为 1 的实线改为 0.5；如果是更细的线条，如图 5-50 中屋顶上的花纹，就可以将线条的类型改为“极细”，同时放大场景（快捷键 Ctrl+=）来绘制。

5．复制翻转出另一半

添加完细节后，挂钟上半部分的外形基本上就完成了。这时就可以开始复制画好的这一半粘贴到另一层上了。用选择工具框选这半部分，注意要把所有需要复制的部分都选上，如果一次框选不能完全选上的话，那么同时按住 Shift 键就可以加选其他部分。全部选择后按 Ctrl+C 复制，然后按 Ctrl+Shift+V 原位粘贴，现在场景中框选的就是已经复制好的另一半，鼠标不要点其他地方，选择“修改>变形>水平翻转”命令，复制出的另一半就自动翻转过来，现在只要水平移动翻转出的另一半与原先的一半对接起来就可以了，如图 5-51 所示。

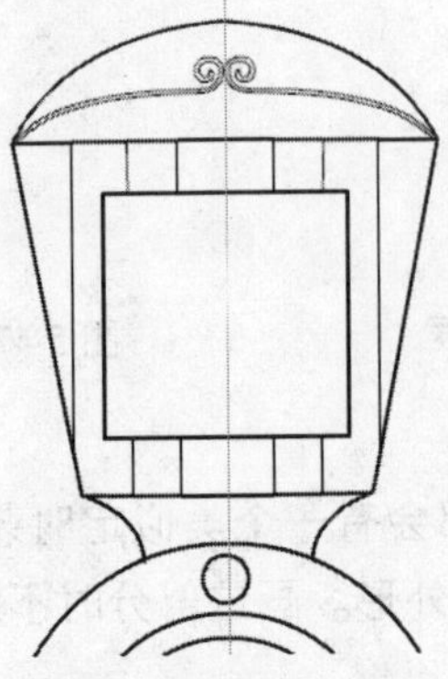

图 5-51　左右两部分对接

6．表针

在现有的两个图层的最上方新建两个图层，分别命名为“时针”、“分针”。表针的轴心在表盘的正中心，画的时候要注意将时针和分针的轴对准中心点，由于之前已经做过标尺线，因此可以很容易地按照横纵两条标尺线的交叉点来放置表针。选择“表盘”图层，在表盘的中心点画一个圆，标示出表的中心位置。锁定下方的图层，再将时针和分针分别画在新建的相应图层上。

这里也有一个小技巧，时针和分针的样子可以是相同的，但是时针比较短，而分针较长。利用这一点，先将时针画好，点击任意变形工具（快捷键 Q），把时针的轴心移动到表盘中心点，如图 5-52 所示。

这时再复制时针并原位粘贴到“分针”图层，使复制出的表针旋转一定角度，再将它拉长，分针就做出来了，如图 5-53 所示。

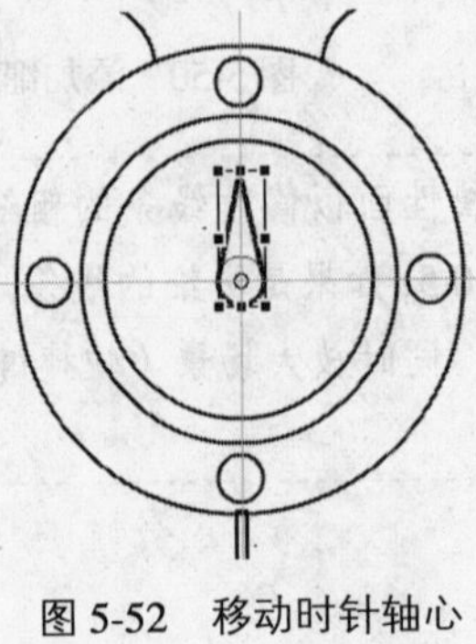

图 5-52　移动时针轴心

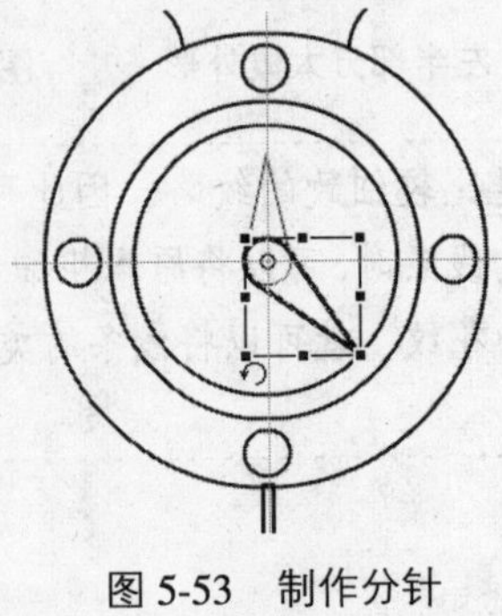

图 5-53　制作分针

5.4.2　为挂钟上色

1．整体上色

先为挂钟整体上色，调整颜色的搭配，这时不用加太多颜色效果，纯色就可以了。选中油漆桶工具（快捷键 K），在颜色面板中调和出合适的色彩，建议自己混色搭配，可以调和出更丰富的颜色。如图 5-54 所示，移动小十字选定需要的颜色，调节右边竖条上的小三角滑块则可以更改选定颜色的明度。如果需要精确的颜色也可以直接在左边的 RGB 即红绿蓝 3 个框中输入数值来改变。

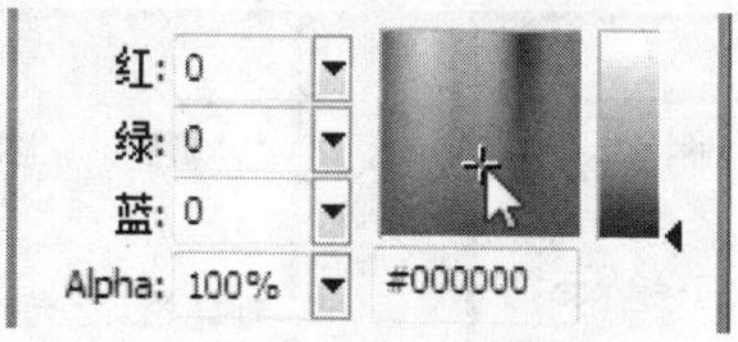

图 5-54　RGB 色彩调节

设置好的大概颜色如图 5-55 所示，注意颜色的冷暖搭配和整体的协调性。挂钟的造型偏可爱型，因此颜色尽量不要用太多冷色。同时，挂钟上半部分想要一个木制的效果，因此，上色时也要注意材质对于颜色的要求。

2．上色的细节

首先，表盘需要有光泽感，可以用放射状渐变来实现。打开颜色面板，在颜色类型中选择“放射状”，如图 5-56 所示。然后在渐变自定义栏中更改放射的颜色，更改颜色的方法参考线性渐变，但有一点要注意，放射状渐变定义栏左方的颜色指针代表放射中心的颜色，右端的颜色指针则代表放射外沿的颜色，在调节时不要混乱。

另外，当想添加色彩时，如图 5-57 所示，把鼠标放在渐变定义栏下方的任意位置，当在鼠标指针下方出现+符号时，点击一下即可增加一个色彩调节钮，如图 5-58 所示。颜色的修改和前面讲的方法一样。

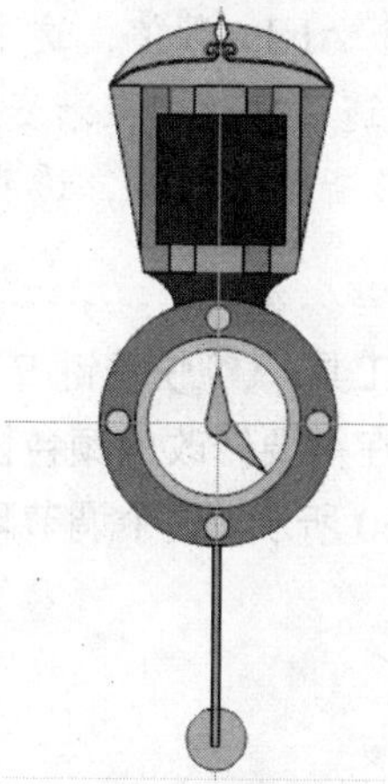

图 5-55　整体上色

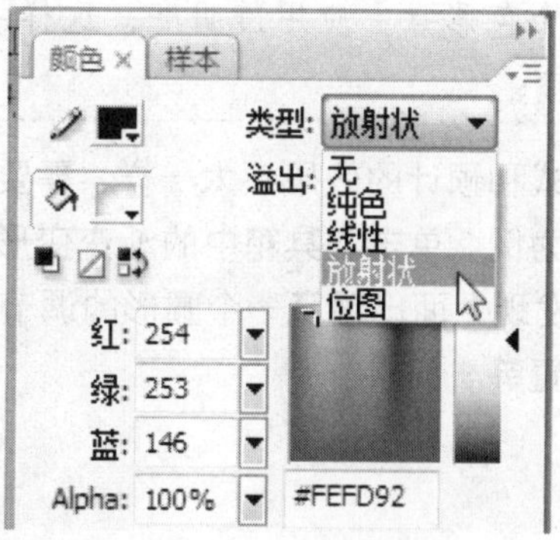

图 5-56　选择颜色类型

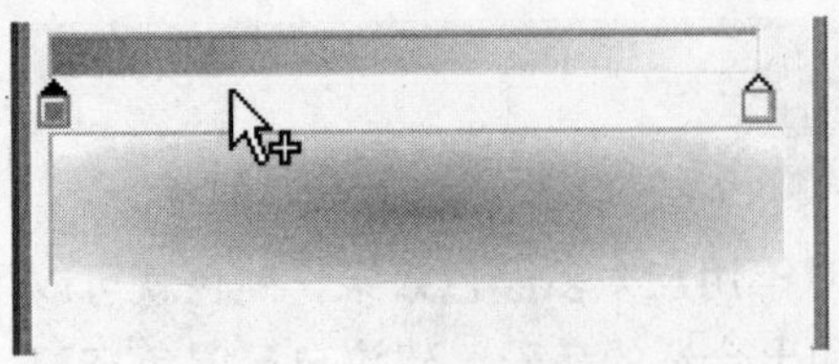

图 5-57　增加颜色指针

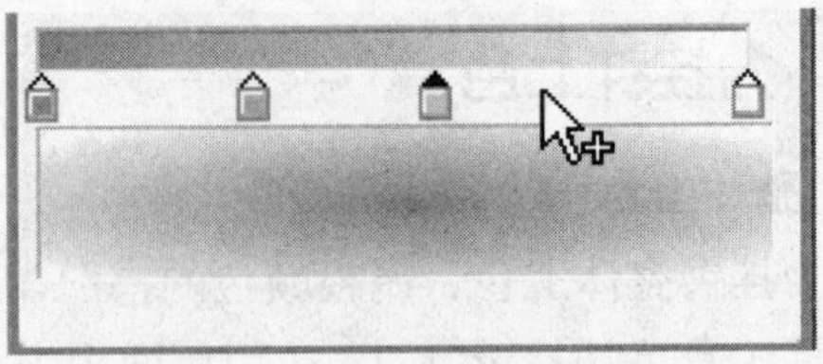

图 5-58　多个颜色指针

表的外沿填充颜色方式选择“线性”。修改好的自定义渐变颜色分别如图 5-59 所示。然后单击油漆桶工具，对准需要上色的闭合空间单击鼠标左键，想要的颜色就喷上了。

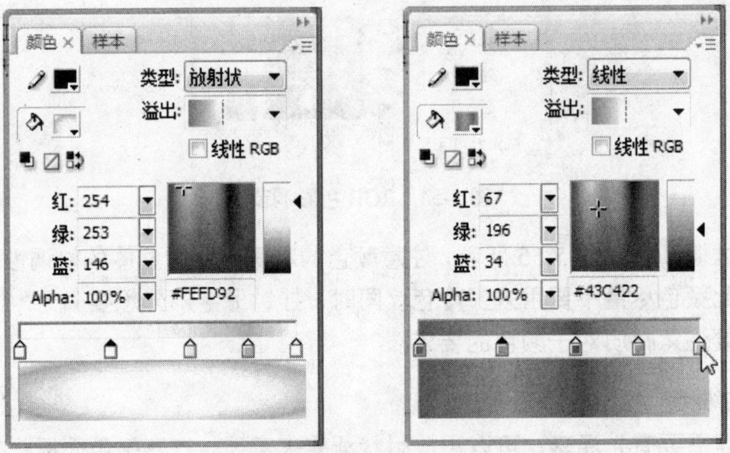

图 5-59　表盘渐变色修改

提示 在颜色面板中，填充色的类型有 4 种，分别是纯色、线性、放射状、位图。纯色顾名思义指单一的色彩填充方式。线性为直线型填充方式，是创建从起始点到终点沿直线逐渐变化的渐变。放射状也是一种渐变填充方式，但它是以从中心焦点出发沿环形轨道向外混合的扩散方式来填充色彩的。而位图则是以选定的图案填充来代替色块。选择何种方式填充要看被上色物体的需要。另外，RGB 数值即标有红、绿、蓝的 3 个数值的下面有一个 Alpha 数值，这个数值是用来调节透明度的，也非常有用，它可以改变颜色的透明度值。在渐变填充时，可以在某个色彩点上应用透明度，这样一来，在色彩渐变的同时，透明度也可以随着渐变。

出来的样式和预计的效果不太一样，需要用渐变变形工具（快捷键 F）调整。以调整放射状渐变为例。单击工具箱中的渐变变形工具，然后在需要修改的颜色位置上单击鼠标左键，就会发现上面出现了一个圆形的调节环，如图 5-60 所示。这个调节环可以调整渐变的方向、位置等。

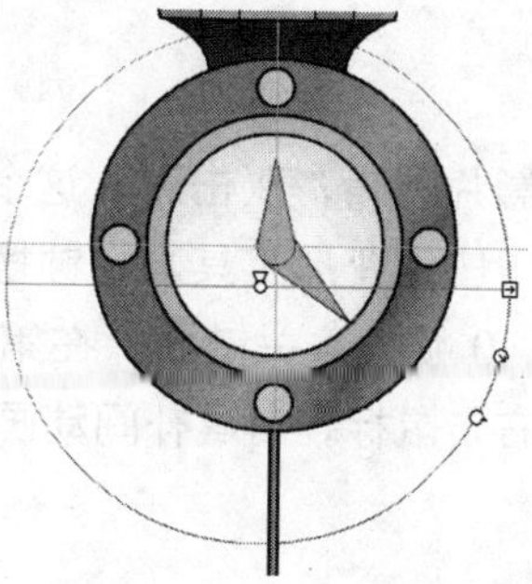

图 5-60　渐变变形工具

移动这个圆环的中心点可以调整放射状渐变中心所在的位置，把它移动到表盘的中心位置，如图 5-61 所示。与中心点在一条平行线上的处在外环位置上的小箭头可以调整渐变的形状。而这个小箭头下方的斜向小箭头则是改变放射圆环大小。最后一个图标是改变放射的方向，当拖动它时就会出现环状的方向箭头。修改好的样式如图 5-62 所示，现在整个表盘就比较有立体感了。

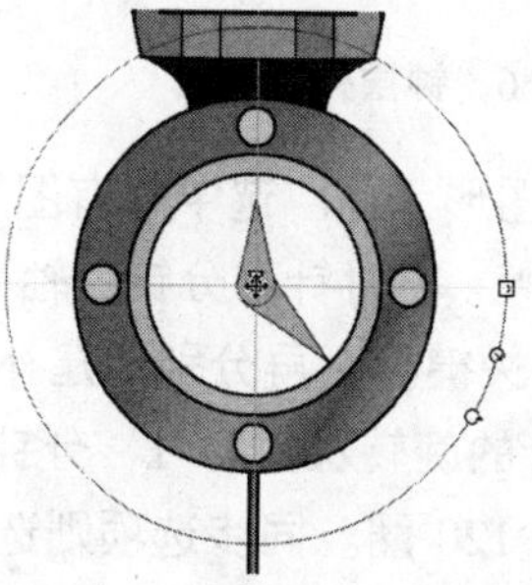

图 5-61　移动放射中心点

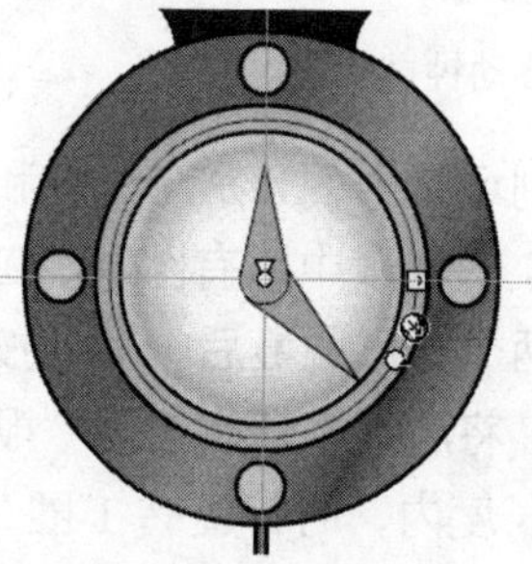

图 5-62　调整好的渐变色

任意渐变变形工具是一个十分有用的工具，它不仅可以作用于放射状渐变，也可以修改线形渐变，使用方法大体上一致，这里就不再细说了，通过今后多多的练习，慢慢就会对这个工具有更加深入的了解。

为挂钟上半部分上色。注意木头的纹理，可以适当添加一些小细线和小碎纹，上好色的效果如图 5-63 所示。

给钟摆也同样添加一些小的纹理，如图 5-64 所示。

图 5-63　木头的纹理

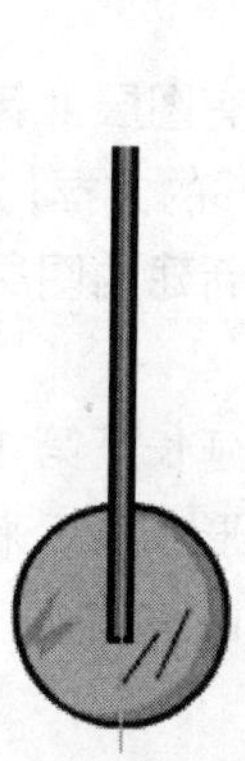

图 5-64　钟摆纹理

5.4.3 制作动画

（1）选中钟摆，将它转换为影片剪辑，双击进入这个元件。再次将这个元件中的钟摆图形选中，转换为图形元件。单击任意变形工具，将钟摆的轴心移动到最顶端，如图 5-65 所示。分别选中第 10、20、30、40 帧插入关键帧。在第 10 帧向左旋转钟摆，在第 30 帧向右旋转。在这 4 段帧之间分别右击鼠标，创建补间动画，如图 5-66 所示。一个钟摆的动画就形成了。

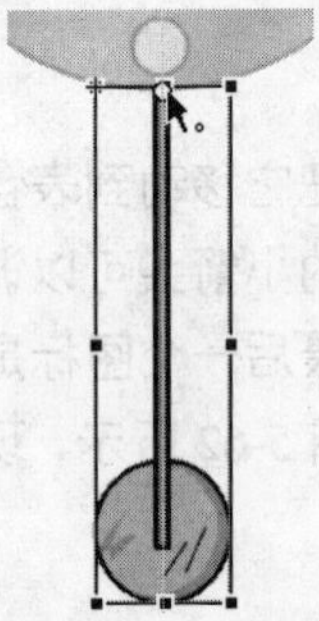

图 5-65 移动钟摆轴心

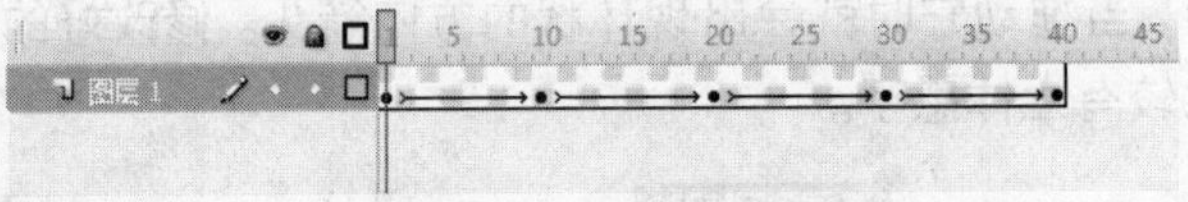

图 5-66 钟摆补间动画

（2）返回到场景中，分别将时针和分针转换为图形元件。选中所有图层的第 120 帧，按键盘上的 F5，将场景中所有图层都延长至第 120 帧。将时针和分针的轴心都移动到表盘中心。选中这两个图层的最后一帧，按 F6，转换为关键帧，再分别创建补间动画。这时，回到属性面板，将旋转选项都选为“顺时针”，时针的旋转次数为 1，分针为 12。也就是说在 120 帧的长度内，时针旋转 1 圈，则分针旋转 120 圈。同步选项则选为“循环”。测试影片可以看到钟摆左右摆动，而表针则不停旋转，如图 5-67 所示。

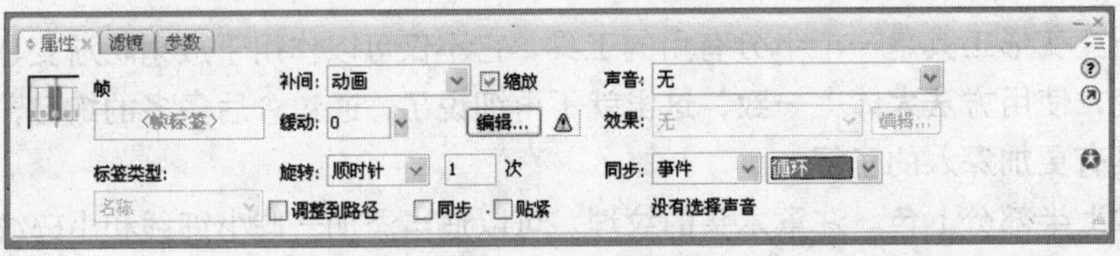

图 5-67 设置动画属性

（3）在场景中所有图层上新建一层，命名为“关门”。

（4）复制挂钟上部的方框，如图 5-68 所示。这个位置是留给报时鸟的，作为门框来用。把这个框原位粘贴到新建的图层上，画一个关上的门，尺寸和复制过来的门框大小要匹配，如图 5-69 所示。

（5）将这个图层延长至第 107 帧，然后在第 108 帧插入“空白关键帧”，使这一层的第 107 帧之后都无图形。接下来再新建两个图层，位于所有图层的最上方。同时在两个图层的第 108 帧插入空白关键帧，下面的图层画一个开着的门，如图 5-70 所示。

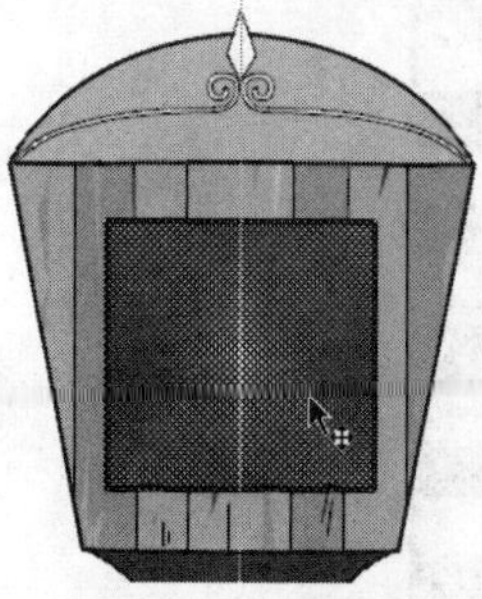

图 5-68　复制门框

图 5-69　关门

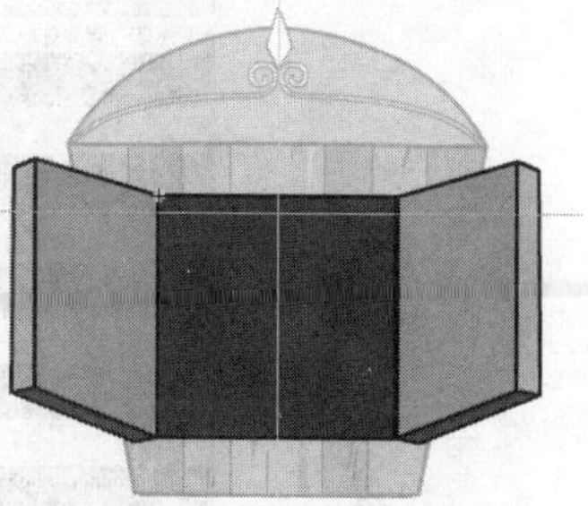

图 5-70　开门

上面的图层则画一只报时鸟，并转换为图形元件，如图 5-71 所示。然后将这两个图层都延长至第 120 帧。其中将报时鸟所在层的第 115 帧和 120 帧都转换为关键帧，选中第 115 帧，把报时鸟元件放大，然后分别设两段补间动画，图层如图 5-72 所示。这个动画就完成了。

图 5-71　报时鸟

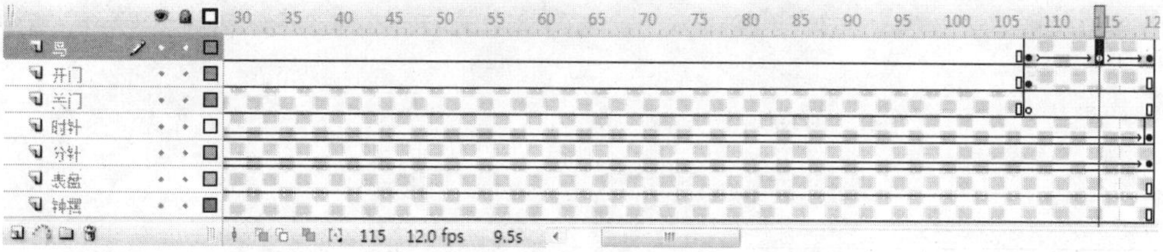

图 5-72　图层顺序

5.4.4　添加背景

背景光秃秃的看起来不美观，因此有必要添加一张背景使动画更完整。在场景空白处点击一下，属性面板中就会出现场景的属性。把场景色修改为蓝色。新建一个图层放在所有图层下方，在这一层上用矩形为画面添加一些彩条。添加后再测试一下，效果如图 5-73 所示，这次就好多了。

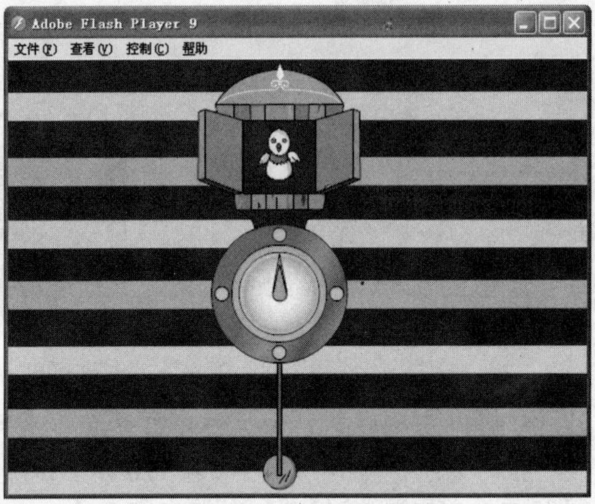

图 5-73 测试结果

5.5 本章小结

本章详细介绍了动作补间动画的知识，并通过具体实例讲解了动作补间动画的具体制作过程。通过本章的学习，用户可以掌握制作动作补间动画的基本步骤和方法，为制作精美复杂的 Flash 动画做好准备。

第 6 章

形状补间动画

本章导读

我想问一下形状补间动画和动作补间动画之间有什么区别呢？

制作动作补间动画，主要是设置对象在起始关键帧和终止关键帧之间的位置、尺寸、旋转角度等的渐变动画；而制作形状补间动画，主要是分别在起始关键帧和终止关键帧制作不同形状的对象，并且，Flash 会自动计算并生成对象之间变化的中间过渡动画。

本章主要学习以下内容：

- 形状补间的概念
- 创建形状补间动画
- 形状补间的属性
- 学以致用
- 本章小结

6.1 形状补间的概念

形状补间动画用来实现一个对象（图形）逐渐补间变成另一对象（图形）的动画效果。在形状补间动画中，Flash会自动计算并生成起始对象变化为终止对象的中间过渡动画。另外，Flash 还能补间图形对象的位置、大小和颜色等属性。

与运动补间不同，形状补间不能在实例上运用，只有“散”的图形之间才能产生形状补间。所谓“散”的图形，即图形并非是一个整体，而是由无数个点堆积而成。选中“散”的图形时，会显示成参杂白色小点的图形，如图 6-1 所示。使用工具箱中的任何一种绘图工具产生的图形，是属于“散”的图形。如果要对一个实例运用形状补间，将实例彻底分离成“散”的图形即可。

图 6-1 “散”的图形

高手点评

形状补间动画不但能改变初始对象的形状，而且还能改变它的位置和颜色。动作补间动画也能改变对象的颜色，但二者是不同的。动作补间动画中，是同一个实例的颜色属性发生变化，而形状补间动画中，颜色的改变是发生在两个图形对象之间的。形状补间动画实现了两个本质不同的对象之间的变化动画，使一个对象变成为另一个对象。

6.2 创建形状补间动画

手把手实例 创建形状补间动画

源 文 件：	CDROM\06\源文件\形状补间动画.fla
素材文件：	CDROM\06\素材\草地.jpg、小鸭子.gif、鸭子.gif
效果文件：	CDROM\06\效果\形状补间动画.swf

（1）新建一个文件，定义文件名为“形状补间动画.fla”。

（2）单击当前图层“图层 1”的第 1 帧，选择“文件>导入>导入到舞台”命令，如图 6-2 所示，将“草地.jpg”图形导入到舞台中，并调整图形的大小使得刚好和舞台大小一致，舞台如图 6-3 所示。

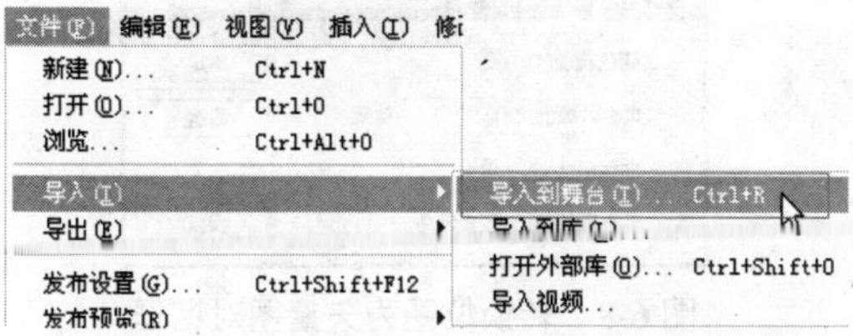

图 6-2　导入命令

图 6-3　舞台背景

（3）在当前图层的第 35 帧按键盘的 F5 键，使第 1 帧的内容延续到该帧。然后单击时间轴面板上的（插入图层）按钮，创建一个新图层“图层 2”，并使其成为当前图层，此时时间轴如图 6-4 所示。

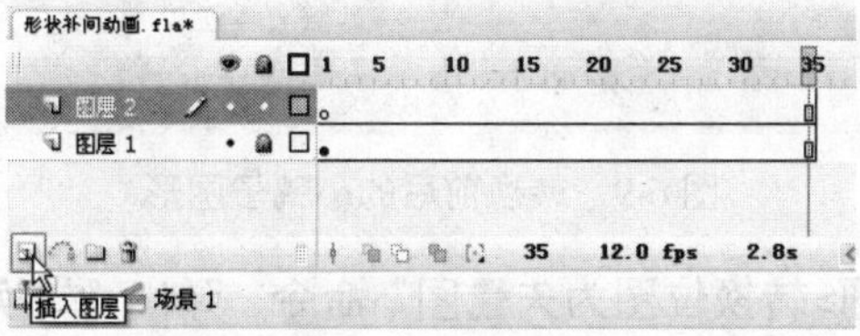

图 6-4　时间轴

（4）选择“文件>导入>导入到库”命令，如图 6-2 所示，分别导入小鸭子和鸭子两幅位图图形，如图 6-5 所示。导入后，库如图 6-6 所示。

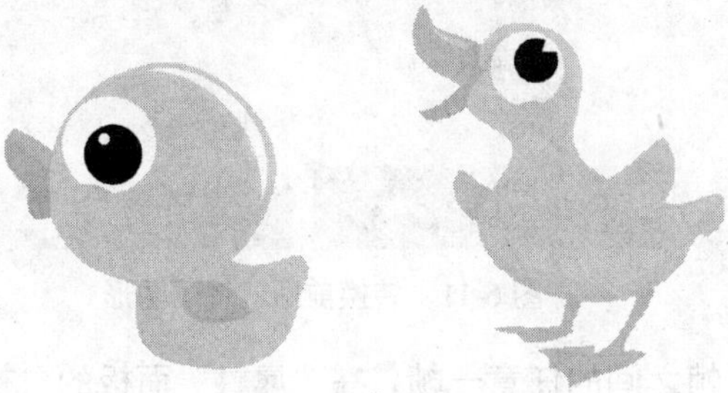

图 6-5　小鸭子和鸭子图形

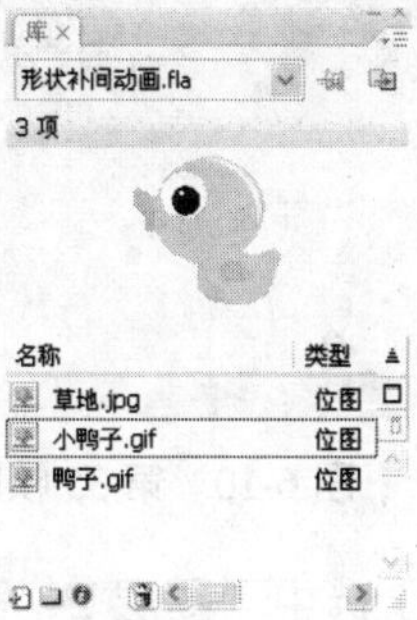

图 6-6　库

（5）单击选中“图层 2”的第 1 帧，从库中将小鸭子图形拖曳到舞台中，并用工具箱中的（任意变形工具）调整图形的大小，调整后的小鸭子图形在舞台中如图 6-7 所示。

（6）选择“修改>位图>转换位图为矢量图”命令，弹出“转换位图为矢量图”对话框，如图 6-8 所示，按图中所示设置好各个选项和参数后，单击 确定 按钮，则将小鸭子位图转换为矢量图。转换前后的小鸭子图形对比如图 6-9 所示。

（7）在当前图层的第 35 帧处按 F7 键，插入空白关键帧。从库中将鸭子图形拖曳到舞台中，并用工具箱中的（任意变形工具）调整图形的大小，调整后的鸭子图形在舞台中如图 6-10 所示。

图 6-7　第 1 帧图形

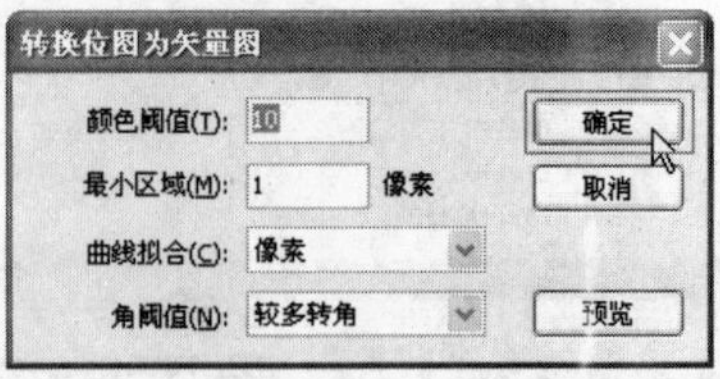

图 6-8　转换位图为矢量图对话框

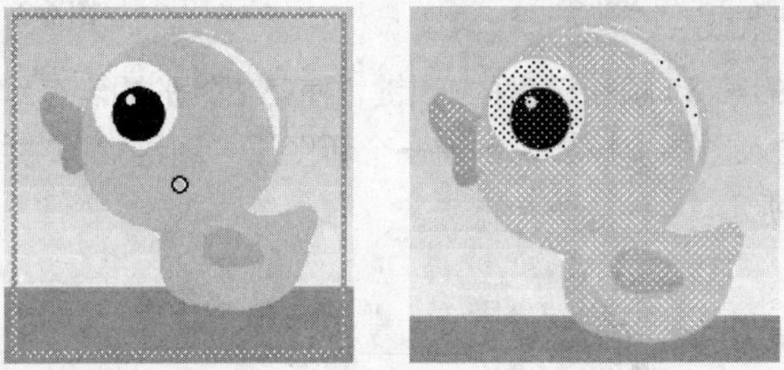

图 6-9　转换前后的小鸭子图形

（8）选择“修改>位图>转换位图为矢量图”命令，弹出“转换位图为矢量图”对话框，设置好各个选项和参数后，单击 确定 按钮，则将鸭子位图转换为矢量图。转换前后的鸭子图形对比如图 6-11 所示。

图 6-10　第 35 帧图形

图 6-11　转换前后的鸭子图形

（9）选中“图层 2”第 1 帧和第 35 帧之间的任意一帧，在“属性”面板的“补间”下拉列表框中选择“形状”选项，如图 6-12 所示，或者选择“插入>时间轴>创建补间形状”命令，如图 6-13 所示。

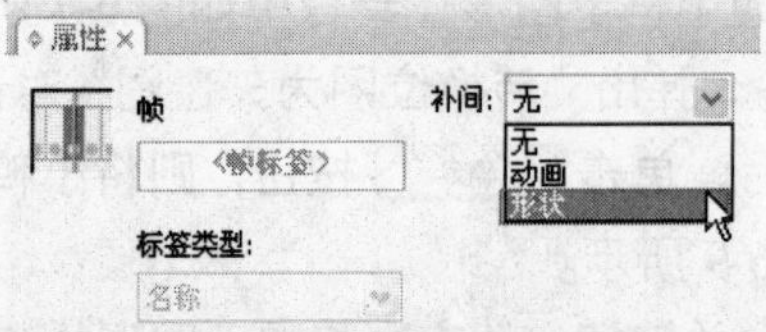

图 6-12　选择补间形状选项

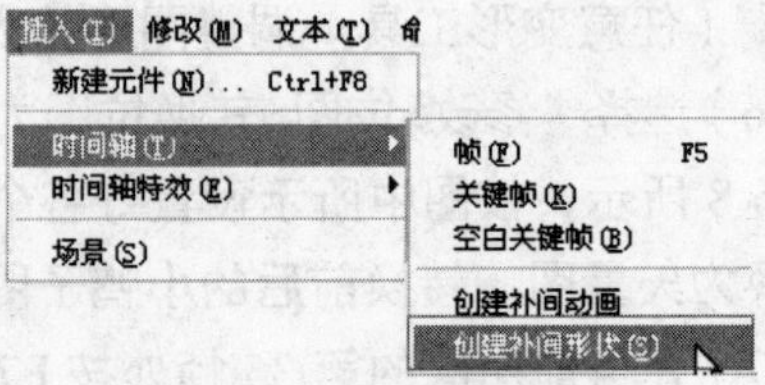

图 6-13　创建补间形状命令

（10）这样，一个简单的形状补间动画就制作完毕了。此时，时间轴的变化如图 6-14 所示，表示已经使用了形状补间。

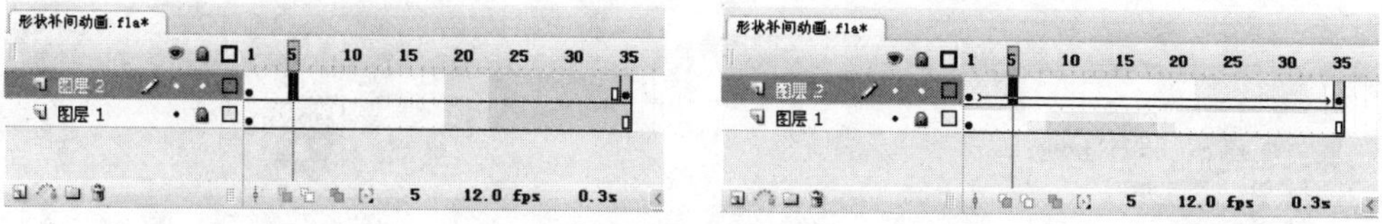

图 6-14　时间轴

注意　起始关键帧处的黑色圆点表示补间形状；带有浅绿色背景的黑色箭头则表示中间的帧。

选择"控制>测试影片"命令，弹出动画播放窗口，在动画播放过程中可以清楚地看到中间的过渡图形，如图 6-15 所示。

图 6-15　测试影片

在形状补间中使用形状提示可以控制复杂的形状变化。形状提示能标示出起始形状和结束形状中相对应的点。例如，要补间一张脸部表情变化的图画，可以用形状提示来标记眼睛。这样，在发生形状改变时，脸部图画就不会乱成一团，眼睛还可以辨认，并且在转换过程中每只眼睛分别变化。另外，在形状补间中使用形状提示可以使不规则的形状变化变得规则。

手把手实例　**使用形状提示**

源 文 件：	CDROM\06\源文件\形状补间动画.fla
素材文件：	CDROM\06\素材\
效果文件：	CDROM\06\效果\形状补间动画.swf

（1）在形状补间动画播放过程中，可以清楚地看到小鸭子变鸭子的中间过渡图形乱成一团。故为形状补间添加形状提示，来消除这种现象，使中间的过渡图形变化得规则一些。

（2）选中"图层 2"的补间形状序列的第 1 帧，然后选择"修改>形状>添加形状提示"命令，如图 6-16 所示，便在舞台中添加了形状提示点。起始形状提示显示为一个 ●（带有字母 **a** 的红色圆圈）。

（3）在舞台中用鼠标将形状提示移动到要标记的点：用鼠标把形状提示 ● 移动到小鸭子图形的眼睛上，如图 6-17 所示。

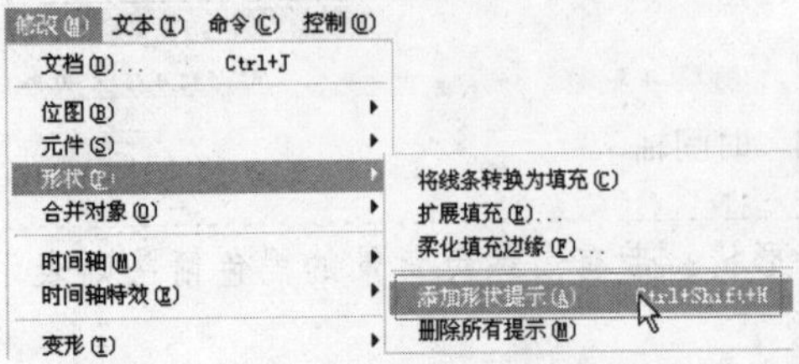

图 6-16　添加形状提示命令

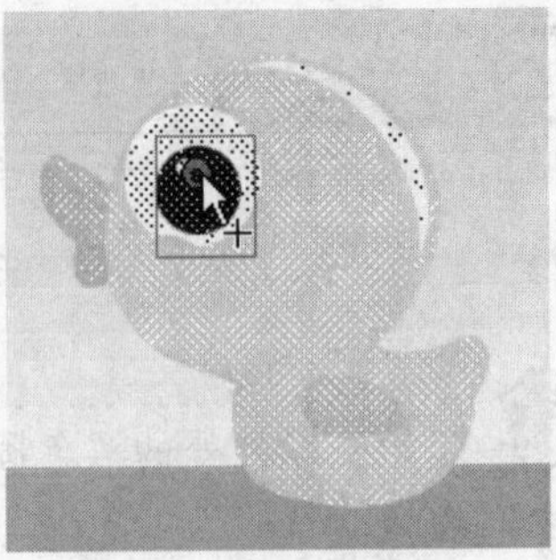

图 6-17　移动形状提示点

（4）选中“图层 2”的补间形状序列中的第 35 帧，在舞台中用鼠标移动结束形状提示，结束形状提示会在该形状的某处显示为一个 ⓐ（带有字母 **a** 的绿色圆圈），如图 6-18 所示。此时，第 1 帧中的形状提示 ● 变为 ⓐ（带有字母 **a** 的黄色圆圈），如图 6-19 所示。

图 6-18　终止形状提示

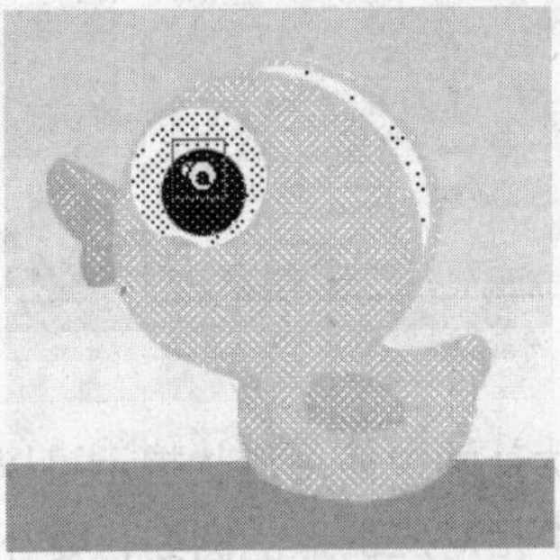

图 6-19　起始形状提示变色

（5）重复执行步骤 2 到步骤 4，一共添加 4 个形状提示。第 1 帧图形中的形状提示如图 6-20 所示，第 35 帧图形中的终止形状提示如图 6-21 所示。

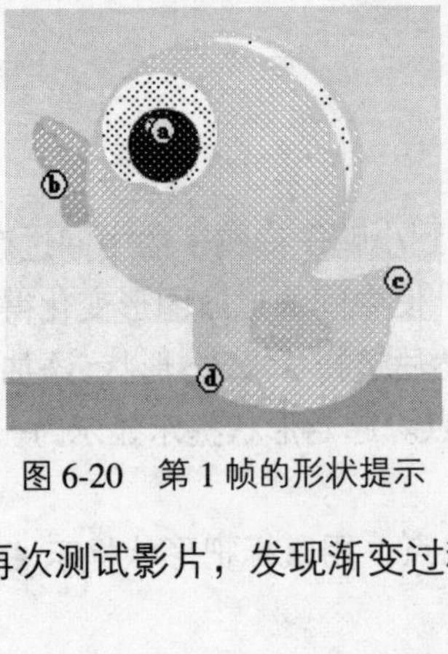

图 6-20　第 1 帧的形状提示

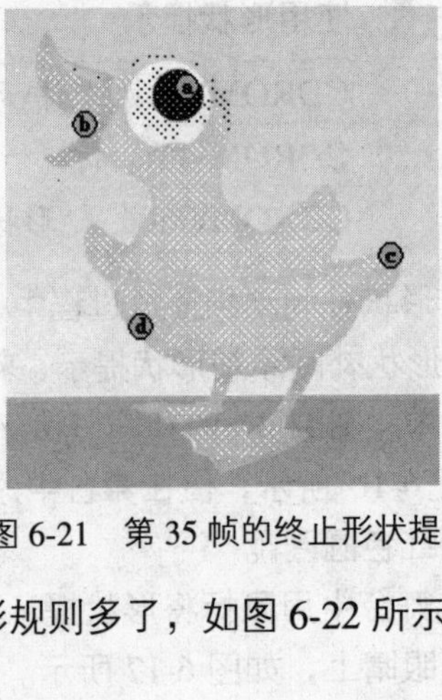

图 6-21　第 35 帧的终止形状提示

（6）再次测试影片，发现渐变过程中的过渡图形规则多了，如图 6-22 所示。

图 6-22　测试影片

注意 形状提示包含字母（从 a 到 z），最多可以使用 26 个形状提示。起始关键帧中的形状提示为黄色，终止关键帧中的形状提示为绿色，当不在一条曲线上时，形状提示为红色。

遵循如下准则，在补间形状时可以获得最佳效果。

- 在复杂的补间形状中，除了要定义起始和结束的形状，还需要创建中间形状，然后再进行补间。
- 形状提示要确保符合逻辑。例如，如果在一个矩形中使用 4 个形状提示，则在原始矩形和要补间的矩形中它们的顺序必须相同。它们的顺序不能在第 1 个关键帧中是 abcd，而在第 2 个关键帧中是 acbd。
- 形状提示的放置按逆时针顺序，并且从形状的左上角开始放置，则它们的工作效果最好。

高手点评

并不是形状提示应用越多，获得的动画效果越好。相反，提示点过多将使变形动画变得异常。在使用形状提示之前，应预先观看动画的播放效果，然后加入提示点在那些动作不太自然的位置。

6.3 形状补间的属性

创建形状补间动画时可以设置形状补间的属性。形状补间的属性面板如图 6-23 所示，各选项含义分别如下：

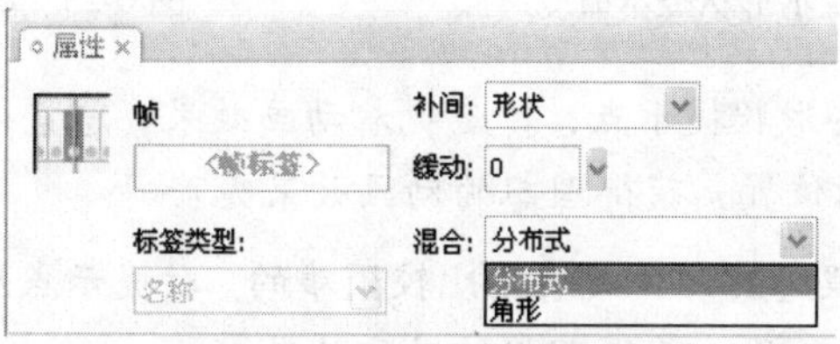

图 6-23　形状补间的属性

[缓动]：用来调整对象的渐变速度。若要产生更逼真的动画效果，可以对补间形状应用缓动。若要对补间形状应用缓动，拖动“缓动”右侧的指针或在文本框中输入一个值，为创建的补间形状指定一个缓动值，以调整补间帧之间的变化速率：

- 若要补间形状的开始部分很慢，越接近形状的结束方向越快，可以向上拖动指针或在文本框中输入一个介于-1 和-100 之间的负值。
- 若要补间形状的开始部分很快，越接近形状的结束方向越慢，可以向下拖动指针或在文本框中输入一个介于 1 和 100 之间的正值。

默认情况下，补间帧之间的变化速率是不变的。缓动可以通过逐渐调整变化速率创建更为自然的加速或减速效果。

[混合]：用来设置对象弯曲的类型，有分布式和角形两种方式，如图 6-23 所示。

- 分布式：选择该方式，在动画过程中创建的过渡帧中的图形比较平滑。
- 角形：选择该方式，在动画过程中创建的过渡帧中的图形更多地保留了原来图形的尖角或直线的特征。

如果关键帧中的图形没有尖角，这两种方式没有什么区别。

即问即答

我已经在图形中添加了形状提示，不小心误操作，一下子图形中的形状提示都不见了，怎样才能看到我添加的形状提示呢？

不要着急！选择“视图>显示形状提示”命令，如图 6-24 所示，便可以在舞台中显示已添加的形状提示。另外，只有当包含形状提示的图层和关键帧处于活动状态时，“显示形状提示”才可用。

如果添加的形状提示多了，怎样才能删除多余的形状提示呢？

简单。在要删除的形状提示上右击鼠标，在弹出的菜单中选择“删除提示”，如图 6-25 所示。另外，如果选择“删除所有提示”，可以一次删除所有的形状提示。

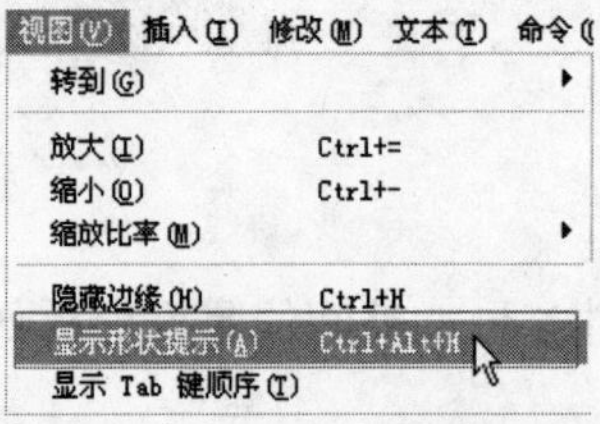

图 6-24　显示形状提示命令

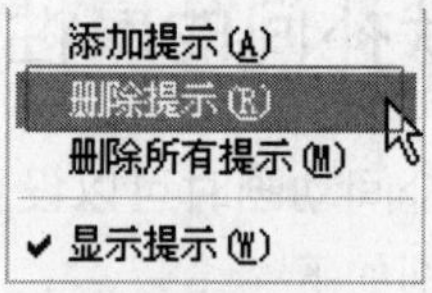

图 6-25　删除提示命令

我添加了一些形状提示点，但是观看动画效果，总觉得不是那么理想，怎样才能准确确定提示点的位置，获得理想的动画效果呢？

一次性获得理想的动画效果是比较困难的。对提示点反复进行移动、修改之后，才能确定提示点的位置，获得理想的动画效果。

6.4 学以致用——魔镜

下面以“动物形状补间动画”的制作为例，介绍创建一个由鸡到猪的形状补间动画。小鸡和小猪两幅位图图形如图 6-26 所示。

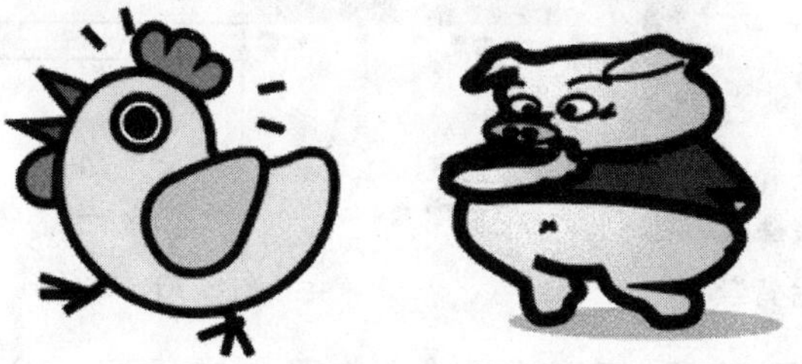

图 6-26　小鸡和小猪

手把手实例　**制作动物变形动画**

源 文 件：	CDROM\06\源文件\动物形状补间动画.fla
素材文件：	CDROM\06\素材\小鸡.gif、小猪.gif、魔镜.jpg
效果文件：	CDROM\06\效果\动物形状补间动画.swf

（1）新建一个文件，定义文件名为“动物形状补间动画.fla”，单击“属性”面板中的 550 x 400 像素 按钮，打开“文档属性”对话框，设置舞台的大小为 350×300 像素，背景色为白色（#FFFFFF），然后单击 确定 按钮，如图 6-27 所示。

（2）在“时间轴”面板上双击图层 1 的名称，将其重新命名为“背景”。选中该图层的第 1 帧，选择“文件>导入>导入到舞台”命令，如图 6-28 所示，将“魔镜.jpg”图形导入到舞台中，并调整图形的大小使得刚好和舞台大小一致，舞台如图 6-29 所示。

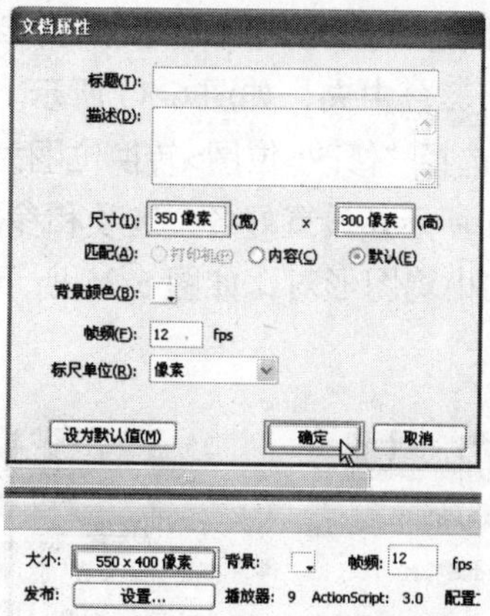

图 6-27　文档属性对话框

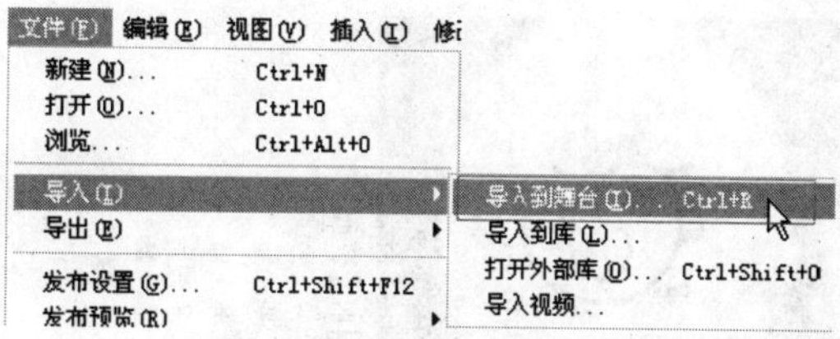

图 6-28　导入到舞台命令

（3）在当前图层的第 35 帧按键盘的 F5 键，使第 1 帧的内容延续到该帧。单击时间轴面板上的 （插入图层）按钮，创建一个新图层，将其命名为“形状”，并使其为当前图层，此时时间轴如图 6-30 所示。

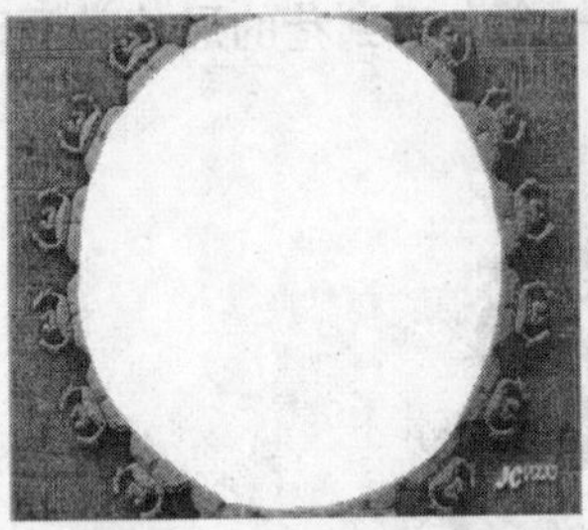

图 6-29 舞台背景

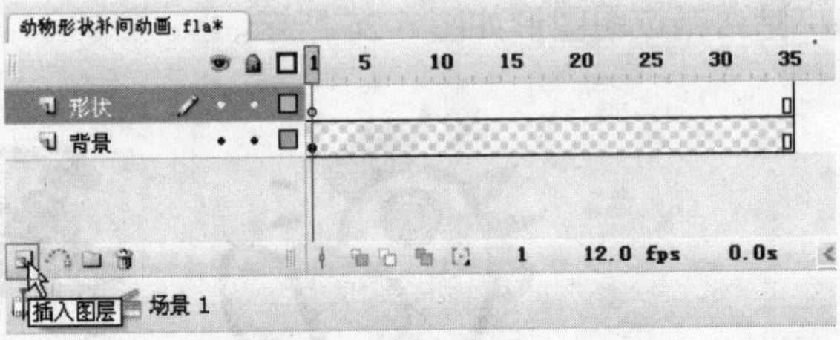

图 6-30 时间轴

（4）选择“文件>导入>导入到库”命令，如图 6-31 所示，分别导入小鸡和小猪两幅位图图形，导入后，库如图 6-32 所示。

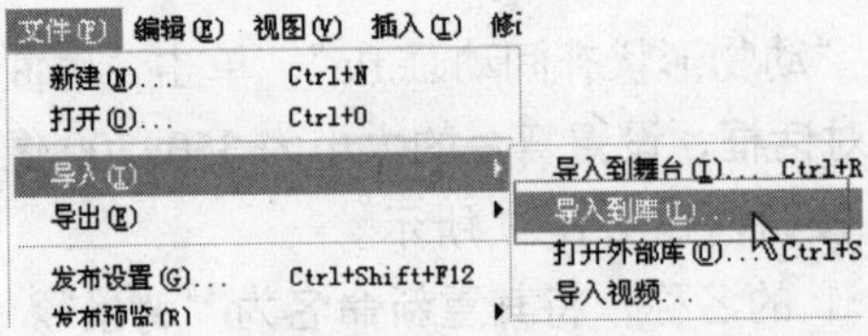

图 6-31 导入命令

图 6-32 库

（5）单击“形状”图层的第 1 帧，从库中将小鸡图形拖曳到舞台中，然后选择“窗口>对齐”命令，调出“对齐”面板，单击面板中 （相对于舞台）按钮，然后单击 （水平中齐）按钮和 （垂直中齐）按钮，将小鸡图形置于舞台中央，如图 6-33 所示。

（6）在该图层的第 5 帧按键盘的 F6 键插入关键帧。选择“修改>位图>转换位图为矢量图”命令，弹出“转换位图为矢量图”对话框，如图 6-34 所示，设置好各个选项和参数后，单击 确定 按钮，则将位图转换为矢量图。转换前后的小鸡图形对比如图 6-35 所示。

图 6-33 第 1 帧的小鸡图形

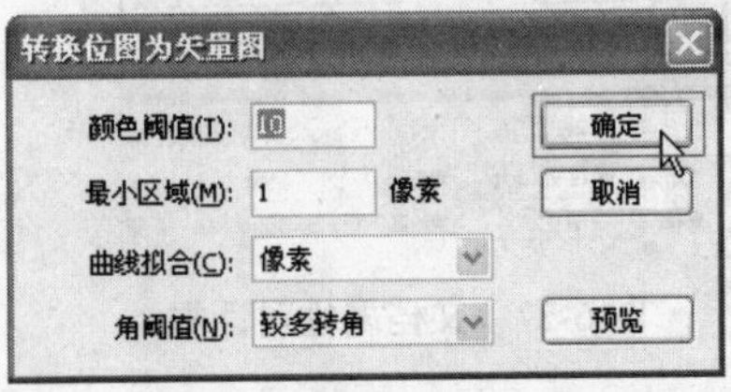

图 6-34 转换位图为矢量图

图 6-35　转换前后的小鸡图形

（7）在该图层的第 30 帧按键盘的 F7 键，插入空白关键帧，将小猪图形拖曳到舞台中，同样用“对齐”面板将小猪置于舞台中央，如图 6-36 所示。

图 6-36　第 30 帧的小猪图形

（8）在舞台中选中第 30 帧的小猪图形，选择“修改>位图>转换位图为矢量图”命令，弹出“转换位图为矢量图”对话框，设置好各个选项和参数后，单击 确定 按钮，则将小猪位图转换为矢量图。转换前后的小猪图形对比如图 6-37 所示。

图 6-37　转换前后的小猪图形

（9）选中当前图层中第 5 帧到第 30 帧之间的任意一帧，然后在“属性”面板的“补间”下拉列表框中选择“形状”选项，如图 6-38 所示，创建小鸡变成小猪的形状补间动画。此时，时间轴出现带有浅绿色背景的黑色箭头，如图 6-39 所示。

图 6-38　选择形状补间

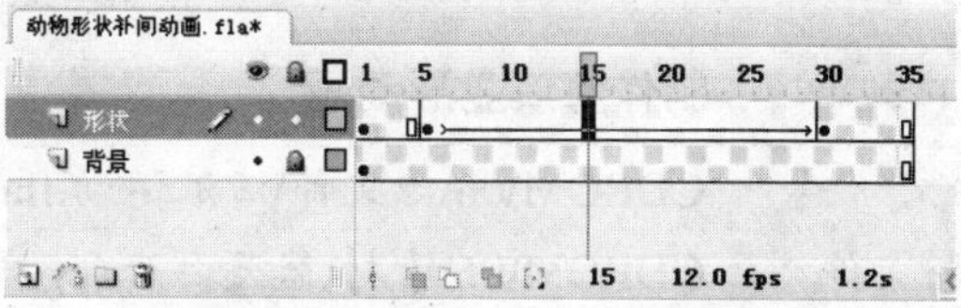

图 6-39　选择形状补间后的时间轴

（10）如果希望形状补间在开始时慢，然后逐渐变快，在“属性”面板中向下拖动“缓动”滑块或者输入 1 到 100 之间的值；如果希望形状补间在开始时快，然后逐渐变慢，在“属性”面板中向上拖动“缓动”滑块，或者输入-1 到-100 之间的值。如图 6-40 所示。

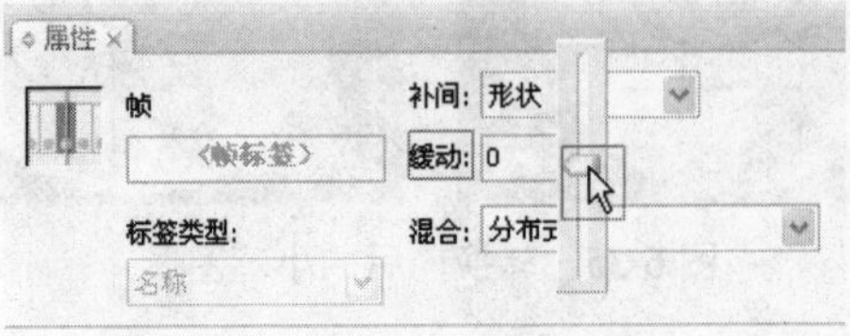

图 6-40　设置形状补间属性

到此，小鸡变小猪的动画制作完成了。测试影片，动画预览效果如图 6-41 所示。

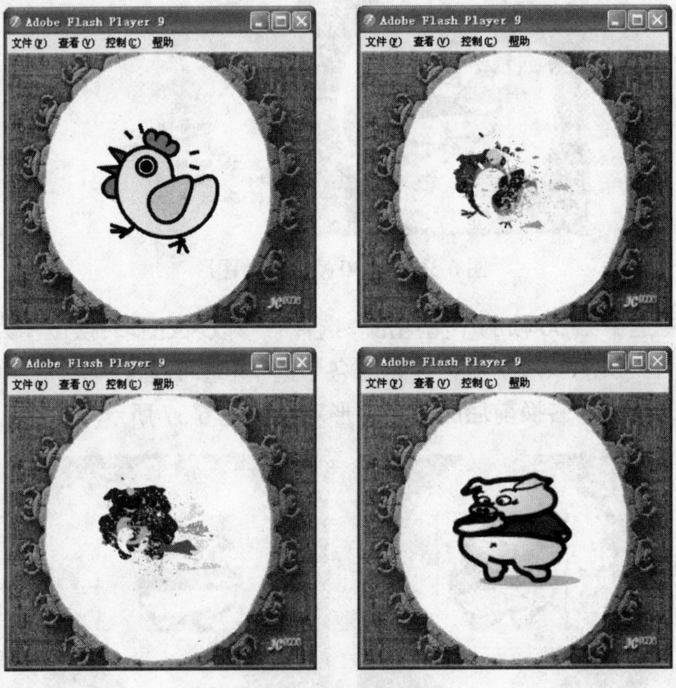

图 6-41　动画效果图

6.5 学以致用——海浪运动

下面以“海浪运动”影片动画的制作为例，通过绘制基本图形和使用运动补间及形状补间，模拟大海中海浪汹涌和海鸥飞翔的动态。

手把手实例　制作海浪变形动画

源 文 件：	CDROM\06\源文件\海浪运动.fla
素材文件：	CDROM\06\素材\蓝天白云.jpg
效果文件：	CDROM\06\效果\海浪运动.swf

（1）新建一个文件，定义文件名为“海浪运动.fla”，单击“属性”面板中的 [550 x 400 像素] 按钮，打开“文档属性”对话框，设置舞台的大小为 250×250 像素，背景色为白色（#FFFFFF），然后单击 [确定] 按钮。

（2）在“时间轴”面板上双击图层 1 的名称，将其重新命名为“背景”。选中该图层的第 1 帧，选择“文件>导入>导入到舞台”命令，如图 6-42 所示，将“蓝天白云.jpg”图形导入到舞台中，并调整图形的大小使得刚好和舞台大小一致，舞台如图 6-43 所示。

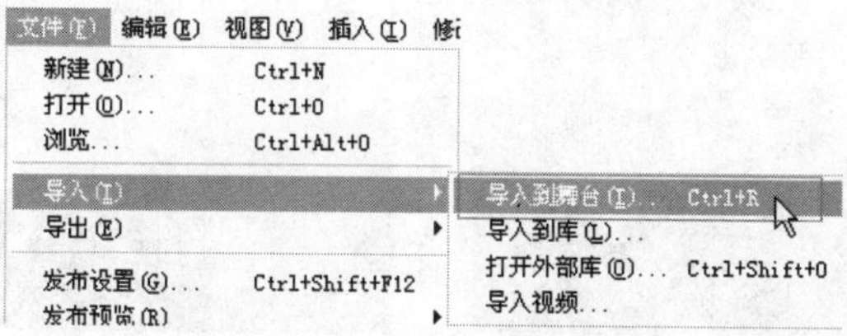

图 6-42　导入到舞台命令

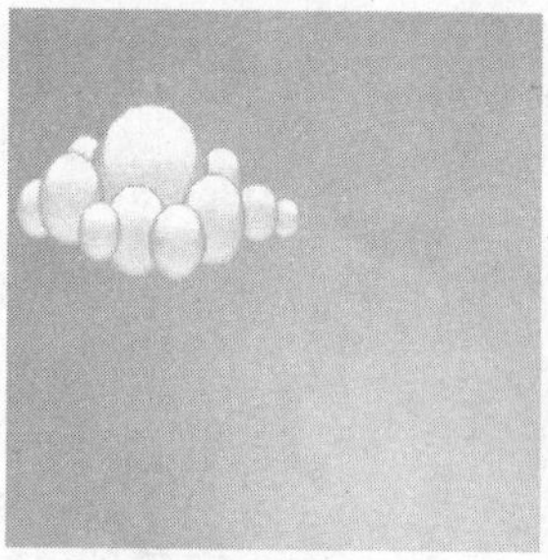

图 6-43　舞台背景

（3）单击时间轴面板上的（插入图层）按钮，创建一个新图层，并将其命名为“形状 1”，如图 6-44 所示。

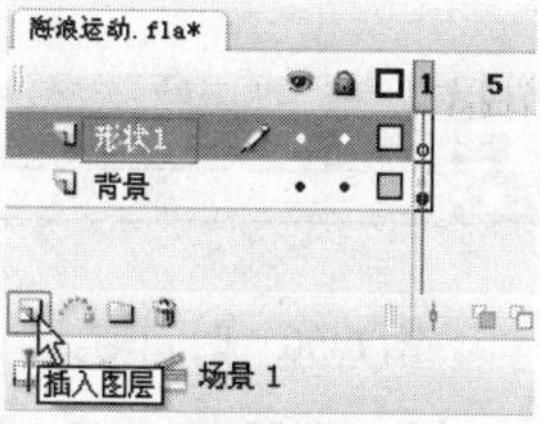

图 6-44　添加图层“形状 1”

（4）单击工具箱中的（铅笔工具）按钮，设置（笔触颜色）为浅蓝色（#3366CC）。选中该层的第 1 帧，在舞台中绘制一个海浪的形状，大小略大于舞台，如图 6-45 所示。

（5）单击工具箱中的（选择工具）按钮，在舞台中选中海浪图形，然后选择“修改>合并对象>联合”命令，如图 6-46 所示，将绘制的海浪图形变成封闭图形。

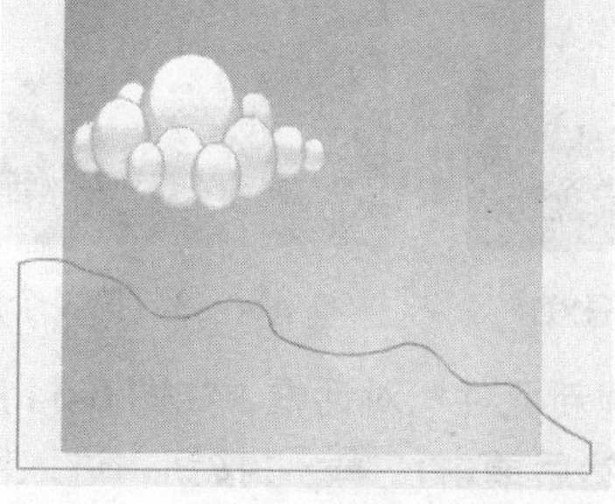

图 6-45　用铅笔绘制的海浪图形

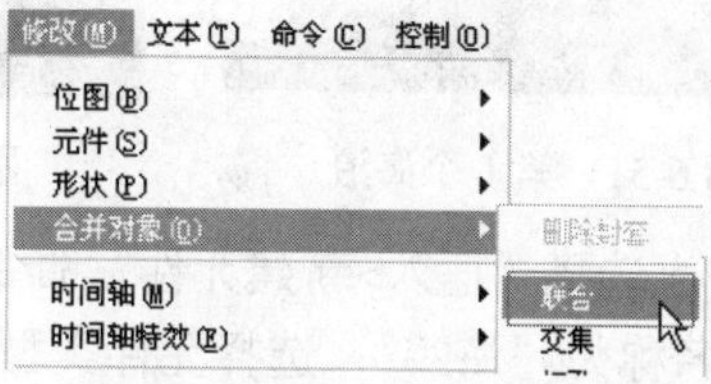

图 6-46　联合命令

（6）单击工具箱中的 ![]（填充颜色）按钮，在颜色列表窗口中选择填充颜色为浅蓝色（#3366CC），这时舞台中的海浪如图 6-47 所示。

（7）在该图层的第 20 帧按键盘的 F7 键，插入空白关键帧，同样的操作，使用铅笔工具在该帧绘制第 2 个海浪图形，如图 6-48 所示。

（8）在该图层的第 40 帧按键盘的 F7 键，插入空白关键帧，同样的操作，使用铅笔工具在该帧绘制第 3 个海浪图形，如图 6-49 所示。

图 6-47　第 1 个海浪

图 6-48　第 2 个海浪

图 6-49　第 3 个海浪

（9）选中“背景”图层，并在该图层的第 40 帧按键盘的 F5 键，使第 1 帧的内容延续到该帧，此时的时间轴面板如图 6-50 所示。

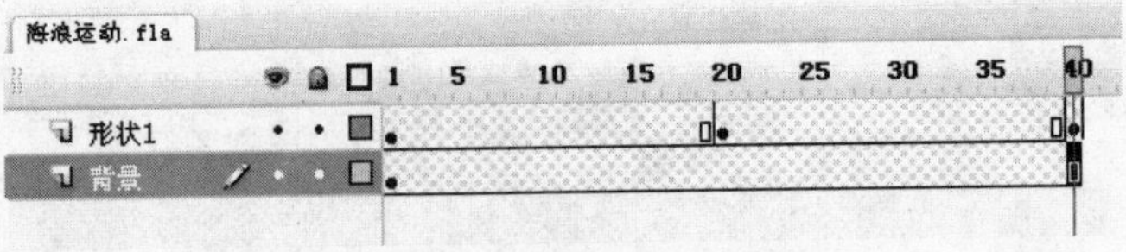

图 6-50　时间轴

（10）单击时间轴面板上的 ![]（插入图层）按钮，创建一个新图层，并命名为“形状 2”。按照上面的方法，在“形状 2”图层的第 1 帧、第 20 帧、第 40 帧分别绘制 3 个海浪的图形，并设置填充颜色为深蓝色（#003366），分别如图 6-51、图 6-52 和图 6-53 所示。

图 6-51　第 1 个海浪

图 6-52　第 2 个海浪

图 6-53　第 3 个海浪

（11）选择“插入>新建元件”命令，弹出“创建新元件”对话框，如图 6-54 所示，输入元件名称为“海鸥”，选择元件类型为“图形”，然后单击 确定 按钮，进入图形元件的编辑状态。用工具箱中的 ![]（直线工具）绘制海鸥图形，并设置 ![]（填充颜色）为深灰色（#333333），海鸥图形元件如图 6-55 所示。

图 6-54　创建新元件对话框

图 6-55　海鸥图形元件

（12）“海鸥”元件绘制完毕后，单击舞台窗口上方的 场景1 按钮，回到场景编辑状态。单击时间轴面板上的 （插入图层）按钮，创建一个新图层，命名为“海鸥”。

（13）选择“窗口>库”命令，打开“库”面板，如图 6-56 所示。选中图层“海鸥”的第 1 帧，从库中将“海鸥”元件拖曳到舞台右边界外，并将其缩小，如图 6-57 所示。

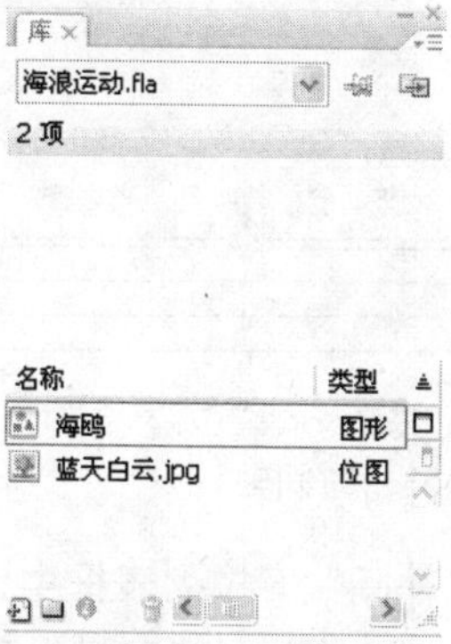

图 6-56　库

图 6-57　第 1 帧的海鸥

（14）在图层“海鸥”的第 20 帧、第 40 帧分别按 F6 键插入关键帧。将第 20 帧的海鸥实例挪动到舞台的左上角，并将其放大，如图 6-58 所示。将第 40 帧的海鸥实例挪动到舞台的右上，并将其缩小，如图 6-59 所示。

图 6-58　第 20 帧的海鸥

图 6-59　第 40 帧的海鸥

（15）选中图层“海鸥”的第 21 帧，按 F6 键插入关键帧。然后选择“修改>变形>水平翻转”命令，如图 6-60 所示，将该帧的海鸥实例水平翻转，如图 6-61 所示。

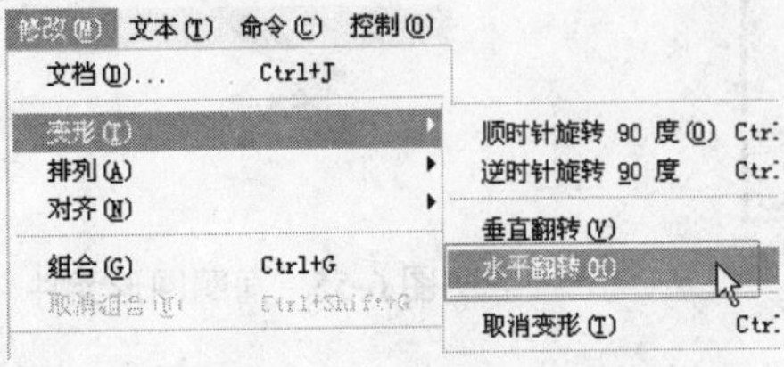

图 6-60 水平翻转命令

图 6-61 第 21 帧的海鸥

（16）单击图层“海鸥”的第 1 帧，在“属性”面板的“补间”下拉列表框中选择“动画”选项，如图 6-62 所示，这时时间轴面板中该图层的第 1 帧到第 20 帧之间出现带有浅蓝色背景的有黑色箭头的直线。单击该图层的第 21 帧，用同样的方法在第 21 帧到第 40 帧之间创建动画补间。此时，时间轴如图 6-63 所示。

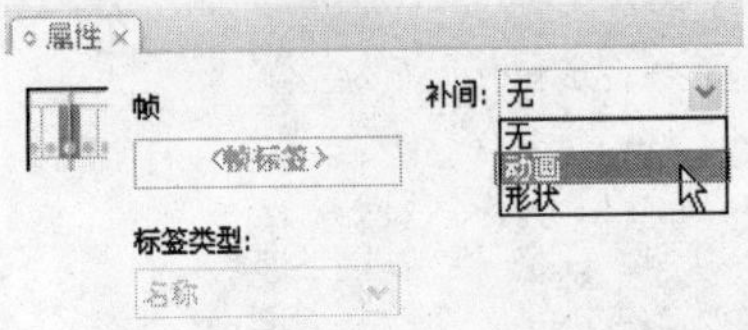

图 6-62 选择“动画”补间

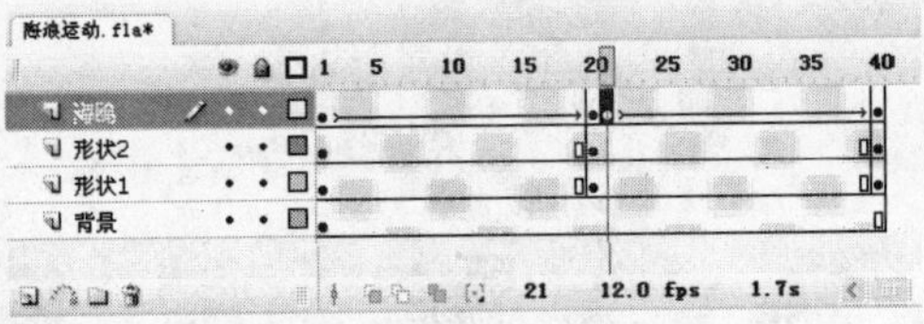

图 6-63 时间轴

（17）单击图层“形状 1”的第 1 帧，在“属性”面板的“补间”下拉列表框中选择“形状”选项，如图 6-64 所示，这时时间轴面板中该图层的第 1 帧到第 20 帧之间出现带有浅绿色背景的有黑色箭头的直线，如图 6-65 所示。单击该图层的第 20 帧，用同样的方法在第 20 帧到第 40 帧之间创建形状补间。

图 6-64 选择“形状”补间

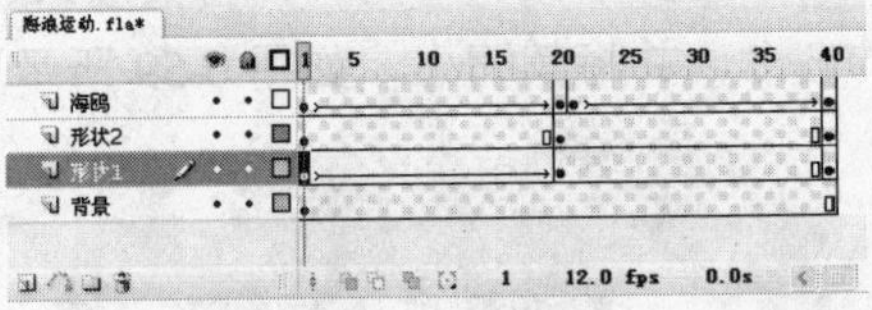

图 6-65 时间轴

（18）单击图层“形状 2”，用上面的方法，分别在第 1 帧到第 20 帧之间、第 20 帧到第 40 帧之间创建形状补间。最后完成的时间轴如图 6-66 所示。

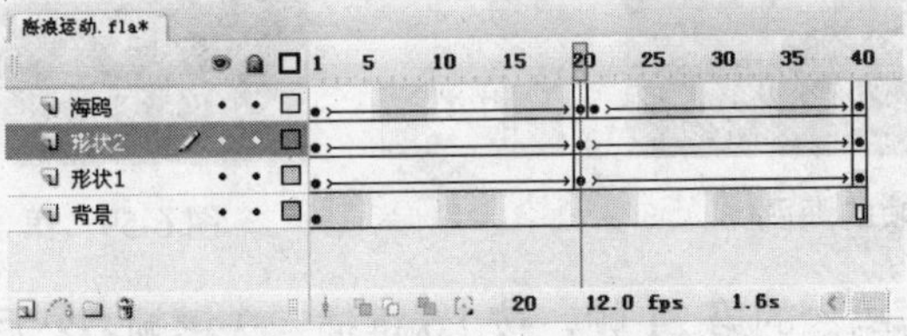

图 6-66 最后完成的时间轴

至此，整个动画已经制作完成了。测试影片，观看动画的效果，如图 6-67 所示。

图 6-67　最终效果预览

6.6 学以致用——小树生长

下面以“小树生长”影片动画的制作为例介绍形状补间动画和动作补间动画的综合应用。

手把手实例　**制作小树生长动画**

源 文 件：	CDROM\06\源文件\小树生长.fla
素材文件：	CDROM\06\素材\花草.jpg
效果文件：	CDROM\06\效果\小树生长.swf

（1）新建一个文件，定义文件名为“小树生长.fla”，单击“属性”面板中的 550 x 400 像素 按钮，打开“文档属性”对话框，设置舞台的大小为 300×280 像素，背景色为白色(#FFFFFF)，然后单击 确定 按钮。

（2）在“时间轴”面板上双击图层 1 的名称，将其重新命名为“背景”。选中该图层的第 1 帧，选择“文件>导入>导入到舞台”命令，将“花草.jpg”图形导入到舞台中，并调整图形的大小使得刚好和舞台大小一致，舞台如图 6-68 所示。

（3）单击“时间轴”面板上的 （插入图层）按钮，新建图层，将其重新命名为“树枝”，并使该图层为当前图层。

（4）制作树枝生长的动画。选中该层的第 1 帧，然后在工具箱中单击 （刷子工具）按钮，设置 （填充颜色）为深灰色（#333333），在舞台中绘制树枝的形状，如图 6-69 所示。

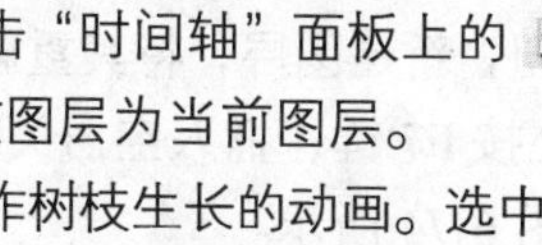

图 6-68　舞台背景

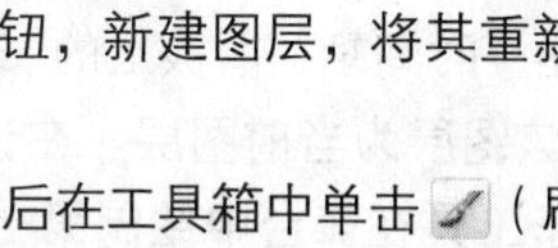

图 6-69　绘制树枝

（5）在当前层的第 35 帧按 F6 键，插入关键帧。然后选中该图层的第 1 帧的树枝图形，单击工具箱中的（任意变形工具）将树枝向下缩短。缩短后得到的第 1 帧的树枝图形及在舞台中的位置如图 6-70 所示。

（6）在时间轴面板上单击第 1 帧，在属性面板的“补间”下拉列表框中选择“形状”，如图 6-71 所示，创建形状补间动画。此时时间轴面板上出现带有浅绿色背景的黑色箭头。

图 6-70　第 1 帧的树枝图形

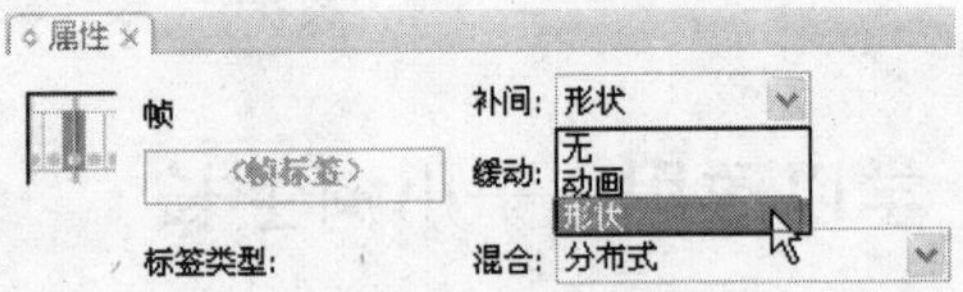

图 6-71　使用形状补间

（7）在“背景”图层的第 35 帧处按 F5 键，将该图层的关键帧延续到第 35 帧。此时的时间轴面板如图 6-72 所示。

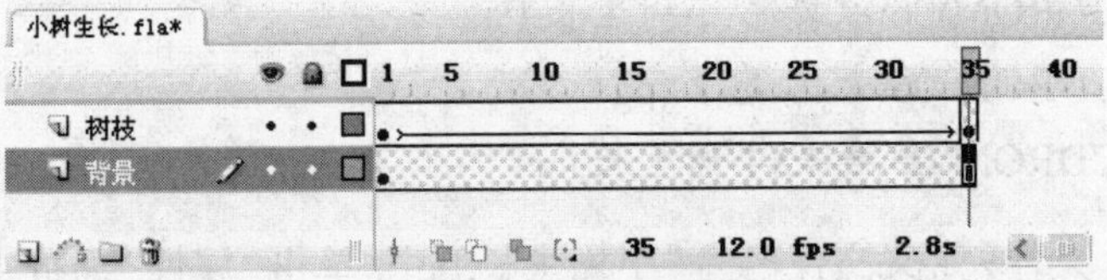

图 6-72　时间轴面板

（8）单击“时间轴”面板上的（插入图层）按钮，新建图层，将其重新命名为“树叶 1”，并使该图层为当前图层。在该图层的第 15 帧处按 F7 键插入空白关键帧，在工具箱中单击（刷子工具）按钮，设置（填充颜色）为绿色（#009900），在该帧用刷子工具在舞台中绘制树叶图形，如图 6-73 所示。

（9）单击“时间轴”面板上的（插入图层）按钮，新建图层，将其重新命名为“树叶 2”，并使该图层为当前图层。在该图层的第 25 帧处按 F7 键，插入空白关键帧，同样，在该帧用刷子工具在舞台中绘制第 2 片树叶图形，如图 6-74 所示。

（10）单击“时间轴”面板上的（插入图层）按钮，新建图层，将其重新命名为“树叶 3”，并使该图层为当前图层。在该图层的第 35 帧处单击 F7 键，插入空白关键帧，继续在该帧用刷子工具在舞台中绘制第 3 片树叶图形，如图 6-75 所示。

（11）单击“时间轴”面板上的（插入图层）按钮，新建图层，将其重新命名为“动作”，并使该图层为当前图层。在该图层的第 35 帧处按 F7 键，插入空白关键帧，选择“窗口>动作”命令，在弹出的动作面板中添加动作“stop();”，如图 6-76 所示，表示动画播放到该帧停止，这样可以避免动画的循环播放。

（12）到此，整个动画制作完毕，最终的时间轴如图 6-77 所示。

图 6-73　第 1 片树叶

图 6-74　第 2 片树叶

图 6-75　第 3 片树叶

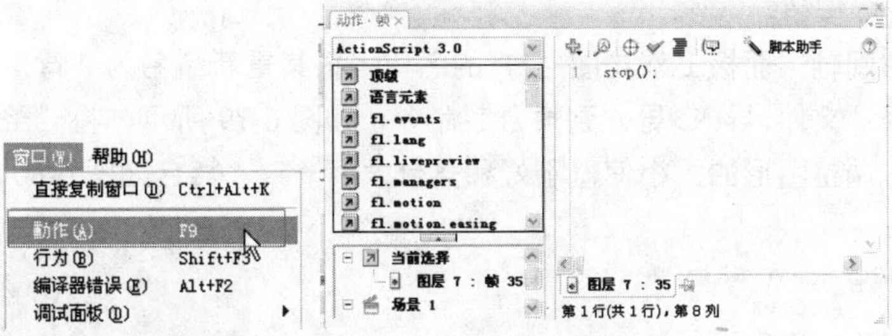

图 6-76　添加动作

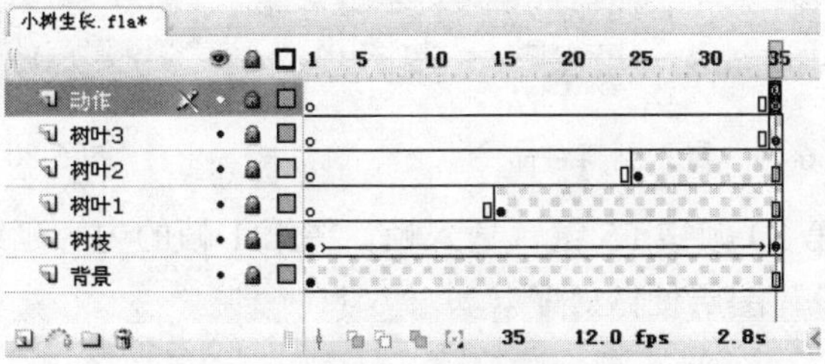

图 6-77　时间轴

测试影片，动画效果如图 6-78 所示。

图 6-78　动画效果

6.7 学以致用——圣诞快乐

下面以“圣诞快乐”影片动画的制作为例介绍形状补间动画和动作补间动画的综合应用。本实例的动画效果是：在舞台中的文字由“圣诞快乐”变形为“Merry Christmas”并伴随着雪花飘落，同时，一个坐着马车的圣诞老人在舞台中来回运动。

手把手实例　制作文字变形动画

源 文 件：	CDROM\06\源文件\圣诞快乐.fla
素材文件：	CDROM\06\素材\圣诞树.jpg、圣诞老人.gif
效果文件：	CDROM\06\效果\圣诞快乐.swf

（1）新建一个文件，定义文件名为“圣诞快乐.fla”，单击“属性”面板中的 550 x 400 像素 按钮，打开“文档属性”对话框，设置舞台的大小为 500×400 像素，背景色为黑色（#000000），然后单击 确定 按钮。

（2）在“时间轴”面板上双击图层 1 的名称，将其重新命名为“背景”。选中该图层的第 1 帧，选择“文件>导入>导入到舞台”命令，如图 6-79 所示，将“圣诞树.jpg”图形导入到舞台中，调整图形的大小使得刚好和舞台大小一致，舞台如图 6-80 所示。

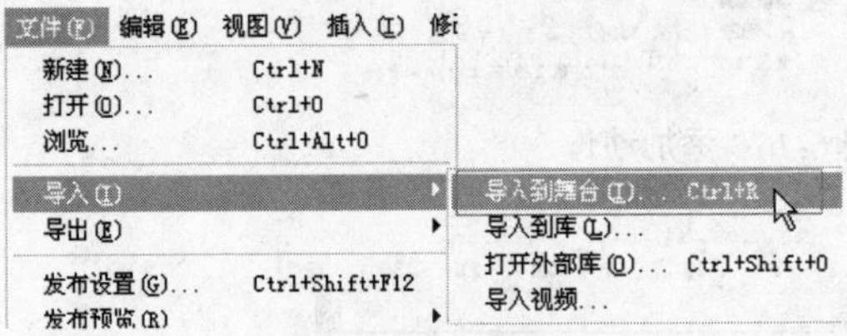

图 6-79　导入到舞台命令

图 6-80　舞台背景

（3）在该图层的第 30 帧按 F5 键，插入帧，将第 1 帧的内容延续到第 30 帧，时间轴如图 6-81 所示。“背景”图层便做好了。

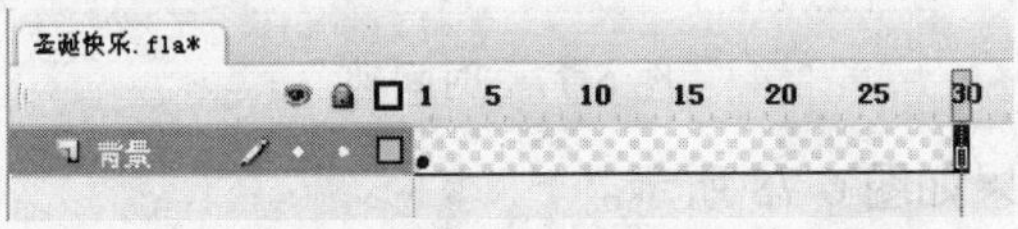

图 6-81　时间轴

（4）选择“插入>新建元件”命令，打开“创建新元件”对话框，设置元件名称为“雪花”，在“类型”选项区中选中“图形”选项，如图 6-82 所示，然后单击 确定 按钮，则打开“雪花”元件的编辑窗口。

（5）在工具箱中单击（椭圆工具）按钮，然后设置（笔触颜色）为白色（#FFFFFF），（填充颜色）为白色（#FFFFFF）。在舞台中拖曳鼠标，绘制一个小椭圆，设置椭圆的大小如图 6-83 所示。“雪花”元件便制作好了。

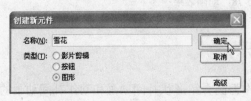

图 6-82　创建新元件对话框

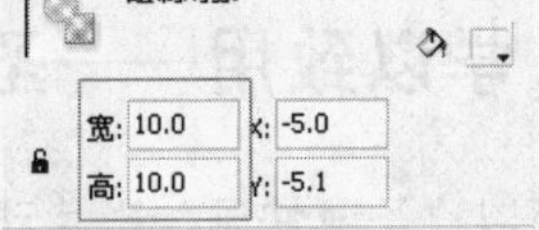

图 6-83　设置雪花的大小

（6）单击舞台窗口上方的 场景 1 按钮，切换到场景编辑窗口，单击“时间轴”面板上的 （插入图层）按钮，新建图层，将其重新命名为“雪花”，如图 6-84 所示。

（7）制作“雪花”图层。单击“雪花”图层的第 1 帧，选择“窗口>库”命令，打开“库”面板，在“库”面板中选中“雪花”元件，将其拖到舞台上。为了制作雪花的效果，多放置一些雪花在舞台上方，如图 6-85 所示。“雪花”图层便制作好了。

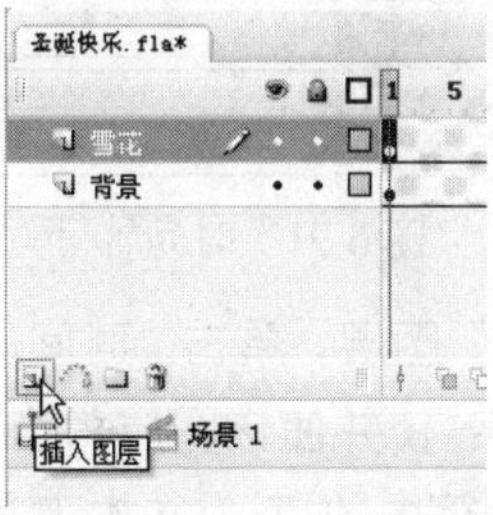

图 6-84　插入图层

图 6-85　在舞台上放置雪花

（8）在“时间轴”面板上，分别单击“背景”图层和“雪花”图层在 （锁定/解除锁定所有图层）按钮下面的小圆点，将两个图层锁定，并单击“雪花”图层在 （显示/隐藏所有图层）按钮下面的小圆点，将该图层隐藏，如图 6-86 所示。

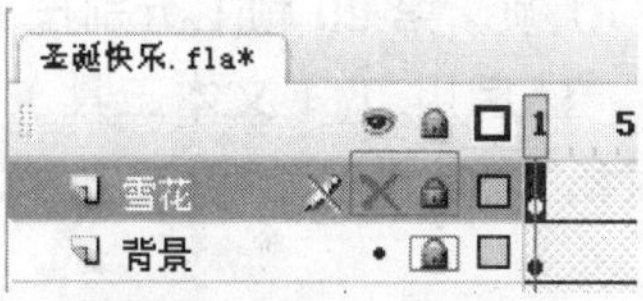

图 6-86　锁定和隐藏图层

（9）开始制作雪花飘落动画。单击“时间轴”面板上的 （插入图层）按钮，新建图层，将其重新命名为“雪花飘落”，并使该图层为当前图层。

（10）单击“雪花飘落”图层的第 1 帧，然后将“库”面板中的“雪花”元件拖曳到舞台上。与“雪花”图层一样，多放置一些雪花在舞台上方。放置好雪花后，选中第 1 帧，选择“修改>组合”命令，如图 6-87 所示，将该帧中的雪花实例组合，组合后的图形如图 6-88 所示。

（11）在该图层的第 30 帧按 F6 键，插入关键帧，向下移动该帧的图形，在舞台中的最终位置如图 6-89 所示。

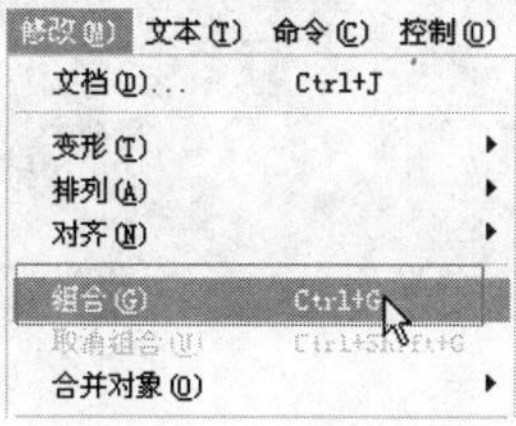

图 6-87　组合命令

图 6-88　第 1 帧

图 6-89　第 30 帧

（12）选中第 1 帧和第 30 帧之间任意一帧，然后在“属性”面板的“补间”下拉列表框中选择“动画”选项，如图 6-90 所示，此时时间轴出现带有浅蓝色背景的黑色箭头，雪花飘落的动画完成，时间轴如图 6-91 所示。

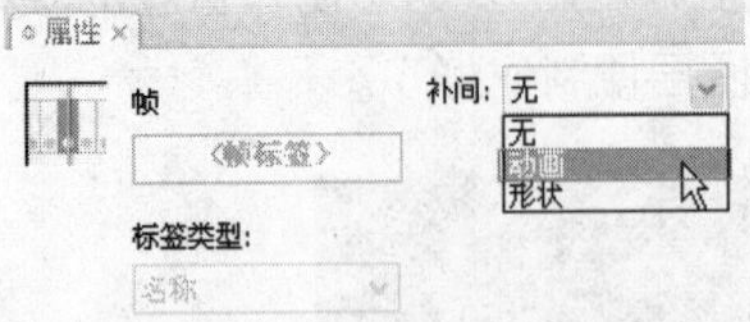

图 6-90　使用动画补间

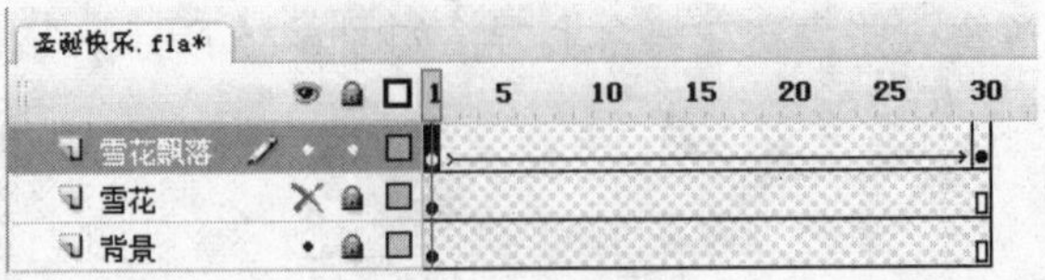

图 6-91　时间轴

（13）开始制作文字动画。锁定并隐藏“雪花飘落”图层，单击“时间轴”面板上的（插入图层）按钮，新建图层，将其重新命名为“文字”，并使该图层为当前图层。

（14）单击“文字”图层的第 1 帧，然后选择工具箱中的（文本工具），在文本工具“属性”面板中设置字体为隶书，字体大小为 66，文本（填充）颜色为白色（#FFFFFF）。用文本工具在舞台中创建文字对象“圣诞快乐”。选择“窗口>对齐”命令，调出“对齐”面板，单击面板中（相对于舞台）按钮，然后单击（水平中齐）按钮，舞台中的文字如图 6-92 所示。

（15）在“文字”图层的第 10 帧、第 20 帧上分别按 F6 键，插入关键帧，删除第 20 帧中舞台上的文字“圣诞快乐”，然后用（文本工具）在舞台中创建文字对象“Merry Christmas”。按照第 1 帧中文字对象“圣诞快乐”的设置方法，设置字体为 Times New Roman，其他设置与“圣诞快乐”相同。

（16）单击该图层的第 10 帧，然后选择“修改>分离”命令，如图 6-93 所示，将文字分离。因为文字“圣诞快乐”是群组，所以要执行两次分离命令才能完成，文字的分离过程如图 6-94 所示。

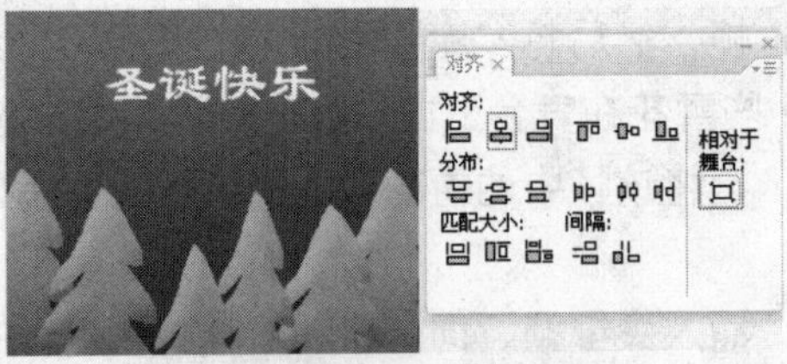

图 6-92　创建文字

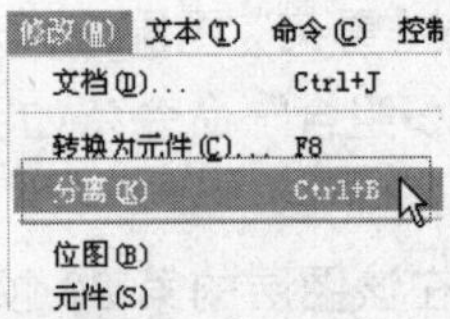

图 6-93　分离命令

图 6-94　文字“圣诞快乐”的分离过程

注意　对文本应用形状补间，请将文本分离两次，从而将文本转换为对象。

（17）单击该图层的第20帧，执行两次分离命令分离文字对象“Merry Christmas”，分离过程如图6-95所示。

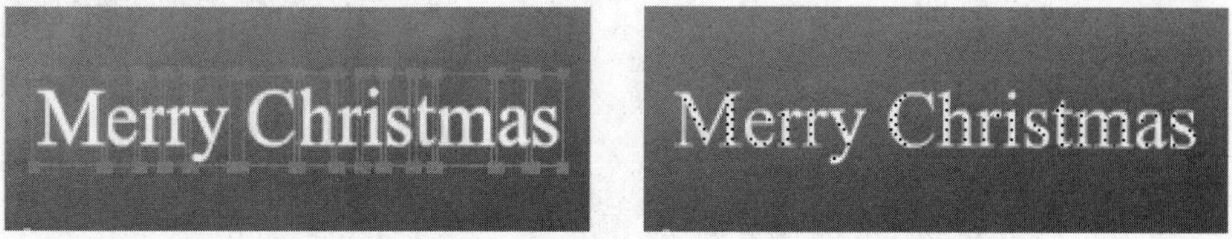

图6-95　文字“Merry Christmas”的分离过程

（18）选中第10帧和第20帧之间任意一帧，然后在“属性”面板的“补间”下拉列表框中选择“形状”选项，如图6-96所示，此时时间轴出现带有浅绿色背景的黑色箭头，文字的形状补间动画完成，时间轴如图6-97所示。

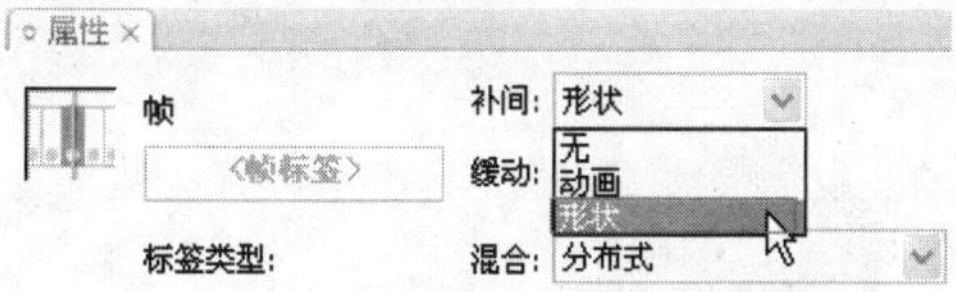

图6-96　使用形状补间

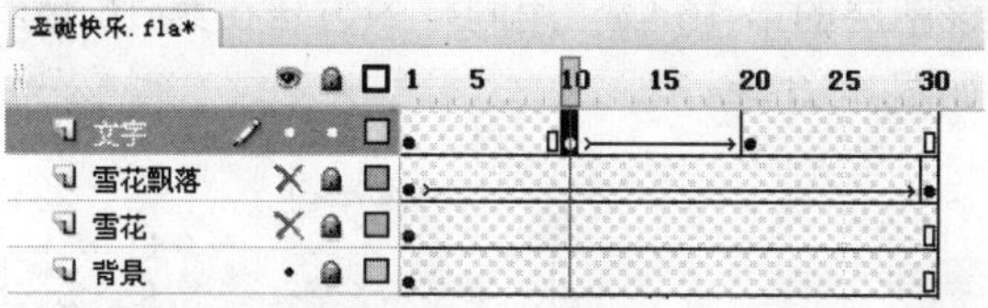

图6-97　时间轴

（19）锁定“文字”图层，然后单击“时间轴”面板上的（插入图层）按钮，新建图层，将其重新命名为“圣诞老人”，并使该图层为当前图层。

（20）制作“圣诞老人”图层。单击该图层的第1帧，选择“文件>导入>导入到库”命令，将“圣诞老人.gif”图形导入到库中，如图6-98所示。从库中将“圣诞老人”位图拖曳到舞台右边界外，并将其缩小，如图6-99所示。

（21）在该图层的第15帧按F6键，插入关键帧，选中该帧的图形，将其移动到舞台的左边界处，如图6-100所示。

图6-98　库

图6-99　第1帧

图6-100　第15帧

（22）选中该图层的第 16 帧，按 F6 键，插入关键帧。然后选择“修改>变形>水平翻转”命令，如图 6-101 所示，将该帧的图形水平翻转，如图 6-102 所示。

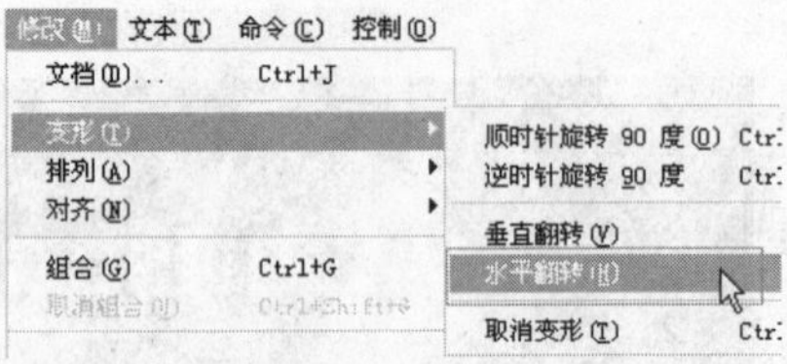

图 6-101　水平翻转命令

图 6-102　第 16 帧

（23）选中该图层的第 30 帧，按 F6 键，插入关键帧，选中该帧的图形，将其移动到舞台的右边界外，位置与第 1 帧中相同。

（24）选中该图层的第 1 帧，在“属性”面板的“补间”下拉列表框中选择“动画”选项，这时时间轴面板中该图层的第 1 帧到第 15 帧之间出现带有黑色箭头的直线。单击该图层的第 16 帧，用同样的方法在第 16 帧到第 30 帧之间创建动画补间。此时，时间轴如图 6-103 所示。

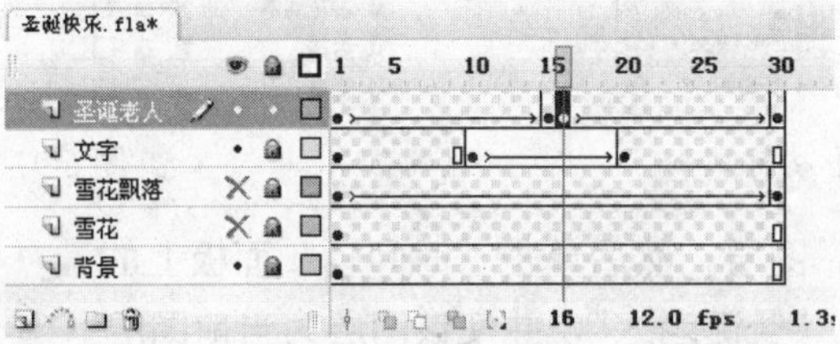

图 6-103　时间轴

至此，动画制作完毕。测试影片，动画过程如图 6-104 所示。

图 6-104　动画效果

图 6-104　动画效果（续）

6.8 本章小结

本章详细介绍了形状补间动画的知识，并通过具体实例讲解了形状补间动画的具体制作过程。通过本章的学习，用户可以掌握制作形状补间动画的基本步骤和方法，为制作精美复杂的 Flash 动画做好准备。

第7章

遮罩动画

本章导读

在 Flash 中除了前面讲的逐帧动画、动作补间、形状补间动画外，还有一个遮罩层动画，遮罩层在 Flash 中运用非常多，很好地运用遮罩层做出来的 Flash 的效果也非常的好。那么，什么是遮罩层？什么又是遮罩动画？

遮罩层和引导层是 Flash 中很特殊的图层，利用他们可以做出图层的特殊效果。利用遮罩层可以有选择地显示图层中的某些效果。这样可以很方便地控制场景中的元件显示方式，从而形成特殊的场景效果。遮罩层也是一个图层，只是它比较特殊。

本章主要学习以下内容：

- 遮罩动画的概念
- 遮罩层的概念
- 创建遮罩层的方法
- 学以致用
- 本章小结

7.1 关于遮罩动画

7.1.1 遮罩动画的概念

遮罩动画指的是在 Flash 动画中至少会使用一种遮罩效果的动画。遮罩效果在 Flash 中有广泛的运用，在控制元件的显示方式时，有时候需要一个或者一组元件在一段时间帧内显示出来，但是在下一段时间帧内，他们必须存在于场景中又不能显示出来，虽然可以把元件移出场景，但是感觉太麻烦。另一种情况是：一个元件或者影片剪辑在上一帧或者上几帧的时候，只需要显示它的一部分，而在后面的帧中要显示它的其他部分，这个时候运用遮罩效果就能很方便地解决上面的问题。

技巧　设置遮罩动画的时候，尽量不要在场景图层中设置遮罩效果，可以把遮罩效果设置在影片剪辑中，这样就可以使主场景中的图层更简洁，方便操作。

遮罩动画是 Flash 设计中对元件或者影片剪辑控制的一个很重要的部分，在设计 Flash 的时候，首先要分析清楚哪些元件需要运用遮罩，在什么时候运用遮罩，合理地运用遮罩效果会使动画看起来很流畅，元件与元件之间的衔接时间很准确，具有丰富的层次感和立体感。

高手点评

遮罩动画是必须掌握的，在好的 Flash 动画中一般都会使用遮罩效果，在动画中有好多奇特的效果，比如放大镜、模糊镜、望远镜、水波，等等，好多的例子只需要用简单的方法（就是遮罩动画）再加上大家丰富的想象力就可以使它成为一部精彩的动画。

7.1.2 遮罩动画的应用

遮罩动画在 Flash 动画中应用十分广泛，可以通过简单的原理来实现非常奇异的效果。这一章主要讲画轴慢慢打开、放大镜、镜头里的景色这 3 个实例，如图 7-1、图 7-2、图 7-3 所示。希望大家通过这 3 个实例来了解遮罩动画的应用。

图 7-1　画轴打开

图 7-2　放大镜

图 7-3 镜头里的景色

7.1.3 遮罩动画的原理

遮罩动画的原理就像用望远镜看远处，在视野里只有镜筒里的部分，其余视野全被望远镜遮住。把镜筒内的视野当作基本图层，那么望远镜就是遮罩层。其实，在生活中还有很多类似遮罩的例子，比如可以用一只手挡住双眼，会透过手指缝看见事物，这个时候，如果把双眼当做基本图层，那么手就是遮罩层。

高手点评

把遮罩动画的原理弄清楚，在心里有深刻的理解，这样，就可以熟练地运用它。

即问即答

为什么要认识遮罩动画的概念以及它的原理和应用呢?

因为想要学习一个事物就应该先了解它才行，了解了遮罩动画的概念就知道了它可以做成什么样的动画，了解了原理就知道怎么才能做成动画，这叫“知己知彼，百战不殆”。而了解它的应用就可以做自己想要的效果。

7.2 关于遮罩层

下面来了解遮罩层的概念，它和普通图层的区别与联系以及普通图层与遮罩层的相互转换。

7.2.1 遮罩层的概念

在了解了图层的基本概念以后，再来了解遮罩层就比较容易了。因为遮罩层具有普通图层的所有功能，在遮罩层中可以写脚本，可以有形状补间和动作补间（甚至用来遮罩的元件也可以用在下一章将要讲的引导路径动画来进行动画创作），可以对时间帧进行控制。普通图层使用遮罩层以后，最后能看到的部分是在遮罩层中的元件所形成的区域，其他部分全部被遮罩起来。遮罩层的作用就是挡住一些普通图层中不需要显示的元件或影片剪辑，给它的定义就是控制图层中元件或者影片剪辑的显示方式和显示时间的图层。

技巧 设置一个遮罩层，那么在它下面的所有的图层都可以被遮罩。

高手点评

要分清楚遮罩层和引导层的区别以及两者的使用规则，它和引导层都是对图层的控制，使用遮罩层的同时也可以使用引导层。

7.2.2 遮罩层与普通图层

遮罩层中设置时间轴的效果和普通图层是完全一样的，可以设置补间动画，也可以创建形状动画，添加帧的方法也是一样的。总的来说，遮罩层除了拥有一般图层的功能以外，还具有遮罩它下面的图层的功能。遮罩层的时间轴效果如图 7-4 所示。

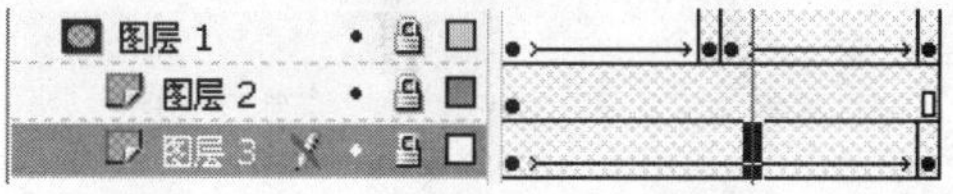

图 7-4　时间轴效果

技巧 使用遮罩层时一般要锁定不编辑的图层，这样可以看到效果。

高手点评

创建遮罩层的基础就是图层，因此在制作遮罩动画时，一定要先弄清楚遮罩层与普通图层的区别和联系，要能熟练地使用遮罩层。

手把手实例　**制作遮罩层（画轴打开）**

源 文 件：	CDROM\07\源文件\画轴打开.fla
素材文件：	CDROM\07\素材\国画.jpg
效果文件：	CDROM\07\效果文件\画轴打开.swf

在学习了遮罩层的概念以后，来实际地做一个实例。实例的最后要实现文字的淡入和淡出，这种效果在很多地方都有用到，最常见的地方就是在电影的最后显示演员和工作人员表。下面来讲解实例的详细操作步骤。

（1）首先，新建一个 Flash 文档，选择“文件>新建>Flash 文件（ActionScript3.0）”命令，设置新建文档的文档属性，参数设置为“宽”250 像素，“高”500 像素，“背景颜色”为白色（＃ＦＦＦＦＦＦ），其他选项为默认。单击“确定”按钮。如图 7-5 所示。

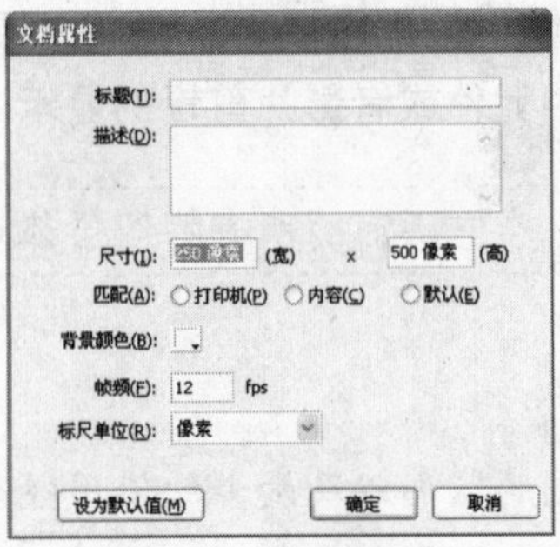

图 7-5　设置参数

（2）选择“文件>导入>导入到库”命令，把随书光盘第 7 章的图片素材导入到库中，如图 7-6 所示。

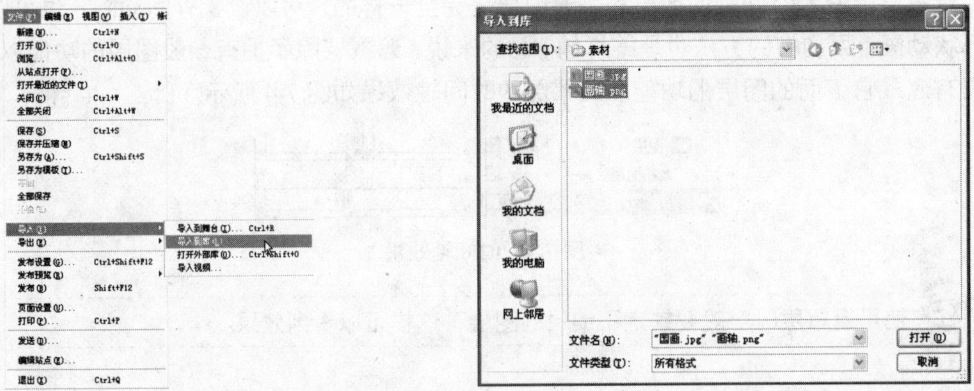

图 7-6　把素材导入到库

（3）把“国画.jpg”拖拽到舞台如图 7-7 所示的位置上，并在 50 帧处右击，添加帧，如图 7-8 所示。把图层命名为“画”。

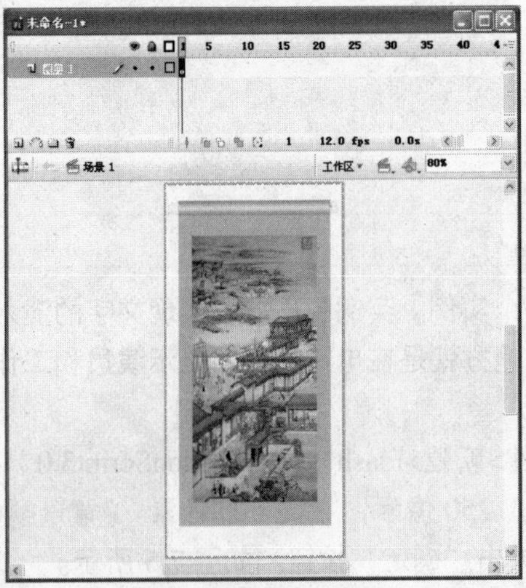

图 7-7　把素材拖到舞台

图 7-8　添加帧

（4）新建一图层，取名为“画轴”。把“画轴.png”文件拖拽到舞台如图 7-9 所示的位置上，在第 1 帧调节其大小和位置，在第 2 层上的 50 帧处插入关键帧，然后创建补间动画，如图 7-10 所示。

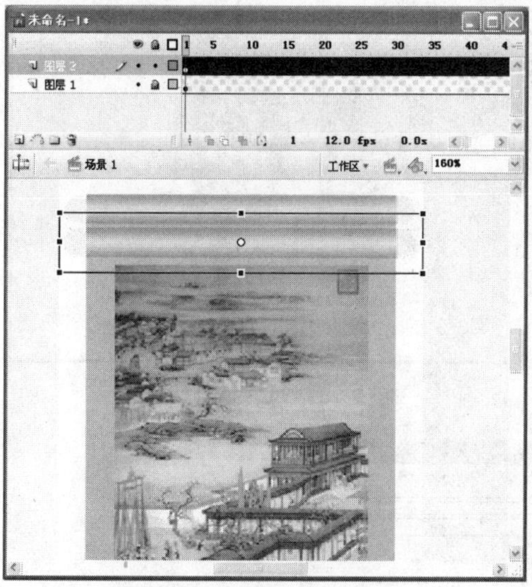

图 7-9 把素材拖到舞台

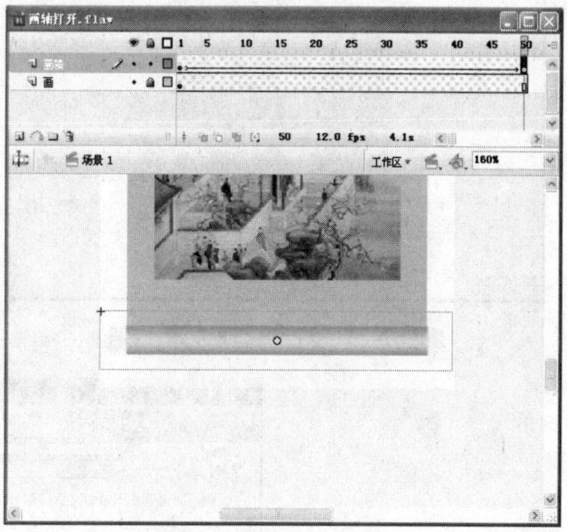

图 7-10 创建补间动画

（5）创建一图层，取名为“遮罩”。用矩形工具 画出一个矩形（颜色任选，但是画笔要选择没有颜色的 ），大小要盖过舞台的大小，如图 7-11 所示，然后把它转换成图形元件，并把字摆放到上边的画轴处，如图 7-12 所示。

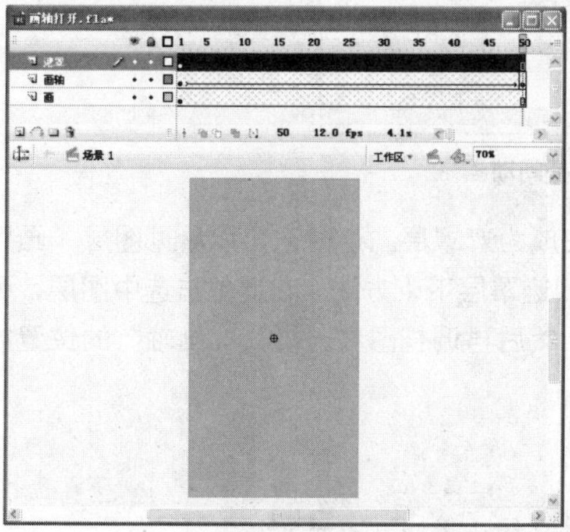

图 7-11 画个矩形

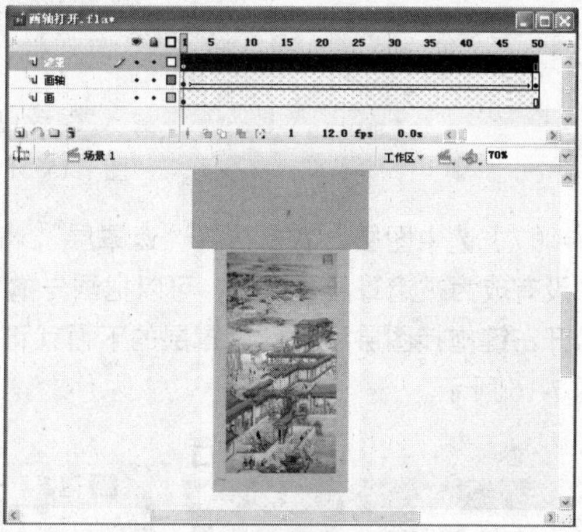

图 7-12 摆放位置

（6）当摆放矩形时，会发现不好对准，因为画和画轴都被矩形挡住了，这时可以按一下 按钮，矩形元件变成了一个框，这时就可以准确地确定它的位置了。选中第 1 帧，把框对准画轴的下边缘，如图 7-13 所示，在第 50 帧处添加关键帧，同样把框对准画轴的下边缘，如图 7-14 所示，并创建补间动画，如图 7-15 所示。

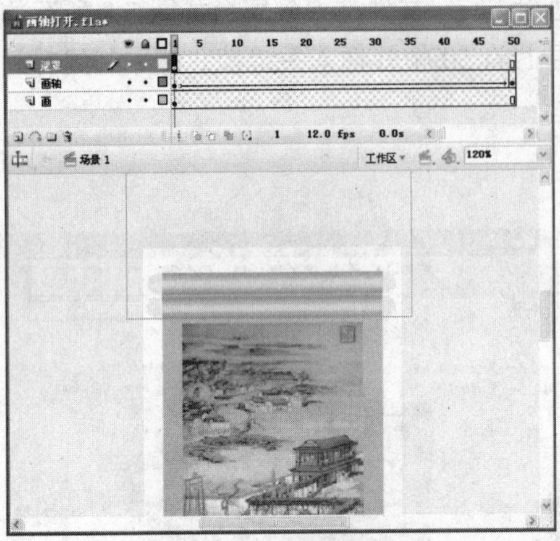

图 7-13　对准画轴边缘

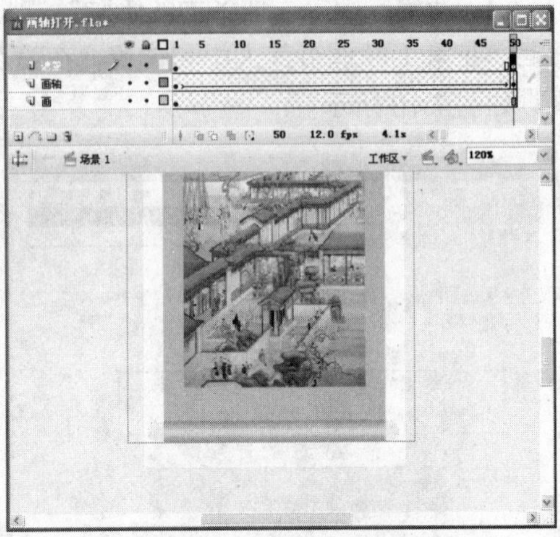

图 7-14　对准画轴边缘

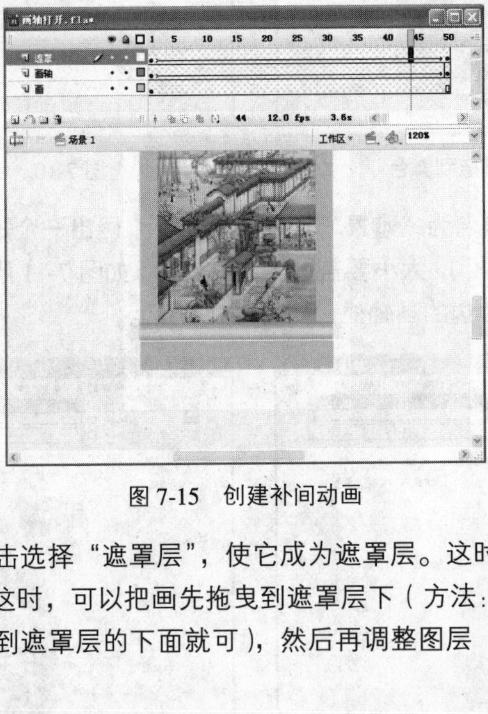

图 7-15　创建补间动画

（7）选中图层，右击选择“遮罩层”，使它成为遮罩层。这时，可以看见图层“画”并没有成为被遮罩层，这时，可以把画先拖曳到遮罩层下（方法：左键单击选中图层，不松开左键拖拽图层移动到遮罩层的下面就可），然后再调整图层“画”、“画轴”的位置如图 7-16 所示。

图 7-16　创建遮罩

（8）测试影片效果如图 7-17 所示。

图 7-17 最终效果——画轴打开

即问即答

遮罩层可以起到什么作用呢？

你看，用最简单的方法做成了一个效果，就是画轴慢慢打开，这不仅很省力，而且出来的效果也很漂亮，我觉得最简单理解遮罩层就是：只有遮罩层盖住的地方才会显示，不被他盖住的就不会显示出来。

7.3 创建遮罩层

一个普通的图层可以转换为一个遮罩层，具体的做法是选择普通的图层，单击右键，在弹出的菜单中，选择“遮罩层”即可，如图 7-18 所示。在 Flash 中设置一个遮罩层一般只默认遮罩它下面的一个图层，而其他图层不会有遮罩效果。如果其他图层也需要遮罩效果，只需左键单击选中图层，不松开左键托拽图层移动到遮罩层的下面就行。被遮罩层的设置方法如图 7-19 所示。

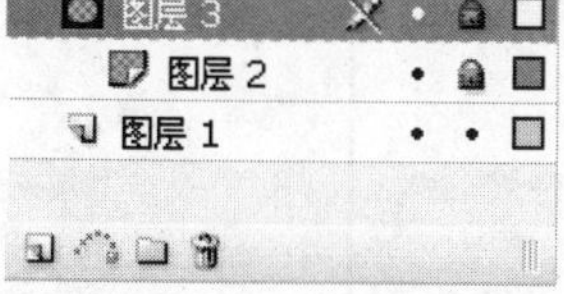

图 7-18 设置遮罩层

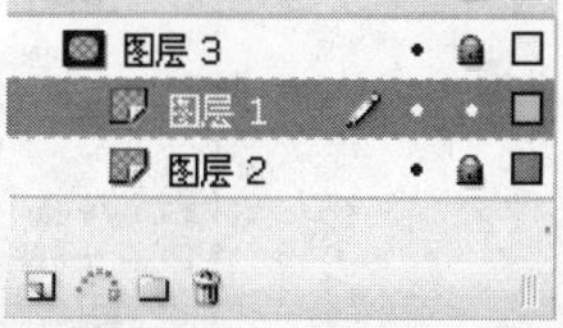

图 7-19 将其他图层变为被遮罩层

到不需要使用遮罩层的时候，只需选中遮罩层，单击右键，在弹出的菜单中选择“遮罩层”选项，就可以取消遮罩层的设置，具体方法如图 7-20 所示。

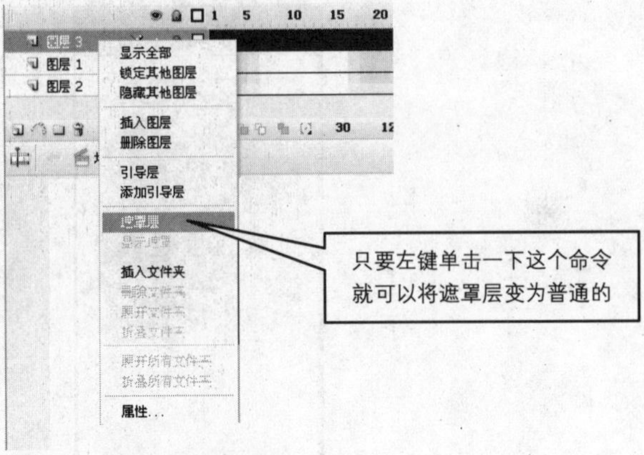

图 7-20　取消遮罩层

技巧 要分清楚遮罩层和被遮罩层的动画关系。

高手点评

被遮罩的图层可以设置任何动画效果。首先，需要弄清楚遮罩动画的显示原理，弄清楚遮罩与被遮罩层之间的关系。

手把手实例　创建遮罩层

源 文 件：	CDROM\07\源文件\XXXX.fla
素材文件：	CDROM\07\素材\XXXX.jpg
效果文件：	CDROM\07\效果文件\XXXX.swf

（1）选择“文件>新建>Flash 文件（ActionScript3.0）”命令，打开文件属性对话框，新建文件。参数设置为“宽”450 像素，“高”500 像素，“背景色”为白色（＃0000 00），其他选项为默认，单击“确定”按钮。参数设置如图 7-21 所示。

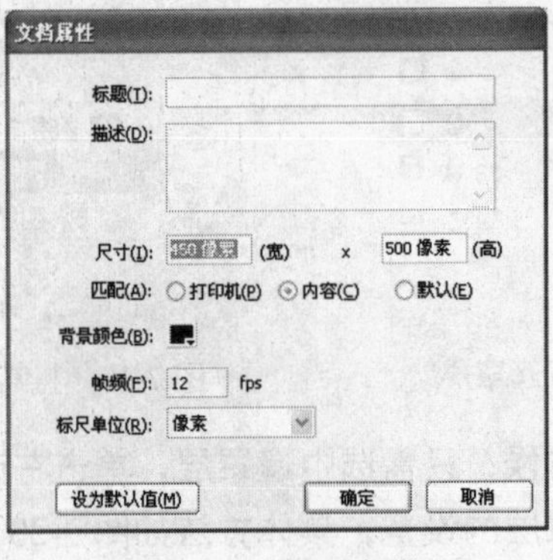

图 7-21　设置参数

（2）自己可以任意选一张图片导入到库中，新建图层 2，拖曳导入到库中的图片到舞台上面，如图 7-22 所示。

图 7-22　拖曳素材

（3）新建图层 3，用椭圆工具画一个圆形，如图 7-23 所示，把它转换成图形元件，如图 7-24 所示。

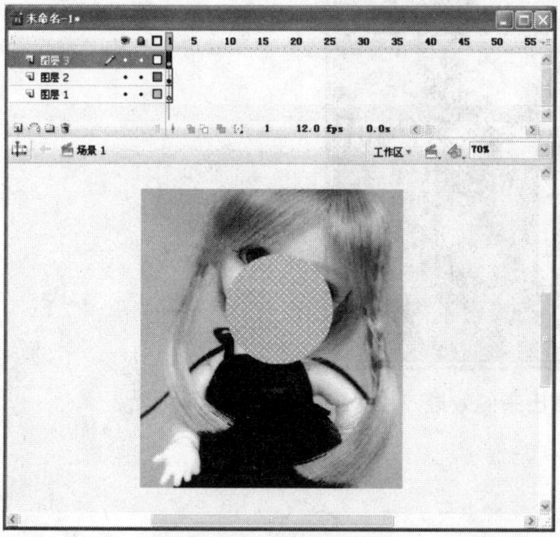

图 7-23　画出一个圆

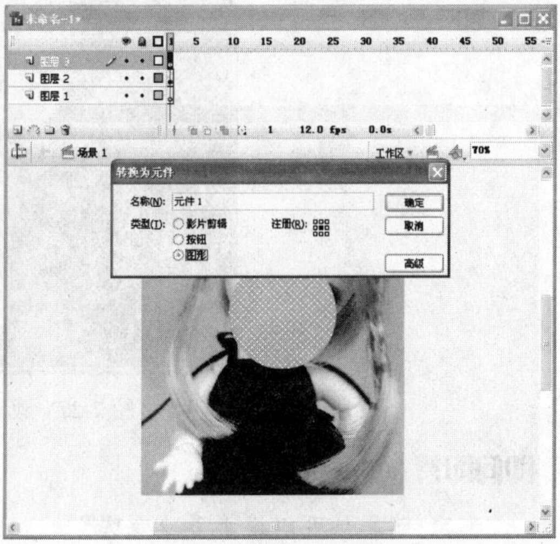

图 7-24　转换成元件

（4）在图层 3 上右击，在菜单中选择“遮罩层”，把图层 3 转换为遮罩层，如图 7-25 和图 7-26 所示。

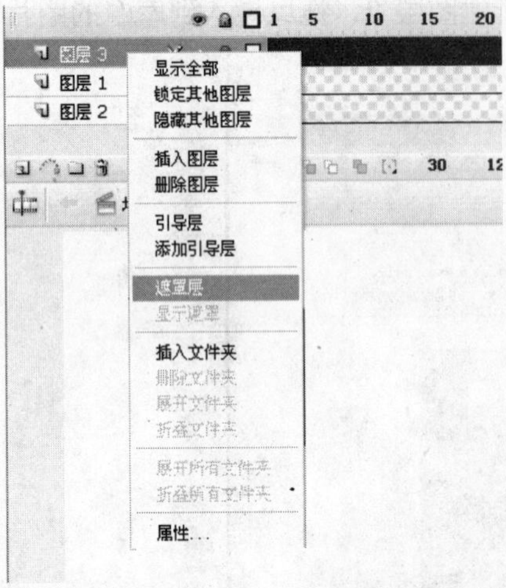

图 7-25　变为遮罩层

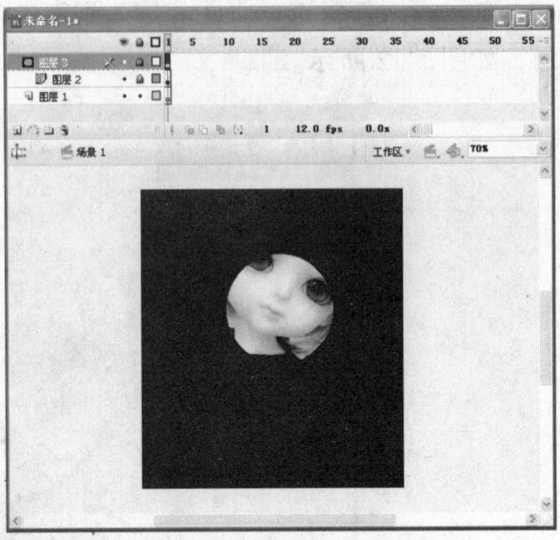

图 7-26　成为遮罩

（5）导出影片效果，如图 7-27 所示。

图 7-27　遮罩出来的效果

即问即答

遮罩层可以遮罩多少层呢?

遮罩层可以遮罩好多层，所以，就可以利用这一点来创造丰富精彩的动画，也可以用“Actions”动作语句建立遮罩，但在这种情况下，只有一个被遮罩层，同时，不能设置“Alpha”属性。

7.4 学以致用——放大镜效果

源 文 件：	CDROM\07\源文件\放大镜.fla
素材文件：	CDROM\07\素材\头像.jpg
效果文件：	CDROM\07\效果文件\放大镜.swf

了解遮罩层的含义和使用方法以后，现在来做一个放大镜的实例。

（1）选择“文件>新建>Flash 文件（ActionScript3.0）”命令，打开文件属性对话框，新建文件。参数设置为“宽”600 像素，“高”600 像素，“背景色”为白色（#FFFFFF），其他选项为默认，单击“确定”按钮，参数设置如图 7-28 所示。

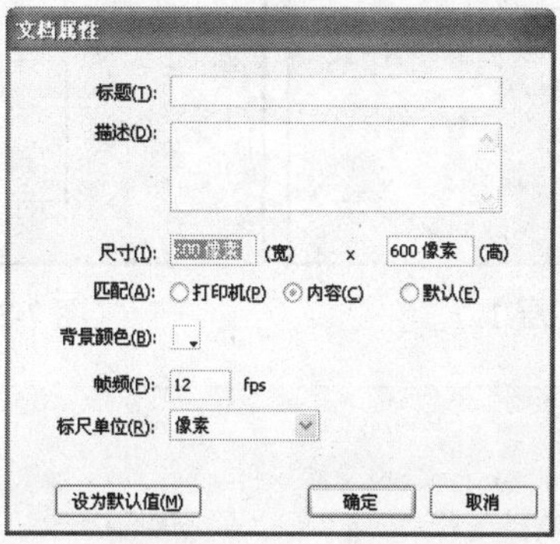

图 7-28 设置参数

（2）选择“文件>导入>导入到库”命令，把随书光盘第 7 章的图片素材“头像.jpg”导入到库中，如图 7-29 和图 7-30 所示。

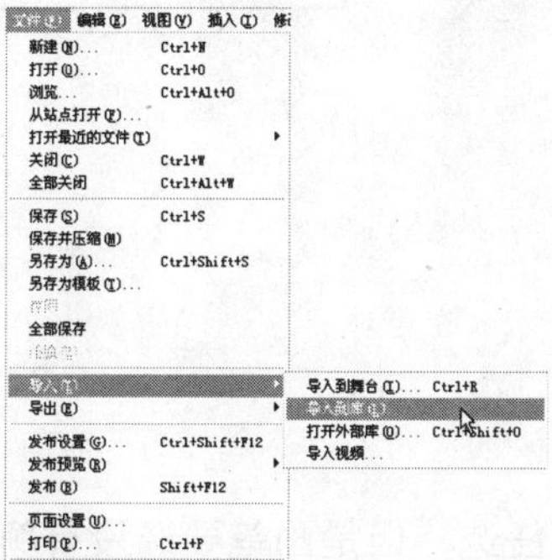

图 7-29 导入到库

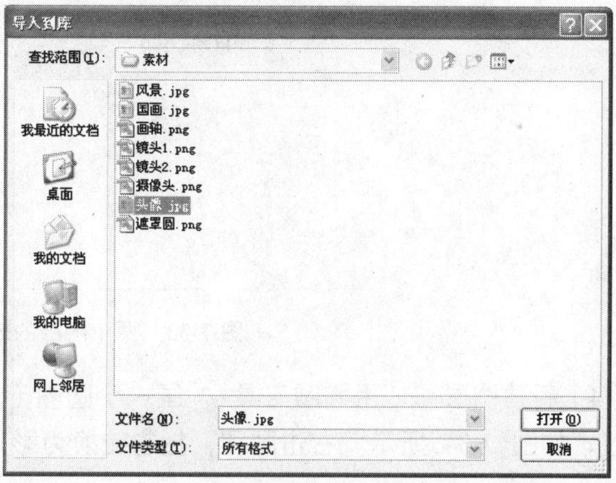

图 7-30 选择素材

（3）先从库中把“头像.jpg”拖曳到舞台上，这时，图像的大小应该和舞台一样大，可以通过对齐工具把它对齐，如图 7-31 所示。然后，再新建一图层图层 2，再把“头像.jpg”

拖曳到舞台上，用 工具把它放大，放大时按住 Shift 键同比例放大，如图 7-32 所示。因为图层 2 大过了舞台，这时就看不到图层 1 了，单击图层 2 的 按钮看一下效果，如图 7-33 所示。

图 7-31　把素材拖曳到图层 1

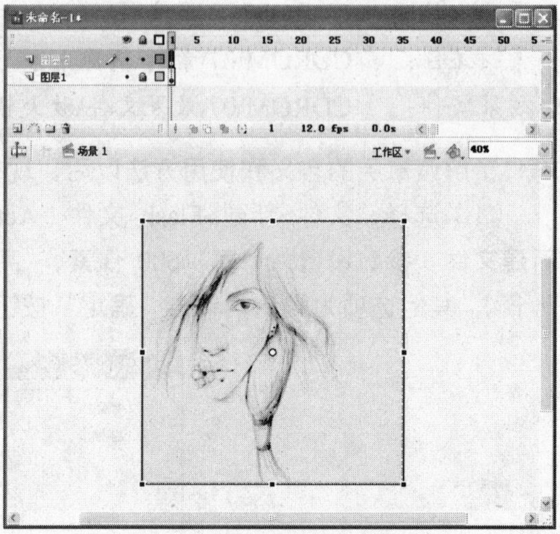

图 7-32　把素材拖曳到图层 2

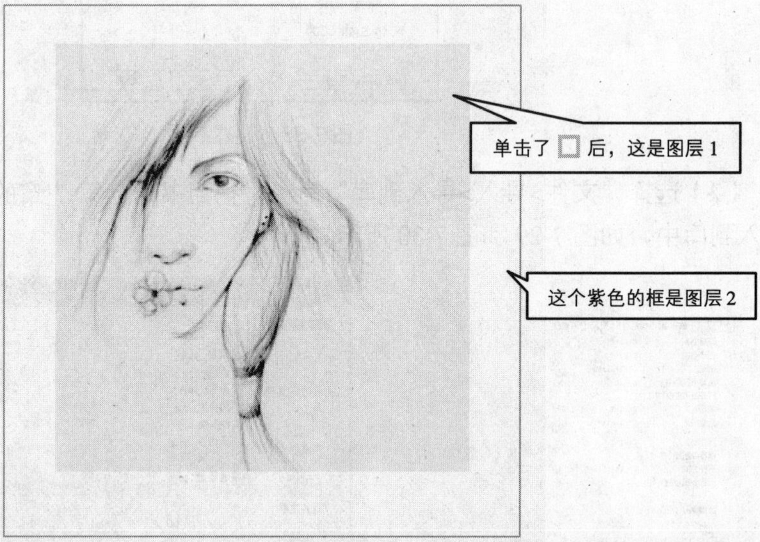

图 7-33　两个图层的效果

（4）新建图层 3，用椭圆工具 画一个圆圈（颜色任选，但是画笔要选没有颜色的 ），如图 7-34 所示。右击圆圈，把它转换为影片剪辑元件，命名为“1”，如图 7-35 所示。

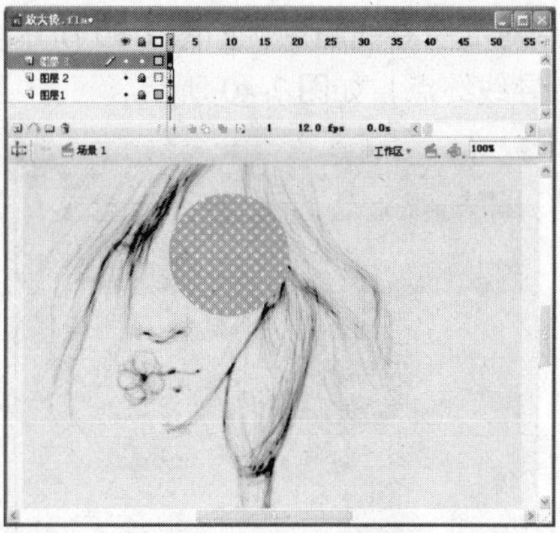

图 7-34　画一个圆圈

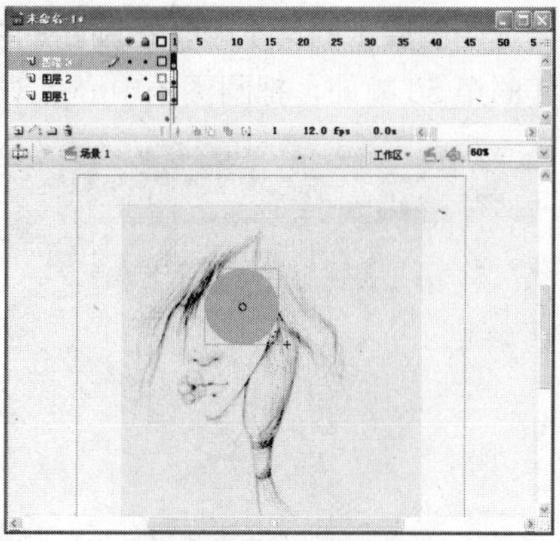

图 7-35　转换为元件

（5）单击 键，选择元件“1”。进入元件“1”中，这时就可以对元件“1”进行动画制作了。在 50 帧处添加关键帧，右击添加补间动画，如图 7-36 所示。

（6）这时，要用到引导线动画，先选中图层 1，然后单击 钮，为图层 1 添加引导层，如图 7-37 所示。

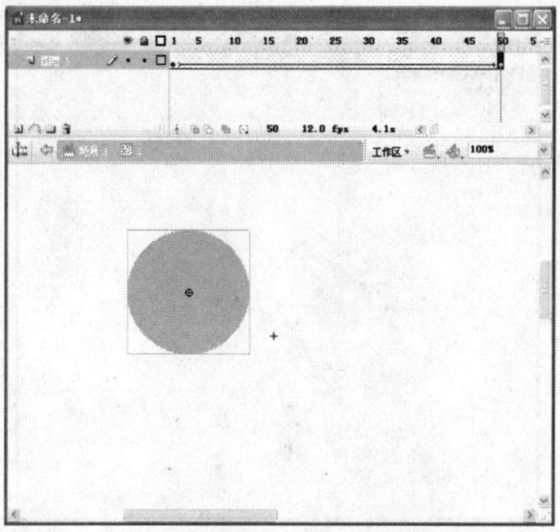

图 7-36　创建补间动画

图 7-37　添加引导层

（7）添加完引导线后，选中引导层，用 工具画出一条引导线，如图 7-38 所示。

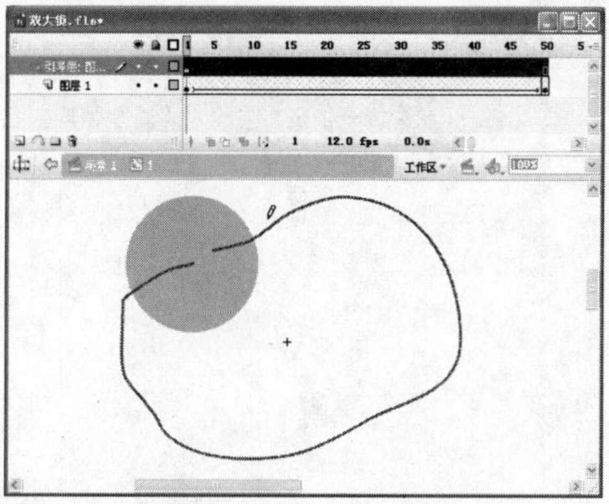

图 7-38　画出引导线

（8）选中图层 1 的第 1 帧，把圆圈的中心点对准引导线起点，如图 7-39 所示。然后，在图层 1 的第 50 帧处，把圆圈的中心点对准引导线终点，如图 7-40 所示。

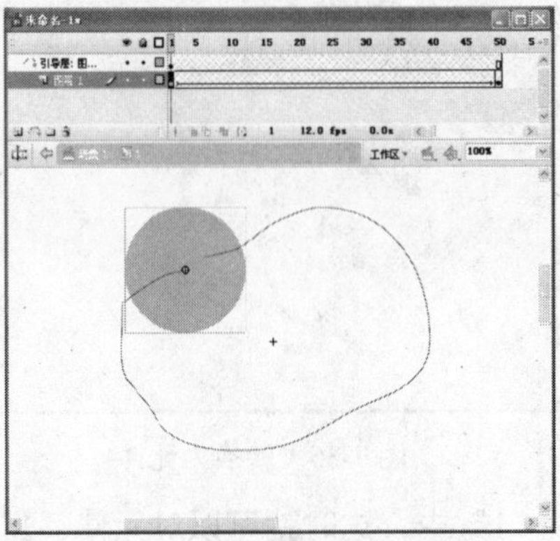

图 7-39　对准引导线起点

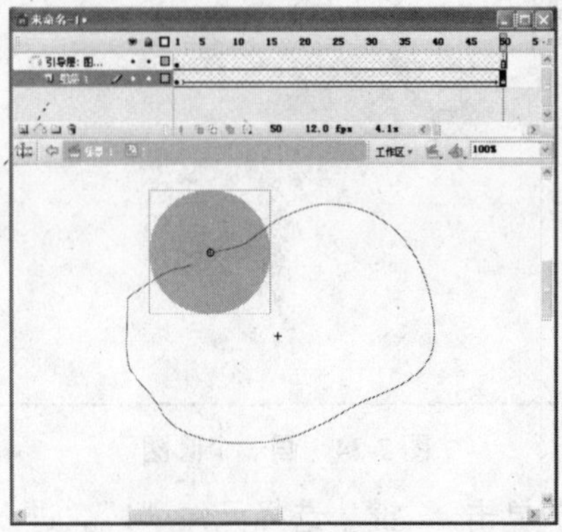

图 7-40　对准引导线终点

（9）返回场景 1，在图层 3 上右击，在菜单中选择“遮罩层”，把图层 3 转换为遮罩层，如图 7-41 所示。然后就可以测试影片了，如图 7-42 所示。

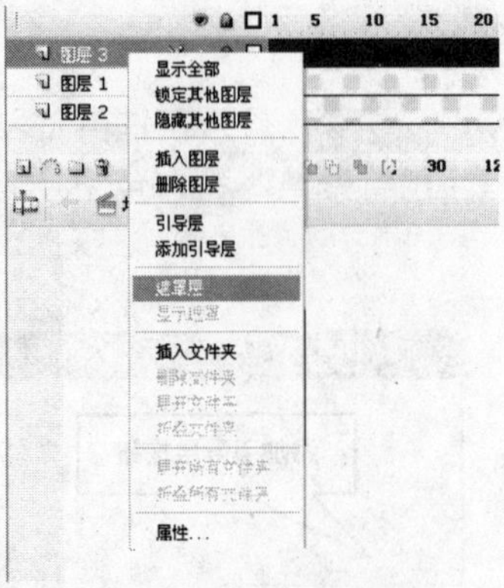

图 7-41　转换为遮罩层

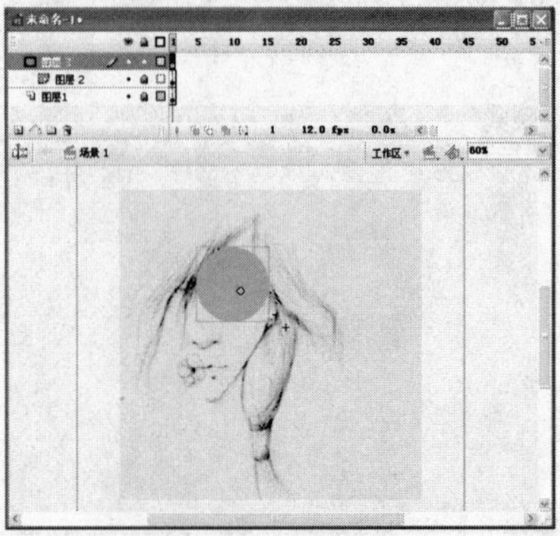

图 7-42　成为遮罩

（10）导出影片效果，如图 7-43 所示。

图 7-43　放大镜效果

技巧 可以运用很多动画形式，融入到这则动画中，会使动画更精彩。

即问即答

遮罩动画中可以用到哪些方法呢？

在遮罩层中可以写脚本，可以有形状补间和动作补间，可以对时间帧进行控制。

7.5 学以致用——镜头

源 文 件：	CDROM\07\源文件\镜头.fla
素材文件：	CDROM\07\素材\风景.jpg、摄像头和遮罩圆.png
效果文件：	CDROM\07\效果文件\镜头.swf

这个例子是镜头里的景色在不断地变化，这需要把遮罩层中的元件运用到动画中，能更好地了解遮罩动画以及运用它。

（1）选择“文件>新建>Flash 文件（ActionScript3.0）”命令，打开文件属性对话框，新建文件。参数设置为“宽”300 像素，“高”320 像素，“背景色”为白色（#FFFFFF），其他选项为默认，单击“确定”按钮，参数设置如图 7-44 所示。

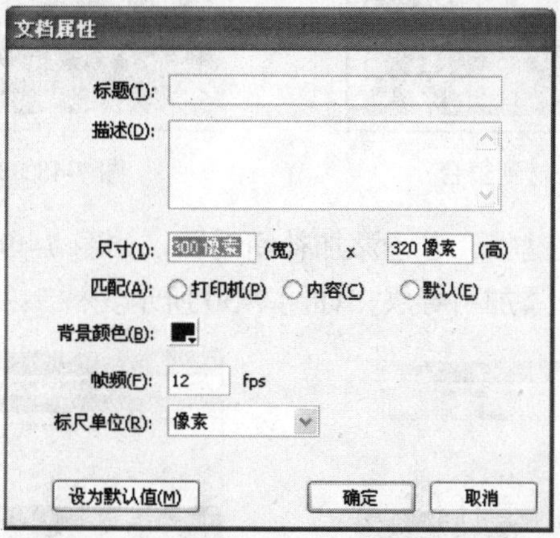

图 7-44 设置参数

（2）选择“文件>导入>导入到库”命令，把随书光盘第 7 章的素材“风景.jpg、摄像头、遮罩圆.png”导入到库中，如图 7-45 所示。然后，把“摄像头.png”拖曳到舞台，如图 7-46 所示。

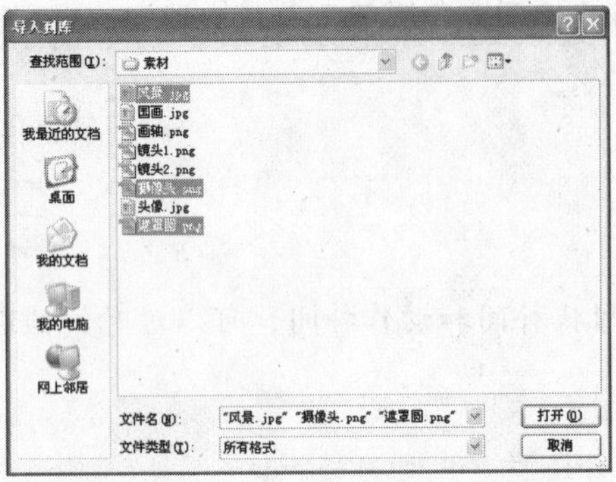

图 7-45　导入到库

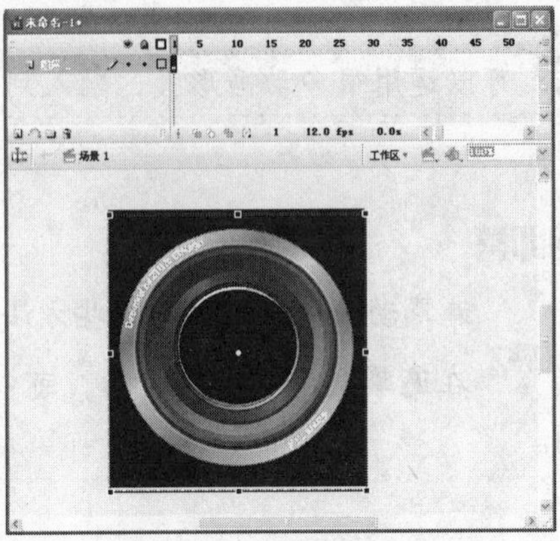

图 7-46　拖曳素材到舞台

（3）新建图层 2，把“风景.jpg”拖曳到舞台，如图 7-47 所示。把“风景.jpg”图片转换为影片剪辑元件，取名为“1”，如图 7-48 所示。

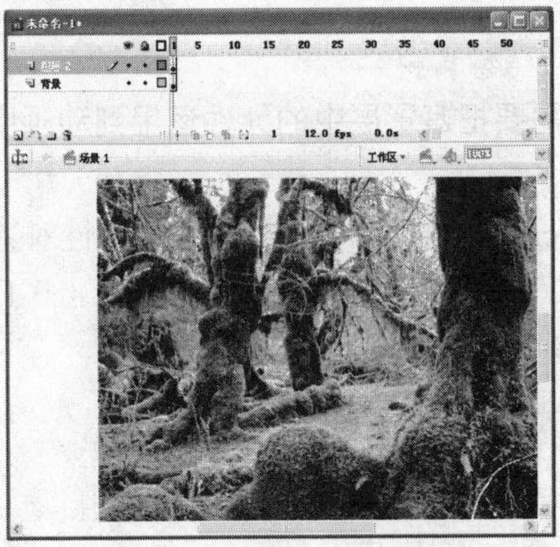

图 7-47　拖曳素材到舞台

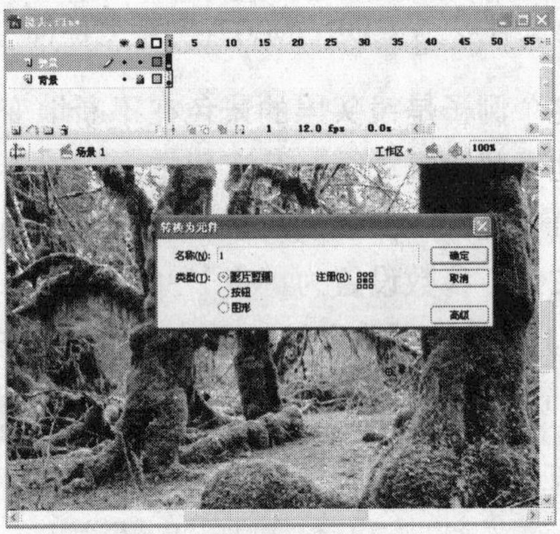

图 7-48　转换为元件“1”

（4）在 75 帧处添加关键帧，右击添加补间动画，如图 7-49 所示。先选中图层 1，然后单击 按钮，为图层 1 添加引导层，如图 7-50 所示。

图 7-49　设置补间动画

图 7-50　添加引导

（5）选中图层 1 的第 1 帧，把圆圈的中心点对准引导线起点，如图 7-51 所示。然后，在图层 1 的第 50 帧处，把圆圈的中心点对准引导线终点，如图 7-52 所示。

图 7-51　对准引导线起点

图 7-52　对准引导线终点

（6）单击 场景 1 先返回场景 1，如图 7-53 所示。新建一图层，把库中的“遮罩圆.png”拖曳到舞台，如图 7-54 所示。

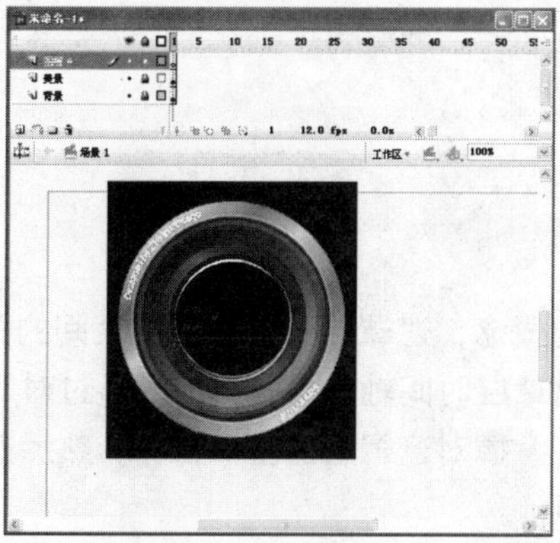

图 7-53　返回场景 1

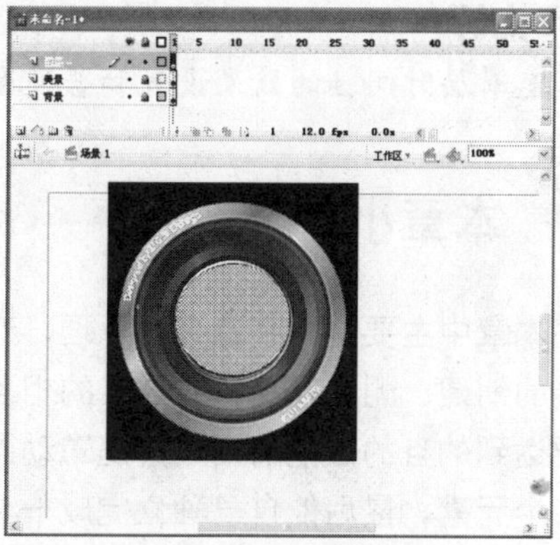

图 7-54　拖曳素材到舞台

（7）在图层 4 上右击，选择“遮罩层”命令，如图 7-55 所示。图层便成为遮罩层了，如图 7-56 所示。

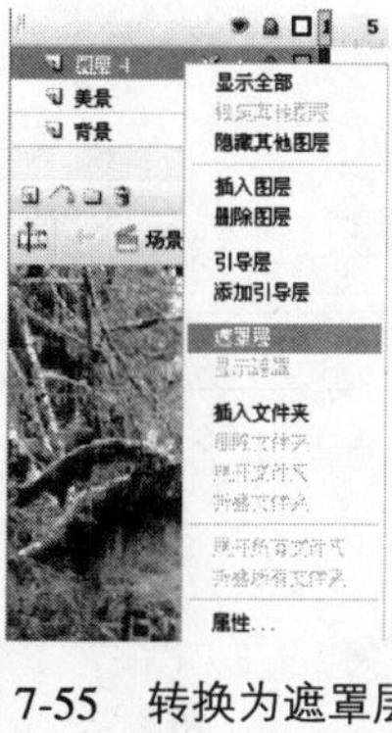

图 7-55　转换为遮罩层

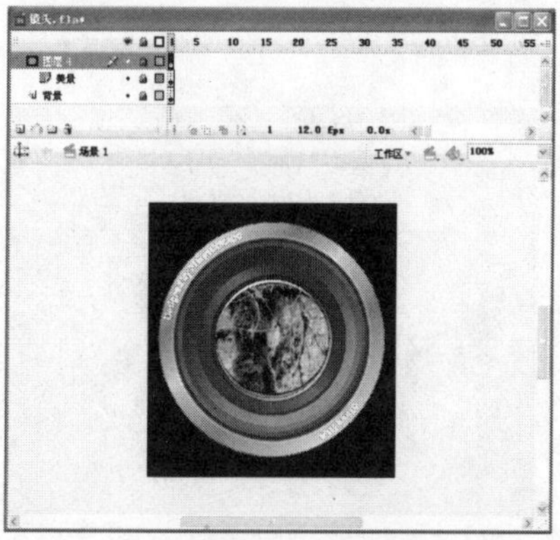

图 7-56　成为遮罩

（8）导出影片效果，如图 7-57 所示。

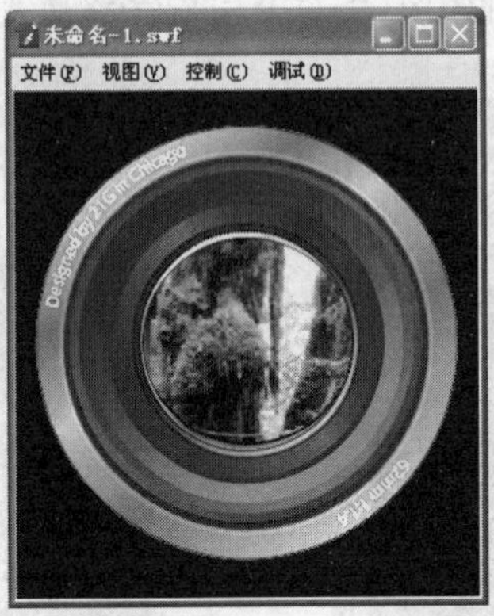

图 7-57　镜头里的景色在不断变化

技巧 要平行移动元件时，只要按住 Shift 键即可。

高手点评

遮罩层时间轴的效果设置和普通图层一样。

7.6 本章小结

在本章中主要讲解了遮罩的原理，遮罩动画的概念，遮罩层和普通图层之间的关系，遮罩层的创建、删除以及和普通层的相互转换，遮罩层时间轴的设置方法。通过对本章的学习要达到的目的是能清晰理解遮罩动画的原理，掌握对遮罩层的基本操作，熟悉遮罩层中的各个元素，最后能自己独立完成一个遮罩动画。

第 8 章

引导路径动画

本章导读

我看网上有很多小的 Flash，比如花朵从树上轻轻飘下了，又或者是一只皮球在地上蹦，总之就是一些物体沿着一些轨迹在运动，而这些运动不是沿着一条直线这么简单的轨迹，制作那样的动画容易学会吗？

其实那是很简单的，你说的那种沿着轨迹运动在 Flash 中，用引导路径动画就可以很轻易地做出来。运用引导路径动画做的运动轨迹可以是有规律的，也可以是无规律的（随你的心情想做成什么样都行），而且运用引导路径还可以做一些很为复杂的动画呢。

本章主要学习以下内容：

- 认识引导路径动画
- 创建引导路径动画的方法和属性设置
- 引导路径应用技巧
- 学以致用
- 本章小结

8.1 认识引导路径动画

8.1.1 引导路径动画的概念

引导路径动画其实就是将一个或多个层链接到一个运动引导层，使一个或多个对象沿同一条路径运动的动画形式。这种动画可以使一个或多个物体完成曲线或不规则运动。

最基本的引导路径动画是由两个层组成的，“被引导层”是处在下面的一个层，它的图标是（就是普通的图层），而处在它上面的一层就是“引导层”了，它的图标是。

技巧 引导层主要是辅助绘画和创建动画，它在发布的 Flash 影片中是不会显示出来的。引导层也可以是在任意层中创建完电影元素运动所需要的路径后，再将其转为引导层。

高手点评

了解引导层的定义对于以后的动画创作会很有帮助。

8.1.2 引导层和其对象的关系

引导层从实质上讲就是一条运行路径的指示，从这个意义上讲，引导层的内容也就是运动的轨迹，可以用任何一种绘画的工具画出来（例如铅笔、钢笔、线条、椭圆、矩形、画笔工具等）。

引导层引导的对象可以是元件的任何一样。动作补间动画是大部分“被引导层”用的动画形式。

技巧 “被引导层”中可以是影片剪辑、图形元件、按钮、文字，等等，但是不可以是形状。

高手点评

通常在“引导层”上绘制一条曲线作为动画路径，“引导层”对被引导层起作用，被引导层上的动画实体、组合体或文本块都能沿所绘制的曲线运动。如果要实现多个图层按一个相同的路径运动，可以将需要被引导的图层拖放到“引导层”下面。

8.1.3 创建引导路径动画的应用

引导路径动画在网络上的应用非常的广泛，在各种 Flash 动画中，卫星围绕地球旋转、蝴蝶围绕花朵飞、鱼儿在大海中游泳，等等，如果运用得熟练了，一定会让读者朋友们的 Flash 水平有很大的提高。如图 8-1、图 8-2 所示。

图 8-1　风中的花瓣

图 8-2　地球围绕太阳转

高手点评

拓展一下自己的视野，发挥一下自己的想象力，再想想还有什么是可以运用简单的引导路径动画做出惊奇效果的。

8.2　创建引导路径动画的方法和属性设置

最普通的创建引导路径的方法就是在普通图层上单击时间轴面板的“添加引导层”按钮，该层的上面就会添加一个引导层。

8.2.1　创建引导路径动画的方法

创建引导路径动画的方法有 3 种：

手把手实例　创建引导路径动画的方法

源 文 件：	CDROM\02\源文件\转换位图为矢量图.fla
素材文件：	CDROM\02\素材\苹果.jpg
效果文件：	CDROM\02\效果\转换位图为矢量图.swf

方法一：

（1）选中一个普通图层，如图 8-3 所示。

（2）选择“插入>时间轴>运动引导层”命令，如图 8-4 所示。就会出现一层引导层，如图 8-5 所示。

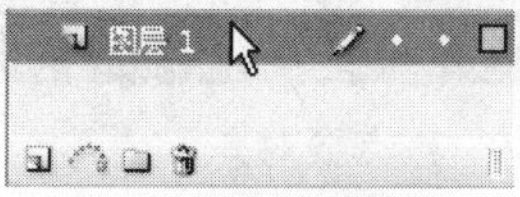

图 8-3　单击选中图层

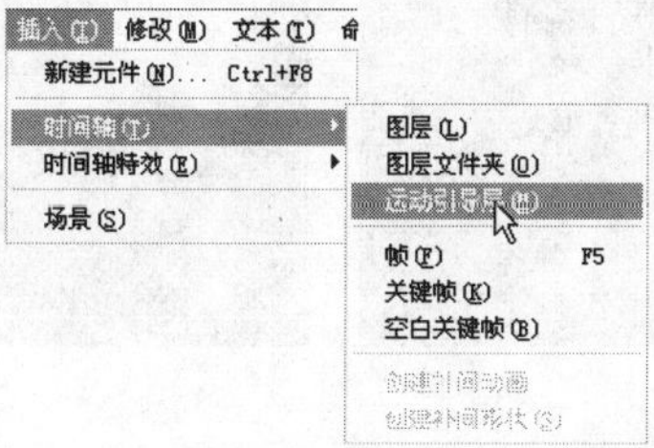

图 8-4　选择运动引导层命令

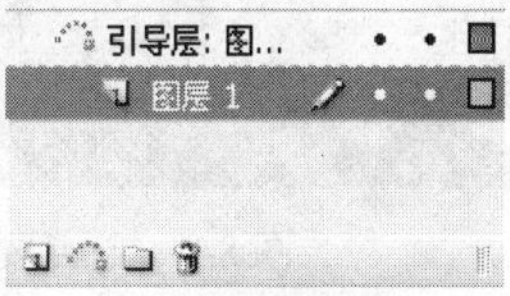

图 8-5　引导层形成

方法二：

（1）选中一个普通图层。

（2）单击时间轴面板左下角的添加引导层按钮 ，如图 8-6 所示。

方法三：

（1）选中一个普通图层。

（2）右击选中的图层，在弹出的菜单中选择“添加引导层”命令，如图 8-7 所示。

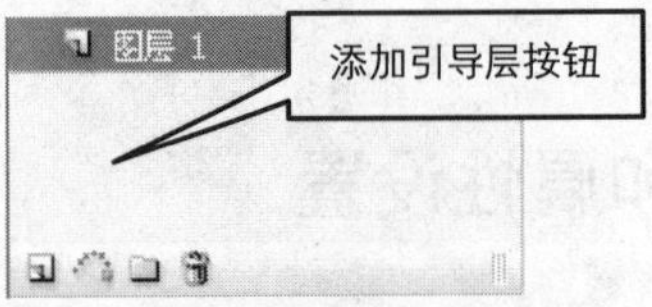

图 8-6　单击添加引导层按钮

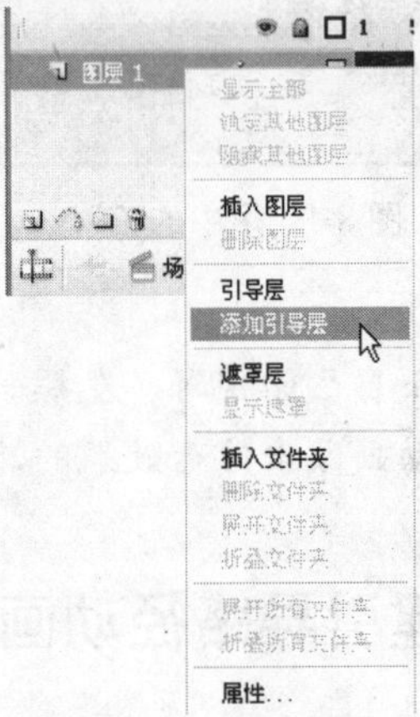

图 8-7　选择“添加引导层”命令

手把手实例　对准引导路径的起点和终点

源 文 件：	CDROM\08\源文件\XXXX.fla
素材文件：	CDROM\08\素材\XXXX.jpg
效果文件：	CDROM\00\效果\XXXX.swf

“引导动画”就是让一个运动动画“附着”在“引导线”上。当执行操作时，要特别注意到“引导线”的两端，被引导的对象的中心点一定要对准“引导线”的两个端点，如图 8-8 和图 8-9 所示。

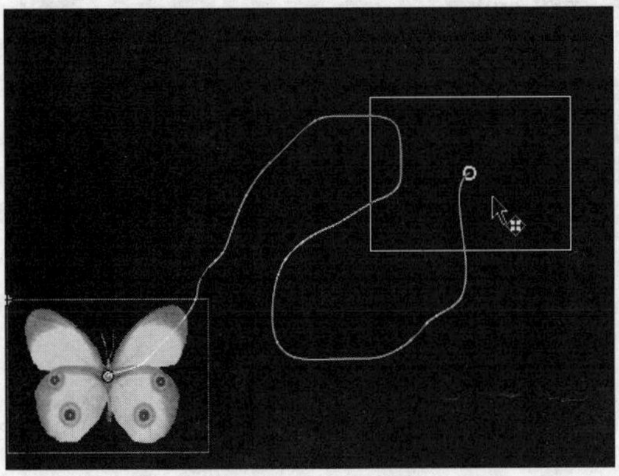

图 8-8　起点要对齐

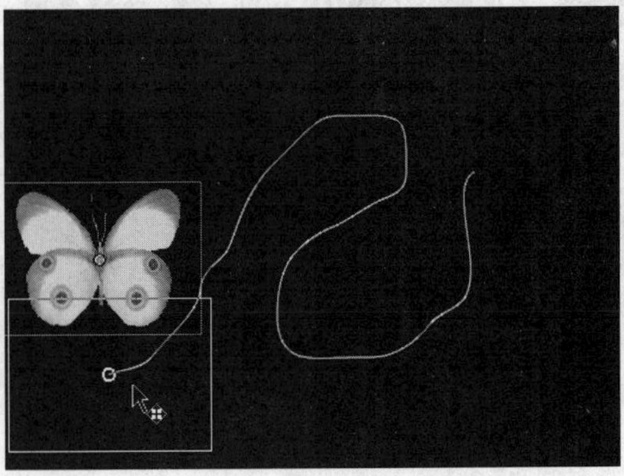

图 8-9　终点要对齐

上面两个图中，把元件的透明度调高了一些。因为如果元件是实心的话，在移动中，元件的中心的小圆圈看不到，就不好对准引导线了，等到动画做完后，再把透明度调回来。

技巧 在元件中心的小圆圈对准了引导线，元件就会被自动地吸附上去，如果没吸上，那么可能就是没有单击对齐按钮，单击以后就可以吸附上了。

高手点评

对齐按钮的作用在于它可以使“对象附着于引导线”的操作更加容易成功。

8.2.2　引导路径动画的属性设置

“被引导层”中的对象在被引导运动时，还可作一些更细致的设置。下面就来学习这些属性设置。

手把手实例　运动方向的设置（即调整到路径）

源　文　件：	CDROM\08\源文件\XXXX.fla
素材文件：	CDROM\08\素材\XXXX.jpg
效果文件：	CDROM\00\效果\XXXX.swf

在属性面板上把“调整到路径”前面的 □ 打上勾，如图 8-10 所示，对象的基线就会调整到运动路径。

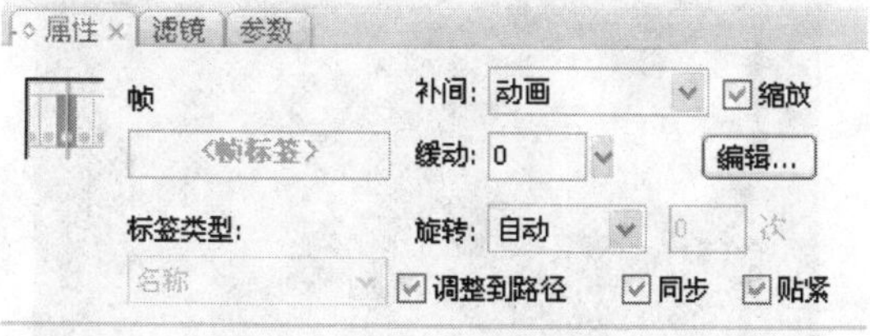

图 8-10　属性面板

引导层中的内容在播放时是看不见的，所以，利用这一特性，可以写一些文字说明或是做一些记号之类的作为参考，方便自己做动画。

手把手实例　引导层作为参考层（在播放时看不见）

源　文　件：	CDROM\08\源文件\引导层的属性 1.fla
素材文件：	CDROM\08\素材\XXXX.jpg
效果文件：	CDROM\00\效果\XXXX.swf

先得有一个最简单的图层和它的引导层。然后，选中引导层，在引导层中写下“在这写什么都不会显示出来哦”这几个字，然后测试影片，看看最后的效果。如图 8-11 和图 8-12 所示。

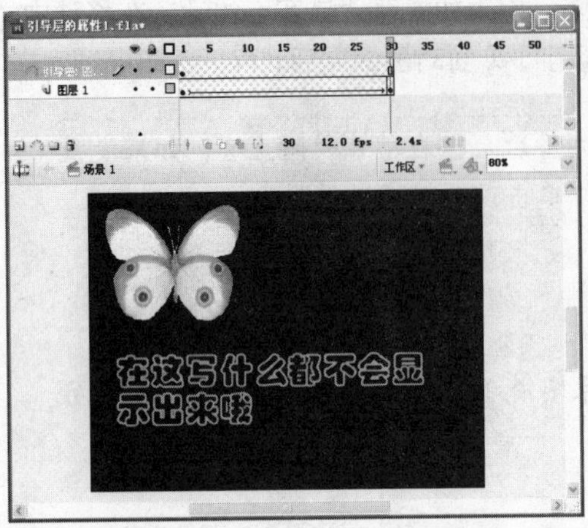

图 8-11　在引导层上写字

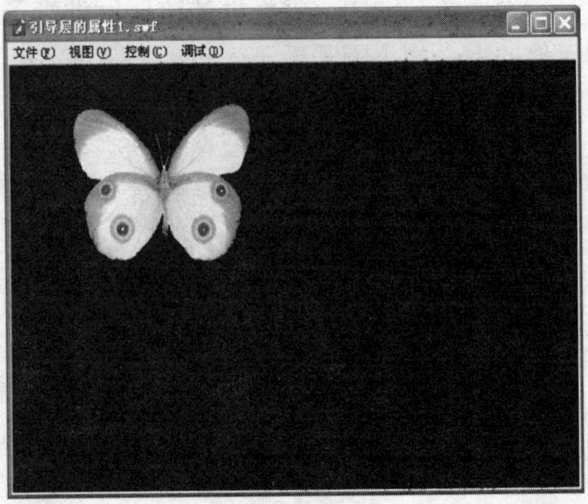

图 8-12　测试影片

手把手实例　引导动画失败的案例

源 文 件：	CDROM\08\源文件\XXXX.fla
素材文件：	CDROM\08\素材\XXXX.jpg
效果文件：	CDROM\00\效果\XXXX.swf

引导线虽然可以画成各式各样的，但是还是不要过于陡峭，因为这样有的时候会使引导动画失败，如图 8-13 所示。

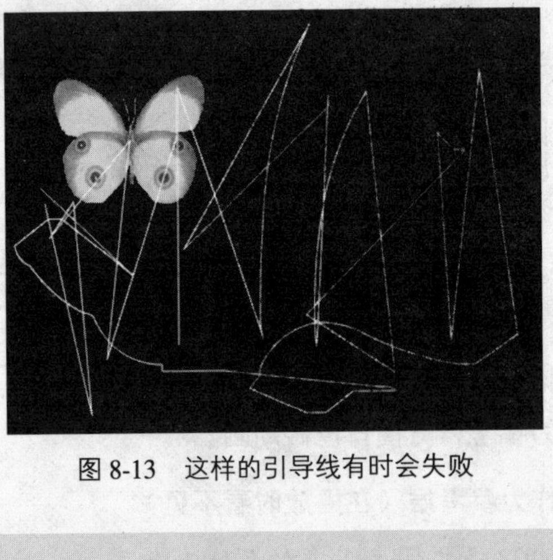

图 8-13　这样的引导线有时会失败

高手点评

在做引导路径动画时，掌握一些它的属性特征会对做成动画或者是熟练地做动画起到一定的指导作用的。

8.3 引导路径的应用技巧

向被引导层中放入元件时，在动画开始和结束时的关键帧上，一定要让元件的中心点对准线段的开始和结束的端点，否则无法引导。如果元件为不规则形状，那么可以单击工具箱中的任意变形工具 ，调整中心点。

手把手实例　取消引导层

源 文 件：	CDROM\08\源文件\XXXX.fla
素材文件：	CDROM\08\素材\XXXX.jpg
效果文件：	CDROM\00\效果\XXXX.swf

如果想解除引导，可以把被引导层拖离引导层，或在引导层上右击，在弹出的菜单中选择“属性”，在对话框中选择“一般”后，单击“确定”，引导层就改变成普通图层了。还有一种方法是在引导层上右击，在弹出的菜单中，把“引导层”前面的勾去掉。如图 8-14 所示。

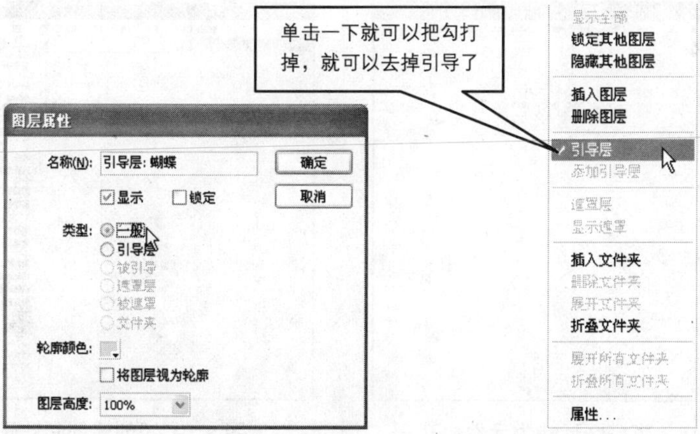

图 8-14　解除引导的两种方法

如果想让对象作圆周运动，可以画一根圆形线条，再用橡皮擦工具擦去一小段，使圆形线段出现两个端点，再把对象的起点、终点分别对准端点即可。

手把手实例　一个小球的圆周运动

源 文 件：	CDROM\08\源文件\XXXX.fla
素材文件：	CDROM\08\素材\XXXX.jpg
效果文件：	CDROM\00\效果\XXXX.swf

（1）选择“文件>新建”命令，在弹出的对话框中选择“常规”选项卡下的“Flash 文件（ActionScript 3.0）”选项，单击“确定”按钮，创建一个影片文档。如图 8-15 所示。

（2）选择椭圆工具。在舞台上画出一个椭圆形，如图 8-16 和图 8-17 所示。

（3）用选择工具 选中椭圆形。按快捷键 F8 将椭圆形转换为图形元件。如图 8-18 所示。

（4）在 30 帧处按快捷键 F6，添加关键帧，右击图层，选择“创建补间动画”命令。如图 8-19 所示。

图 8-15　新建文件

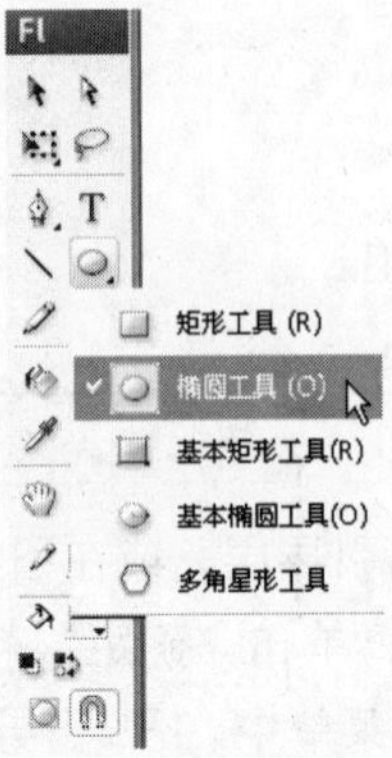

图 8-16　选择椭圆工具

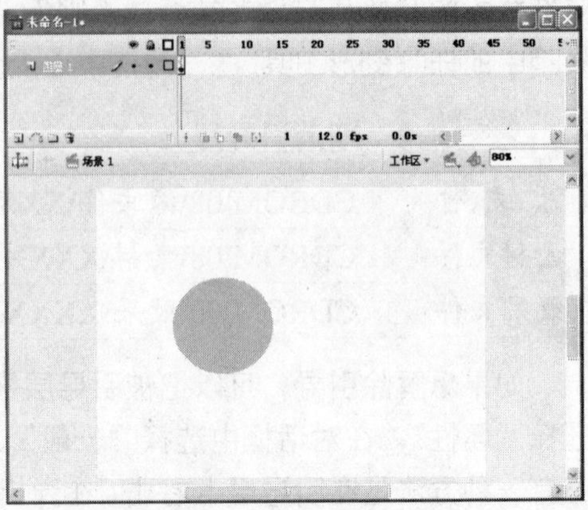

图 8-17　画出椭圆形

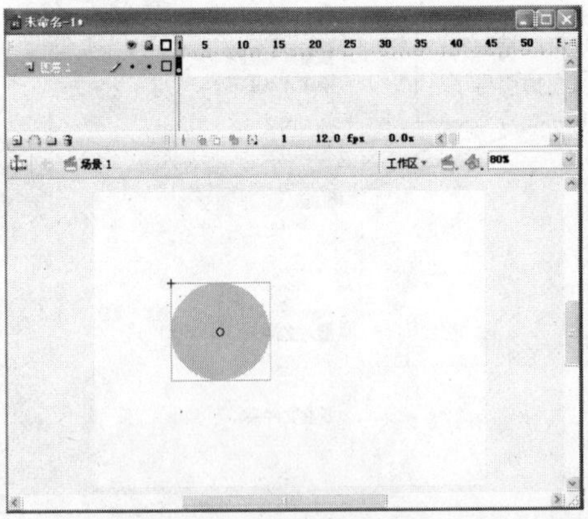

图 8-18　将椭圆形转为元件

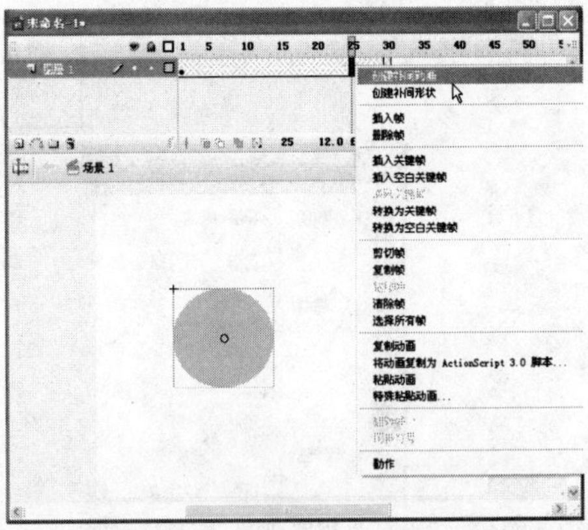

图 8-19　“创建补间动画”命令

（5）选中图层 1，单击 创建图层 1 的引导层。选中引导层后，单击 ，颜色选择为 ，画出一个圆形的圈。如图 8-20 所示。

（6）用橡皮擦工具 擦出一个缺口。如图 8-21 所示。

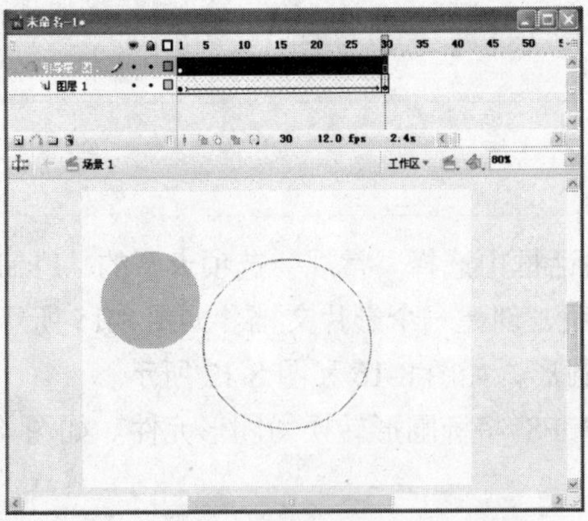

图 8-20　画出圆形的轨迹

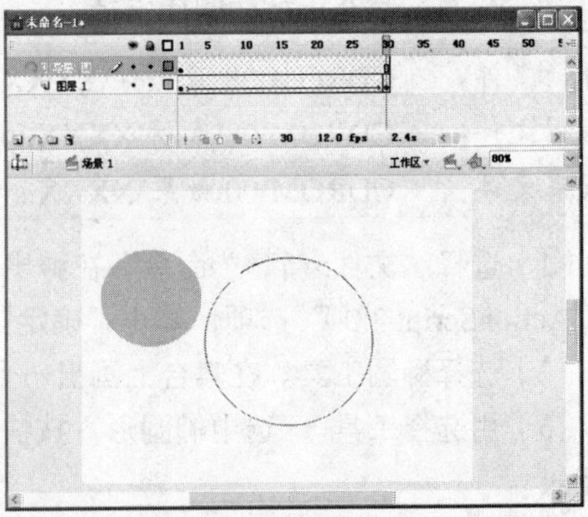

图 8-21　用橡皮擦出缺口

（7）把元件的中心点对准轨迹的起点和终点，如图 8-22 所示。

图 8-22　对准起始点

（8）测试影片，效果如图 8-23 所示。

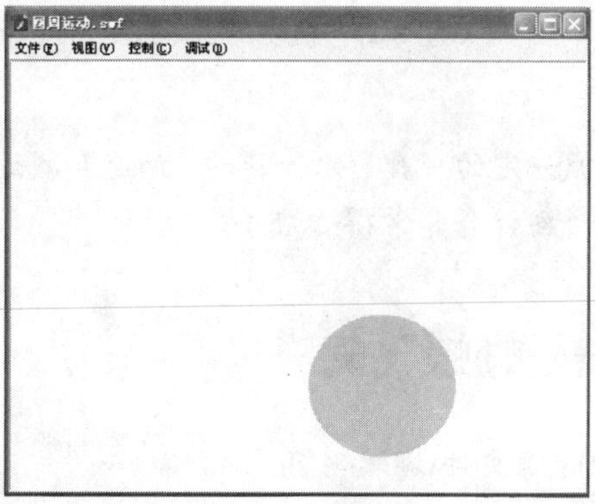

图 8-23　圆周运动

手把手实例　**引导线重叠**

源 文 件：	CDROM\08\源文件\XXXX.fla
素材文件：	CDROM\08\素材\XXXX.jpg
效果文件：	CDROM\00\效果\XXXX.swf

在属性面板中，还有两个很重要的选项是缓动和旋转，缓动的范围是 100 到-100，正值是减速运动，负值是加速运动。而旋转里面有无、自动、顺时针以及逆时针 4 种选择，如图 8-24 所示。

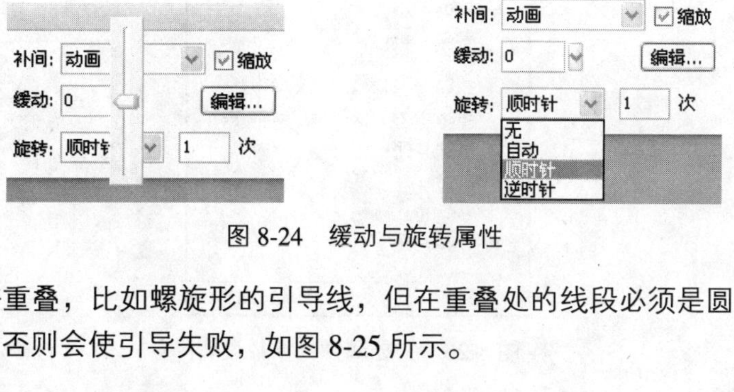

图 8-24　缓动与旋转属性

引导线允许重叠，比如螺旋形的引导线，但在重叠处的线段必须是圆滑的，让 Flash 能辨认出轨迹，否则会使引导失败，如图 8-25 所示。

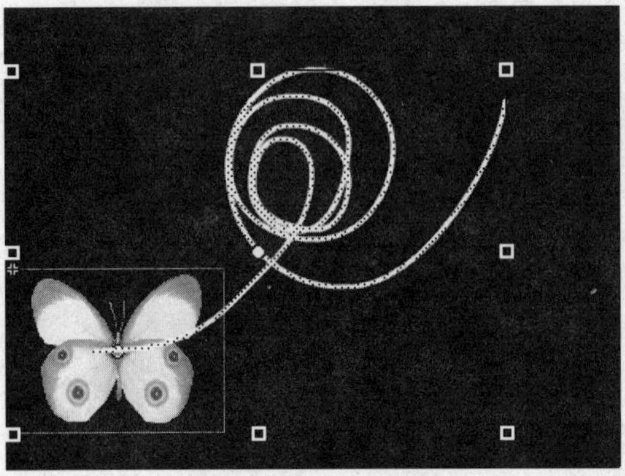

图 8-25　成功的引导线

高手点评

物体的运动应该遵循一定的规律，比如旋转、加速和减速运动，等等很多的规律，学会运用它的技巧，做动画就会非常得心应手。

8.4 学以致用——蝴蝶飞舞

源 文 件：	CDROM\08\源文件\蝴蝶飞.fla
素材文件：	CDROM\08\素材\.蝴蝶、花 1.jpg
效果文件：	CDROM\08\效果\蝴蝶飞.swf

现在来学习一个关于之前讲的创建引导路径动画的实例，就是一只蝴蝶围绕着一朵花飞舞。

（1）选择“文件>新建”命令，在弹出的对话框中选择“常规”选项卡下的“Flash 文件（ActionScript 3.0）”选项，单击“确定”按钮，创建一个影片文档。参数设置为“宽”550 像素，“高”400 像素，“背景色”为白色（#FFFFFF），其他选项为默认。参数设置如图 8-26 所示。单击“确定”按钮。

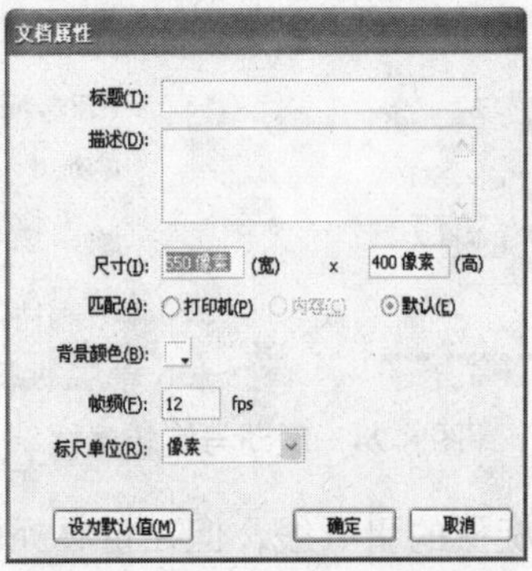

图 8-26　文档属性的参数设置

（2）选择“文件>导入>导入到库”命令，把随书光盘第 8 章的图片素材导入到库中。如图 8-27 所示。

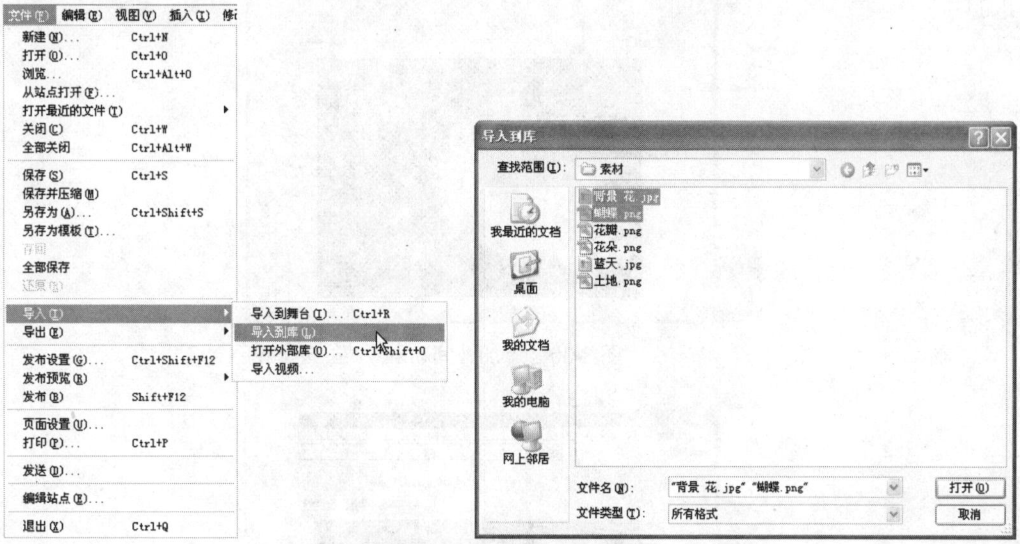

图 8-27 导入到库

（3）打开库（快捷键 F11），把“图层 1”的名字改为“背景”，把导入的位图图片“背景花.jpg”拖曳到舞台，并在第 45 帧插入帧，如图 8-28 所示。

（4）新建一图层，改名为“蝴蝶”，把导入的位图图片“蝴蝶.jpg”拖曳到舞台，并把位图“蝴蝶”转换为图形元件（快捷键 F8），单击“确定”按钮，如图 8-29 所示。

图 8-28 拖动背景到舞台

图 8-29 将蝴蝶转换为元件

（5）选择蝴蝶图层，并在第 45 帧插入关键帧，在一帧上右击，选择“创建补间动画”，创建一个补间动画。如图 8-30 所示。

（6）选中蝴蝶图层，单击添加引导层按钮 ，创建蝴蝶飞行的引导层。如图 8-31 所示。

（7）选择铅笔工具，在选中引导层的情况下，画出蝴蝶飞舞的轨迹。如图 8-32 所示。

图 8-30　添加补间动画

图 8-31　添加引导层

（8）然后选中蝴蝶元件，把它的中心点对准轨迹的起点，把蝴蝶的形状进行调整，再旋转到适当的角度，如图 8-33 所示。选中蝴蝶图层的第 45 帧关键帧，用同样的方法把蝴蝶元件拖拽到轨迹的终点。

图 8-32　用铅笔绘画轨迹

图 8-33　拖拽蝴蝶

（9）按快捷键 Ctrl+Enter，会发现蝴蝶是按照平移的方式运动，这不符合蝴蝶飞行的规律，这时候可以用到以前讲到的一个方法，就是勾选上 ☑调整到路径 按钮，再测试影片就会看到蝴蝶围绕着花朵在飞舞。如图 8-34 所示。

（10）最终效果如图 8-35 所示。

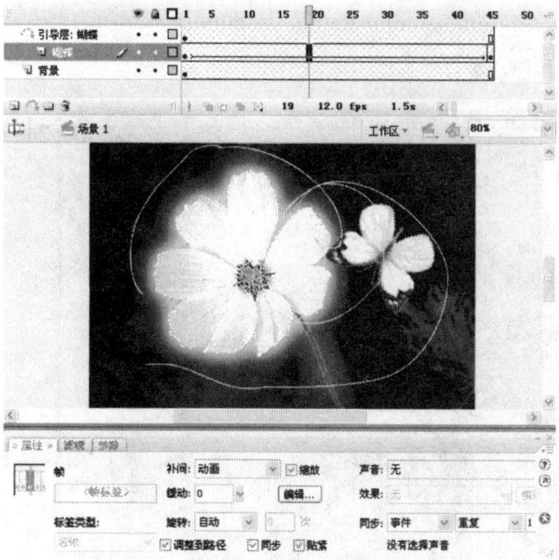

图 8-34　勾选“调整到路径”选项

图 8-35　蝴蝶飞舞

8.5 学以致用——飘飞的花瓣

源 文 件：	CDROM\08\源文件\花瓣.fla
素材文件：	CDROM\08\素材\土地、花 2、花瓣.png，蓝天.jpg
效果文件：	CDROM\08\效果\花瓣.swf

（1）选择“文件>新建”命令，在弹出的对话框中选择“常规”选项卡下的“Flash 文件（ActionScript 3.0）”选项，单击“确定”按钮，创建一个影片文档。参数设置为“宽”550 像素，“高”350 像素，“背景色”为白色（#FFFFFF），其他选项为默认。单击“确定”按钮。

（2）选择“文件>导入>导入到库”命令，把随书光盘第 8 章的素材导入到库中。

（3）打开库（快捷键 F11），把“图层 1”的名字改为“背景”，把导入的位图图片“蓝天.jpg”和“土地.jpg”拖拽到舞台。如图 8-36 和图 8-37 所示。

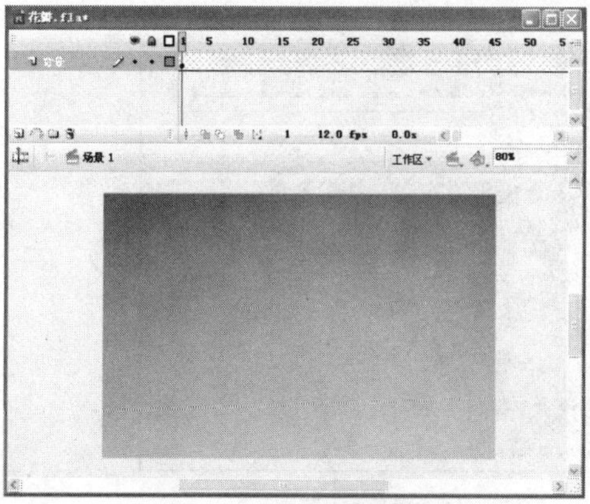

图 8-36　把蓝天拖拽到舞台

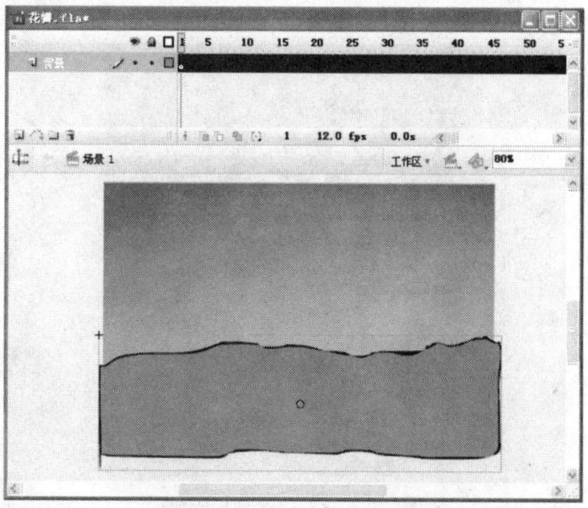

图 8-37　把土地拖拽到舞台

（4）把花朵拖曳到舞台，位置如图 8-38 所示。

（5）把元件“花瓣”也拖拽到舞台，如图 8-39 所示。

图 8-38　拖动花朵到舞台

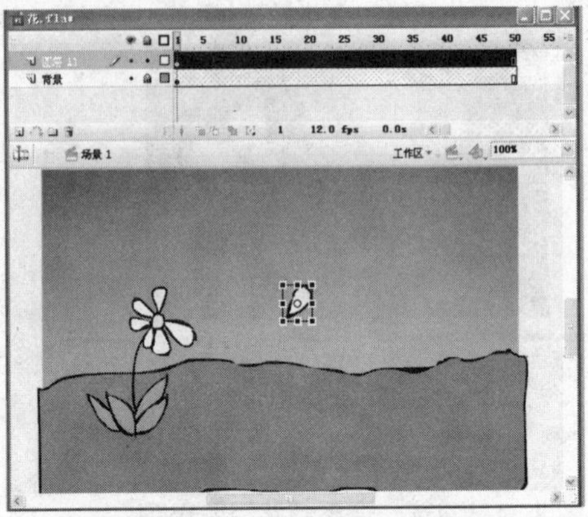

图 8-39　把花瓣拖到舞台上

（6）新建一图层，用“任意变形”工具 把花瓣的中心点挪到左下角如图 8-40 所示的位置。然后把花瓣挪到花的适当位置。

图 8-40　调整位置

（7）在第 4 帧按 F6 键，添加关键帧，用 工具旋转花瓣的角度，在第 6 帧按 F6 键，添加关键帧，同理再多做一些帧，出来的效果就是花朵在摇晃的感觉，如图 8-41 和图 8-42 所示。

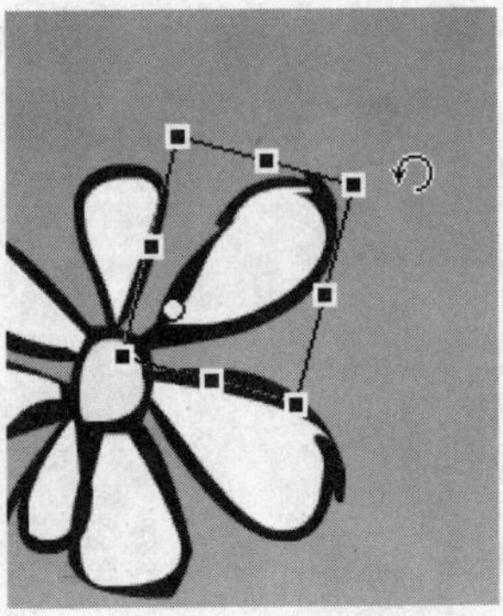

图 8-41　旋转花瓣

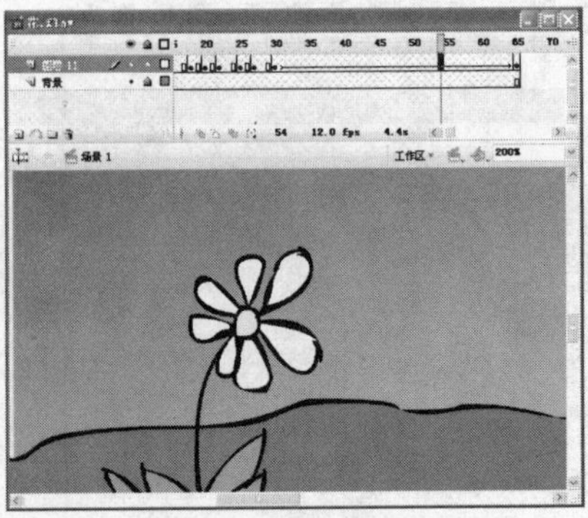

图 8-42　添加动画补间

（8）在第 2 层上加上引导层，因为是从 30 帧之后才加引导线的，所以在引导层上在第 30 帧加上关键帧。用铅笔工具画出引导线，注意引导线的开头要画在要运动的花瓣的附近。如图 8-43 所示。

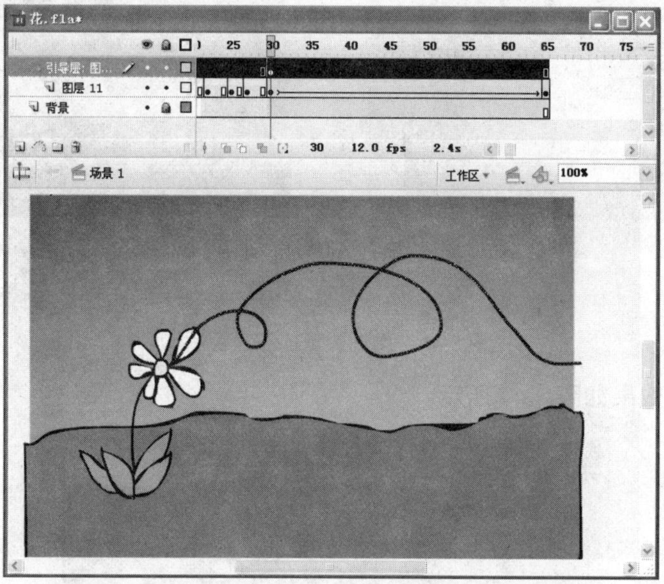

图 8-43　画出引导线

（9）选中花瓣元件后，把它的中心点对准轨迹的起点，如图 8-44 所示。选中花瓣图层的第 65 帧关键帧，再用同样的方法把花瓣元件拖拽到轨迹的终点，如图 8-45 所示。

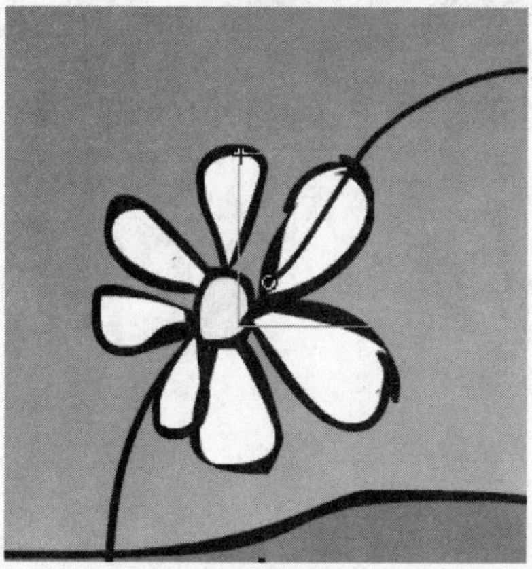

图 8-44　对准起点

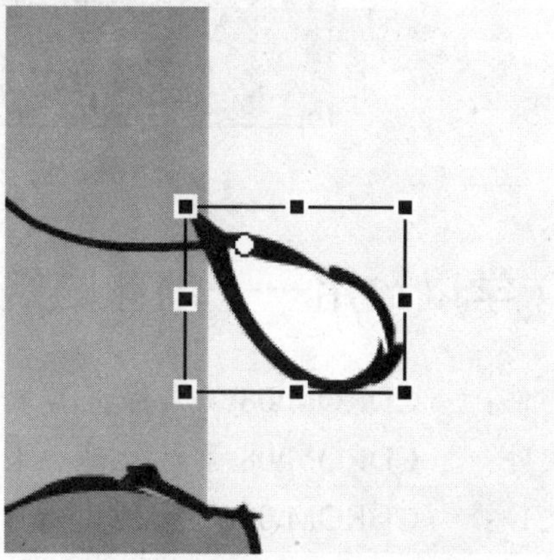

图 8-45　对准终点

（10）这时，该是调节属性面板的参数的时候了，把属性面板的缓动参数改为 缓动: -68 （缓动分为正值和负值，这回用的是负值，表示的是加速运动），旋转改为顺时针 1 次。如图 8-46 所示。

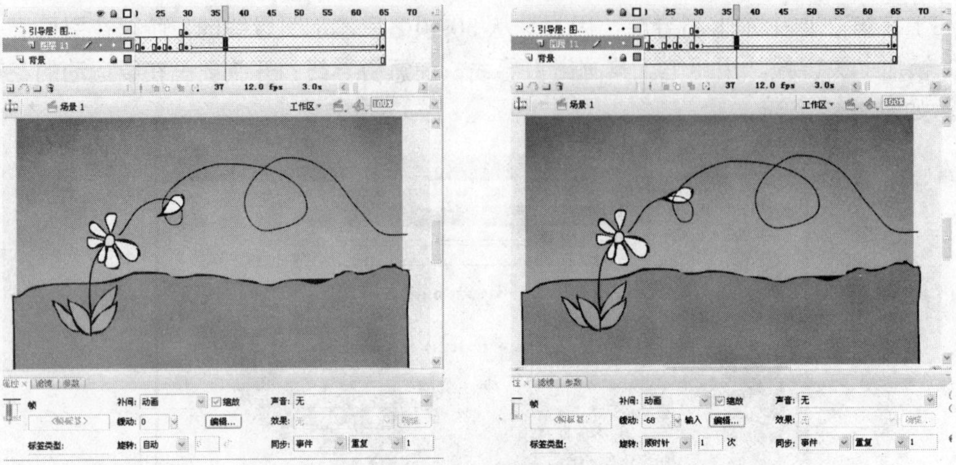

图 8-46　属性设置前和设置后

（11）最后的效果如图 8-47 所示。

图 8-47　花瓣飞离花朵

8.6 学以致用——地球围绕太阳转

源 文 件：	CDROM\08\源文件\地球转.fla
素材文件：	CDROM\08\素材\地球、太阳.png，星空 1.jpg
效果文件：	CDROM\08\效果\地球转.swf

（1）选择“文件>新建”命令，在弹出的对话框中选择“常规”选项卡下的“Flash 文件（ActionScript 3.0）”选项，单击“确定”按钮，创建一个影片文档。参数设置为“宽”550 像素，“高”400 像素，“背景色”为白色（#FFFFFF），其他选项为默认。单击“确定”按钮。如图 8-48 所示。

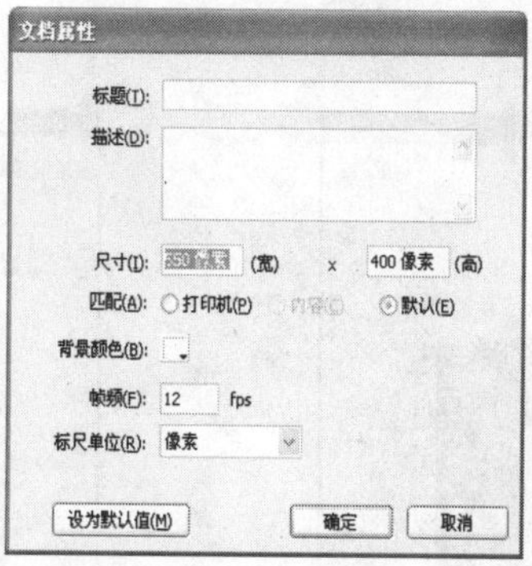

图 8-48　文档设置

（2）选择“文件>导入>导入到库”命令，把随书光盘第 8 章中的素材图片地球.png、太阳.png 和星空.jpg 导入到库中。图 8-49 所示。

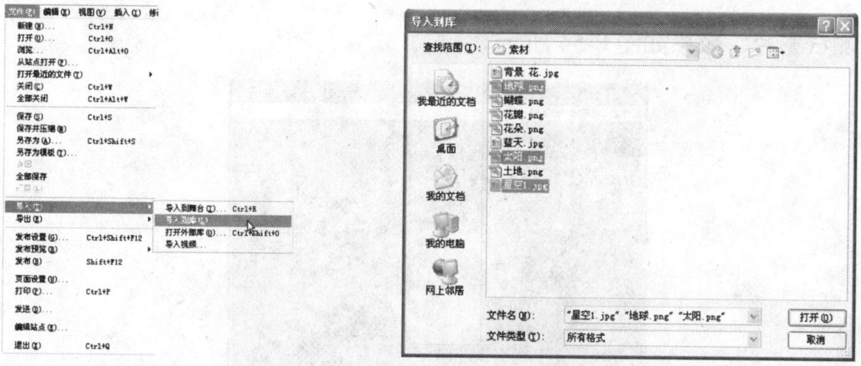

图 8-49　导入到库命令

（3）从库中把“星空.jpg”拖拽到舞台，如图 8-50 所示。

（4）把图层 1 改名为“背景”，再新建一图层，把太阳拖拽到舞台。如图 8-51 所示。

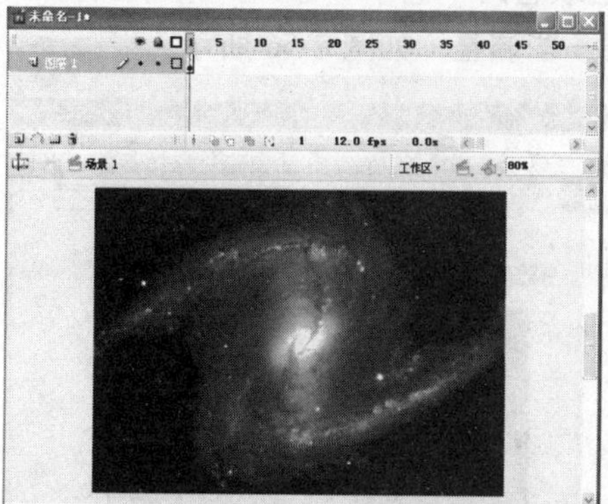

图 8-50　把星空拖拽到舞台

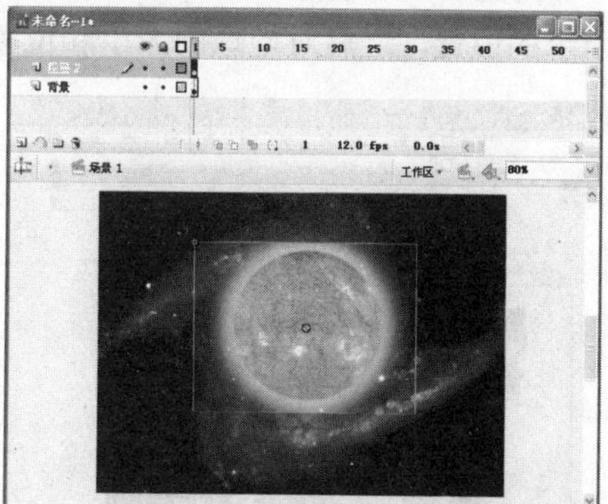

图 8-51　把太阳拖拽到舞台

（5）把太阳元件的大小和位置都重新调整好，如图 8-52 所示。在图层 2 的 50 帧处插入关键帧。再添加补间动画。然后在属性面板中，把旋转调为顺时针 1 次 旋转: 顺时针 1 次。

如图 8-53 所示。

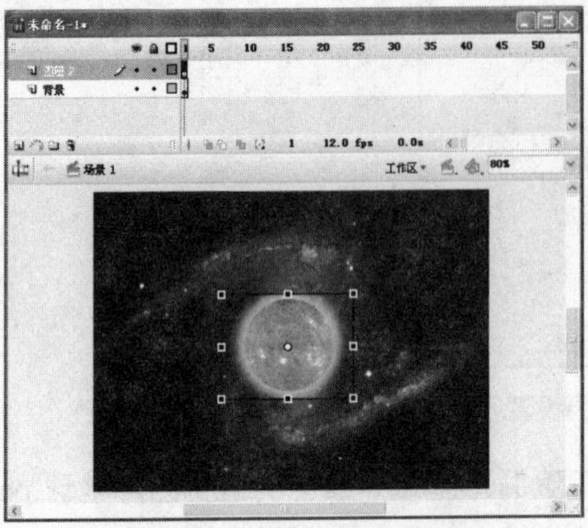

图 8-52　调整太阳的位置

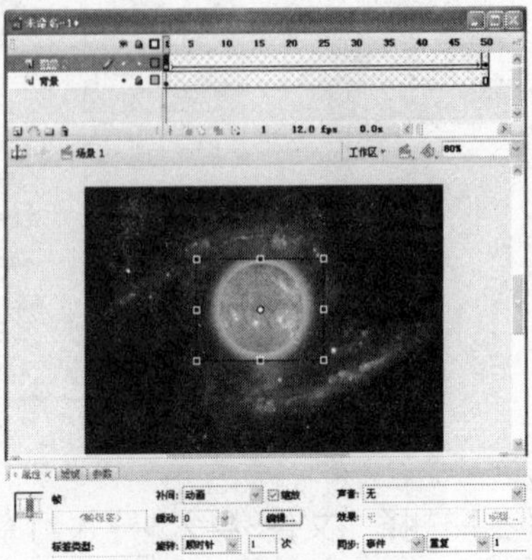

图 8-53　设置属性

（6）测试影片，效果如图 8-54 所示。

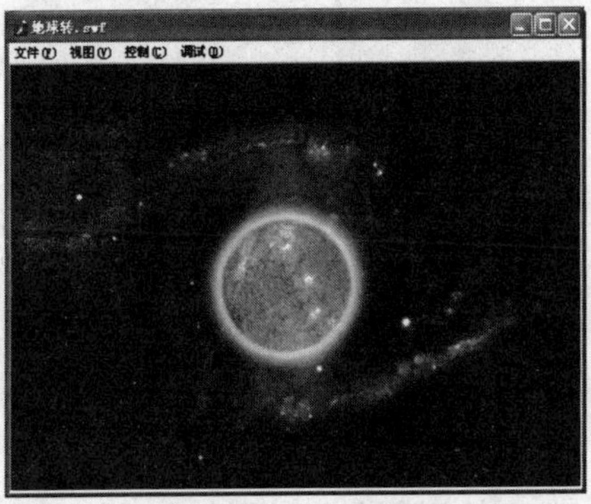

图 8-54　太阳的效果

（7）把图层 2 改名为“太阳”，再新建一图层取名为“地球”，把地球拖拽到舞台如图 8-55 所示的位置，之后对地球的大小和位置进行一些调整，如图 8-56 所示。

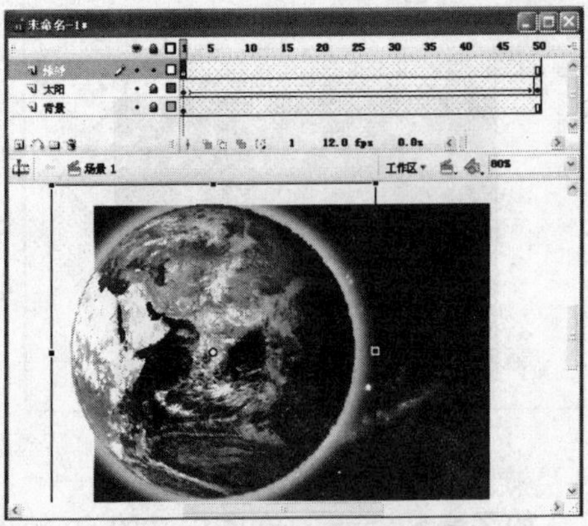

图 8-55　把地球拖拽到舞台

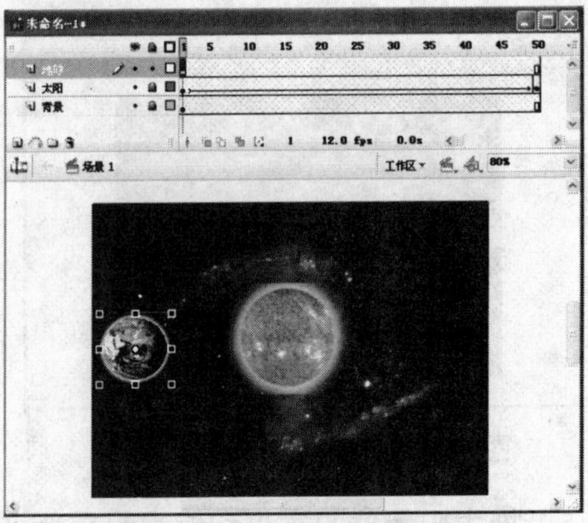

图 8-56　调整位置和大小

（8）选中地球图层，在第 100 帧处添加关键帧，右击添加补间动画，在属性面板把旋转的次数改为 10 次。把太阳的第 50 帧复制，然后在 51 帧处粘贴。（其实，一开始的时候，太阳的补间动画也可以将旋转的次数就改为 2 次。）添加地球的引导层。如图 8-57 和图 8-58 所示。

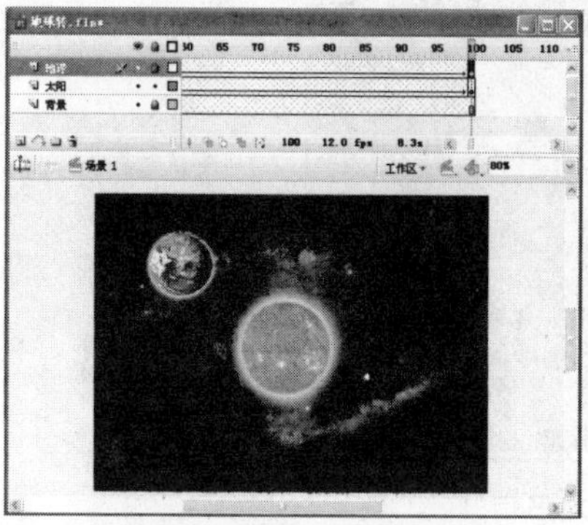

图 8-57　添加补间动画

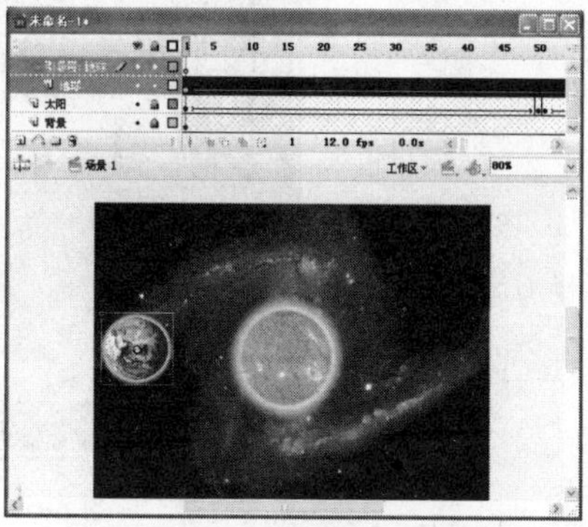

图 8-58　添加引导层

（9）选中引导层后，选择 ，（颜色选择为 ），画出一个椭圆形的圈。用橡皮擦工具 擦出一个缺口，如图 8-59 和图 8-60 所示。

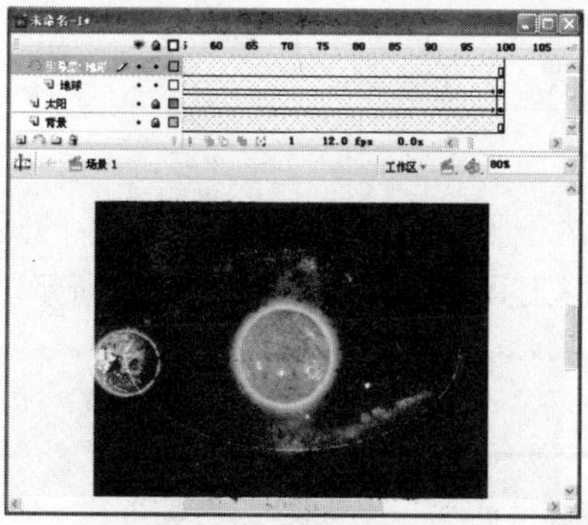

图 8-59　画出引导线

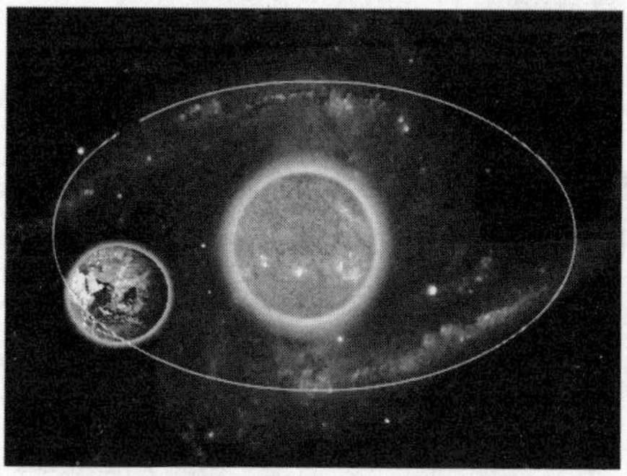

图 8-60　把引导线擦出缺口

（10）对准起点和终点。因为起点和终点离的比较近，所以把地球的不透明度（Alpha）调低一些，图上所示大约为 65%左右。如图 8-61 和图 8-62 所示。

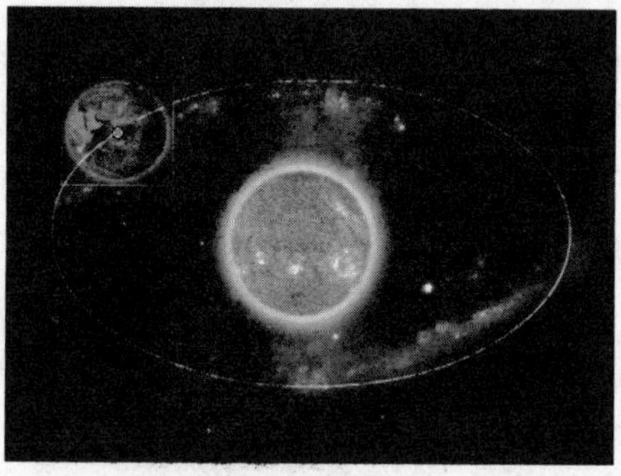

图 8-61　对准起点

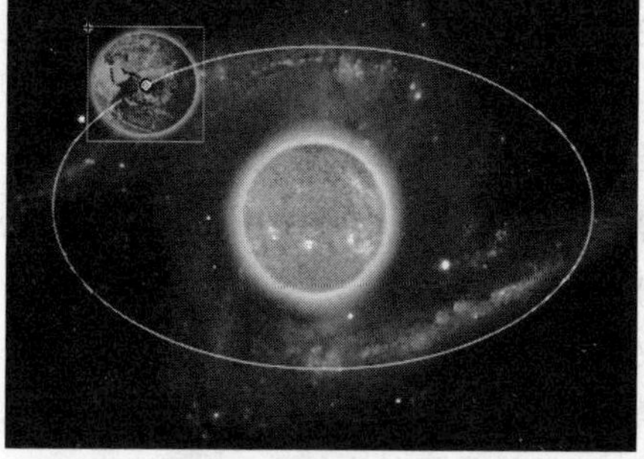

图 8-62　对准终点

（11）测试影片，效果如图 8-63 所示。

图 8-63　地球围绕太阳转

8.7 学以致用——海豚跃起

源 文 件：	CDROM\08\源文件\地球转.fla
素材文件：	CDROM\08\素材\地球、太阳.png，星空 1.jpg
效果文件：	CDROM\08\效果\地球转.swf

（1）用矩形工具画一个边框，可以比现有场景大一些。方法是选中工具箱中的矩形工具（快捷键 R），这时，属性面板中就会出现矩形工具的属性值，如图 8-64 所示。

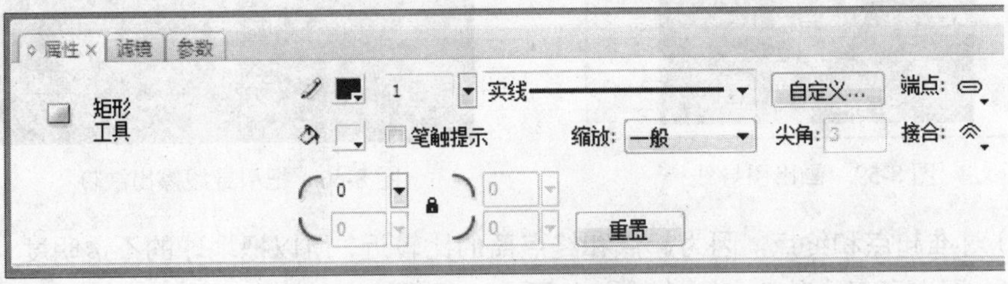

图 8-64　矩形工具的属性

（2）从图 8-64 中可以看到一个小铅笔的图标，它是用来调整矩形边框的属性的。图中，紧挨这个图标右侧的颜色框可以改变矩形框线条的颜色，单击这个颜色框就可以选择各种颜色，这里只用黑色来勾勒场景大概形状。颜色框旁边的数字代表线条的粗细，它旁边的小三角用来调整粗细数值，数值越大线越粗，如图 8-65 所示。也可以直接在数字框里输入想要的数值来改变它。

数字框右边的一项是线条的类型。通过单击它旁边的小三角，在弹出的下拉菜单中可以选择线条的类型，如图 8-66 所示，通常勾线的时候用的都是直线。

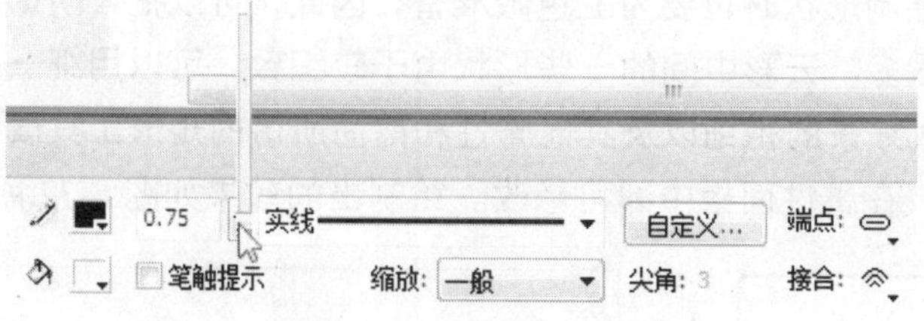

图 8-65　调整线条粗细

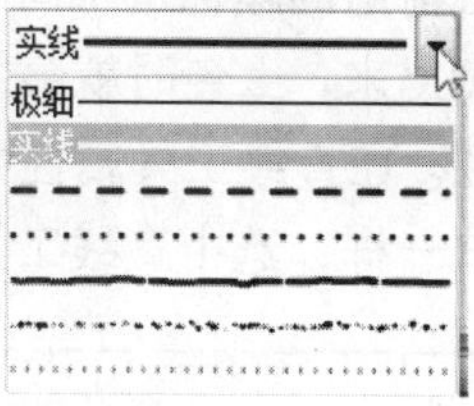

图 8-66　改变线条类型

（3）小铅笔图标下面是油漆桶图标，它旁边的颜色框用法和线条属性的颜色框用法一样，但需要注意的是通常在勾线时并不填充颜色，因此这一项要禁用。禁用的方法是单击颜色框，在出现的颜色面板中单击右上方的禁用标志，如图 8-67 所示，这样，在场景中画矩形时就只有线框而中间没有填充色。

（4）选择矩形边框颜色为黑色，粗细为 1，实线，在场景中按住鼠标左键不放并拖动即可画出任意大小矩形。在 Flash 影片中，场景外的图形不会表现出来，因此可以稍稍画大一些。如图 8-68 所示。

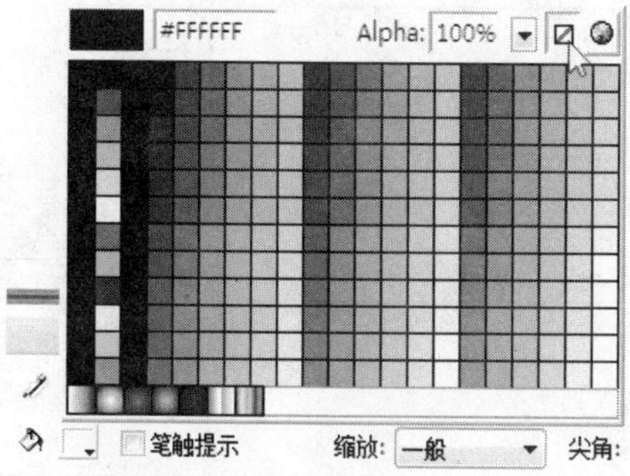

图 8-67　颜色禁用

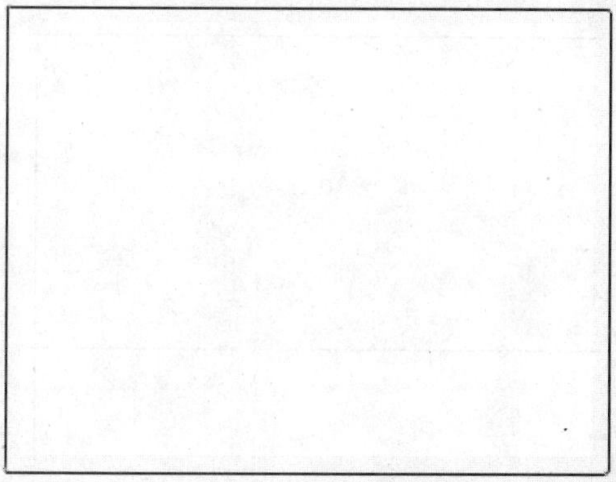

图 8-68　矩形边框

（5）在场景中定一条水平线，作为海面和天空的交接线。可以画在画面大约三分之一处。单击工具箱中的直线工具 ＼（快捷键 N），直线工具的用法是按住鼠标左键拖动鼠标，即可绘制出想要的直线，画水平和垂直直线的时候同时按住 Shift 键，可以画出绝对直线，如图 8-69 所示。

（6）水平线定出来后，可以为天空添加一些云彩。同样使用直线工具，画出云彩的大概形状，如图 8-70 所示。接下来可以利用选择工具（快捷键 V）来修改云的形状，使直线变圆滑，更加符合云的形状。单击工具箱中的选择工具后，将鼠标放在需要修改的直线上，会看到鼠标的后面多了一条小弧线，此时，拖动直线就可以使直线变成想要的弧线形状，另外，如果将鼠标放在直线的接合点上时，鼠标的后面就会变成一个小直角，这就代表可以拖动这些关键点，改变云的大外形。修改调整后如图 8-71 所示。

现实中的云彩看上去是有许多层的，现在只有一层云，略显单薄，再多加几层，但要注意云彩的层次、形状有所区别。

云前后的颜色是不同的，绘制形状时也要为上色做准备，因此，可以把云阴影的形状也勾勒出来，上色时就会方便很多。云彩中间的一些形状由于较细致，可以用细一些的线条描绘。在直线工具属性中修改线条的粗细以及其他属性和前面所讲的矩形工具属性的修改方式一样，选中直线工具后，在属性面板中即可修改。绘制出的效果如图 8-72 所示。

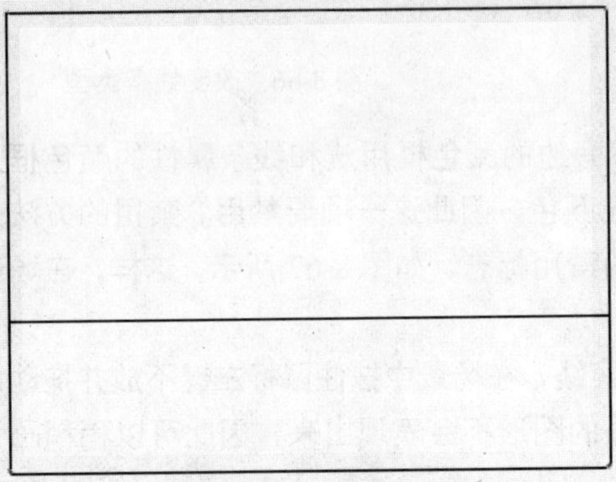

图 8-69　水平直线

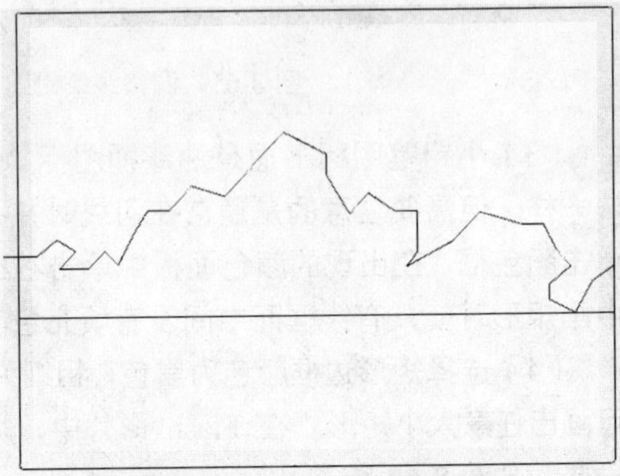

图 8-70　云的大概形状

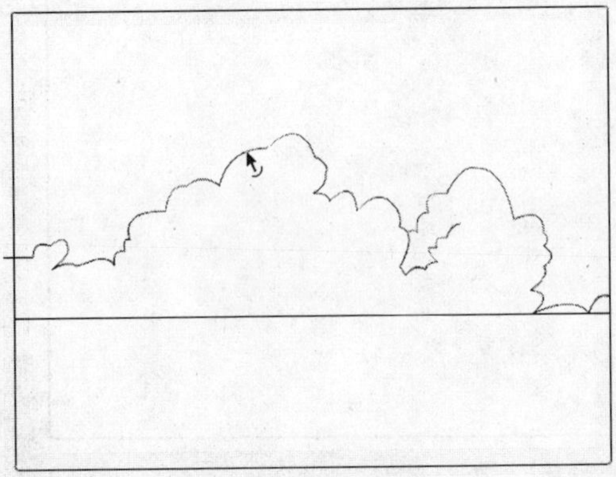

图 8-71　直线变圆滑

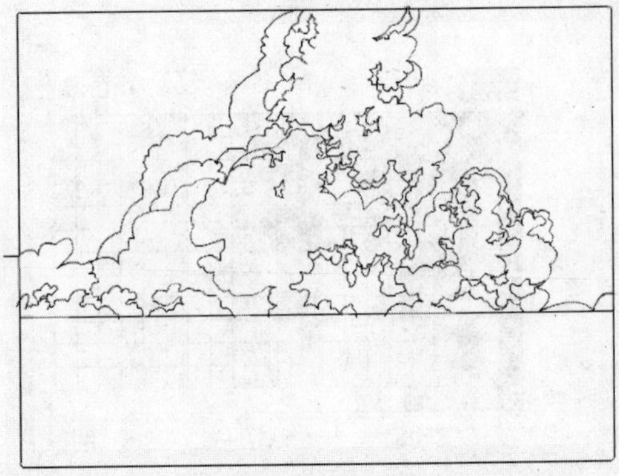

图 8-72　多层云的绘制

提示 选取直线工具时，在工具箱的最下方有一个磁石工具，单击后，绘制的路径将自动贴紧对象，这样绘制的每根线条就很容易闭合，这个工具在绘画的过程中非常有用，当需要闭合的线条时，就先单击这个工具，再进行绘制。

（7）绘制完天空就轮到大海了。由于天空的景色比较复杂，因此海面可以画得相对简单一些，产生对比，只要几个小的海浪就可以了。画法也如同天空一样。运用直线工具及选择工具。由于海浪需要有动画效果，因此要新建一层来绘制。时间轴面板左下角第一个图标就是新建图层，单击它就会在现有图层上方新建一个图层，如图 8-73 所示。双击图层 2，命名为“海浪”，然后在“海浪”层上绘制海浪，如图 8-74 所示。

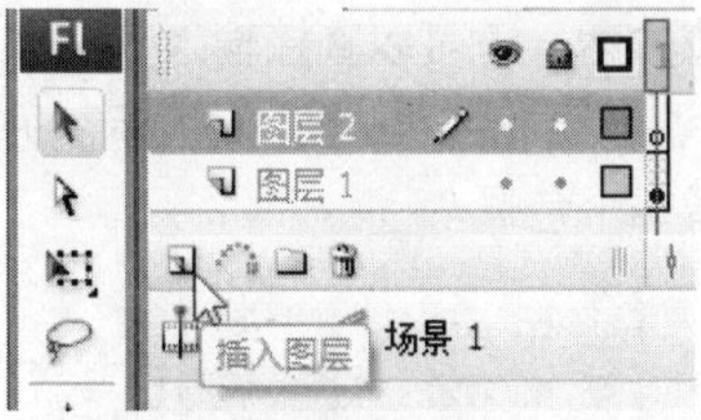

图 8-73 新建图层

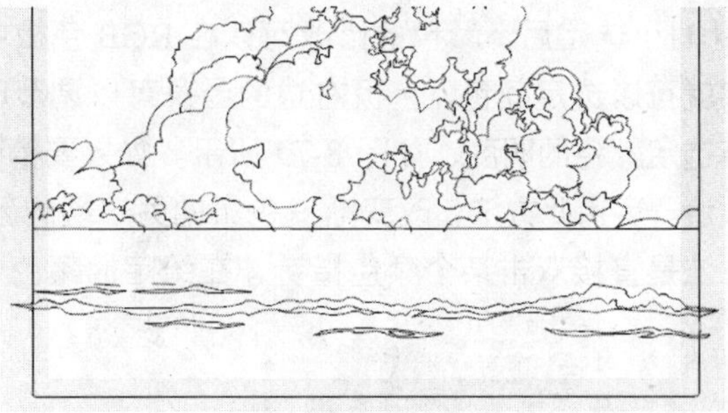

图 8-74 绘制海浪

（8）接下来再来画场景中的主角——小海豚。把它安排在海的远处，因此不用画得很仔细，只需要有个大概形状。选中图层 1，再单击新建图层按钮，在图层 1 和海浪层中间新建一层，命名为“海豚”，画好的形状如图 8-75 所示。这样，所有的场景都勾勒完成。

（9）首先上天空的颜色。注意把天空和云的颜色区分开来。天空颜色偏深，云的颜色偏浅，并且要注意云的前后层次的不同色彩。天空的颜色可以上一个渐变的色彩。接近地平线的地方颜色较浅，越往上颜色越深。上色的方法是鼠标左键单击工具箱中的油漆桶工具（快捷键 K），在右侧的色彩面板中修改属性。类型这一项指填充方式，默认为纯色，单击右边的小三角，在下拉菜单中选择线性填充方式，如图 8-76 所示。

图 8-75 海豚

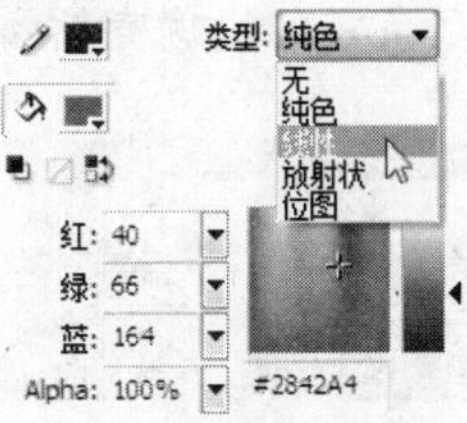

图 8-76 填充类型

（10）单击线性填充方式后，色彩面板就变成如图 8-77 所示。左键单击下方渐变定义栏，即水平细长条色彩框下方的颜色指针，如图 8-78 所示，即选定需要修改渐变色其中一端的色彩。

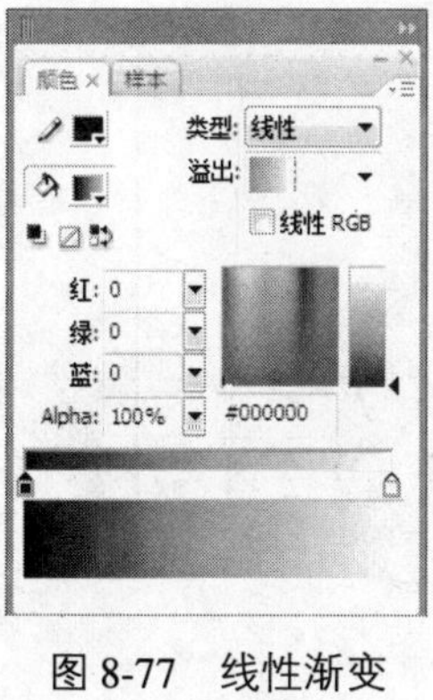

图 8-77 线性渐变

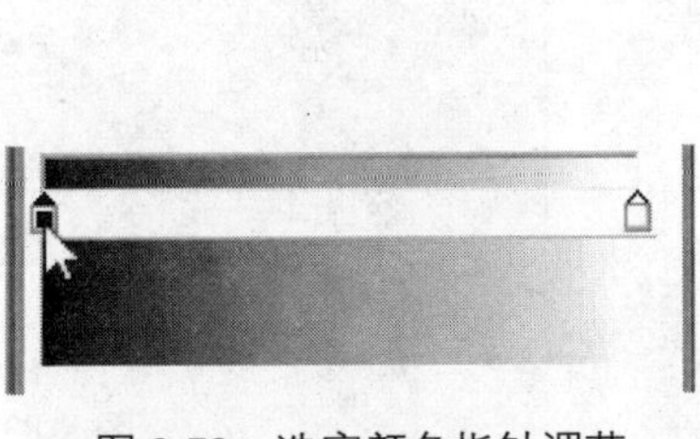

图 8-78 选定颜色指针调节

（11）选定后，颜色的修改可以在 RGB 色板中调出一个适合的色彩，移动色板中间的十字就可以选定颜色，色板右边的竖条可以调节明度，左键按住竖条右面的小三角就可以调节选定颜色的明度，如图 8-79 所示。如果要精确调节的话，还可以直接输入 RGB3 个色的数值。运用此方法，改变渐变色条的另一端的颜色，调节出颜色如图 8-80 所示。另外一种方法是直接双击某个颜色指针，在给定的颜色中选择一个色彩。

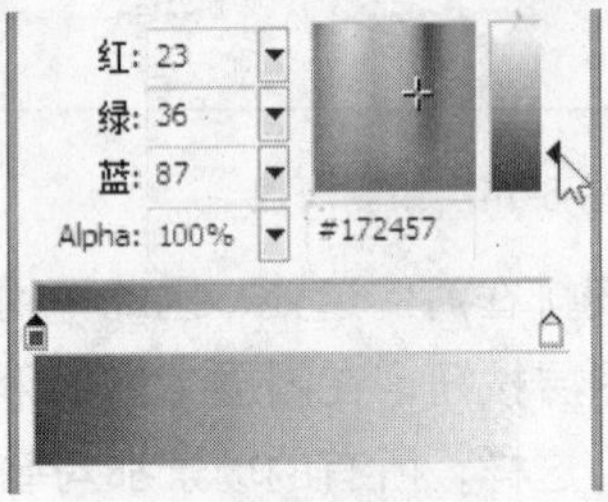

图 8-79 修改颜色

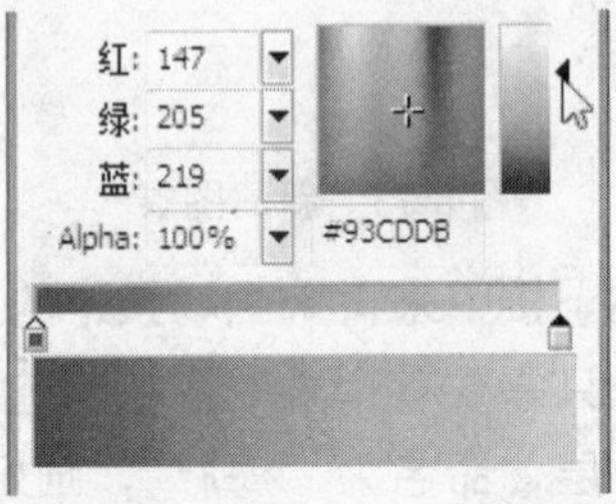

图 8-80 修改好的渐变色

提示 本例中只需要两色的渐变，但实际上渐变色可以不止两色这么简单。当想添加色彩时，如图 8-81 所示，把鼠标放在渐变色定义栏下方的任意位置，当鼠标指针下方出现+符号时，单击一下，即可增加一个色彩调节钮，颜色的修改和前面说的方法一样。需要更多颜色渐变时就多增加几个，如图 8-82 所示。要扔掉颜色指针时，用鼠标左键按住要删除的小图标往下一拖就可以删除了。另外，渐变色中每个颜色占的比例有所不同，要调节时，只需左右拖动这个颜色的指针即可。

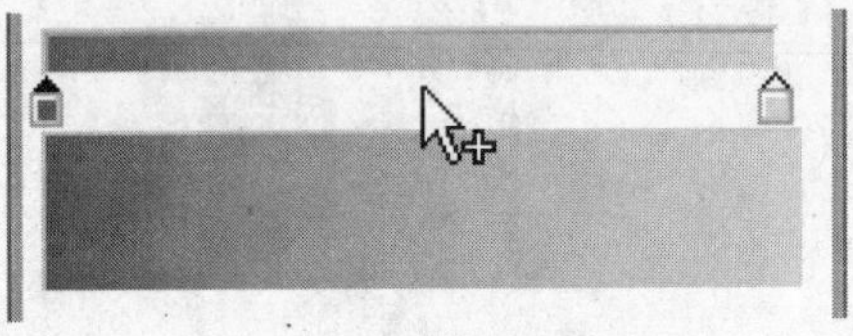

图 8-81 增加渐变色

图 8-82 增加调节钮

（12）了解了如何填充颜色后，来为天空上色。在需要填充这个渐变色的位置上按住鼠标左键并垂直拖动它，可以看到出现一条竖线，如图 8-83 所示，松开后，色彩就填充上了，按住 Shift 键可以画出垂直的竖线。

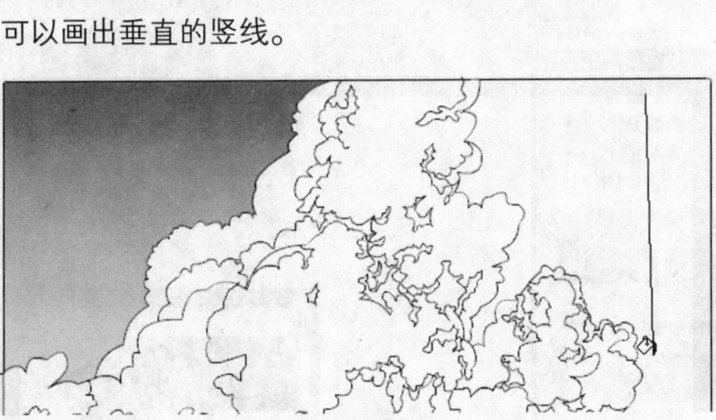

图 8-83 填充渐变色

另外还有一种方法就是：填充好颜色后用渐变变形工具（快捷键 F）来修改渐变的方向、颜色比例等。这个工具的用法是：选中渐变变形工具后，在需要修改的渐变色上单击，效果如图 8-84 所示，下面那道平行线右端的圆形是旋转把手，按住它就可以改变渐变的方向，中间的右向箭头可以调整渐变色的距离，拖动两条平行线中间的圆点决定渐变色的位置。多试几遍就会熟悉它的用法。

提示 任意变形工具和渐变变形工具在一起，如果工具箱中显示的是任意变形工具，那么就用鼠标左键按住任意变形工具不动，会弹出一个菜单，如图 8-85 所示，这时就可以选择渐变变形工具。

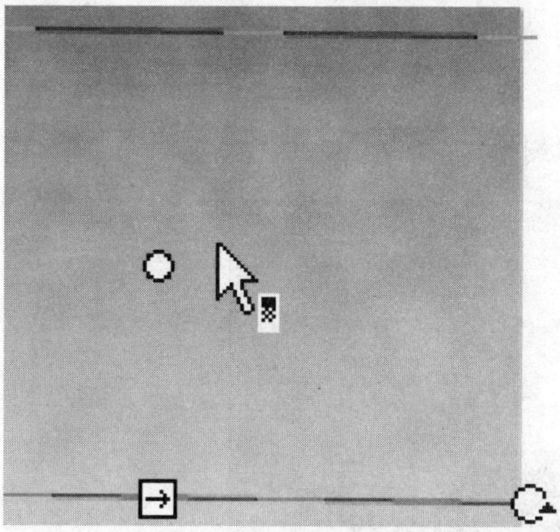

图 8-84 渐变变形

图 8-85 选择渐变变形工具

（13）接下来为云上色。要特别注意的是：在 Flash 中，如果对象是白色的，必须要填充白色，不能留空，如果留下空白，在渲染出的影片当中，物体并不是白色，而是体现出场景本身的颜色或是透出它所在图层的下面一层的东西。因此，白色的云要为它填充白色。云的填充可以灵活运用颜色填充方式，只需把握好云的层次，上色时注意前后关系。填充好的效果如图 8-86 所示。

提示 云的填充关键需要把握的是光线的来源。从图 8-86 来看，光线的来源是右方，因此阴影都在左方，右面朝阳的地方就相对亮一些，这是所有绘画都需要注意的地方。另外，在上色时，可以一层一层地上，一种颜色上一层，叠在最上面的层是最亮的，下面一层再调一个略为暗些的颜色，这样有规律的上色可以帮助更好地理解和把握画面关系。

（14）整个天空都上完色后就该上海的颜色了，海面的颜色同样是用渐变色来填充。靠近海天交接线的地方颜色深些，也就是添加一个垂直渐变。按照前面所说的方法调出合适的颜色，在场景中填充海面，继续调整天空的颜色来配合整个画面的色彩。效果如图 8-87 所示。

图 8-86 天空填充效果

图 8-87 填充海面颜色

（15）填充海浪和海豚的颜色。如图 8-88 所示。

图 8-88 填充海浪和海豚的颜色

（16）单击图层 1，回到背景层，删除所有之前的勾线。比较简单的方法是单击选择工具，选中这一层后，在属性面板中禁用勾线，如图 8-89 所示。照此方法将海浪的勾线也删除，但要保留海豚的勾线，如图 8-90 所示。

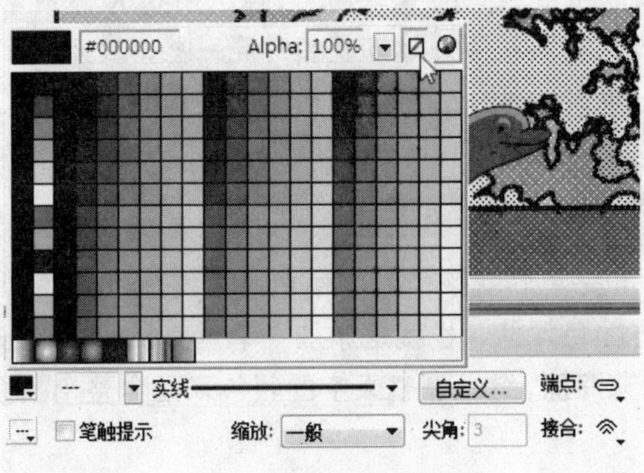

图 8-89 禁用勾线

图 8-90　删除勾边后的效果

（17）现在整个画面基本完成了，但是还需要再调整一下大的效果。可以看到，现在海天交接线有些死板，可以适当将海平面下调，缓和交接处的色彩。另外，有些形状可能不够圆滑，单击选择工具，再进行微调。有些人可能会认为把勾线删除后会无法再修改外形，这点大可不必担心，单击选择工具，将鼠标放在需要修改外形的位置上，可以看到鼠标会变成 或是 ，这和修改单线时的方法是相同的。最后，如果哪些地方的色彩与整个画面不和谐，也可以再进行调整，调整后的效果如图 8-91 所示。

图 8-91　整体调整后的效果

提示　要想使画面好看，色彩的协调是必不可少的元素。调出漂亮和谐的颜色的关键就在于注重画面整体效果。画一块颜色的同时要看着它周围的颜色，时刻关注全局。就本例来说，其实天空和云画成什么颜色都可以。现实当中也是如此，天空在不同时刻总是呈现不同的颜色，但接下来画海的颜色就要注意和天空颜色搭配的和谐。甚至在给海豚上色时，也需要注意整个画面的协调。动画效果好是最重要的，即使只是一个很小的动画，如果可以做出赏心悦目的画面也会为整个动画增色不少。这也是为什么本例用了大量篇幅来写如何绘制场景的原因。

（18）由于海豚是从海中窜出来，海面要分为两部分才能制作出这样的效果。因此选中海面的三分之二，如图 8-92 所示，剪切（Ctrl+X）并粘贴（Ctrl+Shift+V）到新建的层上面，新建的层命名为“前海”，再将“海豚”图层拖动到“背景”层与“前海”层之间，图层的位置如图 8-93 所示。

图 8-92　选中部分海面

图 8-93　图层顺序

提示　特别需要注意的是：这里所说的粘贴是原位粘贴，即剪切下来的对象粘贴到新一层的时候还是在原来的位置，快捷键是 Ctrl+Shift+V，普通的粘贴快捷键是 Ctrl+V，这种粘贴方式并不一定会将物体粘贴到它原来的位置。

（19）将海豚转换为元件。方法是单击海豚图层，海豚就会被选中，右击鼠标，在弹出的菜单中选择“转换为元件”（快捷键 F8），如图 8-94 所示。

图 8-94　转换为元件

在对话框中，名称命名为“海豚”，类型选择“影片剪辑”，如图 8-95 所示，然后“单击”确定按钮。这时，在场景旁边的库中就可以看到名为海豚的影片剪辑，如图 8-96 所示。

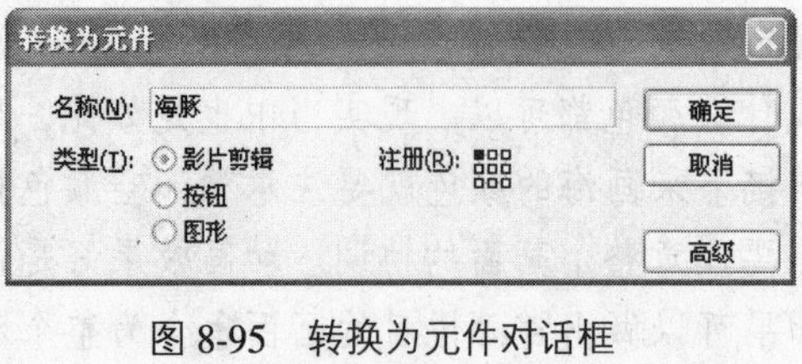

图 8-95　转换为元件对话框

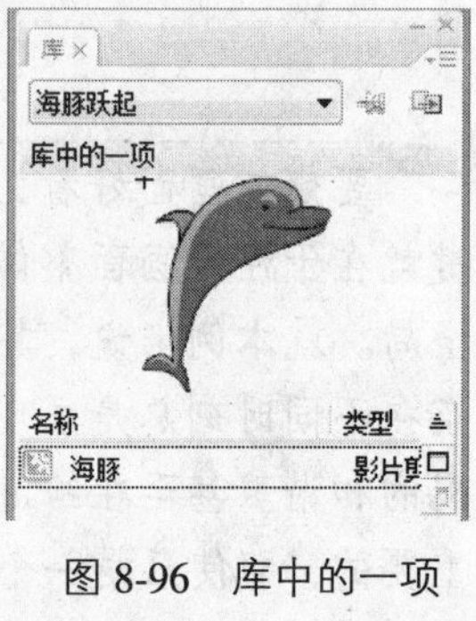

图 8-96　库中的一项

（20）将海豚缩小到合适的尺寸。因为做的是远景，海豚是在远处跳跃，所以海豚需要缩小一些。先选中工具箱中的任意变形工具 （快捷键 Q），单击场景中的海豚，会出现如图 8-97 所示的矩形调节框，拖动四周的调节柄就可以任意缩放它，同时按着 Shift 键就是等比例缩放，直接拖动海豚还可将它移动到任意位置。

（21）添加引导线。在时间轴面板左下角有一个小按钮 ，这就是引导层按钮。选中海豚图层，单击引导层按钮，或右击此图层，在菜单中选择“添加引导层”，这时，在海豚图层上方就出现了引导层，如图 8-98 所示。用直线工具在引导层上添加一条弧线，如图 8-99 所示。

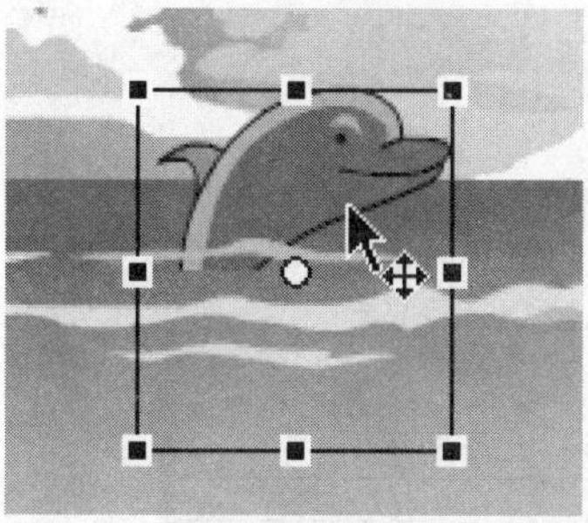

图 8-97　尺寸缩放

图 8-98　添加引导层

图 8-99　画一条引导线

提示 添加引导层还有一种方式，是在需要被引导图层的上方新建一个图层，在这个图层上绘制引导路径后，右击此图层，在菜单中选择“引导层”，那么，新建的这个图层便成为引导层，它能把用任何绘画工具，如直线、铅笔、钢笔、椭圆等绘制出的线条变为物体运动的轨迹。此时，图层前面是一个钉子图形 ，表示它还没有引导任何物体。选中需要被引导的图层，并拖动它到引导层上，松开鼠标，引导层便成立了。

（22）添加完运动轨迹要给海豚设定跳跃的时间。在时间轴上为所有图层添加帧数至第 50 帧。方法是一起选中所有图层的第 50 帧，单击鼠标右键，在弹出的菜单中，选择“插入帧”(快捷键 F5), 如图 8-100 所示。这样，所有图层就都变成了 50 帧的长度，如图 8-101 所示。选中海豚图层的第 50 帧，右击，在菜单中选择“插入关键帧”，这样，海豚图层的第 1 帧和最后一帧都成为关键帧，如图 8-102 所示。在 Flash 中，至少需要前后两个关键帧的动作，中间才能形成动画。

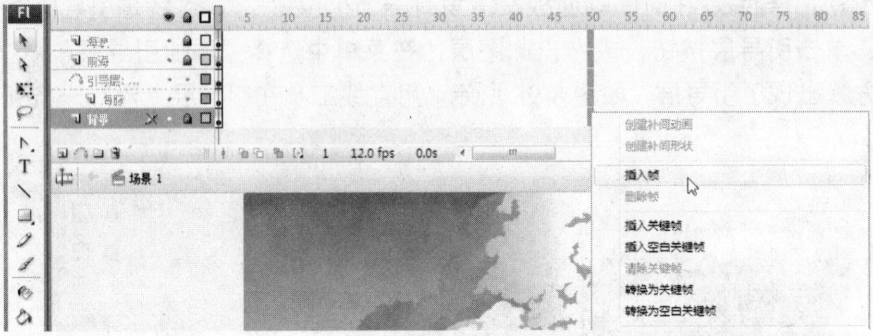

图 8-100　插入帧

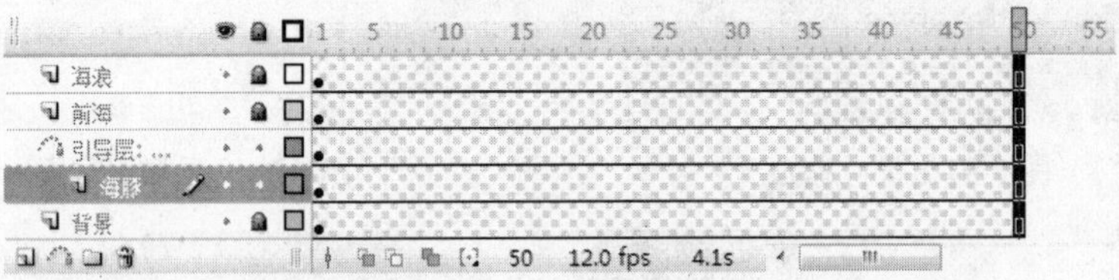

图 8-101　所有图层都是 50 帧

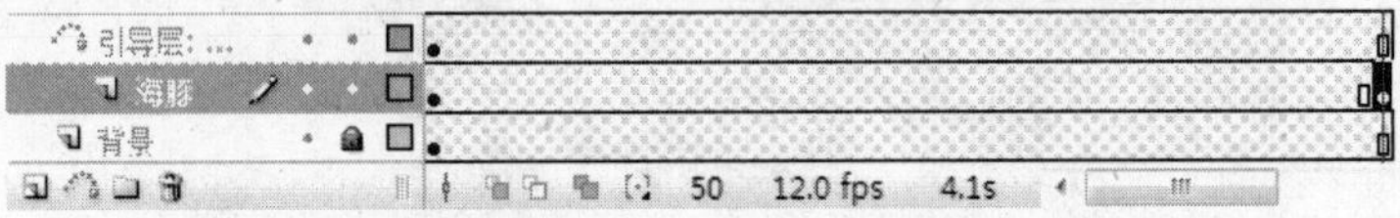

图 8-102　添加关键帧

提示 当添加数量比较多的帧数时，就不能一帧一帧地添加。这时，就可以在要添加的长度的最后一帧上直接插入帧，这样就大大加快了速度。如果有多个层都需要添加同样长度的帧数，就可以把所有层的最后一帧一起选中，添加。

(23) 为了看得清楚一些，可以隐藏其他图层，如图 8-103 所示。另外，眼睛旁边的锁图标的功能是锁定图层，单击后会出现锁的图标，对被锁定层不能执行任何操作，这样做的目的是避免其他层对目标层产生干扰。

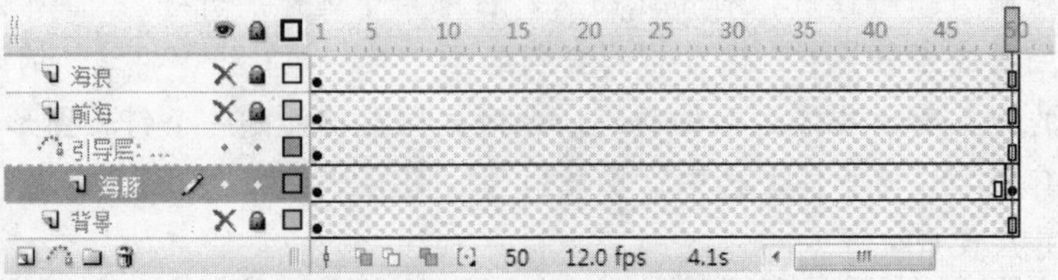

图 8-103　隐藏和锁定图层

（24）下面，选中海豚图层的第 1 帧，将海豚元件移动到引导线的起点上，如图 8-104 所示，再选中图层的最后一帧，将元件移动到引导线的终点上，如图 8-105 所示。执行操作时，需要注意的是：要将海豚的中心点对准引导线的两个端点才能使引导线动画成立。如果对不上中心点的话，还有一个好用的工具可以帮助，就是在工具箱最下方的磁石工具，单击它，就很容易将两个中心点吸附上。

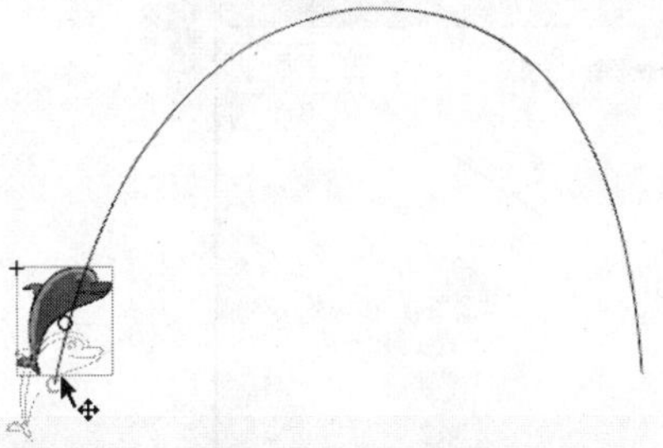

图 8-104　移动元件至引导线起点

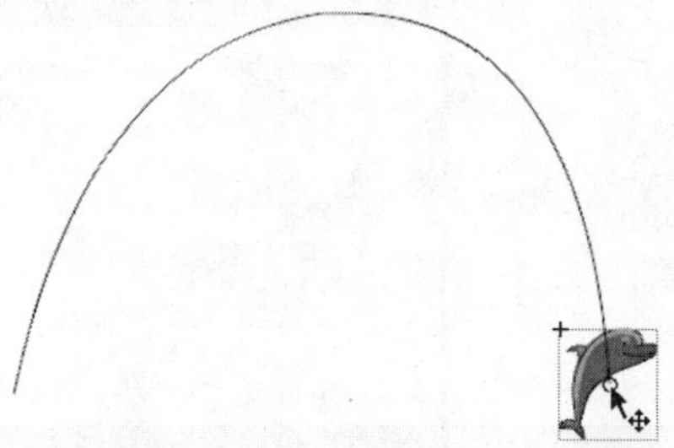

图 8-105　移动元件至引导线终点

（25）由于海豚在跳跃过程中方向是发生变化的，所以，将海豚元件移动到引导线终点后，还要改变元件的方向。选中任意变形工具，把鼠标放在矩形调节框的角上，会出现一个旋转箭头的标志，按住鼠标左键拖动，即可改变元件的方向，如图 8-106 所示。

（26）在海豚图层两个关键帧之间的任意一帧上右击鼠标，在弹出的菜单中选择“创建补间动画”，如图 8-107 所示，这个引导动画就成立了。在主菜单中选择“控制〉测试影片”（快捷键 Ctrl+Enter），会发现海豚虽然从海中跃起来了，但是没有速度感，而且跳到空中的时候不符合规律。这是因为在海豚图层只设置了两个关键帧，因此它是匀速运动。在时间轴上移动时间滑块时，也会发现当海豚运动到引导线的某些部位时，趋势和引导线不同，这也是缺少关键帧，没有在这些位置设置关键帧来改变海豚运动的方向的缘故。

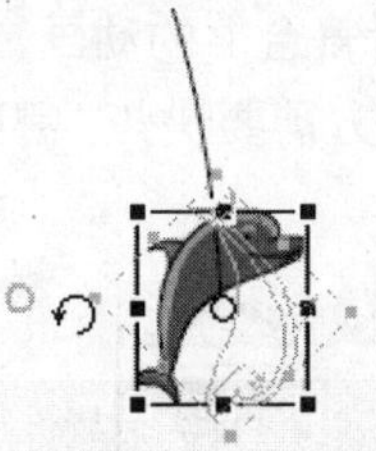

图 8-106　改变元件方向

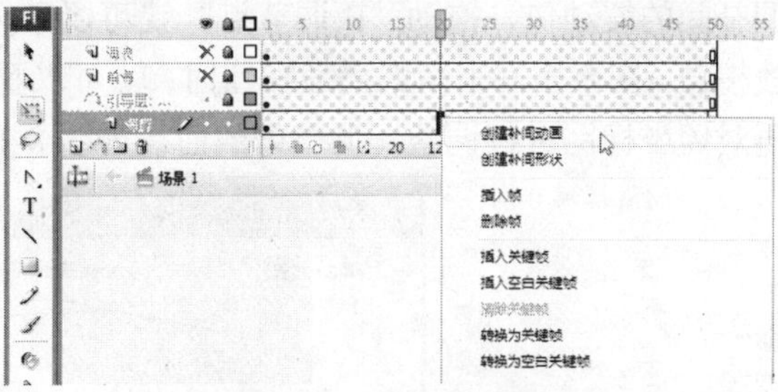

图 8-107　创建补间动画

（27）下面，就来弥补这些不足之处。先来调整海豚跳跃的速度。大家都知道，做跳跃运动时，起跳的时候很快，然后作减速运动，直到最高点速度达到最低，落下的时候则是加速运动，离地面越近速度越高。海豚的跳跃动作也是同样的原理，按照这个原理来调节它的速度。单击海豚图层补间动画中的任意一帧，属性面板就会出现补间动画的属性，如图 8-108 所示。单击“缓动”右边的编辑按钮，就会出现自定义缓入缓出的对话框，如图 8-109 所示。

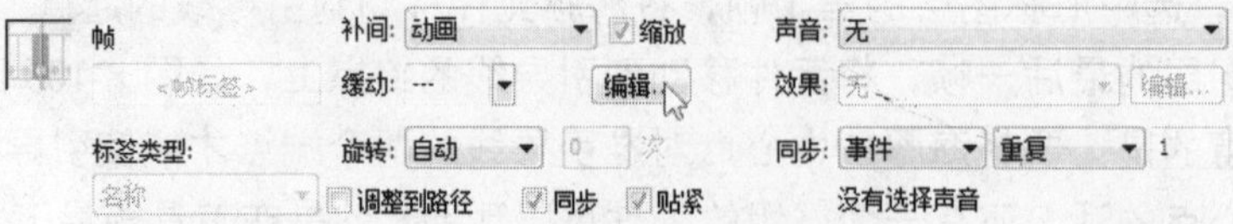

图 8-108　补间动画的属性

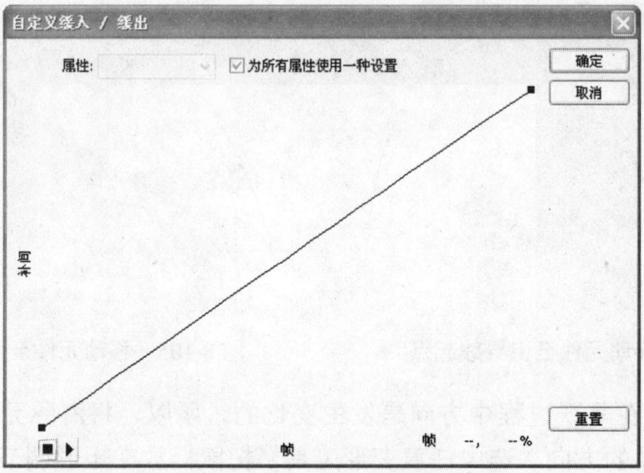

图 8-109　“自定义缓入/缓出”对话框

（28）“自定义缓入/缓出”对话框显示了一个表示运动程度随时间而变化的坐标图。水平轴表示帧，垂直轴表示变化的百分比。第一个关键帧表示为 0%，最后一个关键帧表示为 100%。曲线的斜率表示对象的变化速率。曲线水平时（无斜率），变化速率为零；曲线垂直时，变化速率最大，一瞬间完成变化。依据前面讲到的运动规律，来调节运动速率。调节的方法是在这条斜线上单击一下，会出现一个调节点，若要增加对象的速度，向上拖动控制点；若要降低对象的速度，向下拖动控制点。若要进一步调整缓入缓出曲线，并微调补间的缓动值，拖动“P 调节点”就可以了。若要查看舞台上的动画，单击左下角的播放按钮。在单击左下角的播放按钮时，就可以看出哪些地方需要快些，哪些地方需要慢些，再对照坐标图进行调整。调整好的曲线如图 8-110 所示。

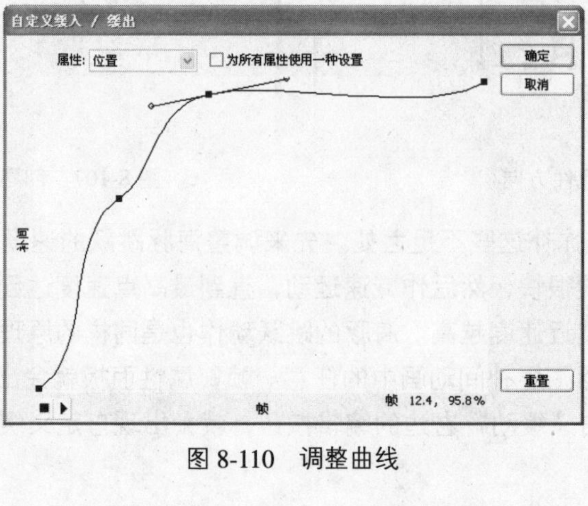

图 8-110　调整曲线

再按 Ctrl+Enter 测试一下影片，发现海豚跳跃的速率已经发生变化。速度已经修改好了，现在该修改海豚跳跃的方向了。在时间轴上拨动时间滑块，观察场景中的海豚沿着引导线运动的轨迹，海豚在抛物线顶端时是第 10 帧，在这一帧上设关键帧，并改变海豚的方向。

提示 物体沿引导线运动时，如果运动方向与引导线不一致时，只需在一些关键点改变物体的方向就可以了。本例当中引导线是一条抛物线，因此海豚运动的方向的关键点就是两个端点和抛物线的顶端，在这 3 个点上确定海豚的方向，就可以调节出正确的运动方向了。

（29）目前，画面中只有海豚跳跃的动作还不够，制作海的波动会让动画更加生动。接下来就学习如何让海面波动起来。做之前，也需要了解海浪的动画原理。海浪无论大小，都是不断向海边运动的，因此，海浪的动画就是一个一个的海浪向前运动的循环。

（30）海浪的循环需要在一个元件里制作，这样，在场景当中就是一个带有循环动画的元件。单击海浪图层，将海浪转换为类型是影片剪辑的元件，命名为“海浪”。双击场景中的元件，进入此影片剪辑当中。

（31）做海浪动画的方式是利用几个图层不断新加入海浪做循环。图层 1 是第一层海浪，可以在原来画好的基础上进行修改。在第 85 帧插入关键帧，将海浪移出场景，再加入补间动画。新建图层 2，在第 30 帧处插入关键帧，画一到两条海浪，也在 85 帧处插入关键帧，将海浪下移，再创建补间动画，始终和图层 1 的海浪保持一些距离。按如此方法添加第 3 层和第 4 层海浪。添加好的图层如图 8-111 所示。现在做的比较基本，如果想做出更细致的效果，还需添加更多层，并且海浪需画得更细致。本例着重讲的是引导线动画，因此补间动画就不细说了。

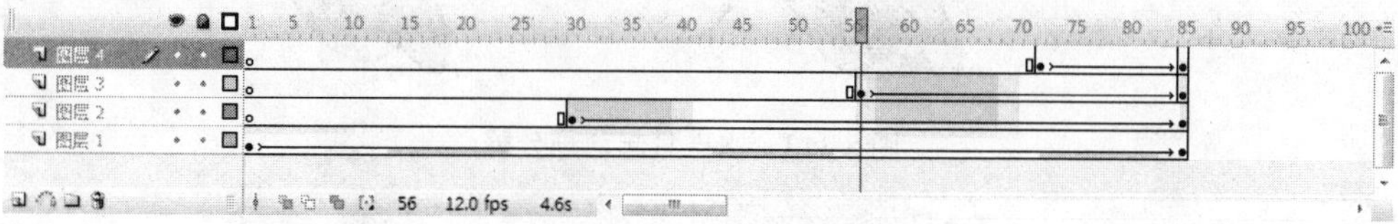

图 8-111　海浪循环

（32）由于海豚跃入海中，必然会溅起浪花。回到场景中新建一层，命名为“浪花”。这一层要建在两层海的中间。浪花是在海豚跃入的瞬间溅起，因此移动时间滑块，找到海豚跃入海面是哪一帧。观察的结果是大约在 19 帧处，在浪花层的第 19 帧处插入关键帧，在这一帧上开始绘制浪花，注意浪花的位置要对准海豚跃入海面的位置。隐藏除海豚图层外的所有层，方便绘制。用粗细为 0.5 的黑实线勾勒出的浪花形状，如图 8-112 所示。

（33）浪花溅起分为 3 个步骤：刚溅起的时候浪花较大，并且集中，接下来，往外散落的时候，水珠会开始分散变小，最后消失。依照这个规律依次新建 4 到 5 个关键帧，绘制出接下来的几帧，并上色，如图 8-113 所示。注意水珠的颜色要比海的颜色亮些，与天空、海洋产生对比，显得画面比较明快，也避免与背景混在一起看不出来。浪花消失这一帧不用特地把水珠删除，只要在这一帧上右击鼠标，在弹出的菜单中，选择“插入空白关键帧”就可以了。现在，所有图层顺序如图 8-114 所示。

图 8-112　浪花形状

图 8-113　水珠溅起动画分解

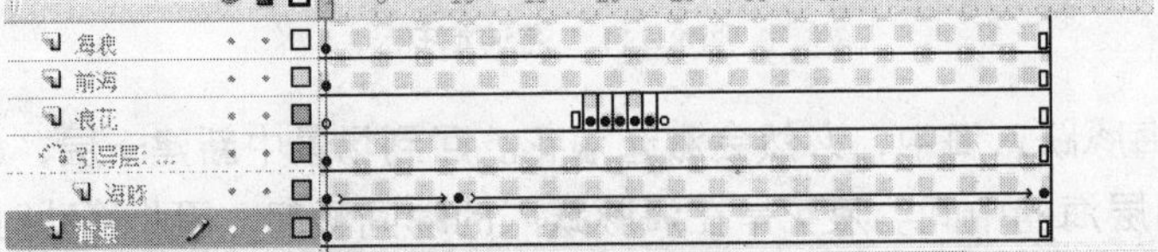

图 8-114　所有图层顺序

（34）在所有图层的最上方新建一层，命名为“闪光”。然后在这一层上，在海天交接线处有层次地画一些小的四角星，星星的颜色最好是白色，也可以用渐变色。可以先画好一个，然后选择上，然后按住 Alt 键拖动它即可复制，但是复制出的星星的大小要有所区别。画好的效果如图 8-115 所示。

图 8-115　闪光的星星

（35）选中这一层，转换为影片剪辑元件，命名为“闪光”。进入这个影片剪辑，再新建一个关键帧。在第 2 个关键帧中，删掉一部分星星，再添加一些星星，造成闪光的效果。注意两个关键帧要有些距离，如图 8-116 所示，这样，闪光不会闪得太快。

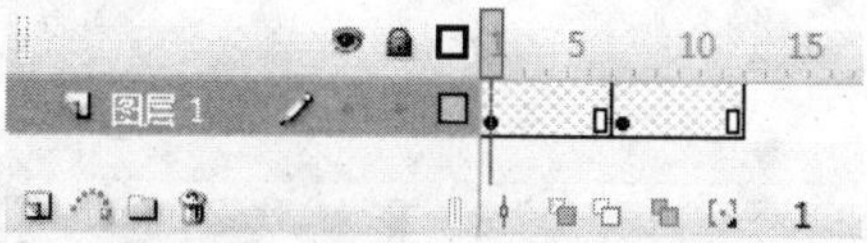

图 8-116　星星闪光动画的图层

这个海豚跃起的小动画就完成了。按 Ctrl+Enter 测试一下影片，基本符合预期效果，如图 8-117 所示。

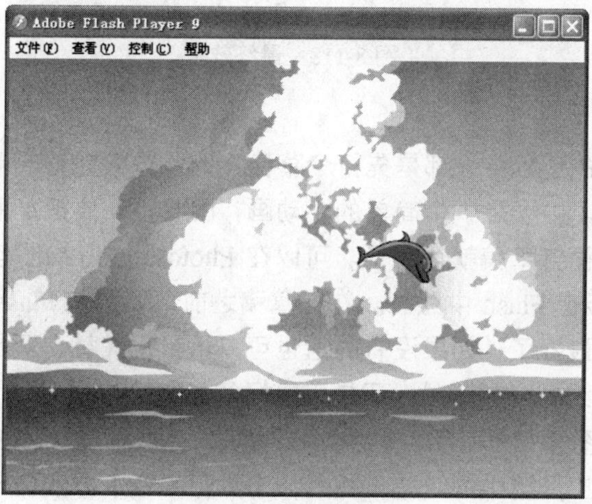

图 8-117　测试影片效果

8.8 学以致用——飘雪

源 文 件：	CDROM\08\源文件\飘雪.fla
效果文件：	CDROM\00\效果\飘雪.swf

制作通常看到的许多日常自然现象的动画都会应用到引导线，例如雪花飘落。现在就来学习如何将引导线动画应用于制作下雪的场景。在这个例子中，设定的场景是一个可爱的小女孩伸出双手在接雪，绘制完成的效果如图 8-118 所示。大家是不是觉得很可爱呢？其实这并不是很难，按照例子中的步骤学习，你也可以制作出来。

图 8-118　最终效果

1．绘制主角

（1）一般在绘画的过程中，都是先打个草稿，以便对构图有一个整体的构思，即使是无纸动画也需要草稿。由于是一个简单的小动画，因此不需要把草稿画在纸上，再扫描进电脑，直接在电脑里面打草稿就可以了。可以在 Photoshop 等绘图软件中画好草稿再调入 Flash 中，也可以直接在 Flash 中绘制。在打草稿之前，要熟知 Flash 中的绘图工具，如果有一块绘图板当然是最好了，如果没有的话也可以用鼠标代替，只是稍稍麻烦一些。在这里，只讲如何用鼠标绘画，大部分人还是用鼠标多些。

双击图层 1，如图 8-119 所示，把图层 1 命名为“线稿”。可以先用铅笔工具 来画个大概形状。当单击工具箱中的铅笔工具后，工具箱的最下方就会出现一个直线选项，可以将它改成平滑曲线，如图 8-120 所示。这样画出的直线就是圆滑的曲线，不用费劲再修改，非常方便。

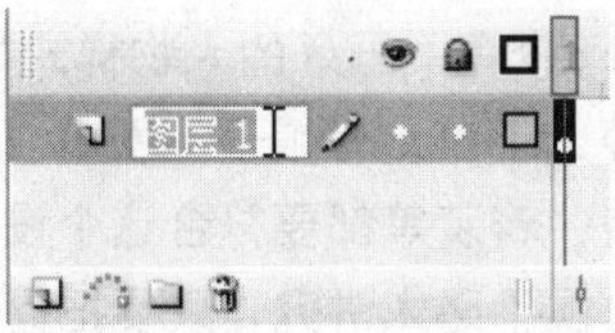

图 8-119　图层重命名

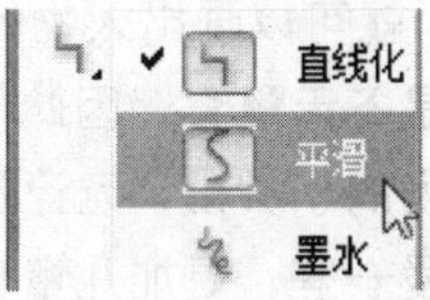

图 8-120　铅笔工具线条

另外，在属性面板中也会显示出铅笔工具的各种属性可供修改，如图 8-121 所示。

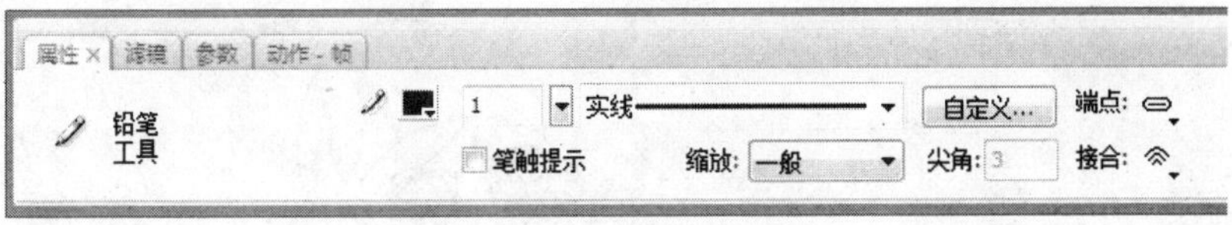

图 8-121　铅笔工具属性

铅笔图标右边的颜色框 用来修改线条的颜色，单击它会出现颜色选择面板，如图 8-122 所示，Alpha 值代表颜色的透明度。选择一个颜色作为边线的颜色，一般都用黑色。颜色选框旁边的数值输入框用来输入线条的粗细数值，也可以用数值框旁边的小三角滑块来调节，如图 8-123 所示。

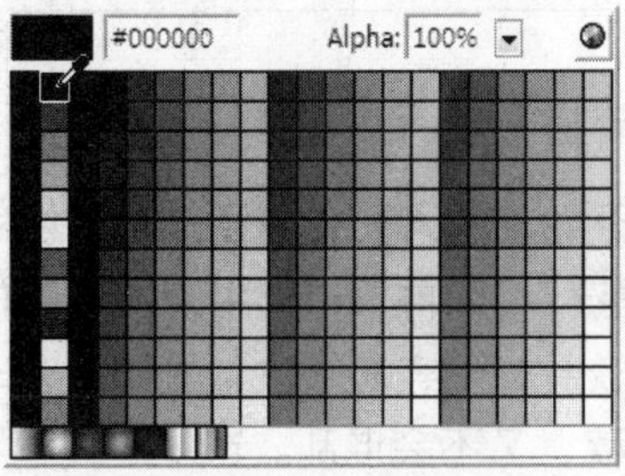

图 8-122　线条颜色面板

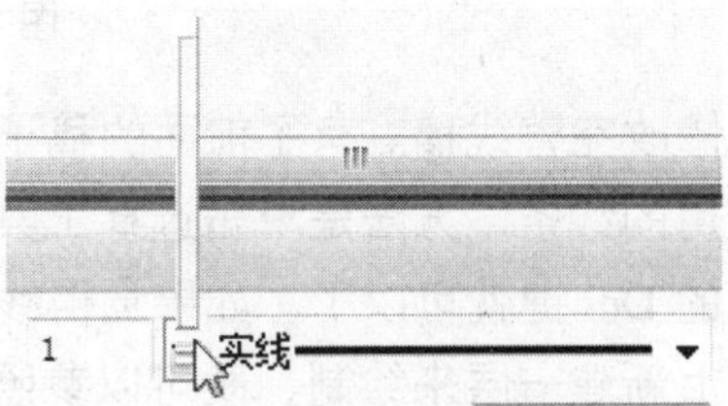

图 8-123　调节线条粗细

旁边的选框用来调整线条的类型，如实线、极细实线、虚线等，如图 8-124 所示。这 3 项是常用的，其他属性在这里暂时不介绍了，随着对 Flash 应用的深入体会，对于这些属性会慢慢了解。例子中，就用黑色、粗细为 1 的实线来绘制。

铅笔工具在最初打草稿时很好用，不用很细致地画出每个细节，只需要将人物的大概位置和姿势画出来就可以了，初步打稿时先定下构图，即人物所在的位置，如图 8-125 所示，准备将人物画在画面靠右边约三分之一处。

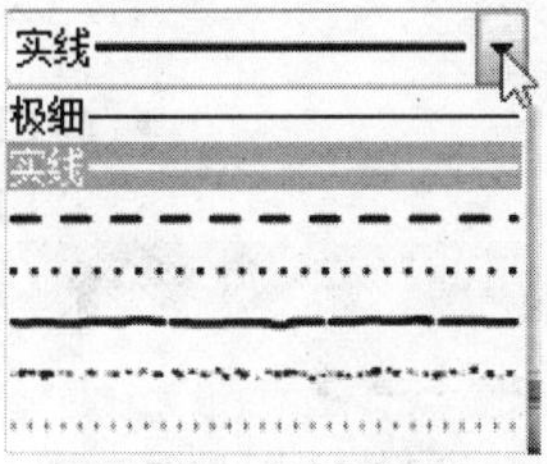

图 8-124　线条类型

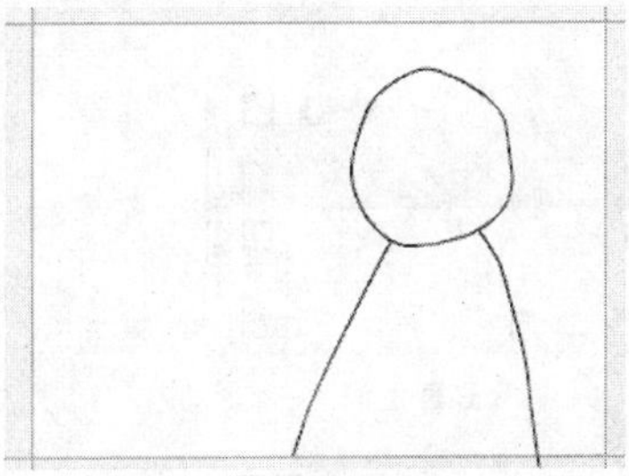

图 8-125　人物位置

定好位置后，就可以画出人物的大概样子和姿势等，画好的人物样式如图 8-126 所示。由于做的小动画是冬天飘雪，因此需要让人物穿上冬装，有帽子、围巾、大衣等。最开始设定的是一个可爱的小女孩，无论是人物的样貌、着装等都要符合这个设定，将人物的整体都尽量画得可爱一些，更加儿童化。打稿的时候不必太讲究，只要把需要表达的东西的大概形状画出来就可以了，可以等进一步细化时再仔细对线条进行调整。

图 8-126　起稿

（2）修改完善线稿。有了前面的稿子，就可以开始细化人物形象了。这时候就可以去掉一些没用的线条，方法是单击选择工具（快捷键 V），再单击选中需要删除的线条，按键盘上的 Del 键就可以了。如果觉得线稿起得比较乱，不容易修改，另一种方式就是在现有图层上新建一层来绘制，既可以参照原来的线稿，又不会混乱。选中“线稿”图层，单击时间轴左下方的新建图层按钮，如图 8-127 所示，在线稿层上面新建一层，命名为“女孩”。在这一层上仔细绘制。需要注意的是一定要锁定线稿图层，以免在新建图层上绘制时对线稿图层进行误操作。

图层名右边有 3 个小按钮，如图 8-128 所示。第 1 个眼睛图标代表是否隐藏图层，点上后会出现一个叉子，这样，图层就不会出现在场景中，当然最终渲染时还会出现在影片中。第 2 个锁图标代表是否锁定图层，当图层被锁定时，对该图层不能执行任何命令，这是为了避免误操作。第 3 个方框图标代表显示对象边框，当单击此图标时，该图层的物体就只剩下边线。

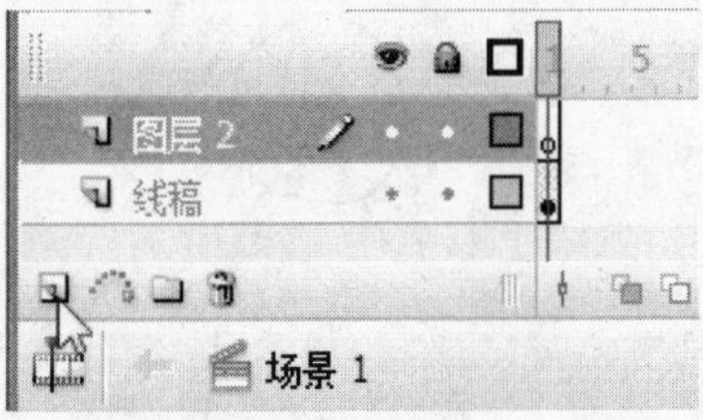

图 8-127　新建图层

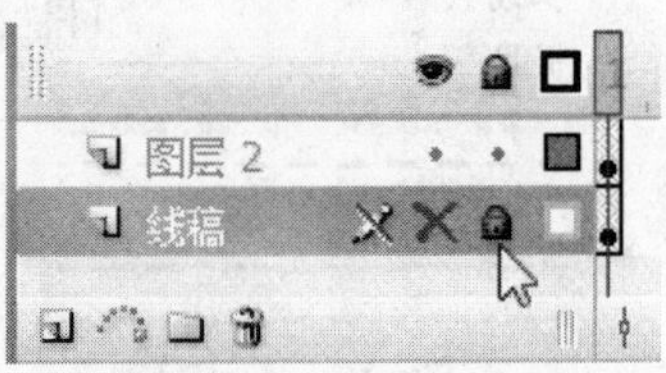

图 8-128　锁定图层

如果用不熟练铅笔工具的话，可以用直线工具（快捷键 N）。直线工具是 Flash 中最常用的工具之一，它通常在绘画的最初勾勒大概形状时运用。直线工具的用法是按住鼠标左键拖动鼠标，即可绘制出想要的直线，画水平和垂直直线的时候同时按住 Shift 键，可以画出绝对直线。还可以对线条进行一些修改，同样是利用选择工具，单击工具箱中的选择工具后，将鼠标放在需要修改的线条上，会看到鼠标的后面多了一条小弧线，此时，拖动线条就可以使它变成想要的弧线形状，如图 8-129 所示。另外，如果将鼠标放在直线的接合点上时，鼠标的后面就会变成一个小直角，这就代表可以拖动这些最初设的关键点来修改整体的形状，如图 8-130 所示。

图 8-129　修改线条弧度

图 8-130　拖动节点

提示 使用直线工具时，可以根据需要修改线条的属性，如粗细、类型等。修改的方法是选中直线工具后，在属性面板中就会出现直线的属性，如图 8-131 所示。可以看到这个直线工具的属性面板和铅笔工具的属性面板非常相似，同样，它们的使用方法也是类似的，包括对线条颜色的修改，以及调整直线的类型和粗细等。勾线的时候，可以用黑色、粗细为 1 的实线。另外，如果怕线条的颜色和前一层的混了，也可以先改变这一层的线条颜色，再开始绘制。

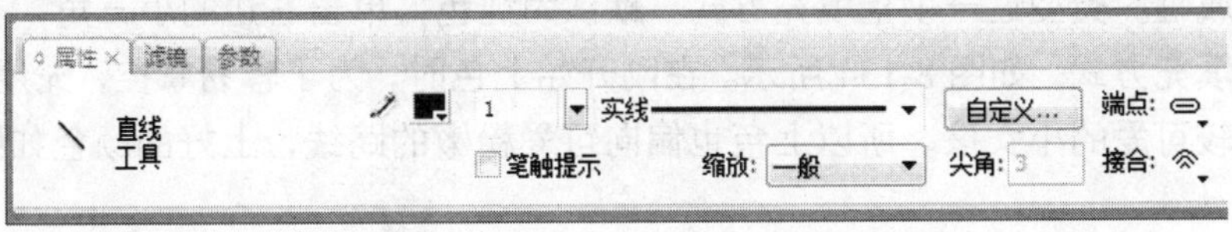

图 8-131　直线工具的属性

勾勒出的形状如图 8-132 所示。

图 8-132　勾勒边线

（3）绘制细节。

（4）画一些明暗交接线，这是为了之后上颜色方便。因为上色的时候，由于光线的关系，都会有明暗和光影的效果，现在把界限分出来，上色的时候，就会做到心中有数。为了与边线区分开来，可以换一种颜色的线条。如图 8-133 所示。

图 8-133　明暗交接线

（5）上色。上色的方法是单击工具箱中的油漆桶工具 （快捷键 K），在右侧的色彩面板中修改属性。类型这一项指填充方式，默认为纯色，单击右边的小三角，在下拉菜单中选择线性填充方式，如图 8-134 所示。在刚开始上色时，为了容易掌控，先用纯色来上。设定的是比较可爱的小女孩，所以上色也偏向可爱粉嫩的路线，上好的颜色如图 8-135 所示。

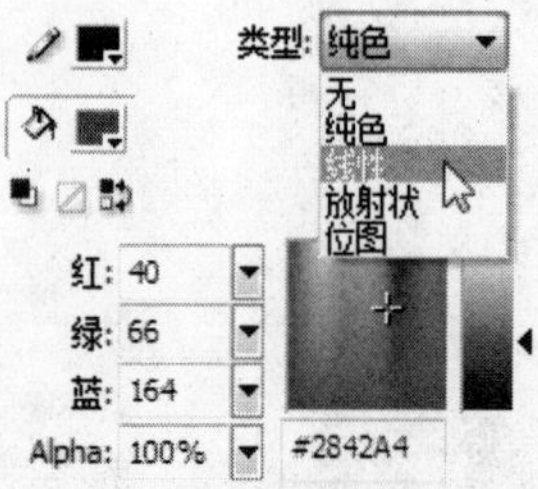

图 8-134　填充类型

图 8-135　上色

提示 在上色的时候，注意一定只有线条闭合才能上色。需要把所有的线条闭合，这个时候磁石工具就非常好用。无论是直线工具还是选择工具，当选取它们后，在工具箱的最下方都有一个磁石工具，单击后，绘制的路径将自动贴紧对象，这样绘制的每根线条就很容易闭合，当需要闭合的线条时，就可以先单击这个工具再进行绘制或修改。

（6）删除没用的明暗交接线和边线，如图 8-136 所示。

图 8-136　删除边线

（7）添加细节。现在人物的眼睛看上去有一些死板，可以添加一个渐变，使小女孩的眼睛变得非常有神。渐变的方式选择放射状渐变，让眼睛中间明亮一些，四周稍微暗些，这样会使眼睛看起来更立体，瞳孔更清澈。

填充放射状渐变的方法是：单击工具箱中的油漆桶工具，在颜色面板中将填充类型改为放射状，颜色面板会变成如图 8-137 所示。在这个面板中，可以修改渐变的颜色等属性。

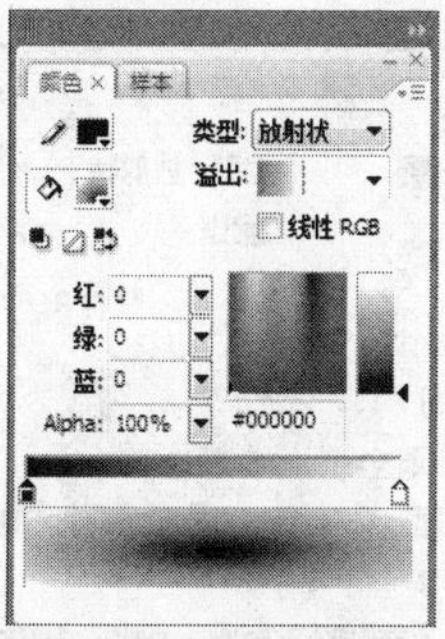

图 8-137　放射状填充方式

左键双击下方渐变定义栏，即水平细长条色彩框下方的颜色指针，如图 8-138 所示，就可以选定需要修改的渐变色其中一端的色彩，如图 8-139 所示。

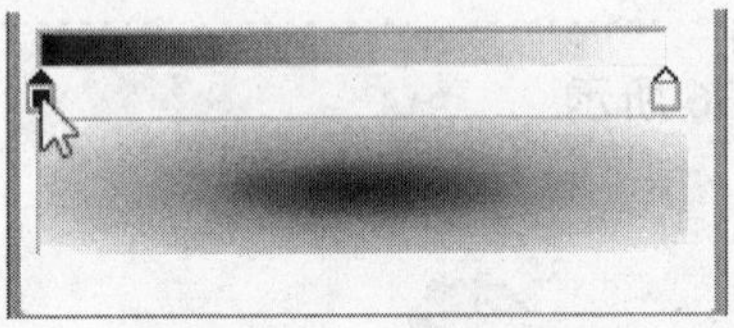

图 8-138　双击颜色指针

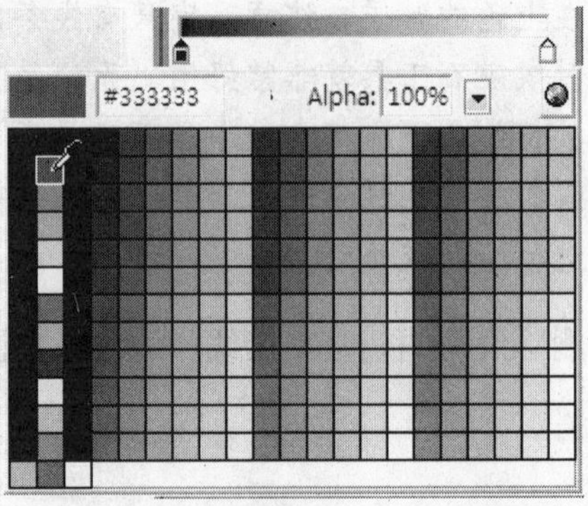

图 8-139　选择渐变色一端的颜色

如果认为给定的颜色面板中可选的太少，那么，也可以在单击颜色指针后，在渐变定义栏上方的 RGB 色板中调出一个适合的色彩，如图 8-140 所示。移动色板中间的十字可以选定颜色，色板右边的竖条可以调节明度，单击左键按住竖条右面的小三角滑块就可以调节选定颜色的明度，如图 8-141 所示。

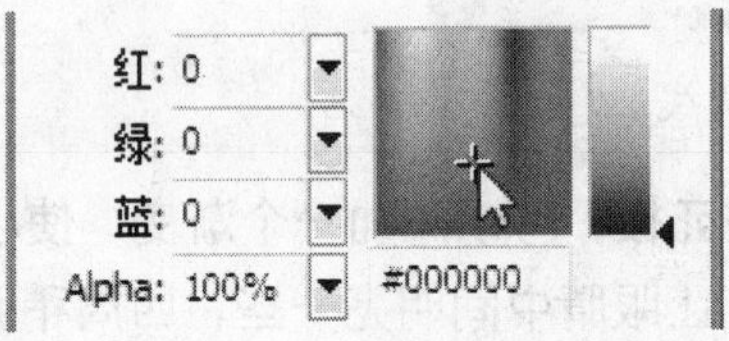

图 8-140　RGB 色彩调节

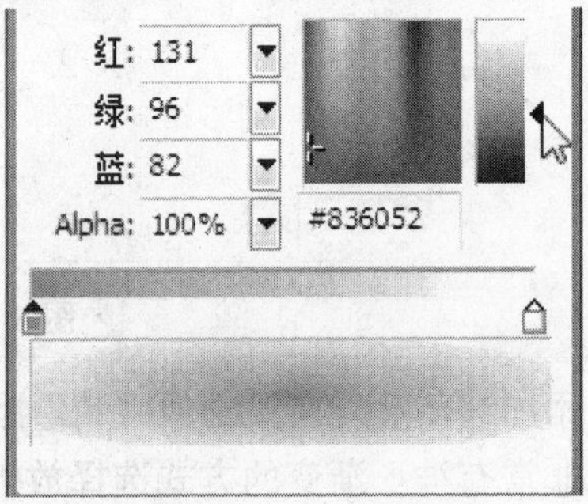

图 8-141　调节色彩明度

如果要精确调节的话，还可以直接输入 RGB3 个色的数值。运用此方法，改变渐变色条的另一端的颜色。调节出的颜色如图 8-142 所示。

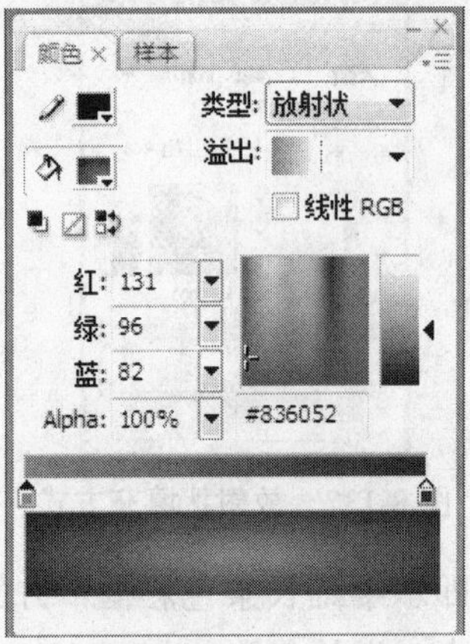

图 8-142　调节好的渐变色

提示　放射状渐变类型在修改渐变颜色时，要注意左边的颜色指针掌控的是放射中心的颜色，而右边的指针掌控的则是放射外沿的色彩，在调节时不要混乱。另外，由于眼睛的颜色相对简单，本例中只需要两色的放射状渐变，但实际上渐变色可以不止两色这么简单。当想添加色彩时，如图 8-143 所示，把鼠标放在渐变色定义栏下方的任意位置，当在鼠标指针下方出现+符号时，单击一下，即可增加一个色彩调节钮，颜色的修改和前面说的方法一样。需要更多颜色渐变时就多增加几个，如图 8-144 所示。要扔掉颜色指针时，鼠标左键按住要删除的小图标往下方拖动一下就可以删除了。另外，渐变色中每个颜色占的比例有所不同，要调节时，只需左右拖动这个颜色的指针即可。

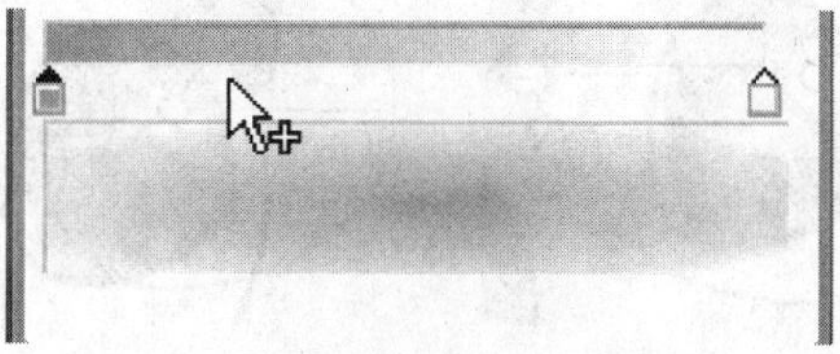
图 8-143　增加颜色指针

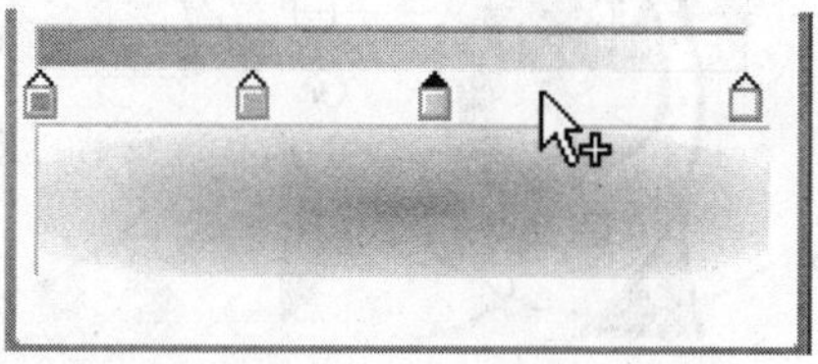
图 8-144　多个颜色指针

调节好颜色之后，用油漆桶图标对好需要上色的眼睛，单击鼠标左键即可上色，如图 8-145 所示。这时可以看到，眼睛的变化不够明显，而且渐变的焦点有点没对上眼睛的瞳孔，现在就需要用到渐变变形工具（快捷键 F），单击工具箱中的渐变变形工具，然后在需要修改的颜色位置上单击鼠标左键，就会发现眼睛上出现了一个圆形的调节环，如图 8-146 所示。这个调节环可以调整渐变的方向、位置等。

图 8-145　为眼睛上色

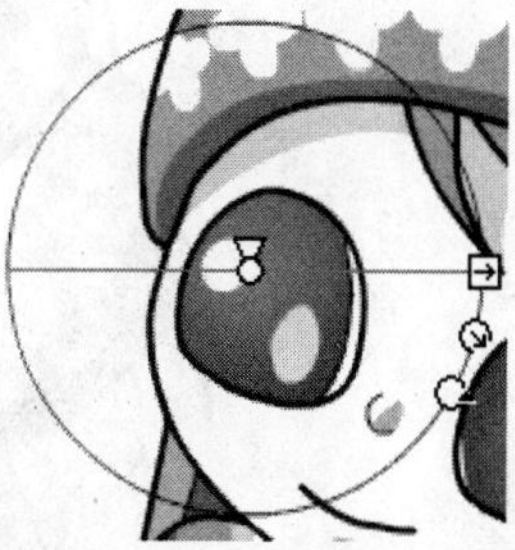
图 8-146　渐变调节

提示　任意变形工具和渐变变形工具在一起，如果你的工具箱中显示的是任意变形工具，那么就用鼠标左键按住任意变形工具不动，会弹出一个菜单，这时就可以选择渐变变形工具。

移动这个圆环的中心点可以调整放射状渐变中心所在的位置，把它移动到眼睛的高光处附近，如图 8-147 所示。与中心点在一条平行线上的处在外环位置上的小箭头可以调整渐变的形状，如图 8-148 所示。而这个小箭头下方的斜向小箭头则是改变放射圆环作用的大小，如图 8-149 所示，最后一个图标是改变放射的方向，当拖动它时就会出现环状方向箭头。

任意渐变变形工具是一个十分有用的工具，它不仅可以作用于放射状渐变，也可以修改线形渐变，使用方法大体上一致，这里就不再细说了，通过今后多多的练习，慢慢就会对这个工具有更加深入的了解。

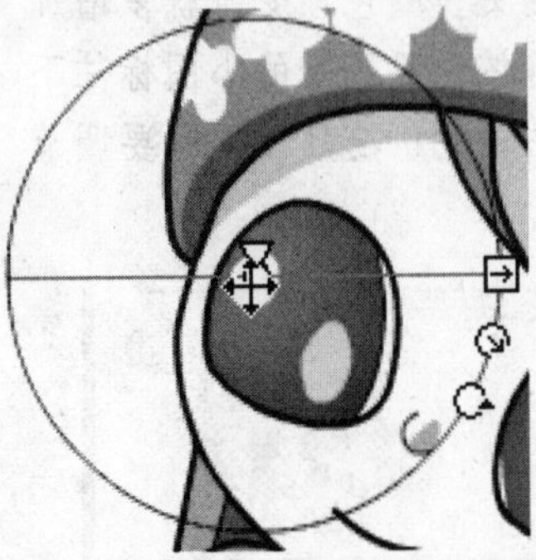

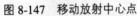

图 8-147　移动放射中心点

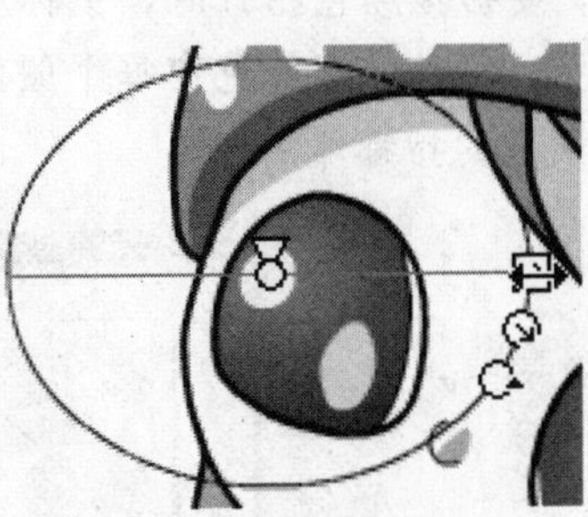

图 8-148　改变放射形状

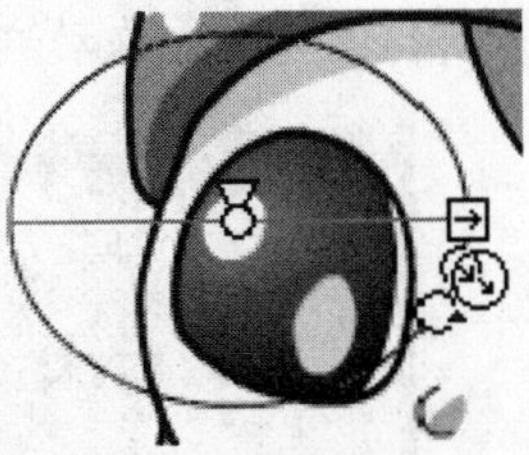

图 8-149　改变放射的大小

最终调整好的眼睛的颜色如图 8-150 所示。现在看起来眼睛就显得明亮多了。

图 8-150　调整后眼睛的颜色

接下来还有一个细节需要改动，这就是帽子和衣服的袖口。为了让它们看起来是毛茸茸的感觉，可以在它们的亮面添加一些小阴影，这样就不会显得太平面化。可以用铅笔工具在上面稍稍画一些不规则的形状，再用滴管工具（快捷键 I）选取暗面的颜色喷在这些闭合的空间内，如图 8-151 和图 8-152 所示。

图 8-151 帽子上添加绒毛

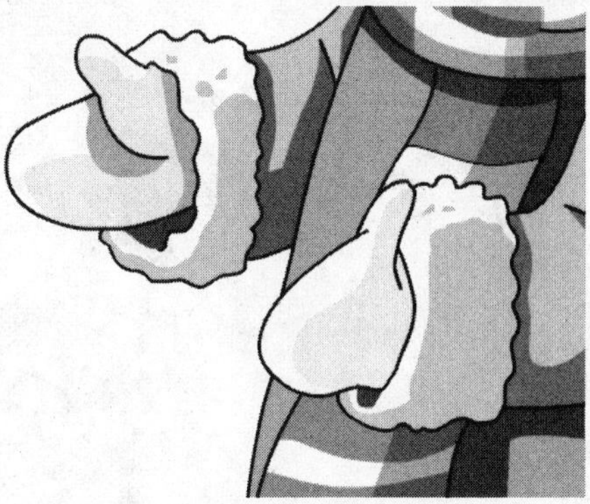

图 8-152 袖口添加绒毛

2．添加背景

在画完女主角后，就可以开始添加背景了。这需要新建一个图层，并且把它放在最底层。可以把线稿图层删掉，将新建的图层拖动到最底层，命名为“背景”。用一张带有雪人的图片作为背景，先在 Photoshop 中调整一下图片的颜色。单击“文件>导入>导入到舞台”（快捷键 Ctrl+R），将事先准备好的图片导入背景层。导入后，可以单击任意变形工具（快捷键 Q）调整一下这张图的大小。为了观察方便，可以隐藏其他图层。单击任意变形工具后，再单击被调整物体，这张图四周会出现矩形调节框，如图 8-153 所示，拖动边角的手柄便可任意缩小放大，同时按住 Shift 键就是等比例缩放，一般都会选择等比例缩放来控制住对象原来的比例。

图 8-153 调节图片

调整好后，去掉其他图层的隐藏，效果如图 8-154 所示。

图 8-154　加入背景后的效果

提示 调整背景图片的大小时不能比场景更小，如果调整时拿不准的话，就可以用标尺将场景的位置标示出来，单击“视图>标尺”（快捷键 Ctrl+Shift+Alt+R），在场景中就会出现标尺，拖动横向或纵向标尺将边缘线标示出来，调整时就会有依据。

3．引导线动画

背景和主角都已经完成了，接下来就开始做雪花落下的动画。可以把雪花总共分为两层，一层在人物和背景之间，另一层则在人物图层的上方。后面的雪花可以小一些，前面的则要大一些。

（1）新建一个图层，命名为“雪花 1”，拖动到人物图层下方，背景层的上方。在这一层用椭圆工具（快捷键 O）画出一个雪花的形状。由于雪花很多，又处于后方，因此可以不用画出很细致的形状，只是一个圆形就可以了。

（2）可以在属性面板中调整椭圆的属性，如图 8-155 所示。用法基本和其他绘画工具相同。

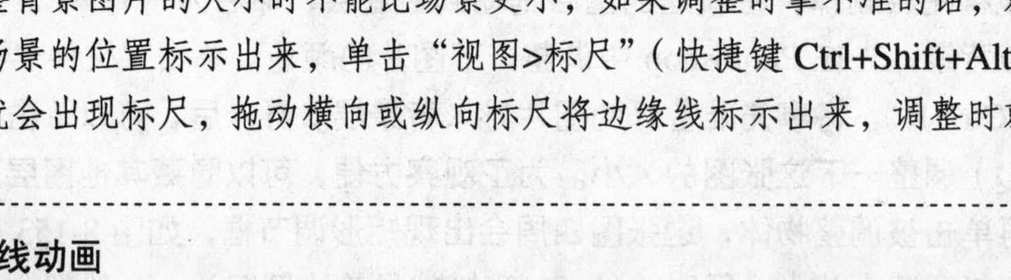

图 8-155　椭圆工具的属性

可以在属性面板中将椭圆工具的边线禁用，单击小铅笔图标右边的颜色框，就会弹出颜色选择面板，在右上角有一个禁用标志，单击后，再绘制的圆形就都没有边线了，如图 8-156 所示。

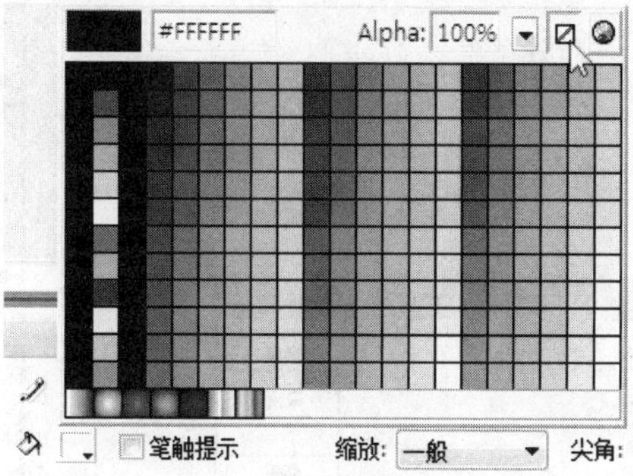

图 8-156　禁用边线

椭圆工具是一个可以不用油漆桶工具就能自动上色的工具。只要在椭圆工具的属性面板中选择好填充方式就可以了。可以在颜色选择面板中选择下方的放射状渐变，如图 8-157 所示。这时，颜色面板中就会出现放射状渐变的相应选项，将颜色修改为如图 8-158 所示，注意将放射外端颜色的透明度降低，营造出雪花晶莹透明的感觉。

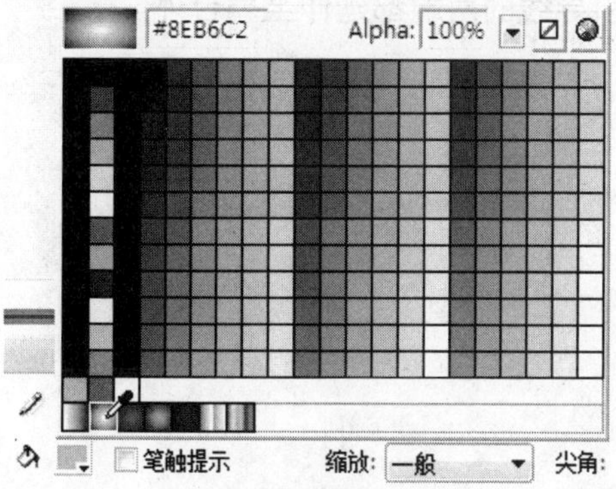

图 8-157　选择渐变方式

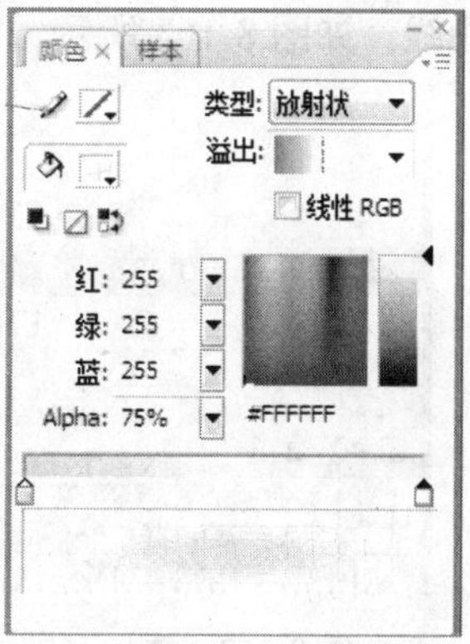

图 8-158　修改好的渐变色

填充好的雪花效果如图 8-159 所示。由于雪花完全画成白色的在画面上看不出来，为了画面好看，将雪花的颜色填充为带一些蓝色。

图 8-159　雪花

（3）选中雪花，右击鼠标，在弹出的菜单中选择“转换为元件”，这时会弹出一个对话框，如图 8-160 所示，把名称命名为“雪花底层”，在类型当中选择“影片剪辑”，将它转换为元件。这时，在库中就可以看到命名为“雪花底层”的元件，如图 8-161 所示。

（4）双击场景中的雪花元件，进入这个影片剪辑。再次选中这个雪花，然后转换为元件，但是，注意类型要选择“图形”，并且命名不要和其他元件重复，可命名为“雪花”，让这个雪花成为单独一个元件，这是为做动画作准备，因为只有成为元件才能使之形成动画。

图 8-160　转换为元件

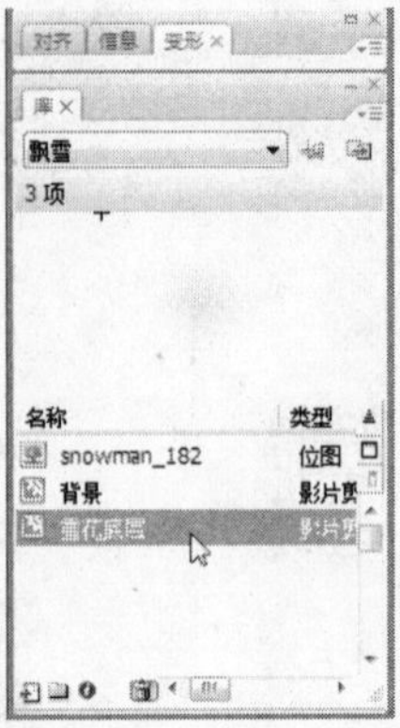

图 8-161　库中的元件

（5）在“雪花底层”这个元件中将“雪花”这个图形元件缩放到合适大小，移动到舞台最上方，到舞台外。在时间轴面板左下角有一个小按钮 ，这就是引导层按钮。选中需要被引导的图层，单击引导层按钮，或右击此图层，在菜单中选择“添加引导层”，这时，在图层上方就出现了引导层，如图 8-162 所示。用直线工具或铅笔工具在引导层上添加一条曲线，如图 8-163 所示，注意要将引导线的两端都延伸至舞台外。

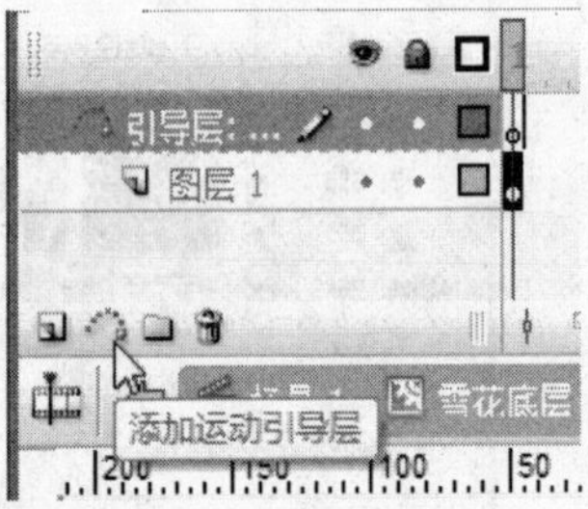

图 8-162　添加引导层

图 8-163　绘制一条引导线

（6）添加完运动轨迹，要设定雪花落到地上的时间。时间轴上为所有图层添加帧数至第 60 帧，方法是一起选中两个图层的第 60 帧，右击鼠标，在弹出的菜单中选择“插入帧”（快捷键 F5），如图 8-164 所示，则两个图层一起变成了 60 帧，如图 8-165 所示。

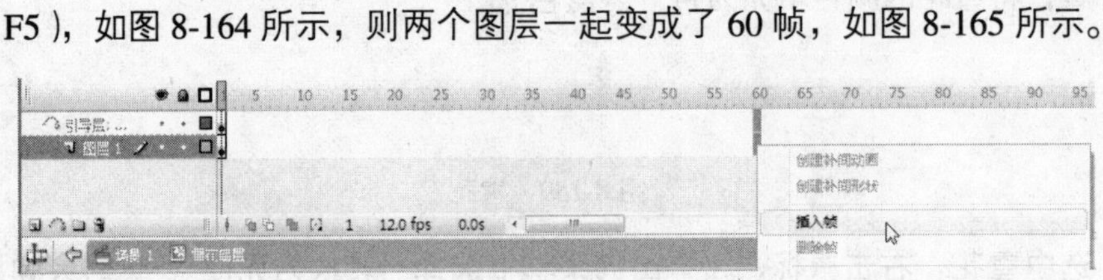

图 8-164　插入帧

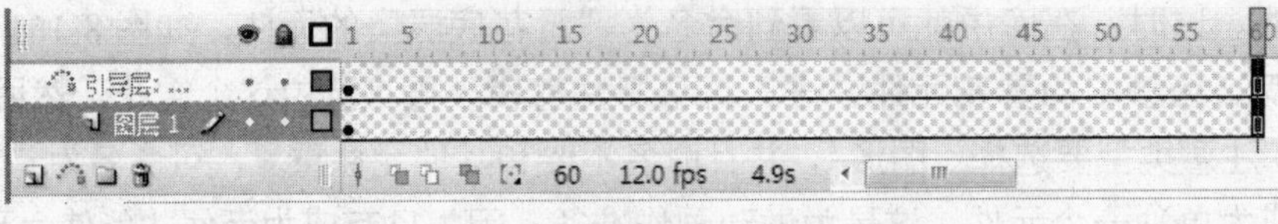

图 8-165　两个图层都是 60 帧

（7）选择图层 1 的最后一帧，右击鼠标，在弹出的菜单中选择“插入关键帧”（快捷键 F6），如图 8-166 所示。则图层 1 的第 1 帧和最后一帧都成为关键帧。

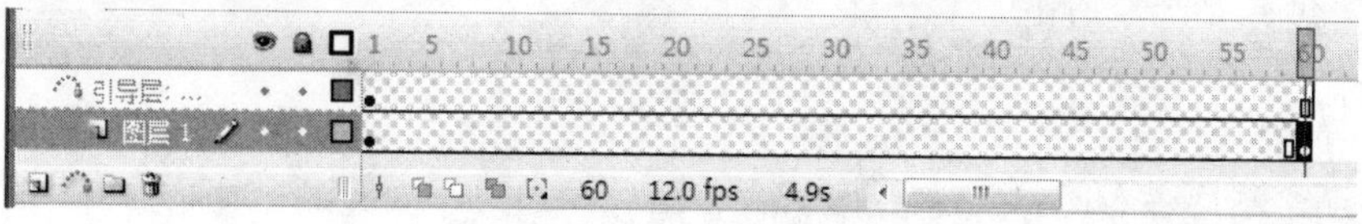

图 8-166　插入关键帧

（8）选中图层 1 的第 1 帧，将雪花图形元件移动到引导线的起点上，如图 8-167 所示。再选中图层 1 的最后一个关键帧，将元件移到引导线的终点上，如图 8-168 所示。

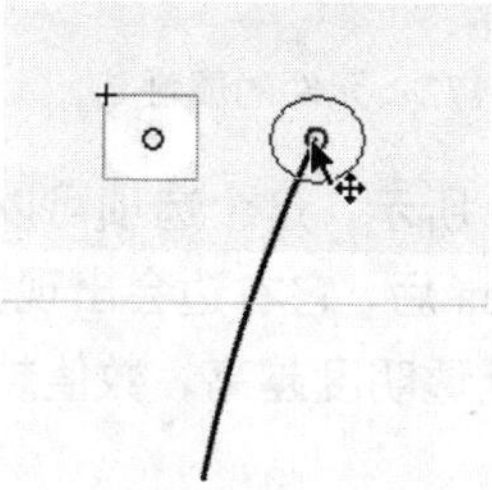

图 8-167　移动元件至引导线起点

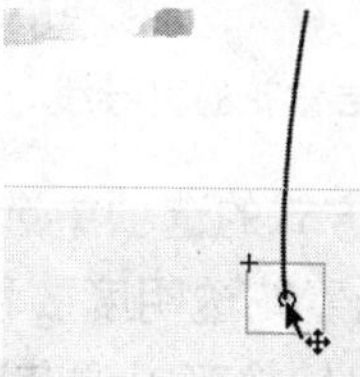

图 8-168　移动元件至引导线终点

（9）右击图层 1 上两个关键帧中的任何一帧，在菜单中选择“创建补间动画”，这个小动画基本上就形成了。在主菜单中选择“控制>测试影片”（快捷键 Ctrl+Enter）看一下动画效果，一个雪花从上方缓缓落下，没什么大的问题。接下来就可以复制许多雪花，按照前面所说的方法画出多条引导线，来营造下雪的效果了。

（10）在“雪花底层”这个元件中依照第 1 个雪花做引导线动画的方式，在它的上面依次建若干个图层，做多个雪花的引导线动画，画好的引导线如图 8-169 所示，图层顺序如图 8-170 所示。

图 8-169　多条引导线

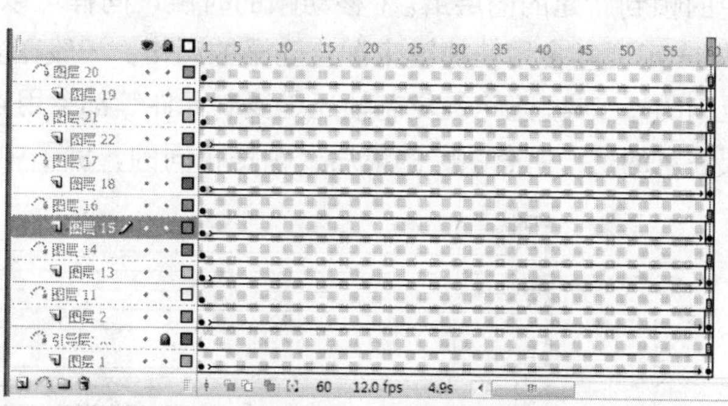

图 8-170　图层顺序

（11）单击舞台左上方的返回箭头 ⇦ 返回到场景中，新建一个图层，命名为“雪花上层”。然后新建一个影片剪辑元件，也命名为“雪花上层”，这个元件的制作方式和“雪花底层”元件的制作方式是同样的，但是要注意雪花的形状比底层的雪花稍大些。绘制的引导线如图 8-171 所示。回到场景中，将元件拖动到新建的图层上，并且这个图层要在女孩所在的图层的上方。另外，这个图层的元件的透明度可以降低一些。方法是选中这个元件，打开属性面板，如图 8-172 所示。

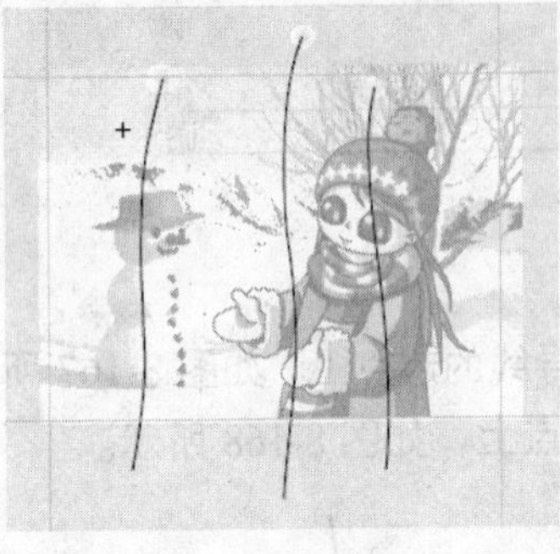

图 8-171　上层雪花的引导线

图 8-172　元件的属性

（12）在颜色方式的选项中选择“Alpha”，如图 8-173 所示，这个选项可以调节元件的透明度，最前方的雪花透明度要稍稍降低一些。选择 Alpha 后，它右边会出现数值输入框，调节旁边的三角滑块就可以调节透明度的高低，数值越低透明度越高，数值越高透明度越低，当数值达到 100%时，物体就是完全不透明的。

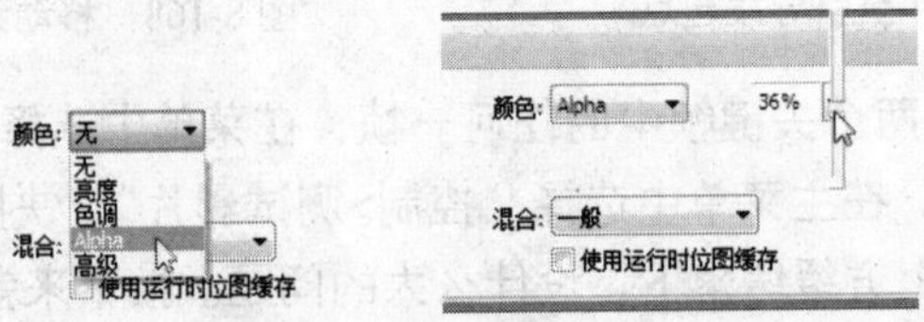

图 8-173　元件的 Alpha 通道

（13）复制现有的两个雪花图层，移动到不同位置，设置在显示时间上的差距。复制图层的方法是新建一个图层，选中源图层的所有帧，按住 Alt 键的同时按住鼠标左键拖动选中的帧到新建的图层上。（移动帧的时候，同样可以选中所有帧再按住鼠标左键向后拖动。）一定要学会用快捷键来配合动画的制作，一般在复制时都会用到键盘上的 Alt 键，它是复制的好工具，无论是复制帧还是复制元件等都会用到它。复制好的图层如图 8-174 所示。需要注意的是：所有图层的最后一帧是相同的，例子中，所有图层都是到第 188 帧为止。

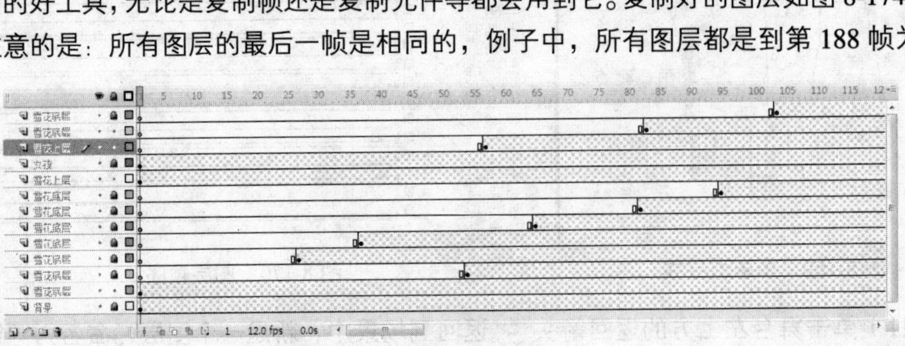

图 8-174　场景中的图层顺序

（14）可以任意改变图层的顺序，以小女孩为分界，将一部分雪花图层移动到小女孩所在图层的下方，另一部分则移动到小女孩图层的上方。但是不能移动到背景层的下方，会被背景挡住。另外，还可以再调节部分雪花图层的透明度。

现在测试影片，雪花已经一片一片地落下来，雪景基本上做好了，但是光有雪花飘动，小女孩却一动不动，还显得有些死板。最后要做的就是为小女孩添加一些动作。

4．女孩的动作

（1）首先，想让女孩的胳膊动起来，因为她在接雪。选中女孩图层，在场景中的对象上右击鼠标，选择“转换为元件”，将这个图层的内容转换为一个类型是影片剪辑的元件，命名为“女孩”就可以了。

（2）双击此元件，进入该影片剪辑。在该影片剪辑内的图层上第 10 帧插入关键帧，依次选中女孩的胳膊，分别用任意变形工具稍微向上旋转，与前面的位置产生区别，如图 8-175 所示。再调整空出来的位置并填充好，如图 8-176 所示。

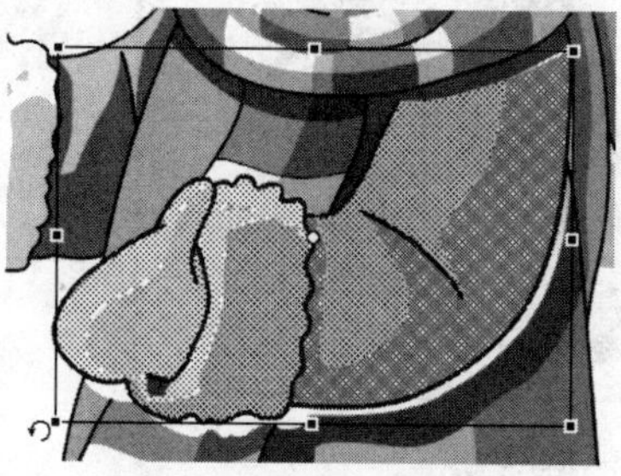

图 8-175　调整胳膊位置

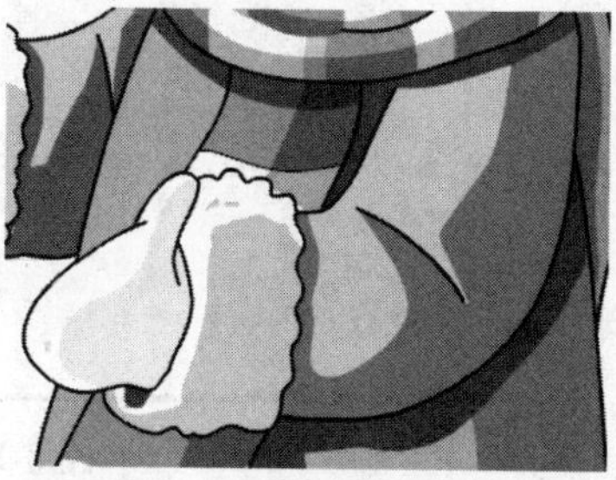

图 8-176　填补好空出来的位置

（3）依次将两只胳膊都修改好，两个关键帧上的图形位置差异如图 8-177 所示。再将第 2 个关键帧后的帧数延长至第 20 帧，帧数如图 8-178 所示。

图 8-177　两个关键帧中胳膊处在不同位置

图 8-178　帧数

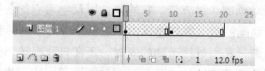

提示　由于女孩动作的动画不复杂，因此，用例子中的方式制作比较简便，但是如果是稍微再复杂些的动画，考虑到哪个部位需要做动作，就要事先分好层，将身体各部位分别设在不同的图层上。依据运动的规律调整各部位的运动速率。例如，胳膊的动作比较缓慢，而眨眼的动作就比较快。身体不同部位的不同运动规律导致需要把各部位分别放在几个图层上。例子中，制作女孩胳膊动作的方式并不适用于较复杂的、动作较大的动画。

（4）渲染动画，最终效果如图 8-179 所示。

图 8-179　渲染效果

雪花飘落实际上也可以用脚本命令来实现，这里就不细说了。例子中是运用引导线来制作的，比脚本要麻烦一些，但是有助于理解动画原理。制作自然现象的动画时，最基本的要领就是注意循环。像雨、雪、风、流水等自然现象都是循环的，只要制作出关键的几帧，循环播放就可以形成了。因此，对于循环原理要善加利用。

8.9 本章小结

本章结合实例讲解了 Flash 中比较常见的动画之一——引导路径动画，先从认识引导路径动画开始，然后，学习了它的概念，引导层与其对象的关系，它的应用，等等。之后，又学习了创建引导路径动画的 3 种方法，它的属性以及学习它的各种技巧，等等。这些都是十分利于创作 Flash 动画的。在属性面板中，主要是学习了旋转和缓动以及调整引导路径。旋转是指物体在沿着一条引导线运动的同时，还在自我旋转，分为顺时针和逆时针两种，与此同时，还可以选择要旋转的次数；而缓动就是可以实现物体在随引导线运动时，作加速运动还是减速运动，正值是减速运动，负值是加速运动；调整引导路径是指物体在依引导线运动时，随着引导线的改变在方向上的变化。

之后，举了 3 个例子，首先用蝴蝶围绕着花朵飞舞来展示一下引导路径动画的基本操作，然后，又用花瓣飞离花朵来展示更多的属性设置对引导动画的影响。最后，做了一个地球围绕太阳转的例子，在这个例子中，要做到太阳在自转，地球也在自转，并且还围绕着太阳在转。这个例子看起来很难，但是学习了引导路径动画后，做起来就十分地容易了。

第 9 章

场景动画

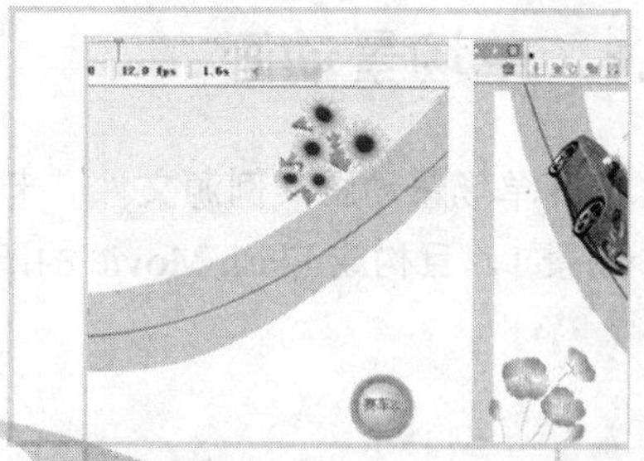

本章导读

在 Flash CS3 中，什么是所谓的场景动画？单场景动画与多场景动画有何区别呢？

在制作动画时，Flash 引入了“场景”的概念，在 Flash 中，使用“场景”可以将文档组织成可包含内容（除其他场景外）的不连续部分。利用它，可以方便地制作、修改和控制动画的播放。

本章主要学习以下内容：

- 单场景、多场景动画的概念和特点
- 创建单场景和多场景动画
- 学以致用
- 本章小结

9.1 单场景动画

打开单场景动画实例源文件“卡通猫.fla”，打开“场景”面板，可以看到动画中只有一个场景 1，且构成 Flash Movie 的所有元素都被包含在场景 1 中，如图 9-1 所示。

图 9-1　显示场景元素

9.1.1　单场景动画的概念和特点

在 Flash 中，“场景”可以看作是舞台、容器。构成 Flash Movie 的所有元素都被包含在场景中。所以，场景在一段 Flash Movie 中是不可缺少的（至少要有一个场景）。因而通常把中有且仅有一个场景的动画称作“单场景动画”，如图 9-2 所示。

一般 Flash 初学者制作动画时都习惯在单场景中制作，制作过程就像播放动画一样，是由动画的开始一直到结束依次按顺序制作，例如本节动画实例“卡通猫.fla”，如图 9-3 所示。

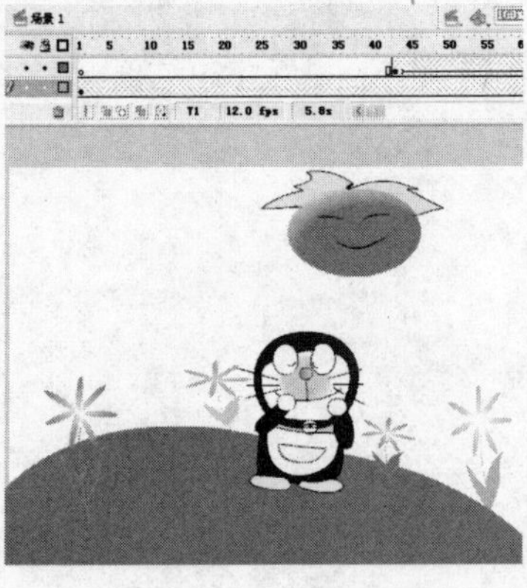

图 9-2　单场景动画

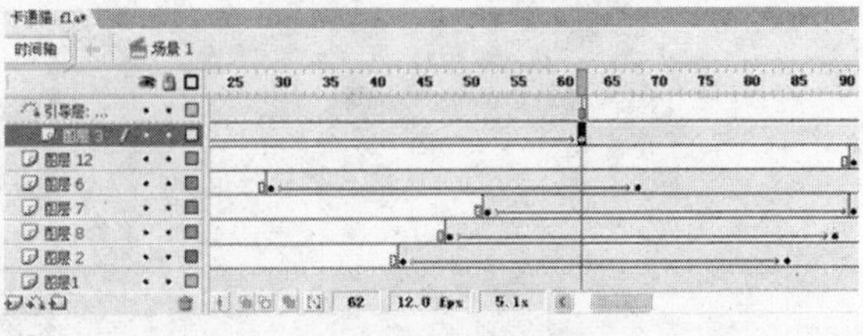

图 9-3　图层及时间轴

从图 9-3 可知，在同一场景中，动画的每一帧在时间轴上的层数是一样的，即使在某些帧上只有很少的内容，使用了很少的图层，但其他图层也得使用空白帧进行填充，那么，在这样一个动画中，帧数就过于冗长；再次，如果一个场景中图层过多，难免会让人感觉眼花缭乱。在修改已经做好的动画时也很不方便。

技巧 为避免以上所出现的操作不方便的问题，可以使用多个场景来制作一个动画中的不同镜头，下面 9.2 小节将详细讲解多场景动画的制作。

高手点评

单场景动画制作流程简单，适合 Flash 初学者，但播放顺序单一，修改不方便，使用空白帧较多。因此，在制作比较复杂的场景动画时应多加考虑使用多场景制作。

9.1.2　创建单场景动画

对于场景动画的学习，可以先学习如何创建单场景的动画。

手把手实例　**创建单场景动画**

源 文 件：	CDROM\09\源文件\卡通猫.fla
素材文件：	无
效果文件：	CDROM\01\效果文件\卡通猫.swf

（1）新建一个空白 Flash 文档，会自动生成一个场景 1，所以在制作单场景动画时，无须再新建场景。

（2）用铅笔、椭圆或钢笔工具将场景中所用到的花、太阳、卡通猫依次绘制好，其效果如图 9-4 所示。

（3）把所绘制的图形全都转换为图形元件，其中，绘制花瓣的时候，需要使用渐变填充，打开“混色器”面板，如图 9-5 所示。

图 9-4　绘制元素

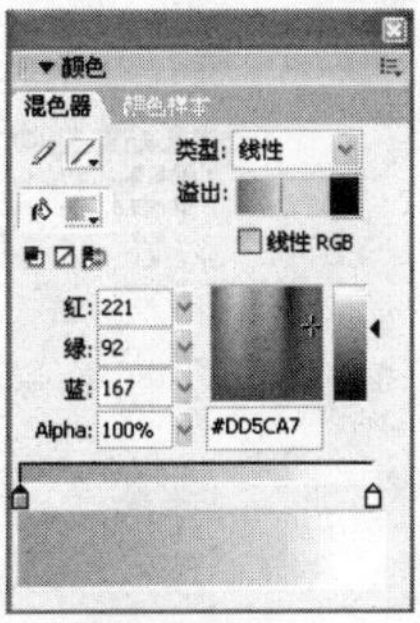

图 9-5　混色器面板

在类型选项框中选择“线性”，在颜色渐变条上双击左端的颜色指针，然后选择粉红色，再单击颜料桶工具，对花瓣进行填充。

（4）新建一个影片剪辑，命名为“元件 7”，将卡通猫的图形元件拖入到影片的图层 1 中，为其制作上下跳动的补间动画。如图 9-6 所示。

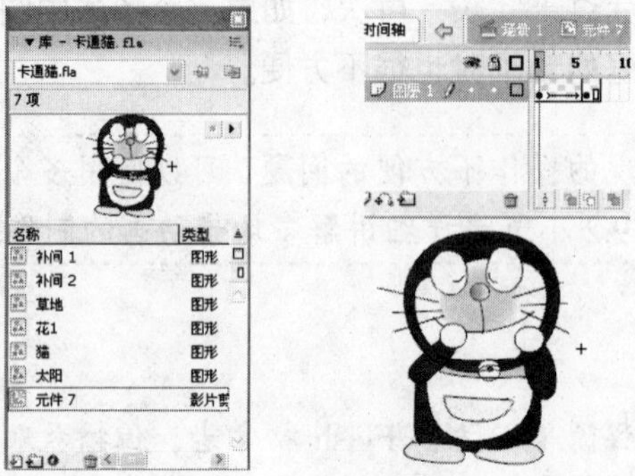

图 9-6 拖曳到舞台

（5）在场景中新建图层 1、2、3、6、7、8、12，把制作好的图形元件草地、花 1、太阳、元件 7 分别依次拖入到场景中的图层 1、2、3、12 中的适当位置，由于场景中有 4 朵花，且各自的补间动画效果都有所不同，所以可以在图层 2 的上面再新建图层 6、7、8，以便为花制作不同补间动画效果。

（6）为图层 2、6、7、8 中的“花”图形元件分别做出不同的补间动画效果。其中图层 6、图层 7 的动画过程是从无到有，因此，必须在属性面板中设置好透明度：分别单击这两个图层的第 1 个关键帧，再单击那一帧所对应的图形元件，然后打开属性面板，在颜色选项框中选择 Alpha，并设置值为 0，如图 9-7 所示。

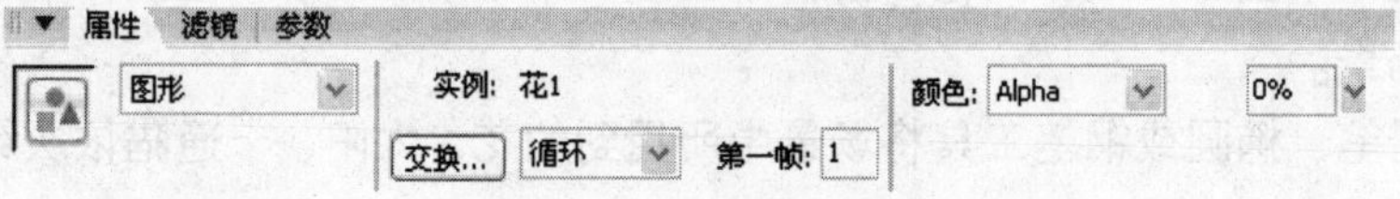

图 9-7 设置透明值

再单击图层的第 2 个关键帧，按同样的方法设置其 Alpha 值为 100。

（7）为图层 3 中的“太阳”图形元件做引导层补间动画，如图 9-8 所示。

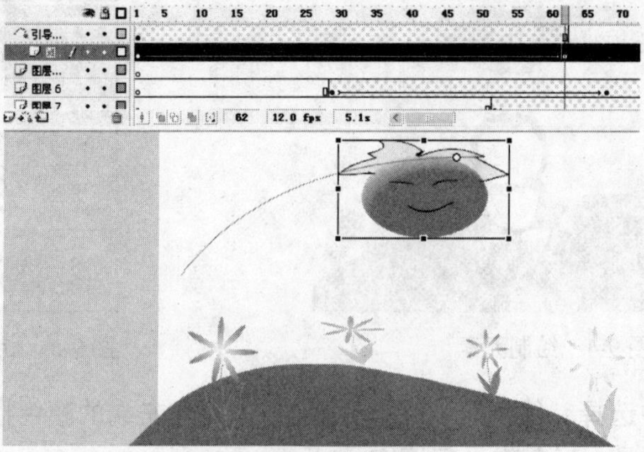

图 9-8 制作补间动画

全部制作完成后，按快捷键“Ctrl+Enter”测试动画，这样，一个单场景动画就完成了。

技巧　为了更好地避免单场景动画带来的空白帧较多、修改不方便以及播放次序单一的问题，可以使用多场影动画来制作完成单场景动画中的播放效果。

高手点评

熟练掌握好单场景动画的概念、特点及制作过程为后续学习掌握多场景动画打好基础。

9.2 多场景动画

打开多场景动画实例源文件（苹果.fla），打开“场景”面板，可以看到动画中有两个场景，分别是场景 1 和场景 2，且构成的 Flash Movie 的所有元素分别包含在场景 1 和场景 2 中，如图 9-9 所示。

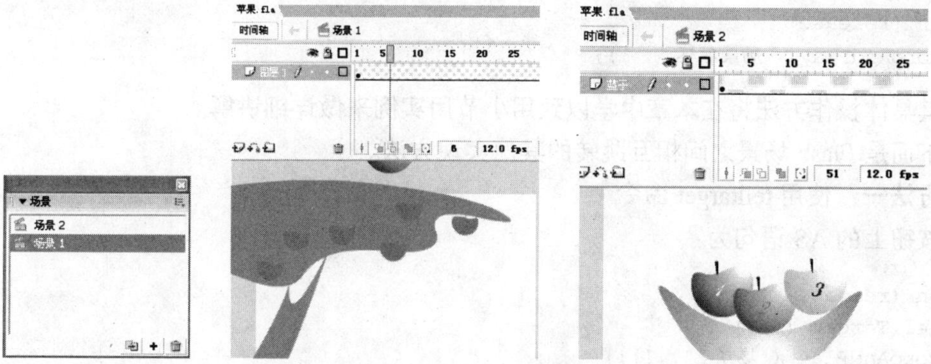

图 9-9　多场景动画元素

高手点评

多场景动画可分为多场景顺序播放动画和多场景可跳转播放动画两种，用多场景可跳转播放动画的方法可更有效地控制动画的播放次序。

9.2.1　多场景动画的概念和特点

构成 Flash Movie 的所有元素都被包含在场景中，所以场景在一段 Flash Movie 中是不可缺少的（至少要有一个场景），当一个 Flash Movie 中有多个场景的时候，通常把这个动画称作为“多场景动画”。使用多场景制作的动画可以在“场景”面板中上下拖动改变各场景的排列顺序，以此来改变动画的播放顺序。

在“场景”面板中可以进行下列操作：

- 复制场景：先选中要复制的场景，再单击 按钮，就可以复制出一个和原场景一模一样的场景，制作出的场景还可以进行再次复制。
- 增加场景：单击 + 增加场景按钮，可以添加一个新的场景。

- 删除场景，选中要删除的场景，单击 ，就可以删除该场景。
- 更改场景名称：在“场景”面板中双击场景名称，然后输入新名称，按回车键确认。
- 更改场景顺序：在“场景”面板中，将场景拖动到不同的位置，松开鼠标即可。
- 转换场景：可在“视图>转到”菜单中选择场景名称，转换场景；也可以在时间轴面板上单击场景切换按钮 ，打开场景切换菜单，选择相应的场景。

多场景顺序播放的动画的播放过程和单场景的动画效果是一样的，但在制作过程中，会为制作者提供很大的方便。可以非常方便地编辑某个场景中的动画内容，而不影响其他场景的动画内容。

多场景可跳转播放动画就是在多场景顺序播放动画的基础上添加 AS 语句来控制动画的播放。因此多场景可跳转播放动画具备多场景顺序播放动画的全部优点，同时还具有较强的交互功能，浏览者可以参与到动画的播放过程当中，可以有选择地进行动画浏览。

在不同的场景中设置跳转或转接，一般有两种方法：一是使用按钮进行跳转控制；二是在某个特定的帧设定帧动作进行控制。常用的 ActionScript 命令是基本动作 GotoAndPlay，其语法如下：

```
on (release){
gotoAndPlay("场景名称", 1)}
```

其具体操作方法将在本章中学以致用小节用实例来做详细讲解。

下面是 Flash 场景之间相互跳转的其他实现方法。

方法一：使用 telltarget 命令

按钮上的 AS 语句为：

```
on (release) {
tellTarget ("/") {
gotoAndPlay ("场景1", 1);}
}
```

方法二：利用路径_root.gotoandplay()

场景 2 里面只有一个 MC(影片剪辑)，在这个 MC 的最后一帧是一个 stop 和一个 replay 按钮。按钮的 AS 语句为：

```
_root.gotoAndPlay(1)
```

即告知按钮回到场景 1 的第 1 帧。

方法三：给场景起不同的名字

如果第 2 个场景里面只有一个 MC，在这个 MC 的最后一帧是一个 stop 和一个 replay 按钮，按钮的 AS 语句为：

```
on (release){
gotoAndPlay("sencel", 1)
   }
```

结果单击按钮后，却是从这个 MC 的第 1 帧开始播放，而不是从 sencel 的第 1 帧开始，这是因为主场景的名字默认为 senceN，MC 里也可以有多个场景，而 MC 的名字也是默认为 senceN，所以，当在 MC 里用上“gotoAndPlay("scene1",1);”时，指的是所在场景中 MC 里的第 1 帧，而不是主场景。解决的方法就是给场景定义不同的名字，scene1 改名为“主场景”；scene2 改名为“次场景 1”。正确的 AS 语句应该为：

```
on (release) {
tellTarget (_root) {
gotoAndPlay (1);
}
}
```

如果想实现单击按钮后从次场景播放，就可以在按钮上写上：

```
on (release) {
tellTarget (_root.次场景) {
gotoAndPlay (1);}
}
```

方法四：利用标签

在控制动画播放的时候，一般不是从开始播放，可能是希望从某个场景的某一个关键帧开始播放，那么利用标签是最好的实现方法。例如，希望单击按钮的时候，让动画从主场景中的 label1 开始播放，那么按钮上的 AS 语句应该为：

```
on (release) {
tellTarget (_root) {
gotoAndPlay ("label1");
```

例如，有 3 个场景，希望单击按钮的时候，让动画从次场景 1 中的 label4 开始播放，那么按钮上的 AS 语句该为：

```
on (release) {
tellTarget (_root) {
gotoAndPlay ("次场景 1", "label4");}
}
```

如果想实现单击按钮后，从次场景播放，就可以在按钮上写上：

```
on (release) {
tellTarget (_root.次场景) {
gotoAndPlay (1);}
}
```

高手点评

使用多场景可跳转播放动画可实现动画的交互性，可以有选择地播放动画内容。

9.2.2 创建多场景动画

手把手实例 创建多场景动画

源 文 件：	CDROM\09\源文件\苹果.fla

素材文件：	无
效果文件：	CDROM\01\效果文件\苹果.swf

（1）新建一个 Flash 文档，然后单击“插入”菜单中的“场景”，为该动画增加一个场景 2。

（2）单击场景 1，在场景 1 新建一个影片剪辑，命名为“苹果”，然后新建一个图层，命名为“树”，在树层中分别使用椭圆工具、矩形工具及选择工具依次绘制出如图 9-10 所示画面，用以作为这个影片剪辑的背景图。

（3）使用椭圆工具、矩形工具及选择工具绘出苹果 1，苹果 2 及苹果 3，并各对其进行渐变色填充，选择“窗口”菜单中的“混色器”，打开混色器面板，在其类型选项框中选择“放射状”，如图 9-11 所示。

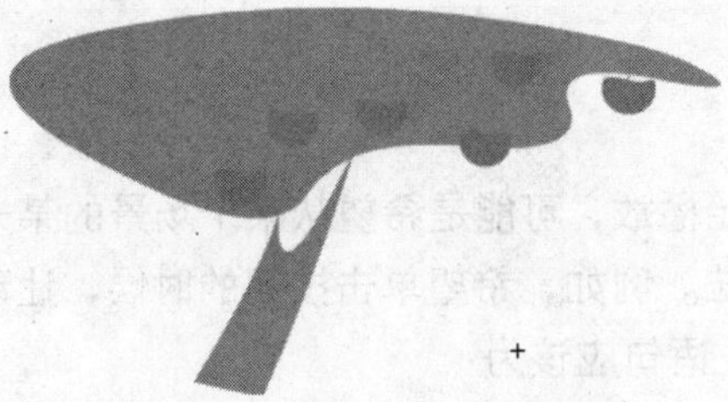

图 9-10　影片剪辑的背景图

图 9-11　混色器面板

在颜色定义条上为苹果 1、2、3 分别选择不同的颜色，并加以填充，效果如图 9-12 所示，然后把苹果 1、2、3 分别转换为图形元件。

（4）在命名为“苹果”的影片剪辑中新建苹果 1、苹果 2、苹果 3 图层，从库中把对应的图形元件按次序依次拖入各自的图层中的适当位置，并做由上到下的动画补间，如图 9-13 所示，制作完后，返回场景 1。

图 9-12　效果图

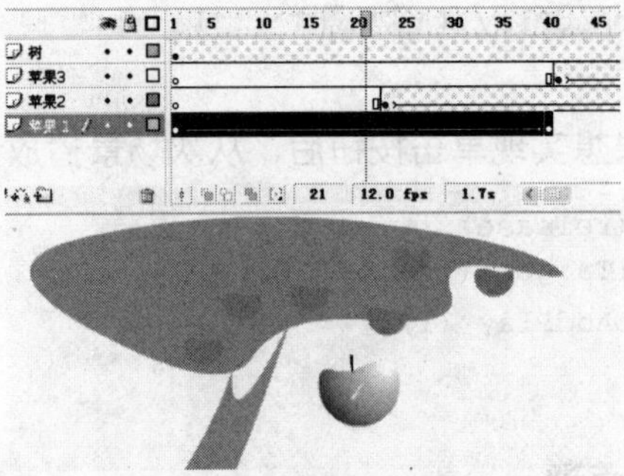

图 9-13　动画补间

（5）在场景 1 中，将制作好的苹果影片剪辑拖入到图层 1 中，并注意控制好时间轴的帧数，这样，场景 1 就制作完成了。

（6）单击场景 2，使用椭圆、选择工具及颜料桶工具绘制出篮子的效果图，并将其转换为元件 1。

（7）将苹果1、2、3的图形元件和元件1依次拖入到图层1中适当的位置摆放好，并插入适当的帧数。如图9-14所示。

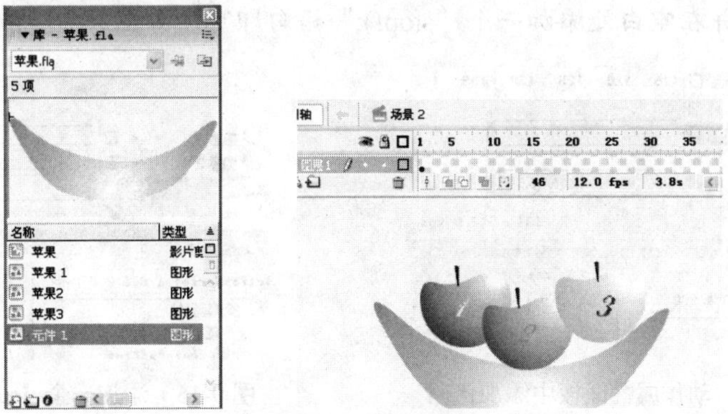

图9-14 摆放位置

技巧 当一段Flash Movie包含n个场景时，播放器会在播放完第1个场景后，自动播放下一个场景的内容，直至最后一个场景播放完。可以通过Scene面板来完成对场景的添加、删除操作，并可以拖拽改变其中各场景的排列顺序来改变播放的先后次序。也可以使用多场景可跳转播放动画来改变动画的播放次序。

注意 一个多场景动画的播放效果可以使用一个单场景动画来制作实现；同样，一个单场景的动画的播放效果也可以在一个多场景动画中来制作实现。

即问即答

多场景动画可以使用单场景动画来制作吗？

其实多场景动画也可以使用单场景动画来制作，只要将多场景动画中对场景切换的命令用单场景动画中对帧切换的命令替代。不过，这样的动画修改起来还是很麻烦，并容易出错。所以，如果要制作多镜头的动画，最好还是使用多场景动画。将一个镜头的动画内容做到一个场景当中，这样，不但制作时条理清楚，而且将来修改时，也可以很方便地修改其中的某个镜头，而不影响其他场景中的内容。

怎么让场景动画播放完后自动关闭？又怎么让动画在播放到某一帧时停止播放呢？

要实现场景动画播放完后自动关闭，只要在场景动画的最后一帧上加上语句："fscommand("quit");"就行。

以卡通猫.fla为例，选择动画中最后一帧，在其对应的动作属性面板中添加以上代码，如图9-15所示。

要使动画在播放到某一帧时停止播放，只要在想要动画停止播放的帧上（可以是动画中任意图层中的帧）单击鼠标右键，插入一个关键帧，然后打开与该帧对应的动作属性面板，并在空白处添加一个“stop();”语句即可。如图 9-16 所示。

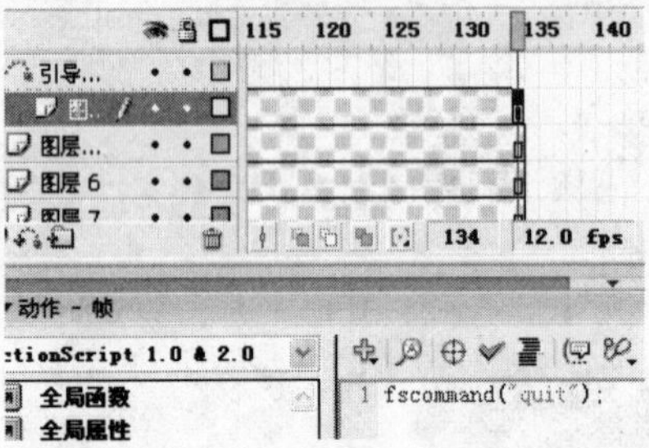

图 9-15　动作属性面板中添加代码

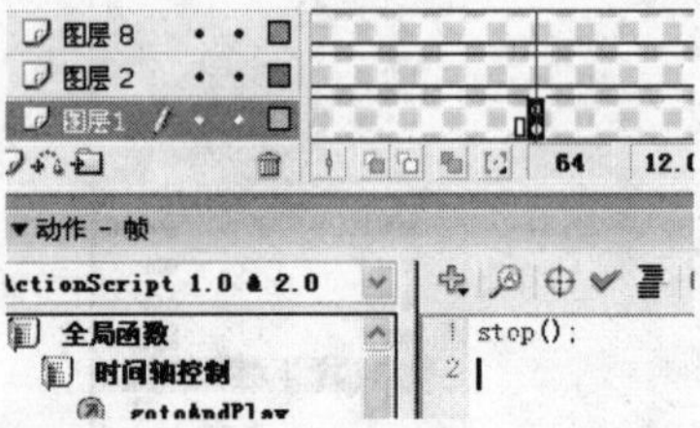

图 9-16　添加一个“stop();”语句

能将 Flash 单场景动画转换为影片剪辑吗？

将 Flash 单场景动画转换为影片剪辑的具体操作步骤如下：

（1）选择“插入>新建元件”，在新建元件对话框中选择类型为“影片剪辑”，单击“确定”按钮返回场景，这时，“库”面板里会产生一个刚建的影片剪辑。

（2）选择“编辑>时间轴>选择所有帧”（快捷键为 Ctrl+Alt+A），这时，场景上的帧全部被选中。

注意　时间轴中复制帧的快捷键为 Ctrl+Alt+C，剪切帧的快捷键为 Ctrl+Alt+X。

（3）双击打开库中的那个影片剪辑，选择第 1 帧，选择“编辑>时间轴>粘贴帧”命令（快捷键 Ctrl+Alt+V）。

9.3 学以致用——单场景动画

源 文 件：	CDROM\09\源文件\实例 1.fla
素材文件：	CDROM\09\素材\花、太阳
效果文件：	CDROM\09\效果文件\实例 1.swf

以下将通过一个单场景动画实例（实例 1.swf）和一个多场景之间跳转播放的动画实例（赛车.swf）来讲解本章中单场景与多场景动画的基本应用，以便于初学者更好地掌握场景动画的运用。

（1）新建一个 Flash 文档，将素材图片花和太阳依次导入到库中，再在场景中使用椭圆工具、选择工具等绘制出白云、鸡蛋、草和草地的形状，并加以填充，然后，将它们各自转换为名称对应的图形元件，并调整好排放的位置，效果如图 9-17 和图 9-18 所示。

图 9-17　镜头 1

图 9-18　镜头 2

注意　草只需绘制出一棵，并将其转换为“草 1”图形元件。

（2）将导入的太阳动画的影片剪辑重命名为“太阳”，双击打开，如图 9-19 所示。

（3）新建一个影片剪辑，命名为“鸡蛋影片”，在影片中为鸡蛋的摆动及标注语做补间动画。在“鸡蛋影片”中新建一个图层，将两个图层分别命名为“鸡蛋”和“标语”。在“标语”层使用椭圆和文字工具绘制出如图 9-20 所示图形，并转换为图形元件。

图 9-19　导入

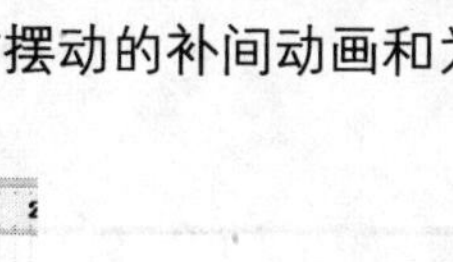

图 9-20　转换为图形元件

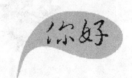

（4）把制作完成的鸡蛋图形元件和标语图形元件依次拖入到影片元件中所对应的图层的适当位置。并在鸡蛋层和标语层分别为鸡蛋做左右摆动的补间动画和为标语做有关透明度设置的补间动画，其效果如图 9-21 所示。

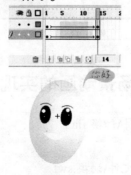

图 9-21　效果图

（5）制作完成后，返回场景。再新建两个图层，将 3 个不同图层分别命名为“草地”、“白云”和“太阳”，然后将“白云”、“草 1”图形元件和太阳影片剪辑依次按顺序拖至对应的图层中，并放置到适当的位置，最后为各图层分别插入 40 帧。

注意 由于“草 1”图形元件是一棵草，要使之成为草地，就需往场景里多添加几次该图形元件。

（6）在太阳图层上分别新建一个鸡蛋层和背景层，然后分别在 41 帧的位置插入关键帧，将鸡蛋影片剪辑拖至对应图层中的适当位置，再将花和“草 2”元件拖入背景层的适当位置，最后，再在 80 帧的位置分别插入帧。如图 9-22 所示。

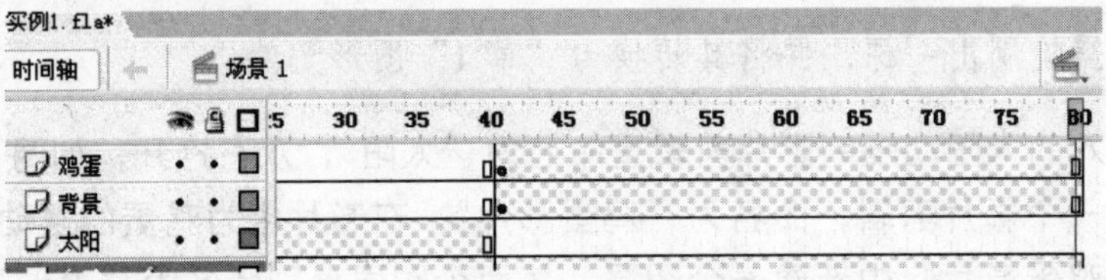

图 9-22　插入帧

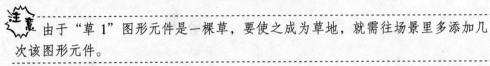

（7）制作完成，测试影片，效果如图 9-23 所示。

图 9-23　效果图

9.4 学以致用——多场景动画的实现

源 文 件：	CDROM\09\源文件\切换.fla
素材文件：	CDROM\09\素材\
效果文件：	CDROM\01\效果文件\切换.swf

（1）把实例 1 源文件中的第 1 个镜头画面第 40 帧后的帧全部删除，然后打开“场景”面板，单击添加场景按钮，添加一个场景 2。

（2）在场景 2 中再新建两个图层，把 3 个图层分别命名为“白云”、“草地”和“鸡蛋”。

把原来放在场景 1 第 1 个镜头画面后面被删除的部分元素全部添加到场景 2 中所对应的图层上，并插入适量的帧。如图 9-24 所示。这样，一个单场景动画就变成了一个多场景的动画了。

图 9-24　插入适当的帧

有一种方法也可以使单场景动画实现动画的跳转播放。在实例 1 的基础上，继续讲述单场景动画的交互性。具体操作步骤如下：

（1）在场景中新建一个图层，命名为“按钮”，选择“窗口>公用库”命令，在按钮面板中选择一个合适的按钮样式 ，把它拖入到对应的图层中，鼠标单击按钮，并打开相对应的动作属性面板，在面板中写下如下代码：

```
on (press) {
    gotoAndPlay(41);}
```

注意　其中的“41”表示跳转到该动画的 41 帧的位置进行播放。“41”还可以是动画帧中的任意一帧，如 1、2、3、4，等等。如图 9-25 所示。

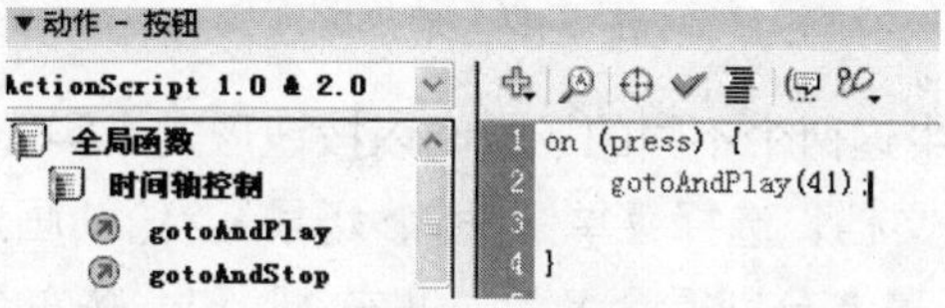

图 9-25

（2）在按钮图层的 41 帧的位置插入关键帧，在“公用库>按钮面板”窗口中选择一个合适的按钮，并将其拖入到按钮图层中。如图 9-26 所示。

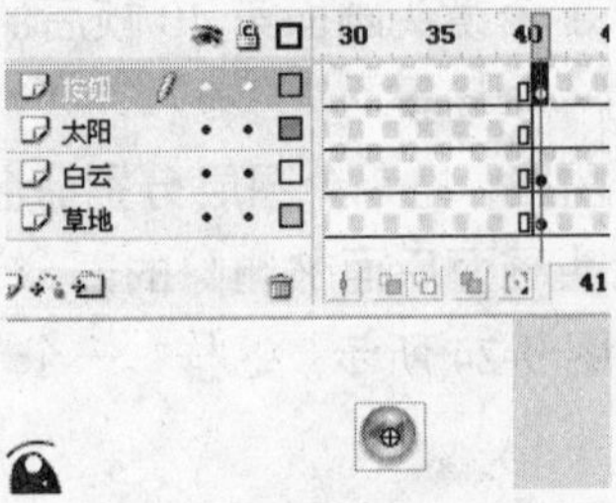

图 9-26　在场景中添加按钮

以同样的方法将按钮代码写到动作属性面板中，代码如下：

```
on (press) {
    gotoAndPlay(1);}
```

设置完毕后，将动画另存为“切换.fla”，按快捷键“Ctrl+Enter”测试影片。

9.5 学以致用——赛车

源　文　件：	CDROM\09\源文件\赛车.fla
素材文件：	CDROM\09\素材\花 1、花 2、花 3、汽车、猪、气球
效果文件：	CDROM\01\效果文件\赛车.swf

效果如图 9-27 所示。

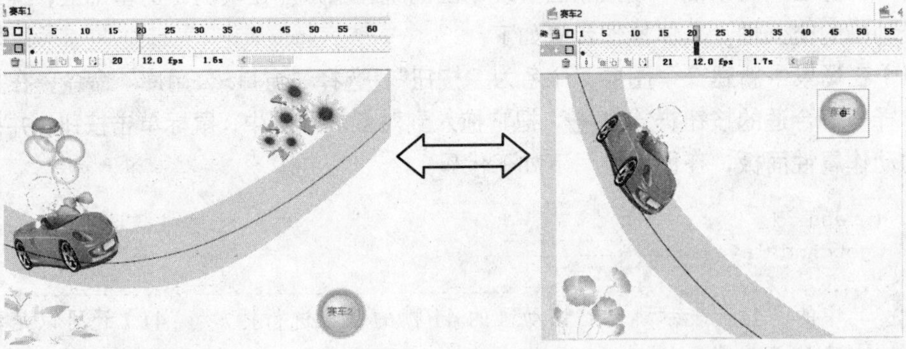

场景 1　　场景 2

图 9-27　效果图

如何在“赛车.swf”中这两个不同的场景间以按钮形式来实现跳转呢？操作步骤如下：

（1）新建一个 Flash 文档，选择菜单“插入>场景”，给动画添加一个场景，然后，在场景面板中将场景 1 和场景 2 分别重命名为“赛车 1”和“赛车 2”。

（2）将素材花 1、花 2、花 3、汽车、猪、气球等图片依次导入到库中，然后，依次把导入的位图素材拖入到场景中，并将图像分离后删除其背景色，再将其转换为与各自名称对应的图形元件（其中，汽车和猪图像处理完后，是将它们放在同一个图形元件中的。图形元件命名为“车”)。

（3）新建一个影片剪辑，命名为“气球”，将转换好的气球图形元件拖入至舞台中，并为其做补间动画，如图 9-28 所示。

（4）返回赛车 1 场景，新建 3 个图层和一个引导层，将 4 个图层分别命名为“背景”、“景物”、“气球”和“车”，然后，将库中背景图形元件、花图形元件、气球影片剪辑、车图形元件依次拖入到赛车 1 场景中的“背景”、“景物”、“气球”和“车”图层中，并插入适量的帧，如图 9-29 所示。

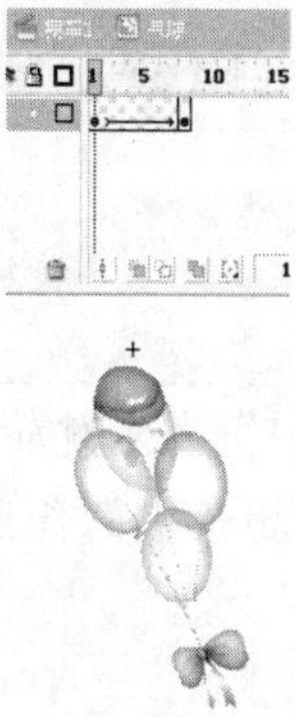

图 9-28 补间动画

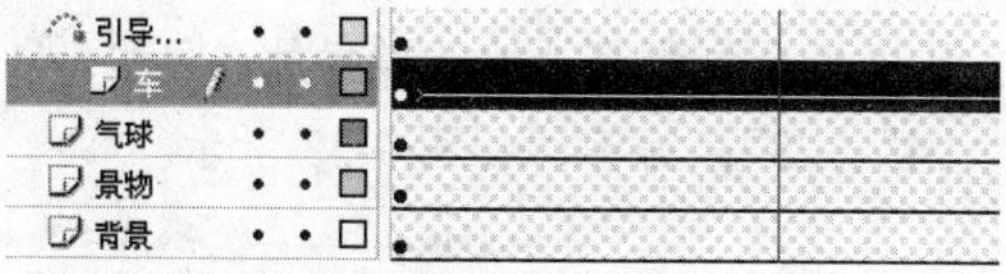

图 9-29 插入适量的帧

（5）在车的图层上方新建一个引导层，在引导层画出引导线，为车做引导补间动画。要注意的是在引导补间动画的制作中，被引导的对象的中心点一定要附在引导线两端的端点上，如图 9-30 所示。

（6）在引导层的上面再新建一层，并命名为“按钮”，选择“窗口>公用库>按钮”命令，在众按钮中任意选择一个自己喜欢的按钮，并将其拖入到赛车 1 场景中“按钮”图层的适当位置，如引导线的两端，如图 9-31 所示。

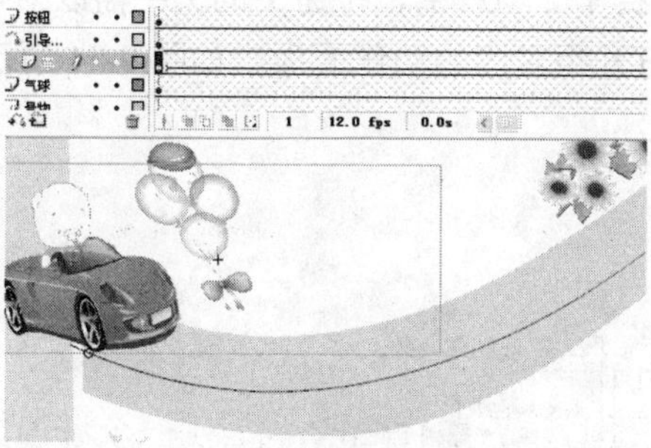

图 9-30 引导线的两端

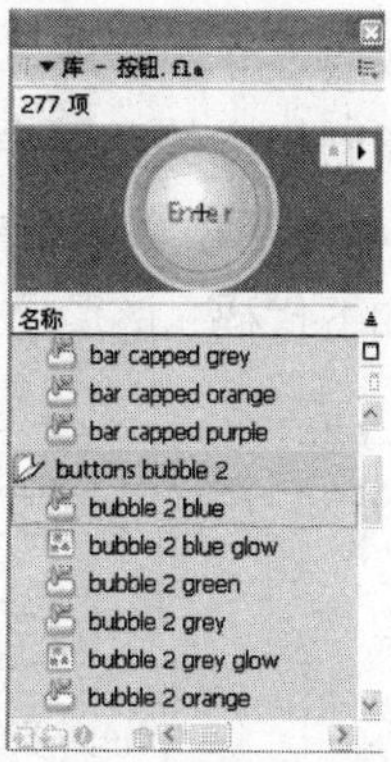

图 9-31 选择按钮

（7）双击按钮，进入按钮的影片剪辑面板，选择 text 图层，使用 A 工具将按钮上面的文字更改为“赛车 2”，如图 9-32 所示。

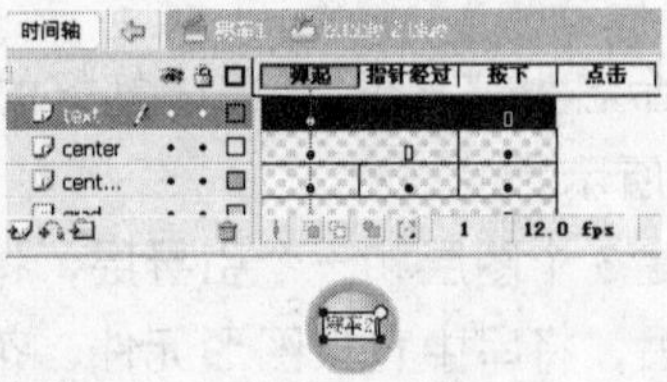

图 9-32　制作按钮

完成后，返回赛车 1 场景。

（8）单击按钮，再打开相对应的动作面板，并在空白处写下如下代码：

```
on (press) {
    gotoAndPlay("赛车 2",1)}
```

注意

gotoAndPlay 中的“赛车 2”表示要跳转到的场景名称，“1”表示跳转到所需场景后，从该场景中的第 1 帧开始播放，同理，“1”也可改成场景中的任意一帧，如“3”、“4”、“5”，等等。如图 9-33 所示。

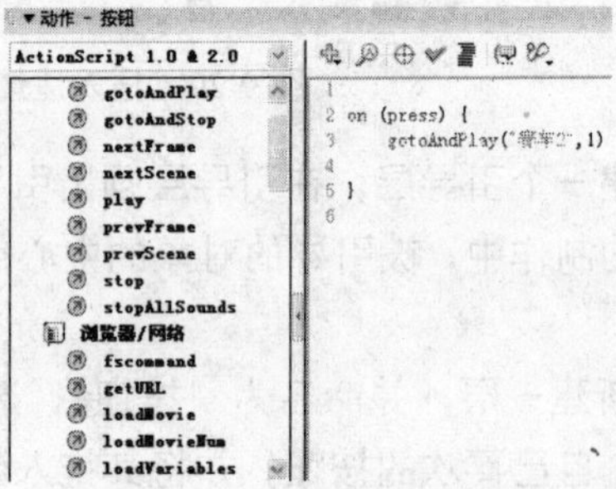

图 9-33　添加脚本

（9）按照 1~8 的步骤，将赛车 2 场景中所需用到的图形元件、影片剪辑及引导动画做完，并放置到相应的图层中。不同的是在赛车 2 场景中，按钮上的文字需改为“赛车 1”。

（10）单击赛车 2 场景中的按钮，再打开相对应的动作面板，如图 9-34 所示，并在空白处写下如下代码：

```
on (press) {
    gotoAndPlay("赛车 1",1)}
```

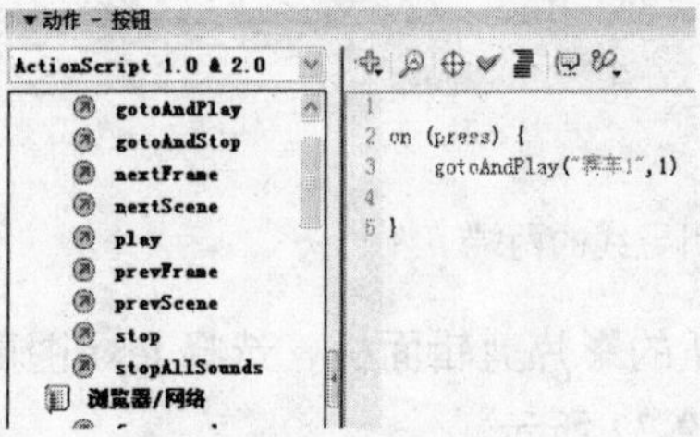

图 9-34　添加脚本

按快捷键 Ctrl+Enter，测试影片，效果如图 9-35 所示。

图 9-35　效果图

9.6 本章小结

本章详细介绍了 Flash 中单场景动画与多场景动画的相关概念及各自的特点，通过本章的学习，初学者可以掌握制作场景动画的基本步骤和方法。

总的概括起来本章需要注意的有以下几点：

1. 单场景动画制作流程简单，但播放顺序单一，修改不方便，在某些情况下使用空白帧较多。

2. 多场景动画主要以交互性动画为主，可以选择地播放动画内容；制作非常方便，不影响其他场景动画的内容；可以很方便地改变场景的播放顺序。

3. 多场景可跳转播放动画常用的 Actions 命令是基本动作 Gotoandplay。

4. 多场景动画播放可以在单场景动画中制作实现，并且，在单场景动画中添加 AS 语句也可以控制动画的播放。

第 10 章
元件、实例和库资源

本章导读

老师，这一章学习什么新知识？

在这一章里来认识一下元件、实例和库资源。通过学习概念来了解这些知识，再通过手把手实例来说明和掌握这些内容。现在就快跟我来学习这些知识吧！

本章主要学习以下内容：

- 元件介绍
- 使用元件实例
- 管理库资源
- 共享库资源
- 学以致用
- 本章小结

10.1 元件介绍

有些动画你从表面上看很有意思，似乎很复杂，其实，那些动画的制作是很简单的，但是，要学习制作那样绚丽的动画，需要从基础开始学习，例如，本章讲述的 Flash 动画的特点、动画原理、Flash 动画制作的界面等。

元件是指在 Flash 创作环境中创建的图形、按钮或影片剪辑，可在整个文档或其他文档中重复使用。如下面的例子：

首先，用椭圆工具在舞台上画出一个圆。选中这个圆，看看它的“属性”面板，如图 10-1 所示，会发现它的属性有“宽度”、“高度”和“坐标值”。可以调节圆的外形、尺寸、位置，但是用途却很有限。要想使这个圆发挥更大的用途，那就必须把它转换成“元件”。

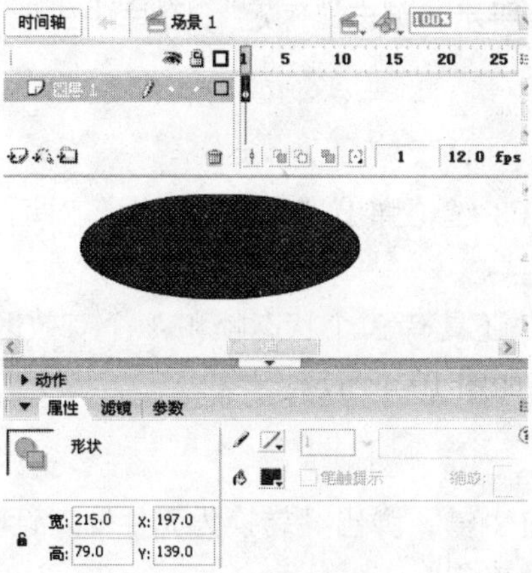

图 10-1　图形的属性

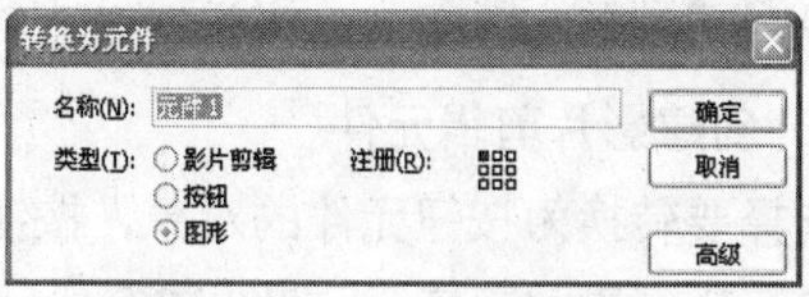

图 10-2　转换为图形元件

选择这个椭圆，执行“修改” > “转化为元件”命令，也可按键盘上的 F8 键，在弹出的“转换为元件”对话框中选择类型为“图形”，单击“确定”，这样，图形就转换为图形元件了。如图 10-2 所示。

10.1.1　元件的类型

每个元件都有一个唯一的时间轴和舞台，以及几个层。创建元件时要选择元件类型，这取决于在文档中如何使用该元件。

- 图形元件可用于静态图像，并可用来创建连接到主时间轴的可重用动画片段。图形元件与主时间轴同步运行。交互式控件和声音在图形元件的动画序列中不起作用。图形元件可接受 Flash 中大部分变化操作，例如方向、位置、大小、颜色等。
- 使用按钮元件可以创建响应鼠标点击、滑过或其他动作的交互式按钮。可以定义与各种按钮状态关联的图形，然后将动作指定给按钮实例。

- 使用影片剪辑元件可以创建可重用的动画片段。影片剪辑拥有它们自己的独立于主时间轴的多帧时间轴。可以将影片剪辑看做是主时间轴内的嵌套时间轴，它们可以包含交互式控件、声音甚至其他影片剪辑实例。也可以将影片剪辑实例放在按钮元件的时间轴内，以创建动画按钮。

高手点评

图形元件的元素可以是导入的位图图像、矢量图形、文本对象以及用 Flash 工具创建的线条、色块等。按钮元件的元素可以是导入的位图图像、矢量图像、文本图像以及用 Flash 工具创建的任何图形。

10.1.2 创建元件

1. 创建图形元件

选择相关元素，按键盘上的 F8 键，弹出“转换为元件”对话框，在“名称”中可输入元件的名称，在类型中选择“图形”，如图 10-2 所示，单击“确定”。在库中生成了相应的元件，在舞台中，元素变成了元件的一个实例。

2. 创建按钮元件

选择要转换为按钮元件的对象，按键盘上的 F8 键，弹出“转换为元件”对话框，在类型中选择“按钮”，如图 10-3 所示，单击“确定”。

按钮元件除了有图形元件的全部变形功能外，还具有 3 个状态帧和 1 个有效区帧。3 个状态帧分别是“弹起”、“指针经过”、“按下”，如图 10-4 所示。

3. 创建影片剪辑元件

选择要转换为按钮元件的对象，按键盘上的 F8 键，弹出“转换为元件”对话框，在类型中选择“影片剪辑”，如图 10-5 所示，单击“确定”。

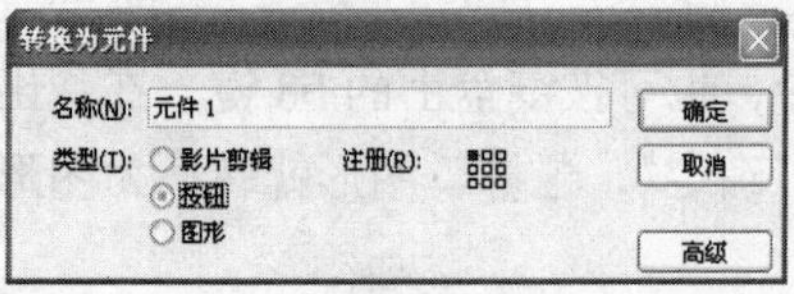

图 10-3 创建按钮元件

图 10-4 3 个状态帧

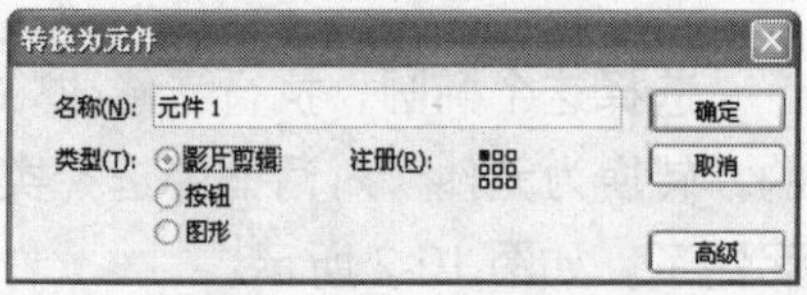

图 10-5 创建影片剪辑元件

上述 3 种创建元件的过程全部是从现有的对象转换，但大多数情况下，常常是先创建一个空白元件，然后编辑元件的内容。

4. 创建空白元件

在确定舞台上没有任何对象被选取的情况下，执行“插入>新建元件”命令，或者按快捷键 Ctrl+F8，可以打开“创建新元件”对话框，在对话框中输入名字，选择元件的类型，单击“确定”，如图 10-6 和图 10-7 所示。

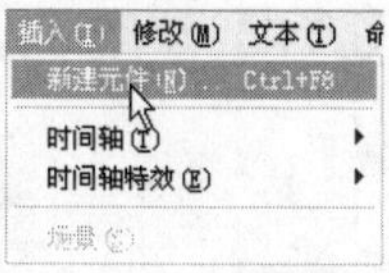

图 10-6　新建元件

图 10-7　创建新元件

高手点评

影片剪辑就是平时常听到的 MC（Movie Clip 的简写）。

10.1.3　将动画转换为影片剪辑元件

这一节学习把动画转换为影片剪辑，要在舞台上重复使用一个动画序列或将其作为一个实例操作，请选择该动画序列，并将其另存为影片剪辑元件。

手把手实例　将动画转换为影片剪辑

源 文 件：	CDROM\10\源文件\动画转换为影片剪辑.fla
素材文件：	无
效果文件：	CDROM\10\效果文件\动画转换为影片剪辑.swf

为了让读者能够更加直接地进入主题内容的学习，实例所提供的源文件中与主题无关的背景、素材等元素都已经预先制作好了，在打开源文件后，只需要按照下面的步骤进行操作，直接制作变形特效即可。另外，本章中所涉及的所有手把手实例的源文件均做上述处理，在此一并说明，后面不再赘述。

（1）打开“动画转换为影片剪辑.fla”文件，选择时间轴上想使用的舞台上动画的每一层中的每一帧。如图 10-8 所示。

（2）选择“编辑>时间轴>复制帧”命令。如图 10-9 所示。

（3）选择“插入>新建元件”命令。如图 10-10 所示。

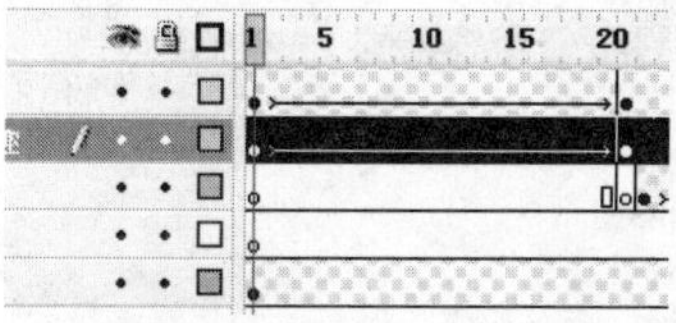

图 10-8　舞台上动画的一层中的每一帧

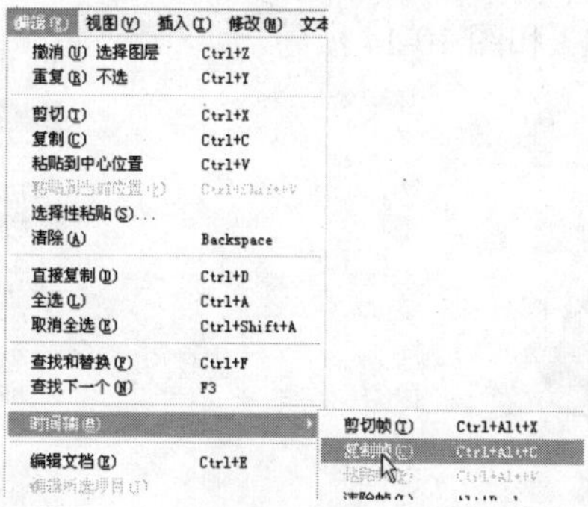

图 10-9　复制帧

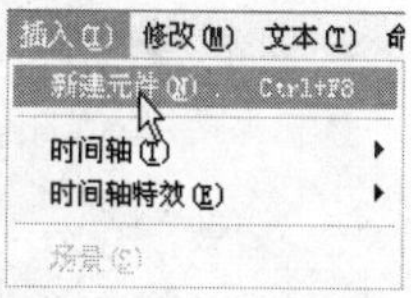

图 10-10　新建元件

（4）为元件命名，“类型”选择“影片剪辑”，然后单击“确定”。如图 10-11 所示。

（5）在时间轴上，单击第 1 层上的第 1 帧，然后选择“编辑>时间轴>粘贴帧”命令。如图 10-12 所示。

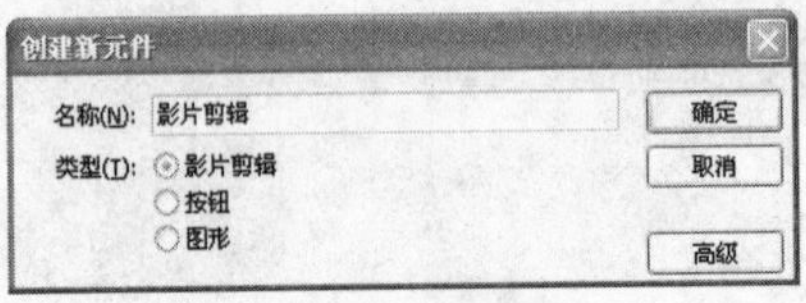

图 10-11　创建影片剪辑

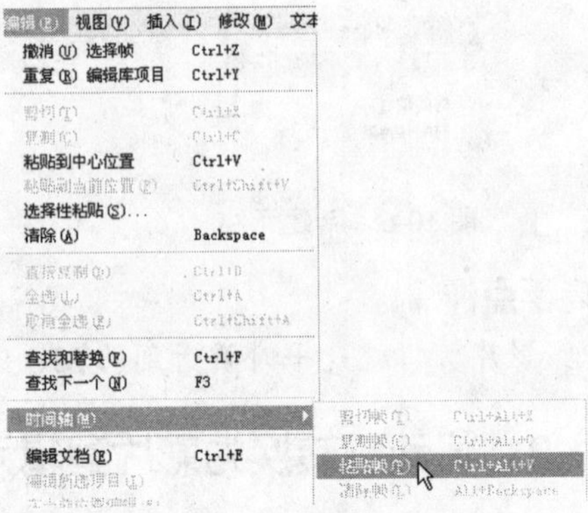

图 10-12　粘贴帧

高手点评

此操作将把从主时间轴复制的帧（以及所有图层和图层名）都粘贴到该影片剪辑元件的时间轴上。所复制的帧中的所有动画、按钮或交互性现在已成为一个独立的动画（影片剪辑元件），可以重复使用它。

10.1.4　重制元件

在舞台上创建动画过程中，想要替换掉现有的元件，换上想要的元件，就要用到重置元件功能，这会很方便动画创作。下面来介绍一下如何应用。

手把手实例　重置元件

源 文 件：	CDROM\10\源文件\重置元件.fla
素材文件：	无
效果文件：	CDROM\10\效果文件\重置元件.swf

打开“重置元件.fla”文件，在舞台上选择要替换掉的实例，选择“修改>元件>交换元件”命令。如图 10-13 和图 10-14 所示。

图 10-13　选择实例

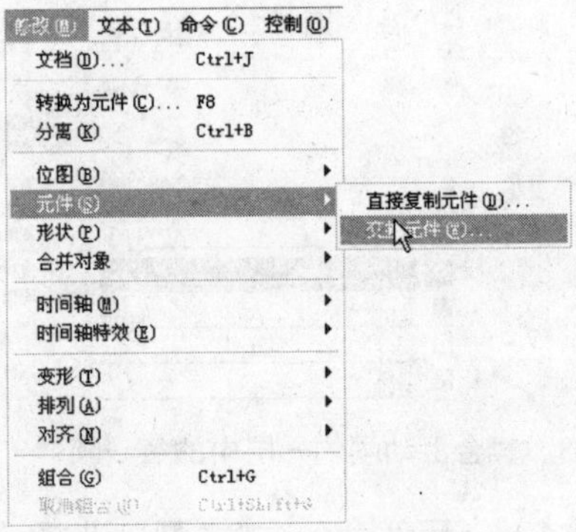

图 10-14　选择“交换元件”

该元件会被重制，而且原来的实例也会被重制元件的实例代替。如图 10-15 所示。

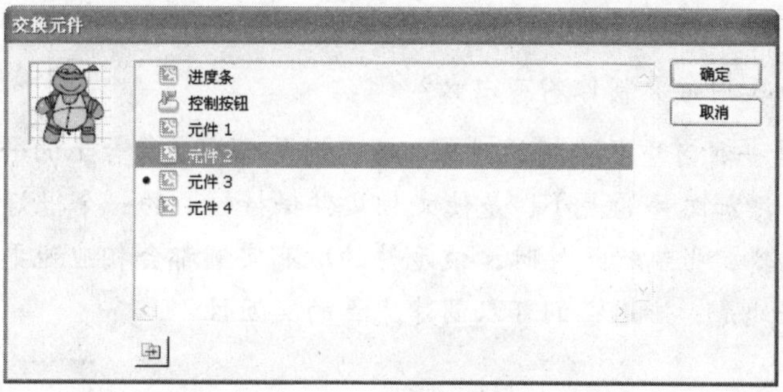

图 10-15　实例代替

10.1.5　编辑元件

编辑元件时，Flash 会更新文档中该元件的所有实例。

手把手实例　编辑元件

源 文 件：	CDROM\10\源文件\自讨没趣.fla
素材文件：	无
效果文件：	CDROM\10\效果文件\自讨没趣.swf

打开“自讨没趣.fla”文件，在舞台上选择元件的一个实例，然后，右击，在弹出的菜单中选择“在当前位置编辑”，如图 10-16 所示。

还可以在新窗口中编辑元件，方法是在舞台上选择元件一个实例，然后，右击，在弹出的菜单中选择“在新窗口中编辑”命令，如图 10-17 所示。

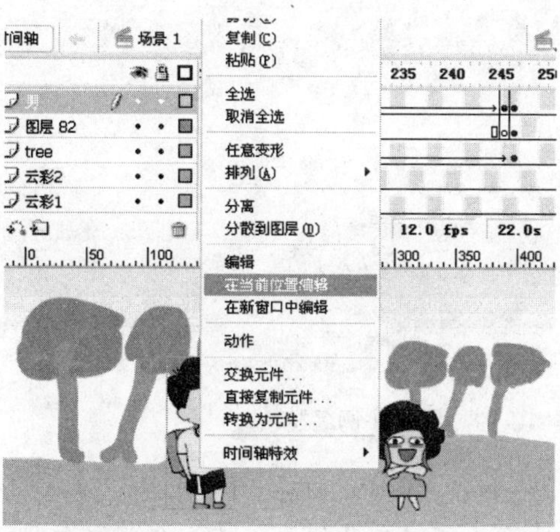

图 10-16　在当前位置编辑

图 10-17　在新窗口中编辑

即问即答

元件每次用每次制作不可以么？

元件是一种可重复使用的对象，而实例是元件在舞台上的一次具体使用。重复使用实例不会增加文件的大小，是使文档文件保持较小的一个很好的策略。元件还简化了文档的编辑，当编辑元件时，该元件的所有实例都会相应地更新以反映编辑。元件的另一个好处是，使用它们可以创建完善的交互性。

10.2 使用元件实例

在这里，会用手把手的例子向大家讲解实例的一些用法，以及实例的属性、颜色和透明度的设置。

10.2.1 创建实例

手把手实例 创建实例

源 文 件：	CDROM\10\源文件\自讨没趣.fla
素材文件：	无
效果文件：	CDROM\10\效果文件\自讨没趣.swf

（1）打开“自讨没趣.fla”文件，在舞台上选择元件的一个实例，如果没有显示“属性”面板，可以从菜单中选择“窗口>属性>属性”。如图 10-18 所示。

（2）在“属性”面板的实例名称文本框中输入该实例的名称。如图 10-19 所示。这样，实例就创建好了。

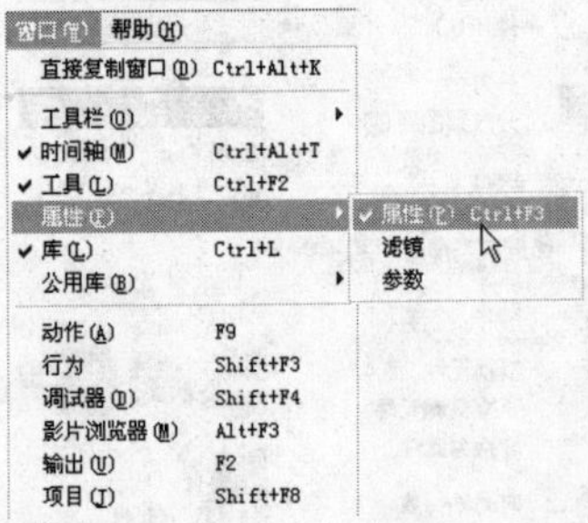

图 10-18 打开“属性”面板

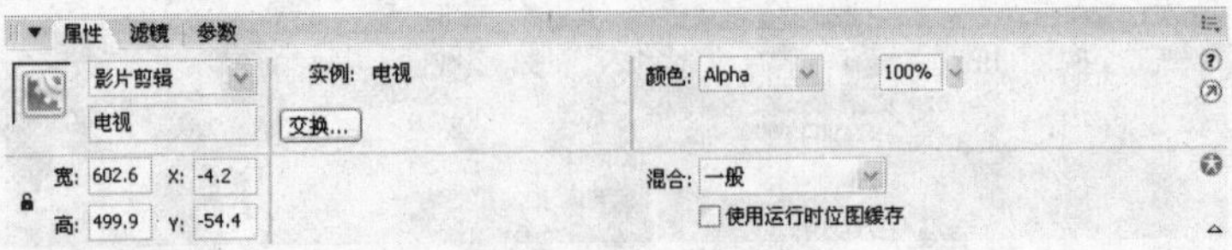

图 10-19 设置实例名称

高手点评

创建元件之后，可以在文档中任何需要的地方（包括在其他元件内）创建该元件的实例。当修改元件时，Flash 会更新元件的所有实例。

提示 当创建影片剪辑和按钮实例时，Flash 将为它们指定默认的实例名称。可以在“属性”面板中将自定义的名称应用于实例。可以在 ActionScript 中使用实例名称来引用实例。

10.2.2　设置实例属性

手把手实例　设置实例属性

源 文 件：	CDROM\10\源文件\实例属性.fla
素材文件：	无
效果文件：	CDROM\10\效果文件\实例属性.swf

来看图 10-20，从库中把“元件 1”向场景中拖动 4 次（也可以复制场景上的实例），这样，舞台中就有了“元件 1”的 4 个“实例”。

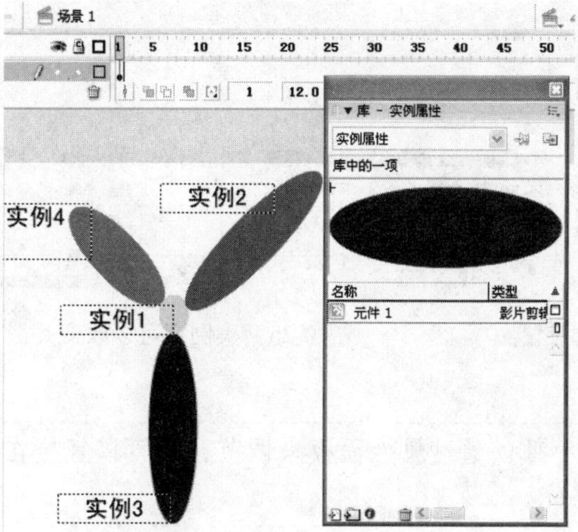

图 10-20　元件 1 的 4 个实例

可以试着分别把各个实例的颜色、方向、大小设置成不同样式，图 10-20 中的“实例 1”可以在属性面板中设置它的宽、高参数，如图 10-21 所示。

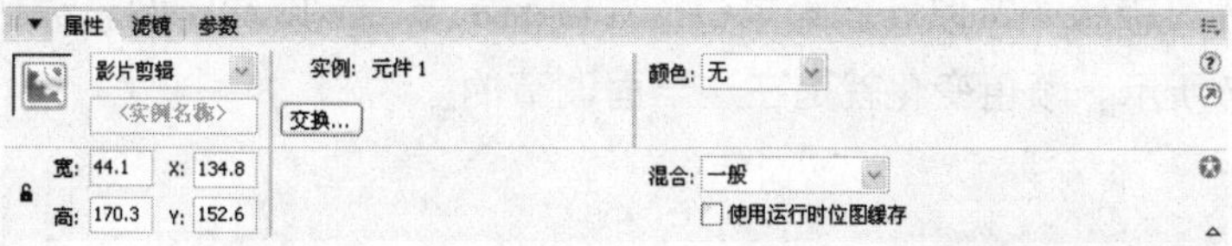

图 10-21　“实例 1”的宽度、高度属性设置

将“实例 2”改变外形及颜色属性，可以通过变形面板和属性面板设置，具体设置如图 10-22 所示。

同“实例 2”一样，将“实例 3”也在变形面板和属性面板中进行设置，具体属性值设置如图 10-23 所示。

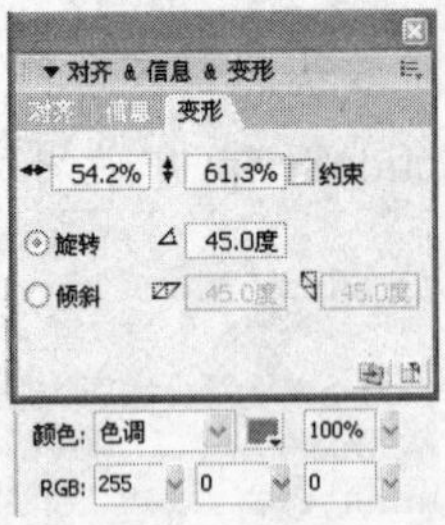

图 10-22 “实例 2”的属性设置

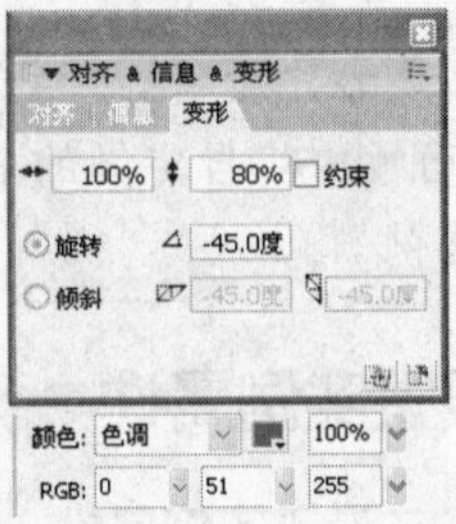

图 10-23 “实例 3”的属性设置

“实例 4”的设置如图 10-24 所示。

在变形面板的操作中，还要注意“约束”选项，如果该选项被选中，那么实例的宽、高将同步改变，另外，旋转设置框中“正”值是顺时针旋转，而“负”值是逆时针旋转。

实例不仅能改变外形、位置、颜色等属性，还可以通过属性面板改变“类型”，如图 10-25 所示。

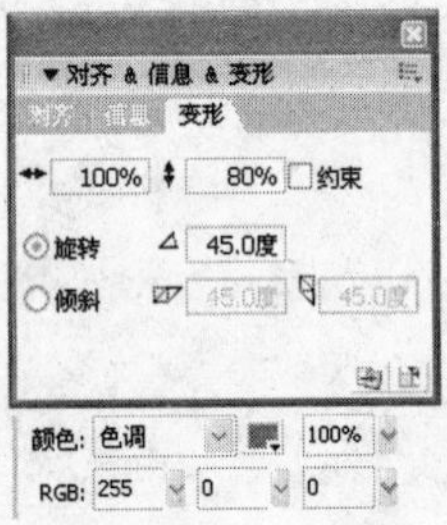

图 10-24 “实例 4”的属性设置

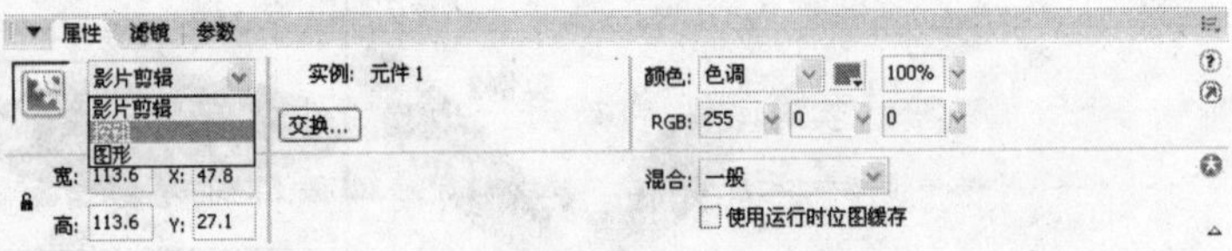

图 10-25 实例还可以改变类型

提示 一般，实例大小可以通过属性面板来调节，也可以直接在舞台上利用任意变形工具 来调节。

图 10-26 实例的颜色和透明度有明显的区别，这是为什么呢?

你提的正好，本章正要学习设置实例的颜色和透明度。图 10-26 中它们的区别是由于改变了实例的透明度和颜色。

打开实例属性面板，可以看到除了包含实例的宽度、高度和实例名称外，还有颜色设置。如图 10-27 所示。颜色变化就是在这里面调节的。

图 10-26 实例的颜色和透明度

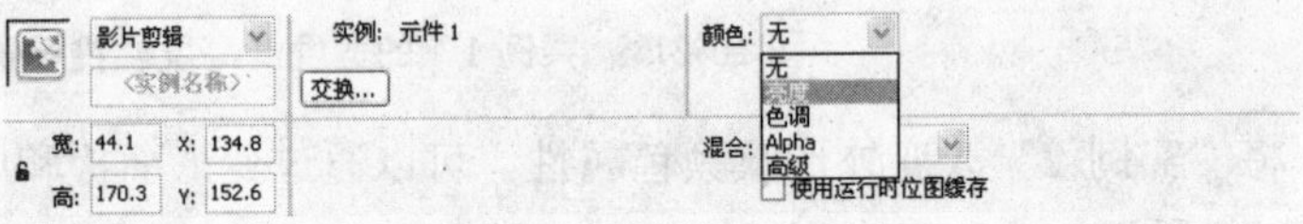

图 10-27 颜色、透明度

高手点评

要设置实例的颜色和透明度选项，可使用“属性”面板。当在特定帧内改变实例的颜色和透明度时，Flash 会在播放该帧时立即进行这些更改。

点击“颜色”后面的下拉列表框，会发现有“亮度”、“色调”、“Alpha”和“高级”这 4 个选项。

高手点评

亮度：调节图像的相对亮度或暗度，度量范围是从黑（-100%）到白（100%）。若要调整亮度，请单击下三角按钮并拖动滑块，或者在框中输入一个值。

色调：用相同的色相为实例着色。要设置色调百分比（从透明（0%）到完全饱和（100%）)，请使用属性面板中的色调滑块。若要调整色调，单击并拖动滑块，或者在框中输入一个值。若要选择颜色，在各自的框中输入红、绿和蓝色的值，或者单击颜色控件，然后从“颜色选择器”中选择一种颜色。

Alpha：调节实例的透明度，调节范围是从透明（0%）到完全饱和（100%）。若要调整 Alpha 值，请单击并拖动滑块，或者在框中输入一个值。

高级：分别调节实例的红色、绿色、蓝色和透明度值。对于在位图这样的对象上创建和制作具有微妙色彩效果的动画，此选项非常有用。左侧的控件使得可以按指定的百分比降低颜色或透明度的值。右侧的控件使得可以按常数值降低或增大颜色或透明度的值。

当前的红、绿、蓝和 Alpha 的值都乘以百分比值，然后加上右列中的常数值，产生新的颜色值。例如，如果当前的红色值是 100，若将左侧的滑块设置为 50%，并将右侧滑块设置为 100%，则会产生一个新的红色值 150（(100×0.5）+100=150）。

10.2.3　实例交换

实例交换就是例如，假定正在使用小男孩元件创建一个卡通形象，作为影片中的角色，但后来决定将该角色改为小女孩。可以用小女孩元件替换小男孩元件，并让更新的角色出现在所有帧中大致相同的位置上。

手把手实例　实例交换

源 文 件：	CDROM\10\源文件\自讨没趣.fla
素材文件：	无
效果文件：	CDROM\10\效果文件\自讨没趣.swf

（1）打开源文件“自讨没趣.fla”，在舞台上选择实例，然后选择“窗口>属性>属性”命令，如图 10-28 所示。在属性面板中单击“交换”按钮。如图 10-29 所示。

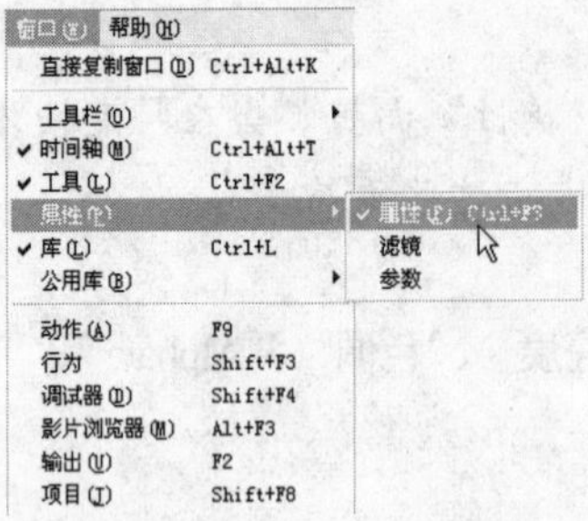

图 10-28 选择“窗口>属性>属性”命令

图 10-29 交换按钮

（2）选择一个元件以替换当前实例的元件。若要重制选定的元件，单击“重制元件”，然后单击“确定”。效果如图 10-30 所示。

图 10-30 交换元件效果

高手点评

如果制作的是几个具有细微差别的元件，那么，“重制”功能使得可以在库中现有元件的基础上创建一个新元件，并将复制工作量减到最少。

10.2.4 更改实例的类型

灵活运用元件或实例的特点，能使动画得到更丰富的表演手段，并且会大大提高制作效率!

更改元件的类型是在库中进行的，选择需要更改的元件，打开属性面板，选择目标类型，就可以更改了。

手把手实例 更改实例的类型

源 文 件：	CDROM\10\源文件\自讨没趣.fla
素材文件：	无
效果文件：	CDROM\10\效果文件\自讨没趣.swf

（1）打开源文件“自讨没趣.fla”，在舞台上选择实例，然后选择“窗口>属性>属性”。

（2）从“属性”面板左上角的弹出菜单中选择“影片剪辑”、“按钮”或“图形”。如图 10-31 所示。

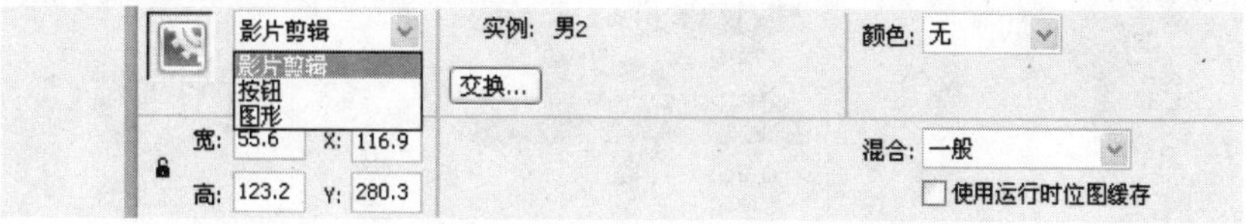

图 10-31　实例类型更改

提示 可以改变实例的类型来重新定义它在 Flash 应用程序中的行为。例如，如果一个图形实例包含想要独立于主时间轴播放的动画，可以将该图形实例重新定义为影片剪辑实例。

10.2.5　分离实例元件

分离能使位图变成分散的色块或线条，便于编辑其中的内容。除了位图，分离还有下列几种情况：

- 对于文本对象，分离后变为单个的字符对象，再一次分离，变成轮廓线图形；
- 对于图形实例，分离后变成舞台中的一个孤立元素；
- 对于按钮实例，分离后变成了一个单帧的元素，显示为原按钮第 1 帧的内容；
- 对于影片剪辑，分离后变成了一个单帧元素，其内容为原影片剪辑的第 1 帧，如果有多个图层，那么为第 1 帧的内容的叠加；
- 对于组合对象，分离后还原成组合前的状态；
- 对于导入的矢量图形，分离后为独立的矢量路径，再分离，变为矢量色块或线条。

手把手实例　分离实例元件

源 文 件：	CDROM\10\源文件\自讨没趣.fla
素材文件：	无
效果文件：	CDROM\10\效果文件\自讨没趣.swf

打开源文件“分离实例元件.fla”，在舞台上选择实例，然后选择“修改>分离”命令。如图 10-32 所示。此操作将该实例分离成它的几个组件图形元素。要修改这些元素，使用涂色和绘画工具。

高手点评

要断开一个实例与一个元件之间的链接，并将该实例放入未组合的形状和线条的集合中，可以“分离”该实例。此功能对于实质性更改实例而不影响任何其他实例非常有用。如果在分离实例之后修改源元件，并不会用所作的更改来更新该实例。

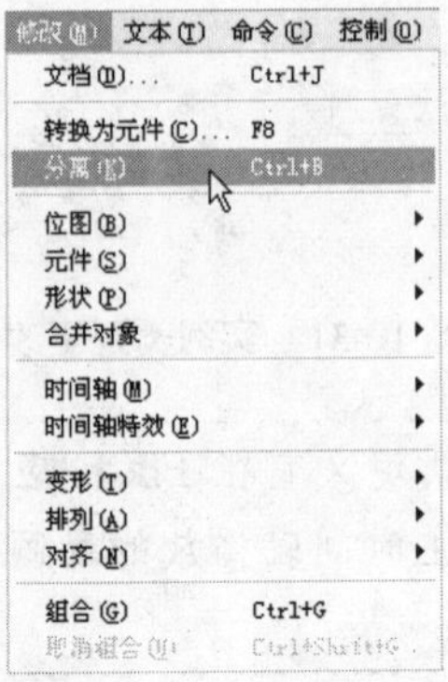

图 10-32　分离元件

提示 在动画制作中需要将对象进行分离时，可以直接使用快捷键 Ctrl+B。

随着动画制作过程的进展，“库”项目将变得越来越复杂，从“库菜单”中单击选择“未用项目”命令，Flash 会把未用的元件全部选中，这时，可以单击菜单中的“删除”命令，将它们删除。这样的操作，可能需重复几次，因为有的元件内还包含大量其他“子元件”，第一次显示的往往是“母元件”。删除后，其他“子元件”才会暴露出来，另外，该命令有时对一些多余的位图元件起不了作用，只好手工清除。

经过清理的库，不仅看上去清洁多了，而且会使源文件大大缩小。这里再提醒一句，清理库后，一定要用另存为命令将文件存为另一个副本，否则将发现库整洁了，而源文件却没有缩小。

即问即答

这一节学习了这么多的元件，只是大多是简单的操作，我感觉很容易掌握！

这一章看起来简单，其实是基础中的基础，如果在创作动画当中，都不明白元件的用法，可能会花费大量的时间，做无用功，所以，学好本章对以后章节的学习大有帮助！不仅要熟悉 Flash，更要在平时的学习中加强基础的练习，还要多学习别人的表现手法，这样，才会大有帮助！

10.3 管理库资源

在上一节里面学习了使用元件实例，那本节学习什么呢？

在这一节里学习管理库资源。“库”是使用频度最高的面板之一，默认情况下，库被安置在面板集合中。库可以随意移动，放置在你认为最合适的地方。库还可以更改视图模式，库面板上还有库菜单，以及元件的项目列表和编辑按钮，在保存 Flash 文档时，库的内容同时被保存。

10.3.1　文档之间复制库资源

文档之间复制库资源有很多的方法，下面就来讲解一下如何复制。

手把手实例　复制库资源

源 文 件：	CDROM\10\源文件\自讨没趣.fla
素材文件：	无
效果文件：	CDROM\10\效果文件\自讨没趣.swf

第 1 种是复制和粘贴资源。

（1）打开源文件“自讨没趣.fla”，在文档的舞台上选择资源，选择“编辑>复制”。如图 10-33 所示。

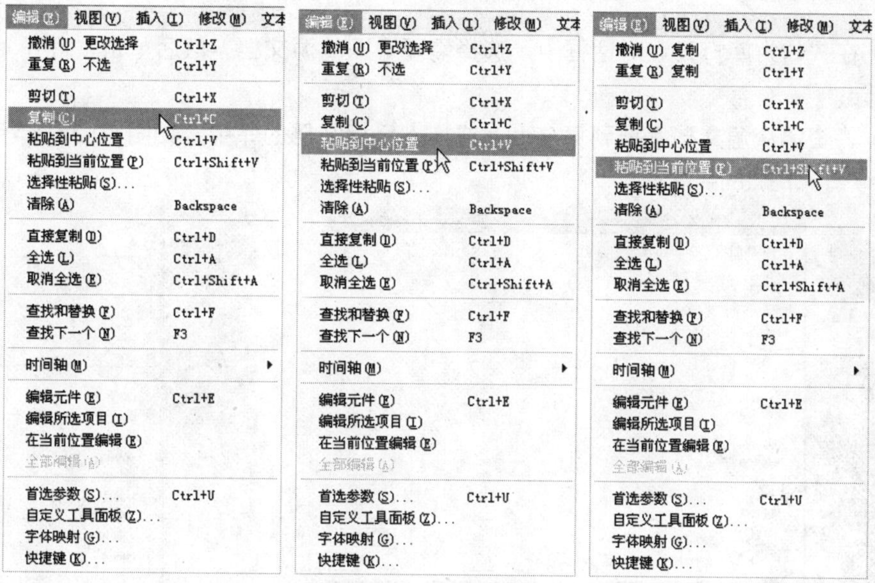

图 10-33　复制与粘贴

（2）将指针放在舞台上，并选择“编辑>粘贴到中心位置”命令，以将资源粘贴到可见工作区的中心位置，或者选择“编辑>粘贴到当前位置”命令，如图 10-33 所示。

第 2 种是通过拖动来复制库资源。

（1）打开源文件“复制库资源.fla”，在库面板中选择资源，如图 10-34 所示。

（2）将资源拖入目标文档的库面板中，如图 10-35 所示。

第 3 种是在目标文档中打开源文档的库，复制库资源。

（1）Flash 中的目标文档处于活动状态时，选择“文件>导入>打开外部库”命令。如图 10-36 所示。

图 10-34　选择资源

图 10-35　拖动

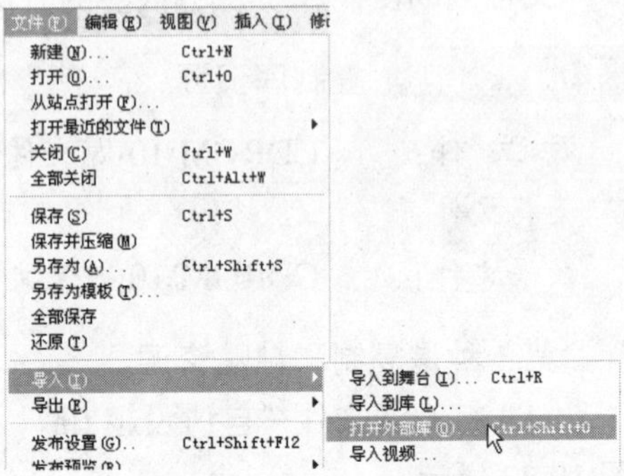

图 10-36　打开外部库

（2）在“作为库打开”对话框中，选择需要导入的源文档，然后单击“打开”。如图 10-37 所示。

（3）将资源从源文档库拖到舞台上，或拖入目标文档的库中，如图 10-38 所示。

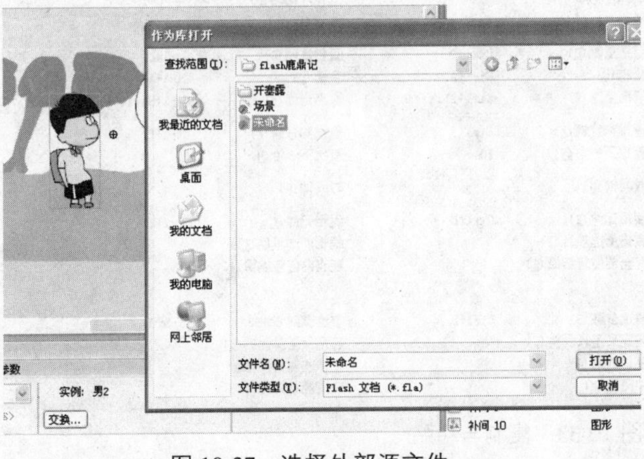

图 10-37　选择外部源文件

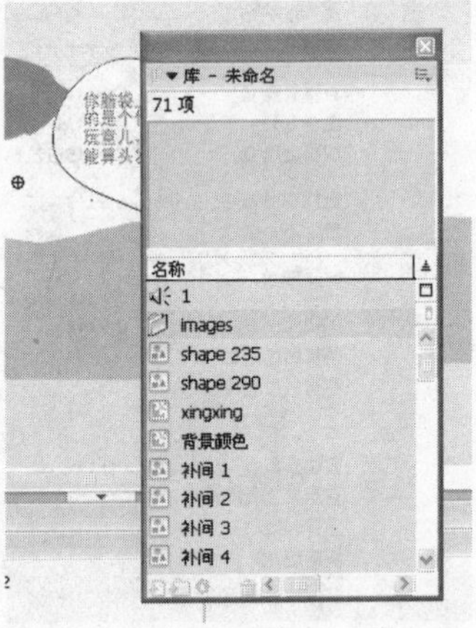

图 10-38　拖入到目标文档库中

高手点评

打开库的快捷键为 F11 键，或者 Ctrl+L 组合键。重复按 F11 键能在库面板的打开和关闭状态间快速切换。

10.3.2　库资源之间的冲突

如果将一个库资源导入或复制到已经含有同名的不同资源的文档中，则可以选择是否用新项目替换现有项目。此选项适用于所有用于导入或复制库资源的方法。

当尝试在文档中放置与现有项目冲突的项目时，就会出现“解决库项目”对话框。当要从源文档中复制一个已在目标文档中存在的项目，并且这两个项目具有不同的修改日期时，就会出现冲突。可通过组织文档库中文件夹内的资源来避免出现命名冲突。如果将某个元件或组件粘贴到文档的舞台上，但现在已有该元件或组件的一个副本（其修改日期与所粘贴元件或组件的修改日期不同），则也会出现该对话框。

只有相同的库项目类型才能互相替换。即不能用一个名为“sound”的位图替换一个名为“sound”的声音。在这种情况下，新项目的名称后面会附加“Copy”字样，然后再添加到库中。

在做动画创作或者导入元件的时候，经常会碰到元件的命名冲突，解决办法也很简单，就是为元件及文件夹更名。

手把手实例　**元件及文件夹更名**

源 文 件：	CDROM\10\源文件\自讨没趣.fla
素材文件：	无
效果文件：	CDROM\10\效果文件\自讨没趣.swf

打开源文件“自讨没趣.fla”，从外部文档导入需要的“元件 1”到库。这时，发现冲突。如图 10-39 所示。

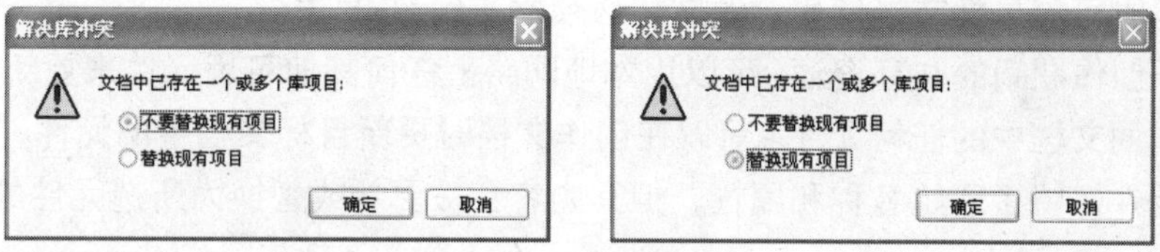

图 10-39　解决库冲突

出现这个对话框是因为在打开的文档中本来就有一个“元件 1”，再导入进来一个“元件 1”，就会发生名字上的冲突。

提示　若要保留目标文档中的现有资源，请单击“不要替换现有项目”；若要用同名的新项目替换现有资源及其实例，请单击“替换现有项目”，如图 10-39 所示。

即问即答

那在这里应该注意些什么呢？

替换了库项目是无法撤销的。在执行只有通过替换冲突的库项目才能解决问题的复杂粘贴操作之前，请保存 FLA 文件的一个备份。碰到这种情况，试图执行撤销命令来撤销操作是徒劳的，补救的措施是：不要保存文件，执行“文件>还原”命令，让一切恢复原样。不过，这样一来在上一次存盘后的操作成果就会付之东流了。所以，也要养成良好的习惯，一段时间的正常操作后，及时地保存文档。

10.4 共享库资源

使用过 Dreamweaver 的朋友一定会对 css 外部样式表的高效、方便表示叹服！如果用 Flash 做动画也能像 Dreamweaver 那样该多好啊！

如果有几十个作品需要使用一个动画标志，那么，它将被几十次地重复使用，重复上传，而且，如果想改变标志中的某个内容，就必须把所有已经发布的作品一个个修改后，重新上传。这将十分麻烦。

所以，本章就要学习和使用共享库资源，使制作变得无比的轻松！

10.4.1 认识共享库资源

共享库资源允许在多个目标文档中使用源文档的资源。可使用两种不同的方法共享库资源：

- 对于运行时共享库资源，源文档的资源是以外部文件的形式链接到目标文档中的。运行时资源在文档回放期间（即在运行时）加载到目标文档中。在制作目标文档时，包含共享资源的源文档并不需要在本地网络上可供使用。但是，为了让共享资源在运行时可供目标文档使用，源文档必须发布到 URL 上。
- 对于创作期间的共享资源，可以用本地网络上任何其他可用元件来更新或替换正在创作的文档中的任何元件。可以在创作文档时更新目标文档中的元件。目标文档中的元件保留了原始名称和属性，但其内容会被更新或替换为所选元件的内容。

10.4.2 处理运行时共享资源

使用运行时共享库资源包含两个步骤：首先，源文档的作者在源文档中定义一个共享资源，并为该资源输入标识符字符串和源文档将要发布到的 URL。然后，目标文档的作者在目标文档中定义一个共享资源，并输入一个与源文档的那些共享资源相同的标识符字符串和 URL。或者，目标文档作者可以把共享资源从张贴的源文档拖到目标文档库中。

在上述任何一种方案下，源文档都必须被发布到指定的 URL，才能使共享资源可供目标文档使用。

10.4.3 在源文档中定义运行时共享资源

使用“元件属性”对话框或“链接属性”对话框定义源文档中一个资源的共享属性，使得该资源可供访问，能够链接到目标文档。

手把手实例 共享资源

源 文 件：	CDROM\10\源文件\共享资源.fla
素材文件：	无
效果文件：	CDROM\10\效果文件\共享资源.swf

（1）在源影片打开的情况下，选择“窗口>库”来显示库面板。如图 10-40 所示。

（2）在“库”面板中选择一个影片剪辑、按钮或图形元件，然后从库菜单中选择“属性”。单击“高级”按钮以展开“属性”对话框。如图 10-41 和图 10-42 所示。选择一种字体元件、声音或位图，然后从库菜单中选择“链接”。

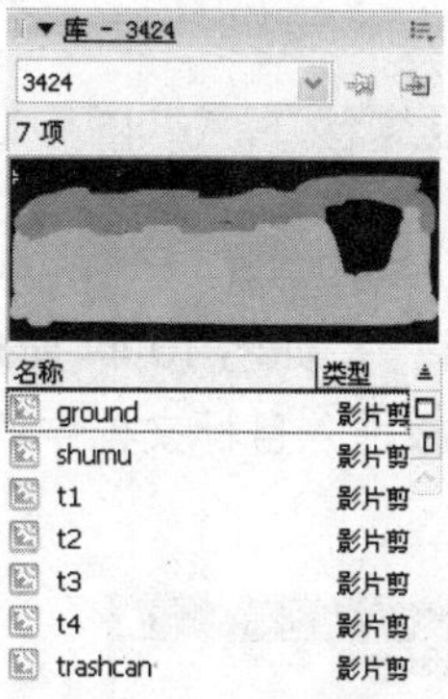

图 10-40　库面板

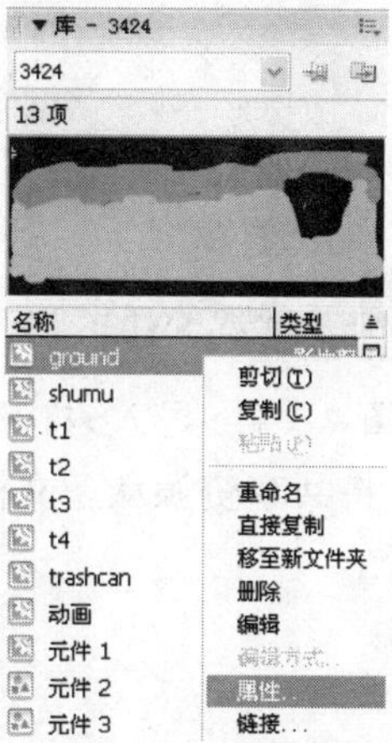

图 10-41　属性

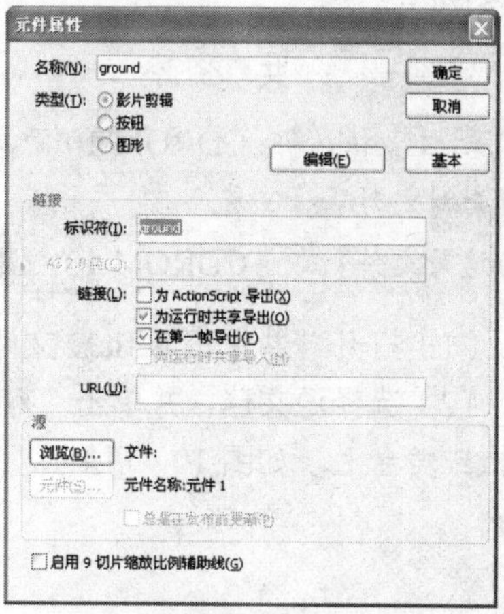

图 10-42　高级

（3）对于“链接”，选择“为运行时共享导出”，使该资源可链接到目标影片。

（4）在“标识符”文本字段中输入元件的标识符。不要包括空格。这是一个名称，Flash 将在把资源链接到目标影片时，用它来标识该资源。

（5）输入将要张贴包含共享资源的 swf 文件的 URL。如图 10-43 所示。

（6）单击“确定”。

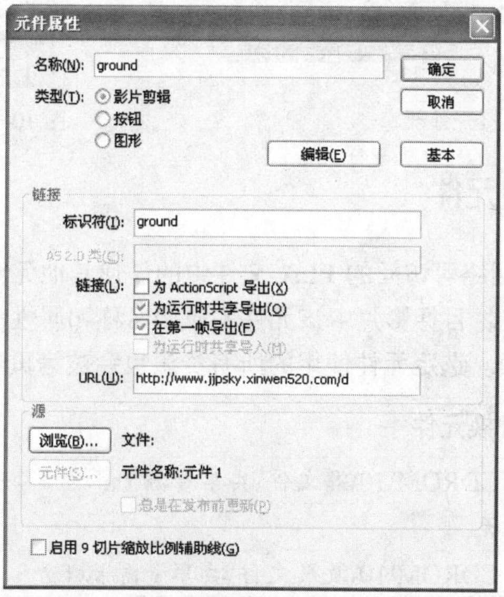

图 10-43　输入 URL

10.4.4 链接到目标文档的运行时共享资源

通过输入标识符和 URL 把共享资源链接到目标文档和方法刚才介绍过了，和上一节的操作一样，在此不再细说了。来说说下一个方法，是用拖动的方法把共享资源链接到目标文档。

手把手实例 共享资源

源 文 件：	CDROM\10\源文件\共享资源.fla
素材文件：	无
效果文件：	CDROM\10\效果文件\共享资源.swf

（1）打开"共享资源.fla"文件，选择"文件>导入>打开外部库"，如图 10-44 所示。

（2）选择源文档，并单击"打开"。将共享资源从源文档库面板拖入目标文档中的库面板或舞台上。如图 10-45 所示。

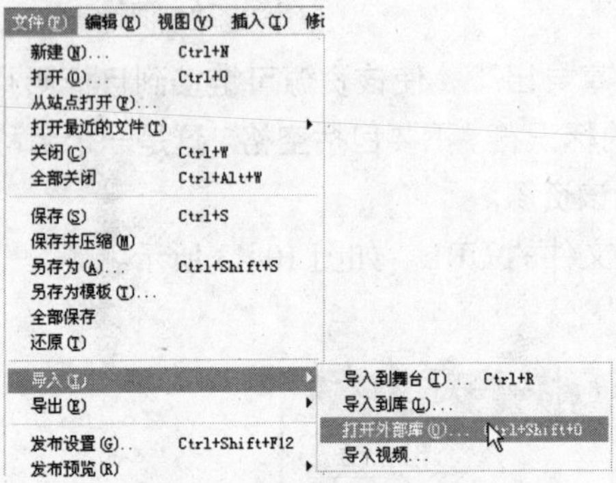

图 10-44 打开外部库

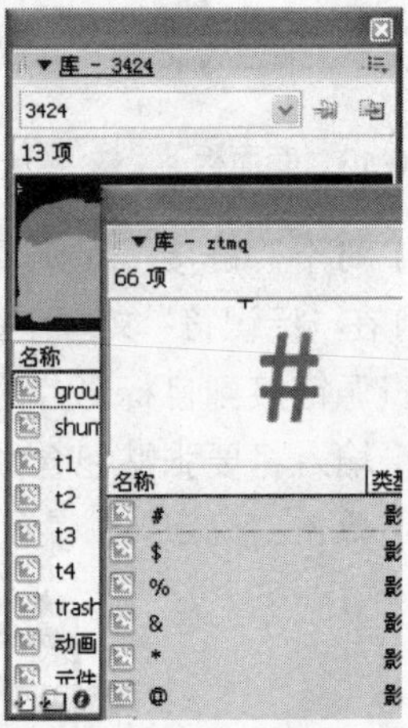

图 10-45 拖入目标文档中

10.4.5 更新或替换元件

可以用在本地网络可访问的 FLA 文件中的任何其他元件更新或替换文档中的影片剪辑、按钮或图形元件。目标影片中该元件的原始名称和属性都会被保留，但元件的内容会被新的元件内容替换。选定元件使用的所有资源也会被拷贝到目标文档中。

手把手实例 更新或替换元件

源 文 件：	CDROM\10\源文件\共享资源.fla
素材文件：	无
效果文件：	CDROM\10\效果文件\共享资源.swf

（1）打开“更新或替换元件.fla”，选择影片剪辑、按钮或图形元件，然后从库菜单中选择“属性”。

（2）如果“元件属性”对话框处于基本模式，单击“高级”以显示“链接”和“源”面板。如图 10-46 所示。

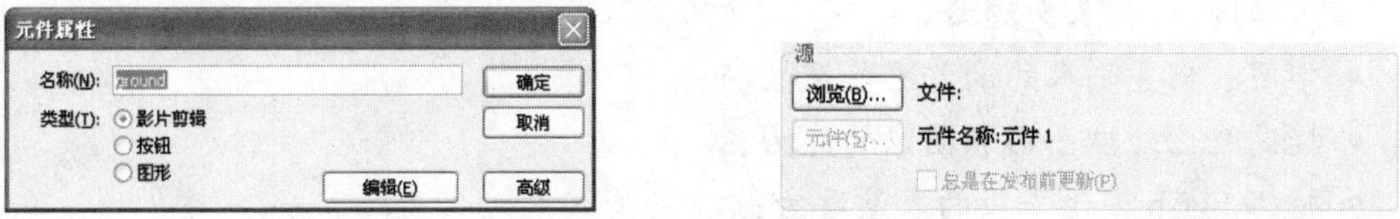

图 10-46　单击“高级”选项

（3）单击“浏览”按钮，在打开的对话框中，定位到包含的元件将用来更新或替换库面板中选定元件的 FLA 文件，然后单击“打开”。如图 10-47 所示。

（4）要在 FLA 文件中选择一个新元件，可在“源”下单击“元件”。如图 10-48 所示。

图 10-47　选择 FLA 文件

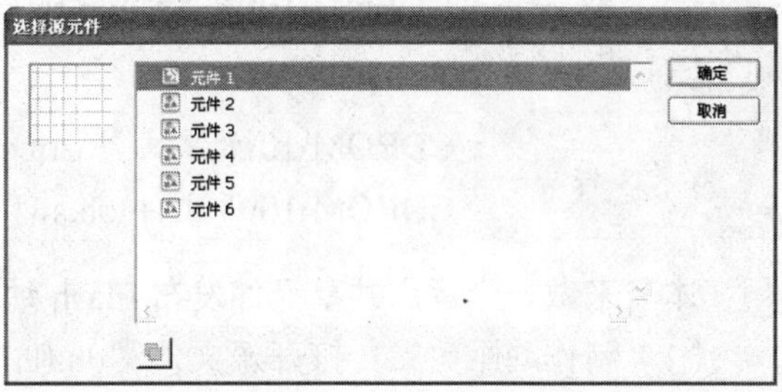

图 10-48　选择源元件

（5）定位到一个元件，然后单击“确定”。

（6）在“元件属性”对话框的“源”下面，选择“总是在发布前更新”，以便如果在指定的源位置找到该资源的新版本就自动更新它。如图 10-49 所示。

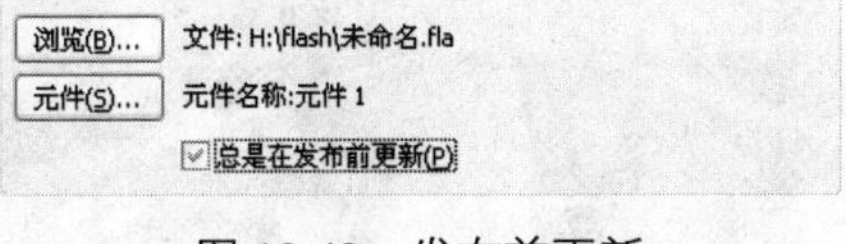

图 10-49　发布前更新

（7）单击“确定”，关闭“元件属性”或“链接属性”对话框。

即问即答

看起来这些并不是很难学么！学习 Flash 应该注意哪些呢？

平心而论，Flash 为我们提供的变形手段并不多，一般说来，也就是状态和动作变形、遮罩和引导线动画等几种，但是，呈现在面前的 Flash 世界却是如此的五彩缤纷、千变万化、生机无限！

不少朋友刚学 Flash 时热情洋溢，当基本掌握 Flash 后反而无所事事了，听到过这样的抱怨："到底如何作动画？"这是因为没有找到继续深入的切入点，其实，学习 Flash 制作的切入点很多，比如：

- 学习、借鉴别人的制作思路及技巧；
- 提高自己处理图形和图像的能力；
- 挖掘 Flash 变形手段的表演潜力；
- 动画编程的开发应用；
- 动画在网络上的运用；
- 形成自己的动画风格。

在进行以上这些方面的学习前，必须具备扎实的基本功。

10.5 学以致用——自讨没趣

源文件：	CDROM\10\源文件\ztmq.fla CDROM\10\源文件\dh.fla
素材文件：	无
效果文件：	CDROM\10\效果文件\ztmq.swf CDROM\10\源文件\dh.swf

本节来做一个运用共享元件发布 Flash 动画的实例。

（1）制作动画剪辑：打开源文件"dh.fla"，在舞台上创建一个影片剪辑，并且命名为"动画"，在此剪辑中做文字运动效果，如图 10-50 所示。

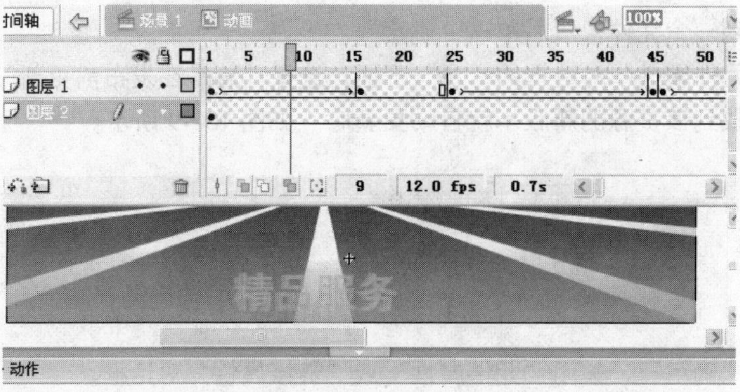

图 10-50　文字运动

（2）在库中选中"动画"元件，打开库菜单，选择"链接"命令，如图 10-51 所示。

（3）弹出"链接属性"对话框，具体设置如图 10-52 所示。

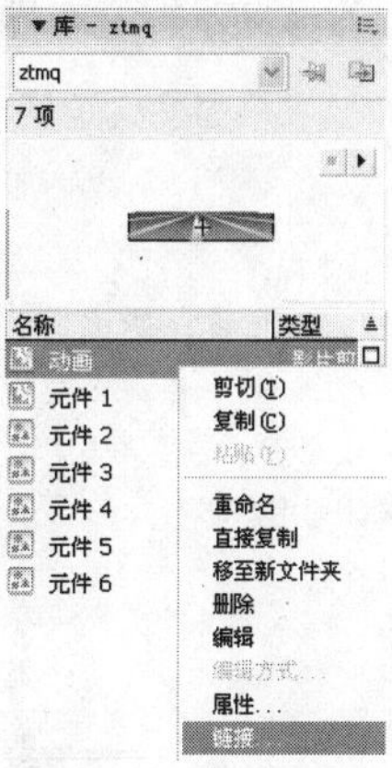

图 10-51　选择库菜单

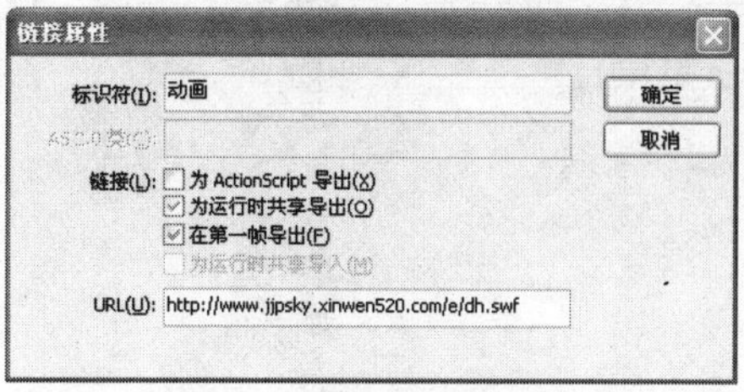

图 10-52　设置链接属性

（4）设置完后，单击“确定”按钮。把文档保存为“dh.fla”，再把它导出为“dh.swf”，这时，先不要关闭文档。

提示 面板中“URL”是上传到服务器的绝对地址，包括文件名，当然，这个文件名也由读者命名。但要注意在以后的操作中必须保持一致。

（5）要检验一下刚才的动画元件的属性是否建立。打开库面板，选择“动画”元件，打开库菜单 ，单击“共享库属性”命令，弹出“共享库属性”对话框，发现在“URL”中确实已经有了“http://www.jjpsky.xinwen520.com/h/dh.swf”内容，如图 10-53 所示。关闭 dh.fla 文档。

打开需要共享元件的某个作品，本例是“ztmq.fla”，现在，要使用共享元件“动画”，执行“文件>导入>打开外部库”命令，如图 10-54 所示。

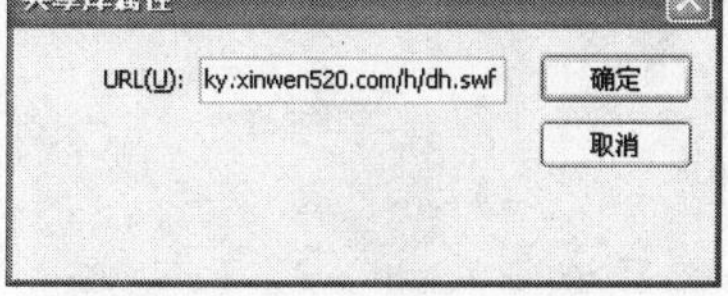

图 10-53　查看共享库属性

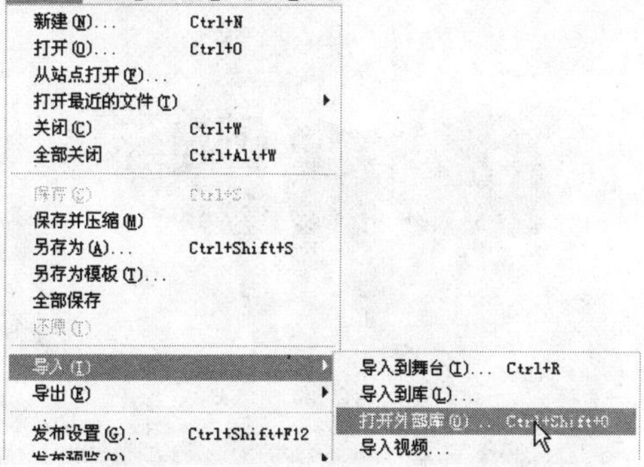

图 10-54　“打开外部库”命令

在打开文件对话框中找到刚才创建的“dh.fla”文件，并将它打开。现在，一个单独的库出现在 Flash 界面中。

（6）把“动画”元件拖动到当前文档舞台中最合适放置的地方。如图 10-55 所示。

（7）保存发布这个文档，并且发布播放文件“ztmq.swf”。在发布时，“本地回放安全性”中要选择“只访问网络”选项。如图 10-56 所示。

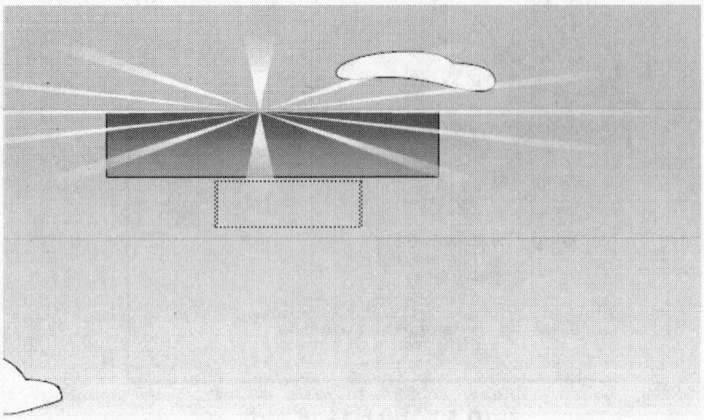

图 10-55　放置位置

图 10-56　本地回放安全性

（8）上传文件，用 FTP 工具把“dh.swf”、“ztmq.swf”文件上传到 Internet 网络服务器相应目录中，本例为“http://www.jjpsky.xinwen520.com/h”目录。

到此，本例就全部介绍完了，来看看效果吧！如图 10-57 所示。

图 10-57　在网上看到了“共享元件”

提示

应用技巧

在“共享元件库”中，还可以添加“邮箱”、“网址”等经常变化的“图形元件”，便于随时更新。

音乐文件一般较大，很占服务器空间，如果某段音乐在多个作品中应用，那么可以把这段音乐也加到“共享元件库”中。

在网页中，有不少动画按钮外形基本一样，不妨在“共享元件库”中加入“共享按钮”，让所有网页共享这个元件。

在动画中，有不少动作脚本也会经常重复应用，比如日期、时间程序等，可以把这些程序放进一个“影片剪辑”（MC）元件的关键帧中，就可以让这些程序共享了。还有一些广告词、欢迎词、说明文字等也可以设置成“动态文本”，转换为需要的影片剪辑后添加到“共享元件库”中。

10.6 学以致用——撕裂照片

源 文 件：	CDROM\10\源文件\撕裂照片.fla
素材文件：	无
效果文件：	CDROM\10\效果文件\撕裂照片.swf

（1）打开源文件“撕裂照片.fla”。在舞台上用矩形工具画出一个照片形状的图形，填充边框颜色为灰色，里面为白色。如图 10-58 所示。

（2）单击“文件>导入>导入到舞台”，选择需要导入的图像，如图 10-59 所示。

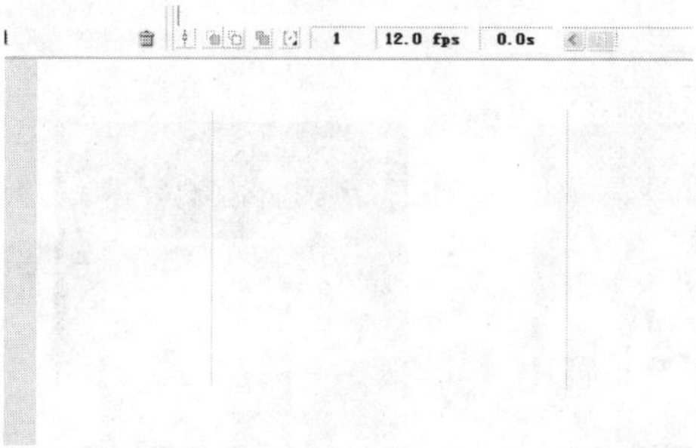

图 10-58　白色矩形

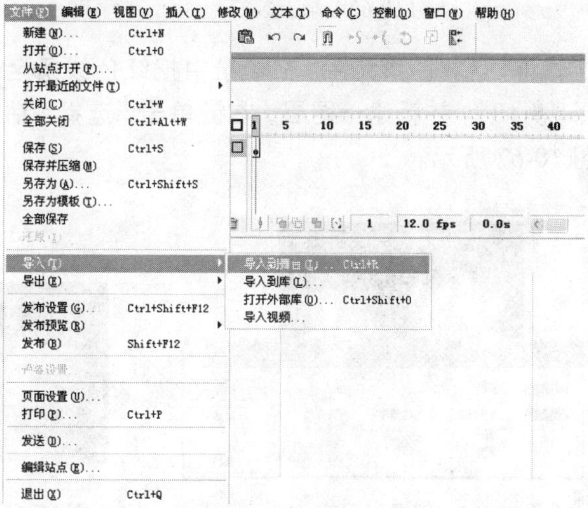

图 10-59　导入图片

（3）把需要的图片导入到舞台后，利用变形工具调整图像大小，并用对齐工具将图像与矩形线框对齐，如图 10-60 所示。

选中图像与矩形线框，然后打散图形（Ctrl+B），如图 10-61 所示。

图 10-60　图像对齐

图 10-61　打散图形

（4）选择铅笔工具 ，调整颜色，在图形中画出表现撕裂的曲线。如图 10-62 所示。

（5）选择曲线左边的全部图形，右键单击转换为元件，如图 10-63、图 10-64 所示。

图 10-62　画出裂痕

图 10-63　选择图形

（6）选择图形元件，在场景中把红色线条全部删掉。选择图形元件，右键单击，选择“剪切”。并新建一图层，右键单击，选择“粘贴到当前位置”。如图 10-65、图 10-66、图 10-67 所示。

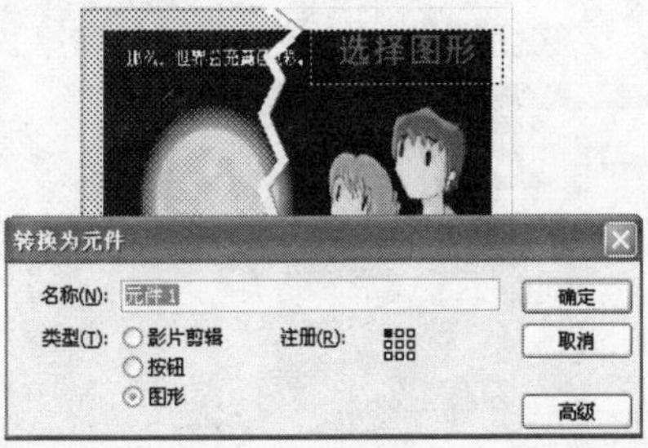

图 10-64　转换为元件

图 10-65　删除红线

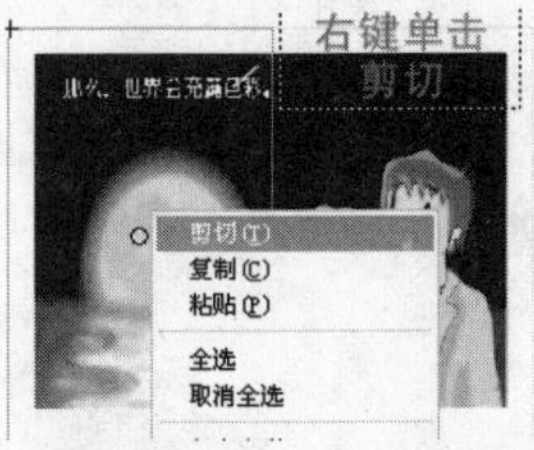

图 10-66　剪切图形元件

（7）在图层 1 第 40 帧处插入帧，图层 2 第 20 帧处插入关键帧，为图层 2 建立补间动画，然后删除第 20 帧，并移动改变图形元件的中心位置。如图 10-68 所示。

（8）最后，旋转图片，对图层 1 中的另一半照片作同样处理。最终效果如图 10-69 所示。

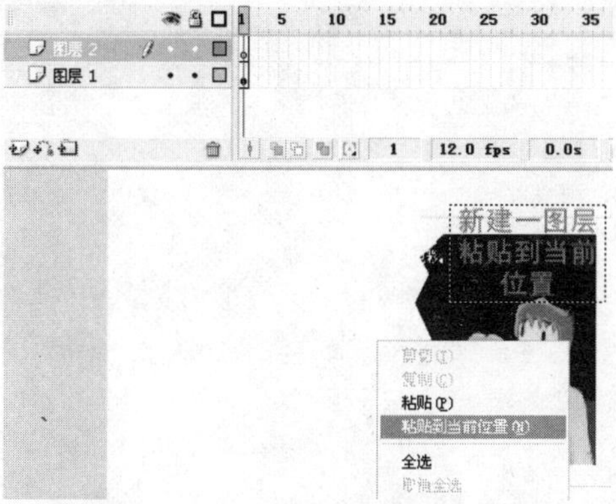

图 10-67　新建图层并粘贴到当前位置

图 10-68　移动中心位置

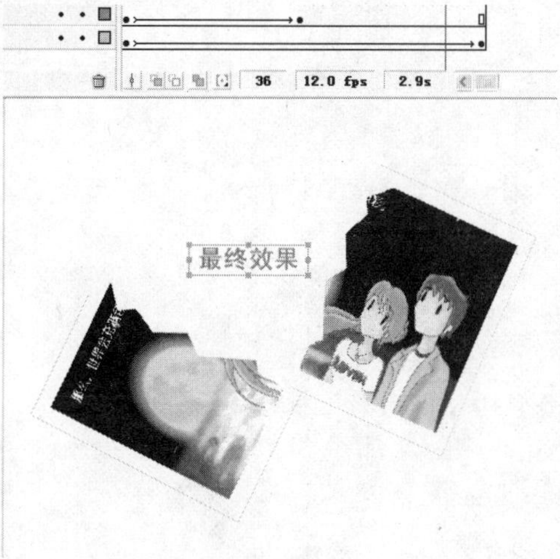

图 10-69　最终效果

10.7 本章小结

本章详细讲解了元件、实例和库资源及其属性设置，从元件的基本使用方法开始，慢慢地讲解了元件的应用。通过详尽的手把手实例讲解元件、实例和库资源的用法。在 Flash CS3 推出后，它的功能更加强大，Flash CS3 从 Illustrator 和 Photoshop 中借用了一些创新的工具，最重要的是 Flash CS3 具有了 PSD 和 AI 文件的导入功能，作为艺术工具，它比 Flash 更好用。现在可以非常轻松地将元件从 Photoshop 和 Illustrator 中导入到 Flash CS3 中，然后在 Flash CS3 中编辑它们。Flash CS3 可与 Illustrator 共享界面，Illustrator 中所有的图形在保存或复制后，可以导入到 Flash CS3。

希望大家在学习中认真地体会本章所学到的东西，掌握了本章，就等于掌握了 Flash 的重要部分！

第3篇

动画特效

第 11 章　时间轴特效
第 12 章　文本特效
第 13 章　创建有声动画

第 11 章

时间轴特效

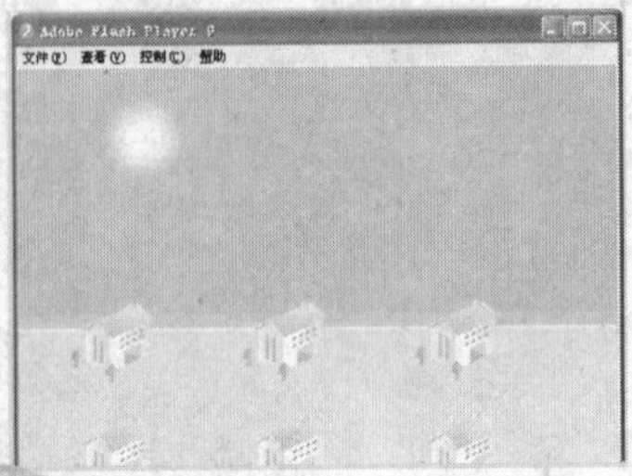

本章导读

在前面学习了那么多制作动画的方式，如引导动画、遮罩动画等，可惜各种效果都需要进行复杂的操作，有没有更加方便新手，能直接应用的效果呢?

你这个问题问的可真是时候，因为本章就是来学习 Flash CS 3 带给用户的简单、快速地制作动画的功能：时间轴特效的，你现在没有使用过，还不知道它有什么作用，通过本章的学习，在你发觉它强大的功能后，一定会对它爱不释手的。它一共包括“帮助”、“效果”、“变形/转换”这 3 大类别，每一类中又分别包含数种特效。本章将对这 3 大类的 8 个特效都进行详尽的介绍，使读者初步了解此 8 种特效究竟有何妙用，能达到什么样的效果。如图 11-1 所示，是一个从左到右沿着水平方向旋转翻滚的水晶球，它就是用 8 大特效之一的“变形”特效制作出来的。

本章主要学习以下内容：

- 了解时间轴特效分类
- 了解各种特效能达到效果
- 了解各种特效应用的时机
- 掌握变形转换特效
- 学会复制不同效果的元件
- 学会制作展开、投影、模糊等动画效果
- 初步掌握综合应用各种特效

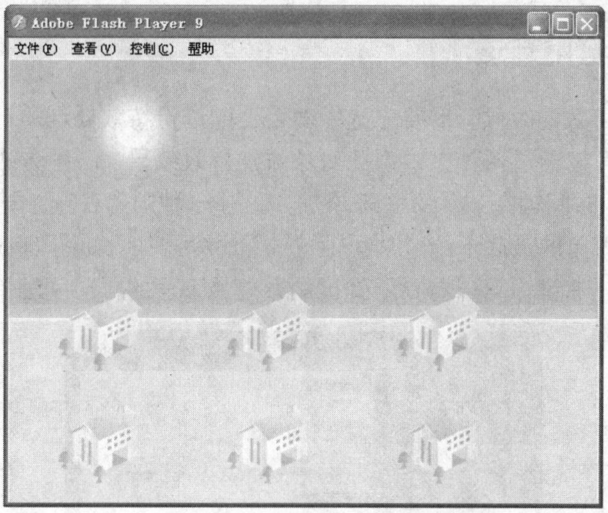

图 11-1　水晶球旋转翻滚的效果图

11.1 时间轴特效简介

在动画设计的整个过程中，设计师的工作量其实是非常大的，除了绘制各种动画图形以外，建立各种动画效果，同样是一个繁琐的工作，例如，在前面章节所学习的引导动画、遮罩动画等，尤其是在设计较为复杂动画的时候，更是一件让人头疼的事，为了减轻设计师的这种负担，从 Flash MX 2004 开始，就新增了“时间轴特效”功能，此功能非常方便设计师制作一些比较常见的动画效果，如淡入、模糊、扩展以及旋转等，这些特效往往只需要很简单的一两个步骤即可完成，大大提高了动画设计的效率。

本小节首先介绍时间轴特效的 3 大类 8 种特效，依次通过各种小实例向大家介绍各种特效的使用方法以及效果。3 大类分别是：“变形/转换”、“帮助”和“效果”，通过选择“插入>时间轴特效”命令，可以直观地看出，“变形/转换”包括“变形”和“转换”两种特效，“帮助”包括“复制到网格”和“分散式直接复制”两个特效，而“效果”则包含“分离、展开、投影、模糊”4 种特效，所以一共是 8 种特效，如图 11-2 所示。下面先来介绍特效的使用方法。

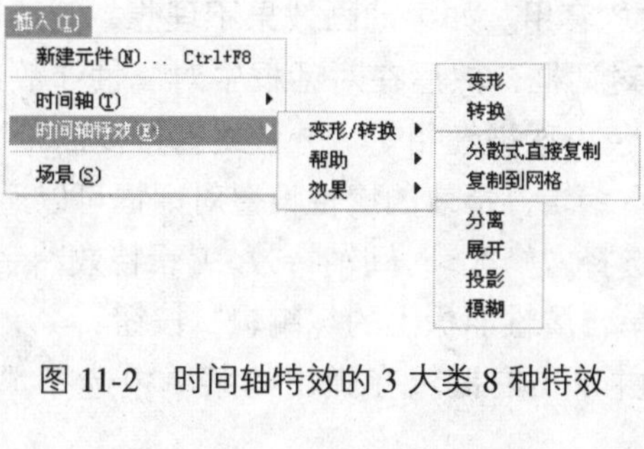

图 11-2　时间轴特效的 3 大类 8 种特效

11.1.1 特效的套用方法

在使用时间轴特效的时候，需要先选中舞台上欲进行特效处理的对象，对象一般是元件或者图形，然后可以通过两种方式为此对象添加特效效果，一种方式是上面已经介绍过的通过选择“插入>时间轴特效”命令来添加，另外一种则是在选中舞台元件的同时，单击右键，通过弹出菜单的最底下的“时间轴特效”命令添加。如图 11-3 所示，选取舞台上的绿色小球，并单击右键，可以看到所弹出的菜单最下面的“时间轴特效”。

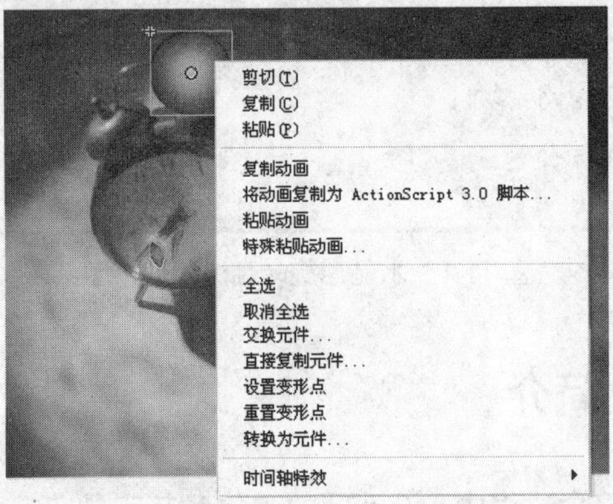

图 11-3　为小球套用时间轴特效

在套用了某一种特效之后，会直接进入此种特效的编辑窗口，通过设置左边窗格中的各种参数，可以达到不同的特效效果。

高手点评

两种套用特效方式都一样。至于选择哪一种，则是个人习惯，从操作简便性来看，选取元件单击右键的方式更简便，另外，可以应用时间轴特效的对象包括文本、图形、位图、影片剪辑以及按钮元件。

11.1.2 编辑特效

在为对象套用了某一种特效后，会直接进入特效的参数设置对话框，单击对话框中的“确定”按钮就完成了特效的套用。如果动画效果不理想，则可以对特效进行再编辑，只需要进入特效的属性设置对话框，然后在对话框中对属性参数进行修改，以达到更好的效果。如图 11-4 所示，绿色小球被套用了“分散式直接复制”特效，复制成了多个小球，现在要对这个特效重新进行编辑，特效的属性设置对话框可以通过以下 3 种方式进入。

第一种：选择绿球，选择“修改>时间轴特效>编辑特效”命令。

第二种：选择绿球，单击属性面板上的“编辑”按钮。

第三种：选择绿球，并单击右键，在弹出的菜单中选择“时间轴特效>编辑特效”命令。

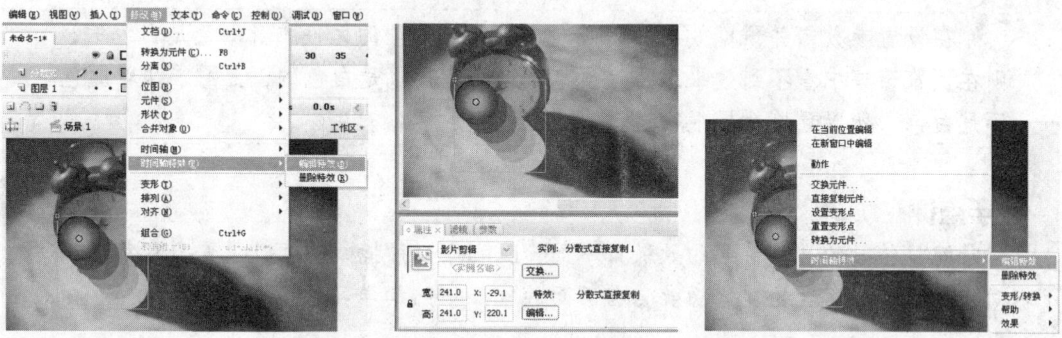

图 11-4 进入特效编辑对话框的 3 种方式

高手点评

通过以上 3 种方式中的任意一种进入属性设置对话框后，就可以修改参数，以制作不同的特效效果。

11.1.3 参数设置

时间轴特效的 8 种特效的效果都不同，因此每一种特效的参数设置项目都会有所不同，在为元件套用了某一种特效后，都会进入该特效的属性设置对话框，在对话框的左边窗格是属性设置区域，右边则是效果预览区域，非常方便对当前设置参数的效果进行即时预览，只需要单击“更新预览”按钮即可。

如图 11-5 所示，此为“分散式直接复制”特效的参数设置对话框，左边窗格为属性参数设置区，右边窗格为预览区，右上角为“更新预览”按钮。

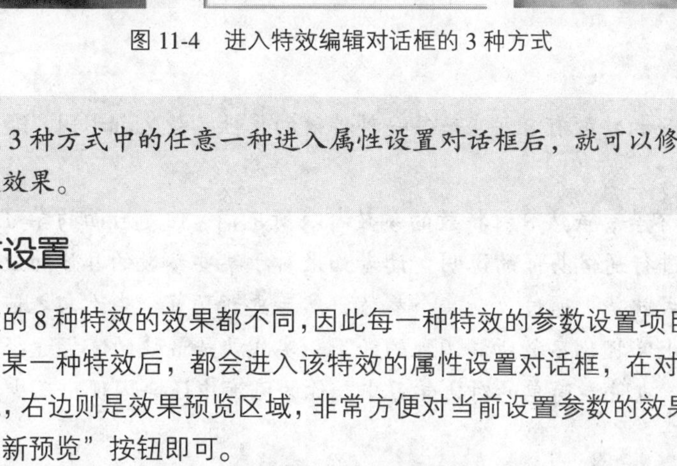

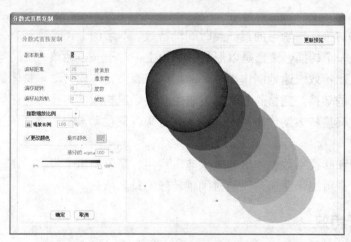

图 11-5 分散式直接复制特效的编辑对话框

上面介绍的是特效的套用、编辑以及参数设置方法，适用于每一种特效，如果读者有不能理解的问题也不要紧，从下节开始，将会对各种特效进行单独的学习，并且会通过手把手的实例操作对 8 种特效分别予以介绍，让读者轻松地掌握每一种特效的功效。

注意 在设置参数，并预览效果的时候，如果特效处理的元件本身颜色是白色的，则在预览窗口中看不到效果，因为预览窗口的背景也是白色的，上图中绿球颜色不是白色，所以预览效果很明显。

高手点评

时间轴特效的 8 种特效的效果都不同，因此每一种特效的参数设置项目都会有所不同，各种关键参数的具体功效会在后面的章节中陆续学习。

即问即答

要学习的特效有 8 种，而每一种特效的属性参数又都不同，那么后面的学习会不会很累？

完全不会，虽然 8 种特效的参数都有所不同，但是后面的学习中，书中会对各参数的效果进行通俗易懂的说明，读者如果对于某些参数的具体功效还不甚了解，最快的学习方式就是：通过改变某个参数，然后更新预览，查看与之前的效果对比。这样就可以马上掌握此参数所能达到的效果，实践就是最快的掌握途径，学习起来非常轻松而有趣，也许在简单的对比学习中，你的脑海中还会闪现出不少此功能的实际应用场合。

11.2 变形/转换特效

“变形/转换”是学习的第一类时间轴特效，从字面上不难理解，一共就是两个特效，一个变形，一个转换，变形是以形状变化为主，对于一些翻滚、旋转等有规律的变形效果，可以通过此特效快速地制作出来，例如风车旋转，车轮转动，物体翻滚等。转换则主要指画面场景的转换。完整的动画常常是由几个场景构成的，那么，在场景画面之间的过渡则可以通过转换特效制作出淡出、淡入等效果，使得动画播放画面的过渡自然协调，充满美感。

总之，变形和转换特效制作出的效果非常实用，简单的两个步骤，在一个对话框上设置几个参数，效果就出来了，这正是时间轴特效的魅力所在。

11.2.1 变形特效

形状补间动画是 Flash 动画设计的基础功能，其能根据设计师的要求，制作出颜色、位置、形状的变化效果，不过如果要制作一个轮胎旋转的效果，恐怕就会有些头疼了，绝对不是一两个步骤就能完成的。不过现在有了“变形”特效这个万花筒，就不需要担心了，旋转、翻滚、缩放、颜色变换、透明度渐变等一系列丰富的效果随意变，套用特效，简单地修改几个参数，所有的效果就都出来了，下面就来了解此特效的惊人之处。

手把手实例　**使用变形特效的动画**

源 文 件：	CDROM\11\源文件\使用变形特效动画.fla
素材文件：	无
效果文件：	CDROM\11\效果文件\变形特效的效果.swf

为了让读者能够更加直观地进入主题内容的学习，实例所提供的源文件中与主题无关的背景、素材等元素都已经预先制作好了，在打开源文件后，只需要按照下面的步骤进行操作，直接制作变形特效即可。另外，本章中所涉及的所有手把手实例的源文件均做上述处理，在此一并说明，后面不再赘述。

（1）打开源文件“使用变形特效动画.fla”，选取舞台上的风车元件，选择“插入>时间轴特效>变形/转换>变形”命令，如图 11-6 所示。

图 11-6　选取风车，套用变形特效

（2）在弹出的“变形”对话框中将“旋转”参数设置为 10 次，如图 11-7 所示。

（3）单击右边的“更新预览”按钮，可以查看风车旋转的效果。

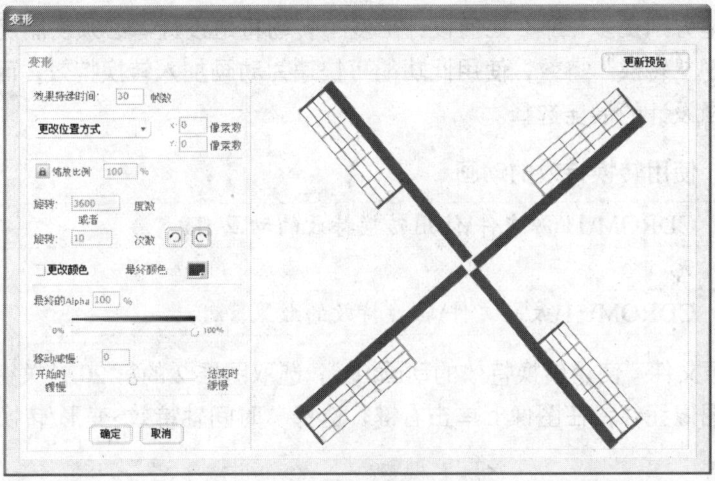

图 11-7　设置旋转参数

提示

变形参数说明：

效果持续时间：变形效果持续的时间。

更改位置方式：元件移动的距离，X 表示水平方向，Y 表示垂直方向。

缩放比例：元件变形后缩放的比例。

旋转：元件在变形的过程中自身转动的速度，设置度数和次数要一致，360 度等于旋转一次，所以 10 次就等于 3600 度。

更改颜色：变形后是否更改颜色，若勾选了此复选框，表示会更改颜色，然后可以设置最终颜色。

最终的 Alpha：元件最终停止时保留的透明度。

移动减慢：变形旋转的加速度设置，负数表示开始时旋转缓慢，然后逐渐加速旋转；正数则表示开始旋转很快，然后越来越慢。

高手点评

可以自己设置风车旋转的次数，数值越大，风车旋转的速度越快，最后单击“确定”按钮完成变形特效的套用。

11.2.2 转换特效

转换可以让元件逐渐消隐或逐渐显现出来，这种特效常应用在动画中的场景图像转换，效果非常好，它让动画的场景画面过渡得十分顺畅美观。此特效除了可以让整个元件同时渐隐或渐显外，还能通过参数设置，让元件从一个方向朝另一个方向产生渐隐或渐显效果，如图形从上向下渐隐。

动画制作有时候由于剧情的需要，有必要作转场处理，而较为大型的动画设计，需要作转场处理的地方则更多，那么如何设计出多个转场将是设计者必须伤脑筋的事情，Flash 为此特别提供了“转换”特效，使用此功能可快速为动画加入转换特效，而且效果丰富多变，是转场动画设计的最佳选择。

手把手实例 使用转换特效的动画

源 文 件：	CDROM\11\源文件\使用转换特效的动画.fla
素材文件：	无
效果文件：	CDROM\11\效果文件\转换特效的效果.swf

（1）打开源文件“使用转换特效的动画.fla”，选取图层 2 的第 20 帧关键帧，然后选取舞台上的整幅图像元件，在图像上单击右键，选择“时间轴特效>变形/转换>转换”命令，如图 11-8 所示。

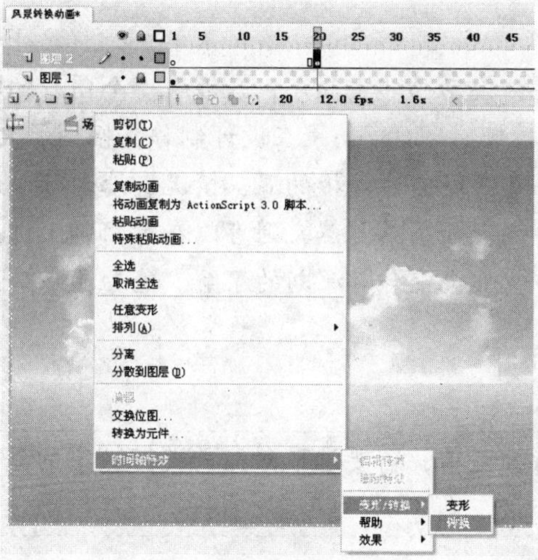

图 11-8　套用转换特效

（2）在弹出的"转换"对话框中，设置如图 11-9 所示的参数。

（3）单击右边的"更新预览"按钮，可以查看元件转换的效果。

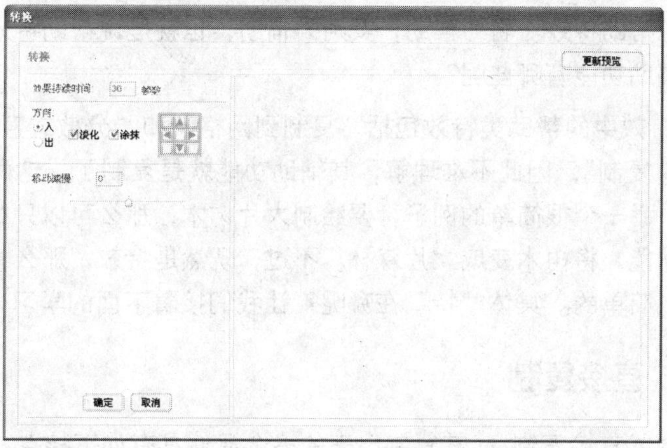

图 11-9　设置转换参数

提示

转换参数说明：

入：元件由不可见的变化为可见的。

出：元件由可见的变化为不可见的。

淡化：渐变的效果，此复选项在被勾选的状态下，转换过程为渐隐或渐显的形式。

涂抹：在被勾选的状态下，变换会从一个方向朝另一个方向发生，如从下到上或从左到右等。没有勾选的状态下，是整个元件发生变换。

移动减慢：变换速度的加速度设置，负数表示开始时变换缓慢，然后变换逐渐加快，正数则相反。

高手点评

上面所制作的场景转换动画非常简单，只涉及一个图片的转换，由于转换动画是一个过渡的效果，是有持续时间的，如果在设计制作多幅图像之间的复杂转换动画时，就需要调整好时间，以免出现图片转换的混乱情况。读者可以通过测试影片查看场景转换的时间过渡是否协调，如果不自然，则可以在时间轴上进行手动调整。关于这些制作上的经验，只要多制作，就会有深刻的了解。笔者在此只是起到一个抛砖引玉的作用。

提示 套用“转换”特效之前，需要选取对应的关键帧上的元件，再套用“转换”特效。

11.3 帮助特效

在上面一节中，已经初步体验了时间轴特效操作的简便性以及强大的效果，接下来学习第 2 大类特效：帮助特效。名为帮助，实则为辅助，也就是说帮助特效的功能是以辅助为主，那么它的辅助功能有哪些呢?

时间轴特效中的帮助类特效包括“复制到网格”和“分散式直接复制”，这两个词汇中都包含有“复制”，因此不难理解，其辅助功能就是复制了。这两个特效都是辅助绘制图形的特效。举一个很简单的例子，要绘制大片树木，那么可以只绘制一棵树，然后使用特效的复制功能，将树木变成大片森林。不过，既然是特效，那么肯定不会只是复制一模一样的树那么简单的。具体“特”在哪呢? 让我们接着下面的学习来具体体会吧。

11.3.1 分散式直接复制

先介绍“分散式直接复制”，其复制出来的多个元件具有如下特点：可以呈现大小渐变、颜色渐变、透明度渐变、复制的元件发生旋转等效果。

多说无益，直接来个手把手实例体验一下，一切尽在不言中。

手把手实例 使用分散式直接复制的动画

源 文 件：	CDROM\11\源文件\使用分散式直接复制的动画.fla
素材文件：	无
效果文件：	CDROM\11\效果文件\分散式直接复制的效果.swf

（1）打开源文件“使用分散式直接复制的动画.fla”，选取舞台上的右下方的小树，然后选择“插入>时间轴特效>帮助>分散式直接复制”命令，如图 11-10 所示，为小树套用分散式直接复制特效。

图 11-10　为小树套用分散式直接复制特效

（2）在弹出的“分散式直接复制”对话框中，设置偏移距离 X 为-12，Y 为-20，缩放比例调整为 90%，取消“更改颜色”的勾选状态，然后单击“更新预览”按钮，可以看到如图 11-11 所示的效果。

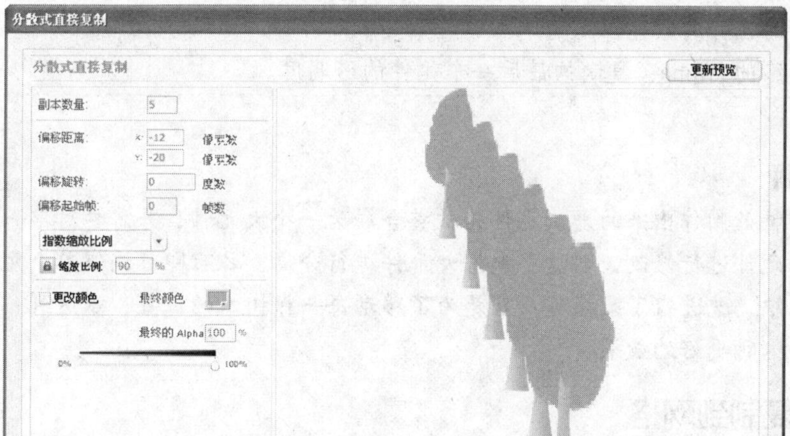

图 11-11　设置“分散式直接复制”属性参数

（3）在完成了特效的套用后，单击“确定”按钮返回到舞台，从图 11-12 可以看到道路是弯曲的，而树木的排列却是笔直的，所以，需要对树木做更细腻的调整。选取套用特效后的一片树木，按“Ctrl+B”快捷键，将成片树木分离成 6 棵小树，如图 11-12 所示。

（4）对 6 棵树木的位置进行调整，使其达到“树木是沿着道路栽种”的效果，效果如图 11-13 所示。

图 11-12 分离群树

图 11-13 调整每一棵树木的位置

提示

分散式直接复制参数说明：

副本数量：复制的元件个数。

偏移距离：复制的元件相对于源元件的偏移距离。

偏移旋转：复制的元件相对于源元件的旋转度数。

偏移起始帧：每次复制元件间隔的时间，以帧为单位。

缩放比例：每次复制后的元件相对于此次复制前的元件的缩放比例。

更改颜色：中间复制的元件的颜色将用第一个元件的颜色与最终复制的元件的颜色之间的过渡颜色来显示。

最终颜色：在勾选了“更改颜色”后，此选项才具备功能，可以设置最后一个复制的元件的颜色。

最终的 Alpha：复制的最后一个元件的透明度。

高手点评

套用特效制作出来的复制元件将被整合成为一个大元件，若需要对单一的某个复制出来的元件进行修改，则需要先将大元件进行分离，之后即可编辑单个元件。例如上面实例中，就进行了此操作，只是为了移动每一棵树木的位置，以达到“树木是沿路栽种”这种更好的效果。

11.3.2 复制到网格

网格是列乘以行，复制到网格，即是将工作区中的元件复制成多个元件，并且按照行与列的方式整齐排列。

手把手实例 使用复制到网格的动画

源 文 件：	CDROM\11\源文件\使用复制到网格的动画.fla
素材文件：	无
效果文件：	CDROM\11\效果文件\复制到网格的效果.swf

（1）打开源文件“使用复制到网格的动画.fla”，选取舞台上的小房子，然后选择“插入>时间轴特效>帮助>复制到网格”命令，如图 11-14 所示。

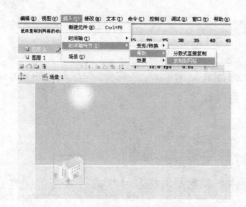

图 11-14　套用“复制到网格”特效

（2）在弹出的“复制到网格”对话框中，设置列数为 3，将网格间距行数和列数分别设置为 30 像素和 80 像素，如图 11-15 所示。

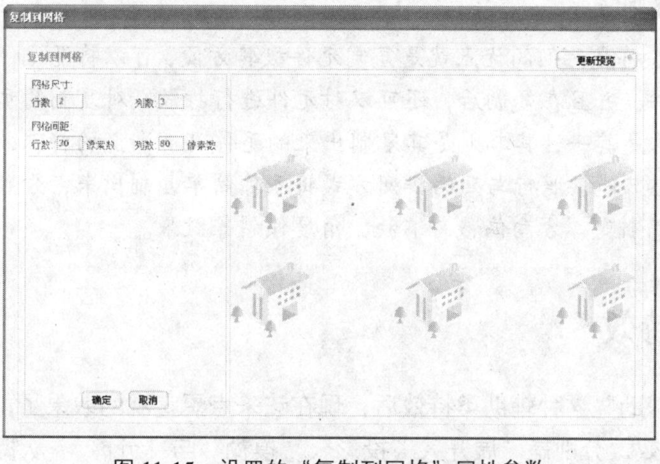

图 11-15　设置的“复制到网格”属性参数

（3）返回舞台后，测试影片效果，可以看到如图 11-16 所示的阳光海岸效果。

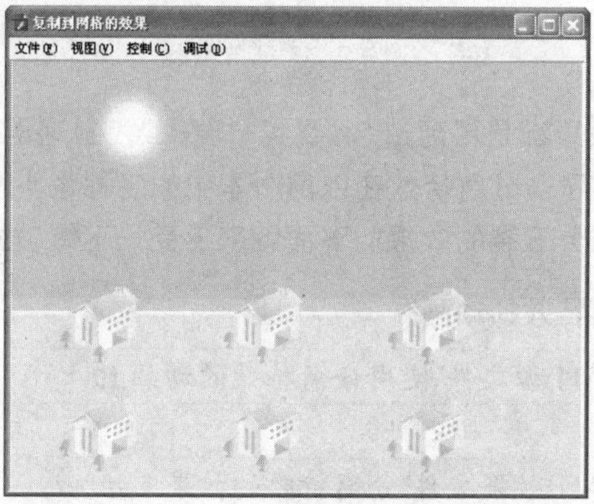

图 11-16　测试影片的效果

提示

复制到网格参数说明：
网格尺寸
行数：复制元件的行数。
列数：复制元件的列数。
网格间距
行数：元件相邻行之间的距离。
列数：元件相邻列之间的距离。
因此，复制的元件个数就是网格尺寸中的列数×行数的值。

即问即答

在这一节中，学习的是两个特效，在这里能不能再给我总结一下这两个特效的优缺点以及不同点呢？

好的，首先他们的优点就是复制元件极其方便，可以将源元件复制成各种具渐变效果的元件，并且在复制后，还可以对元件进行打散，对复制的元件逐一进行单独修改编辑，这是其一，其二则是其复制出来的元件具有渐变的特殊效果。至于不同点，复制到网格只能按照行与列的排列方式将元件简单复制出来，分散式直接复制则可以制作出颜色渐变、方向偏移、缩放、角度倾斜等效果。

11.4 效果特效

在介绍了“帮助”这种辅助类特效后，现在该来点更直观的效果了，那即是“效果”类的 4 个动画特效，分别是“展开”、“投影”、“模糊”与“分离”。从特效的名称上，大概都知道会有什么样的效果了，这 4 种效果应用非常广泛，下面将依次对这 4 种特效进行介绍。

11.4.1 分离

在前面学习的特效效果都是“建造”，委实“温柔”，到这里，就该来点“破坏”，是该让分离特效出场的时候了。分离特效在以前版本中的名称也叫爆破特效，顾名思义，不管爆破还是分离，都是四分五裂的效果。下面就来感受一下爆破的威力。

手把手实例 使用分离特效的动画

源 文 件：	CDROM\11\源文件\使用分离特效的动画.fla
素材文件：	无
效果文件：	CDROM\11\效果文件\分离特效的效果.swf

（1）打开源文件“使用分离特效的动画.fla”，选取舞台中央的黑色小球，然后选择“插入>时间轴特效>效果>分离”命令，如图 11-17 所示。

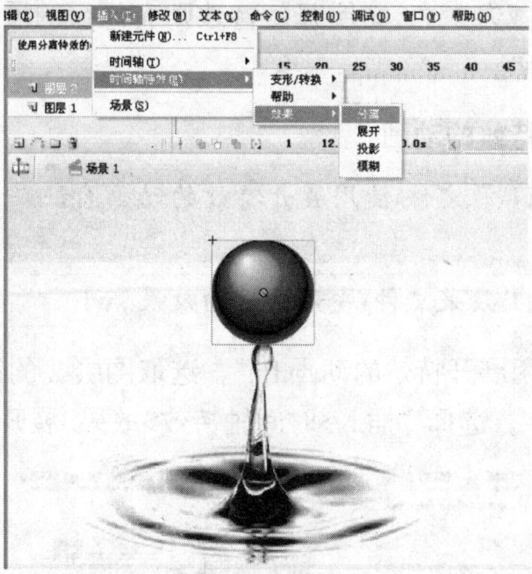

图 11-17　为小球套用“分离”特效

（2）在弹出的“分离”对话框中，将分离方向设置为向下，对“弧线大小”以及“碎片大小更改量”均调整成如图 11-18 所示的参数，然后单击“确定”按钮。

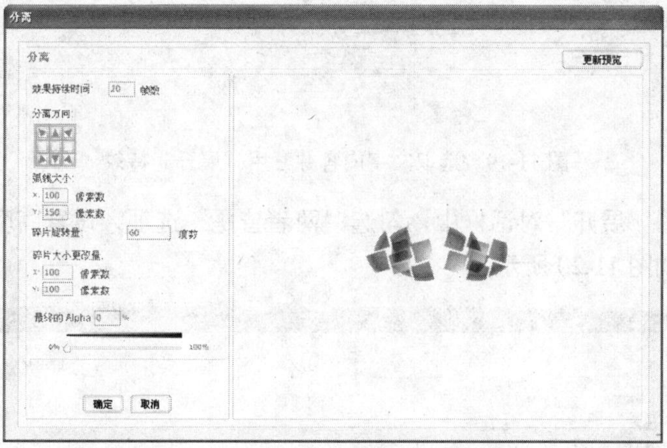

图 11-18　设置“分离”属性参数

提示

分离效果参数：

分离方向：爆破后，碎片偏离的方向。

弧线大小：分离后形成的碎片变化的弧度值。

碎片旋转量：碎片向外抛射时的旋转速度。

碎片大小更改量：分离后的碎片的大小。

最终的 Alpha：完成特效后，所有碎片元件最终的透明度。

最后按 Ctrl+Enter 快捷键，测试动画效果。

11.4.2 展开

上面介绍的爆破特效威力太大，“展开”特效则有舒缓的展开和收合效果，下面，通过一个实例来舒展一下文字。

手把手实例 使用展开特效的动画

源文件：	CDROM\11\源文件\使用展开特效的动画.fla
素材文件：	无
效果文件：	CDROM\11\效果文件\展开特效的效果.swf

（1）打开源文件“使用展开特效的动画.fla”，选取图层 2 的第 20 帧关键帧，然后选取舞台上的“寒气袭人”文字，选择“插入>时间轴特效>效果>展开”命令，如图 11-19 所示。

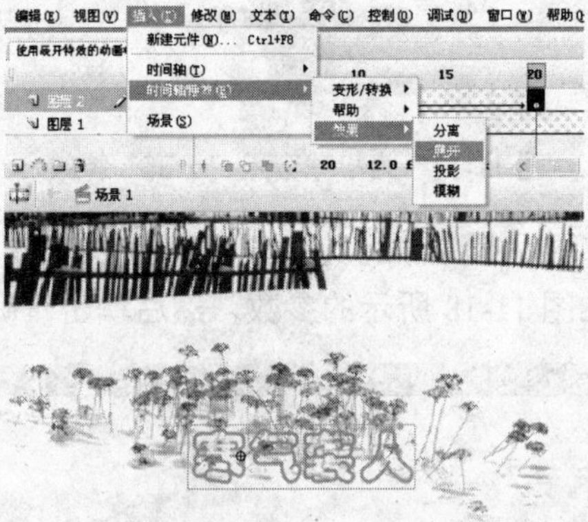

图 11-19　选取文字内容并套用“展开”特效

（2）在弹出的“展开”对话框中，勾选“两者皆是”选项，设置高度为 20 像素，宽度为 200 像素，如图 11-20 所示。

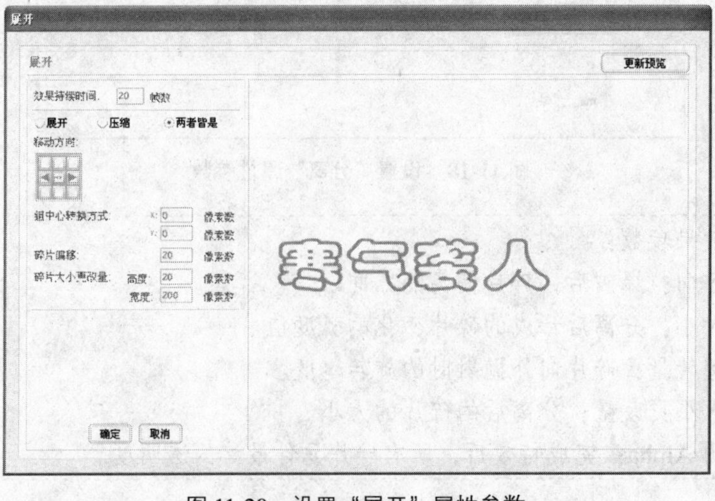

图 11-20　设置“展开”属性参数

提示

展开参数说明：

展开方式：展开、压缩、两者皆是。

组中心转换方式：整个元件偏移的位移，X 值表示向右偏移的距离，Y 值表示向下偏移的距离。

碎片偏移：元件本身扩展的效果，数值越大，扩展越明显。

碎片大小更改量：展开后，元件增加的宽度和高度。

11.4.3　投影

投影即阴影，在设计制作动画的过程中，为了效果逼真，自然会经常需要制作阴影效果。作为此功能无需多说，下面来了解制作投影特效需要设置哪些参数，以及各参数的含义。

手把手实例　使用投影特效的动画

源 文 件：	CDROM\11\源文件\使用投影特效的动画.fla
素材文件：	无
效果文件：	CDROM\11\效果特效文件\投影的效果.swf

（1）打开源文件“使用投影特效的动画.fla”，选取舞台中央的小鸟元件，然后选择“插入>时间轴特效>效果>投影”命令，如图 11-21 所示。

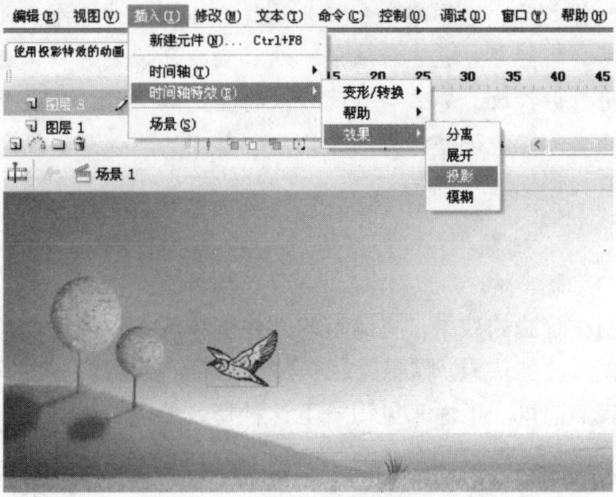

图 11-21　为小鸟套用“投影”特效

（2）在弹出的“投影”对话框中，设置阴影偏移值 X 为-100 像素，Y 值为 80 像素，如图 11-22 所示。

图 11-22　设置的“投影”参数

提示

阴影参数说明：

颜色：阴影的颜色，一般使用默认的灰暗色彩。

Alpha 透明度：阴影的透明度。

阴影偏移：阴影偏离原元件的位移。X 表示水平方向偏移的距离，Y 表示垂直方向偏移的距离。

高手点评

投影特效在制作之后，阴影部分和本体元件会组合成为一个新元件，也就是说，本体元件移动，那么阴影部分也会跟随着一起移动，所以制作一只在天上飞行的鸟，然后为鸟元件套用投影特效，那么动画的效果将会更加逼真，在设置参数的时候，应该根据动画背景的实际环境调整投影的方向和偏移距离，使阴影投影到地面上，这样的效果才会逼真。

11.4.4　模糊

模糊特效可以制作朦胧的效果，将清晰的元件制作成不清晰的效果，除了此效果，还可以展现清晰与模糊过渡的效果。朦胧美是一种艺术美，在摄影、美术等各种领域很常见，例如朦胧背景，以聚焦前景。下面来见识一下这种特效的魅力。

手把手实例　使用模糊特效的动画

源 文 件：	CDROM\11\源文件\使用模糊特效的动画.fla
素材文件：	无
效果文件：	CDROM\11\效果文件\模糊特效的效果.swf

（1）打开源文件“使用模糊特效的动画.fla”，选取“朦胧”图层上的元件，然后选择“插入>时间轴特效>效果>模糊”命令，如图 11-23 所示。

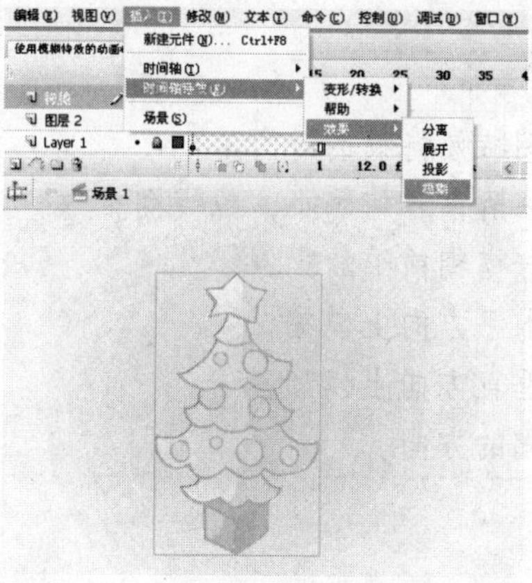

图 11-23　为圣诞树套用“模糊”特效

（2）在弹出的“模糊”对话框中，设置“缩放比例”为 0.8，单击“确定”按钮，如图 11-24 所示。

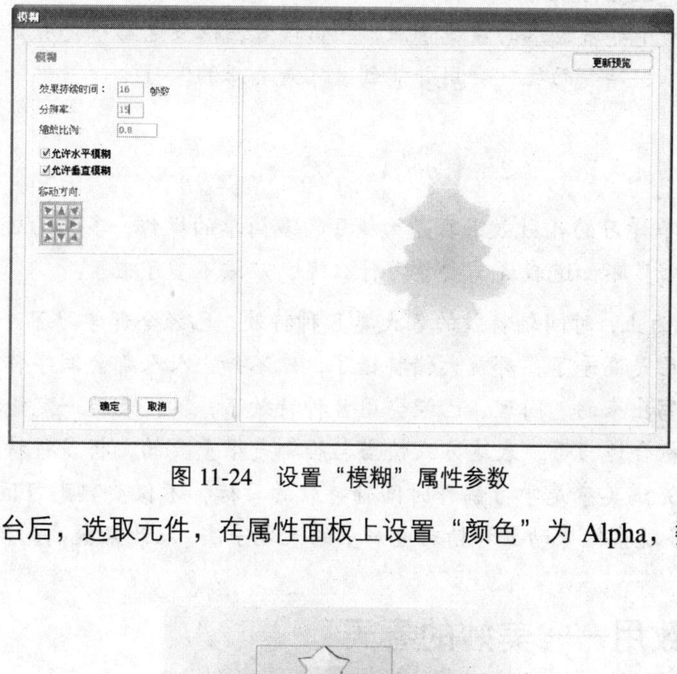

图 11-24　设置“模糊”属性参数

（3）返回舞台后，选取元件，在属性面板上设置“颜色”为 Alpha，数值为 18%，如图 11-25 所示。

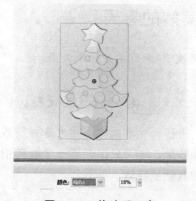

图 11-25　修改透明度

提示

模糊参数说明：

效果持续时间：模糊特效持续的时间。

分辨率：模糊后的分辨率。值越小，越模糊。

缩放比例：模糊后与模糊前缩放比例。

允许水平模糊：在水平方向上模糊。

允许垂直模糊：在垂直方向上模糊。

移动方向：元件模糊的方向。

高手点评

上面学习的 4 种特效，目前只掌握到其基本的功能和效果，但是特效的强大还远没有体现出来，当可以随心所欲地对各种效果进行综合应用的时候才能体会，举一个很简单的例子，投影特效可以制作投影，那么，可以通过阴影方向的变化来表达时间的流逝。这是一个非常艺术的表现手法，相信读者在很多电影中都有见过。现在的学习只是一个起点，学会而已，会用并能创造才是真正的掌握！

即问即答

这一节学习的 4 种效果真是太棒了，多简单的操作，多绚的效果，我感觉自己快成为高手啦！不知道我还需要学习什么呢，应该不多了吧？

到此为止，时间轴特效的 3 大类 8 种特效，已经全部学习了一遍，不过，现在你就觉得自己是高手了，那就大错特错了，殊不知，人人都会写字作文，可好文确不是人人都能写出来的。同理，已经会用 8 种特效了，不代表就一定能把每种特效都用好。使用时机合适与否，表达方式恰当与否都是很重要的，将多种特效综合应用在一起并让动画充满美感是学习制作时间轴特效的目标，不仅要熟悉 Flash，在平时的生活中，还要多观察优秀动画和精彩电影中的表现手法，以此来提高的动画制作水平。

11.5 学以致用——美妙的春天

源 文 件：	CDROM\11\源文件\制作美妙的春天.fla
素材文件：	无
效果文件：	CDROM\11\效果文件\美妙的春天的效果.swf

春天总是迷人的，下面，将在一个动画中，用上 3 种特效，制作出风车旋转、飞行中的飞机具有投影、复制树木等效果，学习只是起到一个抛砖引玉的作用，读者可以自行根据所学的特效，在动画中添加其他的特效。

（1）打开源文件“制作美妙的春天.fla”，选取“风车”图层，然后选取舞台上的小风车元件，选择“插入>时间轴特效>变形/转换>变形”命令，如图 11-26 所示。

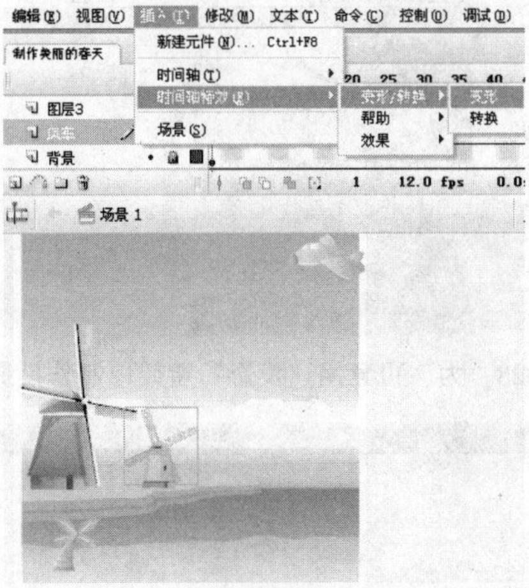

图 11-26　为风车套用“变形”特效

（2）在弹出的“变形”对话框中，设置“效果持续时间”为 70 帧，“旋转”设置为 2 次，其他参数保持默认状态，单击“更新预览”查看效果，最后单击“确定”按钮，如图 11-27 所示。

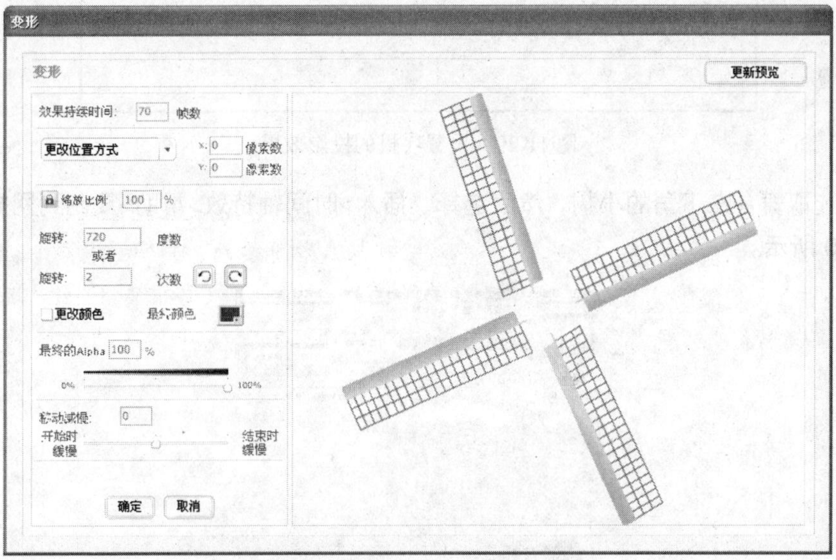

图 11-27　设置风车旋转的效果

（3）选取舞台上的飞机元件，然后选择“插入>时间轴特效>效果>投影”命令，如图 11-28 所示。

（4）在弹出的“投影”对话框中，设置“阴影偏移”的 Y 值为 500 像素，单击“确定”按钮，如图 11-29 所示。

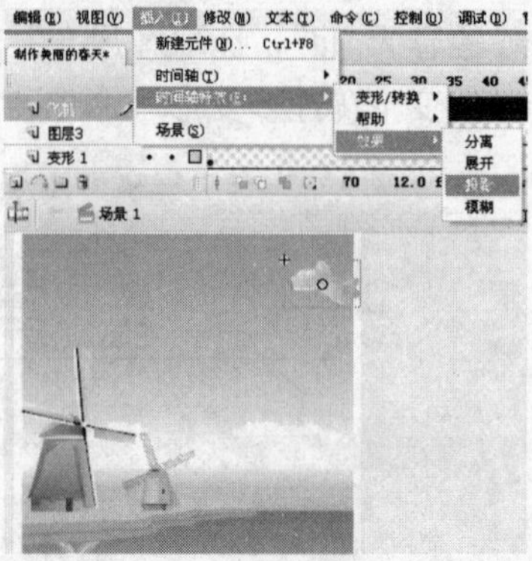

图 11-28　为飞机套用“投影”特效以制作投影效果

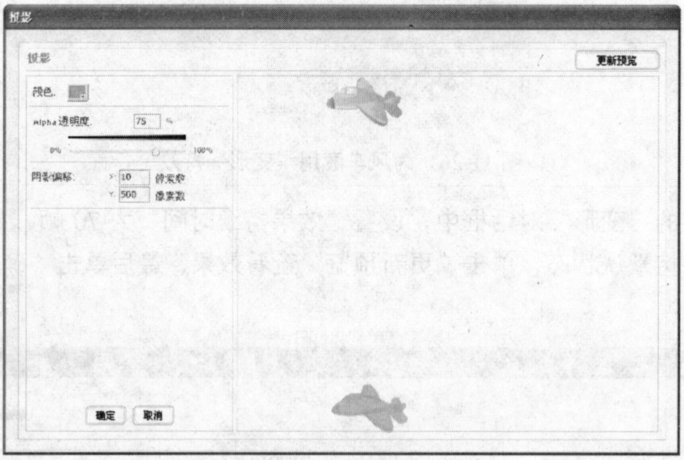

图 11-29　设置飞机的投影效果

（5）选取舞台左下角的小树，然后选择“插入>时间轴特效>帮助>复制到网格”命令，如图 11-30 所示。

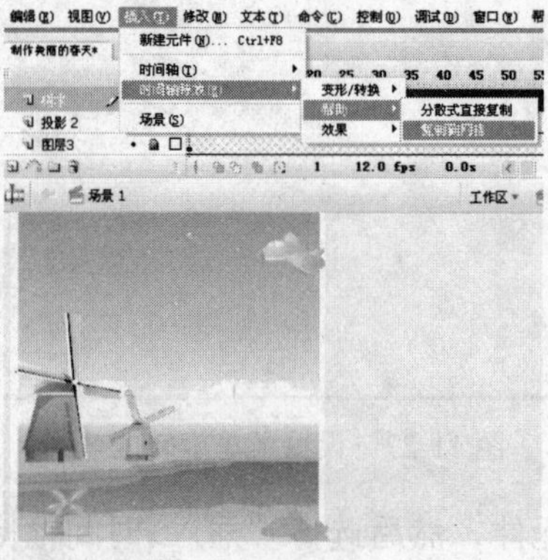

图 11-30　为树木套用“复制到网格”特效

（6）在弹出的“复制到网格”对话框中，设置网格尺寸的行数为 1，列数为 6，如图 11-31 所示，最后单击“确定”按钮完成特效制作。

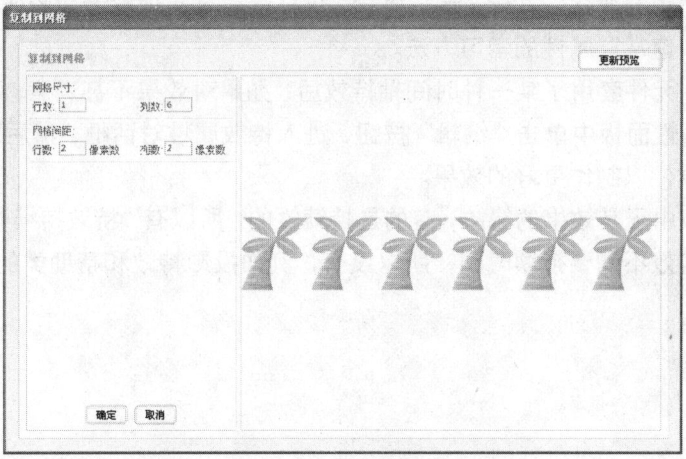

图 11-31　设置“复制到网格”属性

11.6 本章小结

本章详尽地介绍了时间轴特效，从特效的基本使用方法开始，到逐一学习每一种特效，通过详尽的步骤展现所有特效的魅力，在学习的过程中，还着重介绍了各种特效的应用场合和表现手法，例如投影方向改变意寓时间的流逝；模糊背景、聚焦前景，等等，不一而足。

下面对本章所学习的主要内容进行一个归纳总结，以方便读者能更好地把握本章的脉搏，学习事半功倍！

- 时间轴特效动画一共有 3 大类，8 种特效，所有特效的套用方法、编辑方式、删除方式都相同。
- 变形/转换类特效有变形和转换两个特效，变形可以制作旋转、翻滚效果，转换特效可以制作渐隐、渐显等转场效果。
- 帮助类特效是辅助特效，都是具有复制功能，分别是“复制到网格”和“分散式直接复制”，两者之间复制的效果是有不同的，“分散式直接复制”效果更强大，具有缩放、旋转、渐变等效果。
- 效果类特效一共有 4 个特效，分别是“展开”、“投影”、“模糊”与“分离”，展开制作舒展的效果，投影可以制作阴影效果，模糊制作朦胧的变化效果，分离可以制作爆炸效果。
- 每一种时间轴特效都有各自的属性设置对话框，其属性都是根据各自的特效而产生的，所以都不相同，在对话框的左边是属性设置区域，右边是预览区域，可以及时地对所设置的属性结果进行预览，只要单击“更新预览”按钮即可。
- 在学习过程中，可以充分利用“更新预览”这个及时又方便的功能，简单的方法就是逐项地对每个属性进行修改，每设置一个不同的属性，就更新预览一次效果，观察前后动画的变化，再结合参数概念，这样就很容易理解参数的效果了，这是一种直观、快速掌握属性的学习方法。

- 当为一个元件套用了某一种时间轴特效后，如果对效果不甚满意，可以选取特效元件，在属性面板中单击“编辑”按钮，进入特效属性对话框，然后可以再次对属性进行修改，以制作更好的效果。
- 每种特效由于其效果的缘故，有的是持续性的，所以有“特效持续时间”这个属性，而有的特效不需要持续时间，所以没有，例如投影特效和帮助类的两个复制特效。

第 12 章 文本特效

本章导读

文本特效？就是给文字添加特效嘛，应该很简单的吧！这也用教？

输入文字你当然会，但是，Flash 中的文本可不仅仅只是用来输入文字这么简单，除了基础的文本属性设置，文本还可以制作各种动态效果，例如，交互用的表单填写栏，显示时间、显示下载进度、制作波光粼粼的文字，这些你都能做出来吗？学完本章，你就会发现你刚刚问的这个问题是多么的肤浅，你只会感叹："天啊！文字也能如此炫。"好了，题外话说完了，下面跟着我从最基本的学起吧！

本章主要学习以下内容：

- 学会最基本的输入文字的方式
- 掌握文本的属性及其功效
- 熟知静态文本、动态文本和输入文本的应用时机和方法
- 学会制作、调整精美的 Flash 文字效果
- 了解分离文字、位图文字等特殊文字
- 掌握滤镜的使用方法
- 熟练使用滤镜制作各种文字动画

图 12-1　动态变幻的文字

12.1 文本工具属性

文字与图像一向是形影不离，动画中自然也不能缺少文字，Flash 虽然不是专业的文本软件，不过其文本的基本功能却是非常实用的，配合时间轴特效、滤镜等功能，制作出强烈效果的文字那是绰绰有余。

当然除了制作动画文字，还能制作交互表单等，这些复杂的内容现在就不多做介绍了，先来接触文本工具以及文字的属性。如图 12-2 所示，左边的图标 T 表示文本工具，在选取了此工具后，即可在舞台上点击，输入文字内容。图中右边都为文本属性。

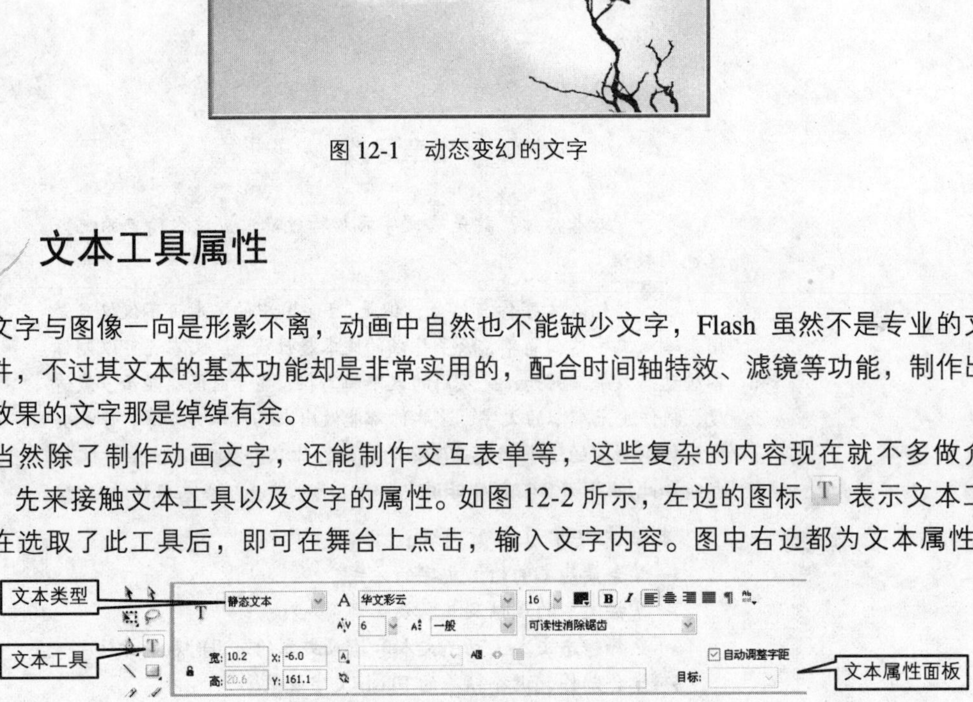

图 12-2　文本属性

从图中可以看出，属性包含有不少项目，字体、大小、颜色、粗体、斜体、对齐方式都是文字的一些常用属性，不需要进行仔细的说明，下面，着重介绍一下其他的项目参数：

- 文本类型：包括静态文本、动态文本、输入文本，下面一节会专门介绍。
- 编辑格式选项 ¶：单击编辑格式选项按钮，弹出格式选项对话框，如图 12-3 所示，可以对文字位置进行细微的调整。

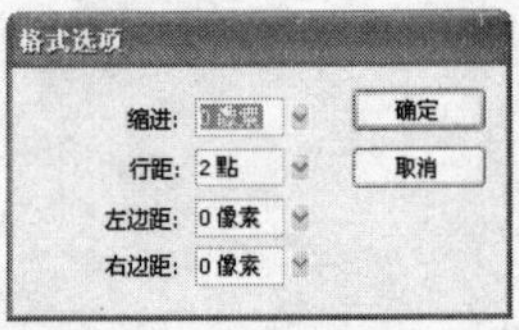

图 12-3　格式选项

- 文本方向：更改文字的显示方向，分为水平、垂直（从左到右）、垂直（从右到左），单击按钮，即可展开 3 种选项。
- 字间距：文字之间的距离，通过拖动滑块来选择一个值，数值越大，距离越大。

- 字符位置：单击 旁边的三角形，然后从菜单中的“一般、上标、下标”3 种位置中选择一种。

提示

字符位置：

一般：将文本放在基线上。

上标：将文本放在基线上方（水平文本）或基线的右侧（垂直文本）。

下标：将文本放在基线下方（水平文本）或基线的左侧（垂直文本）。

- 自动调整字距：使用字体的内置字距微调信息。
- 线条类型 ：在动态文本、输入文本类型下可用，静态文本类型下不可选。动态文本时选项为：单行、多行、多行不换行。输入文本时选项为：单行、多行、多行不换行、密码。
- 在文本周围显示边框 ：激活状态显示文本的边框，未激活则不显示。

以上属性是最常用的，除此之外还有消除锯齿、嵌入等属性，所有这些属性都是可以通过属性面板直接进行修改的。不过，在此需要说明一点，那就是图 12-2 所示的仅仅只是静态文本的属性，当设置为动态文本或者输入文本的时候，属性项目会略有变化，这会在下一节中介绍。

高手点评

上面学习的属性参数，都是指的属性面板上的属性，然而文字还有一个常用的属性，那就是透明度。若需要设置文字的透明度，先选中文字，然后选择“窗口>颜色”命令，展开颜色面板，对其中的一个参数“Alpha”进行修改，即可实现文字透明化，Alpha 数值越小，文字越透明。如图 12-4 所示。

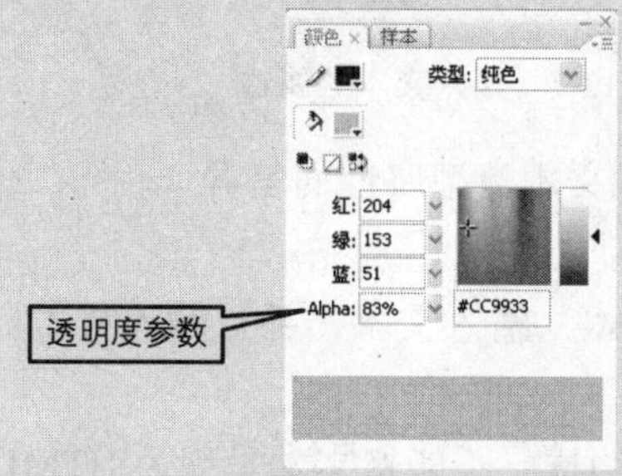

图 12-4　文字的颜色面板

12.2 文本类型

由于动画具有很强的互动性，Flash 文本被分为静态文本、动态文本、输入文本 3 大类，可以在输入文字后，通过属性面板设置文字的文本类型，设置的类型不同，属性面板上的其他属性参数也会有所变化，下面，先来简单地介绍一下 3 类文本类型。

静态文本：最简单也是最基本的文本，在动画播放的时候，只能显示文字内容，没有其他的功能。输入的什么，播放中显示的就是什么，如图 12-5 所示为静态文本属性。

图 12-5　静态文本的属性

动态文本：动态文本并非指文字本身可以具有动画效果，而是指可以显示动态的文本内容，例如时间、下载进度等，当然这些功能都是需要配合脚本代码或者动作指令才能实现。如图 12-6 所示为动态文本属性。

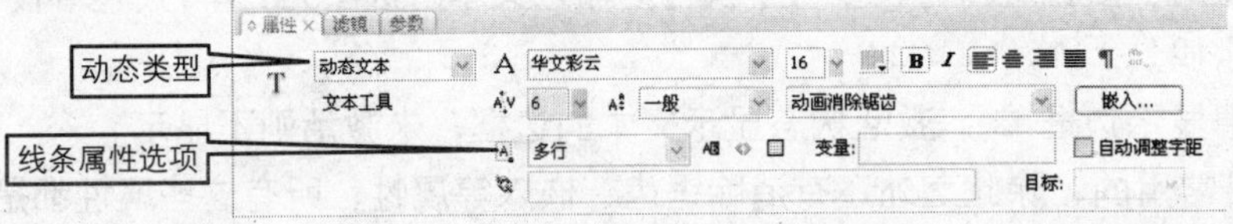

图 12-6　动态文本的属性

输入文本：这个文本主要是交互的时候才使用，输入文本并不是指让制作动画的人来输入，而是指让观看动画的人来输入。例如，若需要观看动画的人可以输入文字，那么，就必须建立一个输入文本框，还可以用文字提示读者，告诉读者可以在此输入文字。如图 12-7 所示为输入文本属性。

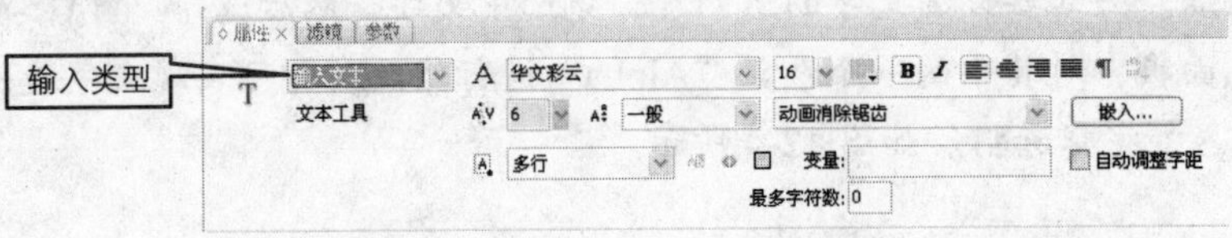

图 12-7　输入文本的属性

从上面 3 张图中，可以看出 3 种文本类型属性的差异：

1. 能设置链接的是静态文本、动态文本。
2. 能设置线条属性的是动态文本、输入文本，并且输入文本比动态文本更多了个密码选项。
3. 只有静态文本不能显示文本边框、不能将文本呈现为 HTML、没有变量参数。
4. 只有静态文本可以调整文字方向。

提示

线条属性的选项：

单行：将文本显示为一行。

多行：将文本显示为多行。

多行不换行：将文本显示为多行，并且仅当最后一个字符是换行字符时，才换行。

密码：设置用户输入的是密码，会以“*”的形式显示出输入的内容，这个功能就是用在登录界面或者其他需要密码的交互上，例如：制作一个用户登录的 Flash 动画，需要用户输入登录名和登录密码。当然，这个功能需要与数据库等功能结合才能使用。

高手点评

动态文本和输入文本可以设置实例名称，然后使用脚本代码对实例名称进行控制，从而制作出互动的效果。当然，掌握这些功能对于初学者来说是很难的，所以本章重点介绍的还是静态文本，后面制作的文本动画效果也都是使用静态文本。

12.3 创建文字链接

对于经常上网的人来说，一定了解网络上的很多网站都有片头动画，这些动画往往制作得非常精美，用以彰显网站的实力，体现网站的风格。这些片头动画都是 Flash 动画，在片头动画播放完成后，都会有进入网站首页的文字链接，单击这个链接，就可以从动画跳转到网站的首页中。文字链接可以链接到网页和电子邮件。

链接到网页地址需要输入："http://URL"。例如 http://www.phei.com.cn。

链接电子邮件地址则输入："mailto:URL"。如 mailto :xiaojunhncs@yahoo.com.cn。

下面就通过制作一个链接到网站"电子工业出版社"的实例来学习文字链接功能。

手把手实例　**创建文字链接的动画**

源 文 件：	CDROM\12\源文件\创建文字链接的动画.swf
素材文件：	无
效果文件：	CDROM\12\效果文件\文字链接的效果.swf

（1）新建一个 Flash 文件，选取"文本"工具，然后在舞台上输入文字内容"点此链接到电子工业出版社"。

（2）输入文字后，选取"选取"工具，选中舞台上的文字内容，在属性面板中设置文本类型为"静态文本"，字体为"华文彩云"，大小为 35，颜色为"蓝色"，粗体，左对齐，然后在链接选项中输入"http://www.phei.com.cn"，目标设置为"_blank"。如图 12-8 所示。

（3）按 Ctrl+Enter 快捷键测试影片，在播放的影片中，点击文字内容，会弹出系统默认的浏览器，并链接到"电子工业出版社"的首页。

提示

链接目标包括"_blank"、"_parent"、"_self"、"_top"，其意义分别为：

_blank：在新的浏览器窗口中打开目标链接。

_parent：在当前窗口的父窗口打开目标链接。

_self：在当前的窗口打开链接，取代该窗口当前的内容。

_top：在当前最上层的窗口中打开目标链接，以整页的模式打开。

图 12-8　设置文本链接

高手点评

链接功能只能是使用“文字”工具输入的文字，类型不能为“输入文本”，在为文字添加了链接后，此文字不能被分离，如果进行分离操作，那么链接功能将会自动取消，所以这点需要注意。另外，链接文字不具备透明度属性，也就是有透明度的文字，在添加了链接后，会取消透明度效果。

12.4 嵌入字体

在这里，将学习嵌入字体。何为嵌入字体呢？为什么要嵌入字体呢？如何嵌入字体？下面将一一解答。

动画设计师将动画中使用到的字体通过创建字体库项目，将字体的属性嵌入到动画中，称之为嵌入字体。之所以会有这个功能，是因为字体的多样化。在正常使用的操作系统中，默认安装的字体并不多，只是比较常用的字体，而动画中常常会使用到各种各样独特、漂亮的字体，这些字体都是设计师通过网络或其他途径获得的字体，并将之安装到操作系统中，就可以使用了，但是，没有安装这种字体的用户在播放动画的时候，则无法观看到这种特殊字体的效果，嵌入字体则可以解决这个问题，使得用户在没有安装这种字体的时候也能看到效果。

下面通过一个实例讲解如何嵌入字体。

手把手实例　**制作嵌入字体的动画**

源 文 件：	CDROM\12\效果文件\制作嵌入字体的动画.fla
素材文件：	无
效果文件：	CDROM\12\效果文件\嵌入字体的效果.swf

（1）打开源文件“制作嵌入字体的动画.fla”，选取动画右上角的“冰雪世界”文字，通过属性面板，可以看到此文字应用了“汉仪雪峰体简”字体，如图 12-9 所示。

（2）选择“窗口>库”命令，将库面板展开，然后在库面板中的空白区域单击右键，在弹出的菜单中选择“新建字型”命令，如图 12-10 所示。

图 12-9　文字的字体属性

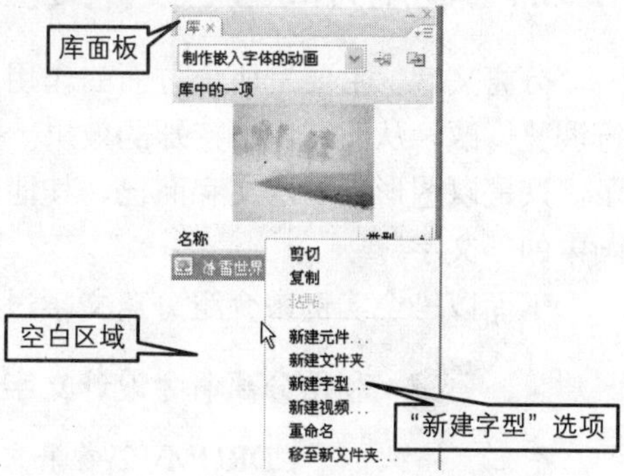

图 12-10　创建字型

（3）在弹出的“字体元件属性”对话框中，输入名称“汉仪雪峰简体”，单击“确定”按钮，这时候，在库面板中就可以看到多了一个字体类型，如图 12-11 所示。

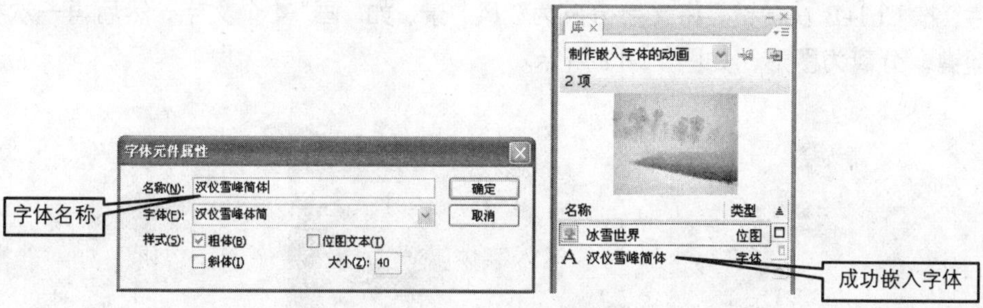

图 12-11　确定字体元件属性

高手点评

经过上面的步骤，已经将字体嵌入到了动画中，在发布动画后，其他的用户在回放此动画的时候，在无需安装此字体的情况下，也可以正常显示字体。这个功能非常重要，否则其他没有安装此字体的用户在回放动画的时候，将会使用默认字体来替代，从而使得动画的效果大打折扣，甚至会出现乱码。设计师在使用了非系统预装字体的时候，都要使用此功能，也有部分的动画设计师使用分离文字的方式来达到这个目的，不过分离文字有诸多弊端，例如，有的字体的文字在分离后会失真，而且在分离后，将不能使用文字类型的超链接等功能。分离文字将在下面一节中讲解到，在此就不多做叙述了。

12.5 创建文字特效

文字可以制作很多种精彩的效果，使用第 11 章介绍的时间轴特效就可以制作展开、模糊、爆破等效果，在这里将介绍两种文字。（一种是分离文字，一种是位图文字）的设计方式。

12.5.1 利用分离命令设计文字

分离文字，主要是两个方面的作用，一方面是将文字分离成为图形，以图形的方式进行调整修改，从而制作出特殊的效果。另外一种功能就是文字被分离后，字体已经不存在了，只是以图形来显示文字而已，其他用户在不需安装此字体的情况下，也能正常播放动画中的“文字”。

下面以一个实例来介绍分离文字过程以及文字图形的编辑。

手把手实例　利用分离命令设计文字的动画

源 文 件：	CDROM\12\效果文件\利用分离命令设计文字的动画.fla
素材文件：	无
效果文件：	CDROM\12\效果文件\设计文字的效果.swf

（1）打开源文件“利用分离命令设计文字的动画.fla”，选取动画右上角的“风景如画”文字，按 Ctrl+B 快捷键，将文字分离为“风、景、如、画”4 个文字，然后再一次按 Ctrl+B 快捷键，分离为图形，如图 12-12 所示。

图 12-12　分离文字

提示 分离的快捷键是“Ctrl+B”，在对组文字进行分离的时候，需要分离两次，第 1 次分离是将组文字分离为单个文字，第 2 次分离才是将单个文字分离为图形。

如图 12-12 所示，第 1 张图中的文字为组文字，第 2 张图中为 4 个单独的文字，第 3 张图中则将 4 个单独的文字全分离成了图形。

因此，如果是对单个文字分离，只需要分离一次，如果是对多个文字的组文字进行分离，则需要分离两次，才能变成图形。

（2）选取文字图形，选择“窗口>颜色”命令，展开“颜色”面板，设置“类型”为“放射状”，制作一个中心向四周扩散的渐变颜色效果，如图 12-13 所示。

（3）调整图形中心、过渡部分、边缘的颜色参数。选取左端的“指针”，设置如图 12-14（a）中所示的“红、绿、蓝”参数，此效果为图形中心颜色，然后，在两个指针中间单击，插入一个“指针”，设置如图 12-14（b）中所示的参数，此为过渡部分颜色，最后选择右端的“指针”，设置边缘颜色参数，如图 12-14（c）所示。

图 12-13　设置图形颜色类型

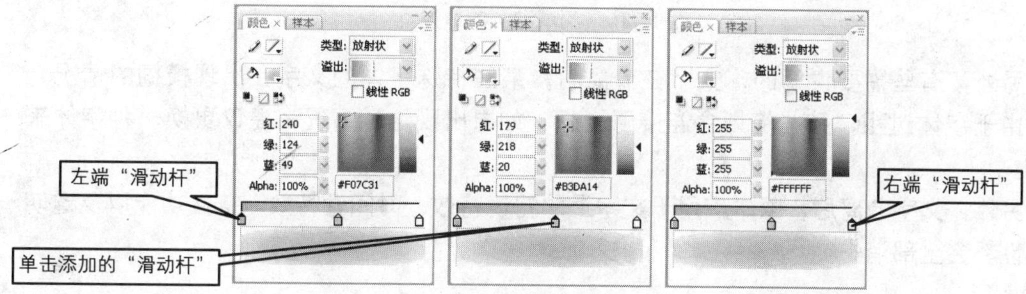

（a）　（b）　（c）

图 12-14　调整颜色放射的效果

（4）参数设置完后，在舞台上选取“畫”图形，按 Ctrl+=快捷键放大图形，使用“选择”工具和“部分选取”工具对最后的一横笔划进行修改，最后修改的效果如图 12-15 所示。

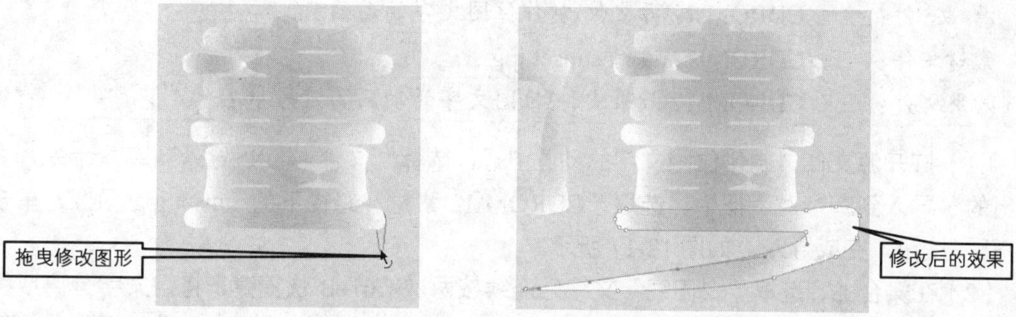

图 12-15　修改“畫”的效果

（5）按 Ctrl+Enter 快捷键，观看动画的效果，如图 12-16 所示。

高手点评

至此，文字的分离与设计就完成了，对分离后文字的制作，只简单地应用了放射状颜色效果，以及对文字进行了一些基础的编辑操作，其实，所有对图形的操作功能都可以应用，读者完全可以随心所欲地使用各种其他的功能，例如透明度等。

图 12-16　测试动画的效果

另外，有些需要说明的，文字在分离后，某些特殊字体的文字会出现模糊的情况，或者由于字体过粗，某些笔划会连接到一起，如果出现这种情况，建议更换一种字体来制作。

另外，文字分离后，原本应用于文字上的滤镜特效、时间轴特效、链接功能以及透明度属性都会全部消失。

12.5.2　利用位图制作文字

在上面的动画中，对图形进行了分离，然后使用了“放射状”的颜色填充处理，现在来学习使用“位图”进行填充的处理。

手把手实例　**制作位图文字的动画**

源 文 件：	CDROM\12\源文件\制作位图文字的动画.fla
素材文件：	CDROM\12\素材\sunset.jpg
效果文件：	CDROM\12\效果文件\位图文字的动画的效果.swf

（1）打开源文件“制作位图文字的动画.fla”，选择“文件>导入>导入到库”命令，在弹出的“导入到库”对话框中，选取“CDROM\12\素材”路径下的 sunset.jpg 图像，单击“打开”按钮，完成导入，如图 12-17 所示。

（2）在舞台上，选取“夕阳红”文字，连续按两次 Ctrl+B 快捷键，将组文字分离成图形，然后展开“颜色”面板，选取“位图”类型，使用刚刚导入的 sunset.jpg 图像作为填充图。如图 12-18 所示。

高手点评

从上面的效果图中，可以看出文字被图形所填充的效果。在使用位图填充的时候，文字笔划要尽量粗，这样才能看到图形填充效果，另外，所填充的图形应该与文字内容有一定的关联，可以体现文字的内涵，最后，还需要考虑制作出来的美观度。

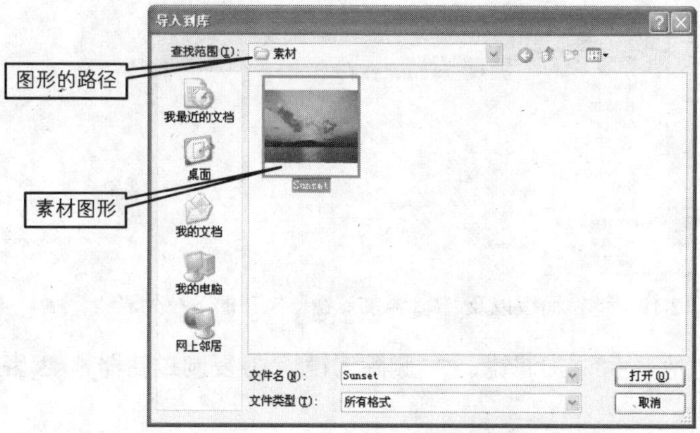

图 12-17　导入图形

图 12-18　分离文字并应用位图进行填充

12.6 滤镜特效

前面一章学习过时间轴特效动画，滤镜和特效比较相似，都是用来制作各种效果的功能，学习的方式也将相似，下面先来了解滤镜的基础知识，然后通过实例的方式全面掌握滤镜的各种效果。

12.6.1 滤镜概述

在动画设计中，利用滤镜功能可以制作投影、发光、模糊等效果。滤镜可以使用在文本、影片剪辑和按钮上，之所以将滤镜放在本章里来讲解，是借文本这个典型的应用来学习滤镜。

滤镜共有 7 种功能，分别是投影、模糊、发光、斜角、渐变发光、渐变斜角和调整颜色。根据设计需要，可以一起使用多种功能，而且在正常情况下，都是添加多种滤镜，配合补间动画制作出精美的效果。

滤镜有一个单独的面板，位于属性面板的右边，如图 12-19 所示，单击“滤镜”选项卡即可切换到滤镜面板。

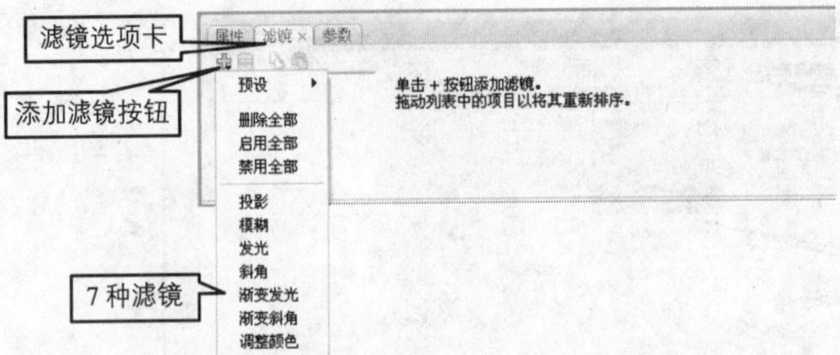

图 12-19　滤镜面板以及“添加滤镜”按钮的下拉列表

滤镜面板的上方包括“添加滤镜、删除滤镜、复制过滤器、粘贴过滤器”4 个按钮。

单击“添加滤镜”按钮可以预设滤镜、操作滤镜、添加各种滤镜。

- 预设滤镜：可以将设计师已经制作好的滤镜保存起来，在下次使用的时候就可以直接套用，而不需要重新设置参数。在其中还包括 3 个选项：另存、重命名和删除。
- 操作滤镜：包括删除全部、启用全部、禁用全部 3 项操作。
- 添加滤镜：直接选取即可添加，一个对象可以添加多个滤镜。

12.6.2　活动滤镜

所谓活动滤镜，就是指在时间轴上制作补间动画，并使用滤镜时，Flash 会自动处理的情况，这个只需要读者了解即可，不需要完全理解，具体的情况包括以下 5 个方面：

1. 如果将补间动画应用于已应用了滤镜的影片剪辑，则在补间的另一端插入关键帧时，该影片剪辑在补间的最后一帧上自动具有它在补间开头所具有的滤镜，并且层叠顺序相同；

2. 如果将影片剪辑放在两个不同帧上，并且对于每个影片剪辑应用不同滤镜，此外，两帧之间又应用了补间动画，则 Flash 首先处理带滤镜最多的影片剪辑。然后，Flash 会比较应用于第 1 个影片剪辑和第 2 个影片剪辑的滤镜，如果在第 2 个影片剪辑中找不到匹配的滤镜，Flash 会生成一个不带参数并具有现有滤镜的颜色的虚拟滤镜；

3. 如果两个关键帧之间存在补间动画，并且向其中一个关键帧中的对象添加了滤镜，则 Flash 会在到达补间另一端的关键帧时，自动将一个虚拟滤镜添加到影片剪辑；

4. 如果两个关键帧之间存在补间动画，并且从其中一个关键帧中的对象上删除了滤镜，则 Flash 会在到达补间另一端的关键帧时，自动从影片剪辑中删除匹配的滤镜；

5. 如果补间动画起始处和结束处的滤镜参数设置不一致，Flash 会将起始帧的滤镜设置应用于插补帧。以下参数在补间起始和结束处设置不同时会出现不一致的设置：挖空、内侧阴影、内侧发光以及渐变发光的类型和渐变斜角的类型。

以上内容只需要大概了解即可，在使用滤镜的过程中，就会逐渐地掌握以上知识的含义，在这里强迫理解并无意义。

从此开始，将进入每个滤镜的实例学习阶段，通过实例的手把手操作，学习各种滤镜的功能以及效果。

12.6.3 投影滤镜

手把手实例 制作投影滤镜文字的动画

源文件：	CDROM\12\源文件\制作投影滤镜文字的动画.fla
素材文件：	无
效果文件：	CDROM\12\效果文件\投影滤镜文字的效果.swf

（1）打开源文件“制作投影滤镜文字的动画.fla”，选取舞台右上角的“翱翔”文字，然后，单击“滤镜”选项卡，切换到滤镜面板，单击“添加滤镜”按钮，选择“投影”滤镜，如图12-20所示。

（2）设置投影的参数选项，如图12-21所示，调整强度、品质、模糊值，勾选“挖空”复选框。

图12-20 添加投影滤镜

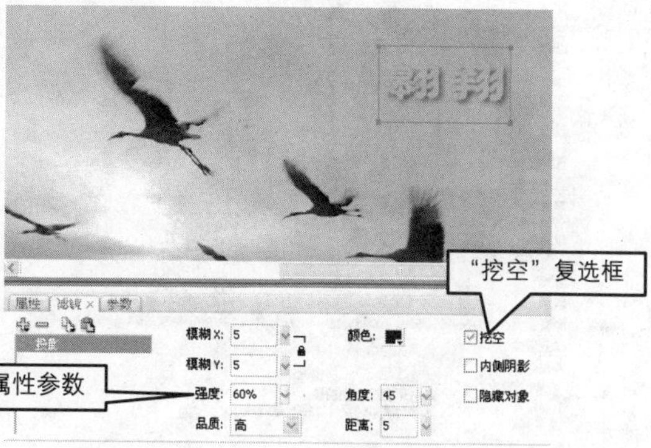

图12-21 设置投影参数效果

提示

投影参数说明：

模糊X、模糊Y：投影的宽度和高度。

距离：设置阴影与对象之间的距离。

颜色：打开“颜色选择器”，可以设置阴影的颜色，一般使用默认的颜色。

强度：可以调整阴影暗度，数值越大，阴影就越暗。

角度：设置阴影的角度，可以输入一个角度数值或者单击角度选取器，并拖动角度盘。

挖空：隐藏源对象，并在挖空图像上只显示投影。

内侧阴影：在对象边界内应用阴影。

隐藏对象：隐藏对象并只显示其阴影。

品质：选择投影的质量级别。分为高中低 3 种。品质越高效果越好，不过动画文件也越大。

12.6.4 模糊滤镜

模糊滤镜可以柔化元件的边缘和细节。在运动动画中应用模糊滤镜，可以使其充满动感。

手把手实例 制作模糊滤镜文字的动画

源 文 件：	CDROM\12\源文件\制作模糊滤镜文字的动画.fla
素材文件：	无
效果文件：	CDROM\12\效果文件\模糊滤镜文字的效果.swf

（1）打开源文件“制作模糊滤镜文字的动画.fla”，选取舞台中央的“灵感”文字，然后，在滤镜面板中单击“添加滤镜”按钮，选择“模糊”滤镜，如图 12-22 所示。

（2）设置模糊值为 3 像素，品质调整为“高”，如图 12-23 所示。

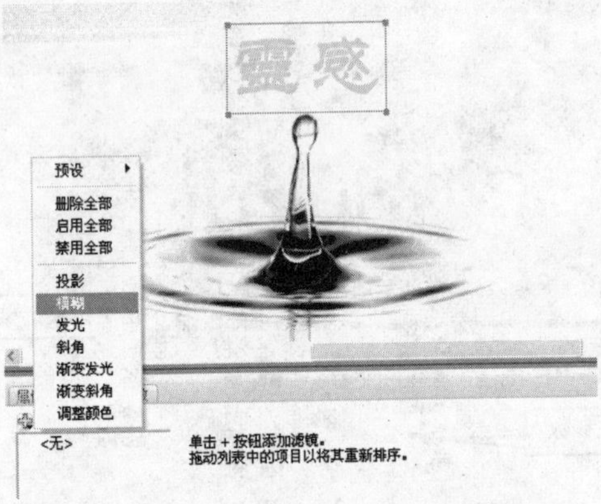

图 12-22 为文字添加模糊滤镜

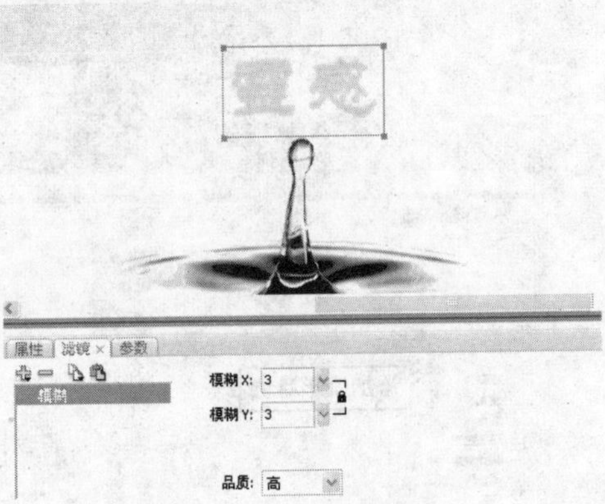

图 12-23 设置模糊参数

提示

模糊参数说明：

模糊 X、模糊 Y：模糊的宽度和高度。

品质：模糊的质量级别。

12.6.5 发光滤镜

发光滤镜可以在元件的周边应用颜色，制作梦幻般的文字效果。

手把手实例 制作发光滤镜文字的动画

源 文 件：	CDROM\12\源文件\制作发光滤镜文字的动画.fla
素材文件：	无
效果文件：	CDROM\12\效果文件\发光滤镜文字的效果.swf

（1）打开源文件“制作发光滤镜文字的动画.fla”，选取舞台中央的“坚强”文字，然后，在滤镜面板中单击“添加滤镜”按钮，选择“发光”滤镜，如图 12-24 所示。

（2）调整模糊值为 30，强度加大为 210%，品质为“高”，颜色修改为白色，勾选“挖空”复选框，如图 12-25 所示。

图 12-24　为文字添加发光滤镜

图 12-25　设置发光滤镜的参数

提示

发光参数说明：

模糊 X 和模糊 Y：发光的宽度和高度。

颜色：单击颜色控件，选取发光颜色。

强度：发光的清晰度。

挖空：隐藏源对象并在挖空图像上只显示发光。

内侧发光：对象边界内发光。

品质：发光的质量级别。

12.6.6　斜角滤镜

斜角滤镜是通过加亮元件，制作凸起的效果，同时还包含有投影效果。

手把手实例　**制作斜角滤镜文字的动画**

源 文 件：	CDROM\12\源文件\制作斜角滤镜文字的动画.fla
素材文件：	无
效果文件：	CDROM\12\效果文件\斜角滤镜文字的效果.swf

（1）打开源文件“制作斜角滤镜文字的动画.fla”，选取舞台右边的“欢快”文字，然后，在滤镜面板中单击“添加滤镜”按钮，选择“斜角”滤镜，如图 12-26 所示。

（2）设置斜角的参数，强度调整为 180%，角度变为 200，距离为 8，勾选“挖空”复选框，选择“外侧”类型，如图 12-27 所示。

图 12-26　为文字添加斜角滤镜

图 12-27　设置斜角参数

提示 斜角参数说明：

强度：设置斜角的不透明度。

角度：设置斜边投下的阴影角度。

距离：斜角的宽度。

12.6.7　渐变发光滤镜

渐变发光滤镜可以制作元件发光的效果，同时在发光的表面产生颜色渐变效果。渐变发光要求渐变开始处颜色的 Alpha 值为 0，而且不能移动此颜色的位置，只可以改变颜色。

手把手实例　**制作渐变发光文字的动画**

源 文 件：	CDROM\12\源文件\制作渐变发光文字的动画.fla
素材文件：	无
效果文件：	CDROM\12\效果文件\渐变发光文字的效果.swf

（1）打开源文件“制作渐变发光文字的动画.fla”，选取舞台中央的“湖光山色”文字，然后在滤镜面板中单击“添加滤镜”按钮，选择“渐变发光”滤镜，如图 12-28 所示。

（2）修改模糊值，强度调整为 140%，品质选择“高”，勾选“挖空”，类型设置为“外侧”，如图 12-29 所示。

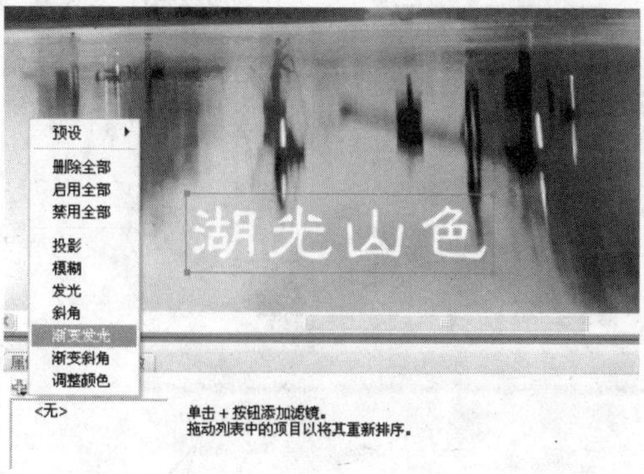

图 12-28　为“湖光山色”添加渐变发光滤镜

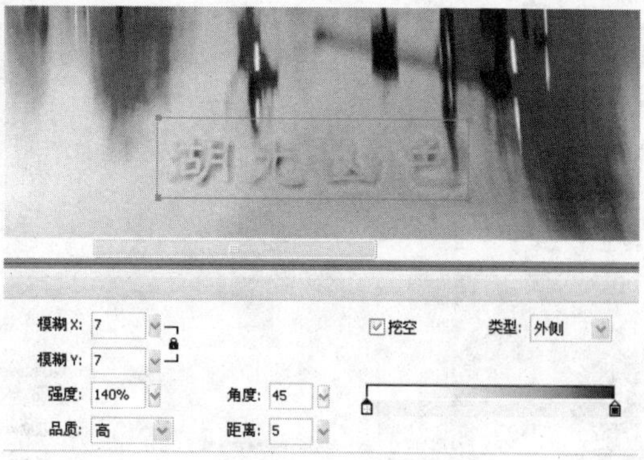

图 12-29　设置渐变发光参数

提示

渐变发光参数说明：

类型：分为外侧发光、内测发光和整个发光 3 类。

强度：设置发光的不透明度。

角度：发光投下的阴影角度。

距离：设置阴影与对象之间的距离。

渐变颜色条：指定发光的渐变颜色。渐变包含两种或多种可相互淡入或混合的颜色。在渐变颜色条上单击，可以添加其他的渐变过渡颜色。若要删除指针，将指针向下拖离渐变颜色条。

12.6.8　渐变斜角滤镜

渐变斜角滤镜可以制作一种凸起效果，使得文字看起来好像从背景上凸起，且斜角表面有渐变颜色。渐变斜角要求渐变的中间有一种颜色的 Alpha 值为 0，下面来制作一个渐变斜角文字的动画。

手把手实例　**制作渐变斜角文字的动画**

源 文 件：	CDROM\12\源文件\制作渐变斜角文字的动画.fla
素材文件：	无
效果文件：	CDROM\12\效果文件\渐变斜角文字的效果.swf

（1）打开源文件“制作渐变斜角文字的动画.fla”，选取舞台右边的“边防卫国”文字，然后在滤镜面板中单击“添加滤镜”按钮，选择“渐变斜角”滤镜，如图 12-30 所示。

（2）将距离调整为 20，取消勾选“挖空”复选框，类型设置为“内侧”，如图 12-31 所示。

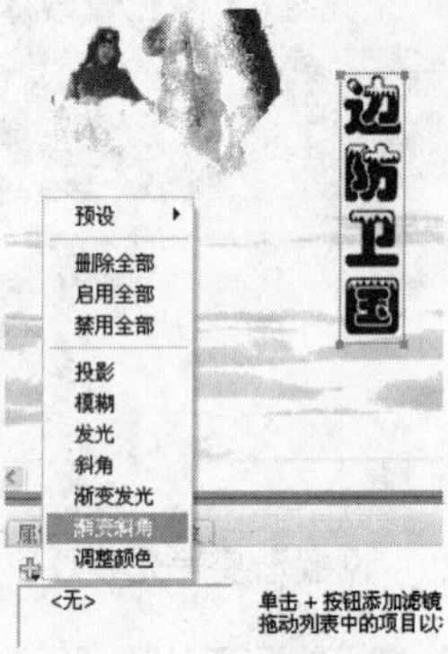

图 12-30　为文字添加渐变斜角滤镜

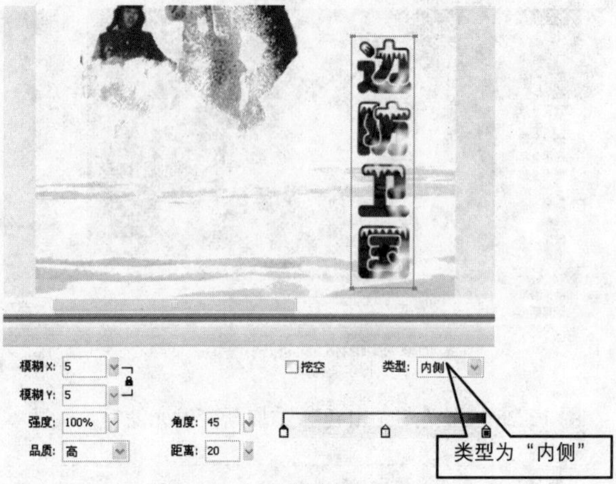

图 12-31　设置参数

提示 渐变斜角参数说明：

类型：包括内侧、外侧、整个 3 个选项。

强度：调整斜角的平滑度。

角度：设置光源的角度。

渐变颜色条：指定斜角的渐变颜色。

12.6.9　调整颜色滤镜

调整颜色滤镜可以直接对元件进行亮度、对比度、强度以及深浅的调整。

手把手实例　**制作调整颜色文字的动画**

源 文 件：	CDROM\12\源文件\制作调整颜色文字的动画.fla
素材文件：	无
效果文件：	CDROM\12\效果文件\调整颜色文字的效果.swf

（1）打开源文件“制作调整颜色文字的动画.fla”，选取舞台中央的“垂柳”文字，然后在滤镜面板中单击“添加滤镜”按钮，选择“调整颜色”滤镜，如图 12-32 所示。

（2）分别设置“亮度、对比度、饱和度、色相”4 个参数，如图 12-33 所示。

提示 调整颜色参数说明：

亮度：图像的亮度。

对比度：调整图像的加亮、阴影及中调。

饱和度：调整颜色的强度。

色相：调整颜色的深浅。

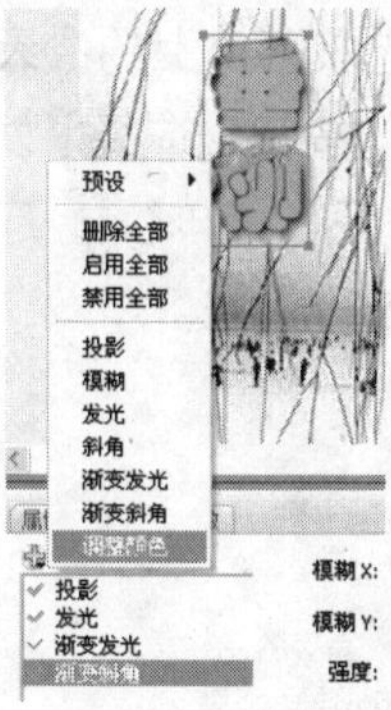

图 12-32　为文字添加调整颜色滤镜

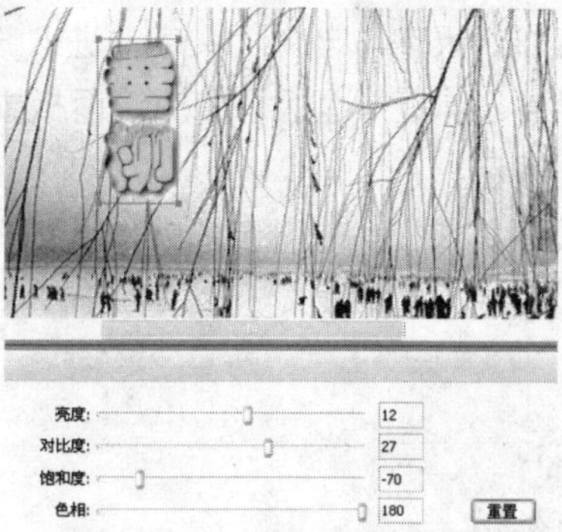

图 12-33　设置调整颜色参数

高手点评

通过实例将所有的滤镜介绍完了。对于各滤镜的参数效果，还需要在以后的应用中逐步体会，由于滤镜中的各种参数只要一修改，马上就可以看到效果，所以，可以多调整参数，查看效果，通过效果理解参数的实际作用，这样将有利于理解，加快掌握。

12.7 学以致用——变幻文字

源 文 件：	CDROM\12\源文件\制作变幻文字动画.fla
素材文件：	无
效果文件：	CDROM\12\效果文件\变幻的文字的效果.swf

下面，将通过一个精美的变幻文字动画的完整实例制作过程，来学习滤镜的综合应用方式。

（1）打开源文件“制作变幻文字动画.fla”，选取舞台中央的“天空与自由”文字，选择“修改>转换为元件”命令，在弹出的对话框中，设置名称为“文字动画”，类型为“影片剪辑”，单击“确定”按钮。如图 12-34 所示。将文字转换为影片，是为了在影片中制作补间动画。

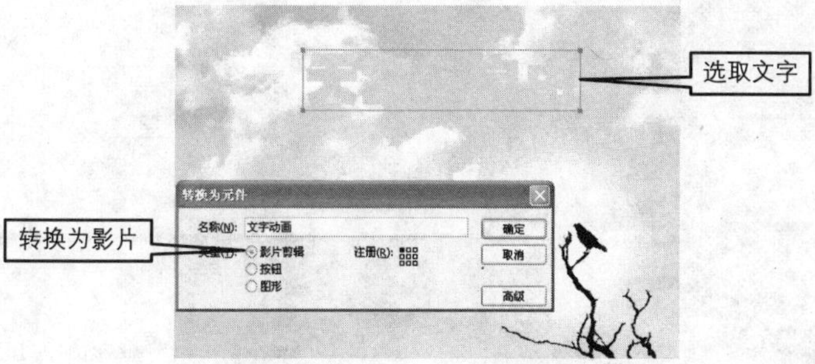

图 12-34　转换为“文字动画”影片

（2）双击“天空与自由”文字，进入“文字动画”影片，选取舞台上的“天空与自由”文字，切换到“滤镜”面板，在滤镜面板中单击“添加滤镜”按钮，选择“发光”滤镜，如图 12-35 所示。

（3）设置如图 12-36 所示的参数，即模糊设为 0，对颜色进行调整。

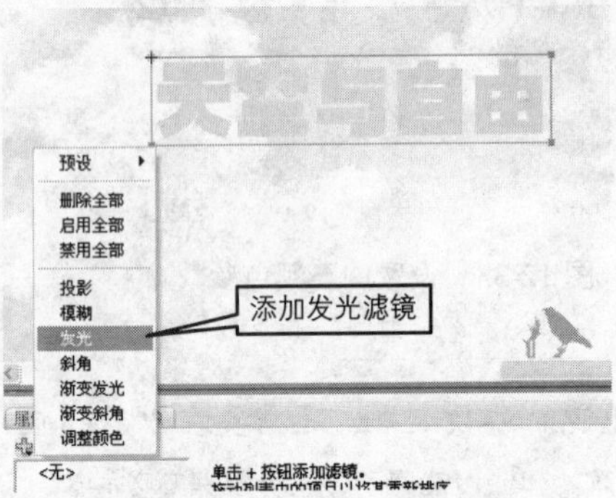

图 12-35　添加发光滤镜

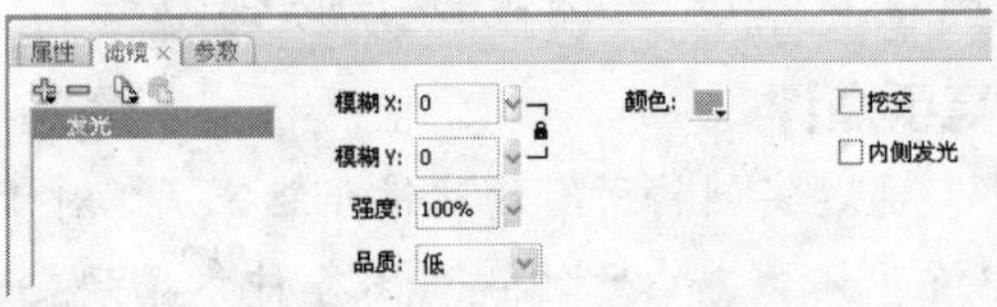

图 12-36　设置发光滤镜参数

（4）单击“添加滤镜”按钮，选择“渐变斜角”滤镜，然后设置如图 12-37 所示的参数，模糊为 0%，强度为 0，距离为 0。

（5）在时间轴的第 45 帧和第 90 帧上分别按 F6 快捷键，插入关键帧，如图 12-38 所示。

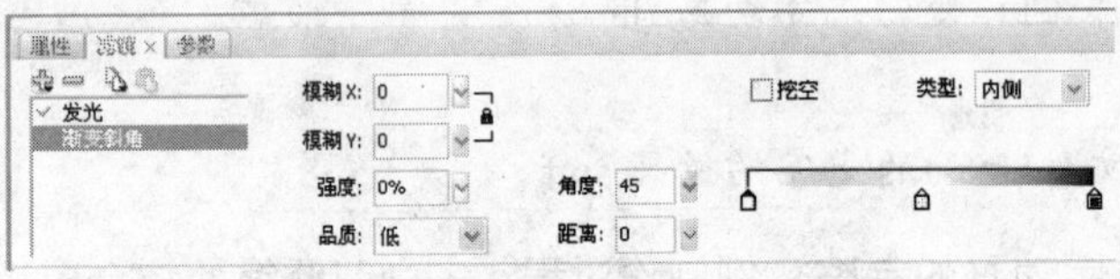

图 12-37　添加渐变斜角滤镜

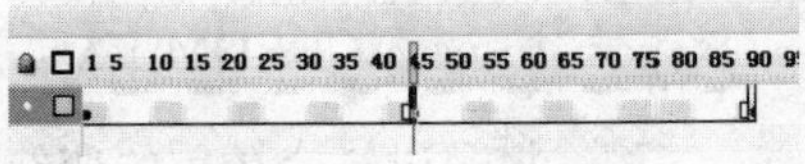

图 12-38　插入两个关键帧

（6）选取第 45 帧，然后选取文字，选取发光滤镜，将发光滤镜的参数修改为如图 12-39 所示，模糊增加到 7，强度加到 120%，品质为“高”。

（7）选取渐变斜角滤镜，将其参数修改为如图 12-40 所示的效果，即模糊为 10，强度为 300%，品质为“高”，距离为 5，颜色略微变化。

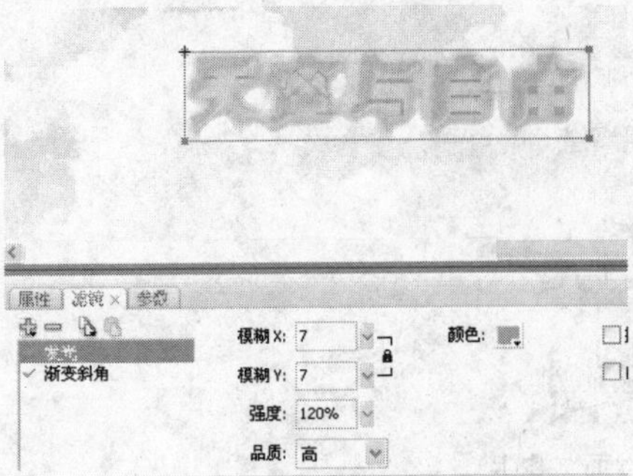

图 12-39　修改第 45 帧的发光效果

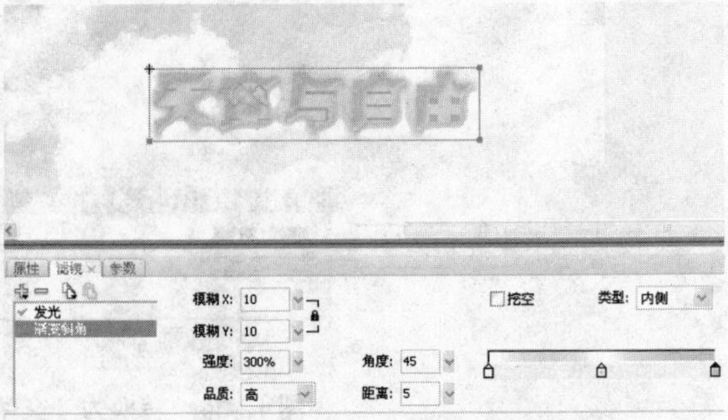

图 12-40　修改第 45 帧的渐变斜角效果

（8）第 45 帧的效果修改完后，现在就选取第 90 帧，选取文字，然后选取发光滤镜，将其参数修改为如图 12-41 所示的效果，模糊设为 10，强度 320%，品质为“高”。

（9）选取渐变斜角滤镜，模糊修改为 10，强度为 270%，品质为“高”，距离为 5，颜色略微变化。如图 12-42 所示。

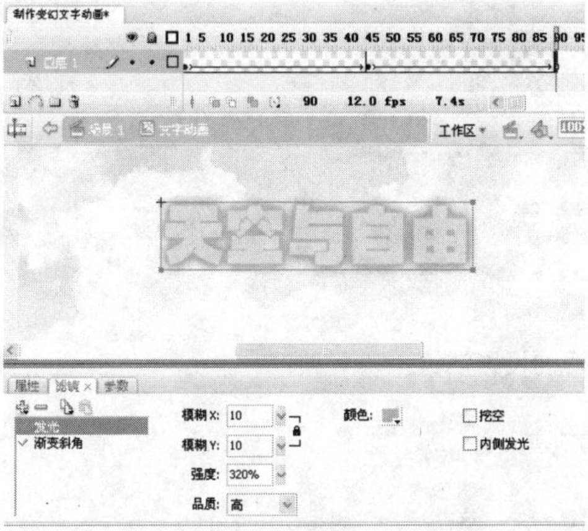

图 12-41 修改第 90 帧的发光效果

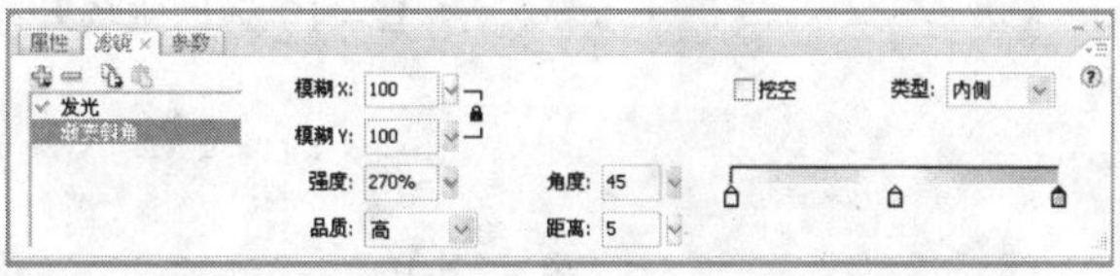

图 12-42 修改第 90 帧的渐变斜角效果

（10）选取“图层 1”图层，切换到属性面板，设置补间为“动画”，如图 12-43 所示，为整个图层添加“动画”补间。

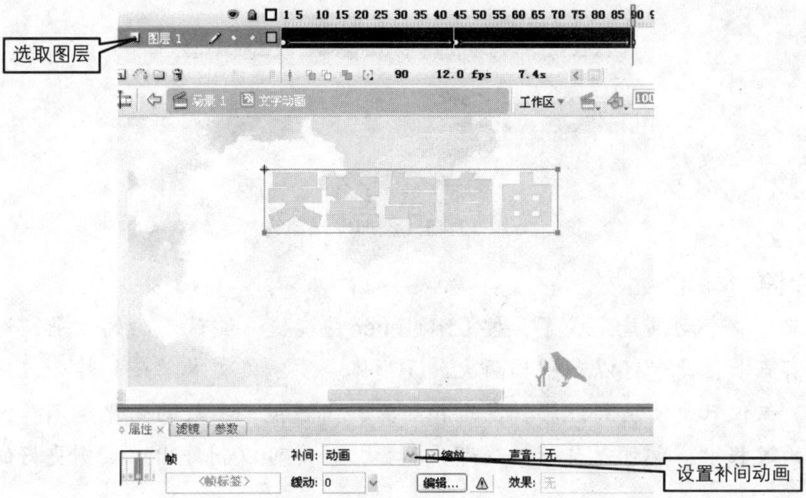

图 12-43 制作补间动画

（11）单击“场景 1”按钮，返回主场景，选取舞台上的文字，在滤镜面板中为文字添加投影滤镜，参数设置为如图 12-44 所示。

（12）然后添加“发光”滤镜，参数设置为如图 12-45 所示。

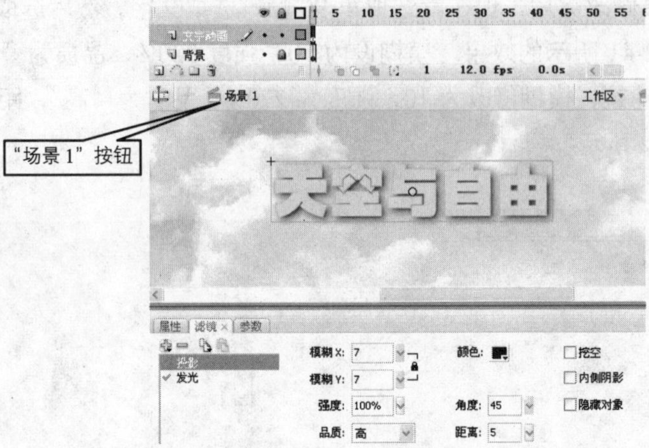

图 12-44 返回主场景并添加投影滤镜

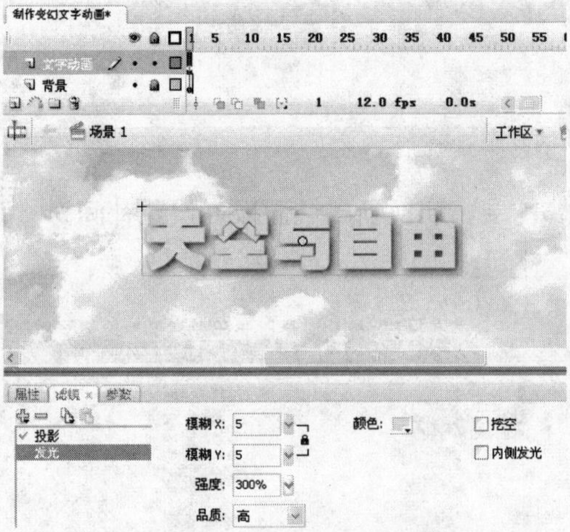

图 12-45 添加发光滤镜

高手点评

到此，整个动画就完成了，按 Ctrl+Enter 快捷键，测试动画的效果，动画整个制作流程有点长，读者可以多制作两次，逐步体会滤镜与文本结合的综合应用方法，在动画中，仅仅只是使用到投影、发光和渐变斜角滤镜，参数的变化也不多，读者在学习制作的过程中，也可以自行修改部分参数，一定可以制作出比实例更好的效果。

12.8 本章小结

本章主要讲解文本的基础知识以及滤镜的应用，通过两者的结合制作出绚丽的文字动画，尤其是学以致用中的实例，制作出一个变幻的文字效果，这是一个滤镜在文字中应用的典型实例，希望读者多体会，当可以随心所欲地将滤镜应用在文本上，制作出梦幻、炫丽、动感的效果时，那么就真正掌握本章所有的内容了，下面是本章的内容小结：

- Flash 的文本分为“静态文本、动态文本、输入文本”3 种类型。
- 动态文本和输入文本可以结合指令和代码制作交互动画，而静态文本不可以。
- 文本可以制作链接效果，包括“_blank、_parent、_self、_top”4 种链接方式。
- 解决因用户没有安装相关字体而导致动画文本无法正常显示的问题有两种方法：一种是嵌入字体，另外一种是分离文字。
- 将组文字分离成图形，需要进行两次分离，第 1 次分离是将组文字分离成为单个文字，第二次分离才将单个文字分离为图形。在成为图形后，就可以使用编修工具对其进行修改。
- 可以通过颜色面板上的 Alpha 参数来调整文本的透明度，制作透明文字。
- 当用滤镜来美化文字时，可以为文字应用多种滤镜功能，并进行组合应用。
- 在调整文字图形时，不一定非要使用“部分选取”工具，使用“选择”工具也能改变文字图形。
- 滤镜包含有投影、模糊、发光、斜角、渐变发光、渐变斜角和颜色调整 7 种效果。
- 滤镜只能应用在文本、影片剪辑和组件上，其他的如图形等，不能使用。
- 对于可以应用滤镜的对象，可以添加多个滤镜，组合在一起制作出绚丽的效果。

第 13 章
创建有声动画

本章导读

Flash CS3 中使用声音的方式有哪些？

Flash CS3 中可以使声音独立于时间轴连续播放，也可以使用时间轴将动画与音轨保持一致，给按钮添加声音，增强按钮的互动性，给音轨增加淡入等效果，使声音更优美。

Flash CS3 可以导入哪些格式声音文件？

通常使用的格式是 MP3、WAV、AIFF、Sun AU、有声音的 QuickTime 影片。

本章主要学习以下内容：

- 声音效果
- 视频效果
- 学以致用
- 本章小结

13.1 声音效果

声音是动画的重要组成部分，声音的加入让动画更加具有魅力。本节主要介绍如何导入声音文件，以及对声音的编辑。

13.1.1 导入声音

手把手实例　导入声音

源　文　件：	CDROM\13\源文件\导入声音.fla
素材文件：	CDROM\13\素材\导入声音.jpg
效果文件：	CDROM\13\效果\导入声音.swf

（1）打开“导入声音.fla”文件。选择“文件>导入>导入到库”命令，如图 13-1 所示。

（2）在导入对话框中选择需要的声音文件，并打开，目标文件就会出现在库中，如图 13-2 所示。

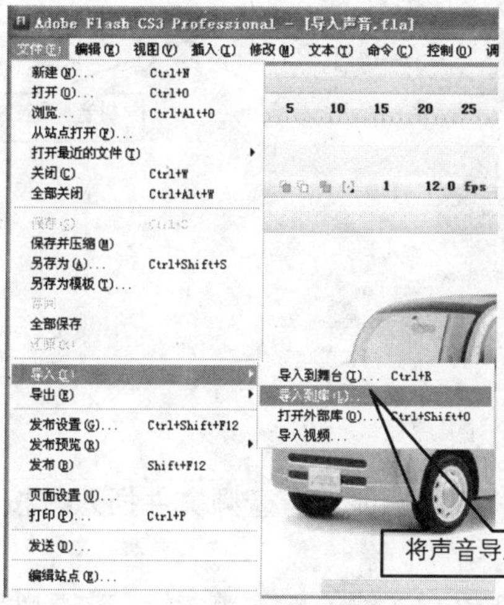

图 13-1　导入声音

图 13-2　库中的声音文件

高手点评

导入声音文件到库也可以选择“文件>导入>导入到舞台”命令，其效果与导入到库是完全相同的，都能将声音文件导入到库中。在选择导入的声音时，为了防止文件冗长，应该尽量选择容量较小的文件导入。

13.1.2 引用声音

下面，用一个实例讲解将库中的声音文件引用到 Flash 文档中。

手把手实例 引用声音

源 文 件：	CDROM\13\源文件\导入声音.fla
素材文件：	CDROM\13\素材\导入声音.jpg、导入声音.wan
效果文件：	CDROM\13\效果\引用声音.swf

（1）打开“导入声音.fla”文件。选择“插入>时间轴>图层”命令。将新建图层改名为“声音”。

（2）按快捷键 Ctrl+L 打开库面板，选定新建的“声音”层后，可单击播放按钮预览，然后将声音从库面板中拖到舞台中。声音就会添加到当前层中，如图 13-3 所示。

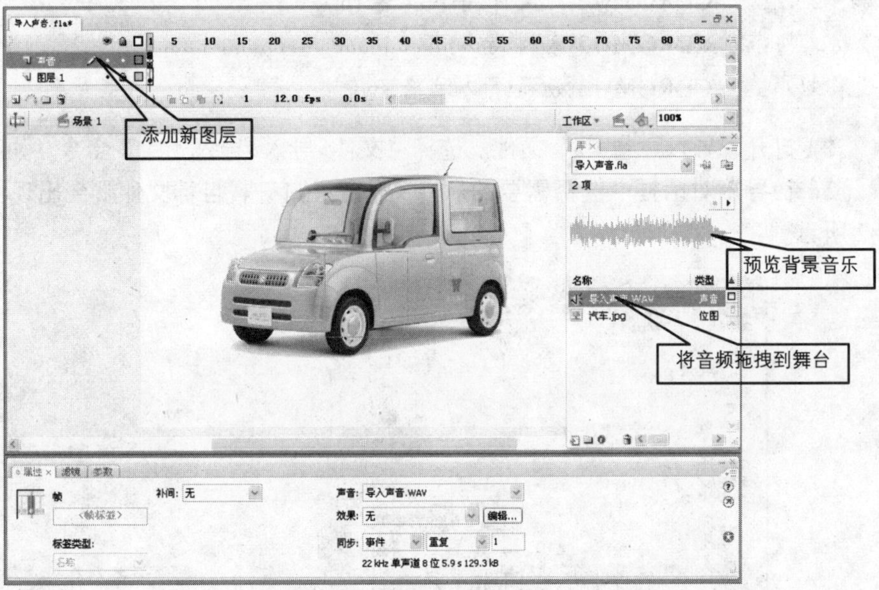

图 13-3 引用声音

（3）在时间轴上，可以看到声音图层的第 1 帧显示有音频文件插入，按 Ctrl+Enter 测试。

（4）如果发现音频播放一次就停止了，那么单击声音图层第 1 帧，在属性面板的“同步”选项中单击 按钮，选择“循环”，再测试，可以听到连续播放的背景音乐。

13.1.3 编辑声音

通过编辑声音可以在不同的帧中对声音音量进行调节，也可以实现淡入淡出等简单的效果。

手把手实例 编辑声音

源 文 件：	CDROM\13\源文件\编辑声音.fla
素材文件：	CDROM\13\素材\

效果文件：	CDROM\13\效果\编辑声音.swf

（1）打开“编辑声音.Fla”文件，在 30 帧处选择全部图层，单击鼠标右键，插入帧。

注意 当音乐文件被延长时，就可能会出现声音叠加的问题，原因是音频长度大于影片长度，当影片循环时，音频也会循环，同时，未播放完的音频也在继续。只需单击“同步”后面的 ，选择“开始”，声音就不会再叠加了。如图 13-4 所示。

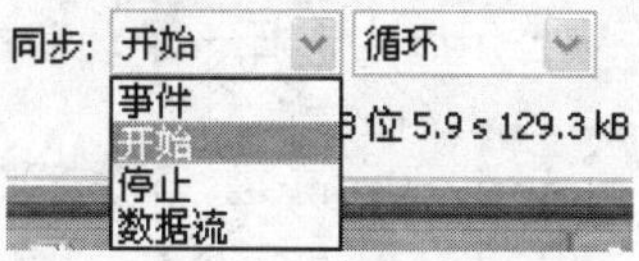

图 13-4　处理叠加问题

（2）单击属性面板右边的 编辑... 按钮，弹出“编辑封套”对话框，如图 13-5 所示，时间条上方为左声道，下方为右声道。图右下方的按钮用来控制时间条的精度和显示方式（帧或秒）。

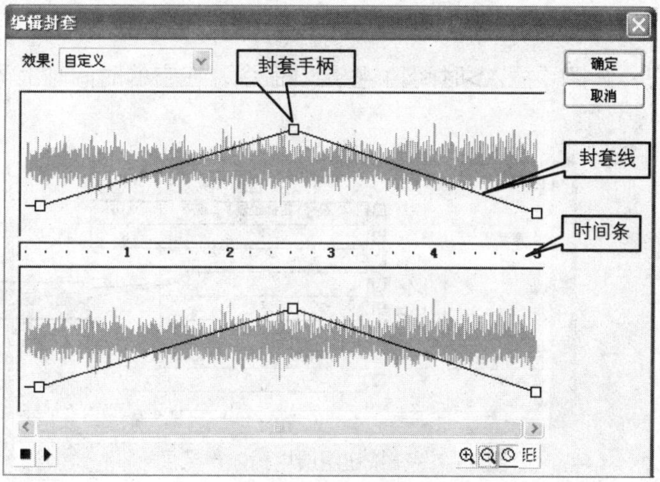

图 13-5　编辑封套

效果：设置音频效果。

封套手柄：调节音量变化。

封套线：决定播放时的音量（单击鼠标左键向上拖动音量增大，向下拖动音量减小）。

时间条：决定音频文件播放的起止时间。

高手点评

通过对音频的编辑可以针对动画做出更多灵活的音频效果，同时，动画的声音也显得非常真实。

13.1.4 给按钮添加声音

手把手实例 给按钮添加声音

源 文 件:	CDROM\13\源文件\按钮.fla
素材文件:	CDROM\13\效果\按钮.swf
效果文件:	CDROM\13\视频\

（1）选择一个按钮，这里，从公用库中选择一个现有的按钮，如图 13-6 所示。

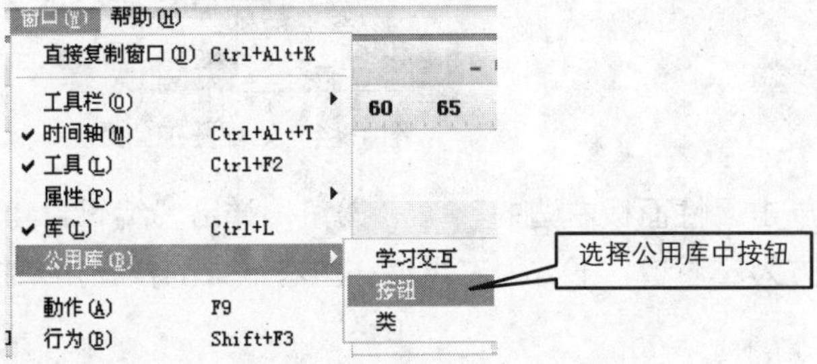

图 13-6 在公用库中选择按钮

（2）编辑按钮，选择“插入>时间轴>图层”命令，在它的时间轴上添加一个声音层，如图 13-7 所示。

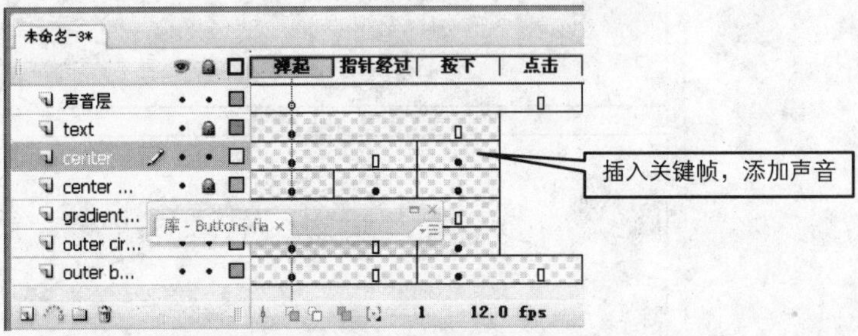

图 13-7 在按钮图层中插入声音层

（3）鼠标右键单击“按下”，选择“插入关键帧”选项。

（4）选择“按下”，单击属性面板中“声音”选项的 按钮，选择一个声音文件。

（5）从“同步”选项下拉列表中选择“事件”。

高手点评

为了将其他声音和按钮的每个关键帧关联在一起，创建空白的关键帧，然后给每个关键帧添加其他声音文件。也可以使用同一个声音文件，然后为按钮的每一个关键帧应用不同的声音效果。

13.1.5 声音属性

在“编辑封套”面板的“效果”下拉列表中选择合适的效果，如表 13-1 所示。

表 13-1　声音效果

效　果	注　释
无	只播放原声音频
左声道	只在左声道播放
右声道	只在右声道播放
从左到右淡出	从左声道到右声道音量变大
从右到左淡出	从右声道到左声道音量变小
淡入	声音逐渐变大
淡出	声音逐渐变小
自定义	利用手柄对音频任意设置

下面介绍一下“同步”下拉列表中各选项的作用。

- “事件”：当事件发生时声音开始。
- “开始”：与“事件”的区别在于当一个声音已经播放时，“开始”不会再播放新的声音实例。
- “停止”：静止指定的声音。
- “数据流”：便于在网上播放的同步声音。

选择“控制>测试影片”，或者按快捷键 Ctrl+Enter 测试效果。

技巧　如果放置声音的帧不是主时间轴中的第 1 帧，则选择“停止”选项。

高手点评

若要使声音与动画同步，应该在关键帧处选择开始播放和停止播放声音。

13.1.6　压缩声音

在音频属性中，可通过对音频进行不同方式的压缩得到理想的音质。

手把手实例　压缩声音

源 文 件：	CDROM\13\源文件\压缩声音.fla
素材文件：	CDROM\13\素材\导入声音.wav
效果文件：	CDROM\13\效果\压缩声音.swf

打开“压缩声音.fla”文件，选择“窗口>库”，或者按快捷键 Ctrl+L 打开库面板，在库中声音文件上单击鼠标右键，选择“属性”，弹出“声音属性”窗口，如图 13-8 所示。

ADPCM：适用于较短声音，如按钮声音的压缩。

MP3：适用于 MP3 音频文件压缩。

原始：不进行压缩，保留原有音频。

语音：最优化的方式，适用于语音保真。

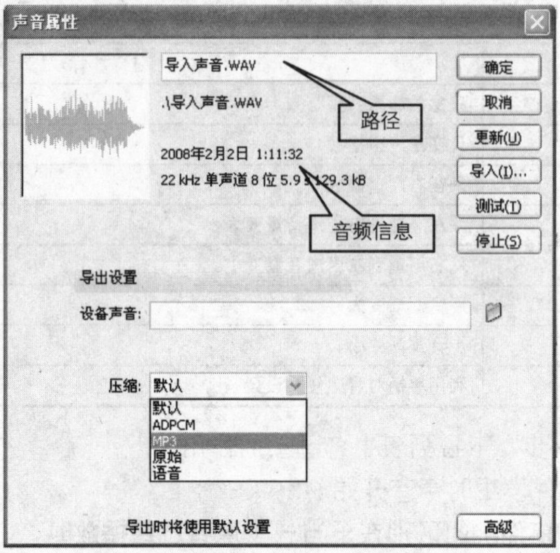

图 13-8　发布音频设置

高手点评

较低的采样比率会减小文件大小，但也会降低声音品质。5kHz 对于语音来说，是最低可接受标准。11kHz 对于音乐片断来说，是建议的最低声音品质，是标准 CD 比率的四分之一。

即问即答

导出的 Flash 声音要从哪几方面去优化？

设置合适的切入点和切出点，同一个声音文件通过封套设置、循环、切入切出点的设计会达到不同的效果，能节省很大的空间。

13.2 视频效果

在 Flash 中嵌入视频有什么优势？

视频与 Flash 的结合可以互相弥补它们的不足，能带来视觉上的更强的冲击力，现在许多大型网站都开始用嵌入视频的形式。

13.2.1　视频类型

- AVI 格式：即音频视频交错格式。
- MPEG 格式：即运动图像专家组格式，MPEG 文件格式是运动图像压缩算法的国际标准，它采用了有损压缩方法，从而减少运动图像中的冗余信息。
- WMV 格式：其压缩率甚至高于 MPEG-2 标准，同样是 2 小时的 HDTV 节目，如果使用 MPEG-2，最多只能压缩至 30GB，而使用 WMV-HD 这样的高压缩率编码器，在画质丝毫不降的前提下，可压缩到 15GB 以下。

13.2.2　导入视频

手把手实例　导入视频

源 文 件：	无
素材文件：	CDROM\13\素材\导入视频.wmv
效果文件：	无

选择“文件>导入>导入到舞台”命令，如图 13-9 所示。

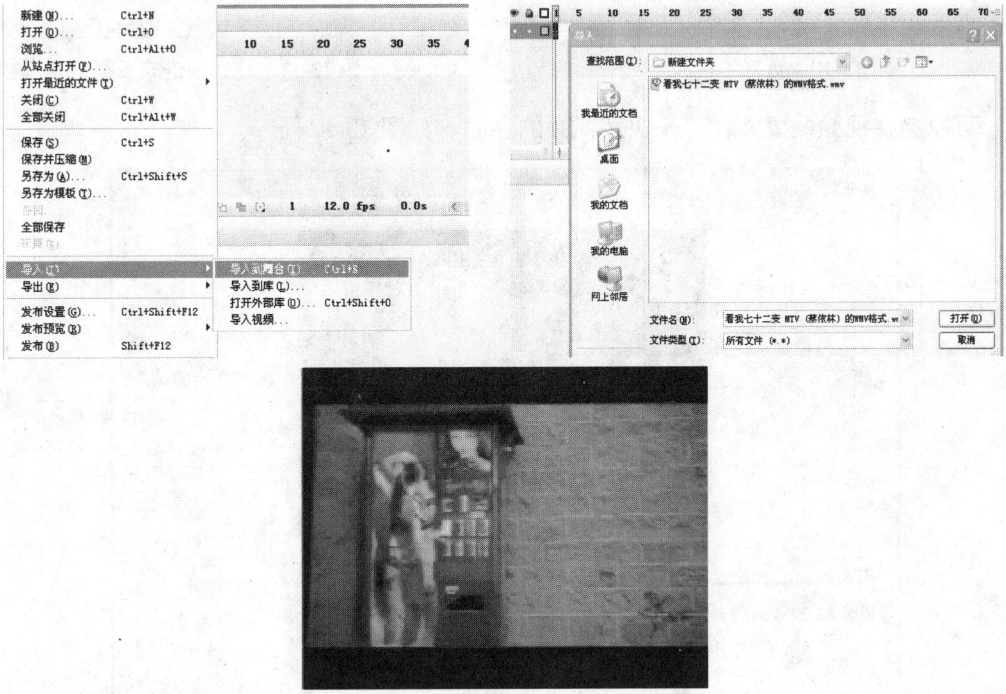

图 13-9　导入视频

13.2.3　编辑视频

手把手实例　编辑视频

源 文 件：	无
素材文件：	CDROM\13\素材\导入视频.wmv
效果文件：	无

（1）单击 [下一个 >] 按钮，如图 13-10 所示，选好了视频，直接单击 [下一个 >] 按钮，一般选择从服务器渐进式下载，如图 13-11 所示。单击 [下一个 >] 按钮。

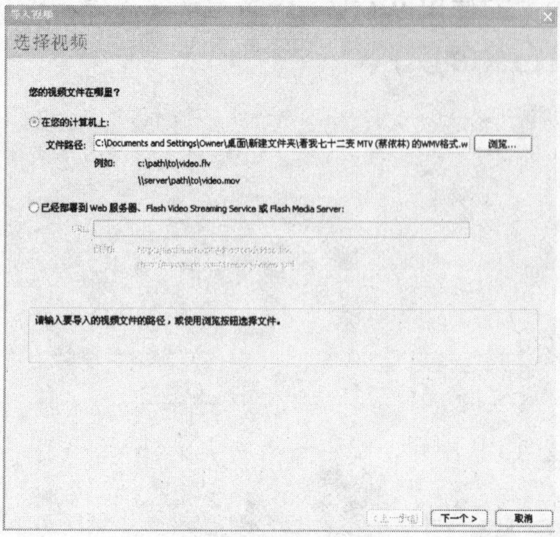

图 13-10 选好了视频

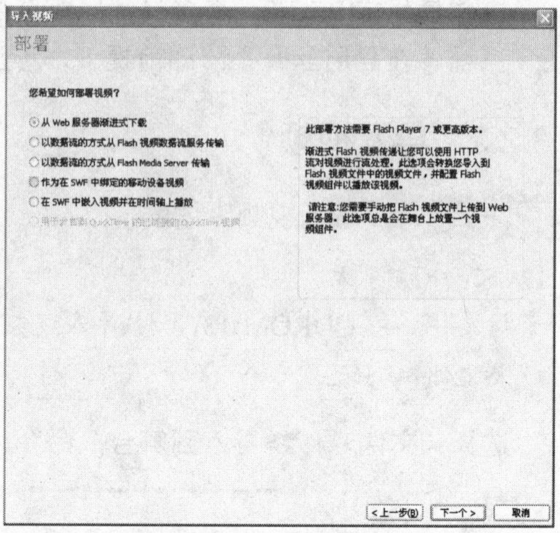

图 13-11 选择渐进式下载

可以选择视频配置文件，来决定视频的品质。如图 13-12 所示。

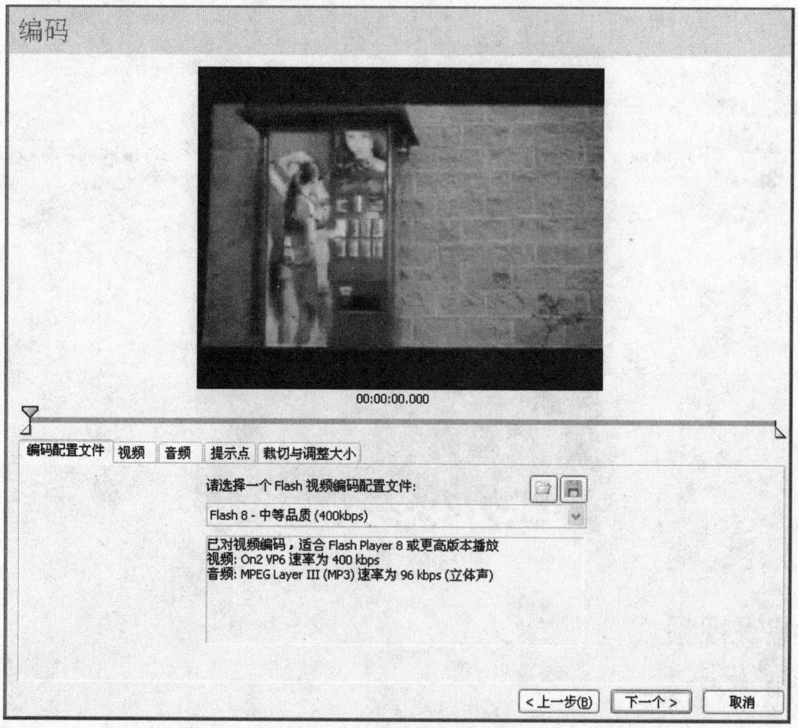

图 13-12 设置编码方式

（2）单击 视频 选项卡，帧频选择“与源相同”，如图 13-13 所示。

（3）单击 提示点 选项卡，拖动 ▽ 指针到一个时间，然后单击 + （添加对象）按钮，可以添加新的提示点，或者单击 - 按钮，删除原有的提示点。如图 13-14 所示。

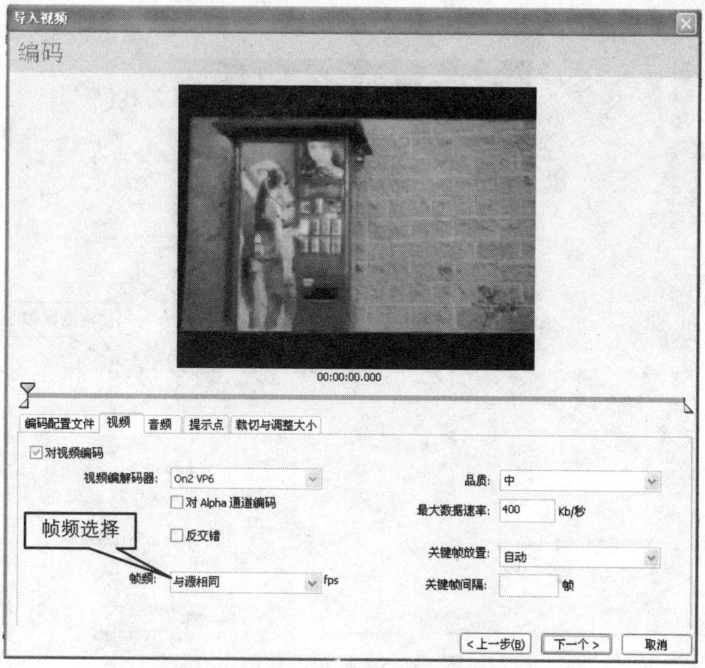

图 13-13　帧频与源相同

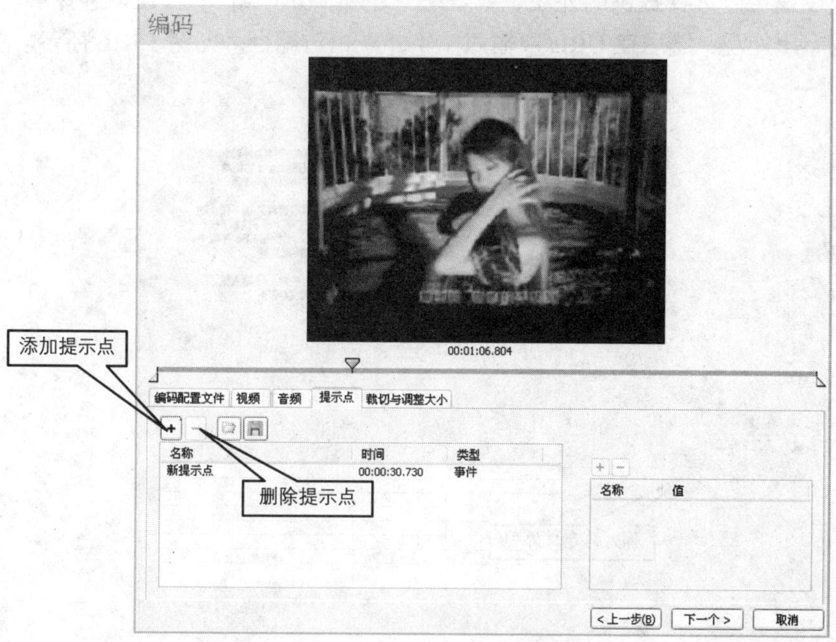

图 13-14　设置提示点

（4）单击 裁切与调整大小 选项卡，可针对具体的视频做裁切。大小设置和时间长短的裁切如图 13-15 所示。单击 下一个 > 按钮。

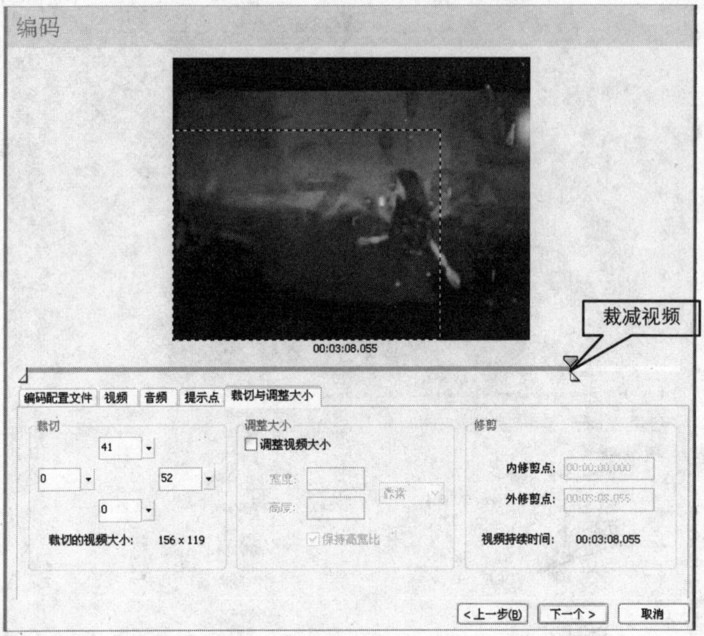

图 13-15　视频的裁剪

（5）外观的设置可以选择提供的外观，或者在“外观”处单击 按钮，选择自定义，选择自己创建的 swf 外观，然后在 URL 中输入 swf 外观相对路径。如图 13-16 所示。单击 下一个 > 按钮。

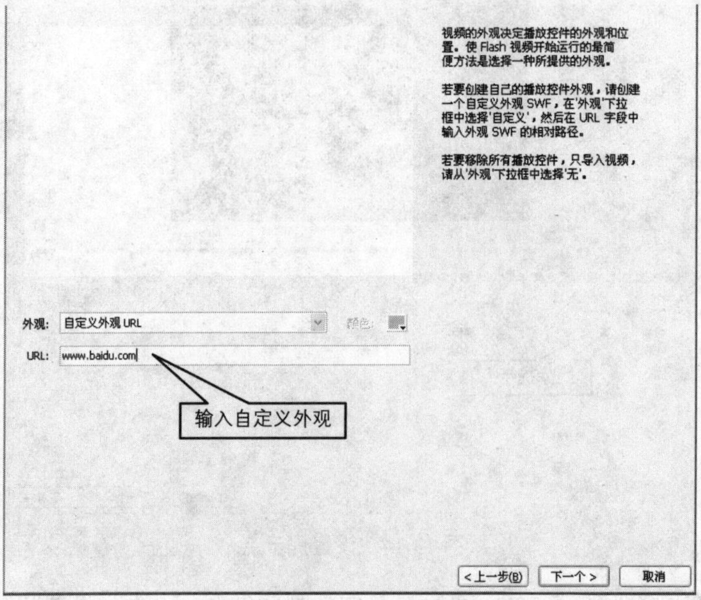

图 13-16　外观设置

（6）检查无误后，单击 完成 按钮，如图 13-17 所示。

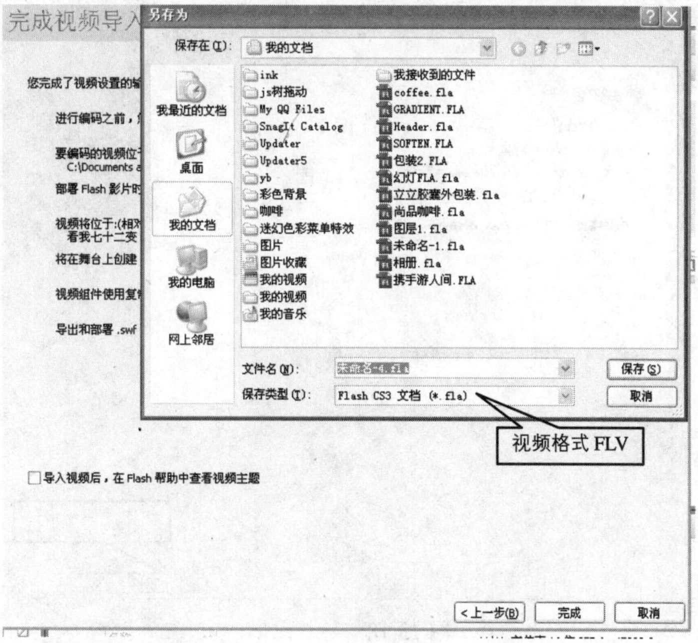

图 13-17 完成并保存文件

即问即答

与嵌入的视频相比，渐进式有哪些优势？

创作过程中，仅发布 swf 界面即可预览或测试部分或全部 Flash 内容。因此能更快速地预览，从而缩短重复试验的时间。传送过程中，将第一段视频下载并缓存到本地计算机的磁盘驱动器后，即可开始播放视频。运行时，视频文件从计算机磁盘驱动器加载到 swf 文件中，并且没有文件大小和持续时间的限制。不存在音频同步的问题，也没有内存限制。视频文件的帧频可以不同于 swf 文件的帧频，从而提高创作 Flash 内容的灵活性。

13.3 学以致用——鹿

源 文 件：	无
素材文件：	CDROM\13\素材文件\学以致用.mp3
效果文件：	无

本章学以致用与大家共同制作一个视频。并将 MP3 歌曲添加到录制的视频中，使视频更加生动。

（1）新建 Flash 文档，按照上一节介绍的导入视频方法导入视频文件“鹿”，如图 13-18 所示。

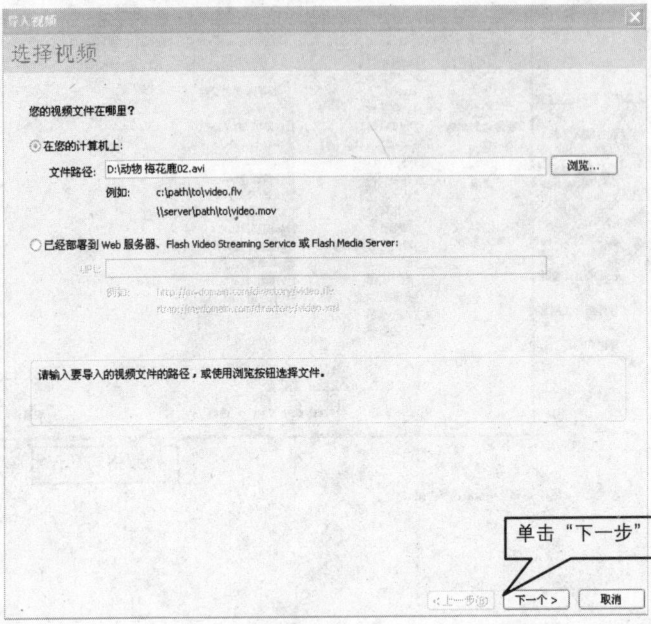

图 13-18　导入视频

（2）进入视频编辑后，单击 下一个 > 按钮，直接进入视频编码，如图 13-19 所示。

（3）导入视频后，将该图层命名为“视频”，插入新的图层，命名为“声音”，如图 13-20 所示。

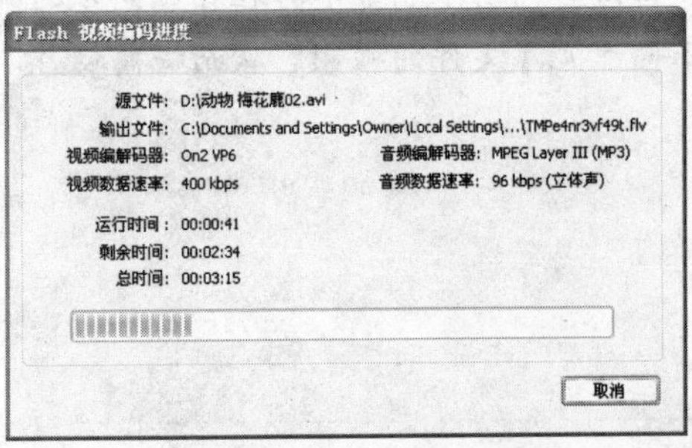

图 13-19　视频编辑进度

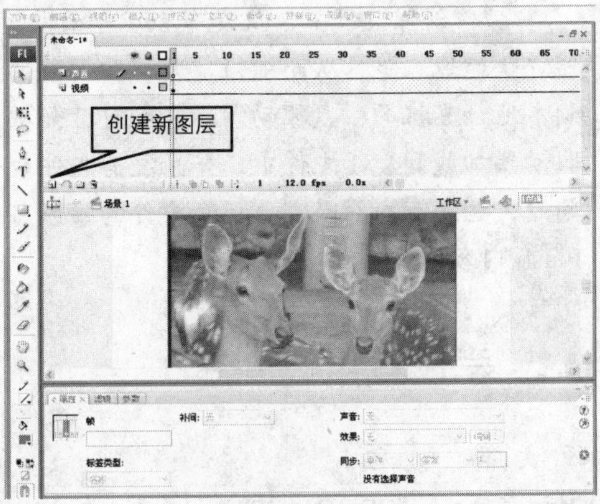

图 13-20　创建新图层

（4）选择“文件>导入>导入到库”，将素材“学以致用.mp3”导入到库中，选择“声音”图层，在属性面板的“声音”下拉列表中选择声音，单击 ，将“学以致用.mp3”导入到图层，并单击“编辑”按钮对音频文件进行修改。如图 13-21 所示。

（5）新建图层，制作简单的外观框。选中该图层，选择“文件>导入>导入到舞台”。如图 13-22 所示。

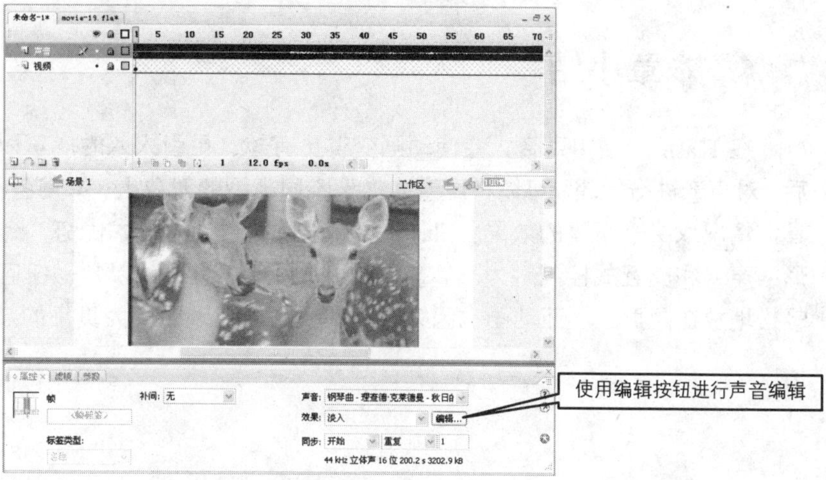

图 13-21　导入声音

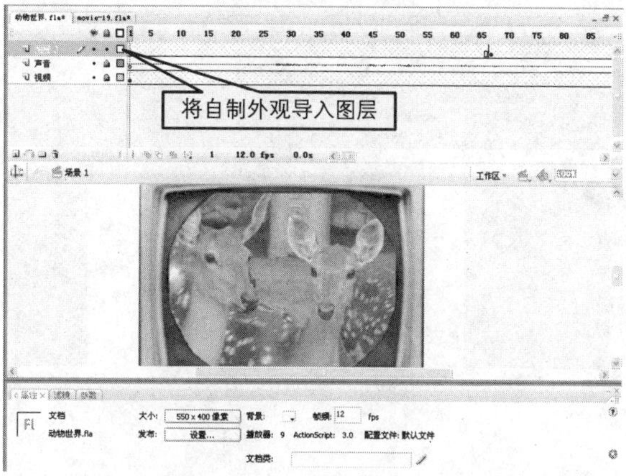

图 13-22　制作外观

（6）按快捷键 Ctrl+Enter 测试，测试结果如图 13-23 所示。

图 13-23　最后效果

13.4 本章小结

在 Flash 中使用声音，会使动画变得更有趣、更引人入胜。可以导入声音，并在导入后，对声音进行编辑。可以将声音附加到不同类型的对象上，并用各种方式触发这些声音，具体情况取决于所需的效果。Flash 视频具备创造性的技术优势，允许将视频、数据、图形、声音和交互式控制融为一体。Flash 视频允许将视频以几乎任何人都可以查看的格式轻松地放在网页上。而动画也因为声音和视频的引入而成为真正的技术作品。

第 4 篇

影片优化与测试

第 14 章　简单互动——使用行为
第 15 章　幻灯片及影片测试与发布

第 14 章

简单互动——使用行为

本章导读

在 Flash CS3 中，要导入外部的视频，并且加上自己喜欢的漂亮按钮，可以控制播放和停止，怎样才能实现呢？

不要着急，在 Flash CS3 中，可以通过行为的设置和调用来实现对视频的互动控制，这些控制包括了让视频播放、暂停、退到最前，或者是跳到任意位置，达到特殊的互动效果！

本章主要学习以下内容：

- 认识行为面板
- 控制视频
- 加载外部影片
- 学以致用
- 本章小结

14.1 认识行为面板

行为面板作为控制行为命令的综合窗口，在互动控制上起了重要的作用。通过本小节的介绍，大家将认识到 Flash CS3 中的行为面板，掌握如何打开、移动、归并控制面板，并学习和认识面板上的按钮功能。

注意 ActionScript 3.0 不支持行为调用功能，行为调用必须用在以 ActionScript 1.0、2.0 创作的动画上。

打开行为面板的方法：选择“窗口>行为”命令，如图 14-1 所示。

高手点评

擅用快捷键 Shift+F3 打开行为面板，将大幅提高工作速度和效率。

这时，将在界面上弹出行为面板，如图 14-2 所示。下面介绍一下分布在行为面板上的主要按钮和指示栏。

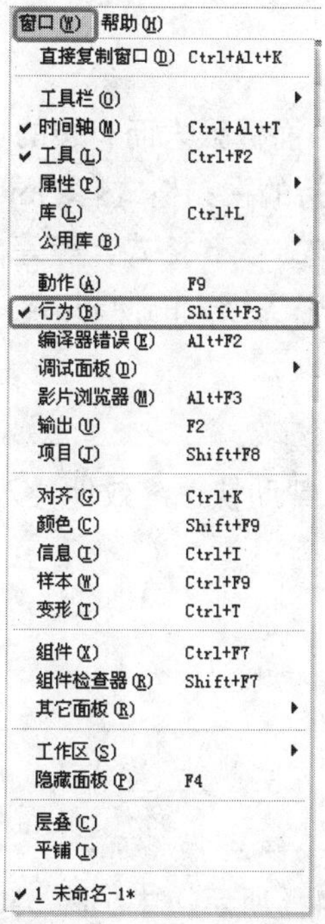

图 14-1　打开行为面板

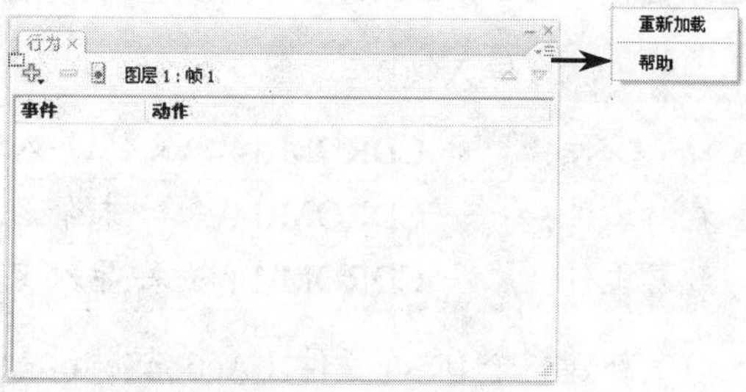

图 14-2　行为面板

在行为面板上主要分布以下这些按钮：

1. “添加行为”按钮：用来添加行为命令，对影片进行控制，展开后会有“Web”、“声音”、“媒体”、“嵌入的视频”、“影片剪辑”、“数据”选项栏，分别用来添加上述各类行为命令。

2. "删除行为"按钮：顾名思义，就是用来删除不需要的行为命令。

3. "扩展"按钮：展开后出现"重新加载"和"帮助"选项，用来刷新加载代码和方便地查看帮助。

4. 上移、下移按钮：用来调整行为命令的执行顺序。

事件触发类型和说明：

事件类型	说　明
外部释放	鼠标单击按钮，在按钮感应以外的区域释放
拖离	鼠标拖曳状态下从按钮上移出
拖过	鼠标在拖曳状态下移到按钮上
单击	鼠标单击时
按键	按键盘上的某个有效键
移入	鼠标移到按钮上
移出	鼠标从按钮上移出
释放	鼠标松开按钮

14.2 控制视频

认识了行为面板，现在让我们更深入地学习行为面板强大而有趣的功能。

Flash CS3 支持强大的视频嵌入和播放控制功能，支持的视频格式有：mov 格式、avi 格式、mpg 格式、dvi 格式、asf 格式、wmv 格式、flv 格式、3gp 格式，等等，种类繁多，覆盖了大部分流行的视频格式，为创造视频 Flash 动画带来了极大的便利。

14.2.1 导入视频

Flash CS3 提供了一个友好、便捷的视频导入向导，帮助快速高效地导入视频。下面开始体验和学习 Flash CS3 中的视频导入功能。

手把手实例 导入视频

源 文 件：	CDROM\14\源文件\导入视频.fla
素材文件：	CDROM\14\素材\未命名.wmv
效果文件：	CDROM\14\效果\导入视频.swf

（1）新建一个 Flash 文件（ActionScript 2.0），如图 14-3 所示，大小为 550×400 像素。

注意 舞台的尺寸大小要与导入视频的尺寸相适应，超出舞台范围的视频将无法被看到。

（2）选择"文件>导入>导入视频..."命令，打开视频导入向导，如图 14-4 所示。

图 14-3　新建 Flash 文件

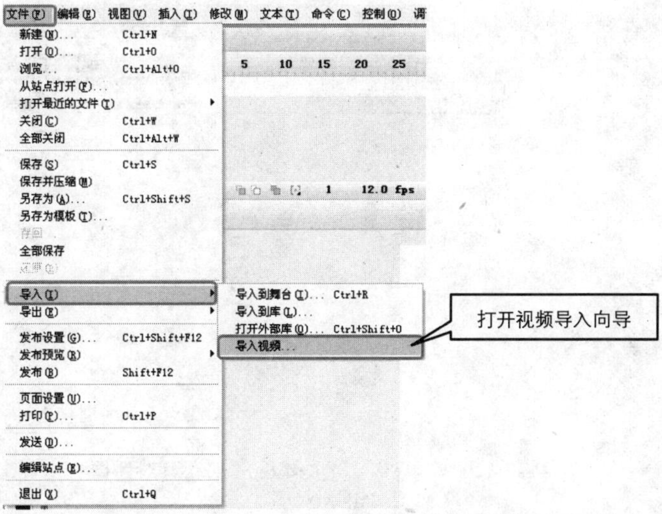

图 14-4　打开视频导入向导

（3）这时弹出了 Flash CS3 的视频导入向导，如图 14-5 所示。单击 浏览... 按钮选择好需要导入的视频。

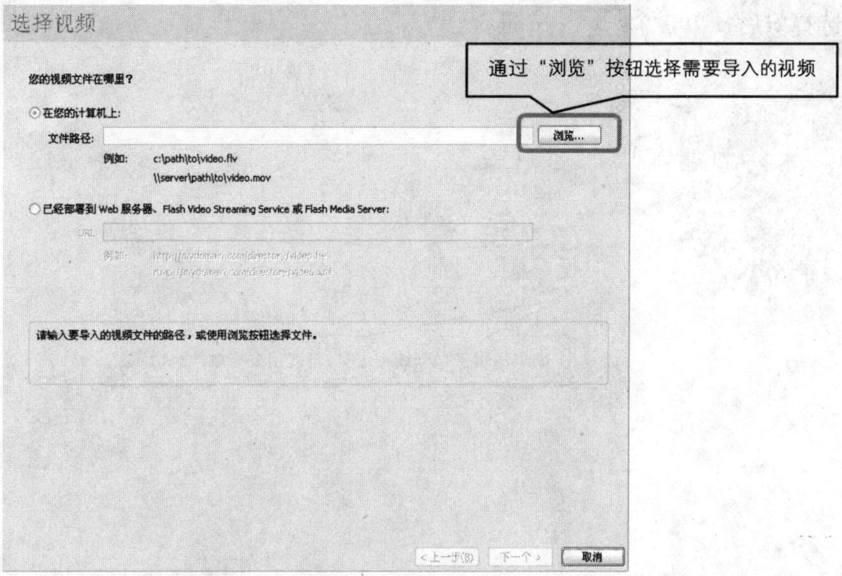

图 14-5　视频导入向导

（4）选择好视频后，单击 下一个> 按钮，这时出现了“部署”对话框，如图 14-6 所示，在这里，可以选择部署视频的方式：“从 Web 服务器渐进式下载”、“以数据流的方式从 Flash 视频数据流服务传输”、“以数据流方式从 Flash Media Server 传输”、“作为在 swf 中绑定的移动设备视频”、“在 swf 中嵌入视频并在时间轴上播放”。

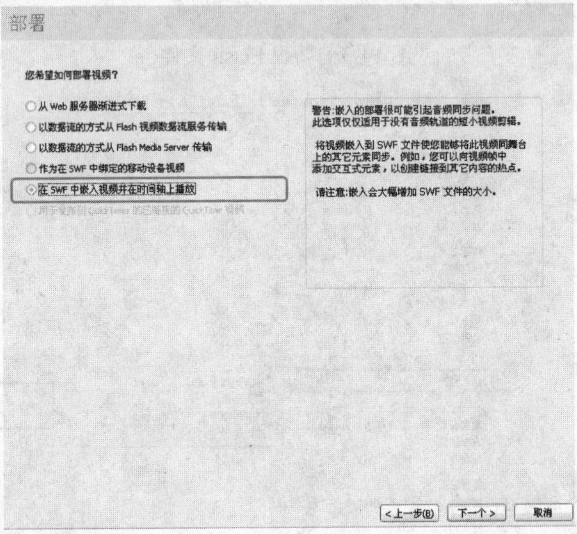

图 14-6 “部署”对话框

（5）选择“在 swf 中嵌入视频并在时间轴上播放”，然后单击 下一个> 按钮。

（6）进入“嵌入”对话框，如图 14-7 所示。在这里，设置嵌入视频的符号类型：“嵌入的视频”、“影片剪辑”或“图形”，选择音频轨道为“分离”或者“集成”，在这里，Flash CS3 提供了“先编辑视频”的选项，可以通过它来实现对视频的简单编辑，如裁剪片段。选择好后，单击 下一个> 按钮。

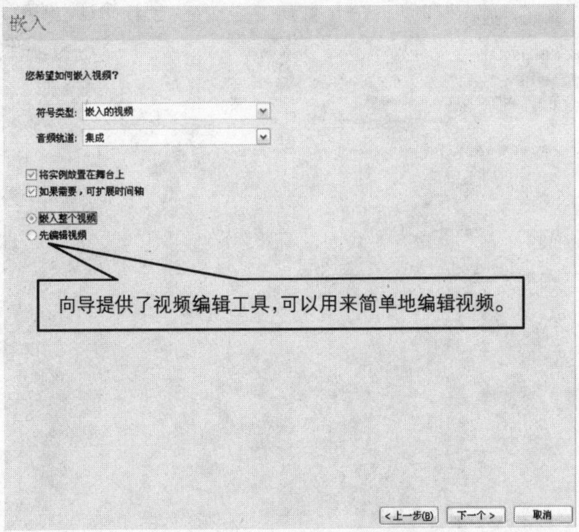

图 14-7 “嵌入”对话框

（7）打开编码对话框，如图 14-8 所示，在这里，可以完成具体的视频编码工作。

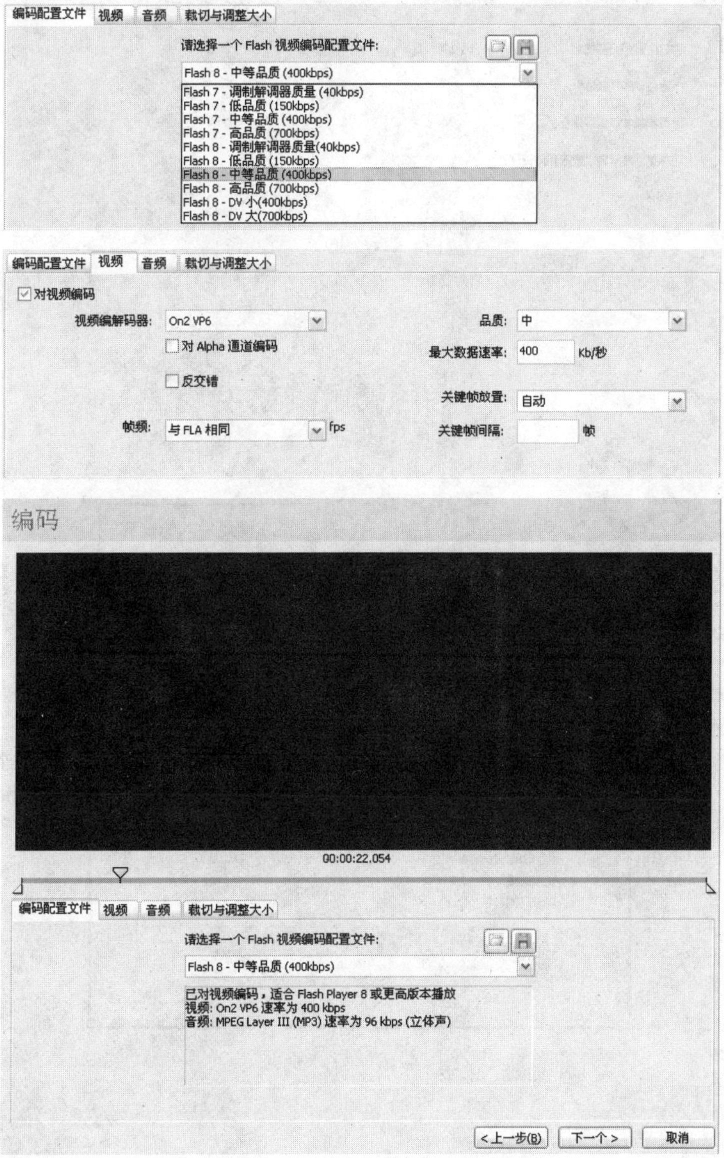

图 14-8　编码对话框

（8）根据需要设置好视频配置后，单击 下一个 > 按钮，就进入了最后的完成视频导入对话框，单击 完成 按钮，就开始向 Flash 中导入视频。如图 14-9 所示。

（9）导入过程如图 14-10 所示，导入成功后，会看到在时间轴上出现了刚才导入视频的关键帧，将图层命名为“mov”，选中舞台中的视频，调整好位置后，在属性中修改视频的名称为：“MOV1”，如图 14-11 所示，选择“文件>保存”，保存文件。

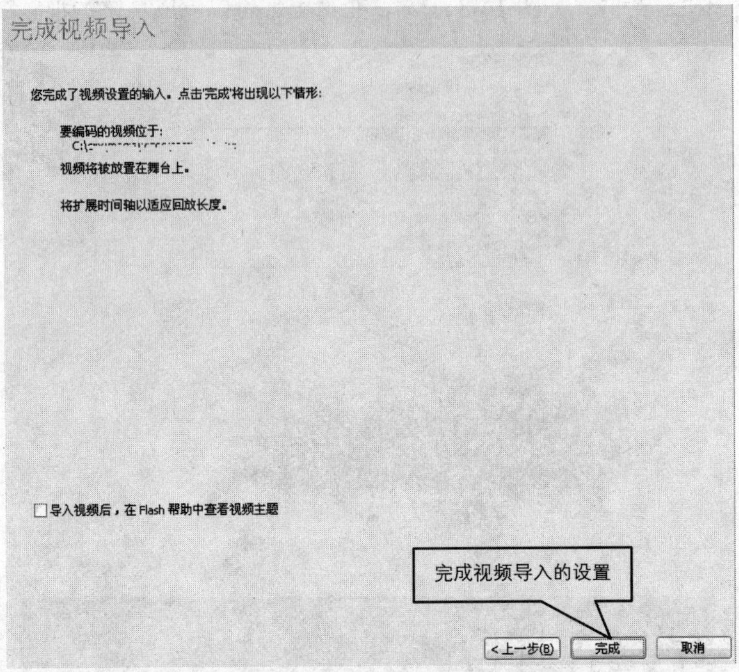

图 14-9　完成视频导入

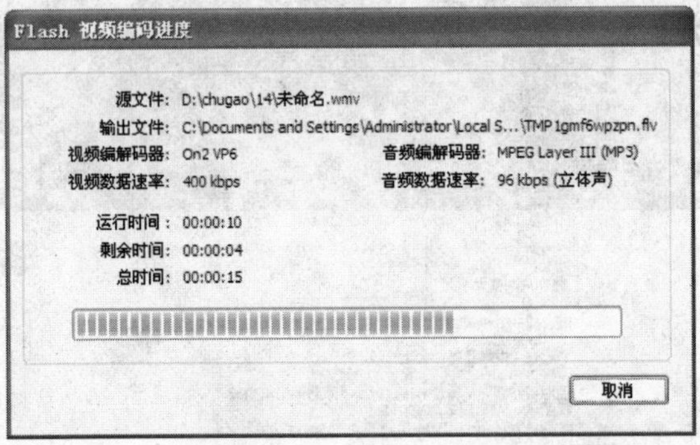

图 14-10　导入视频

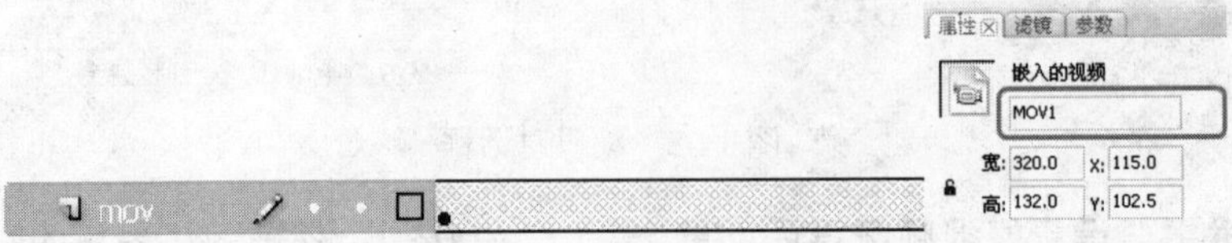

图 14-11　导入时间轴成功

（10）导入视频效果如图 14-12 所示。

高手点评

选择合适的视频配置参数对整部动画的质量有着关键的影响。

图 14-12 效果图

14.2.2 添加按钮

成功地导入了视频文件，为了更好更直观地控制视频，紧接上一小节中的实例，开始为它添加上控制按钮。

手把手实例 添加按钮

源 文 件：	CDROM\14\源文件\添加按钮.fla
素材文件：	CDROM\14\素材\未命名.wmv
效果文件：	CDROM\14\效果\添加按钮.swf

（1）新建一个 Flash 文档。文档属性如图 14-13 所示。将素材中的视频导入到库中，导入视频的方式与上一节相同。

（2）如图 14-14 所示，选择“插入>新建元件”命令，在弹出的“创建新元件”对话框中，填上名称“Play”，并选择类型为“按钮”，然后单击 确定 按钮。

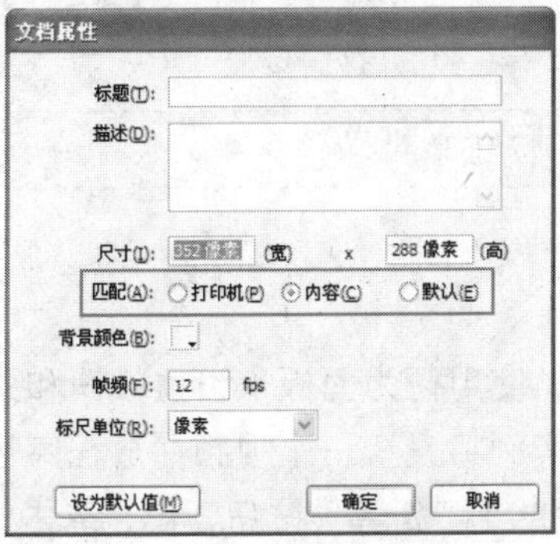

图 14-13 设置文档属性

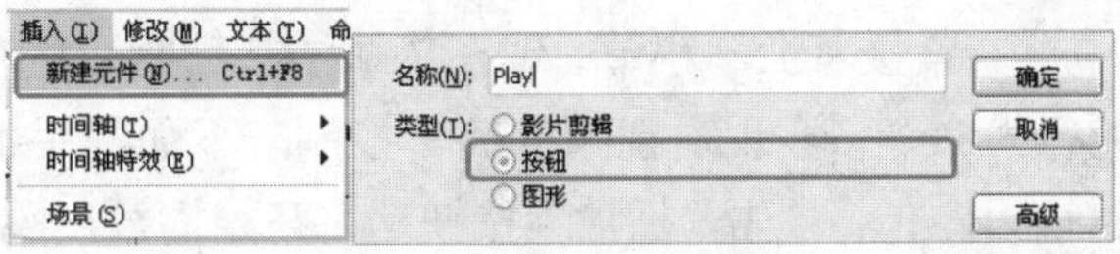

图 14-14 创建按钮元件

（3）用绘图工具绘制出一个播放按钮的效果，如图 14-15 所示。

（4）重复步骤（2）和步骤（3），分别创建出按钮元件“Stop”和“Pause”，如图 14-16 所示。

图 14-15　播放按钮效果

图 14-16　停止和暂停按钮效果

（5）单击 “插入图层”按钮，创建一个新的图层，并命名图层为“button”，表示将在这个图层上放置按钮元件。在“button”图层中，将刚才制作的 3 个按钮元件放置在舞台中的合适位置，如图 14-17 所示。

图 14-17　放置按钮

（6）按钮添加完成，选择“文件>保存”命令，保存文件。

高手点评

层和元件的命名要力求清楚明了、不易混淆，这将为后续工作提供一个清晰的指引。

技巧　合理地利用 Flash CS3 中的对齐工具，将使排列按钮事半功倍。

14.2.3　设置行为

紧接着上一小节，现在将赋予按钮相应的功能。使用行为面板来设置按钮和关键帧的行为命令，实现对视频的简单控制。下面的手把手实例将设置一个视频播放程序：一开始视频停止，单击“播放”按钮后，开始播放，播放中单击“暂停”按钮暂停，单击“停止”按钮停止。

手把手实例　**设置行为**

源 文 件：	CDROM\14\源文件\设置行为.fla
素材文件：	无
效果文件：	CDROM\14\效果\设置行为.swf

（1）打开上一小节中保存的 Flash 文件。单击“插入图层”按钮，创建一个新的图层，并命名图层为“action”，表示将在这个图层上设置关键行为命令。在该图层的第 1 帧上插入一个关键帧，如图 14-18 所示。

（2）单击选中刚才创建的关键帧，选择“窗口>行为”命令，打开行为面板。如图 14-19 所示。

图 14-18　插入关键帧

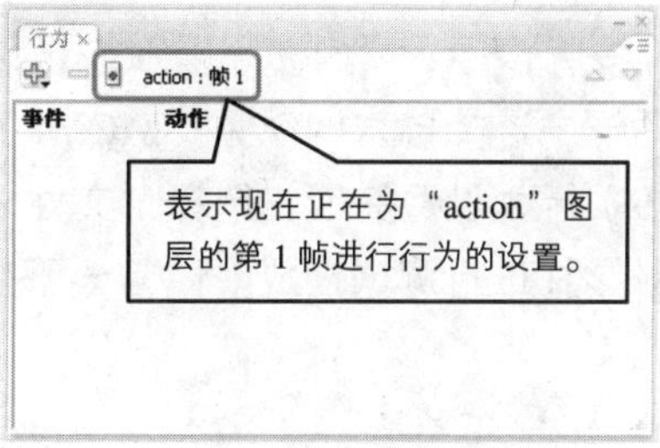

图 14-19　打开行为面板

（3）单击按钮，选择“嵌入的视频>停止”命令，表示在动画一开始的时候让视频停止播放，如图 14-20 所示。

（4）在弹出的对话框中选择导入的视频“MOV1”，路径为“相对”，单击 确定 按钮完成设置。如图 14-21 所示。

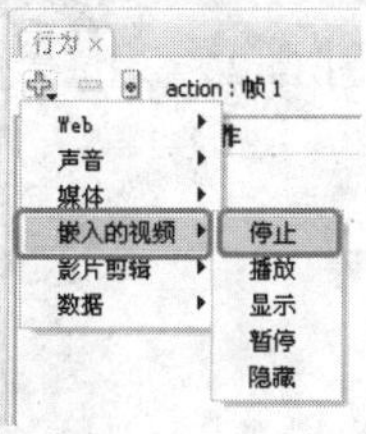

图 14-20　添加停止行为

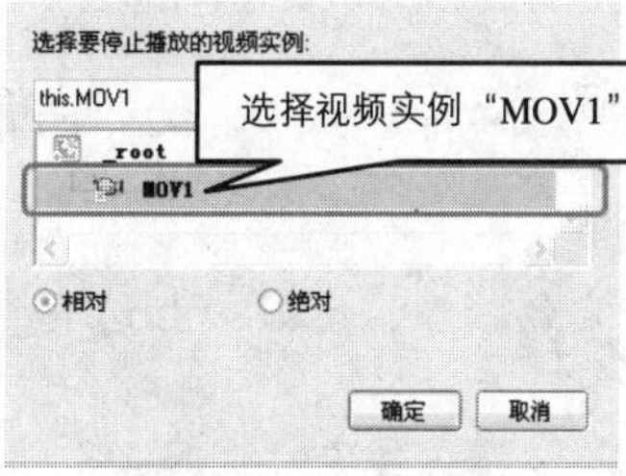

图 14-21　选择视频

（5）单击选中舞台中的“Play”播放按钮元件，在行为面板中选择“嵌入的视频>播放”命令，表示为“Play”播放按钮设置播放视频的行为命令。如图 14-22 所示。

（6）这时，观察到在行为面板中的“事件”状态一栏出现了“释放时”字样，这表示当按钮释放的时候执行行为命令，即播放。可以通过双击“释放时”字样来打开设置事件的选项栏，如图 14-23 所示。

（7）依照上面的方法，为剩下的“Pause”按钮和“Stop”按钮设置行为。单击选中舞台中的“Pause”暂停按钮元件，在行为面板中选择“嵌入的视频>暂停”命令，表示为“Pause”

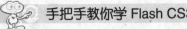

播放按钮设置暂停播放的行为命令。如图 14-24 所示。在弹出的对话框中选择导入的视频“MOV1”，路径为“相对”，单击 确定 按钮完成设置。如图 14-24 所示。

图 14-22　设置播放行为

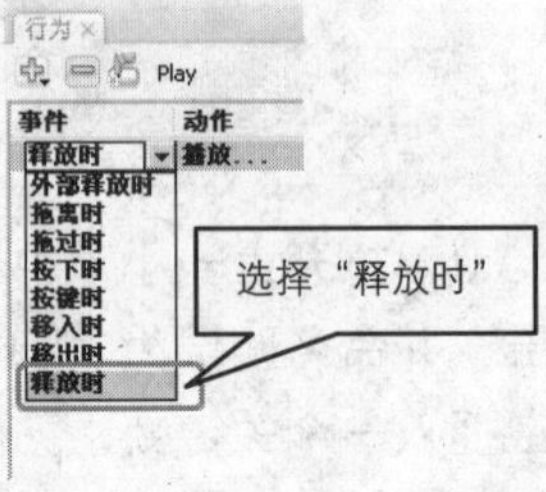

图 14-23　选择触发事件

（8）单击选中舞台中的“Stop”停止按钮元件，在行为面板中选择“嵌入的视频>停止”命令，表示为“Stop”播放按钮设置停止播放的行为命令。如图 14-25 所示。在弹出的对话框中选择导入的视频“MOV1”，路径为“相对”，单击 确定 按钮完成设置。

（9）行为设置完成，选择“文件>保存”命令，进行保存，选择“控制>测试影片”命令，对影片进行测试播放，体验一下按钮控制的互动效果吧！如图 14-26 所示。

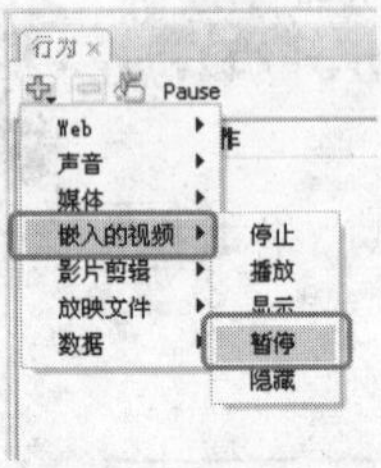

图 14-24　设置暂停行为

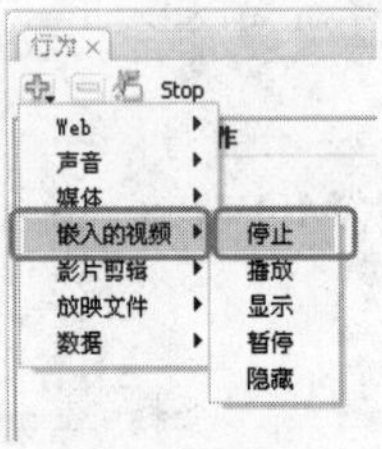

图 14-25　设置停止行为

图 14-26　测试影片

高手点评

按一定的顺序，比如从上到下，对按钮一一设置行为，可以避免漏设，从而提高工作效率。

即问即答

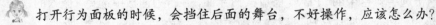

打开行为面板的时候，会挡住后面的舞台，不好操作，应该怎么办？

在 Flash CS3 中，可以拖曳行为面板，将它放置到上、下、左、右的任意工作区内，极为方便。

视频导入中设置成高品质和低品质有什么区别吗？

基本的区别在于高品质实现了高画质的同时大幅地增加了动画文件的大小。过大的文件运用在网络播放时，将非常缓慢，以至没有实用价值。所以，合理地选择视频的品质，做到在可接受的画面质量下选择最小的文件大小。

14.3 加载外部影片

前面学习了 Flash CS3 的行为面板，并了解了视频的导入操作。在 Flash CS3 中还有另一个重要的行为功能：加载影片。通过加载外部影片，可以实现互动的视频选择性加载等操作功能。

14.3.1 制作空影片元件

在 Flash 中加载来自外部的影片，就需要在动画中创建一个用来容纳外部影片的空间，即一个空的影片元件。

打开 Flash CS3，新建一个 Flash 文件（ActionScript 2.0）。选择“插入>新建元件”命令。如图 14-27 所示。

技巧 新建元件的快捷键为 Ctrl+F8，使用快捷键能加快编辑的速度。

在弹出的新建元件对话框中，填入名称“blankmov”（代表这个元件为空影片元件），选择类型为“影片剪辑”。如图 14-28 所示。

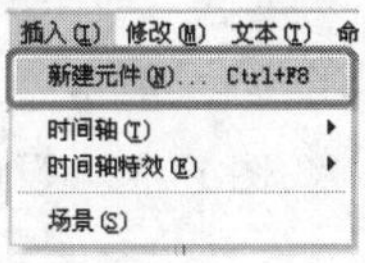

图 14-27 新建元件

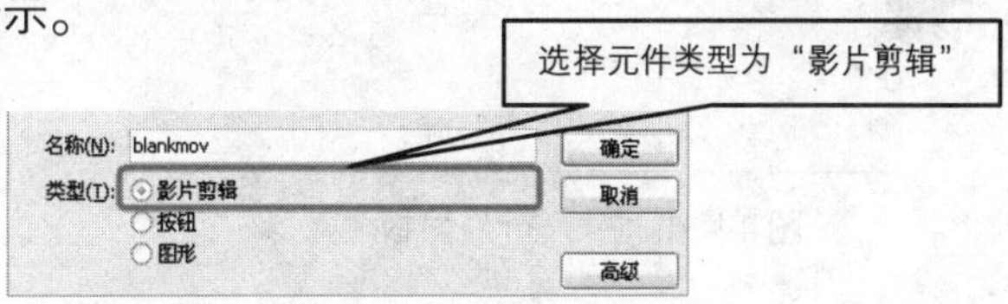

图 14-28 影片元件命名

高手点评

用简单的英语命名来表示类型，如 MOV 表示影片，PIC 表示图片，可以让整部动画的编辑清晰，为后期处理和修改带来极大的方便。

14.3.2 引用元件

现在，把刚才制作好的空影片元件“blankmov”引用到动画中。

（1）单击 “插入图层”按钮，在动画中新建一个图层，并命名图层为“load”（代表将把外部影片插到这个层中），如图 14-29 所示。

（2）选择“窗口>库”，在库中选择“blankmov”影片剪辑，将其拖曳到舞台中，注意这时应该将“blankmov”放置在新建的图层“load”中。选中舞台中的“blankmov”影片剪辑，在属性中命名为“loadmov”。如图 14-30 所示。

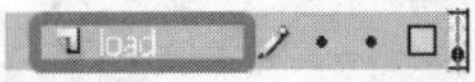

图 14-29　新建图层

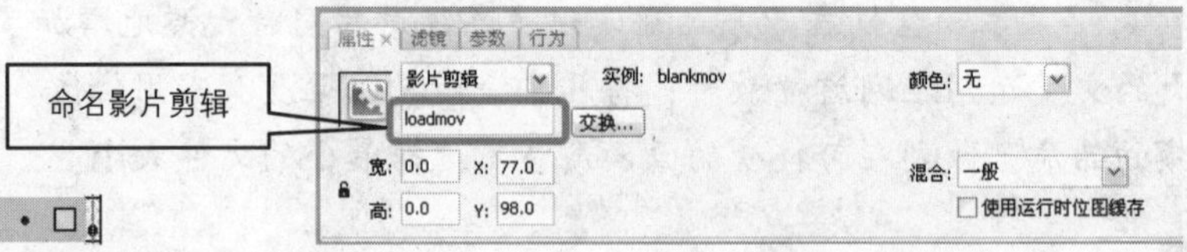

图 14-30　命名影片剪辑

技巧　在拖曳元件之前，将其余的图层锁住，可以有效地防止误操作。

14.3.3　设置行为

在上一小节中，基本的准备工作已经做好了。现在开始为元件设置相应的行为。通过下面的手把手实例，利用行为面板对相应的对象设置行为，实现简单的加载效果。

（1）选中舞台中的“blankmov”影片剪辑，选择“窗口>行为”命令，打开行为面板。如图 14-31 所示。

（2）单击 按钮，选择“影片剪辑>加载外部影片剪辑”命令。如图 14-32 所示。

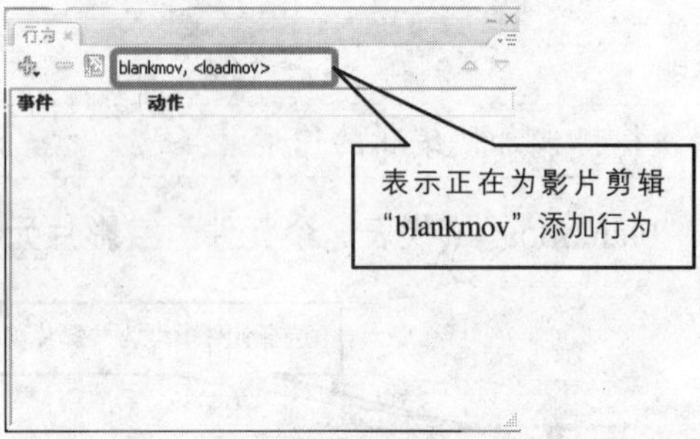

图 14-31　打开行为面板

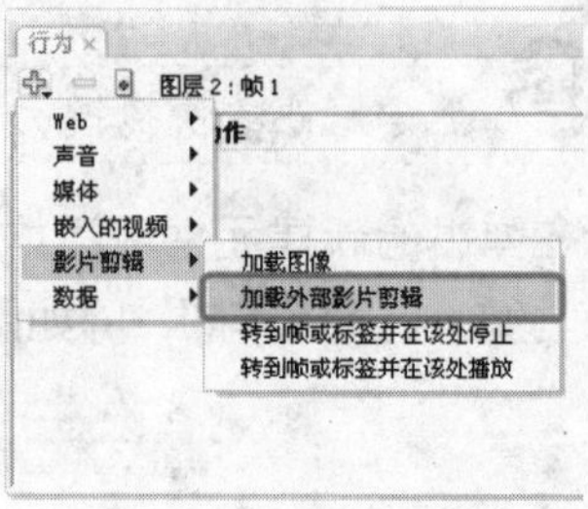

图 14-32　设置加载行为

（3）在弹出的加载对话框中，填写上要加载的 swf 文件 URL 地址，在“选择影片剪辑或输入要将您的.swf 载入哪一层”的选项中，选择建立的空影片剪辑“loadmov”，表示把外部影片加载到“loadmov”中播放。如图 14-33 所示。

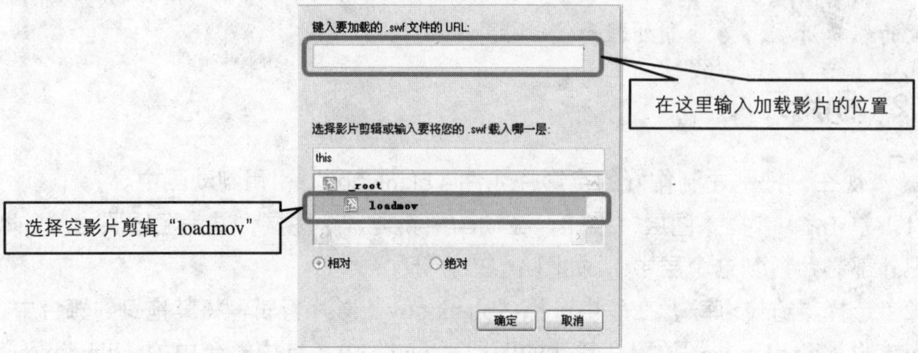

图 14-33　输入加载位置

（4）行为设置完成，选择“文件>保存”进行保存，选择“控制>测试影

进行测试播放，检查一下加载的效果吧。

技巧 测试时发现加载的影片会偏离舞台，这是受到了空影片剪辑在舞台中位置的影响，调整空影片剪辑的位置就可以修正加载的影片位置。

即问即答

把空影片剪辑拖曳到舞台中，就找不到了，怎么选择啊？

由于空影片剪辑中没有任何图形信息，是全空的，所以放到舞台上的时候自然就不会显示什么，依然是空白的。这时候有个简单而实用的办法，就是单击空影片剪辑所在的层，这时候就会自动显示出该层中的所有对象组件，用鼠标单击空影片剪辑的定位符 ⊕ 就选择到了空影片剪辑。

14.4 学以致用——影片欣赏

源 文 件：	CDROM\14\源文件\影片欣赏.fla
素材文件：	无
效果文件：	CDROM\14\效果\影片欣赏.swf

将通过一个互动视频播放器的制作实例，让大家对行为面板和行为设置有一个更深刻的认识和掌握。

本例主要讲解互动视频播放器的主要制作过程。包括场景设定，按钮设置，加载外部影片，互动控制加载行为等。最终效果图如图 14-34 所示。

图 14-34 互动视频播放器

（1）新建一个 Flash 文件（ActionScript 2.0），大小为 550×400 像素，帧频为 12fps，如图 14-35 所示。

图层，并命名为“action”，表示将在这里添加动作命令。
名为“button”、“main”、“load”、“background”。分别表
部加载影片图层、背景图层，如图 14-36 所示。

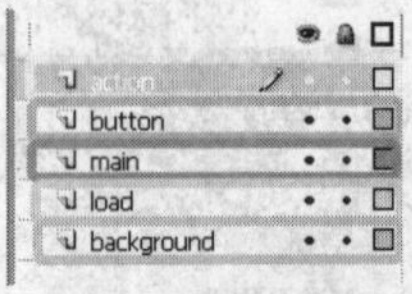

图 14-36　新建图层

注意 在创建层的时候一定要把上下的顺序整理好，在 Flash CS3 中位于上面的图层的内容会遮盖住下面图层的内容，所以一般把背景图层放在最底层，而为了方便操作把动作命令图层放在最顶层。

（3）锁住全部图层，然后将“main”图层解锁，在舞台上绘制一个播放器的形状，接着解锁“background”图层，绘制背景阴影及装饰图案。如图 14-37 所示。

图 14-37　绘制外观及背景

（4）选择“插入>新建元件”命令，在弹出的新建元件对话框中输入名称为：“button1”，表示第 1 个按钮，将类型选择为“按钮”，单击 确定 按钮完成设置。如图 14-38 所示。

（5）在“button1”按钮绘制区域里，绘制一个按钮，并写上“CH-1”，表示频道 1。如图 14-39 所示。

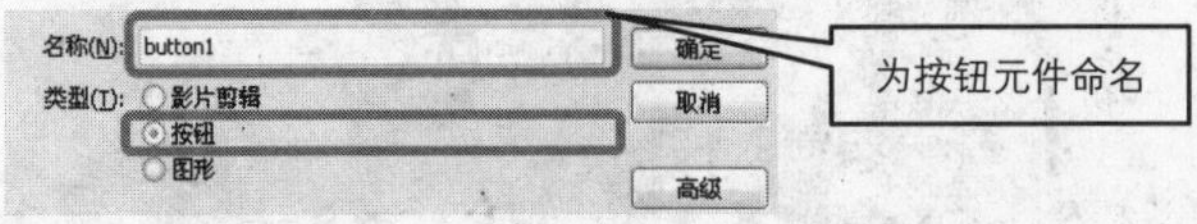

图 14-38　新建按钮

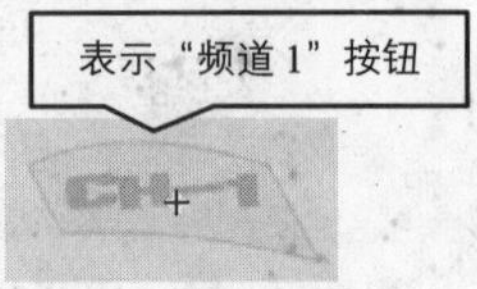

图 14-39　绘制按钮

（6）依照步骤（4）和（5）的方法，创建并绘制另外两个按钮，分别命名为“button2”和“button3”。如图 14-40 所示。

（7）选择“插入>新建元件”命令，输入名称“blankmov”（代表这个元件为空影片元件），选择类型为“影片剪辑”。如图 14-41 所示。

图 14-40 绘制其余按钮

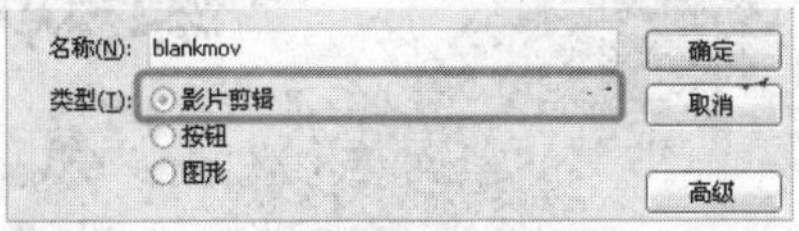

图 14-41 新建空影片剪辑

（8）锁住所有图层，然后将“load”图层解锁，选择“窗口>库”命令，打开库面板，拖曳库中的“blankmov”元件，放置到舞台中，并将其命名为“loadmov”，如图 14-42 所示。

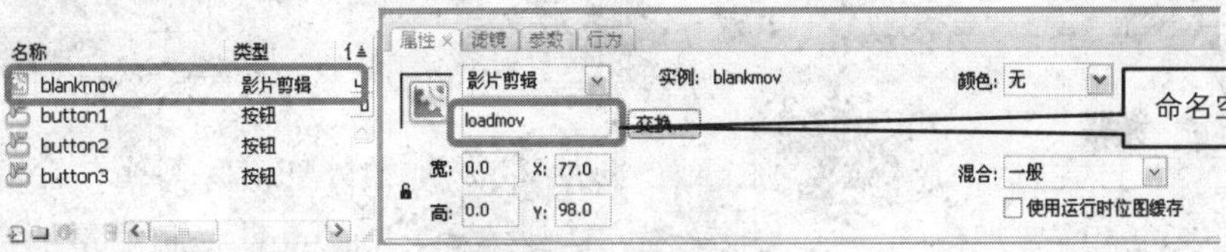

图 14-42 放置空影片剪辑

注意 将“blankmov”影片剪辑放置在绘制的播放器图形中空白播放窗口的左上角，在加载的时候，外部影片的左上角就会与这里对齐。

（9）拖曳库中的“button1”、“button2”、“button3”按钮元件到舞台上，放置在合理的位置，如图 14-43 所示。

（10）现在开始添加设置相关的行为。首先解锁“action”图层，选择“action”图层的第 1 帧，选择“窗口>动作”命令，在弹出的动作对话框中，选择“全局函数>时间轴控制>stop”命令，并双击“stop”命令条以激活命令，如图 14-44 所示。这个命令使动画播放第 1 帧的时候就停止。

图 14-43 放置按钮

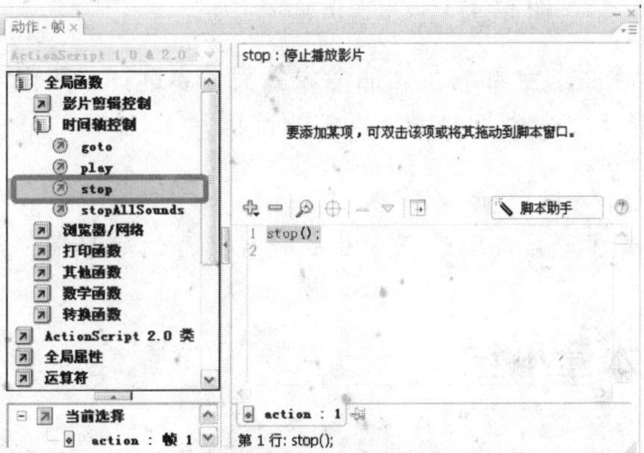

图 14-44 添加帧行为

（11）解锁“button”按钮图层，选择舞台中的“button1”按钮，选择“窗口>行为”命令，打开行为面板，选择“添加行为>影片剪辑>卸载影片剪辑”命令，如图 14-45 所示。

（12）在弹出的对话框中，选择“loadmov”影片剪辑，并在激活事件中选择“按下时”，如图 14-46 所示。

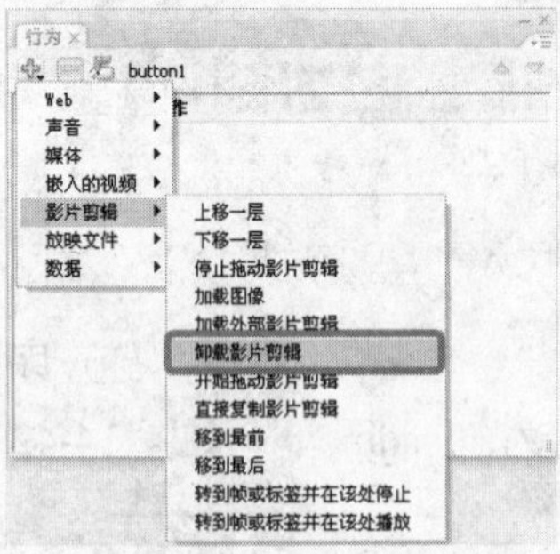

图 14-45　设置按钮卸载行为

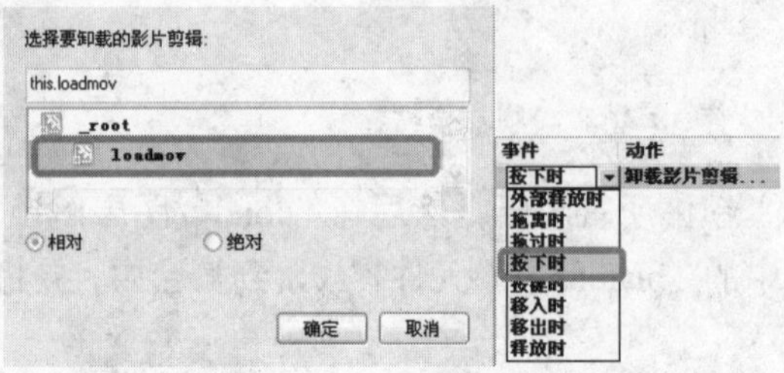

图 14-46　选择卸载行为对象

（13）回到行为面板，选择“添加行为>影片剪辑>加载外部影片剪辑”命令，并在弹出的对话框中输入所要加载的影片地址，在位置处选择“loadmov”，激活事件选择为“释放时”，如图 14-47 所示。

（14）依照步骤（11）、（12）、（13）的方法，依次设置“button2”和“button3”按钮。每个按钮上的行为都是卸载影片在前，加载外部影片行为在后，如图 14-48 所示。

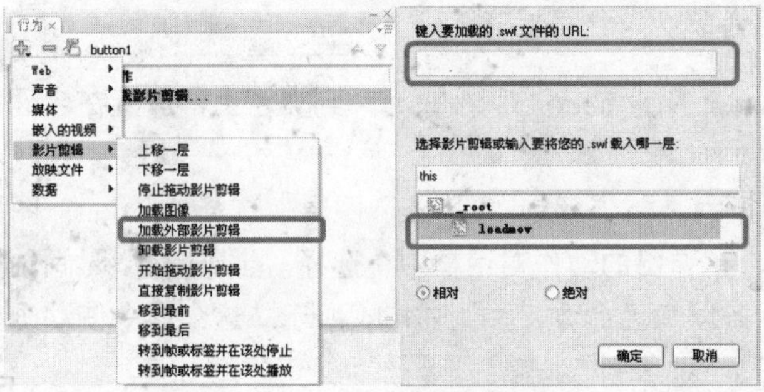

图 14-47　设置按钮加载行为

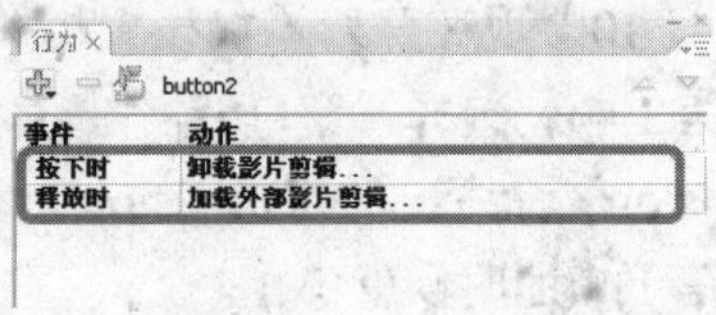

图 14-48　按钮行为顺序

（15）至此，全部的行为命令设置完毕，选择“文件>保存”命令，保存文件，选择“控制>测试影片”命令，对影片进行测试播放。

高手点评

在编辑绘制动画过程中养成时时保存的好习惯，能很好地保护动画文件。

14.5 本章小结

通过本章的学习，学会了视频的导入方法及行为面板的基本功能使用。包括如何打开行为面板，通过行为面板加载影片控制行为，通过空影片剪辑加载外部影片，学会了制作互动视频控制的基本操作。

熟练地使用行为面板，让 Flash 动画的互动功能得到发挥，为制作出更高级、更动人的互动控制效果打下坚实的基础。

第 15 章

幻灯片及影片测试与发布

本章导读

Flash 居然还能制作幻灯片，真是让人期待，还有影片测试、发布。一说起发布，我就晕头转向。自个儿琢磨了半天还是有很多不明白，真期待在这一章里能解决我所有的疑问。

对于 Flash 来说，制作幻灯片可以说是小菜一碟，只是因为 Flash 动画太出名的缘故，很多人都淡忘了这个功能，本章会让你从一个对 Flash 幻灯片一无所知的初学者变成一个幻灯片高手！不过，幻灯片是 Professional 版本才具有的功能。通过 Flash 制作的幻灯片可以直接在投影仪上使用，而且在使用了行为指令等功能后，还可以制作带有导航功能的幻灯片。另外，本章还将学习影片的优化、测试以及发布。从一些读者必须掌握的内容以及可能会出现的疑点出发，保证让你学习后，所有的疑云都会消散。好了，现在就请读者跟随来学习。如图 15-1 所示，为设计制作的幻灯片。

本章主要学习以下内容：

- 了解幻灯片基本元素
- 掌握基本的幻灯片操作
- 学会制作导航按钮
- 学会应用幻灯片行为
- 会制作幻灯片转换特效
- 了解影片优化的方式
- 掌握导出影片和导出图像的作用
- 掌握影片测试
- 掌握影片发布方法以及常用的播放格式

图 15-1　幻灯片——城市风采

15.1 幻灯片动画

下面先从幻灯片的基本知识开始学习，在熟悉了基本操作以及幻灯片的基本结构后，将进入幻灯片的行为指令的学习。请读者不用担心，所谓的行为很简单，只是寥寥数个步骤而已，并非编写代码，所以请勇敢地学下去。

15.1.1　幻灯片简介

幻灯片由于其独特的演示功能和简单易见的效果，应用途径非常广泛，讲座、会议、教学等多方面经常能见到幻灯片。下面先来学习如何创建幻灯片动画。开启 Flash 软件，选择“文件>新建”命令，在弹出的“新建文档”对话框中，切换到“常规”选项卡，选取“Flash 幻灯片演示文稿”选项，单击“确定”按钮，即创建了一个空白的幻灯片。如图 15-2 所示。

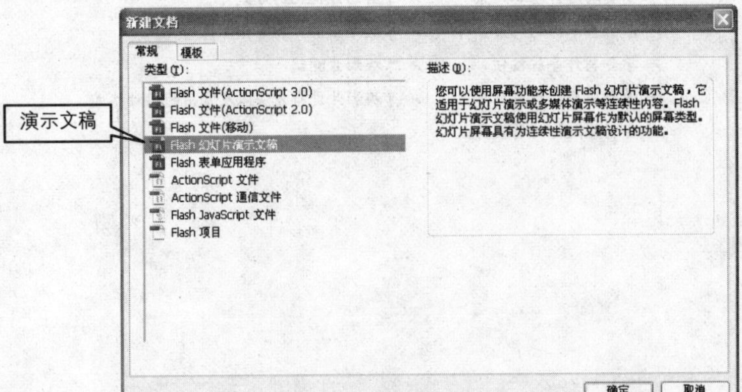

图 15-2　创建幻灯片演示文稿

在进入到动画设计界面后，会发现，界面与通常的设计动画的界面有所不同，从图 15-3 可以看出，时间轴面板被隐藏了，在舞台的左边新增了一个区域，此区域用来显示幻灯片的层次结构，称之为“屏幕外框”窗格，通过此窗格，可以看到每张幻灯片的缩图，当选取缩图时，舞台上就会显示当前所选缩图的幻灯片内容，操作非常方便。除此之外，属性面板上的属性也发生了变化。如图 15-3 所示。

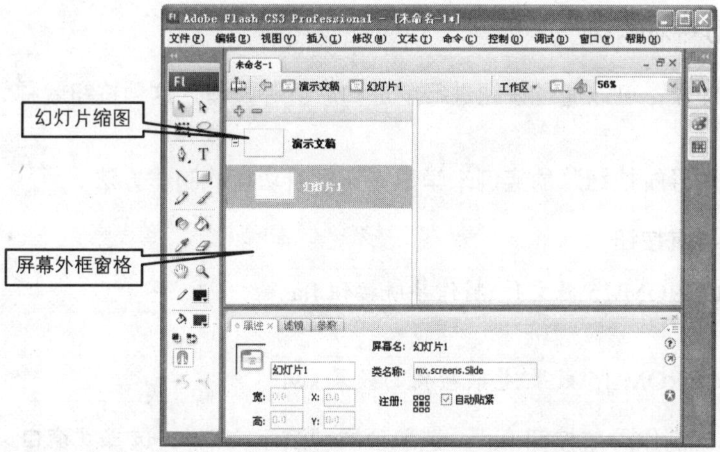

图 15-3　演示文稿的设计界面

在“屏幕外框”窗格中，上方有两个按钮，分别是“插入屏幕 ✚ ”按钮和“删除屏幕 ▬ ”按钮，分别用来添加和删除幻灯片。在两个按钮的下方则为屏幕缩图。

缩图的顶层屏幕叫主屏幕。在 Flash 幻灯片演示文稿中，顶层屏幕在默认情况下命名为“演示文稿”。主屏幕是不能被删除和移动的。

主屏幕一定是位于最顶端，主屏幕上的内容会在动画的所有幻灯片中显示，通常会将背景图、导航按钮等需要在所有幻灯片中显示的内容添加在主屏幕中。

而一般屏幕则命名为“幻灯片”，用来制作实际内容，如教学的内容、展示的产品等。

上面讲到通过“插入屏幕 ✚ ”按钮和“删除屏幕 ▬ ”按钮可以新增和删除幻灯片，除此之外，还有其他的一些操作功能。通过选取缩图，单击右键，展开快捷菜单，可以看到有“插入屏幕、插入嵌套屏幕、复制、删除屏幕”等命令。如图 15-4 所示。

- 插入屏幕：新增一个与当前所选屏幕同级的屏幕。
- 插入嵌套屏幕：新增一个当前所选屏幕的下一层级的屏幕，即子屏幕。子屏幕会以缩排方式显示在其上一级的屏幕之下。如图 15-5 所示。

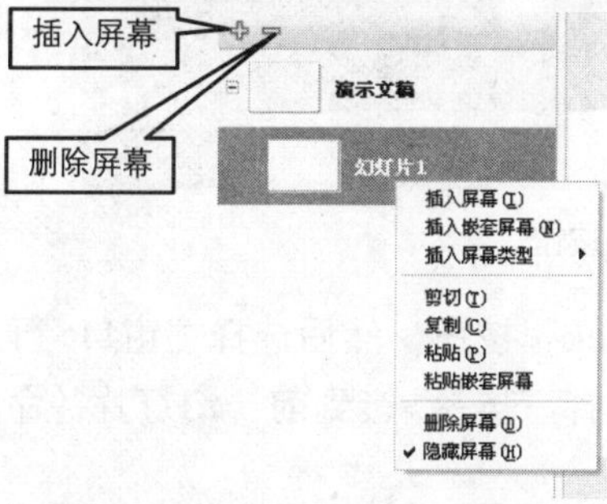

图 15-4　“插入屏幕”、“删除屏幕”命令

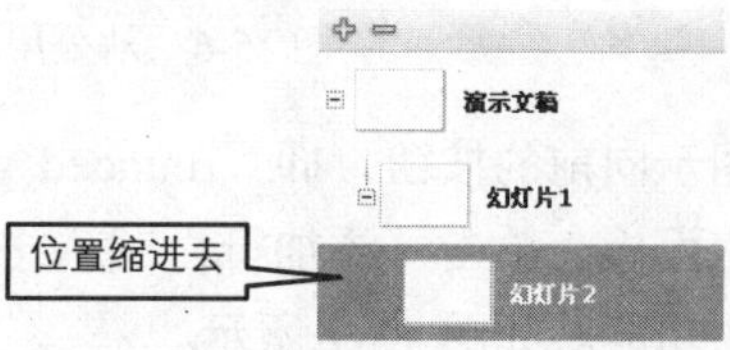

图 15-5　子屏幕缩排

提示 如果“屏幕外框”窗格没有显示出来，那么通过选择“窗口>其他面板>屏幕”命令即可展开“屏幕外框”窗格。

15.1.2 按钮行为导航

幻灯片在播放的时候，可以通过按钮进行前进和后退等操作，这种按钮就称之为导航按钮。

下面就通过制作“导航按钮”的实例来学习按钮导航功能的制作方法。

手把手实例 制作导航按钮

源文件：	CDROM\15\源文件\制作导航按钮.fla
素材文件：	无
效果文件：	CDROM\15\效果\导航按钮的效果.swf

（1）打开源文件“制作导航按钮.fla”，选取顶层“演示文稿”，选择“窗口>公用库>按钮”命令，在弹出的公用库面板中，展开“playback rounded”类别，将其中的“rounded green back”和“rounded green forward”按钮添加到舞台的右下角。如图 15-6 所示。

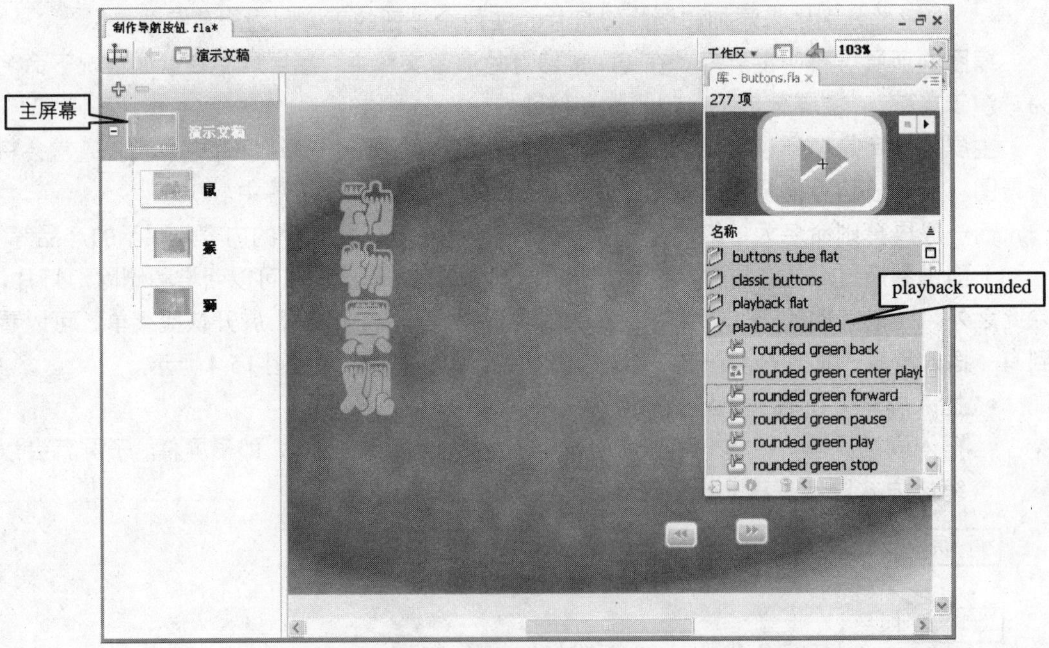

图 15-6 从公用库中加入按钮

（2）选取图示向前的按钮，即“rounded green back”按钮，然后选择“窗口>行为”命令，展开行为面板，单击“添加行为 ”按钮，选择“屏幕>转到前一幻灯片”命令，为按钮添加行为功能。如图 15-7 所示。

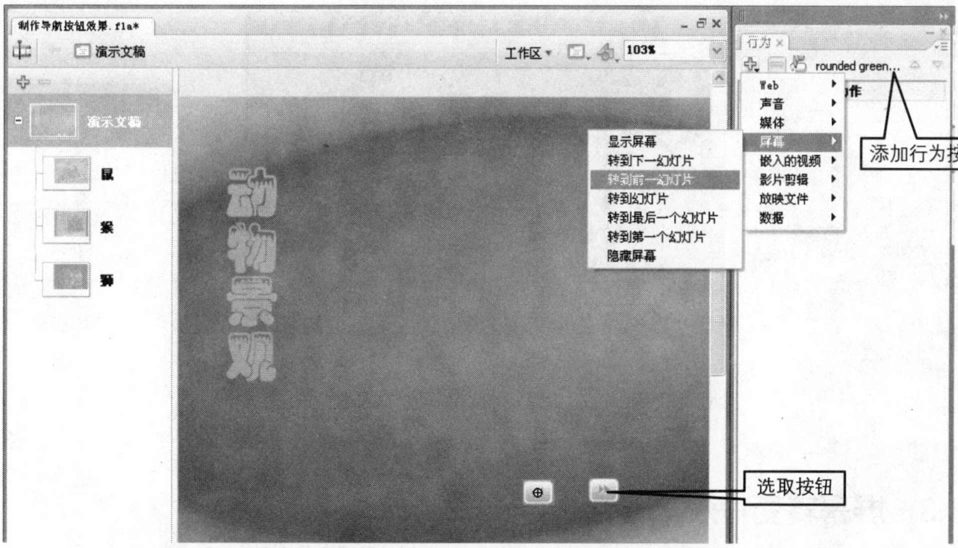

图 15-7　为按钮添加转到前一幻灯片行为指令

（3）选取图示向后的按钮，然后在行为面板中单击“添加行为 ”按钮，选择“屏幕>转到下一幻灯片”命令，为按钮添加行为功能。如图 15-8 所示。

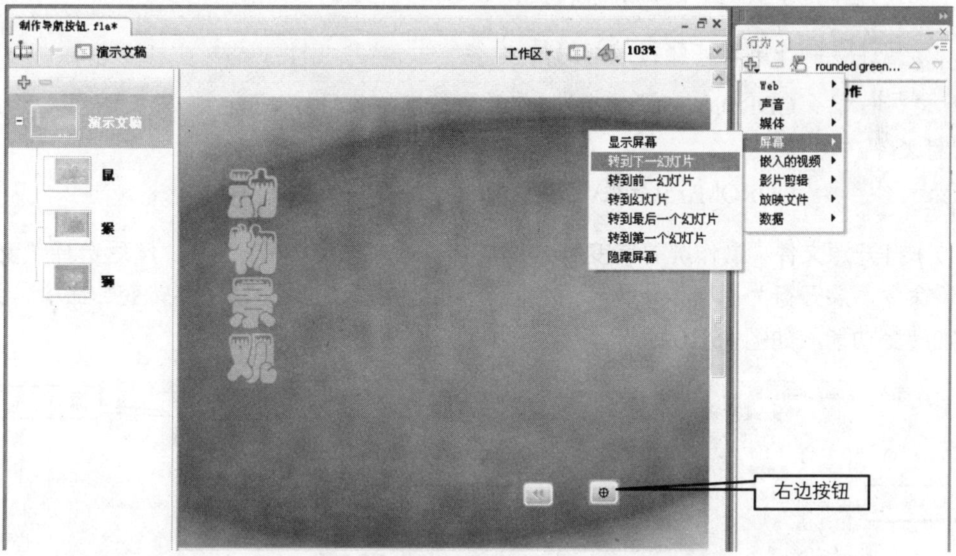

图 15-8　为按钮添加转到下一幻灯片行为指令

（4）按 Ctrl+Enter 快捷键，测试影片，通过单击动画片中的两个按钮，即可轻松控制幻灯片的播放。如图 15-9 所示。

在完成了以上两个按钮的行为设置后，每一个屏幕上的所有按钮都具有了以上所设置的功能，这样就起到了为幻灯片作导航的目的。浏览者通过这两个按钮即可随心所欲地观看幻灯片。

图 15-9　动画播放与控制

15.1.3　屏幕转变特效

幻灯片在播放的时候，影片的出现以及消失可以有多种表现形式，例如百叶窗、渐隐、飞离等，这样制作出来的幻灯片更加生动活泼，那么如何达到这样的效果呢？这就是现在要学习的屏幕转变特效。

下面通过手把手实例“制作屏幕转变特效幻灯片”来学习屏幕转变特效。

手把手实例　**制作屏幕转变特效幻灯片**

源 文 件：	CDROM\15\源文件\制作屏幕转变特效幻灯片.fla
素材文件：	无
效果文件：	CDROM\15\效果\屏幕转变特效幻灯片的效果.swf

（1）打开源文件“制作屏幕转变特效幻灯片.fla”，选取“鼠”缩图，然后选择“窗口>行为”命令，展开行为面板，单击“添加行为 ”按钮，选择“屏幕>转变”命令，为按钮添加转变功能。如图 15-10 所示。

图 15-10　为鼠屏幕添加转变行为指令

（2）在弹出的“转变”对话框中，选取“像素溶解”效果，将水平溶解块数和垂直溶解块数都修改为 20，单击“确定”按钮，完成转变行为的添加。如图 15-11 所示。

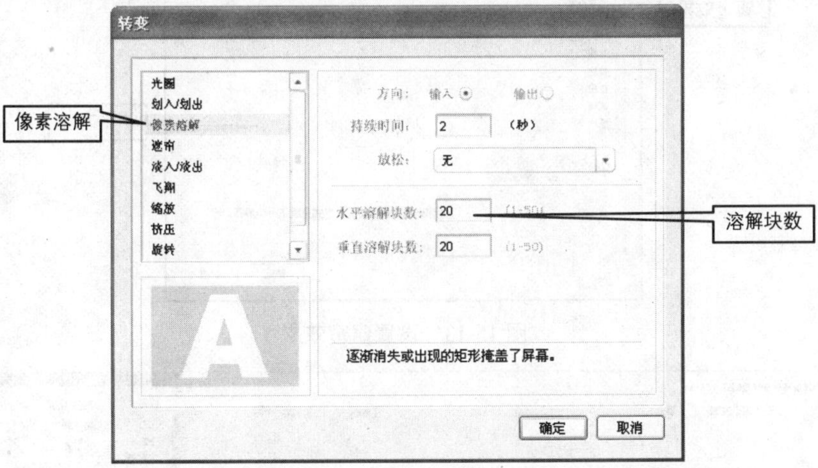

图 15-11　设置像素溶解效果

（3）选取“猴”缩图，然后在行为面板中单击“添加行为 ”按钮，选择“屏幕>转变”命令，为按钮添加转变功能。如图 15-12 所示。

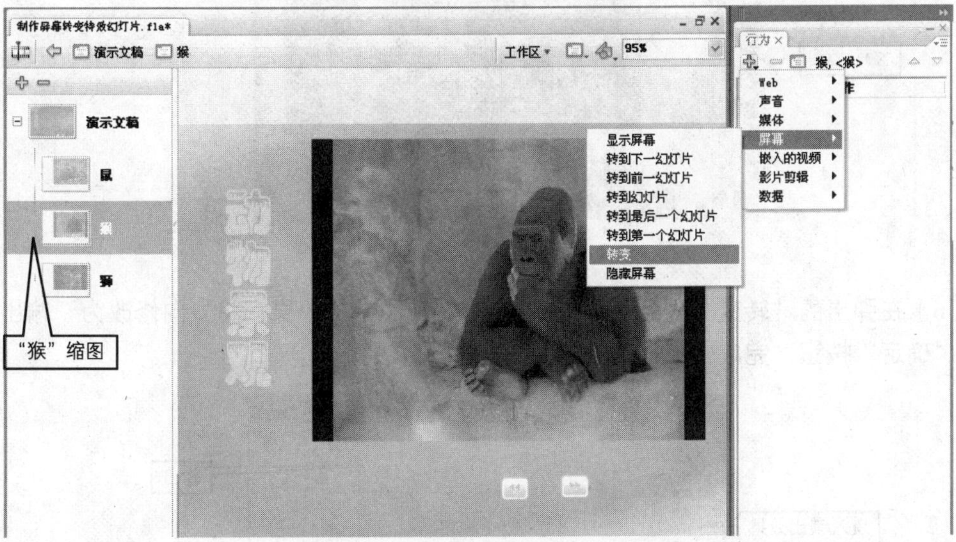

图 15-12　为猴屏幕添加转变行为指令

（4）在弹出的“转变”对话框中，选取“遮帘”效果，将方向设置为“水平”，单击“确定”按钮，完成转变行为的添加。如图 15-13 所示。

（5）选取“狮”缩图，然后在行为面板中单击“添加行为 ”按钮，选择“屏幕>转变”命令，为按钮添加转变功能。如图 15-14 所示。

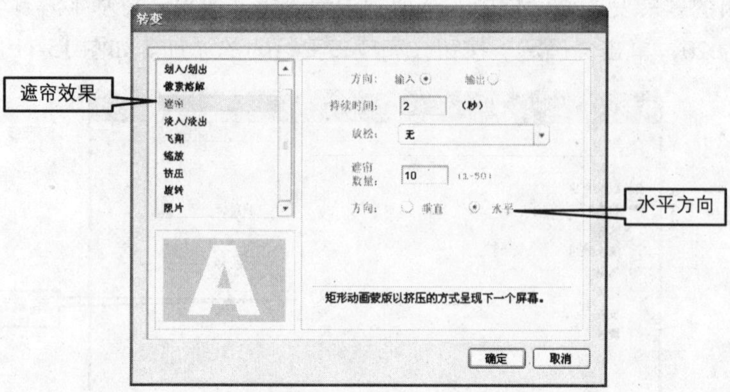

图 15-13　设置遮帘效果

图 15-14　为狮屏幕添加转变行为指令

（6）在弹出的“转变”对话框中，选取“淡入/淡出”效果，将方向修改为“输出”，单击“确定”按钮，完成转变行为的添加。如图 15-15 所示。

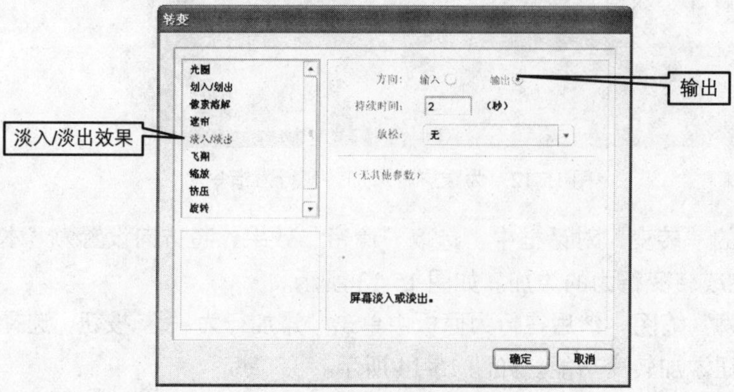

图 15-15　设置淡出效果

（7）测试影片效果，可以看出动画中画面显示出来的时候，会出现以上设置的各种效果，如：第 1 个画面为溶解出现，第 2 个画面为遮帘效果，第 3 个画面是淡出效果。如图 15-16 所示。

在为屏幕添加了转变行为指令后，通过行为面板，可以看到所添加的行为指令，左边为事件，右边为动作。所谓事件，是指目前行为的触发方式、动作及行为命令。如图 15-17 所示。

图 15-16　播放效果

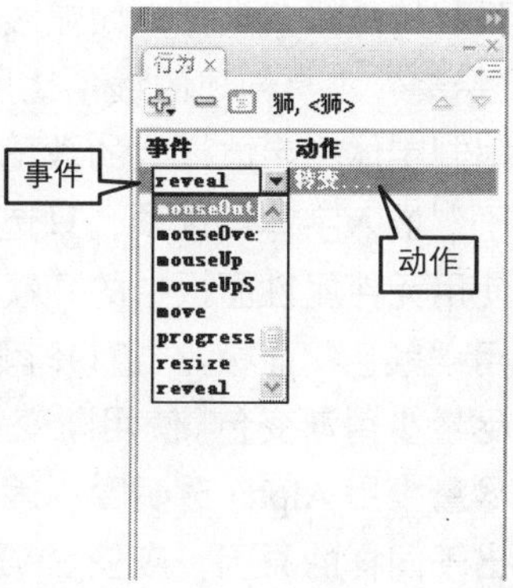

图 15-17　事件与动作

提示　常见的事件概念：

Reveal：当前所选中的屏幕的显示方式。

Hide：当前所选中的屏幕的消失方式。

RevealChild：当前所选的屏幕及其子屏幕的显示方式。

HideChild：当前所选的屏幕及其子屏幕的消失方式。

15.2 影片优化

在如今信息知识爆炸的年代，越来越多的年轻人都成为网上一族，浏览网页，观看 Flash 动画也成为一部分人的休闲娱乐方式。动画上传到网站上，他人要观看，是需要先下载的，如果因为文件太大的缘故，而使得浏览者放弃观看动画，制作得如此精彩的动画居然没有伯乐来欣赏，那将会是一件非常令人遗憾的事情，因此，优化影片也是必备的知识。

所谓的影片优化并不是一个功能，而是一个统称，包括在制作方法上缩小动画体积、优化图片、优化音频等。

下面就是制作过程中的优化准则：

- 对于每个多次出现的元素，将其制作成为元件、动画或者其他对象。
- 避免使用渐变，因为它们要求对多种颜色和计算进行处理，计算机处理器完成这些操作的难度较大。

- 使用图层将动画过程中发生变化的元素与保持不变的元素分离。
- 使用“修改>形状>优化”命令可以将用于描述形状的线条的控制节点降至最少。
- 创建动画序列时，尽可能使用补间动画。补间动画所占用的文件空间要小于一系列的关键帧。
- 对于动画序列，使用影片剪辑而不是图形元件。
- 限制每个关键帧中的改变区域，在尽可能小的区域内执行动作。
- 避免使用动画式的位图元素，使用位图图像作为背景或者使用静态元素。
- 如果使用声音，尽可能使用 mp3 这种占用空间最小的声音格式。
- 限制特殊线条类型（如虚线、点线、锯齿线等）的数量。实线所需的内存较少。用“铅笔”工具创建的线条比用刷子笔触创建的线条所需的内存更少。
- 限制字体和字体样式的数量。尽量少用嵌入字体，因为它们会增加文件的大小。对于“嵌入字体”选项，只选择需要的字符，而不要包括整个字体。
- 使用元件属性面板中的“颜色”菜单，可为单个元件创建很多不同颜色的实例。使用“颜色”面板（“窗口>颜色”），使文档的调色板与浏览器特定的调色板相匹配。尽量少用渐变色。使用渐变色填充区域比使用纯色填充区域大概多需要 50 个字节。
- 尽量少用 Alpha 透明度，因为它会减慢回放速度。
- 出于同样的原因，应使 SWF 文件中使用的 Alpha 或透明度数量保持在最低限度。
- 包含透明度的动画对象会占用大量处理器资源，因此必须将其保持在最低限度。

提示 png 是可导入 Flash 中的最佳位图格式，它是 Adobe 推出的 Macromedia Fireworks 的本地文件格式。PNG 文件具有每个像素的 RGB 和 Alpha 信息。如果将一个 Fireworks PNG 文件导入 Flash，将保留在 FLA 文件中编辑该图形对象的部分能力。

- 优化位图时不要对其进行过度压缩。72dpi 的分辨率最适合 Web 使用。压缩位图图像可减小文件大小，但过度的压缩将损害图像质量。请检查“发布设置”对话框中的 JPEG 品质设置，确保未过度压缩图像。在大多数情况下，将图像表示为矢量图形要更可取。使用矢量图像可以减小文件大小。

提示 避免将位图缩放到比其原始尺寸更大的大小，因为这将降低图像的品质，并占用大量处理器资源。

- 将_visible 属性设置为 false，而不是将 SWF 文件中的_alpha 级别更改为 0 或 1。计算舞台上实例的_alpha 级别将占用大量处理器资源。如果禁用实例的可见性，可以节省 CPU 周期和内存，从而使 SWF 文件的动画更加平滑。无需卸载和重新加载资源，只需将_visible 属性设置为 false，这样，可减少对处理器资源的占用。
- 减少在 SWF 文件中使用的线条和点的数量。使用“最优化曲线”对话框（“修改>形状>优化”）来减少绘图中的矢量数量。选择“使用多重过渡”选项来执行更多优化。优化图形将减小文件大小，但过度压缩图形将损害其品质。但是，优化曲线可减小文件大小并提高 SWF 文件性能。可采用第三方选项来对产生不同结果的曲线和点进行专门优化。

高手点评

在设计制作动画的时候，如果碰到过以上各种情况，尽量遵循以上准则，除了以上的一些制作上的优化事项以外，Flash 软件本身还可以在发布过程中，自动对文档进行一些优化。在导出文档之前，可以使用多种策略来减小文件的大小，从而对其进行进一步的优化。也可以在发布时压缩 SWF 文件。如图 15-18 所示为声音压缩设置。

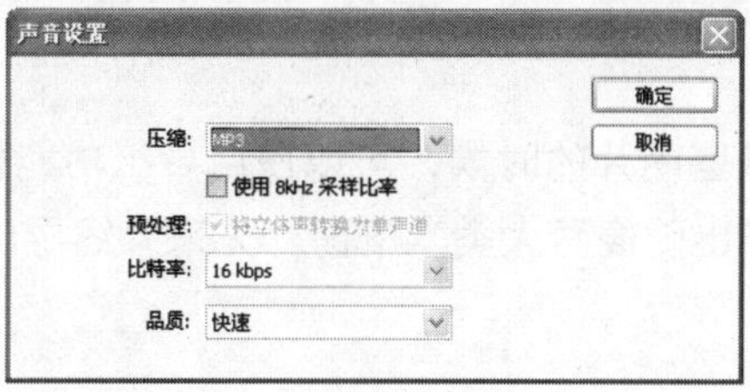

图 15-18　声音优化

15.3 影片测试

本书前面章节在学习手把手实例的时候，最后都会经过影片测试，才会观看到最终效果。通过选择“控制>测试影片”命令或者按 Ctrl+Enter 快捷键，即可立即开启一个播放窗口，将影片完整地播放一次，通过直观地观看影片的效果，来检测动画是否达到了设计的要求。如图 15-19 所示。

影片测试后，会在.fla 文件所在的目录下自动创建一个.swf 的播放文件。如图 15-20 所示。

图 15-19　正在播放的动画

图 15-20　自动创建的播放文件

选择“控制”菜单，展开其下的列表，还包括有测试影片、测试场景、启用简单帧动作、启用简单按钮等功能。

关于启用简单按钮，在默认情况下，在创建按钮时，Flash 会将它们保持在禁用状态，从而可以更容易选择和处理这些按钮。当按钮处于禁用状态时，单击该按钮就可以选择它。当按钮处于启用状态时，它会响应已指定的鼠标事件，就如同 SWF 文件正在播放时一样，仍然可以选择已启用的按钮。可在工作时禁用按钮，然后，启用按钮以便快速测试其行为。

15.4 影片导出

当需要当前动画中的某些图片的时候，可以使用导出功能将其导出来，Flash 动画的导出功能具有导出影片和导出图像两大类。下面，先来介绍导出影片。

15.4.1 导出影片

Flash 中的导出影片一共可以导出 swf、avi、mov、gif、wav 5 种格式的影片，其中 swf、avi、mov、gif 格式为视频文件，wav 为音频文件。选择“文件>导出>导出影片”命令，在弹出的“导出影片”对话框中，将“保存类型”的下拉列表展开，可以显示出可以导出的所有影片格式。如图 15-21 所示。

除了导出影片以外，“导出影片”命令还可以导出图像，包括 emf、wmf、eps、ai、dxf、bmp、jpg、gif、png 9 种格式，导出的所有图像均为序列图像，所谓序列图像就是将动画中的每一帧的图像都导出来。就是说，如果动画是 20 帧，那么将导出 20 张图像。以上所有的格式中，eps、ai 为矢量图，其他格式均为位图，如图 15-22 所示为导出的系列 jpg 图片，通过序列图片可以看出图像都是在逐渐变化的。

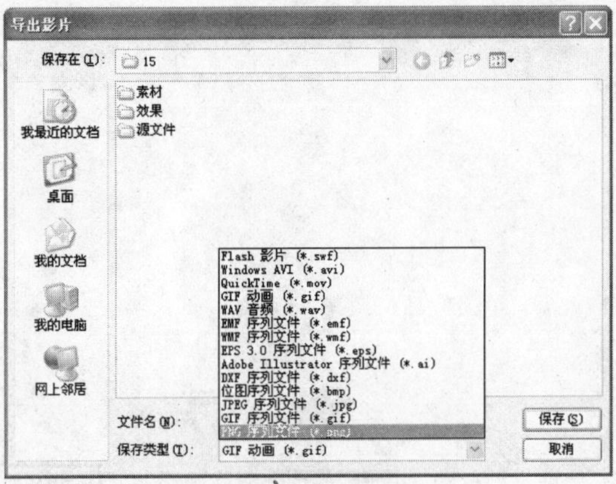

图 15-21 导出的格式

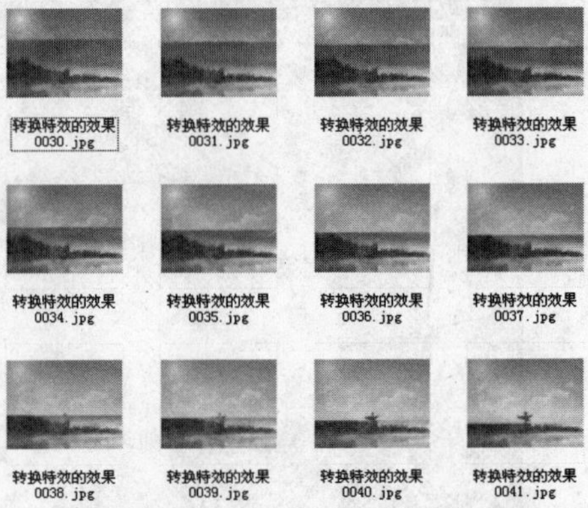

图 15-22 显示变化过程的系列图像

高手点评

对于以上格式的影片，除了 swf 格式的可以将文档中的所有动画都正常播放出来以外，其他格式的影片都存在一些问题，主要表现在只能播放出主场景中的动画。也就是说，影片剪辑内的影片不会正常播放，只会显示为静止的图像，因此，如果要导出为其他格式的视频文件，请将动画元素都设计制作在主场景中，或者使用发布功能，将影片发布为其他格式的文件。

15.4.2　导出动画图像

导出动画图像可以导出为 swf、emf、wmf、eps、ai、dxf、bmp、jpg、gif、png 等格式的图像。所导出的图像为当前舞台的图像，并且只会导出一张图像。如图 15-23 所示。

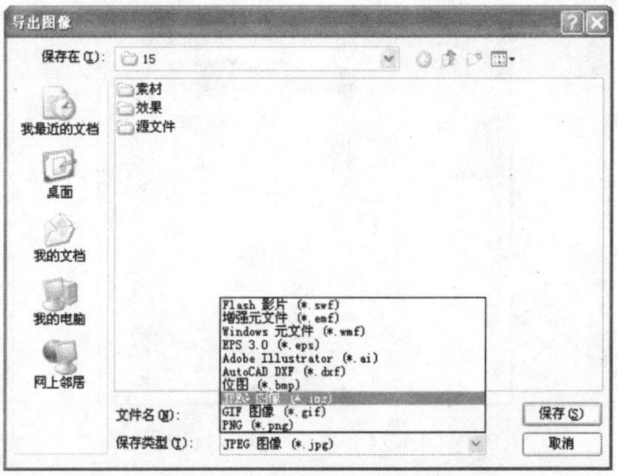

图 15-23　导出图像的格式类型

高手点评

如果想导出动画中的某些图像，必须进入该图像的编辑舞台，然后选择“文件>导出>导出图像”命令，才能导出该图像。例如动画中某一个影片剪辑中的一个图像，那么就要先双击影片剪辑，进入影片剪辑元件的编辑舞台，然后再选择导出命令，这样就可以将该图像导出。

15.5 影片发布

影片在完成并最终确定后，可以将其发布成 swf、html、exe 等各种格式的文件，从而可以进一步将其上传到网站上或者直接发送给他人观看。下面先来学习发布设置，简单地介绍各种格式的区别以及应用场合。

15.5.1　发布设置

在发布之前，需要先进行发布设置，默认情况下，Flash 只发布 swf 格式的影片，如果需要发布其他格式的影片，那么就需要先对设置进行修改。

选择“文件>发布设置”命令，就可以弹出“发布设置”对话框。第一个选项卡是“格式”，显示可以发布的所有格式类型，包括“swf、html、gif、jpg、png、exe、mov、Macintosh 放映文件” 8 种格式。通过勾选格式名称前的复选框，来选择发布类型。可以同时发布成多种格式，被勾选的选项，会出现对应的设置选项卡。如图 15-24 中勾选了 Flash，出现了 Flash 选项卡。发布文件的名称默认为源文件的名称。如图 15-24 所示。

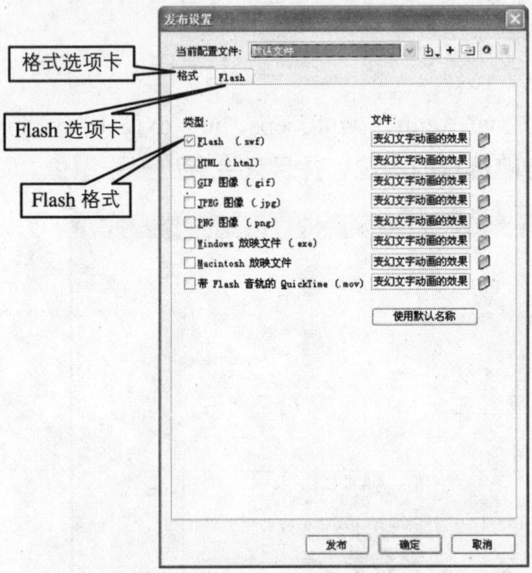

图 15-24　发布设置对话框

提示 Flash 的常用播放格式：

swf、html、gif、exe 是 Flash 最常应用的 4 种播放格式。

swf：swf 文件文档小，而且播放质量好，是 Flash 最常用的播放格式，目前大多数在网络中流传的 Flash 动画都是使用此种格式。

html：动画直接发布成网页，通过网页来播放动画，如果要发布 html，则一定会同时发布一个 swf 文件。html 页面会自动导入 swf 文件来播放，因此，如果将 swf 文件删除，那么 html 文件也将不能正常播放。

exe：将动画发布成可以直接执行的文件，此应用程序文件可以直接播放，而不需要安装 Flash 播放器。由于其具有可独立执行的功能，因此文件比较大，而且在安全性方面不如上面两种格式。

gif：能设计制作 gif 动画的软件有很多，gif 文件的特点就是文档特别小，图像质量不如其他格式，在对图像质量要求不是很高而对文件大小要求高的场合，则非常流行 gif 动画，如常使用的 QQ 表情等。

勾选“Flash、HTML、GIF 图像、Windows 放映文件” 4 个复选框，其中“Windows 放映文件”没有参数设置选项卡，其他 3 项均有。发布的文件格式如图 15-25 所示。

图 15-25　导出的各种格式

15.5.2　发布动画和网页

在确定动画制作完成后，就可以将动画发布成易于在网络中传输的 swf 格式以及 html 格式文件，在“发布设置”对话框中，勾选“Flash、HTML”两个复选框，单击“发布”按钮。发布后，将会在 FLA 文件的同路径下生成两个文件，如图 15-26 所示。双击 HTML 文件，会使用系统默认的浏览器打开并播放，SWF 文件需要 Flash 动画播放器才能正常播放。

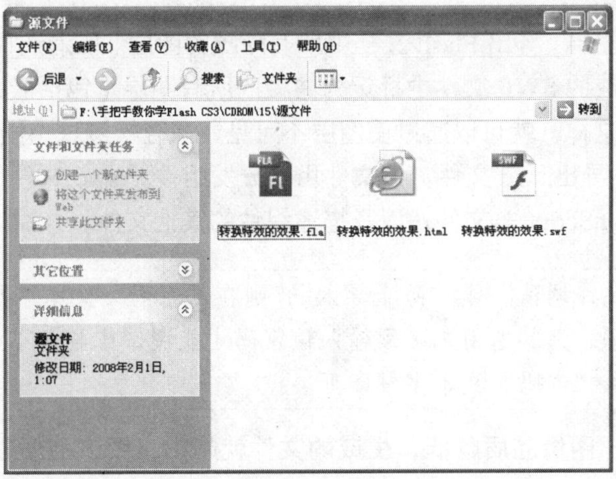

图 15-26　发布成动画和网页

现在来介绍 swf 动画的发布设置，选择“文件>发布设置”命令，勾选“Flash、HTML、GIF 图像”复选框。

切换到“Flash”选项卡，如图 15-27 所示。下面，对其主要参数进行介绍说明。

- 版本：发布的版本。版本越高，对各种效果的支持越好，如使用了滤镜功能的动画，如果发布的版本设置低于“Flash Player 7”，则滤镜效果无法正常显示。时间轴特效的版本不能低于“Flash Player 6”。不过也不是版本越高就越好，也会有部分人没有安装最新版本，那么将无法观看动画，一般选择目前使用最广泛的版本。

- 加载顺序：分由上而下和由下而上两种。指定 Flash 如何加载 SWF 文件的图层以显示 SWF 文件的第 1 帧，控制 Flash 在速度较慢的网络或调制解调器连接上先绘制 SWF 文件的哪些部分。
- ActionScript 版本：脚本语言的版本，最新版为 ActionScript 3，若使用了高版本的脚本语言，则必须使用该版本的脚本版本。
- 选项：
  - 生成大小报告：生成一个报告，按文件列出最终 Flash 内容中的数据量。
  - 忽略 trace 动作：使 Flash 忽略当前 SWF 文件中的 Trace 动作。如果选择该选项，“跟踪动作”的信息不会显示在“输出”面板中。
  - 防止导入：防止其他人导入 SWF 文件，并将其转换回 FLA 文档。可使用密码来保护 Flash SWF 文件。
  - 允许调试：激活调试器，并允许远程调试 Flash SWF 文件。可使用密码来保护 SWF 文件。
  - 压缩影片：压缩 SWF 文件以减小文件大小和缩短下载时间。当文件包含大量文本或 ActionScript 时，使用此选项十分有益。

提示 Widnows 9x 是一个 16 位与 32 位的混合体，因此系统将 Kernel、User 和 GDI 等链接库的 16 位与 32 位版本一起加载到系统内存里。

- 导出隐藏的图层：导出 Flash 文档中所有隐藏的图层。取消选择“导出隐藏的图层”将阻止把生成的 SWF 文件中标记为隐藏的所有图层（包括嵌套在影片剪辑内的图层）导出。这样，就可以通过使图层不可见，来轻松测试不同版本的 Flash 文档。
- 导出 SWC：导出.swc 文件，该文件用于分发组件。.swc 文件包含一个编译剪辑、组件的 ActionScript 类文件，以及描述组件的其他文件。

提示 选择了“允许调试”或“防止导入”，则在“密码”文本字段中输入密码。如果添加了密码，则其他用户必须输入该密码才能调试或导入 SWF 文件。若要删除密码，清除“密码”文本字段即可。

- JPEG 品质：图像品质越低，生成的文件就越小；图像品质越高，生成的文件就越大。
- 音频流、音频事件：可以单击“设置”按钮，来对音频文件设置采样率和压缩。

提示 只要前几帧下载了足够的数据，声音流就会开始播放，它与时间轴同步。事件声音需要完全下载后才能播放，并且在明确停止之前，将一直持续播放。

- 本地回放安全性：通过下拉列表，选择要使用的 Flash 安全模型，指定是授予已发布的 SWF 文件本地安全性访问权，还是网络安全性访问权。“只访问本地文件”可使已发布的 SWF 文件与本地系统上的文件和资源交互，但不能与网络上的文件和资源交互。“只访问网络”可使已发布的 SWF 文件与网络上的文件和资源交互，但不能与本地系统上的文件和资源交互。如图 15-27 所示。

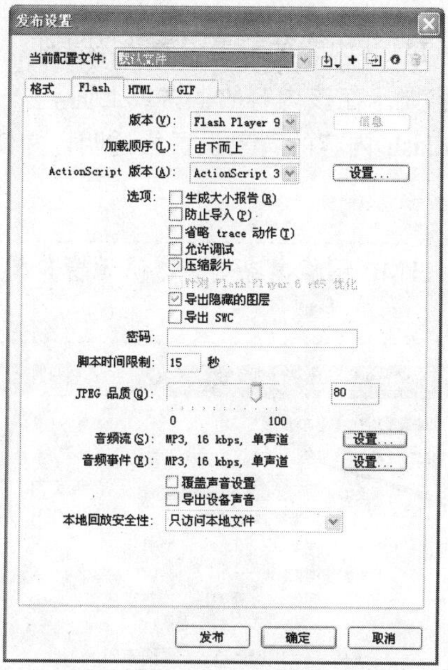

图 15-27　发布动画的设置选项卡

然后，切换到“HTML”选项卡。如图 15-28 所示。下面，对其选项进行介绍说明。

- 模板：默认为仅限 Flash。

提示 “检测 Flash 版本”将文档配置为检测用户所拥有的 Flash Player 的版本，并在用户没有指定的播放器时，向用户发送替代 HTML 页面。

- 尺寸：包括“匹配影片”、“像素”、“百分比”3 种显示尺寸。
  - 匹配影片：使用 SWF 文件的大小。
  - 像素：输入宽度和高度的像素数量。
  - 百分比：指定 SWF 文件所占浏览器窗口的百分比。
- 回放：控制 SWF 文件的回放功能。
  - 开始时暂停：会一直暂停播放 SWF 文件，直到用户单击按钮或从快捷菜单中选择“播放”后才开始播放。默认不选中此选项，即加载内容后就立即开始播放。
  - 循环：内容到达最后一帧后再重复播放。取消选择此选项会使内容在到达最后一帧后停止播放。
  - 显示菜单：用户右击“Windows”的 SWF 文件，或按住 Ctrl 单击“Macintosh”的 SWF 文件时，会显示一个快捷菜单。若要在快捷菜单中只显示“关于 Flash”，请取消选择此选项。

➢ 设备字体：会用消除锯齿的“边缘平滑”的字体替换用户系统里未安装的字体。

- 窗口模式：

➢ 窗口：内容的背景不透明，并使用 HTML 背景颜色。HTML 代码无法呈现在 Flash 内容的上方或下方。

➢ 不透明无窗口：将 Flash 内容的背景设置为不透明，并遮蔽该内容下面的所有内容。使 HTML 内容显示在该内容的上方或上面。

➢ 透明无窗口：将 Flash 内容的背景设置为透明，并使 HTML 内容显示在该内容的上方或下方。

提示 在某些情况下，当 HTML 图像复杂时，透明无窗口模式的复杂呈现方式可能会导致动画速度变慢。

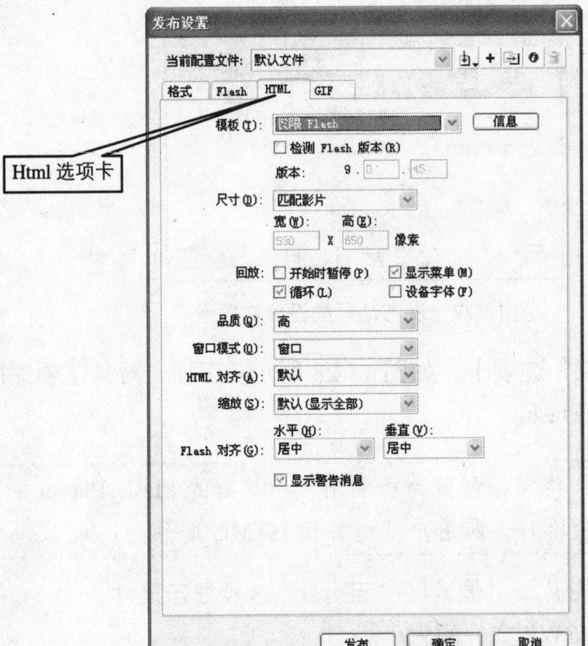

图 15-28 发布网页的设置选项卡

15.5.3 发布动画放映文件

当需要将动画制作成为一个独立的 EXE 执行文档时，可以将动画建立成放映档。建立后的 exe 放映文件会在 FLA 文件的相同目录下，此放映文件在没有任何动画播放器时也可以播放，因为放映文件本身就是一个可以运行的 exe 文件，只要双击即可独立运行。如图 15-29 所示。

图 15-29　播放的放映文件

15.5.4　发布 GIF 动画

切换到"GIF"选项卡，使用 GIF 文件可以导出绘画和简单动画，以供在网页中使用。标准 GIF 文件是一种压缩位图。GIF 设置选项卡的选项如图 15-30 所示。

- 尺寸：输入导出的位图图像的宽度和高度值（以像素为单位），或者选择"匹配影片"，使 GIF 和 SWF 文件大小相同，并保持原始图像的高宽比。
- 回放：确定 Flash 创建的是静止图像还是 GIF 动画。
- 选项：
  - ➢ 优化颜色：从 GIF 文件的颜色表中删除任何未使用的颜色。该选项可减小文件大小，而不会影响图像质量。
  - ➢ 交错：下载导出的 GIF 文件时，会在浏览器中逐步显示该文件。使用户在文件完全下载之前就能看到基本的图形内容，并能在较慢的网络连接中以更快的速度下载文件。不要交错 GIF 动画图像。
  - ➢ 平滑：消除导出位图的锯齿，从而生成较高品质的位图图像，并改善文本的显示品质。但是，平滑可能导致彩色背景上已消除锯齿的图像周围出现灰色像素的光晕，并且会增加 GIF 文件的大小。如果出现光晕，或者如果要将透明的 GIF 图像放置在彩色背景上，则在导出图像时，不要使用平滑操作。
  - ➢ 删除渐变：用渐变色中的第一种颜色将 SWF 文件中的所有渐变填充色转换为纯色。渐变色会增加 GIF 文件的大小，而且通常品质欠佳。为了防止出现意想不到的结果，请在使用该选项时小心选择渐变色的第一种颜色。
- 透明：
  - ➢ 不透明：将背景变为纯色。
  - ➢ 透明：使背景透明。
  - ➢ Alpha：设置局部透明度。
- 抖动：若要指定如何组合可用颜色的像素来模拟当前调色板中没有的颜色，则勾选，抖动可以改善颜色品质，但是也会增加文件大小。

- 调色板类型：
  - Web216 色：使用标准的 216 色 Web 安全调色板来创建 GIF 图像，这样会获得较好的图像品质，并且在服务器上的处理速度最快。
  - 最合适：分析图像中的颜色，并为所选 GIF 文件创建一个唯一的颜色表。对于显示成千上万种颜色的系统而言是最佳的，它可以创建最精确的图像颜色，但会增加文件大小。若要减小用最适色彩调色板创建的 GIF 文件的大小，请使用“最大颜色数”选项减少调色板中的颜色数量。
  - 接近 Web 最适色：与“最适色彩”调色板选项相同，但是会将接近的颜色转换为“Web 216 色”调色板。生成的调色板已针对图像进行优化，但 Flash 会尽可能使用“Web 216 色”调色板中的颜色。如果在 256 色系统上启用了 Web 216 色调色板，此选项将使图像的颜色更出色。

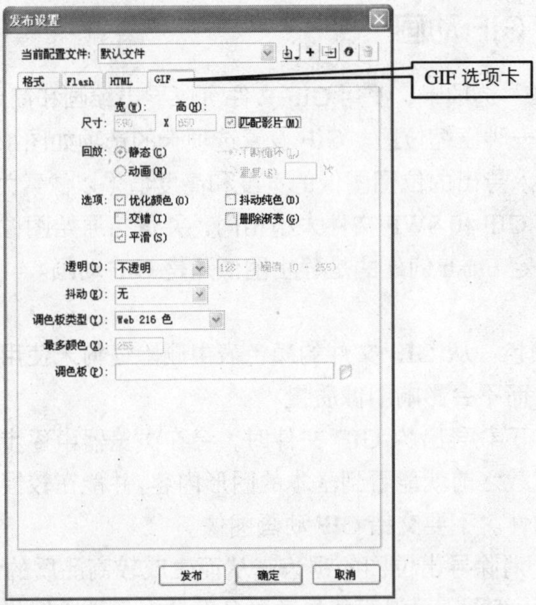

图 15-30　发布 GIF 动画的设置选项卡

15.6 学以致用——城市风采

源文件：	无
素材文件：	CDROM\15\素材\1.jpg、2.jpg、3.jpg、4.jpg、5.jpg
效果文件：	CDROM\15\效果\城市风采幻灯片的效果.swf

本章主要讲解了幻灯片及其发布、测试，下面，通过一个幻灯片的制作来巩固以上知识。

（1）选取“文件>新建”命令，在弹出的创建文档对话框中，切换到“常规”选项卡，选取“Flash 幻灯片演示文稿”，单击“确定”按钮创建新文档。如图 15-31 所示。

（2）展开属性面板，单击面板上的“背景颜色”调色板按钮，设置背景颜色为“#CCCC66”，如图 15-32 所示。

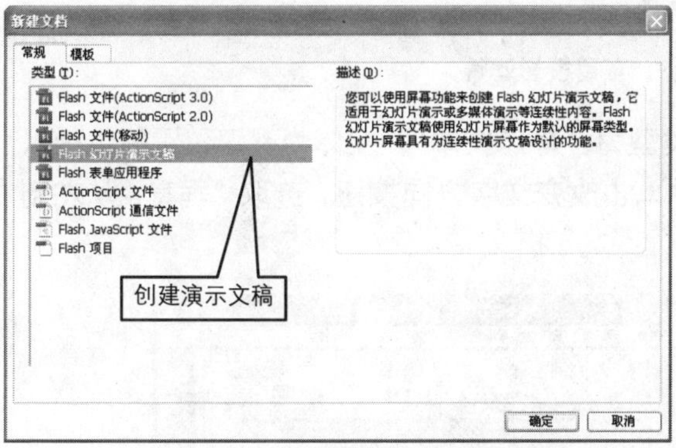

图 15-31　创建幻灯片演示文稿

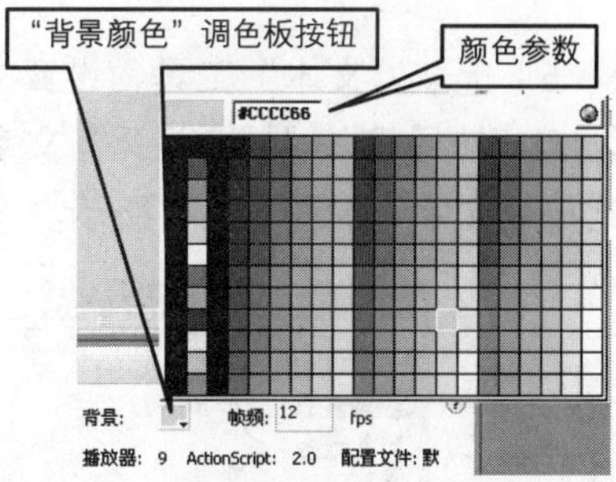

图 15-32　修改背景颜色

（3）选取顶层屏幕缩图“演示文稿”，选取“矩形”工具，取消笔触颜色，使用任意填充颜色，绘制一个宽 400，高 300 像素的矩形，如图 15-33 所示。

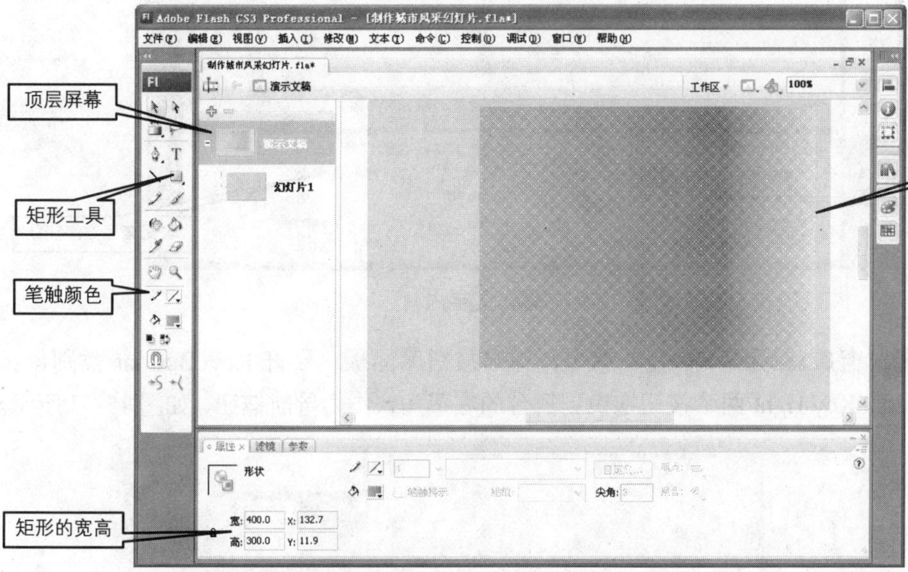

图 15-33　绘制矩形

（4）选取矩形图形，选择“修改>转换为元件”命令，将图形转换为名为“框”的影片剪辑，单击“确定”按钮。如图 15-34 所示。

图 15-34　转换为影片元件

（5）继续选取矩形，展开属性面板，切换到“滤镜”选项卡，单击添加滤镜按钮，在展开的下拉列表中选取投影滤镜，然后，设置品质为“高”，勾选“挖空”、“内侧阴影”复选框。如图 15-35 所示。

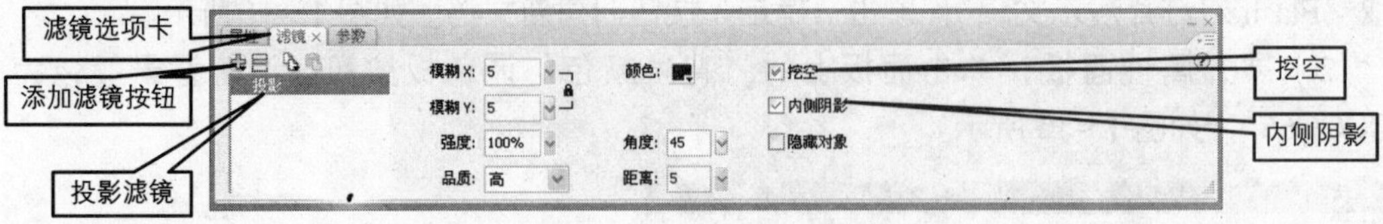

图 15-35　套用投影滤镜

（6）选取“文本”工具，设置文本类型为“静态文本”，字体为“汉仪雪峰体简”，大小为 51，然后输入“城市风采”文字，并单击改变文字方向按钮，选取“垂直，从左到右”方式排列文字，如图 15-36 所示。

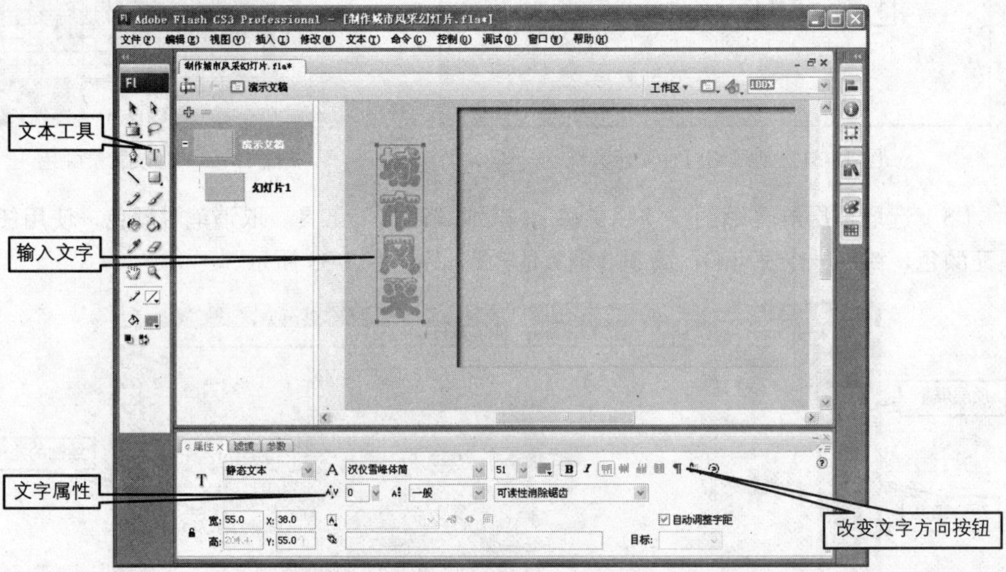

图 15-36　输入文字内容

（7）选择“窗口>公用库>按钮”命令，弹出按钮库面板，展开 Key Buttons 类别，将其中的 Key-left、Key-right 两个按钮拖曳到舞台的右下角，作为导航按钮，如图 15-37 所示。

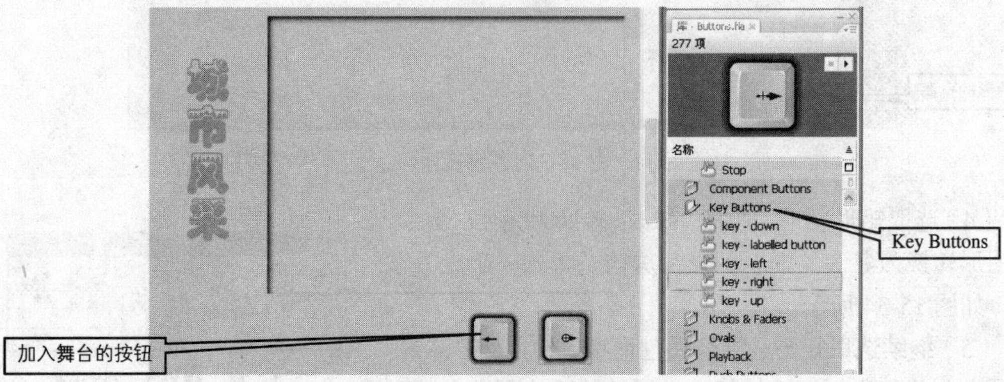

图 15-37　从按钮库中加入按钮

（8）选取左侧按钮，选择“窗口>行为”命令，单击添加行为 按钮，选择“屏幕>转到前一幻灯片”命令，如图 15-38 所示。

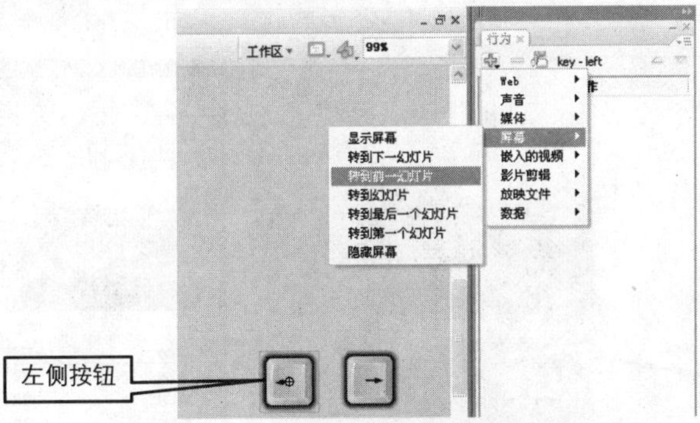

图 15-38　为左侧按钮添加转到前一幻灯片行为指令

（9）选取右侧按钮，单击添加行为 按钮，选择“屏幕>转到下一幻灯片”命令，如图 15-39 所示。

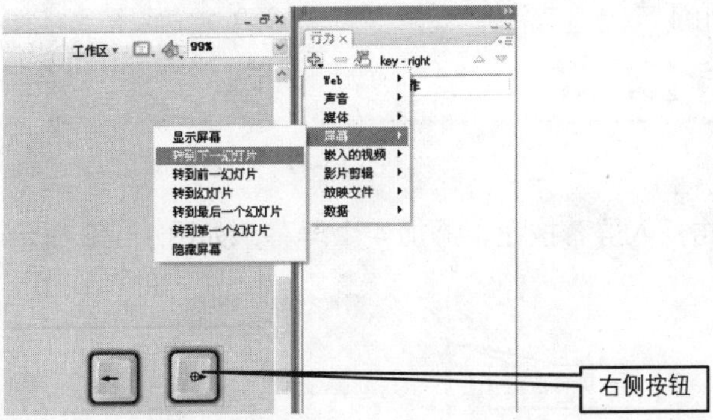

图 15-39　为右侧按钮添加转到下一幻灯片行为指令

（10）选择“文件>导入>导入到库”命令，在弹出的“导入到库”对话框中，将“素材”文件夹中的“1.jpg”等 5 张图像选取，然后单击“打开”按钮，将图像导入到库中，如图 15-40 所示。

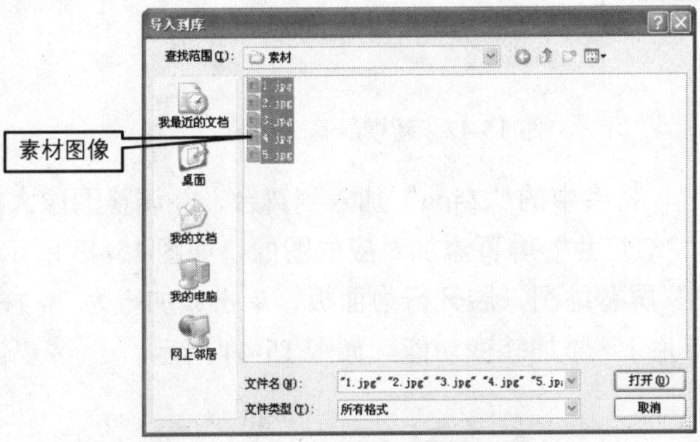

图 15-40　导入图像

（11）选取“幻灯片 1”屏幕缩图，展开库面板，将库中的“1.jpg”拖曳加入到舞台中，然后通过属性面板设置图像的宽、高分别为 390、290 像素，并将之拖曳移动到“框”内，如图 15-41 所示。

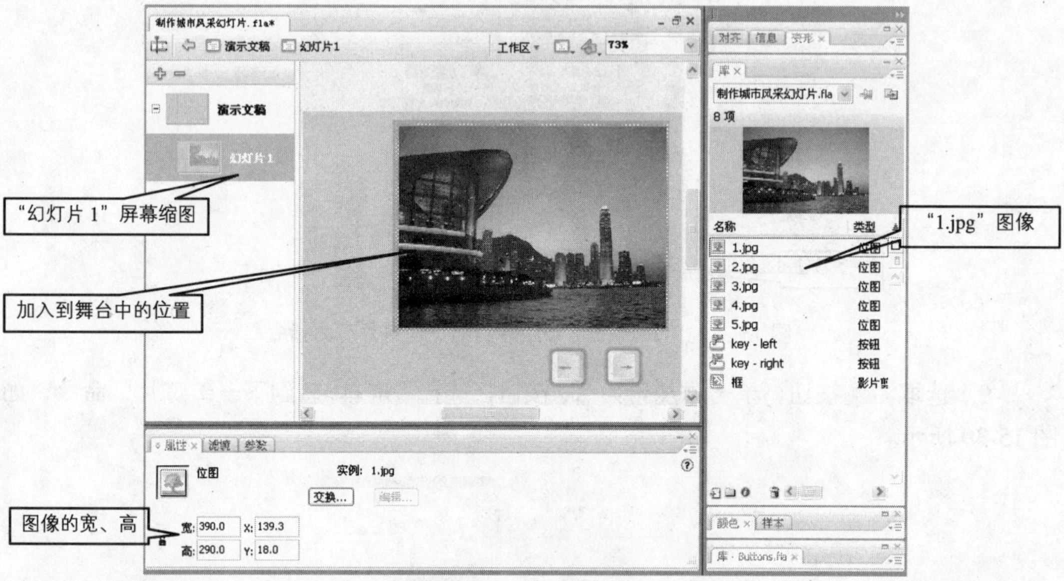

图 15-41　加入图像

（12）单击插入屏幕按钮，添加 4 个屏幕，如图 15-42 所示。

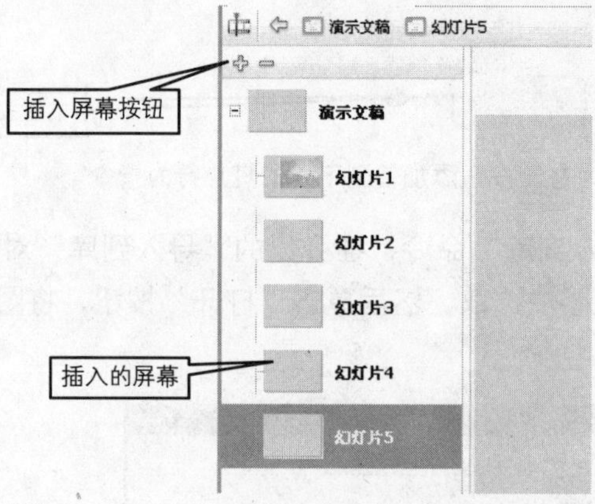

图 15-42　新增屏幕

（13）选取“幻灯片 2”，将库中的“2.jpg”加入到舞台，并调整图像大小为 390×290，按照同样的方法，为其他“幻灯片”屏幕添加对应的图像，如图 15-43 所示。

（14）选取“幻灯片 1”屏幕缩图，展开行为面板，单击添加行为 按钮，选择“屏幕>转变”命令，为“幻灯片 1”添加转变功能。如图 15-44 所示。

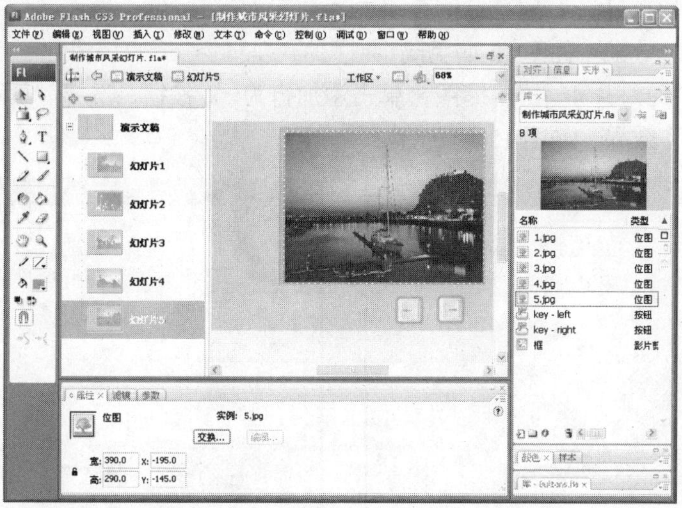

图 15-43　将图形加入到其他幻灯片

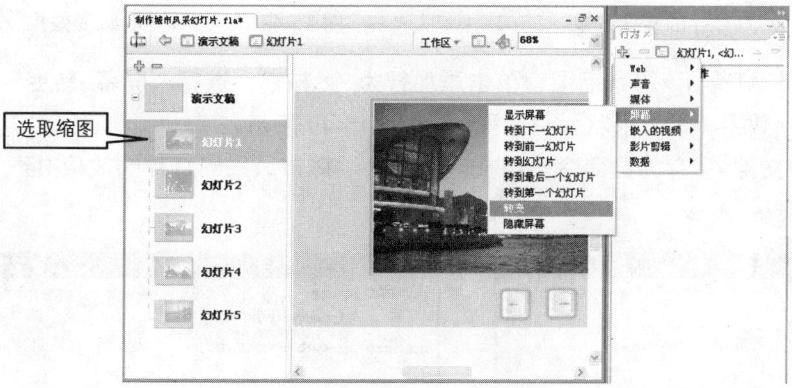

图 15-44　为幻灯片 1 添加转变行为指令

（15）选择“飞翔”效果，使用默认的设置，单击“确定”按钮，如图 15-45 所示。

（16）按照同样的方法，选取“幻灯片 2”屏幕缩图，单击添加行为 按钮，选择“屏幕>转变”命令，然后选择“遮帘”效果。如图 15-46 所示。

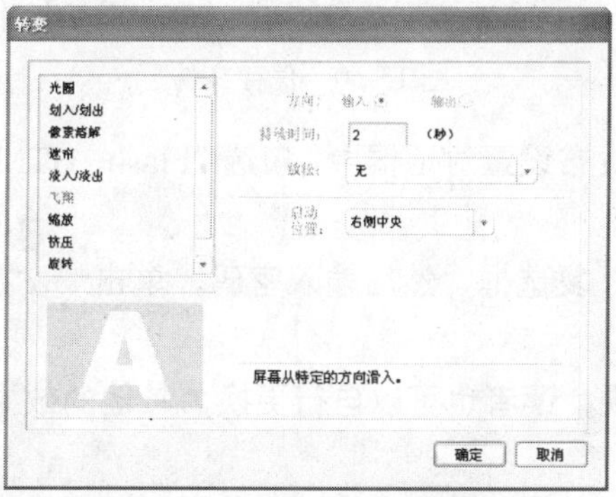

图 15-45　幻灯片 1 的转变效果

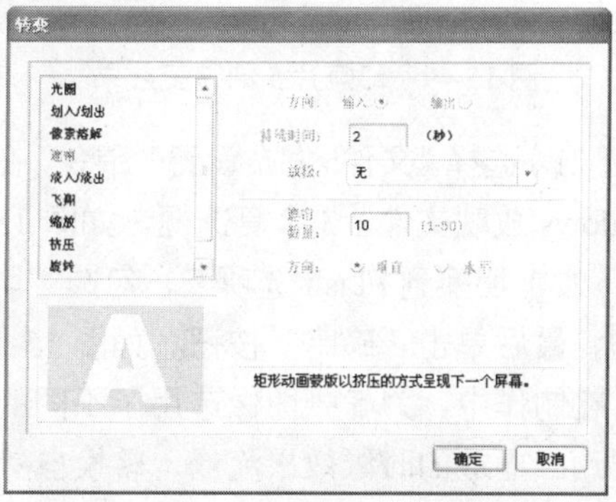

图 15-46　幻灯片 2 的转变效果

（17）选取“幻灯片 3”屏幕缩图，单击添加行为 按钮，选择“屏幕>转变”命令，然后选择“照片”效果。如图 15-47 所示。

（18）选取“幻灯片 4”屏幕缩图，单击添加行为 按钮，选择“屏幕>转变”命令，然后选择“缩放”效果。如图 15-48 所示。

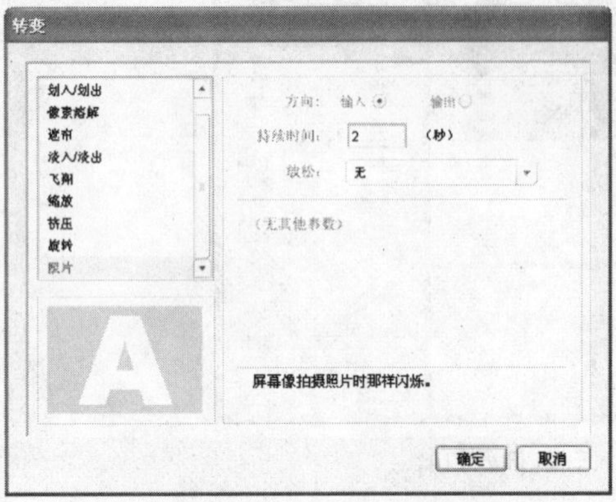

图 15-47　幻灯片 3 的转变效果

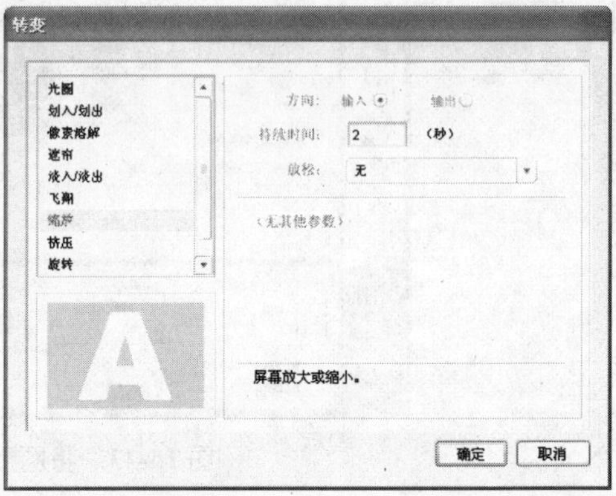

图 15-48　幻灯片 4 的转变效果

（19）选取“幻灯片 5”屏幕缩图，单击添加行为 按钮，选择“屏幕>转变”命令，然后选择“光圈”效果，设置形状为“圆形”，如图 15-49 所示。

（20）选择“文件>另存为”命令，将文件保存为“城市风采幻灯片的效果.fla”动画，如图 15-50 所示。

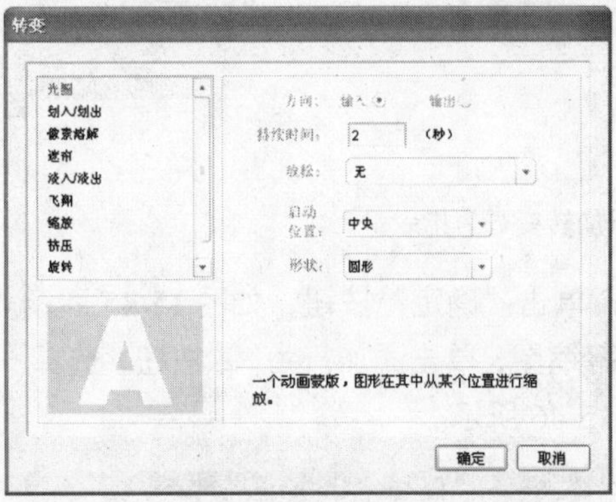

图 15-49　幻灯片 5 的转变效果

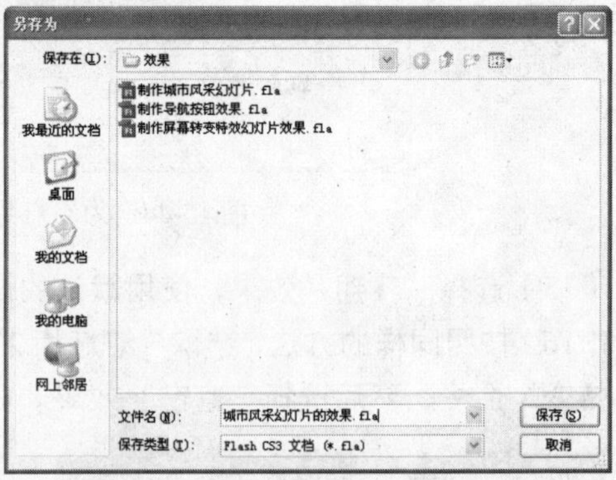

图 15-50　保存文件

（21）选择“文件>发布设置”命令，在弹出的发布设置对话框中，勾选“Flash、HTML、Windows 放映文件”3 个复选框，如图 15-51 所示。

（22）切换到 Flash 选项卡，勾选“防止导入”复选框，然后输入密码，单击“发布”按钮，最后单击“确定”按钮。如图 15-52 所示。

在制作中，为 5 张图像选用了不同的转换效果，读者也可以自行更换为其他的效果，只要动画播放的时候效果流畅，转换自然即可。

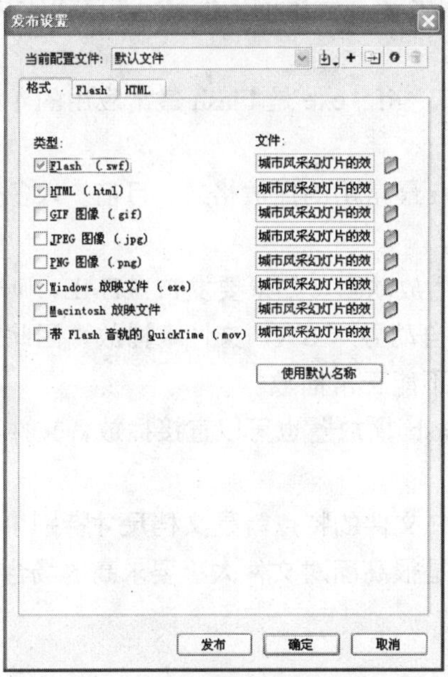

图 15-51　设置发布的格式

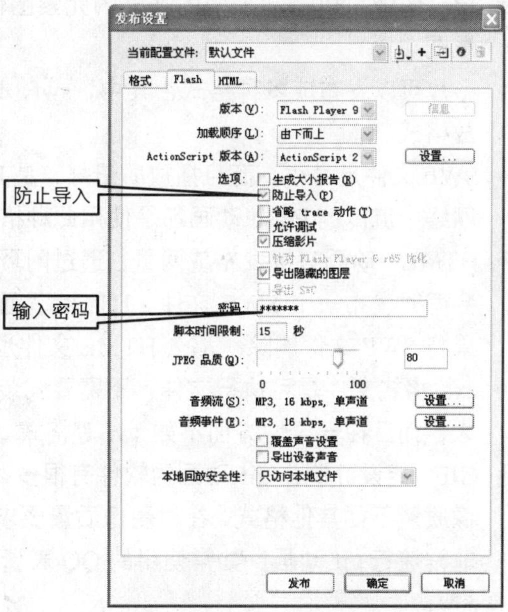

图 15-52　设置安全密码

15.7 本章小结

本章主要讲解了幻灯片以及发布设置，对于优化也有一定程度的介绍，对于初学者来说，一般所设计制作的动画文件都不会太大，所以对于优化，也不会太重视，然而对于一些专业动画设计师所制作的动画，尤其是效果复杂、播放时长很长的动画，文档的大小就需要值得注意了，所以读者应该尽量了解，在设计中尽量使用优化中介绍的方式设计动画，养成习惯。

以下为本章的内容小结：

- 幻灯片文档与一般的文档在操作界面上不同，多了一个“屏幕外框”窗格，在此窗格中可以看到每张幻灯片的缩图。
- “屏幕外框”窗格中，最上层屏幕叫主屏幕，默认命名为“演示文稿”，主屏幕上的内容会在动画的所有幻灯片中显示，通常会将背景图、导航按钮等需要在所有幻灯片中显示的内容添加在主屏幕中。
- 可以通过行为面板，为主屏幕上的导航按钮添加导航功能的指令。
- 可以通过行为面板，为各个幻灯片屏幕添加转换效果，使得播放效果更加丰富多彩、形式多样。
- 影片测试的快捷键为 Ctrl+Enter，测试影片后，会在 FLA 文件的同目录下创建一个 SWF 文件。
- 导出影片功能可以将动画导出为“swf、avi、mov、gif、wav”等格式的影片，也可以导出序列图像。

- 导出图像可以将动画中的独立的元素图像导出来。导出的图像格式包括位图和矢量图。
- 影片可以发布成多种格式，其中，swf、html、gif、exe 是 Flash 最常应用的 4 种播放格式。
- SWF 文件尺寸小，而且播放质量好，是 Flash 最常用的播放格式，目前，大多数在网络中流传的 Flash 动画都是使用此种格式。
- HTML：动画直接发布成网页，通过网页来播放动画。如果要发布 HTML，则一定会同时发布一个 SWF 文件。HTML 页面会自动导入 SWF 文件来播放，因此，如果将 SWF 文件删除，那么 HTML 文件也将不能正常播放。
- exe 格式文件是可执行文件，不需要安装 Flash 播放器也可以直接播放，文件比较大，而且在安全性方面不如 swf 等格式。
- GIF：能设计制作 gif 动画的软件有很多，GIF 文件的特点就是文档尺寸特别小，图像质量不如其他格式，在对图像质量要求不是很高而对文件大小要求高的场合，则非常流行 gif 动画，如常使用的 QQ 表情等。

第 5 篇

ActionScript 3.0 脚本信息

第 16 章　ActionScript 3.0 介绍

第 17 章　ActionScript 3.0 简单使用

第 16 章 ActionScript 3.0 介绍

本章导读

前面学习的那些动画知识都是设计动画方面的，没有涉及到编程等方面的知识，例如，演示一段动画时，可能在某些地方需要暂时停顿或者停止播放，这些在前面讲解设计动画、丰富动画和发布动画时，都没有讲解这方面的内容，难道学习ActionScript很难吗？

学习 ActionScript 其实很简单，ActionScript 做出来的动画大部分是一些交互性的动画，比如一些 Flash 游戏、动漫等，除了需要界面的设计，后续的编程控制也是很重要，例如，你说的想要制作的动画在某一帧停顿，其实只要在你需要动画停下的那一帧加上"stop();"语句就可以实现，因此在学习 ActionScript 之前，先让你了解一下 ActionScript 的基础知识。

本章主要学习以下内容：

- ActionScript 3.0 编程基础
- ActionScript 3.0 语法规则
- 学以致用
- 本章小结

16.1 了解ActionScript 3.0

用新的 ActionScript 3.0 编写动画需要先了解 ActionScript 的主要功能，以及ActionScript 3.0在原来的ActionScript 1.0、ActionScript 2.0编程语言的基础上有了哪些新增的功能等基础知识。

16.1.1　ActionScript 3.0简介

ActionScript 3.0是针对Adobe Flash Player运行时环境的编程语言，它在Flash内容和应用程序中实现了交互性、数据处理以及其他相关功能。

ActionScript 3.0 是由 Flash Player 中的 ActionScript 虚拟机（AVM）来执行的。ActionScript 3.0代码通常被编译器编译成“字节码格式”（一种由计算机编写且能够为计算机所理解的编程语言），如Adobe Flash CS3 Professional或Adobe Flex Builder的内置编译器或Adobe® Flex SDK和Flex Data Services中提供的编译器。字节码嵌入SWF文件中，SWF文件由运行时环境Flash Player执行。

ActionScript 3.0提供了可靠的编程模型，有面向对象编程的基本知识的初学者对此模型不会感到陌生。ActionScript 3.0中的一些主要功能包括：

新增的ActionScript虚拟机，称为AVM2，它使用全新的字节码指令集，可使性能显著提高。

先进的编译器代码库，它更为严格地遵循ECMAScript（ECMA 262）标准，并且相对于早期的编译器版本，可执行更深入的优化。

扩展并改进的应用程序编程接口（API），拥有对对象的低级控制和真正意义上的面向对象的模型。

基于即将发布的ECMAScript（ECMA-262）第4版草案语言规范的核心语言。

基于ECMAScript for XML（E4X）规范（ECMA-357第2版）的XML API。E4X是ECMAScript的一种语言扩展，它将XML添加为语言的本机数据类型。

基于文档对象模型（DOM）第3级事件规范的事件模型。

技巧　学习计算机语言时，一定要全面了解这门语言。多方位地深究这门语言，对学习的这门计算机语言多问几个为什么，对后期全面掌握这门语言是很有好处的，特别是要了解新版本语言的新增功能，对后面学习更高层次的编程会有很大的帮助。

高手点评

学习一门计算机语言，需要了解这门语言的来龙去脉，要从语言的基础学起，全方面地学习这门语言，不能在学习的过程中、对语言只知其然而不知其所以然，那样，学习的知识也只能是过眼云烟，最后被淡忘。同时，也不能对当前学习的知识只是生搬硬套，要学会将学习的知识举一反三。多实践，多思考，才会有更多的编程收获。

16.1.2 ActionScript 3.0 新增功能

ActionScript 3.0 是动画编程语言的新版本，在原版本基础上有了新的功能扩展，包含了许多加速开发过程的功能，其中，新增的主要功能如下：

1．运行时异常

ActionScript 3.0 报告错误方式比早期的 ActionScript 版本多。运行时异常用于常见的错误情形，可改善调试体验，并使能够在开发时就可以可靠地处理错误的应用程序。运行时错误可提供带有源文件和行号信息注释的堆栈跟踪，以帮助快速定位错误。

例如，在动作面板中输入代码，如图 16-1 所示，按快捷键“Ctrl+Enter”得到结果，如图 16-2 所示。

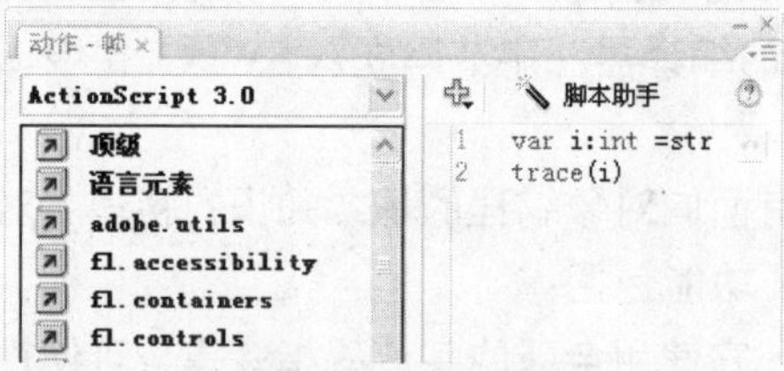

图 16-1　添加代码

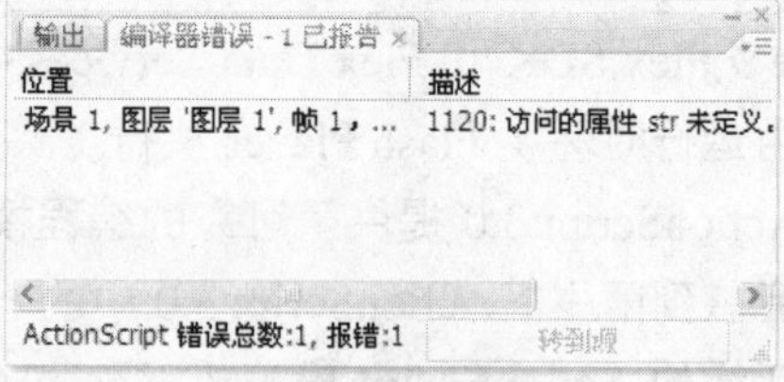

图 16-2　运行错误提示

2．运行时类型

在 ActionScript 2.0 中，类型注释主要是为开发人员提供帮助，在运行时，所有值的类型都是动态指定的。在 ActionScript 3.0 中，类型信息在运行时保留，并可用于多种目的。Flash Player 9 执行运行时类型检查，增强了系统的类型安全性。类型信息还可用于以本机形式表示变量，从而提高了性能，并减少了内存使用量。

3．密封类

ActionScript 3.0 引入了密封类的概念。密封类只能拥有在编译时定义的固定的一组属性和方法，不能添加其他属性和方法。因此，程序在编译时的检查更为严格，从而导致程序更可靠。由于不要求每个对象实例都有一个内部哈希表，因此还提高了内存的使用率。还可以通过使用 dynamic 关键字来实现动态类。默认情况下，ActionScript 3.0 中的所有类都是密封的，但可以使用 dynamic 关键字将其声明为动态类。

4．闭包方法

ActionScript 3.0 使闭包方法可以自动记起它的原始对象实例。此功能对于事件处理非常有用。在 ActionScript 2.0 中，闭包方法无法记起它是从哪个对象实例提取的，所以在调用闭包方法时将导致意外的行为。mx.utils.Delegate 类是一种常用的解决方法，但已不再需要。

5. ECMAScript for XML（E4X）

ActionScript 3.0 实现了 ECMAScript for XML(E4X),后者最近被标准化为 ECMA-357。E4X 提供一组用于操作 XML 的自然流畅的语言构造。与传统的 XML 分析 API 不同，使用 E4X 的 XML 就像该语言的本机数据类型一样执行。E4X 通过大大减少所需代码的数量来简化操作 XML 的应用程序的开发。

6. 正则表达式

ActionScript 3.0 包括对正则表达式的固有支持，因此可以快速搜索并操作字符串。由于在 ECMAScript（ECMA-262）第 3 版语言规范中对正则表达式进行了定义，因此，ActionScript 3.0 实现了对正则表达式的支持。

7. 命名空间

命名空间与用于控制声明（public、private、protected）的可见性的传统访问说明符类似。它们的工作方式与名称由人指定的自定义访问说明符类似。命名空间使用统一资源标识符（URI）以避免冲突，而且，在使用 E4X 时，还用于表示 XML 命名空间。

8. 新基元类型

ActionScript 2.0 拥有单一数值类型 Number，它是一种双精度浮点数。ActionScript 3.0 包含 int 和 uint 类型。int 类型是一个带符号的 32 位整数，它使 ActionScript 代码可充分利用 CPU 的快速处理整数数学运算的能力。int 类型对使用整数的循环计数器和变量都非常有用。uint 类型是无符号的 32 位整数类型，可用于 RGB 颜色值、字节计数和其他方面。

高手点评

ActionScript 3.0 的新增功能是原 ActionScript 语言的升级，新增的功能在程序的设计和调试等方面会更加的完善, ActionScript 3.0 的脚本编写功能超越了 ActionScript 的早期版本。它旨在方便创建拥有大型数据集和面向对象的可重用代码库的高度复杂应用程序。虽然 ActionScript 3.0 对于在 Adobe Flash Player 9 中运行的内容并不是必需的，但它使用新型的虚拟机 AVM2，实现了性能的改善。ActionScript 3.0 代码的执行速度可以比旧式 ActionScript 代码快 10 倍。

16.2 编程基础

ActionScript 是一种用于动画的编程语言，利用编程语言编写的肯定是程序文件，因此需要弄清楚程序的概念和了解几个通用的计算机编程概念，则会对学习 ActionScript 很有帮助。

16.2.1 计算机程序用途

首先，对计算机程序的概念及其用途有一个概念性的认识是非常有用的。计算机程序主要包括两个方面：

程序是计算机执行的一系列指令或步骤。

每一步最终都涉及对某一段信息或数据的处理。

通常认为，计算机程序只是人提供给计算机，并让它逐步执行的指令列表。每个单独的指令都称为“语句”。

例如，制作动画时，选择一帧，在动作面板中输入代码语句“stop();”，当动画运行到这一帧时，程序会自动停止当前播放的动画。代码“stop();”就是程序文件中的语句。

技巧 在 ActionScript 中编写的每个语句的末尾都有一个分号。

实质上，程序中给定指令所做的全部操作就是处理存储在计算机内存中的一些数据位。

16.2.2 变量

变量，顾名思义是变化的量，由于编程主要涉及更改计算机内存中的信息，因此，在程序中需要一种方法来存储和读取信息。有些初学编程的人以为变量就是一个数值，而实际在编程的过程中，“变量”是一个名称，它代表计算机内存中的值。当然，利用编写的程序来处理这些值时，可以声明变量来代替这些值，计算机运行这些程序时，就会根据声明的变量名在内存中查找并使用内存中存储的信息。

1. 声明变量

在 ActionScript 3.0 中声明变量与其他计算机语言声明变量的方式不大相同，ActionScript 3.0 中声明变量的格式如下：

var 变量名：数据类型

声明变量的同时并赋值：

var 变量名：数据类型=值；

正确格式例如：

```
var i :int
var i :int=10
```

错误格式例如：

```
a ; //声明变量没有使用关键字
i=10 //声明变量没有使用关键字
```

提示 上述例子中的 int 表示数据类型，在 16.2.4 节会有具体的讲解，请参阅。在 ActionScript 2.0 中声明变量如果不添加数据类型，那么 ActionScript 2.0 中会默认该对象为 Object。但是在 ActionScript 3.0 不会有默认对象，如果不加上数据类型的声明，那么该变量被视为未声明类型。

例如，如果两个名为 a 和 b 的变量都包含一个数字，可以编写如下语句将这两个数字相加：

a+b

在实际执行这些步骤时，计算机将查看每个变量中的值，并将它们相加。

在 ActionScript 3.0 中，一个变量实际上包含 3 个不同部分：变量名、可以存储在变量中的数据的类型、存储在计算机内存中的实际值。

提示 在 Adobe Flash CS3 Professional 中，还包含另外一种变量声明方法。将一个影片剪辑元件、按钮元件或文本字段放置在舞台上时，可以在“属性”面板中为它指定一个实例名称。在后台进行程序设计时，Flash 将创建一个与该实例名称同名的变量，可以在 ActionScript 代码中使用该变量来引用该舞台项目。

2. 变量命名规则

前面讲述了变量的声明，在变量声明时，除了要使用正确的格式外，为了程序的可读性和代码的合理性，对变量的命名也需要遵守一定的规则，认真对待变量的命名，不仅可以使自己在程序设计中看得清楚，也会使别人看得更加的明白。

在 ActionScript 代码中，变量的命名没有其他计算机语言的变量命名规则那么的复杂，但是在实际使用 ActionScript 制作编程动画时，会有一些约定：

（1）变量名尽量使用字母组合或者英文单词，例如：var workaddress :string，可以看出该变量定义表示工作地点。

（2）对变量进行命名时，尽量使用最短的字母组合描述清楚变量所要代表的信息。

（3）在变量命名的过程中，尽量不要出现数字，以往很多学习编程人员，想到一个变量名以后，在后面进行变量命名时就不愿意再多动脑筋，只是在当前的变量上添加数字排序，导致到程序后期进行调试时，时间长了，自己遗忘了，别人也就更看不明白了。

3. 变量的作用域

变量的“作用域”是指可在其中通过引用词汇来访问变量的代码区域。“全局”变量是指在代码的所有区域中定义的变量，而“局部”变量是指仅在代码的某个部分定义的变量。在 ActionScript 3.0 中，始终为变量分配声明它们的函数或类的作用域。全局变量是在任何函数或类定义的外部定义的变量。例如，下面的代码通过在任何函数的外部声明一个名为 strGlobal 的全局变量来创建该变量。从该示例可看出，全局变量在函数定义的内部和外部均可用。

```
var strGlobal:String = "Global";
function scopeTest()
{
   trace(strGlobal); // 全局
}
scopeTest();
trace(strGlobal); // 全局
```

可以通过在函数定义内部声明变量来将它声明为局部变量。可定义局部变量的最小代码区域就是函数定义。在函数内部声明的局部变量仅存在于该函数中。例如，如果在名为localScope()的函数中声明一个名为 str2 的变量，该变量在该函数外部将不可用。

```
function localScope()
{
    var strLocal:String = "local";
}
localScope();
trace(strLocal); // 出错，因为未在全局定义 strLocal
```

程序运行结果如图 16-3 所示。

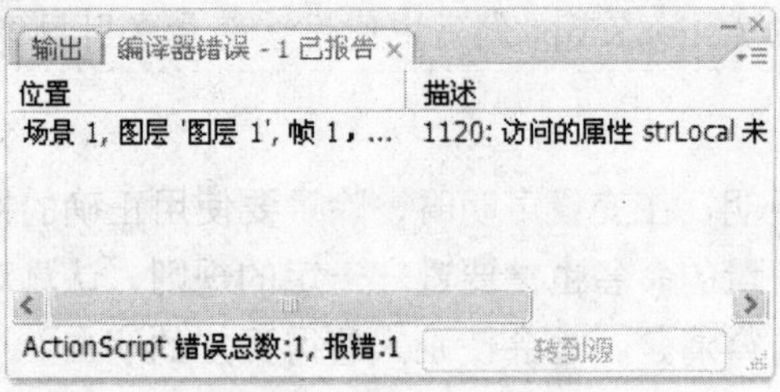

图 16-3　运行结果

如果用于局部变量的变量名已经被声明为全局变量，那么，当局部变量在作用域内时，局部定义会隐藏（或遮蔽）全局定义。全局变量在该函数外部仍然存在。例如，下面的代码创建一个名为 str1 的全局字符串变量，然后在 scopeTest()函数内部创建一个同名的局部变量。该函数中的 trace 语句输出该变量的局部值，而函数外部的 trace 语句则输出该变量的全局值。

```
var str1:String = "Global";
function scopeTest ()
{
    var str1:String = "Local";
    trace(str1); // 本地
}
scopeTest();
trace(str1); // 全局
```

程序运行结果如图 16-4 所示。

图 16-4　运行结果

与 C++和 Java 中的变量不同的是，ActionScript 变量没有块级作用域。代码块是指左大括号“{”与右大括号“}”之间的任意一组语句。在某些编程语言（如 C++和 Java）中，在代码块内部声明的变量在代码块外部不可用。对于作用域的这一限制称为块级作用域，ActionScript 中不存在这样的限制，如果在某个代码块中声明一个变量，那么，该变量不仅在该代码块中可用，而且还在该代码块所属函数的其他任何部分都可用。例如，下面的函数包含在不同的块作用域中定义的变量。所有的变量均在整个函数中可用。

```
function blockTest (testArray:Array)
{
   var numElements:int = testArray.length;
   if (numElements > 0)
   {
      var elemStr:String = "Element #";
      for (var i:int = 0; i < numElements; i++)
      {
         var valueStr:String = i + ": " + testArray[i];
         trace(elemStr + valueStr);
      }
      trace(elemStr, valueStr, i);   // 仍定义了所有变量
   }
   trace(elemStr, valueStr, i); // 如果 numElements > 0，则会定义所有变量
}

blockTest(["Earth", "Moon", "Sun"]);
```

程序运行结果如图 16-5 所示。

图 16-5 运行结果

提示 程序的指令如果缺乏块级作用域，那么，只要在函数结束之前对变量进行声明，就可以在声明变量之前读写它。这是由于存在一种名为“提升”的方法，该方法表示编译器会将所有的变量声明移到函数的顶部。即使 num 变量的初始 trace()函数发生在声明 num 变量之前也是如此。

```
trace(num); // NaN
var num:Number = 10;
trace(num); // 10
```

编译器将不会提升任何赋值语句。这就说明了为什么 num 的初始 trace()会生成 NaN（而非某个数字），NaN 是 Number 数据类型变量的默认值。这意味着甚至可以在声明变量之前为变量赋值，如下面的示例所示：

```
num = 5;
trace(num); // 5
```

```
var num:Number = 10;
trace(num); // 10
```

16.2.3 常量

所谓常量可以简单理解为数学中的常数，在程序设计中是指在程序执行过程中，值保持不变的量，它与变量不太一样，常量只能在声明时赋值，同时常量被赋值后，在程序执行过程中，被声明的常量的值是保持不变的，如果想在程序设计过程中使用赋值语句来改变常量的值，程序就会提示错误。

为了更好地提高程序执行的效率，在 ActionScript 3.0 中新增了关键字 const，专门用于常量的声明，当然使用关键字 const 声明常量的方式与使用关键字 var 声明变量的语法是完全一样的，只是声明常量时必须给常量赋初始值，语法如下所示：

正确的声明方式：

```
const i ;int=10 ;
```

错误的使用方式：

```
const i ;int=10 ;
i=9 ;
```

编写程序使用关键字 const 声明常量，不仅可以告诉编译器声明的该值是常量，还可以提醒其他编写程序的人员，这是个常量，该值在程序执行的过程中是保持不变的，不管在什么样的编程语言中，关键字 const 声明常量的使用范围是很广泛的，因此在 ActionScript 3.0 中集成了这样的优点，提倡尽量使用关键字 const 声明常量。在程序设计之初，如果有些值始终是保持不变的，就可以直接把它声明为常量，这样使用常量不仅方便前期程序的编写，同时也方便后期对程序的修改和维护。

高手点评

学习计算机语言，学习之初接触的是变量，在实际的程序设计中，使用最多的还是变量，因此学好变量的命名对后期编写程序，规范地使用变量是非常重要的。正是在程序设计中使用了大量的变量，才能大大提高程序的可复制性，从而提高了编写程序的速率，同时也提高了程序调试与测试的效率。

只能为常量赋值一次，而且必须在最接近常量声明的位置赋值。

Flash Player API 定义了一组广泛的常量供使用。按照惯例，ActionScript 中的常量全部使用大写字母，各个单词之间用下划线字符“_”分隔。例如，MouseEvent 类定义将此命名惯例用于其常量，其中，每个常量都表示一个与鼠标输入有关的事件：

```
package Flash.events
{
  public class MouseEvent extends Event
  {
    public static const CLICK:String= "click";
```

```
    public static const DOUBLE_CLICK:String= "doubleClick";
    public static const MOUSE_DOWN:String= "mouseDown";
    public static const MOUSE_MOVE:String= "mouseMove";
}
```

16.2.4　数据类型

在 ActionScript 3.0 中，数据类型可以很简单地分为基元数据类型和复杂数据类型。可以将很多数据类型用作所创建的变量的数据类型。其中的某些数据类型可以看作是“简单”或“基本”数据类型，也有一些是复杂数据类型，常用的数据类型如表 16-1 所示。

表 16-1　常用数据类型

数据类型		说　明
String		文本值，例如，一个名称或书中某一章的文字
Numeric	Number	任何数值，包括有小数部分或没有小数部分的值
	Int	整数（不带小数部分的整数）
	Uint	“无符号”整数，即不能为负数的整数
Boolean		true 或 false 值，例如开关是否开启或两个值是否相等
MovieClip		影片剪辑元件
TextField		动态文本字段或输入文本字段
SimpleButton		按钮元件
Date		有关时间中的某个片刻的信息（日期和时间）

简单数据类型表示简单信息。例如，单个数字或单个文本序列。然而，ActionScript 中定义的大部分数据类型都可以被描述为复杂数据类型，因为它们表示组合在一起的一组值。例如，数据类型为 Date 的变量表示单个值——时间中的某个片刻。然而，该日期值实际上表示为几个值：年、月、日、时、分、秒，等等，它们都是单独的数字。所以，虽然认为日期是单个值（可以通过创建一个 Date 变量将日期作为单个值来对待），而在计算机内部却认为日期是组合在一起、共同定义单个日期的一组值。

大部分内置数据类型以及程序员定义的数据类型都是复杂数据类型。经常用作数据类型的同义词的两个词是类和对象。“类”仅仅是数据类型的定义，就像用于该数据类型的所有对象的模板，例如，所有 Example 数据类型的变量都拥有这些特性：A、B 和 C。而“对象”仅仅是类的一个实际的实例，可将一个数据类型为 MovieClip 的变量描述为一个 MovieClip 对象。

高手点评

在 ActionScript 2.0 中，无论是整数或者小数都只要使用一种数据类型表示，使用 Number 定义变量的数据类型，既可以把此变量当作整型，也可以看作浮点型，给人感觉这样处理会很方便，实际上 ActionScript 2.0 编写的程序执行的效率并不高，因此，细化程序语言中的数据类型是标准编程语言的一个特征，对于学习编程的人员而言，规范合理地使用数据类型就显得更加重要。

数据类型在计算机语言中的作用也是举足轻重的，在实际的编程中，需要频繁地使用数据类型，即使是有经验的程序员在使用数据类型时都会出现或多或少的错误，对于初学者来说，处理数据类型时出现错误也是不可避免的，因此，对待数据类型的学习，需要初学者养成好的习惯，可以大大减少程序中出现的错误。

16.2.5 函数

ActionScript 是一种实现动画交互作用的编程语言，与其他计算机语言一样，在使用 ActionScript 3.0 编写程序时也可以使用函数。在程序设计中，一个大的程序文件都是由许多小的程序模块组成的，因此编程人员在设计程序时，需要将大的程序拆分成一系列小的程序块，这些模块就可以理解为一个个函数，每个函数都可以根据需要完成一定的功能。

1．调用函数

在 ActionScript 3.0 中调用函数的方式与其他计算机语言相比相对简单些，它可通过使用后跟小括号运算符“()”的函数标识符来调用函数。要发送给函数的任何函数参数都括在小括号中。例如 trace()函数（它是 Flash Player API 中的顶级函数）：

trace("Use trace to help debug your script");

如果要调用没有参数的函数，则必须使用一对空的小括号。例如，可以使用没有参数的 stop()函数来停止动画：

stop ();

2．自定义函数

在 ActionScript 3.0 中可通过两种方法来定义函数：使用函数语句和使用函数表达式。可以根据自己的编程风格（偏于静态还是偏于动态）来选择相应的方法。如果倾向于采用静态或严格模式的编程，则应使用函数语句来定义函数。如果有特定的需求，需要用函数表达式来定义函数。函数表达式更多地用在动态编程或标准模式编程中。

（1）利用函数语句定义函数

函数语句是在严格模式下定义函数的首选方法。函数语句以 function 关键字开头，包含内容：函数名，用小括号括起来的逗号分隔参数列表，用大括号括起来的函数体（即在调用函数时要执行的 ActionScript 代码）。

例如，下面的代码创建一个定义一个参数的函数，然后将字符串“hello”用作参数值来调用该函数。

```
function traceParameter(aParam:String)
{
   trace(aParam);
}
traceParameter("hello"); // hello
```

（2）利用函数表达式定义函数

声明函数的第 2 种方法就是结合使用赋值语句和函数表达式，函数表达式有时也称为函数字面值或匿名函数。这是一种较为繁杂的方法，在早期的ActionScript版本中广为使用。

带有函数表达式的赋值语句以var关键字开头，包含内容：函数名，冒号运算符“:”，指示数据类型的Function类，赋值运算符（=），function关键字，用小括号括起来的逗号分隔参数列表，用大括号括起来的函数体（即在调用函数时要执行的ActionScript代码）。

例如，下面的代码使用函数表达式来声明traceParameter函数：

```
var traceParameter:Function = function (aParam:String)
{
    trace(aParam);
};
traceParameter("hello"); // hello
```

注意 就像在函数语句中一样，在上面的代码中也没有指定函数名。函数表达式和函数语句的另一个重要区别是，函数表达式是表达式，而不是语句。这意味着函数表达式不能独立存在，而函数语句则可以。函数表达式只能用作语句（通常是赋值语句）的一部分。下面的示例显示了一个赋予数组元素的函数表达式：

```
var traceArray:Array = new Array();
traceArray[0] = function (aParam:String)
{
    trace(aParam);
};
traceArray[0]("hello");
```

3. 从函数中返回值

在程序设计中使用函数是可以返回函数的计算结果的，如果要从函数中返回值，需要使用return语句。例如，

```
function doubleNum(baseNum:int):int
{
    return (baseNum * 2);
}
```

注意 return语句会终止该函数，因此，不会执行位于return语句下面的任何语句，如下所示：

```
function doubleNum(baseNum:int):int {
    return (baseNum * 2);
    trace("after return"); // 不会执行这条trace语句。
}
```

在严格模式下，如果选择指定返回类型，则必须返回相应类型的值。例如，下面的代码在严格模式下会生成错误，因为它们不返回有效值：

```
function doubleNum(baseNum:int):int
{
    trace("after return");
}
```

4．嵌套函数

可以嵌套函数，这意味着函数可以在其他函数内部声明。除非将对嵌套函数的引用传递给外部代码，否则嵌套函数将仅在其父函数内可用。例如，下面的代码在 getNameAndVersion()函数内部声明两个嵌套函数：

```
function getNameAndVersion():String
{
    function getVersion():String
    {
        return "9";
    }
    function getProductName():String
    {
        return "Flash Player";
    }
    return (getProductName() + " " + getVersion());
}
trace(getNameAndVersion()); // Flash Player 9
```

5．函数参数

ActionScript 3.0 为函数参数提供了一些功能，这些功能对于那些刚接触 ActionScript 语言的程序员来说可能是很陌生的。尽管大多数程序员都应熟悉按值或按引用传递参数这一概念，但是很多人可能都对 arguments 对象和...(rest)参数感到很陌生。

（1）按值或按引用传递参数

在许多编程语言中，一定要了解按值传递参数与按引用传递参数之间的区别，二者之间的区别会影响代码的设计方式。

按值传递意味着将参数的值复制到局部变量中以便在函数内使用。按引用传递意味着将只传递对参数的引用，而不传递实际值。这种方式的传递不会创建实际参数的任何副本，而是会创建一个对变量的引用，并将它作为参数传递，并且会将它赋给局部变量，以便在函数内部使用。局部变量是对函数外部的变量的引用，它使得能够更改初始变量的值。

在 ActionScript 3.0 中，所有的参数均按引用传递，因为所有的值都存储为对象。但是，属于基元数据类型（包括 Boolean、Number、int、uint 和 String）的对象具有一些特殊运算符，这使它们可以像按值传递一样工作。

例如，下面的代码创建一个名为 passPrimitives()的函数，该函数定义了两个类型均为 int，名称分别为 xParam 和 yParam 的参数。

```
function passPrimitives(xParam:int, yParam:int):void
{
```

```
        xParam++;
        yParam++;
        trace(xParam, yParam);
    }
    var xValue:int = 10;
    var yValue:int = 15;
    trace(xValue, yValue);
    passPrimitives(xValue, yValue);
    trace(xValue, yValue);
```

程序运行结果如图 16-6 所示。

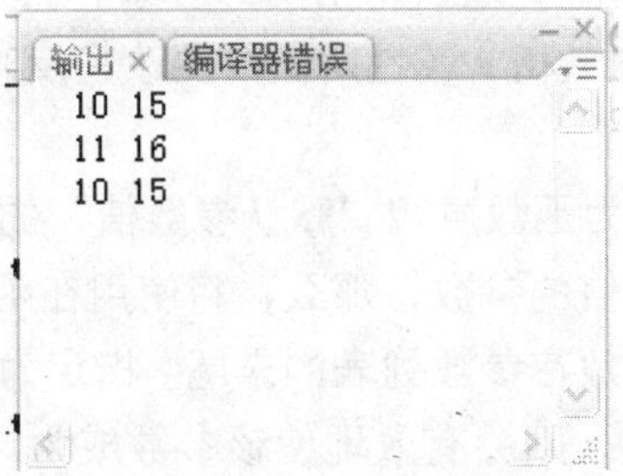

图 16-6　运行结果

在 passPrimitives()函数内部，xParam 和 yParam 的值递增，但这不会影响 xValue 和 yValue 的值，如上一条 trace 语句所示。即使参数的命名与 xValue 和 yValue 变量的命名完全相同也是如此，因为函数内部的 xValue 和 yValue 将指向内存中的新位置，这些位置不同于函数外部同名的变量所在的位置。

其他所有对象（即不属于基元数据类型的对象）始终按引用传递，这样就可以更改初始变量的值。例如，下面的代码创建一个名为 objVar 的对象，该对象具有两个属性：x 和 y。该对象作为参数传递给 passByRef()函数。因为该对象不是基元类型，所以它不但按引用传递，而且还保持一个引用。这意味着对函数内部的参数的更改将会影响到函数外部的对象属性。

```
function passByRef(objParam:Object):void
{
    objParam.x++;
    objParam.y++;
    trace(objParam.x, objParam.y);
}
var objVar:Object = {x:10, y:15};
trace(objVar.x, objVar.y);
passByRef(objVar);
trace(objVar.x, objVar.y);
```

程序运行结果如图 16-7 所示。

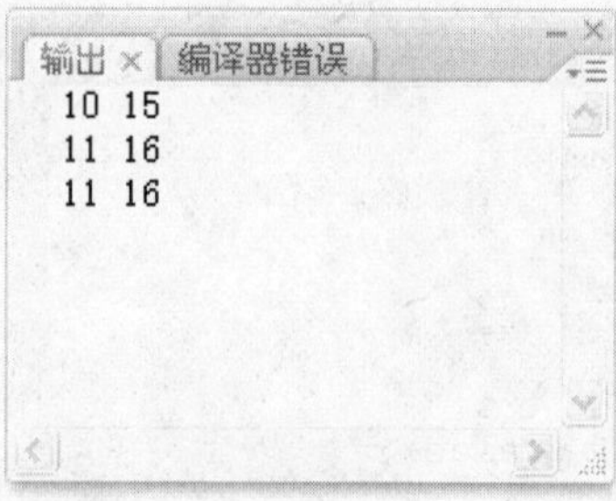

图 16-7　运行结果

objParam 参数与全局 objVar 变量引用相同的对象。正如在本示例的 trace 语句中所看到的一样，对 objParam 对象的 x 和 y 属性所做的更改将反映在 objVar 对象中。

（2）默认参数值

ActionScript 3.0 中新增了为函数声明“默认参数值”的功能。如果在调用具有默认参数值的函数时省略了具有默认值的参数，那么，将使用在函数定义中为该参数指定的值。所有具有默认值的参数都必须放在参数列表的末尾。指定为默认值的值必须是编译时的常量。如果某个参数存在默认值，则会有效地使该参数成为“可选参数”。没有默认值的参数被视为“必需的参数”。

例如，下面的代码创建一个具有 3 个参数的函数，其中的两个参数具有默认值。当仅用一个参数调用该函数时，将使用这些参数的默认值。

```
function defaultValues(x:int, y:int = 3, z:int = 5):void
{
   trace(x, y, z);
}
defaultValues(1);
```

程序运行结果如图 16-8 所示。

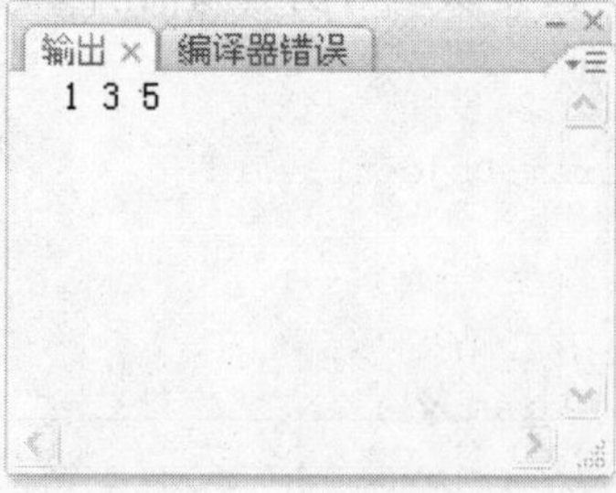

图 16-8　运行结果

（3）arguments 对象

在将参数传递给某个函数时，可以使用 arguments 对象来访问有关传递给该函数的参数的信息。arguments 对象的一些重要方面包括：

arguments 对象是一个数组，其中包括传递给函数的所有参数。

arguments.length 属性报告传递给函数的参数数量。

arguments.callee 属性提供对函数本身的引用，该引用可用于递归调用函数表达式。

注意　如果将任何参数命名为 arguments，或者使用...(rest)参数，则 arguments 对象不可用。

在 ActionScript 3.0 中，函数调用中所包括的参数的数量可以大于在函数定义中所指定的参数数量，但是，如果参数的数量小于必需参数的数量，在严格模式下将生成编译器错误。可以使用 arguments 对象的数组样式来访问传递给函数的任何参数，而无需考虑是否在函数定义中定义了该参数。

如下所示使用 arguments 数组及 arguments.length 属性来输出传递给 traceArgArray()函数的所有参数。

```
function traceArgArray(x:int):void
{
    for (var i:uint = 0; i < arguments.length; i++)
    {
        trace(arguments[i]);
    }
}
traceArgArray(3);
```

程序运行结果如图 16-9 所示。

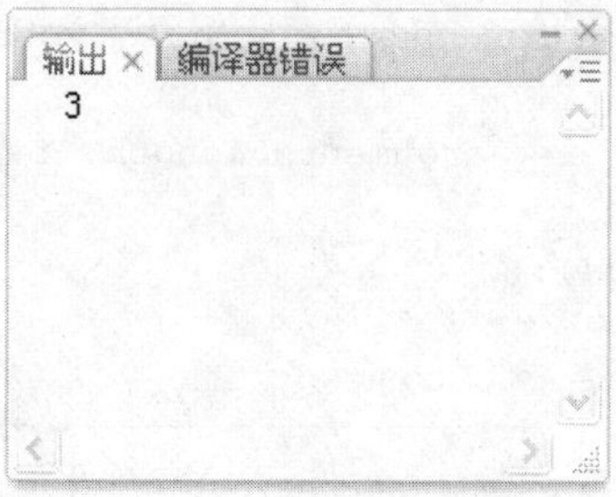

图 16-9　运行结果

arguments.callee 属性通常用在匿名函数中以创建递归。可以使用它来提高代码的灵活性。如果递归函数的名称在开发周期内的不同阶段会发生改变，而且使用的是 arguments.callee（而非函数名），则不必花费精力在函数体内更改递归调用。在下面的函数表达式中，使用 arguments.callee 属性来启用递归。

```
var factorial:Function = function (x:uint)
{
    if(x == 0)
    {
        return 1;
    }
    else
    {
```

```
        return (x * arguments.callee(x - 1));
    }
}
trace(factorial(5));
```

程序运行结果如图 16-10 所示。

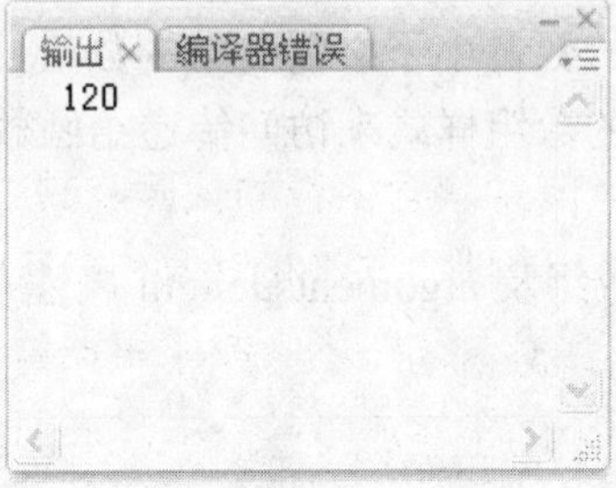

图 16-10　运行结果

如果在函数声明中使用...(rest)参数，则不能使用 arguments 对象，而必须使用为参数声明的参数名来访问参数。

还应避免将“arguments”字符串作为参数名，因为它将遮蔽 arguments 对象。例如，如果重写 traceArgArray()函数，以便添加 arguments 参数，那么，函数体内对 arguments 的引用所引用的将是该参数，而不是 arguments 对象。下面的代码不生成输出结果：

```
function traceArgArray(x:int, arguments:int):void
{
    for (var i:uint = 0; i < arguments.length; i++)
    {
        trace(arguments[i]);
    }
}
traceArgArray(1, 2, 3);
// 无输出
```

在早期的 ActionScript 版本中，arguments 对象还包含一个名为 caller 的属性，该属性是对当前函数的引用。ActionScript 3.0 中没有 caller 属性，但是，如果需要引用调用函数，则可以更改调用函数，以使其传递一个额外的参数来引用它本身。

6．函数作用域

函数的作用域不但决定了可以在程序中的什么位置调用函数，而且还决定了函数可以访问哪些定义。适用于变量标识符的作用域规则同样也适用于函数标识符。在全局作用域中声明的函数在整个代码中都可用。例如，ActionScript 3.0 包含可在代码中的任意位置使用的全局函数，如 isNaN()和 parseInt()。嵌套函数（即在另一个函数中声明的函数）可以用在声明它的函数中的任意位置。

（1）作用域链

无论何时开始执行函数，都会创建许多对象和属性。首先，会创建一个称为“激活对象”的特殊对象，该对象用于存储在函数体内声明的参数以及任何局部变量或函数。由于激活对象属于内部机制，因此无法直接访问它。接着，会创建一个“作用域链”，其中包含由 Flash Player 检查标识符声明的对象的有序列表。所执行的每个函数都有一个存储在内部属性中的作用域链。对于嵌套函数，作用域链始于其自己的激活对象，后跟其父函数的激活对象。作用域链以这种方式延伸，直到到达全局对象。全局对象是在 ActionScript 程序开始时创建的，其中包含所有的全局变量和函数。

（2）函数闭包

“函数闭包”是一个对象，其中包含函数的快照及其“词汇环境”。函数的词汇环境包括函数作用域链中的所有变量、属性、方法和对象，以及它们的值。无论何时在对象或类之外的位置执行函数，都会创建函数闭包。函数闭包保留定义它们的作用域，这样，在将函数作为参数或返回值传递给另一个作用域时，会产生有趣的结果。

例如，下面的代码创建两个函数：foo()（返回一个用来计算矩形面积的嵌套函数 rectArea()）和 bar()（调用 foo()，并将返回的函数闭包存储在名为 myProduct 的变量中）。即使 bar()函数定义了自己的局部变量 x（值为 2），当调用函数闭包 myProduct()时，该函数闭包仍保留在函数 foo()中定义的变量 x（值为 40）。因此，bar()函数将返回值 160，而不是 8。

```
function foo():Function
{
   var x:int = 40;
   function rectArea(y:int):int // 定义函数闭包
   {
      return x * y
   }
   return rectArea;
}
function bar():void
{
   var x:int = 2;
   var y:int = 4;
   var myProduct:Function = foo();
   trace(myProduct(4)); // 调用函数闭包
}
bar();
```

程序运行的结果如图 16-11 所示。

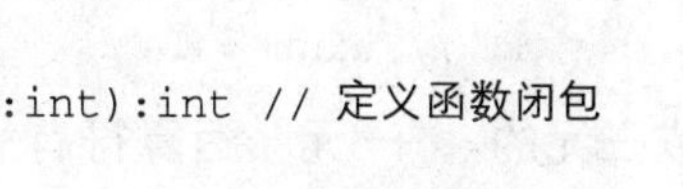

图 16-11　运行结果

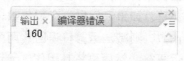

函数闭包与绑定方法类似，因为方法也保留有关创建它们的词汇环境的信息。当方法提取自它的实例（这会创建绑定方法）时，此特征尤为突出。函数闭包与绑定方法之间的主要区别在于，绑定方法中 this 关键字的值始终引用它最初附加到的实例，而函数闭包中 this 关键字的值可以改变。

高手点评

在程序设计中，函数的本意是程序块，包含着一条或者多条语句代码，但是准确来讲：函数应该是为实现某一个特定的功能在程序中可以重复使用的代码集合。使用函数使编程很方便，不仅因为函数的可重复使用性强，而且用函数编写的程序很方便阅读，无论是编写程序的人员还是后期进行测试与维护的人员，根据函数功能区域的划分，很容易检测出程序的错误之处。在编写程序时，适量地使用函数，是保障程序快速稳定的一个重要保证。因此，这一节重点介绍的函数的相关知识，希望初学者都能认真对待。

16.2.6 运算符

1. 运算符概述

运算符是一种特殊的函数，它们具有一个或多个操作数并返回相应的值。“操作数”是被运算符用作输入的值，通常是字面值、变量或表达式。例如，在下面的代码中，将加法运算符“+”和乘法运算符“*”与 3 个字面值操作数 2、3 和 4 结合使用来返回一个值。赋值运算符“=”随后将所返回的值 14 赋给变量 sumNumber。

```
var sumNumber:uint = 2 + 3 * 4; // uint = 14
```

运算符可以是一元、二元或三元的。“一元”运算符有 1 个操作数。例如，递增运算符“++”就是一元运算符，因为它只有一个操作数。“二元”运算符有 2 个操作数。例如，除法运算符“/”有 2 个操作数。“三元”运算符有 3 个操作数。例如，条件运算符“?:”具有 3 个操作数。

有些运算符是“重载的”，这意味着它们的行为因传递给它们的操作数的类型或数量而异。例如，加法运算符“+”就是一个重载运算符，其行为因操作数的数据类型而异。如果两个操作数都是数字，则加法运算符会返回这些值的和。如果两个操作数都是字符串，则加法运算符会返回这两个操作数连接后的结果。下面的示例代码说明运算符的行为如何因操作数而异：

```
trace(5 + 5);      //输出的运算结果为 10
trace("5" + "5"); //输出的运算结果为 55
```

运算符的行为还可能因所提供的操作数的数量而异。减法运算符“-”既是一元运算符又是二元运算符。对于减法运算符，如果只提供一个操作数，则该运算符会对操作数求反并返回结果；如果提供两个操作数，则减法运算符返回这两个操作数的差。下面的示例说明首先将减法运算符用作一元运算符，然后再将其用作二元运算符。

```
trace(-3);  //输出的运算结果为-3
trace(7-2); //输出的运算结果为 5
```

2．运算符的优先级和结合律

运算符的优先级和结合律决定了运算符的处理顺序。虽然对于熟悉算术的人来说，编译器先处理乘法运算符“*”然后再处理加法运算符“+”似乎是自然而然的事情，但实际上编译器要求显式指定先处理哪些运算符。此类指令统称为“运算符优先级”。ActionScript 定义了一个默认的运算符优先级，可以使用小括号运算符“()”来改变它。下面的代码改变上一个示例中的默认优先级，以强制编译器先处理加法运算符，然后再处理乘法运算符：

```
var sumNumber:uint = (2 + 3) * 4; // uint == 20
```

可能会遇到这样的情况：同一个表达式中出现两个或更多个具有相同的优先级的运算符。在这些情况下，编译器使用“结合律”的规则来确定先处理哪个运算符。除了赋值运算符之外，所有二进制运算符都是“左结合”的，也就是说，先处理左边的运算符，然后再处理右边的运算符。赋值运算符和条件运算符“?:”都是“右结合”的，也就是说，先处理右边的运算符，然后再处理左边的运算符。

如表 16-2 所示，按优先级递减的顺序列出了 ActionScript 3.0 中的运算符。该表内同一行中的运算符具有相同的优先级。在该表中，每行运算符都比位于其下方的运算符的优先级高。

表 16-2　运算符优先级

<table>
<tr><th>组</th><th>运 算 符</th></tr>
<tr><td>主要</td><td>[] {x:y} () f(x) new x.y x[y] <></> @ :: ..</td></tr>
<tr><td>后缀</td><td>x++ x--</td></tr>
<tr><td>一元</td><td>++x --x + - ~ !</td></tr>
<tr><td>乘法</td><td>* / %</td></tr>
<tr><td>加法</td><td>+ -</td></tr>
<tr><td>按位移位</td><td><< >> >>></td></tr>
<tr><td>关系</td><td>< > <= >=</td></tr>
<tr><td>等于</td><td>== != === !==</td></tr>
<tr><td>按位“与”</td><td>&</td></tr>
<tr><td>按位“异或”</td><td>^</td></tr>
<tr><td>按位“或”</td><td>|</td></tr>
<tr><td>逻辑“与”</td><td>&&</td></tr>
<tr><td>逻辑“或”</td><td>||</td></tr>
<tr><td>条件</td><td>?:</td></tr>
<tr><td>赋值</td><td>= *= /= %= += -= <<= >>= >>>= &= ^= |=</td></tr>
<tr><td>逗号</td><td>,</td></tr>
</table>

3．主要运算符

主要运算符包括那些用来创建 Array 和 Object 字面值、对表达式进行分组、调用函数、实例化类实例以及访问属性的运算符。

如表 16-3 所示列出了所有主要运算符，它们具有相同的优先级。属于 E4X 规范的运算符用“(E4X)”来表示。

表 16-3　主要运算符

运 算 符	执行的运算
[]	初始化数组
{x:y}	初始化对象
()	对表达式进行分组
f(x)	调用函数
new	调用构造函数
x.y x[y]	访问属性
<></>	初始化 XMLList 对象（E4X）
@	访问属性（E4X）
::	限定名称（E4X）
..	访问子级 XML 元素（E4X）

4．后缀运算符

后缀运算符只有一个操作数，它递增或递减该操作数的值。虽然这些运算符是一元运算符，但是它们有别于其他一元运算符，被单独划归到了一个类别，因为它们具有更高的优先级和特殊的行为。在将后缀运算符用作较长表达式的一部分时，会在处理后缀运算符之前返回表达式的值。例如，下面的代码说明如何在递增值之前返回表达式 xNum++的值：

```
var xNum:Number = 0;
trace(xNum++); // 输出的运算结果为 0
trace(xNum);   //输出的运算结果为 1
```

程序运行结果如图 16-12 所示。

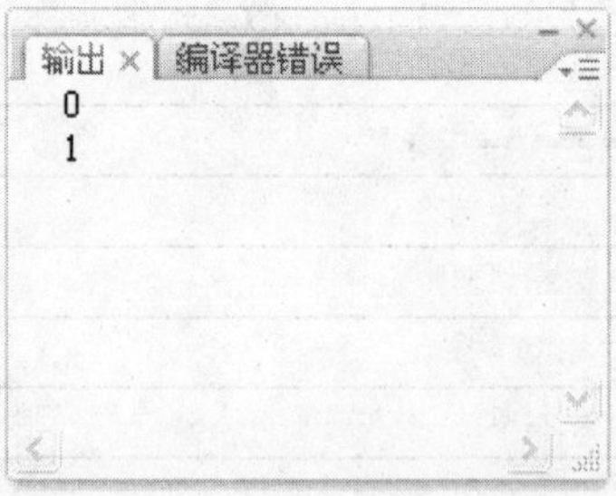

图 16-12　程序运行结果

如表 16-4 所示，列出了所有的后缀运算符，它们具有相同的优先级。

表 16-4　后缀运算符

运 算 符	执行的运算
++	递增（后缀）
--	递减（后缀）

5. 一元运算符

一元运算符只有一个操作数。这一组中的递增运算符“++”和递减运算符“--”是“前缀运算符”，这意味着它们在表达式中，出现在操作数的前面。前缀运算符与它们对应的后缀运算符不同，因为递增或递减操作是在返回整个表达式的值之前完成的。例如，下面的代码说明如何在递增值之后返回表达式++xNum 的值：

```
var xNum:Number = 0;
trace(++xNum); //输出的运算结果为 1
trace(xNum);   //输出的运算结果为 1
```

程序运行结果如图 16-13 所示。

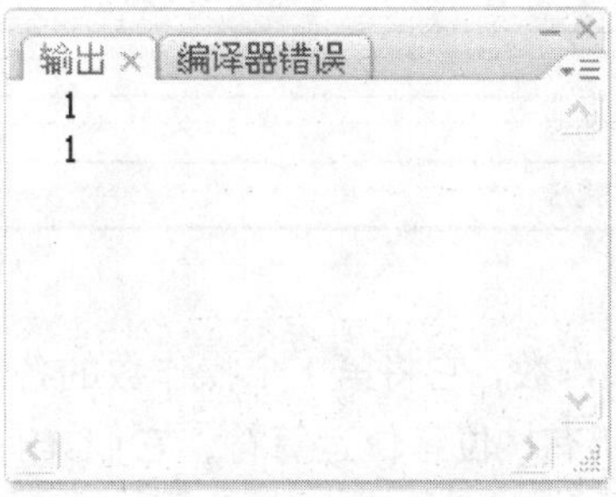

图 16-13　运行结果

如表 16-5 所示，列出了所有的一元运算符，它们具有相同的优先级。

表 16-5　一元运算符

运 算 符	执行的运算
++	递增（前缀）
--	递减（前缀）
+	一元+
-	一元-（非）
!	逻辑“非”
~	按位“非”
delete	删除属性
typeof	返回类型信息
void	返回 undefined 值

6. 乘法运算符

乘法运算符具有两个操作数，它执行乘、除或求模计算，如表 16-6 所示列出了所有的乘法运算符，它们具有相同的优先级。

表 16-6　乘法运算符

运 算 符	执行的运算
*	乘法
/	除法
%	求模

7．加法运算符

加法运算符有两个操作数，它执行加法或减法计算。如表 16-7 所示列出了所有加法运算符，它们具有相同的优先级。

表 16-7　加法运算符

运 算 符	执行的运算
+	加法
-	减法

8．位运算符

按位移位运算符有两个操作数，它将第 1 个操作数的各位按第 2 个操作数指定的长度移位。如表 16-8 所示列出了所有按位移位运算符，它们具有相同的优先级。

表 16-8　位运算符

运 算 符	执行的运算
<<	按位向左移位
>>	按位向右移位
>>>	按位无符号向右移位

9．关系运算符

关系运算符有两个操作数，它比较两个操作数的值，然后返回一个布尔值，如表 16-9 所示列出了所有关系运算符，它们具有相同的优先级。

表 16-9　关系运算符

运 算 符	执行的运算
<	小于
>	大于
<=	小于或等于
>=	大于或等于
As	检查数据类型
In	检查对象属性
instanceof	检查原型链
is	检查数据类型

10. 等于运算符

等于运算符有两个操作数，它比较两个操作数的值，然后返回一个布尔值，如表 16-10 所示列出了所有等于运算符，它们具有相同的优先级。

表 16-10　等于运算符

运 算 符	执行的运算
==	等于
!=	不等于
===	严格等于
!==	严格不等于

11. 按位逻辑运算符

按位逻辑运算符有两个操作数，它执行位级别的逻辑运算。按位逻辑运算符具有不同的优先级，如表 16-11 所示按优先级递减的顺序列出了按位逻辑运算符。

表 16-11　按位逻辑运算符

运 算 符	执行的运算
&	按位"与"
^	按位"异或"
|	按位"或"

12. 逻辑运算符

逻辑运算符有两个操作数，它返回布尔结果。逻辑运算符具有不同的优先级，如表 16-12 所示按优先级递减的顺序列出了逻辑运算符。

表 16-12　逻辑运算符

运 算 符	执行的运算
&&	逻辑"与"
||	逻辑"或"

13. 条件运算符

条件运算符是一个三元运算符，也就是说它有 3 个操作数。条件运算符如表 16-13 所示，是应用 if..else 条件语句的一种简便方法。

表 16-13　条件运算符

运 算 符	执行的运算
?:	条件

14. 赋值运算符

赋值运算符有两个操作数，它根据一个操作数的值对另一个操作数进行赋值，如表 16-14 所示列出了所有赋值运算符，它们具有相同的优先级。

表 16-14 赋值运算符

运 算 符	执行的运算
=	赋值
*=	乘法赋值
/=	除法赋值
%=	求模赋值
+=	加法赋值
-=	减法赋值
<<=	按位向左移位赋值
>>=	按位向右移位赋值
>>>=	按位无符号向右移位赋值
&=	按位“与”赋值

高手点评

在程序设计中，运算符的使用与变量的使用一样都很频繁，因此运算符的使用也是一个非常重要的内容，在编写程序时，需要进行的数据计算都是通过这些运算符完成的，在这些运算符中包括了常用的还包括了一些计算机语言中特殊的运算符，同时，使用这些运算符的符号与熟悉的运算符号基本相似，这样方便记住该运算符，快速达到熟练使用的要求。

即问即答

这么多的运算符都需要记住吗？

这些运算符很多，但是不要都记住，只要记住一些经常使用的运算符就可以了。当然，能记住这些运算符，同时还知道这些运算符的使用方法，对你今后的编程效率是很有好处的。

这么多运算符中哪些是必须记住的呢？

在编写程序中使用最频繁的就是那么几类，如关系运算、逻辑运算、条件运算和算术运算（加法运算、减法运算等），这些是你在学习编写程序之前必须要记住的。

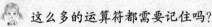

16.3 ActionScript 3.0 语法规则

用新的 ActionScript 3.0 编写动画需要先了解 ActionScript，以及 ActionScript 3.0 在原来的那些编程语言的基础上有了哪些新增功能等基础知识。

16.3.1 点语法

可以通过点运算符“.”来访问对象的属性和方法。使用点语法，可以使用后跟点运算符和属性名或方法名的实例名来引用类的属性或方法。以下面的类定义为例：

```
class DotExample
{
    public var prop1:String;
    public function method1():void {}
}
```

借助于点语法，可以使用在如下代码中创建的实例名来访问 prop1 属性和 method1() 方法：

```
var myDotEx:DotExample = new DotExample();
myDotEx.prop1 = "hello";
myDotEx.method1();
```

定义包时，可以使用点语法。可以使用点运算符来引用嵌套包。例如，EventDispatcher 类位于一个名为 events 的包中，该包嵌套在名为 Flash 的包中。可以使用下面的表达式来引用 events 包：

```
Flash.events
```

还可以使用此表达式来引用 EventDispatcher 类：

```
Flash.events.EventDispatcher
```

高手点评

点语法在面向对象的编程中使用的较为广泛，特别是在程序语言中使用类，通过类去调用属性或者方法时，点语法的使用会更加的频繁，同时，在编写程序时的效率也会很高，但是使用过多的点语法编程不是很方便后期对程序的维护。建议初学者在使用点语法时要根据实际的情况去选择和使用。

16.3.2 分号与括号

分号

可以使用分号字符“;”来终止语句。如果省略分号字符，则编译器将假设每一行代码代表一条语句。由于很多程序员都习惯使用分号来表示语句结束，因此，如果坚持使用分号来终止语句，则代码会更易于阅读。

使用分号终止语句可以在一行中放置多个语句，但是这样会使代码变得难以阅读。

小括号

在 ActionScript 3.0 中，可以通过 3 种方式来使用小括号“()”。

首先，可以使用小括号来更改表达式中的运算顺序。组合到小括号中的运算总是最先执行。例如，小括号可用来改变如下代码中的运算顺序：

```
trace(2 + 3 * 4); // 14
trace( (2 + 3) * 4); // 20
```

其次，可以结合使用小括号和逗号运算符“,”来计算一系列表达式，并返回最后一个表达式的结果，如下面的示例所示：

```
var a:int = 2;
var b:int = 3;
trace((a++, b++, a+b));
```

程序运行的结果如图 16-14 所示。

图 16-14　运行结果

再次，可以使用小括号来向函数或方法传递一个或多个参数，下例 trace()函数传递一个字符串值：

```
trace("hello"); // hello
```

高手点评

分号主要是用于对程序语句执行的控制，在程序执行的过程中，编译器会以分号作为程序语句的一个分隔点，程序在执行过程中，遇到分号与在阅读文章时遇到句号的处理方式是一样的，会默认地把分号后面的语句作为另外的一条语句。

小括号主要用于改变运算符的优先级，在某些特定的运算过程中，需要改变一下原运算符的优先级才能得到满足条件的结果，例如，需要计算某表达式的值，该表达式中包含加减乘除等四则混合运算，按照运算符的优先级顺序需要先计算乘除后计算加减，但是根据实际的需要要先计算加减后计算乘除，这时就需要使用小括号来提升加减法的优先级，将需要优先计算的表达式加上括号。

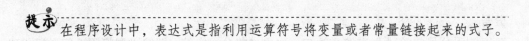

提示　在程序设计中，表达式是指利用运算符号将变量或者常量链接起来的式子。

16.3.3 关键字和保留字

“保留字”是一些单词，因为这些单词是保留给 ActionScript 使用的，所以，不能在代码中将它们用作标识符。保留字包括“词汇关键字”，编译器将词汇关键字从程序的命名空间中删除。如果将词汇关键字用作标识符，则编译器会报告一个错误。ActionScript 3.0 词汇关键字如下所示：

As、break、case、catch、class、const、continue、default、delete、do、else、extends、false、finally、for、function、if、implements、import、in、instanceof、interface、internal、is、native、new、null、package、private、protected、public、return、super、switch、this、throw、to、true、try、typeof、use、var、void、while、with。

有一小组名为“句法关键字”的关键字，这些关键字可用作标识符，但是在某些上下文中具有特殊的含义。下面列出了 ActionScript 3.0 句法关键字：

each、get、set、namespace、include、dynamic、final、native、override、static

还有几个有时称为“供将来使用的保留字”的标识符。这些标识符不是为 ActionScript 3.0 保留的，但是其中的一些可能会被采用 ActionScript 3.0 的软件视为关键字。可以在自己的代码中使用其中的许多标识符，但是 Adobe 不建议使用它们，因为它们可能会在以后的 ActionScript 版本中作为关键字出现。下面列出了这些标示符。

Abstract、boolean、byte、cast、char、debugger、double、enum、export、float、goto、intrinsic、long、prototype、short、synchronized、throws、to、transient、type、virtual、volatile。

高手点评

关键字和保留字都是在程序中的特殊标识符，这些标识符在程序语言中有着本身的意义，进行程序设计时就不能使用这些特殊的标识符作为程序中的变量，例如，关键字 var 是用于定义变量的关键字，如果将这个关键字用作变量，在程序执行时就会提示错误。因此，学习程序语言，熟记语言中的关键字是很重要的一个环节，熟练掌握这些关键字对后期的语言学习会有很大的帮助。

16.3.4 字母大小写

1．字母大小写

ActionScript 3.0 是一种区分大小写的语言。只是大小写不同的标识符会被视为不同。例如，下面的代码创建两个不同的变量：

```
var num1:int;
var Num1:int;
```

2．斜杠语法

ActionScript 3.0 不支持斜杠语法。在早期的 ActionScript 版本中，斜杠语法用于指示影片剪辑或变量的路径。

高手点评

字母大小写主要用于变量，用户编写程序，定义变量时，需要区分字母的大小写，对于字母的大小写不是所有的计算机语言都区分，例如，VB、VF 等在编写程序时不需要区分大小写。程序语言区分大小写，在编写时会觉得不是很方便，特别是对于初学者而言，也会有更多的不方便，其实，只要你学习使用熟练以后，会觉得在程序语言中区分字母的大小写会使编程更加的方便，定义变量时，有了更多的选择，可以更好地避免程序中一些不必要的错误。

16.3.5 注释

ActionScript 3.0 代码支持两种类型的注释：单行注释和多行注释。这些注释机制与 C++

和 Java 中的注释机制类似。编译器将忽略标记为注释的文本。

单行注释以两个正斜杠字符“//”开头，并持续到该行的末尾。例如，下面的代码包含一个单行注释：

```
var someNumber:Number = 3; // 单行注释
```

多行注释以一个正斜杠和一个星号“/*”开头，以一个星号和一个正斜杠“*/”结尾。例如：

```
/*这是一个可以跨
多行代码的多行注释。*/
```

高手点评

程序的注释也是程序中的一个重要组成部分，程序中的“注释”与语文书中的注解的意思差不多，不同之处是，程序中的“注释”指对单行的语句或者整个程序功能的描述，而语文书中的“注解”指对书中的词语或者句子根据语言环境做出的一些解释。在设计程序时，在程序文件中添加必要的注释，不仅可以让别人能明白，而且对后期自己对程序的调试和维护都会更加的方便。在程序文件中添加注释，对于简单的程序语句而言，看不出有多少的优势，但是对于大的程序文件，成千上万的程序语句，如果没有在程序中添加注释，阅读起来是很有难度的，不管是对于程序设计人员还是后期调试人员。

即问即答

这些语法规则在 ActionScript 3.0 编程中都需要记住吗？

要知道计算机语言是一种很精确的语言，你想利用计算机得到想要的结果，你就必须要按照语言设计人员的要求，使用正确的语法规则来编写程序，这样，才能得到你需要的结果，否则它就会提示错误或者“罢工”。因此，为了后期更加规范地编写程序，建议你最好能将这些规则都掌握熟练。

16.4 学以致用——计算人工搬板砖

源 文 件：	CDROM\16\源文件\计算人工搬板砖.fla
素材文件：	无
效果文件：	CDROM\16\效果文件\计算人工搬板砖.swf

本节将通过一个简单的小学数学题目来讲解关于 ActionScript 的简单编程，题目是：36 块板砖需要用 36 个人搬，男士每次搬 4 块，女士每次搬 3 块，4 个小孩每次共同搬一

块，问需要多少男士、多少女士和多少小孩。像这样的题目如果人工计算可能需要一定的时间和精力，但是用编写的程序来计算，就很方便。

（1）打开 Flash CS3 简体中文版软件。

（2）按快捷键 F9，打开动作面板，如图 16-15 所示。

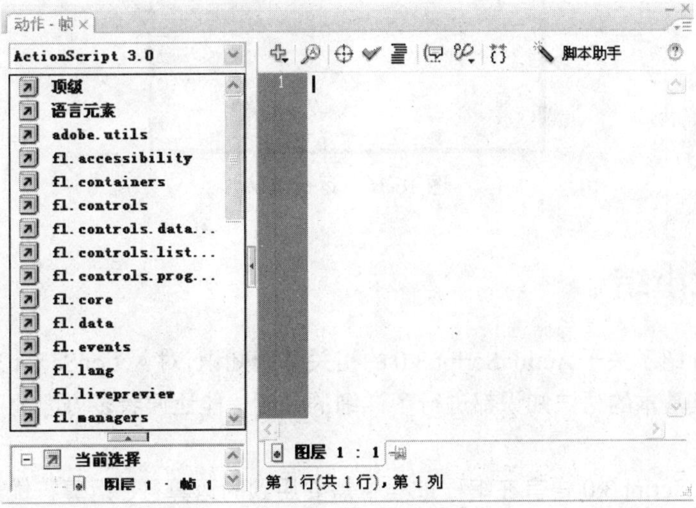

图 16-15 动作面板

（3）在动作面板中编写如下代码：

```
var a:int;
var b:int;
var c:int;
var flag:int;
    flag = 0;
for(a=1;a<=9;a++){
    for(b=1;b<=12;b++){
        c=36-a-b;
        if (4*a+3*b+c/4==36){
        flag = 1;
        break;
        }
     }
    if(flag == 1) break;
    }
trace("男士有" + a +"人");
trace("女士有" + b +"人");
trace("小孩有" + c +"人");
```

（4）测试运行结果，直接按快捷键 Ctrl+Enter，得到结果如图 16-16 所示。

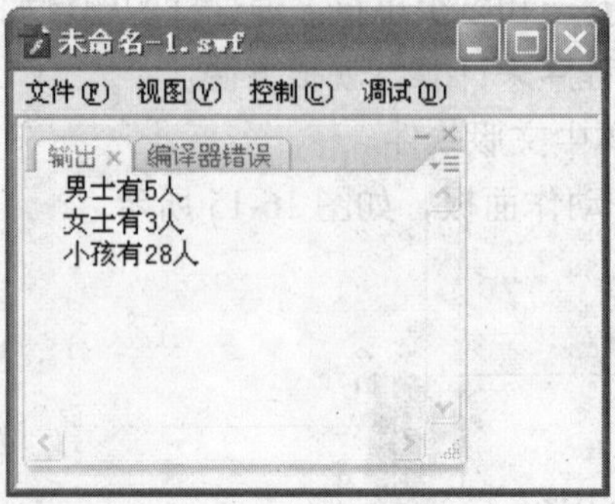

图 16-16　运行结果

16.5 本章小结

本章详细介绍了关于 ActionScript 3.0 的相关基础知识，对 ActionScript 3.0 的新增功能、数据类型，以及基本的语法知识都进行了详细的说明，能让读者多方面地了解语言的相关基本知识。

对于 ActionScript 3.0 语言在编程过程中需要用到的运算符、运算符优先级，以及语言中的相关关键字和保留字等内容也在文中进行了详细的描述，在本章重点了解了 ActionScript 3.0 相关知识后，下一章将学习关于 ActionScript 3.0 对影片的控制等知识。

第 17 章

ActionScript 3.0 简单使用

本章导读

在上一章学过 ActionScript 的基本语法了，可是具体又该怎么制作一个能和人交互的 Flash 呢？我一直想做一个圣诞贺卡给我的同学，要是能加上一些交互的功能多好啊！

别着急，上一章只学习了最最简单的语法，实际去做一个交互的 Flash 动画，还得知道些高级点的知识。首先是流程控制语句，知道这些语句，才能完成和人交互的全部逻辑。还有 Flash 的对象模型，也就是 Flash 提供了什么 ActionScript 可以操纵的功能给人用，了解这些功能和它们的使用方法，才能事半功倍。

本章主要学习以下内容：

- 插入 ActionScript 语句的方法
- ActionScript 的流程控制语句
- Flash 的对象家族
- 基于事件编程
- 学以致用
- 本章小结

17.1 插入 ActionScript 脚本

在 Flash 中使用 ActionScript 脚本的方法很多，但都离不开帧动作。在帧的动作面板中编写 ActionScript 脚本，是 Flash 执行脚本的入口方法。除了直接在动作面板中写脚本之外，还可以将 ActionScript 脚本写在单独的 as 文件中。下面先学习怎么在帧的动作面板中添加 ActionScript 脚本。

17.1.1 在动作面板中添加 ActionScript 脚本

手把手实例 在动作面板中插入 ActionScript 脚本

源 文 件：	CDROM\17\源文件\17-1\17-1_01.fla
素材文件：	无
效果文件：	CDROM\17\效果文件\17-1_01.swf

（1）新建一个 Flash 文件（ActionScript 3.0），单击 窗口(W) 菜单中的“动作”项，如图 17-1 所示。再单击 窗口(W) 菜单中的“输出”项，Flash 会添加两个面板。如果动作面板和输出面板已经显示，以上操作会将相应面板前端显示。可以使用这个方法添加其他需要的面板。

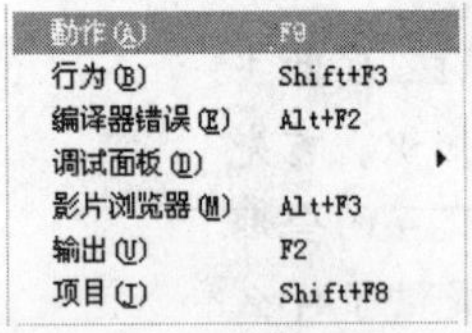

图 17-1 窗口菜单

（2）在时间轴面板中单击第 1 帧，然后再单击屏幕下方的 动作 - 帧 选项卡，就可以打开动作面板。如图 17-2 所示。

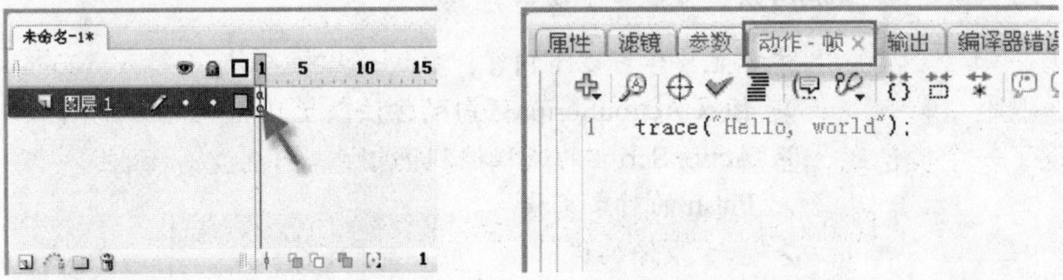

图 17-2 调出“动作-帧”面板

（3）可以直接在动作面板中编写 AS3 脚本。请在动作面板中输入以下语句：

```
trace("Hello, world");
```

（4）保存文件，然后单击 控制(O) 菜单中的“测试影片”命令。可以在 输出 面板看到“Hello, world!”一行字。

注意 只有关键帧才能插入脚本。

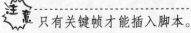

这里演示的是在第 1 帧中插入脚本，也可以根据需要在其他帧插入脚本。影片播放到带脚本的帧时，会执行脚本。同一帧的不同图层也可以分别插入脚本，这些脚本会按图层顺序从上到下执行。

时间轴上的脚本共享命名空间，即：可以在第 1 帧定义一个变量，然后在第 2 帧使用。

高手点评

在动作面板插入脚本是编写 ActionScript 脚本的最基本方法，请大家务必记住。本章后面的章节会有许多程序需要读者自己动手编写，并按这里说的方法测试脚本。

17.1.2　使用独立的 ActionScript 文件

现在的源代码量不是很大，也就几行到几十行的样子，可以直接在动作面板中编写脚本。但以后大家成为高手，可能会写几百行，几千行，甚至上万行的 ActionScript 脚本，还全放在一个动作面板中，一定很难看，需要修改和维护也很不方便。幸好 Flash 提供一个更好的方法，可以分门别类地编写和维护自己的代码，那就是使用独立的 ActionScript 文件。

ActionScript 脚本文件的扩展名是 as，所以也称“.as 文件”或“as 文件”。下面，来新建一个.as 文件，并把 trace 语句写进.as 文件中去。

手把手实例　**编写和使用.as 文件**

源 文 件：	CDROM\17\源文件\17-1\17-1_02.fla
素材文件：	无
效果文件：	CDROM\17\效果文件\17-1_02.swf

（1）单击 文件(F) 菜单中的“新建…”命令，在弹出的窗口中选定 ActionScript 文件，并单击 确定 按钮。如图 17-3 所示。可以看到文档的标签中增加了一个 脚本-1 标签，并且出现了一个类似动作面板的界面，在这里，可以编写 ActionScript 脚本。

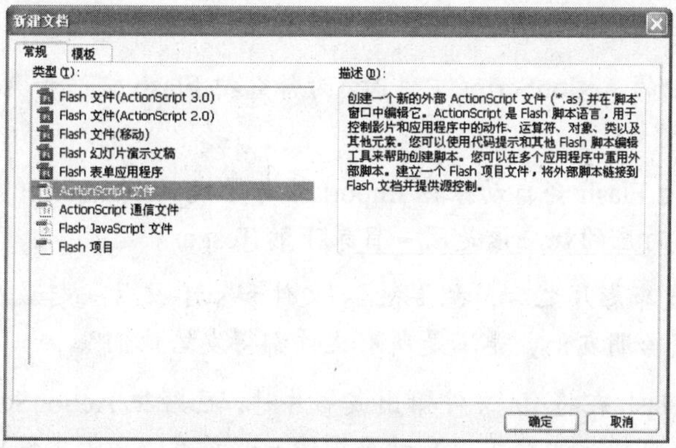

图 17-3　新建 ActionScript 文件

和在动作面板中写脚本不同，使用单独的.as 文件，需要声明文件所属的包和文件所描述的类，这部分的有关知识将在后面（17.3 节）详细介绍。现在先来实践。

（2）在刚刚建立的 ActionScript 文件中写入以下代码：

```
package {
    class Test {
        public function Test() {
            trace("This is just a test!");
        }
    }
}
```

（3）将此脚本命名为 Test.as，并保存。

（4）ActionScript 脚本是不能单独运行的，它必须被嵌入到某个 Flash 文件中才能运行。下面，再新建一个 Flash 文件（注意要选 ActionScript 3.0 的），在第 1 帧的动作面板中键入下面的代码：

```
import Test;
var t:Test = new Test();
```

然后把它保存在同 Test.as 相同的文件夹中。再次测试影片，会看到输出面板中显示出 "This is just a test!" 的句子，.as 文件生效了。

上面第 1 句的意思是，引入 Test 这个类，第 2 句声明了一个 Test 类型的对象，并执行了构造方法，输出了那个句子。

注意 有关包、类和对象的知识，将在 17.3 节着重介绍。

高手点评

Flash 允许使用单独的 ActionScript 脚本文件，这对工程化的大规模的程序开发是非常有好处的。在第 18 章的综合案例中，也会把程序按功能模块分解，并存放到不同的 ActionScript 文件中。

即问即答

使用单独的 ActionScript 文件时，为什么把 Flash 文件和 ActionScript 文件放在同一文件夹下呢？

这是因为 Flash 会自动根据 import 语句寻找 ActionScript 文件，import 语句后面是 Test，所以对应的就应该是同一目录下的 Test.as。

是不是发布影片之后，也要把.as 文件和.swf 文件一起放在同一文件夹中才能播放？我要是发给朋友们，是不是所有文件都得发给他们？

不用，Flash 在将 fla 文件输出成影片时，已经把 ActionScript 脚本文件中的内容变成了计算机可执行的格式，和动画图像一起放在 SWF 文件中了，发布以后，只需要单独把 SWF 文件发给你的朋友们就可以了。

17.2 流程控制语句

嗯，插入 ActionScript 脚本不难啊。现在就可以开始编写程序了吧，快教我您刚才说的那些高级知识吧。

其实写程序之前，应该先对问题详细地分析一下，这样才能有的放矢。下面，你说说想做的那个圣诞贺卡，就说人机交互部分。

我是想做成一个小游戏，一开始让别人选择 3 个礼物盒，其实里面一个是礼物，一个是炸弹，还有一个什么都没有。如果别人选中礼物，就送上我的祝福；如果选中空盒，就只显示遗憾；要是选中炸弹的话，嘿嘿，就显示一个炸黑的小人儿。当然啦，如果他愿意，可以再玩一次。

你提出这些功能需求，在进行动画设计时，可以使用如图 17-4 所示的流程图表示。用 1 表示礼物、用 2 表示空盒、用 3 表示炸弹。

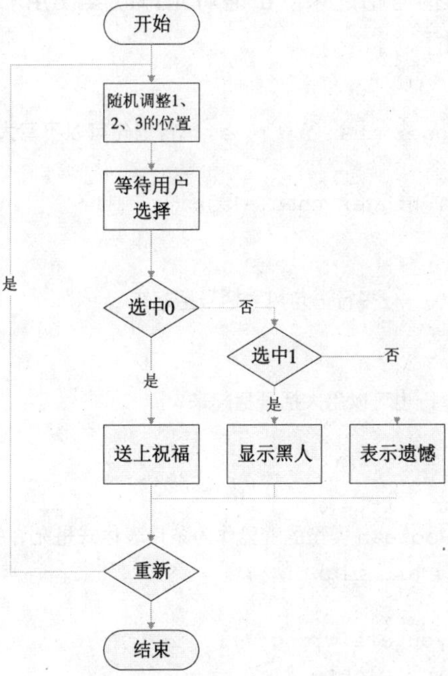

图 17-4　案例流程图

嗯，没错，就是这样。这个图很直观嘛。

这个叫做程序流程图，它能描述程序是怎么运行的，不过本章重点不是这个，不详细介绍了。上一章学习的那些语句、声明、赋值之类的，一行一行顺序写下来，叫做顺序结构程序，在这里，除了顺序结构之外，还有几个分支结构，和一个循环结构。分支结构又叫选择结构，它是由逻辑判断决定执行哪部分程序的一种结构，通俗点说，就是“如果……就……，否则……”的一种结构；循环结构是要求计算机反复执行一段相同的代码，直到循环条件不满足时才退出的一种结构，用通俗的话讲，就是“反复做……直到……”。

接下来，学习具体怎么用 ActionScript 脚本代码实现这些结构。

17.2.1 条件选择语句

1．if-else 语句

基本语法：

```
if(条件表达式) {
    表达式为真时执行的语句
} else {
    表达式为假时执行的语句
}
```

if-else 语句中，条件表达式是必须的。表达式的值必须是布尔值，或真或假，不允许是其他值。else 部分是可选的，如果没有“否则”的情况，可以不写。如果要执行的代码只有一行，可以不使用大括号括起来。if 语句允许嵌套使用。

下面是一些合法的例子：

```
if(b > a)
    trace("b is bigger than a!"); //单行语句可以不写大括号
else
    trace("b is NOT bigger than a!");

if(a + b > 100) {
    a = a + b - 100; //多行语句用大括号括起来
    b = 100;
} else {
    a = a + b; //单行也可以用大括号括起来
}

var isRight:Boolean = true;
if(isRight) //使用 Boolean 类型的变量作为条件表达式是允许的
    trace("Yes, you are right!");
else {
    trace("Sorry, you are wrong.");
    trace("Try again, please.");
}

if(x >= 0) {
    if(x == 0) { //嵌套的 if 语句
        trace("x = 0");
} else {
        trace("x > 0");
}
} else {
```

```
    trace("x < 0");
}
```

这里还有一些语法有错误的例子，这些错误是初学者们容易犯的。

```
if(a + b > 100)
    a = a + b - 100;
    b = 100;
else
    b = 0;
```

错误：if 的部分程序多于 1 行，没有用大括号括起来。

```
if(a > 0);
    trace("a is negative.");
```

错误：在 if 语句后不应该加分号，如果加了，if 的部分成了空语句（只有分号没有内容的语句），后面的 trace 就总会执行——它不再是 if 结构的一部分，被分号取代了。

```
var i:int = 100;
if(a) {
    trace("a is not zero");
}
```

错误：条件表达式中 a 是一个整数，不是布尔值。

```
if(a < 0) {
} else {
    b = b + a;
}
```

语法没错，但只有 else 部分的 if 语句显得很别扭，不妨使用条件表达式的相反面，改成如下所示的代码会让人看得更直观。

```
if(a >= 0) {
    b = b + a;
}
```

高手点评

if-else 语句是实现程序逻辑分支的主要方法。使用 if-else 语句最容易发生的几种错误是逻辑表达式错误和程序块设计错误。只有多练习，才能避免错误发生。这里所述 if-else 语句基本知识是下一小节多重分支和嵌套的基础。

2. if-else if 多重分支语句

有的时候，会需要多重分支结构，比如上面的案例，需要判断选择的值是 1、2 还是 3，一个分支结构显然不够。if-else 语句可以很简单地构建多重分支结构，只需在 else 后面再加上 if。

```
if(a == 1) {
    trace("Play music1 and send my words.");
} else if(a == 2) {
```

```
    trace("Play music2");
} else {
    trace("Show a black clown");
}
```

这样就实现了一个三重分支结构。这里，最后一次使用的是 else，因为数是程序生成的，所以除了 1、2，就一定是 3。

高手点评

if 语句是允许嵌套的，多重分支结构等价于在 else 的部分再嵌套一个 if 语句。

17.2.2 循环语句

1. for 循环语句

for 循环语句是一种很常用的循环语句，它的基本格式如下：

```
for(循环初始化语句; 循环执行条件; 循环收尾语句) {
    循环体语句
}
```

循环初始化语句会在循环开始前执行，以后每次循环都不会再次执行初始化语句；循环执行条件是一个逻辑表达式，每次执行循环时都会先计算该表达式，如果为真，就执行循环，否则跳出循环；循环收尾语句是每次执行完循环体后执行的语句。

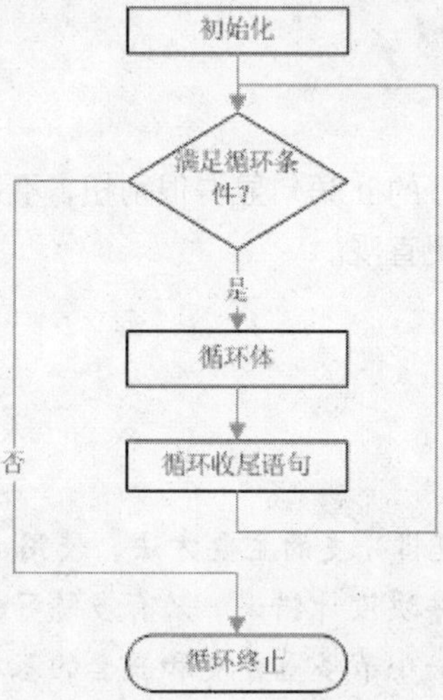

图 17-5 for 循环流程图

比如，计算从 1 加到 100，可以这么写：

```
var sum:int = 0;
for(var i:int = 1; i <= 100; i++) {
    sum += i;
}
trace("1 + 2 + 3 + … + 99 + 100 = " + sum);
```

先声明一个累加和 sum，然后开始一个 for 循环。初始化语句声明了一个循环计数器 i，并赋值为 1；执行条件部分规定，只要 i 不超过 100，就执行循环；循环体中将 i 的值累加到 sum 中；循环收尾语句使 i 自增 1。执行完循环之后，最后输出 sum 的值。

for 循环语句的 3 个部分是可以空缺的，可以没有初始化语句，也可以没有循环条件（默认为 true），还可以没有收尾语句。空缺的语句依然需要用分号隔开。如下例：

```
var i:int = 0;
var sum:int = 0;
for(; i < 100;) {
    sum += ++i;
}
trace("1 + 2 + 3 + … + 99 + 100 = " + sum);
```

此例旨在说明 for 语句可以空缺，其执行结果和上例相同，程序的具体执行过程请大家试着自己分析。

和 if 语句一样，当循环体只有一句时，for 循环也可以省略大括号。

提示　仔细看 for 语句的流程图，可以利用 for 语句本身的特点写出很简洁的循环。

2．while 和 do-while 循环语句

while 循环可以说是 for 循环的一般化版本，它只保留了循环条件判断部分。while 循环语句基本格式如下：

```
while(条件表达式) {
    循环体
}
```

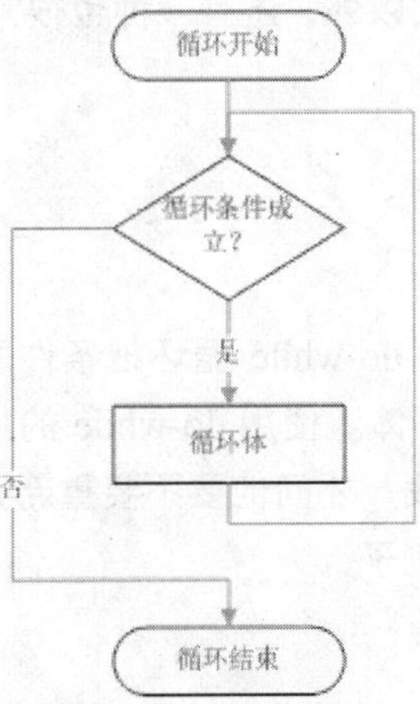

图 17-6　while 循环流程图

对比图 17-6 和图 17-5，就可以看出 while 循环和 for 循环的区别，其实完全可以用 while 循环取代 for 循环，至少在逻辑上可以。（事实上用 for 循环这种形式的时候很多，for 循环的写法在实现这种形式时显得更简洁，所以请大家根据实际需要自由选择。）

相信如果仔细跟踪思考过 for 循环的几个实例，while 循环也可以很轻松地运用。下面来写一个 while 循环的例子：

```
while(1 < 2) {
    trace("1 is less than 2");
}
```

这个例子看看就好了，千万**不要**在机器上运行，不然它会令 Flash 完全失去响应。这是一个死循环！死循环顾名思义就是一种永远不会跳出的循环，用通俗的话说，就是“跟你丫死磕”。比如这里的例子，因为 1 永远都小于 2，所以这个循环会无休止地执行下去，直到你气急败坏地用任务管理器把 Flash 关掉，或者干脆拔下电脑的电源线。死循环是最不受初学者欢迎的东西之一，大家在编写 ActionScript 脚本时，一定要小心谨慎，反复检查循环的条件表达式，不要写出死循环。

ActionScript 脚本允许在循环体内部改变与循环条件表达式有关的变量，所以，有的时候死循环并不容易被发现。比如：

```
var i:int = 99; //如果 i=98 的话，就死循环了
var t:int = 100;
while(i < t) {
    i += 2;
    if(i == t)
        t++;
    t++;
}
```

这个例子中，i 赋初值为 99，是不会出现死循环的，但如果 i 赋初值为 98 的话，就会导致死循环。

除了 for、while 循环这类形式以外，还有一种也很常用的循环形式，那就是 do-while。先看看 do-while 的格式：

```
do {
    循环体
} while(条件表达式);
```

和 while 循环不同之处在于，do-while 循环把条件表达式放到循环体的后面了。所以 do-while 循环至少会执行一次循环体。使用 do-while 的场合还是很多的，比如将要实现的案例，就要让玩家至少玩一遍游戏，才问他要不要重新开始。

下面给一个 do-while 循环的例子：

```
var i:int = 1;
do {
    trace("done " + i + " times.");
}while(i < 10);
```

高手点评

for、while 和 do-while 是 3 种基本的循环语句，把它们联系起来，参看着流程图学习会更轻松一些。

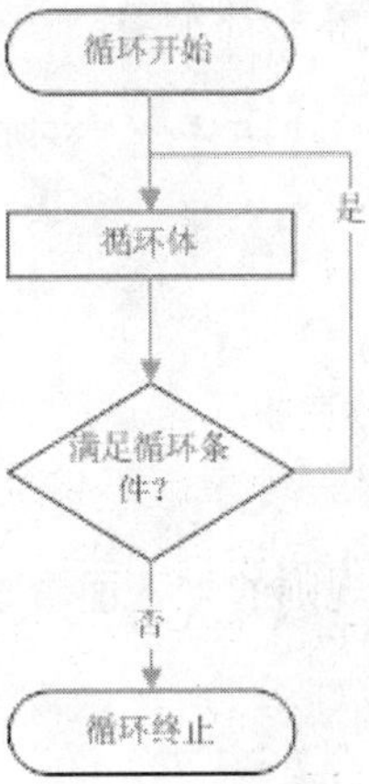

图 17-7 do-while 循环流程图

死循环并不是没有利用价值的，有的时候 3 种基本的循环结构仍然不足以描述程序逻辑，这时可以主动创建一个死循环，然后利用 17.2.3 节介绍的无条件跳转语句来实现对流程的控制。

注意 3 种循环语句最容易出错的地方就是有分号的地方，for 循环语句在小括号内必须有两个分号，while 循环语句和循环体之间没有分号，do-while 循环语句的 while 后面必须跟一个分号。

3. for in 和 for each in 循环语句

前面说的 3 种循环是 3 种一般的循环方式，许多计算机语言中都有，它们可以解决几乎所有循环的问题。但是，在处理 ActionScript 这种控制动画的脚本时，用它们实现一些功能似乎过于复杂了。一个典型的例子就是处理关联数组（关联数组在第 16 章中介绍）的时候。假如要做一个桌球游戏，那么必须生成许多球，这些球在屏幕上都是一样的，只是编号和颜色的差别而已。常常会把一类类型相同、值不同的数据看做一个集合，存放在一个关联数组中。遍历这个集合，逐一处理每个元素，是程序经常要做的事情。如果使用已经学习过的 3 种循环语句来实现，都需要先了解这个数组的元素个数，并且知道具体每个元素的编码（键），才能遍历它。也许对于其他计算机语句，知道元素个数就够了，但对于 ActionScript 这样可以随时随地动态添加或删除数组元素的脚本语言，不知道元素的编码（键）是没法正确访问数组的。

为了简单地解决这个问题，ActionScript 引入了两种新的循环语句：for in 和 for each in。for in 语句基本语法如下：

```
for(var 存放键的变量名 in 数组名) {
    循环体
}
```

for in 会自动遍历整个数组，并且逐个取出数组所有键，访问数组时使用 for in 是一个很好的方法。比如：

```
var example:Array = ["A", "B", "C"];
for(var key in example) {
    trace("example[" + key + "] is " + example[key]);
}
```

这个例子输出：

```
example[0] is A
example[1] is B
example[2] is C
```

上例的数组的键是 0、1、2，很规则的，下面看一个不规则的例子：

```
var example:Array = new Array();
example["one"] = "A";
example["two"] = "B";
example["three"] = "C";
for(var key:String in example) { //键名的数据类型也可以写明
    trace("example[" + key + "] is " + example[key]);
}
```

这个例子输出：

```
example[three] is C
example[one] is A
example[two] is B
```

很明显，这个例子几乎无法用前面所讲的 for、while 或 do-while 循环来实现，而用 for in 循环却是如此简单。

除了遍历数组外，for in 循环语句还可以遍历对象的属性。下例说明了这一点：

```
var myObject:Object = {firstName:"Tara", age:27, city:"San Francisco"};
for (var key in myObject) {
  if (typeof (myObject[key]) == "string") {
      trace("I have a string property named "+ key);
  }
}
```

运行结果：

```
I have a string property named firstName
I have a string property named city
```

与对象有关的知识将在 17.3 节介绍。

for each in 循环语句和 for in 循环语句十分相似，它的基本格式如下：

```
for each(var 用于存放值的变量 in 数组名) {
    循环体
}
```

和 for in 的不同点在于，用 for each in 遍历数组时，并不会取出数组元素的编码（键），而是直接取出该元素的值。如下例：

```
var myArray:Array = new Array("one", "two", "three");
for each(var item in myArray)
    trace(item);
```

本例输出：

```
one
two
three
```

高手点评

for in 和 for each in 在需要遍历数组或对象时会很有用，具体选用哪个，要看用的时候是只需关心元素的值还是必须了解元素的编码。

注意 for each in 循环语句遍历对象的时候，只能遍历动态属性，也就是除了类定义中定义的那些属性之外，运行时添加的属性。

17.2.3 无条件跳转语句

说到无条件跳转，不得不提一下 goto，这个曾经在早期计算机言语中广泛存在的语句可以让程序实现“瞬间转移”。它能让程序很神奇地在多个程序片段中跳来跳去。不过也正是因为它太神了，常常破坏程序的可读性和逻辑结构，所以后来人们对它声讨不断。

ActionScript 3 干脆就不允许使用 goto 语句，不过还好并没有太大的损失，因为几乎所有要使用 goto 的地方，都已经被计算机科学家们证明，可以由其他书写方式替代。真正的无条件跳转，已经不再需要了，除了一种情况，那就是提前终止循环。

在执行循环的时候，可能会需要提前终止循环，或者需要忽略循环一次，这种情况很难不用 goto 实现，强行破坏循环条件语句写出来并不好看，而且也不能避免本次循环继续执行下去。但 goto 语句已经声名狼藉，所以专家们干脆就推出两条新的语句，来专门应对这种情况。它们就是本节着重介绍的 break 和 continue 语句。

1．break 和 continue 语句

break 语句是无条件终止循环语句，它能终止本层循环。这里的本层是针对嵌套的多重循环来说的。举个例子：

```
var a:int = 0;
var b:int = 0;
while(a < 4) {
    b++;
a++;
trace(a);
if(b > 2) break;
trace(b);
}
```

本例输出：

```
1
1
2
2
3
```

第 1 遍循环，a、b 由 0 自增为 1，trace 语句输出；第 2 遍循环和第一遍一样，trace 输出 a、b 均为 2；第 3 遍循环，a、b 自增为 3，trace 输出了 a 为 3，然后执行到 if 语句，此时 b 为 3，满足条件，执行 break，整个循环终止。

continue 语句是无条件终止当前循环语句，它能终止本次循环，从下次循环开始执行。把上例的 break 语句改为 continue，如下：

```
var a:int = 0;
var b:int = 0;
while(a < 4) {
    b++;
    a++;
    trace(a);
    if(b > 2) continue;
    trace(b);
}
```

输出变成：

```
1
1
2
2
3
4
```

前两次循环都是 a、b 自增并输出，从第 3 次循环开始，b 大于 2，执行 continue 语句，于是跳过该次循环未执行完的 trace(b)语句，直接执行下次循环。

高手点评

break 和 continue 的区别在于 break 结束循环，而 continue 跳过本次循环的剩余部分。

技巧 可以用死循环配合 break 语句的方法构建程序逻辑，在某些时候，会比单纯依靠 while 的循环条件表达式更灵活。

2．带标签的 break 和 continue 语句

在实际运用中，多重循环嵌套的情况是很常见的。需要从内层循环终止多重循环也是很常见的。就拿双重循环来说，如何在子循环中终止父循环呢？单独用 break 是没法做到

的，因为 break 只能终止当前循环。同样的，需要在子循环中忽略一次父循环，continue 语句也做不到。

为了解决这个问题，ActionScript 中引入了带标签的 break 和 continue 语句。只要在循环前加一个标签，然后按下面的语法写 break 和 continue 就可以做到这一点。

```
break 标签;
continue 标签;
```

所谓标签，就是一个好记的标记，说明从这里开始是哪个循环。标签由一串英文和一个冒号组成，可以使用任意的文字来作为标签名，当然，保留字除外。还有就是，标签不能重复定义，如果重复定义标签，使用的时候，计算机就不知道该针对谁了。

下面举个实际点的例子：

```
var i:int = 1;
parent:   //父循环标签
while(true) {
    trace("outter loop");
    son: //子循环标签
    for(var j:int = 0; j < 2; j++) {
        trace("inner loop");
        if(i == 2)
            continue son;
        if(i == 4)
            break parent;
        trace("j = " + j);
    }
    trace("i = " + i);
    i++;
}
```

此程序的运行结果如下，为了便于分析，在每行前面添加了行号：

```
01  outter loop
02  inner loop
03  j = 0
04  inner loop
05  j = 1
06  i = 1
07  outter loop
08  inner loop
09  inner loop
10  i = 2
11  outter loop
12  inner loop
13  j = 0
14  inner loop
15  j = 1
16  i = 3
```

```
17  outter loop
18  inner loop
```

分析一下结果：第 1 行，程序进入外层循环，第 2 到第 5 行，内层循环执行了两次。第 6 行，离开内层循环，回到外层循环，并打印 i 的值，第 7 行，外层循环执行第 2 次。第 8 行，此时 i 为 2，内层循环执行了 continue 语句，没有打印 j 的值，直接跳到下次循环，重新打印了一遍“inner loop”。第 11 行，开始 i 为 3，执行效果和第 1 次外层循环相同，定义 i=3。第 17 行，再次执行外层循环时，i 已经是 4，18 行进入内层循环，遇到带标签的 break 语句，直接把 parent 标签所对应的外层循环也一起跳出了。

高手点评

带标签的 break 和 continue 可以和不带标签的 break 和 continue 混合使用。

3. 多重分支的 switch-case 语句

前面讲 if-else if 语句的时候，已经介绍了多重分支结构。使用多重分支结构，常常是对同一个变量进行枚举。比如对于变量 a，它等于 1 时执行什么，等于 2 时执行什么，等于 3 时又执行什么……画出流程图来，就像图 17-8 一样，这样的写法并不好看，本来 a 等于多少对应的执行体并没有层次关系，而且一次又一次地写 a==××这样的条件表达式，也很腻味。

和其他许多类 C 计算机语言一样，ActionScript 允许使用一种新的多重分支书写方式——swtch-case。它对应的流程图如图 17-9 所示。

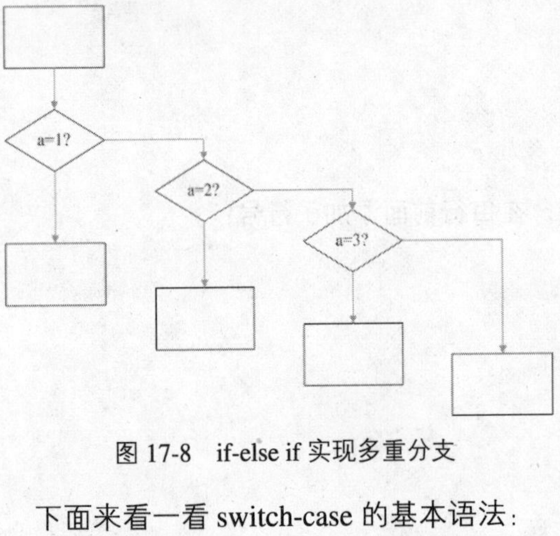

图 17-8　if-else if 实现多重分支

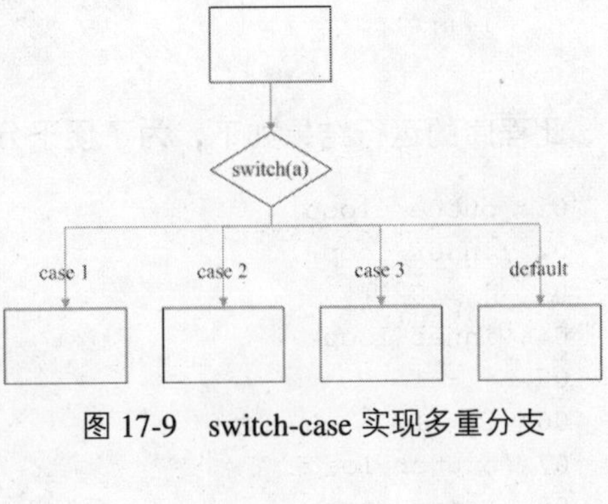

图 17-9　switch-case 实现多重分支

下面来看一看 switch-case 的基本语法：

```
switch(多值量) {
    case 值:
        执行体
        break;
    case 值:
        执行体
        break;
```

```
    default:
        执行体
}
```

多值量可以是一个任意类型的变量，也可以是一个有返回值的方法，switch-case 将对这个量进行枚举判断。每个 case 语句后面的值是对应多值量的一个枚举值，当多值量执行到 switch 时具体的值和下面 case 中的值相等时，就从该 case 语句处开始向后执行。break 语句是为了在执行完相应 case 的执行体后跳出 switch 语句，如果没有 break 语句，程序将继续向下执行下一个标签中的执行体，直到执行完 switch 或遇到 break 语句。default 的执行体是可选的，当 switch 的值无法和任何一个 case 匹配时，就从 default 处开始执行。

下面举例说明：

```
switch(dayOfWeek) {
    case 0:
        trace("Sunday");
        break;
    case 1:
        trace("Monday");
        break;
    case 2:
        trace("Tuesday");
        break;
    case 3:
        trace("Wednesday");
        break;
    case 4:
        trace("Thursday");
        break;
    case 5:
        trace("Friday");
        break;
    case 6:
        trace("Saturday");
        break;
    default:
        trace("I think there are only 7 days a week!");
}
```

这是一个把数字星期转换为英文单词的程序，dayOfWeek 是多值变量，之后 case 语句枚举了从 0 到 6 的 7 种情况。其他情况属于输入错误，执行 default 部分，输出一条出错提示。

并非每个 case 都需要 break，可以利用没有 break 的 case 语句完成一些特殊的功能：

```
var m:int = 7;
switch(m) {
    case 1: case 3: case 5: case 7: case 8: case 10: case 12:
        trace("Odd month.");
```

```
        break;
    case 2: case 4: case 6: case 9: case 11:
        trace("Lesser month.");
        break;
    default:
        trace("Error!");
}
```

此例完成判定一个月是大月还是小月，这里，多个 case 语句写在一起了。计算机会判定 1、3、5、7、8、10、12 月为大月，2、4、6、9、11 月为小月。

高手点评

switch-case 语句程序块之间要用 break 分隔，被全世界的程序员公认为是最糟糕的设计，因为九成以上使用 switch-case 的场合，都是多重分支结构，像上面第 2 例那样的情况在实际程序开发中很少见。

即问即答

如果要针对一个变量作判断，不同值执行不同的代码，用 if 语句实现多重分支，哪个条件放前，哪个条件放后，会有影响吗？如果使用 switch-case 语句来实现，除了写法上，又有什么不同呢？

第 1 个问题，从程序正确性角度来说，是没有影响的，因为是针对一个变量做的判断。判断时，那个变量的值肯定是确定的，所以 if 语句的先后次序不会影响执行效果。但是从执行效率（速度）来看，还是有区别的，毕竟只有经过前面的 if 判断为假之后，后面的 if 才会被执行。正因为放在前面的 if 会先被访问到，所以应该把最有可能出现的情况放在前面，这样，前面的 if 条件为真，就不用做后面的逻辑计算了。第 2 个问题，switch-case 只是写法不同而已，执行起来效果是一样的。

为什么我在执行 for in 那个关联数组的例子的时候，结果顺序和上面写的不一样？

这个问题问的好。这涉及关联数组的实现机制，关联数组并不是顺序存储的，而是使用哈希表（Hash Table）存储。哈希表是一个神奇的东西，它能利用键和一套哈希算法把值的位置算出来，在大量存储关联数据的时候，它的速度比顺序存储的速度快得多。也正是因为这样，所以在用 for in 的时候，枚举顺序可能会和赋值的顺序不一样，多次运行时也可能会有不同。不过不必担心顺序的问题，for in 肯定能遍历整个关联数组，而关联数组常常是字符串到变量的关联，也无所谓顺序。

17.3 基于对象编程

已经完成 ActionScript 流程控制语句的学习了。

就完了呀？可是我觉得好像离我要做的东西还很远，上一节画的那个流程图，分支、循环我都会了，执行的过程也明白了，可是怎么让它以 Flash 动画的形式而不是干巴巴的 trace 输出展现出来呢？

这就是本节要学习的内容了。任何语言都是这样，光有语法是不够的，还得有内容。Flash 是一个图形化的平台，它能很方便地处理多媒体的内容，这些东西如果要自己用程序来实现是很困难的。在前面的章节已经学习过如何制作 Flash 动画，那么怎么用 ActionScript 来控制它们呢？这就得说说 ActionScript 世界中的多媒体信息了。

17.3.1　认识对象——用 ActionScript 控制影片播放

程序世界是一个抽象的世界，必须把现实的一些东西转化为程序语言才能让计算机处理它们。在 ActionScript 中，把一切具体的、抽象的概念都化为一个名词——**对象**（Object）。对象的概念应该不难理解，一个对象其实就是一个“东西”，在港台地区的术语中，对象被翻译为“物件”，大家可以通过这些近义词对对象有个初步的理解。举例来说，屏幕上的一个方块可以是一个对象，音箱里播放的声音也可以看做一个对象。

那么如果屏幕上有两个方块呢？当然可以把它们看做两个单独的对象，也可以把它们看做一个整体，作为一个“双方块组”来看。暂且把它们分别看待。两个方块的大小、颜色各不相同，又在不同的位置，但是它们都是方块，都具有边长、颜色、屏幕坐标位置等信息，可以视作同一类东西。在像 ActionScript 这样支持对象技术的语言中，将这些共性集中起来，明确地加以声明，称作**类**（Class）。类是一个抽象的概念，它描述一类对象中共有的**方法**（method）和**属性**（Property）。和之前提到的对象的概念对比，对象就是特指某一个类的**实例**（instance）。用上面的例子来说，方块是一个类，它定义了方块所应该具有的属性：边长、颜色、屏幕坐标位置，但是它没有定义具体是哪个方块，具体屏幕上的方块甲、方块乙是两个不同的对象，也可以成为两个不同的方块类的实例，它们拥有确定的属性：方块甲的边长是 3，红色，在坐标位置（1, 53）处，方块乙的边长是 5，黑色，在坐标位置（100, 35）处。

上面已经提到了对象的方法和属性，但例子中只介绍了属性，下面来谈谈方法。方法是动态地看待对象的产物，它被用来描述对象拥有的动作，因为一类对象常常拥有相同的方法，所以方法也在类中定义。比如方块类可能会有 resize 方法，用来改变它的大小，还会有 move 方法，用来移动它到新的位置；再比如声音类有 play 方法，用来播放声音，还有 stop 方法，用来停止播放。

在理解了方法和属性之后，也可以从计算机的角度来看看类的概念。计算机没有情感，没有生活经验，它不懂怎么为对象分类，类在它看来，只是一个属性和方法的集合。属性就是用来区分具体对象的变量，一些整数、字符串、布尔值等类型的变量。方法就是能完成某种操作的一系列计算机程序指令，就像前面写过的顺序、分支、循环结构的程序。而具体的对象，就是内存中的某些区间，系统分配的用来存放具体对象的属性值的内存块。

说了这么多概念，只是为了大家对对象及其他相关概念能够理解。如果不能全部理解也无妨，可以先继续下面的学习，在学习中慢慢理解。Flash 中已经准备好了许多完成不同功能的对象，通过合理地使用它们的方法，获取或设置它们的属性，可以完成出色的 Flash 作品。下面看一个用 ActionScript 脚本调用 MovieClip 对象有关方法实现影片片段播放、停止的实例。

手把手实例 用 ActionScript 控制影片播放

源 文 件：	CDROM\17\源文件\17-3\ 17-3-1_movieclip.fla
素材文件：	
效果文件：	CDROM\17\效果文件\17-3\ 17-3-1_movieclip.swf

（1）新建一个 Flash 文件（ActionScript 3.0）。

（2）然后用（矩形工具）画一个正方形的框。然后用（选择工具）框选它，并右击鼠标，在弹出的菜单中选择“转换为元件”。如图 17-10 所示。在弹出的对话框中直接单击 确定 按钮。于是 库 面板中增加了一个新元件。

（3）双击“元件 1”前的图标，开始编辑元件 1。如图 17-11 所示。在第 23 帧处插入关键帧，调整方块的位置。选定 1 到 23 帧，右击鼠标，选“创建补间动画”。元件 1 变成了一个有 23 帧的影片剪辑。如图 17-12 所示。单击“场景 1”旁边的按钮，返回场景 1 的编辑。

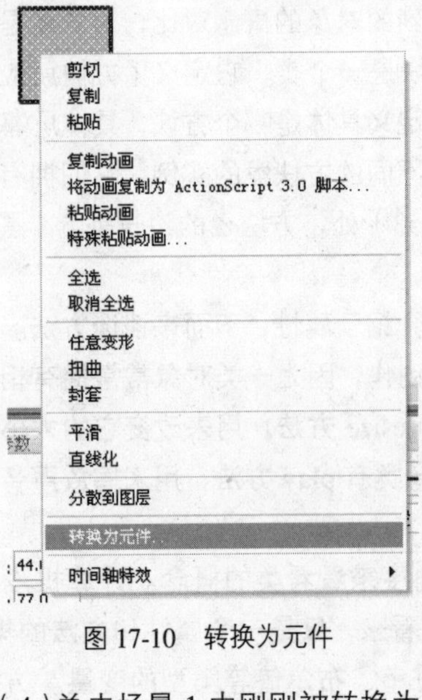

图 17-10 转换为元件

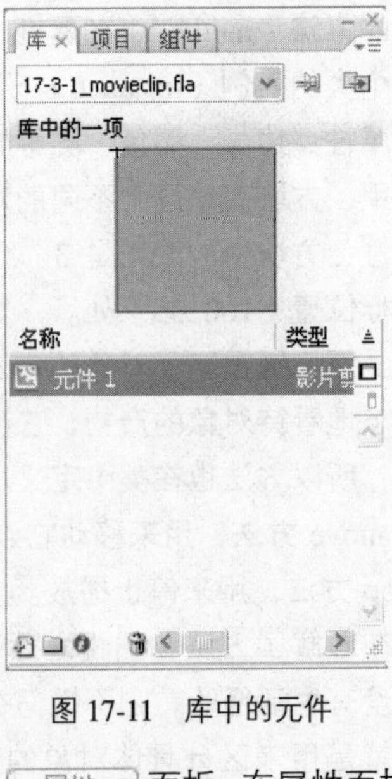

图 17-11 库中的元件

（4）单击场景 1 中刚刚被转换为元件的方块，然后打开 属性 面板，在属性面板中，为那个方块设置一个实例名称。设置为“rectangle1”。如图 17-13 所示。

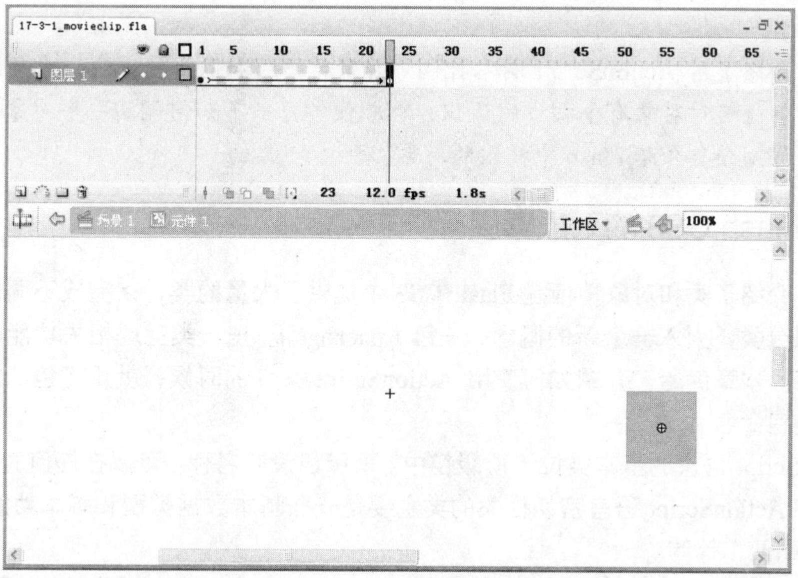

图 17-12 编辑元件 1

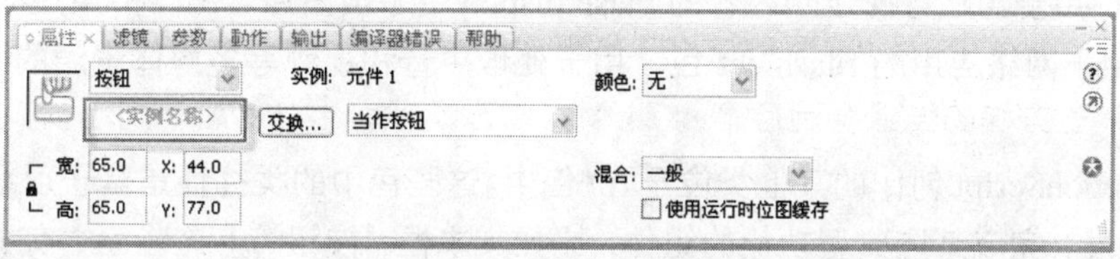

图 17-13 设置实例名称

（5）单击时间轴的第 1 帧，然后再单击 动作 - 帧 面板。在面板中输入：

```
rectangle1.play();
```

（6）按 Ctrl+Enter 测试影片，可以看到刚才制作的影片剪辑元件已经在播放了。

（7）再把语句改成：

```
rectangle1.stop();
```

再次测试影片，看到方块停在原地不动。

这就是一个使用对象方法的例子，相当简单。rectangle1 是一个 MovieClip 对象，MovieClip 是 Flash 内部定义的一个类，就是描述影片剪辑的类。rectangle1 对象拥有 MovieClip 对象中定义的各个方法。play 方法的功能是让影片剪辑开始播放，而 stop 方法则是停止播放。

MovieClip 还有两个常用的方法，一个是 gotoAndPlay 方法，能让影片剪辑从指定的帧开始播放，另一个是 gotoAndStop 方法，可以让影片定格在某一帧。它们的使用方法如下：

```
rectangle1.gotoAndPlay(开始播放的帧序号或者帧标签);
rectangle1.gotoAndStop(定格的帧序号或帧标签);
```

高手点评

本节介绍了用 ActionScript 脚本控制影片剪辑播放和停止的方法，希望读者通过本节的实例能够对对象有个初步的认识，也顺便学习一下如何调用一个对象的方法。下一节将详细分类介绍 Flash 中提供的对象。

17.3.2 Flash CS3 的对象家族

上一节介绍了类和对象，但是 Flash CS3 中提供了大量的类，来完成不同的功能，为了给类加以分类，引入一个新的概念——**包**（package）。把一类完成相关功能的类放在一起，称为包。本章伊始，介绍如何使用 ActionScript 文件的时候，就用了包的概念，不过当时没有为包命名。

ActionScript 语言的基本类位于顶级包中。顶级包没有名称，可以在任何时候调用。这些基本的和 ActionScript 语言密切相关的类主要是一些基本数据类型和脚本功能类，如 int、Boolean、Array，等等。

Flash 特有的，与 Flash 播放器相关的大多数类位于 Flash.*包中，它们完成 Flash 的主要功能。包括用于构建可视显示内容的 Flash.display 包（里面包含上一节用过的 MovieClip 类），还有用于网络应用的 Flash.net 包，用于处理声音和视频等多媒体资源的 Flash.media 包，等等。

用于 ActionScript 创作的其他类位于 fl.*包中。这些包中的类往往是基于顶级包和 Flash 包的深入开发，完成某些典型功能的组件，比如文本框、按钮等。这些包中有 ActionScript 3.0 组件类 fl.accessibility、fl.containers、fl.controls 等。还有 FLVPlayback 的组件包 fl.video，用于多语言的 fl.lang 包，以及 ActionScript 3.0 Motion 包 fl.motion，等等。

Flash CS3 的对象家族十分庞大，由于篇幅限制，难以一一详述，下面提供一个 Flash CS3 中包的说明，并教大家一些查阅 Flash 手册的方法，大家可以在需要的时候自行作进一步学习。

包	说　明
顶级	顶级包中包含核心 ActionScript 类和全局函数
adobe.utils	adobe.utils 包中包含供 Flash 创作工具开发人员使用的函数和类
fl.accessibility	fl.accessibility 包中包含支持 Flash 组件中的辅助功能的类
fl.containers	fl.containers 包中包含加载内容或其他组件的类
fl.controls.dataGridClasses	fl.controls.dataGridClasses 包中包含 DataGrid 组件用于维护和显示信息的类
fl.controls.listClasses	fl.controls.listClasses 包中包含 List 组件用于维护和显示数据的类
fl.controls.progressBarClasses	fl.controls.progressBarClasses 包中包含特定于 ProgressBar 组件的类
fl.controls	fl.controls 包中包含顶级组件类，如 List、Button 和 ProgressBar
fl.core	fl.core 包中包含与所有组件有关的类
fl.data	fl.data 包中包含处理与组件关联的数据的类
fl.events	fl.events 包中包含特定于组件的事件类
fl.lang	fl.lang 包中包含支持多语言文本的 Locale 类

续表

包	说　明
fl.livepreview	fl.livepreview 包中包含特定于组件在 Flash 创作环境中的实时预览行为的类
fl.managers	fl.managers 包中包含管理组件和用户之间关系的类
fl.motion.easing	fl.motion.easing 包中包含可与 fl.motion 类一起用来创建缓动效果的类
fl.motion	fl.motion 包中包含用于定义补间动画的函数和类
fl.transitions.easing	fl.transitions.easing 包中包含可与 fl.transitions 类一起用来创建缓动效果的类
fl.transitions	fl.transitions 包中包含一些类，可通过它们使用 ActionScript 来创建动画效果
fl.video	fl.video 包中包含用于处理 FLVPlayback 和 FLVPlaybackCaptioning 组件的类
Flash.accessibility	Flash.accessibility 包中包含可用于支持 Flash 内容和应用程序中的辅助功能的类
Flash.display	Flash.display 包中包含 Flash Player 用于构建可视显示内容的核心类
Flash.errors	Flash.errors 包中包含一组常用的错误类
Flash.events	Flash.events 包支持新的 DOM 事件模型，并包含 EventDispatcher 基类
Flash.external	Flash.external 包中包含可用于与 Flash Player 的容器进行通信的 ExternalInterface 类
Flash.filters	Flash.filters 包中包含用于位图滤镜效果的类
Flash.geom	Flash.geom 包中包含 geometry 类（如点、矩形和转换矩阵）以支持 BitmapData 类和位图缓存功能
Flash.media	Flash.media 包中包含用于处理声音和视频等多媒体资源的类
Flash.net	Flash.net 包中包含用于在网络中发送和接收的类，如 URL 下载和 Flash Remoting
Flash.printing	Flash.printing 包中包含用于打印基于 Flash 的内容的类
Flash.profiler	Flash.profiler 包中包含用于调试和分析 ActionScript 代码的函数
Flash.system	Flash.system 包中包含用于访问系统级功能（例如安全、多语言内容等）的类
Flash.text	Flash.text 包中包含用于处理文本字段、文本格式、文本度量、样式表和布局的类
Flash.ui	Flash.ui 包中包含用户界面类，如用于与鼠标和键盘交互的类
Flash.utils	Flash.utils 包中包含实用程序类，如 ByteArray 等数据结构
Flash.xml	Flash.xml 包中包含 Flash Player 的旧 XML 支持以及其他特定于 Flash Player 的 XML 功能

上表囊括了全部随 Flash CS3 一道安装的包，它们可以根据需要，随时调用。下面用实例介绍如何使用一个包中的对象。

```
import Flash.display.*; //引入 Flash.display 包中的所有类

var triangleHeight:uint = 100; //定义三角形的高度
var triangle:Shape = new Shape(); //创建一个新的 Shape 对象

// 绘制红色三角形
triangle.graphics.beginFill(0xFF0000); //用红色填充
triangle.graphics.moveTo(triangleHeight/2, 0); //将画笔移动到三角形顶点
triangle.graphics.lineTo(triangleHeight, triangleHeight); //绘制右边线
triangle.graphics.lineTo(0, triangleHeight);//绘制底线
triangle.graphics.lineTo(triangleHeight/2, 0); //绘制左边线

// 绘制绿色三角形
triangle.graphics.beginFill(0x00FF00);
triangle.graphics.moveTo(200 + triangleHeight/2, 0);
```

```
triangle.graphics.lineTo(200 + triangleHeight, triangleHeight);
triangle.graphics.lineTo(200, triangleHeight);
triangle.graphics.lineTo(200 + triangleHeight/2, 0);

this.addChild(triangle); //将这个 Shape 类的对象添加到舞台上
```

首先，第 1 行就是 import 语句，它表示要将指定的包引入本程序中，在动作面板中编写代码时不一定必须用它。但是最好还是养成使用 import 语句引入包再使用包中的类的习惯，因为编写独立的 ActionScript 文件时必须引入包才能使用。

triangle 是一个 Shape 类的对象，Shape 类有一个属性 graphics，它是一个 Graphics 类的对象，具有几个与画图有关的方法。biginFill 方法可以设置填充颜色，颜色的值是 RGB 值的 16 进制表示，这个在前面章节的学习中已经知道了，只是提醒大家别忘了，ActionScript 中 16 进制数要以 0x 开头。moveTo 用于移动笔尖到指定的坐标位置，lineTo 则是从当前笔尖位置到指定位置画线。

解释到这里，上面绘制三角形的例子应该不难理解。但 Flash 中的包和类如此之多，如果遇到没用过的类怎么办？下面就以上例，教大家怎么自己查阅和学习一个类的使用方法。

手把手实例　**自己动手查阅 Flash 帮助**

源 文 件：	CDROM\17\源文件\17-3\ 17-3-2_drawtriangle.fla
素材文件：	
效果文件：	CDROM\17\效果文件\17-3\ 17-3-2_drawtriangle.swf

（1）目标是在屏幕上画三角形，查询本节前面提供的表，得知与 Flash 可视内容相关的包是 Flash.display。

（2）在动作面板中输入 import Flash.display，此时，自动完成提示中会提示 display 包中的类。如图 17-14 所示。

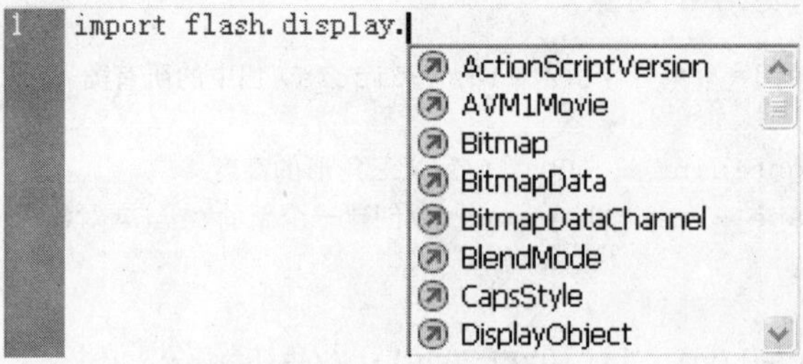

图 17-14　自动完成提示

（3）可以在自动完成提示中浏览查找可能可用的类名，发现 Shape 比较合适，选择之。

（4）拖拽选定代码中的 Shape，并右键单击鼠标，在菜单中选择“查看帮助”项。如图 17-15 所示。Flash 会自动切换到帮助面板，并显示相应类的帮助信息。信息中详细介绍了该类所属的包、类的全称、继承关系以及它对应的 Flash 语言版本。后面还有该类的功能介绍，方法与属性详解。如图 17-16 所示。

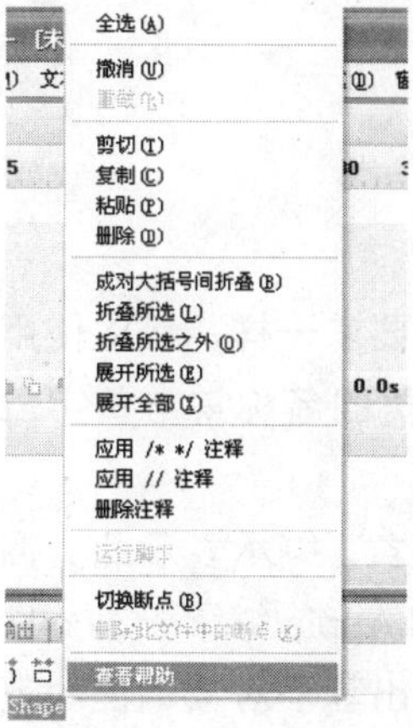

图 17-15　查看帮助

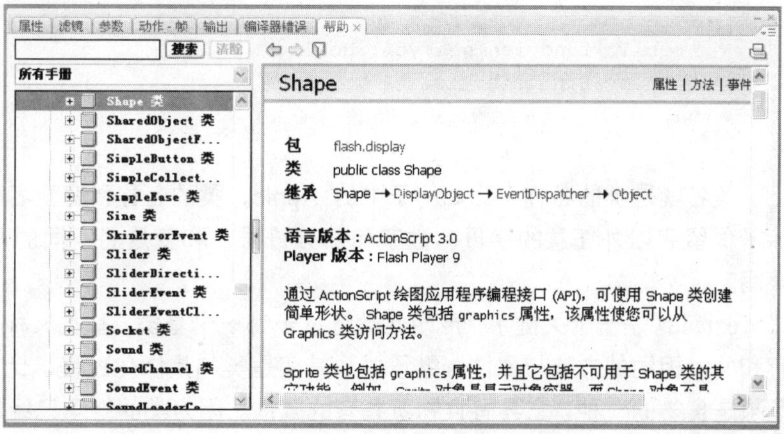

图 17-16　帮助面板

（5）在 graphics 属性部分，发现这正是需要的。单击帮助中的链接，跳转到 Graphics 类的帮助，在其中找到需要的 lineTo 等方法的具体使用说明。

（6）最后，参照有关说明，完成上面所述代码。

高手点评

Flash 直接提供的对象家族庞大而丰富，能够完成许多任务，用好这些现成的工具，可以事半功倍。也正因为 Flash 对象家族过于庞大，熟练掌握全部包与类的使用成了不可能的事，自己查看帮助的方法也就成为必须掌握的技能了。

技巧 不仅可以对包使用右键菜单的查看帮助功能，还可以对类名、方法名等使用。Flash 会自动帮你找到相应的帮助资源。在帮助文件中的链接跳转的时候，帮助面板上方的导航按钮会很有用。

17.3.3　创建自己的对象

尽管 Flash 已经提供许多现成的类了，但是有的时候还是希望创建自己的类，尤其是当程序比较大的时候，仅仅组合使用现成的类会让单个程序变得十分庞大臃肿。下面就来学习编写自己的类，并创建和使用自己的对象。

一个类的声明结构如下：

```
class 类名 [extends 基类名] {
    public|private|protected 方法|变量|属性
}
```

考虑到类的结构比较复杂，再给一个实例，结合起来讲。

```
class Apple extends Food{
    private var _vc:Boolean;
```

```
    public function burn():void {
        this._vc = false;
    }
    public function get vc():Boolean {
        return this._vc;
    }
}
```

类名就是类的名称，比如例子中的 Apple，类的名称和变量名称要求一样，可以使用除了保留字以外任意的字母、数字和部分符号，和变量名不同的是类的名称常常首字母大写。

extends 是一个关键字，声明此类继承于哪一个基类。基类又称父类，继承表示此类拥有和父类相同的方法与属性。继承关系其实是类的具体化过程，比如 Apple 继承于 Food，苹果是食物的一种，它具有食物所共有的属性。因为类的继承已经超出基于对象编程的范畴，本书不再详细介绍。如果想具体了解这方面的知识，请参考其他介绍面向对象程序设计的书籍。

然后，在类声明的程序块内，可以编写类的变量、方法和属性。例子中首先声明了一个类的变量，private 关键字表明它只能在类内部访问。也就是说，它的作用域是整个类，只能被本类的方法和属性读写。相反，public 关键字表示可以在类的外部访问。后面声明的方法和属性都是 public 的。另外还有一个关键字叫 protected，用于限制访问范围为此类内部和此类的子类。

前面的章节介绍过，类的方法可以理解为对象的一些动作。方法的声明格式如下：

```
function 方法名(参数1:类型, 参数2:类型……):返回值类型{
    方法体
}
```

参数是传递给方法的一些特定数据，方法声明的时候声明参数，只是声明了参数类型，参数名称只在方法内部使用，在调用方法传递参数的时候，不必关心参数的具体名称，只要类型匹配即可。返回值是方法执行的结果，也只声明类型。方法体是方法实际执行的部分，在这里，对传入的参数加工处理成结果，然后用 return 语句返回。

方法也可以理解为一小段子程序，完成一个特定的功能，调用者不必了解方法的具体实现，只要知道方法名和参数表及返回值类型就可以使用。例子中，burn 方法没有传入参数，返回值也没有，只执行一个操作，这可以算是一种最简单的方法。

属性是一种特殊的方法，它由 get 方法和 set 方法构成。访问属性的时候就像访问变量一样，直接用属性名取得属性值，用赋值语句设置属性值。但是属性和变量是不同的，因为访问属性的时候不一定仅仅是赋值那么简单，本例中的属性只有 get 部分，没有写 set 部分，这样一来，属性对于类以外的访问者来说就是只读的。另外，属性的赋值有时会引起额外的效果，比如为 MovieClip 对象的 x 或 y 属性赋值，不仅会使对象的属性数值发生变化，对象在屏幕中的位置也会随着赋值改变，这也是属性特殊之处。

高手点评

声明一个类的格式已经介绍完了，这里的介绍停留在概念上，没有特别详细的实例。类的创建和使用并不太难，跟着本书后面的例子，足以掌握。难的是如何规划和设计一个类，这就是一个很深奥的话题了，考虑到本书的篇幅，只能不再深入。能运用好类，就会自然慢慢领会一些类的设计方法。ActionScript 3 提供了非常全面的面向对象支持，读者在以后的深入学习中可以继续挖掘 ActionScript 的精华。

17.3.4 事件侦听器

再回顾一下图 17-4 中所描述的案例流程，依现在的知识，能做了吗？

首先是生成随机数。我已经找到顶级包中的 Math 类有一个 random 方法可以生成随机数。然后是等待用户选择，这里我想给用户 3 个图形按钮，我找到了 Flash.display 包里有个 SimpleButton 类，但不知道怎么用。导入声音我已经会了，也找到 Flash.media 包中有 Sound 类可用。

好，那么这一节着重介绍事件驱动环境和事件侦听器编程。

什么是事件驱动环境？

所谓事件驱动环境，是指和用户的交互环境是事件驱动的，也就是等待用户的一个事件，然后执行相应的操作。在图形界面下，常常有菜单、按钮、链接等许多种交互手段，你无法确定用户下一步进行什么操作，无法设计出一个确定的具体的程序流程。这种时候程序设计会变得十分复杂，事件驱动的思想就是把监视用户操作交给计算机完成，计算机把这些操作变成一个一个有针对性的事件，然后，程序被动地等待事件的到来，并加以处理。

还用按钮作为例子介绍，可能屏幕上有许多按钮，编写程序的时候，不监视和判断用户按下了哪个按钮，这些工作让 Flash 去完成，只为每个按钮编写好按下时执行的程序就可以了，这就是事件驱动环境下的程序设计。

除了可视的人机交互事件之外，程序间也可以传递不可见的抽象事件。比如网络数据包到来事件，计时器时间到事件，等等。为了简单地说明用计时器对象作为例子，介绍与事件有关的程序设计。

```
import Flash.utils.*;
import Flash.events.*;

function showText(evt:Event):void {
    trace("Timer event");
}
var timer:Timer = new Timer(2000);
timer.addEventListener(TimerEvent.TIMER, showText);
timer.start();
```

计时器对象 Timer 是 Flash.utils 包中的对象，它的事件在 Flash.events 包中。程序声明了一个 showText 方法来响应 Timer 的事件，响应事件的方法必须有一个参数，这个参数派生自 Event 对象。接下来声明 timer 对象，并初始化为 2000 毫秒发送一次事件。addEventListener 方法为 timer 对象创建了一个侦听器，监视 TimerEvent.TIMER 事件，每次计时器时间到就会发送这个事件，响应这个事件的方法设置为前面声明的 showText 方法。最后一行启动计时器。

执行程序，可以看到，输出面板每两秒钟输出一行 Timer event。

高手点评

事件机制是基于对象编程中特有的，编写图形化界面程序，会大量使用事件机制。理解事件机制，有助于异步编程模型的学习，后者是一种能够更充分利用资源的编程模型，在 Flash 中有大量使用，但本书不再详述。

即问即答

前面例子中的正方形是用鼠标画出来的，并且做成影片剪辑，后来的三角形是用 ActionScript 语句画出来的，怎么做成动画呢？

用 ActionScript 绘制出来的图案的确不好用传统的方法加以处理，但是如果只是要做一些放大、缩小、位置移动等动画，可以通过为对象的属性赋值的方法实现。

我在循环中为对象的坐标 x、y 赋值，但是，为什么运行的时候没有看到动画，只能看到最后的位置？

这是因为 ActionScript 执行得太快，眼睛还没有反应过来，物体就已经到达终点的位置了。Flash 中没有延迟执行语句，但可以使用下一节介绍的计时器来实现延时。

每需要一个实例，就必须从库中拖一个出来，是否有办法可视化地设计好图形，然后用程序控制批量生成？

可以，这得使用元件与类绑定这个功能。具体的使用方法在第 18 章中结合实例介绍。

17.4 学以致用——圣诞礼物

源 文 件：	CDROM\17\源文件\17-4\ 17-4.fla
素材文件：	CDROM\17\素材\tree.png\snowman.png
效果文件：	CDROM\17\效果文件\17-4\ 17-4.swf

通过完整的圣诞礼物实例的学习，希望大家能掌握 ActionScript 3 的一些基本使用技巧。

（1）导入素材。新建一个 Flash 文件（ActionScript 3），选择“文件”菜单>导入”>导入到舞台”命令，将素材中的所有 png 图像导入。

（2）用鼠标拖拽方式把堆叠在一起的几个图片移开。

（3）单击一个图片，然后选择“修改>位图>转换位图为矢量图”命令。调整弹出对话框中的各个参数，并单击 预览 按钮查看效果，调整到效果满意后单击 确定 按钮。如图 17-17 所示。

（4）单击选定刚刚转换的图片背景部分，然后按下 Delete 键清除背景。如图 17-18 所示。

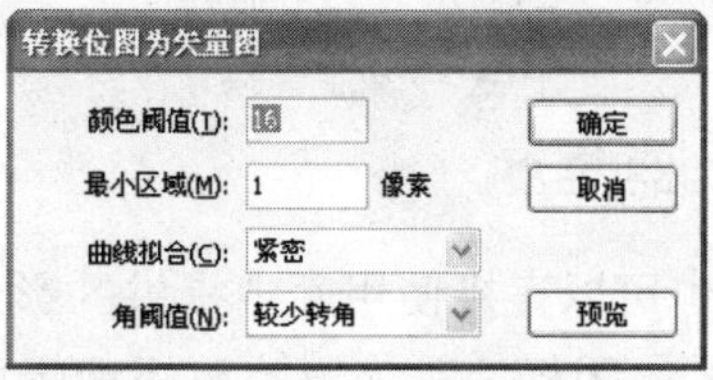

图 17-17　转换位图为矢量图对话框

图 17-18　选定背景

（5）此时，可以将库中刚导入的 5 个位图删除了，注意不要删除舞台上转换好的矢量图。

（6）框选一个转换好的矢量图，然后右键单击，在弹出菜单中选择“转换为元件”。用此方法将 5 个图片都转换为元件，注意炸弹、树、雪人、糖果都选择 **影片剪辑**，只有礼物盒选择 **按钮**。如图 17-19 所示。

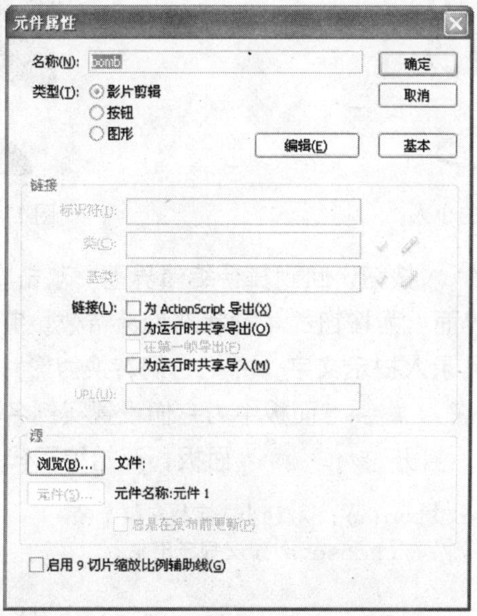

图 17-19　转换为元件对话框

（7）调整物品的位置，使它们更美观大方。并且从库中拖拽出更多的礼品盒子。如图 17-20 所示。

图 17-20　从库中取出礼品盒

（8）绘制收礼物的小人。读者可以自己画，也可以直接使用库中提供的影片剪辑。绘制完成后，转换为影片剪辑。双击影片剪辑前的 图标，进入影片剪辑编辑界面，插入一个新的关键帧，绘制小人收到炸弹的样子。图 17-21、图 17-22 为库中提供的形象。

图 17-21　收礼物的小人

图 17-22　收到炸弹的小人

（9）单击时间轴下方的 按钮，回到舞台编辑界面。双击库中盒子元件前面的 图标，进入按钮元件的编辑界面。为按钮的 4 种状态设计特效。完成后，单击 返回。

（10）使用 T 文字工具录入提示文字，并把它们转换为影片剪辑元件。

（11）逐个单击元件，在 属性 面板中为它们设置实例名称。

（12）选中场景第 1 帧，打开 动作 - 帧 面板，开始编写代码。

```
this.littleman.gotoAndStop(1); //让小人定格在第 1 帧
this.sltbox.x = 190; //将 Choose a box 显示出来
this.sltbox.y = 27;
function onButtonPress(evt:MouseEvent):void { //处理按钮按下事件的方法
    var k:int;
    k = Math.floor(Math.random()*3); //生成 0 到 2 的随机数
    switch(k) {
        case 0: //礼物
```

```
            //显示糖果
            this.candy.x = 347;
            this.candy.y = 188;
            //隐藏选择提示
            this.sltbox.y = -180;
            //显示祝福
            this.merry.x = 160;
            this.merry.y = 27;
            //隐藏礼物盒子
            this.b1.y = -180;
            this.b2.y = -180;
            this.b3.y = -180;
            break;
        case 1: //炸弹
            //显示炸弹
            this.bomb.x = 347;
            this.bomb.y = 188;
            //小人变黑
            this.littleman.gotoAndStop(2);
            //隐藏选择提示
            this.sltbox.y = -180;
            //显示文字
            this.hahaha.x = 190;
            this.hahaha.y = 27;
            //隐藏礼物盒子
            this.b1.y = -180;
            this.b2.y = -180;
            this.b3.y = -180;
            break;
        case 2: //什么也没有
            //隐藏选择提示
            this.sltbox.y = -180;
            //显示文字
            this.nothing.x = 190;
            this.nothing.y = 27;
            //隐藏礼物盒子
            this.b1.y = -180;
            this.b2.y = -180;
            this.b3.y = -180;
            break;
    }
    this.replay.x = 204;
    this.replay.y = 295;
}
function onReplay(evt:Event):void { //重置所有物品位置
    this.b1.x = 404.2;
    this.b1.y = 126.2;
    this.b2.x = 278.2;
```

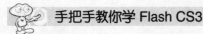

```
        this.b2.y = 277.1;
        this.b3.x = 80.7;
        this.b3.y = 301.6;
        this.sltbox.x = 190;
        this.sltbox.y = 27;
        this.merry.y = -180;
        this.hahaha.y = -180;
        this.nothing.y = -180;
        this.candy.y = -180;
        this.bomb.y = -180;
        this.replay.y = -180;
        this.littleman.gotoAndStop(1);
    }
    this.b1.addEventListener(Flash.events.MouseEvent.CLICK, onButtonPress);
    this.b2.addEventListener(Flash.events.MouseEvent.CLICK, onButtonPress);
    this.b3.addEventListener(Flash.events.MouseEvent.CLICK, onButtonPress);
    this.replay.addEventListener(Flash.events.MouseEvent.CLICK, onReplay);
```

17.5 本章小结

本章介绍了 ActionScript 3 的 3 种流程控制语句（分支、循环和跳转语句）和基于对象编程的技术，通过本章学习，大家应该可以自己完成一些交互式的 Flash 作品了，比如电子贺卡、小游戏等。

第6篇

综合例子

第18章 综合案例

第 18 章
综合案例

本章导读

通过前面所有章节的学习，已经告一段落，本章将会通过大的综合范例的学习来巩固之前的内容。范例将会以完全独立制作的方式来完成，其中将涵盖本书所有的重点知识以及非常简洁实用的功能。希望能给读者带来一定的启发。

18.1 制作个人简历

不管是学生还是上班族，基本都有过制作简历的经历，作为展示自我、让他人了解自我的简历，简历内容以及简历本身都能体现一个人的价值，Flash 在制作动画上的强大能力，在前面已经展示出来，如果使用 Flash 制作一个充满美感和时尚气息的简历，然后将其上传到网络中，那将会是一个多么让人自豪的事情！下面将详细地介绍制作简历的理念以及过程，简历的效果如图 18-1 所示。

在制作之前，先对简历进行分析，以便让读者能通彻了解其基本思想。

图 18-1　设计个人简历效果图

源 文 件：	CDROM\18\源文件\设计个人简历效果.fla
素材文件：	CDROM\18\素材文件\照片.jpg、简历信息.txt
效果文件：	CDROM\18\效果文件\设计个人简历效果.swf

18.1.1 实例分析

既然是使用 Flash 制作简历，当然不能制作成一个静态的图像，那可太逊色了，与其那样，不如直接使用 Photoshop 设计得了。因此，应该充分应用 Flash 的强大功能制作一个充满美感而又有时尚气息的简历。好了，废话就不多说了，进入正题。

（1）既然要设计，就先要构思好动画，打算将 Flash 简历设计成何样？有哪些特色？设计成何种风格？这个风格得根据简历的用途来决定，如果是为了展示自我，表现能力，可以将简历的元素结合自身特长，制作丰富多彩的绚丽效果，例如，一个篮球爱好者，可以制作关于篮球的效果或者设计一段篮球的动画作为简历的前动画。本综合范例设计的风格为简约型，让人舒坦地观看简历，了解个人的基本情况。

（2）在完成构思后，分析简历的基本构成，既然是简历，那么自然少不了个人的基本介绍，然后根据简历的用途添加其他的项目，例如，个人能力、工作经验等。本综合范例只制作两个项目：基本信息、我的能力。基本信息包括：姓名、性别、年龄、学历、专业、学校、电话、地址等，个人能力包括：兴趣爱好、擅长特长、英语水准、熟练软件、自我评价等。需要先将以上信息资料都准备好，可以将资料先输入到 word 或者文本文档中，以便随时可以使用。除此之外，还需要搜集一些适合简历风格的图像以备使用，如图 18-2 所示。

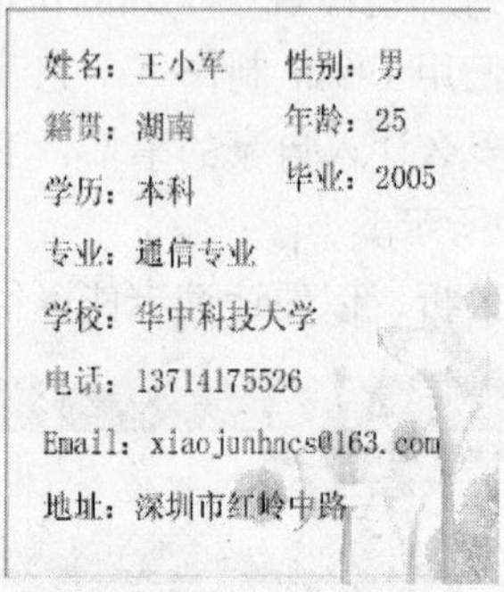

图 18-2　个人信息

（3）在完成以上的准备工作后，接着就是设计动画的结构，综合范例将简历设计为 3 帧，第 1 帧为简历封面，第 2 帧显示简历的个人基本信息，第 3 帧展示个人能力。每一帧都通过行为指令控制其停止播放，然后通过单击按钮来控制播放，第 2 帧与第 3 帧之间可以互相转换。如图 18-3 所示。

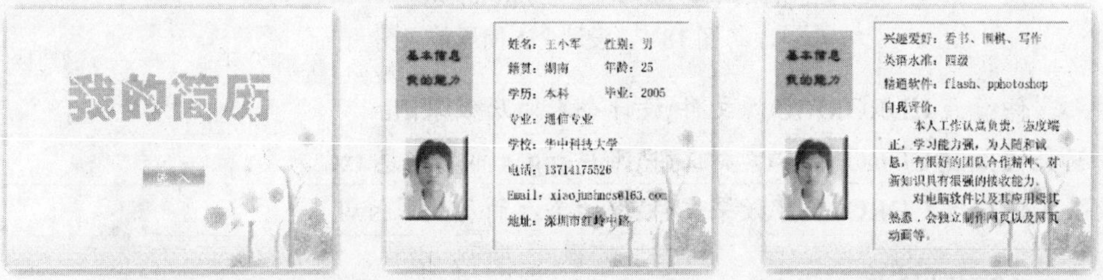

图 18-3　3 个帧上分别显示的内容

18.1.2　制作流程

在完成了以上构思与设计之后，下面就可以开始制作了。由于动画的整个设计过程比较长，现在，先将整个设计分解为多个部分，进行简单的讲解，使读者明确整个设计的流程，方便掌控接下来的实际制作。

设计流程归纳如下：

（1）创建 Flash 动画文档，规划舞台的尺寸。

（2）接着绘制设计一个略显突出的纯色背景，添加预先准备的素材背景图像，如图 18-4 所示。

（3）制作封面，输入文字，从共享库中添加按钮并修改，如图 18-5 所示。

图 18-4　背景效果

图 18-5　封面效果

（4）制作导航的图层，添加相片以及其他项目，如图 18-6 所示。

（5）添加基本信息内容，使用对齐功能调整对齐，如图 18-7 所示。

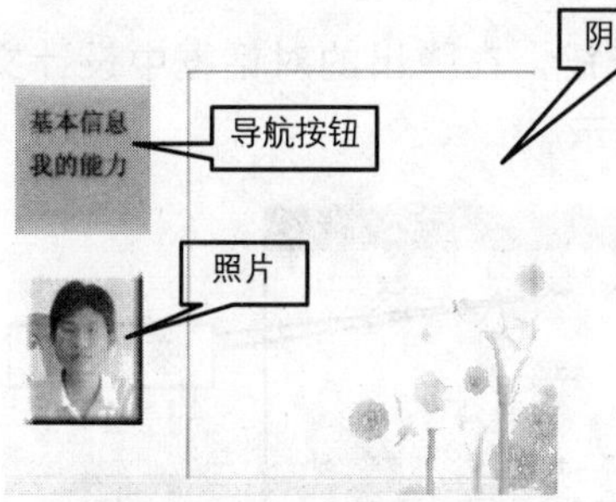

图 18-6　导航项目

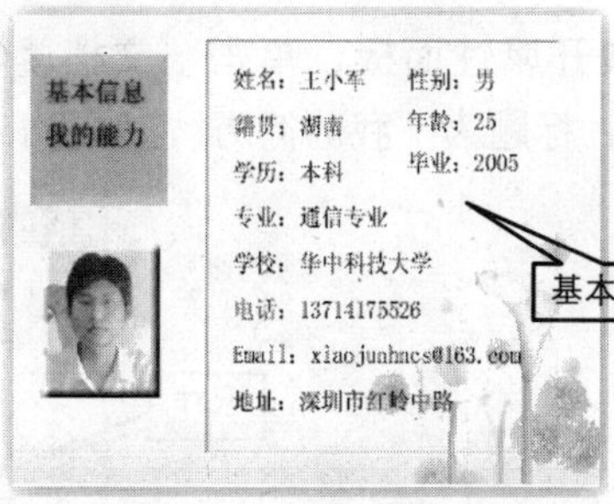

18-7　个人基本信息内容

（6）添加能力信息内容，使用对齐功能调整对齐，如图 18-8 所示。

（7）为帧添加停止动作指令，为导航文字按钮添加行为指令，控制其导航功能，除此之外，还需要将文字所使用的字体添加到动画中。如图 18-9 所示。

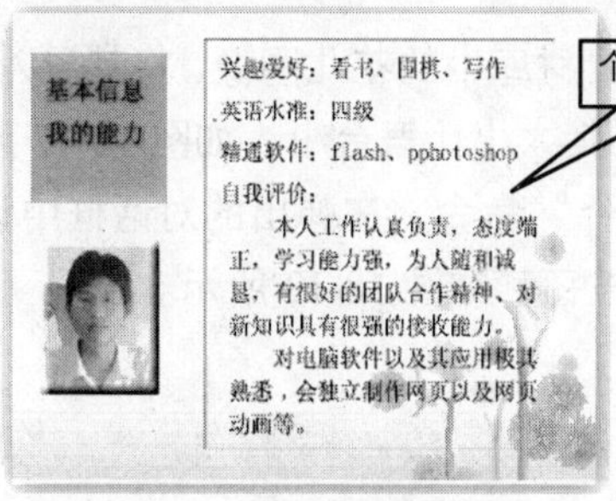

图 18-8　我的能力内容

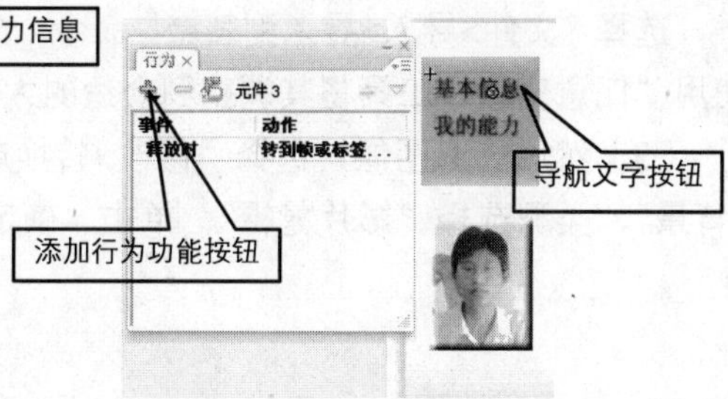

图 18-9　为导航按钮添加行为指令

18.1.3　制作步骤

（1）选择“文件>新建”命令，弹出“新建文档”对话框，切换至“常规”选项卡，选取“Flash 文件（ActionScript 2.0）”，单击“确定”。如图 18-10 所示。

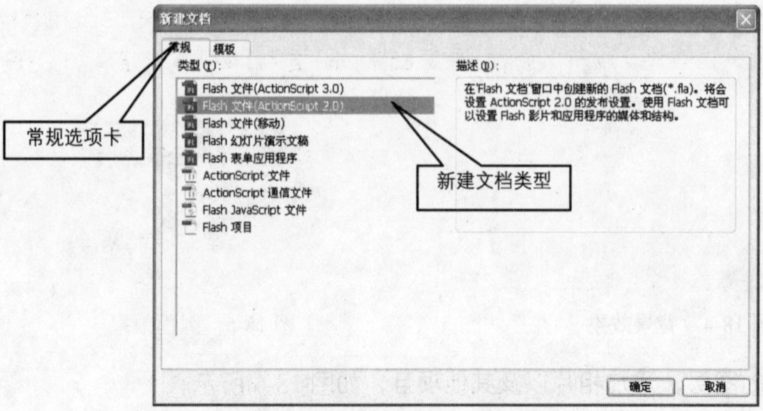

图 18-10　创建动画

（2）展开属性面板，单击“文档属性”按钮，在弹出的对话框中设计文档尺寸为“400×300”，标题为“我的简历”，如图 18-11 所示。

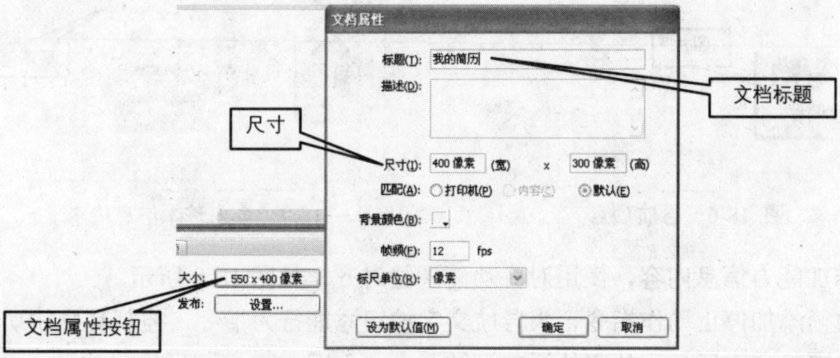

图 18-11　设定文档尺寸等属性

选择“文件>导入>导入到舞台”命令，选取素材库中的花儿图像，将其导入到舞台上，使用“任意变形”工具将其调整到合适的大小。其大小比舞台小，如图 18-12 所示。

（3）然后选取图像，选择“修改>转换成组件”命令，在弹出的对话框中设置名称为“背景”，类型选择“影片剪辑”，单击“确定”按钮，如图 18-13 所示。

图 18-12　设计背景效果图

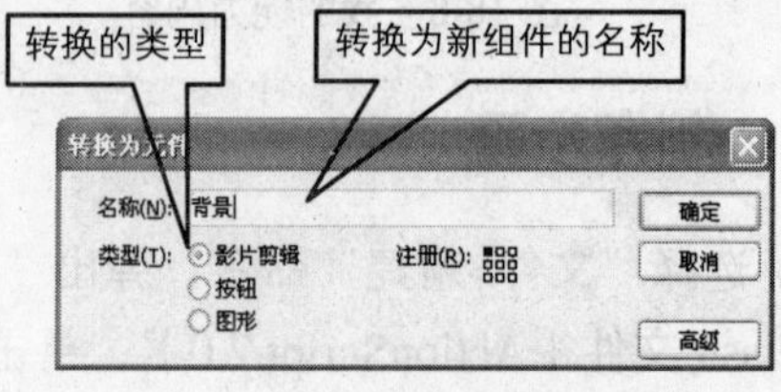

18-13　将图案转换为影片剪辑

（4）选取背景影片图像，在属性面板上切换到“滤镜”选项卡，单击“添加滤镜”按钮，选取投影，然后设置模糊 X、Y 为 18，强度 86%，品质为“高”，角度 49，距离为 3。如图 18-14 所示。

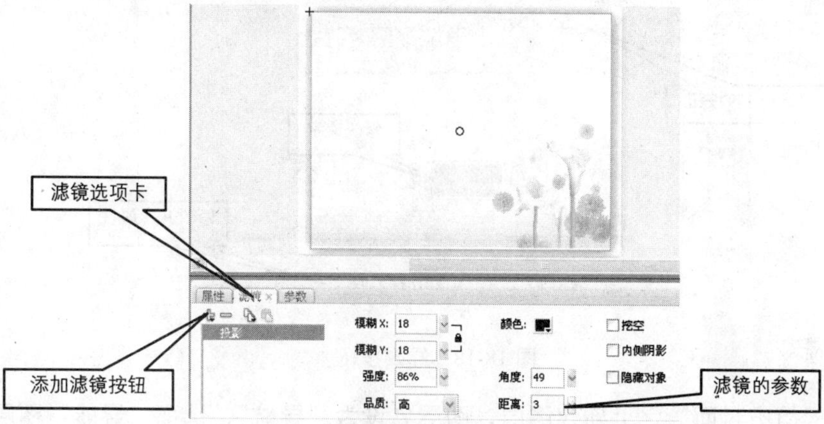

图 18-14　添加滤镜

（5）新建一个图层，命名为“简历封面”，并将前面步骤制作的图层命名为“背景”，将“背景”图层锁定，如图 18-15 所示。

图 18-15　新建“简历封面”层，锁定“背景”层

（6）选取“文本”工具，在舞台的正中央输入文字“我的简历”，其类型为静态文本，字体为“文鼎霹雳体”，大小设置为 59，颜色为土黄“#CC9933”，如图 18-16 所示。

（7）选择“窗口>共享库>按钮”命令，展开“共享库”面板，展开面板中的“buttons bar”类，将其中的“bar brown”按钮拖曳到舞台中，如图 18-17 所示。

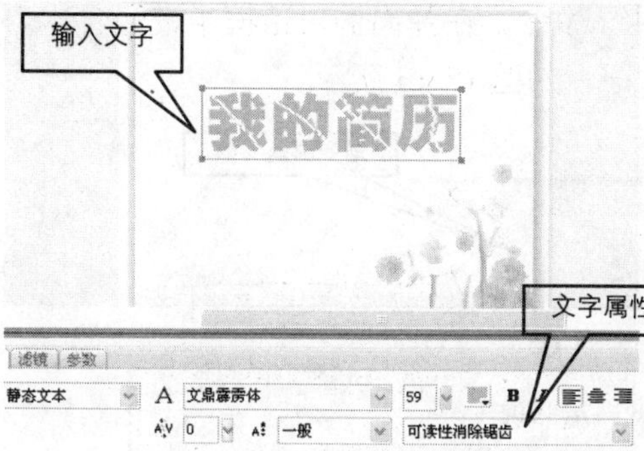

图 18-16　添加封面文字

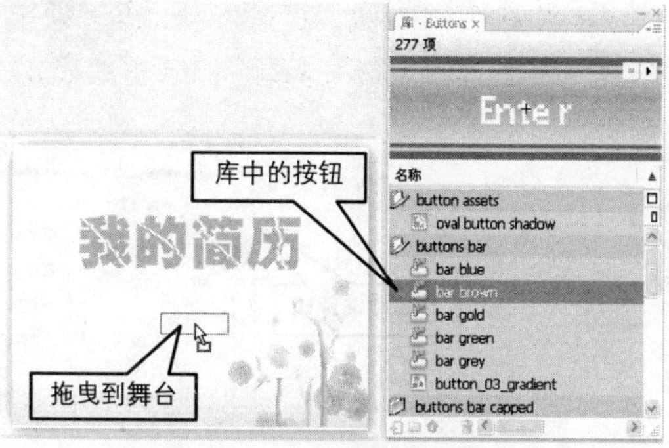

图 18-17　添加封面导航按钮

（8）双击刚刚添加到舞台上的按钮，进入按钮编辑，选取“text”图层，将“Enter”文字修改为“进入”，字体设置为“文鼎行楷碑体”，大小为 17。如图 18-18 所示。最后单

击“场景 1”返回主场景。

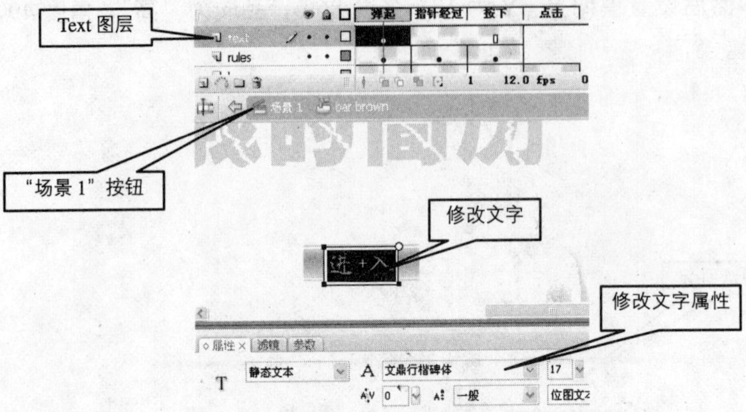

图 18-18　修改按钮

（9）在“简历封面”之上新建图层，图层名设为“导航”，选取“导航”图层的第 2 帧，按 F6 快捷键，插入关键帧，然后使用矩形工具在舞台的左上角绘制一个矩形，然后选择“修改>转换为组件”命令，将其转换为影片剪辑，如图 18-19 所示。

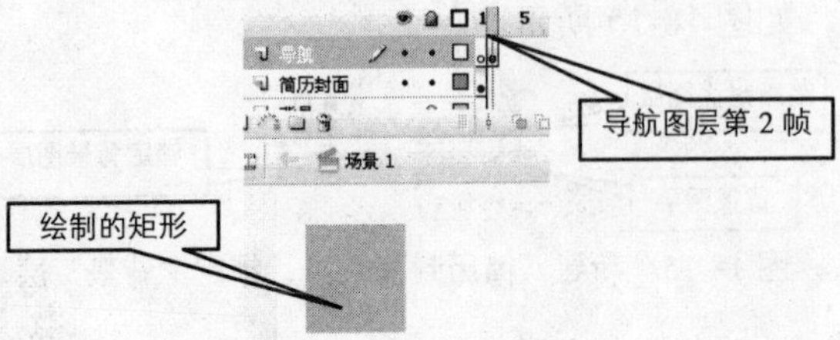

图 18-19　绘制矩形图案

（10）然后展开“滤镜”面板，添加“渐变斜角”滤镜，具体参数如图 18-20 所示。

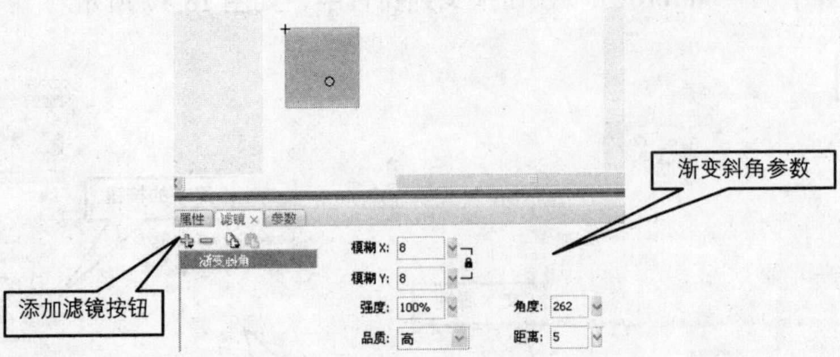

图 18-20　添加渐变斜角滤镜

（11）使用“文本”工具在舞台上分别输入两组文字：“基本信息”、“我的能力”，其字体为“文鼎荆棘体繁”，大小为 16，颜色为黑色。然后选取“基本信息”，选择“修改>转换为组件”命令，将其转换为按钮组件，选取“我的能力”，同样通过转换为组件命令，转换为按钮组件，如图 18-21 所示。转换为按钮是为了后面的添加行为指令操作，因为文字是不能添加行为指令的，按钮则可以。

（12）通过滤镜面板，分别为“基本信息”和“我的能力”添加投影滤镜，距离设为 1，其他参数如图 18-22 所示。

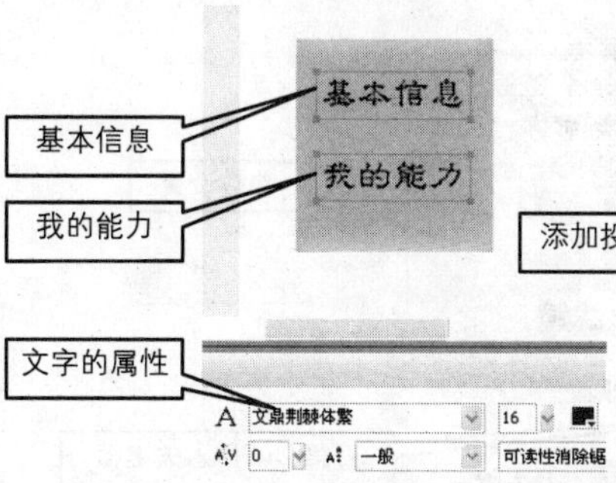

图 18-21　输入文字并转换为按钮

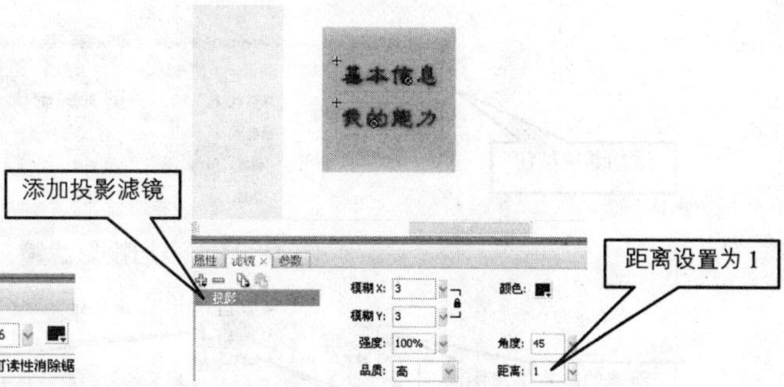

图 18-22　添加投影滤镜

（13）选择“文件>导入>导入到舞台”命令，将素材中的照片图像导入舞台，将其移动到舞台的左下角，通过“修改>转换为组件”命令转换为影片剪辑，然后为其添加“斜角”滤镜，如图 18-23 所示。

（14）使用“矩形”工具在舞台的右边绘制一个矩形，然后将矩形转换为影片剪辑，如图 18-24 所示。

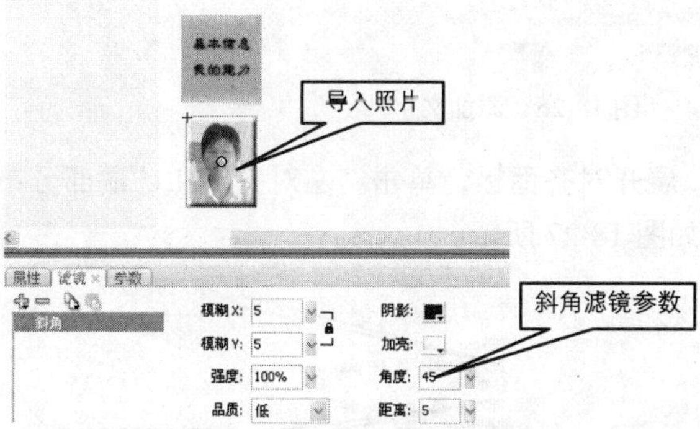

图 18-23　导入照片

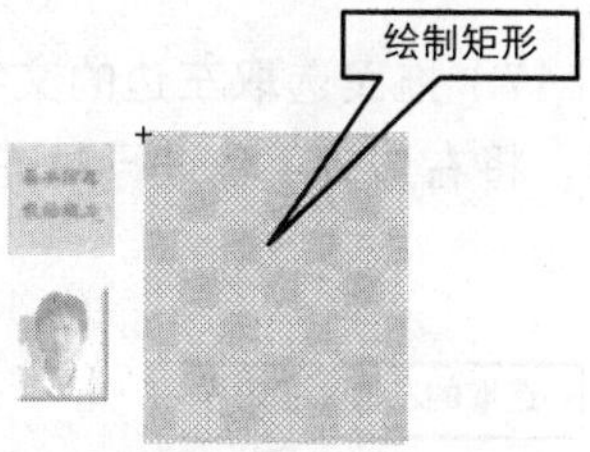

图 18-24　绘制矩形并转换为影片

（15）接着为矩形添加投影滤镜，模糊 X、Y 设置为 2，距离为 1，勾选“内侧阴影”和“隐藏对象”复选框，至此，导航图层制作完成，如图 18-25 所示。

（16）在“导航”图层之上新增图层，命名为“基本信息”，锁定“导航”图层，然后在“基本信息”图层的第 2 帧上按 F6 快捷键，插入关键帧，使用“文本”工具在舞台的右边输入个人简历信息，字体设为“新宋体”，大小为 14。文字内容都移动到带阴影黑框内，如图 18-26 所示。

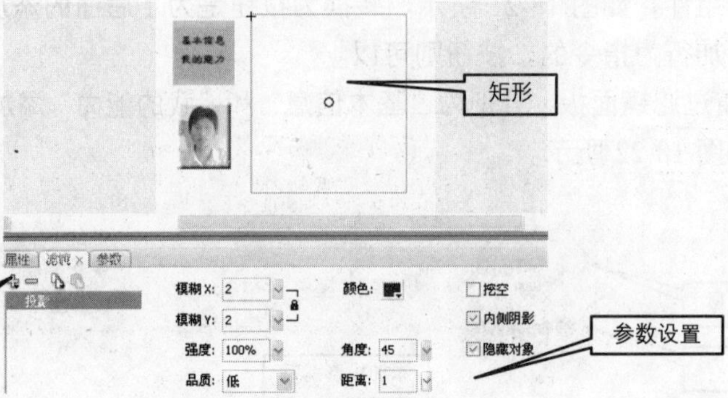

图 18-25　添加投影滤镜

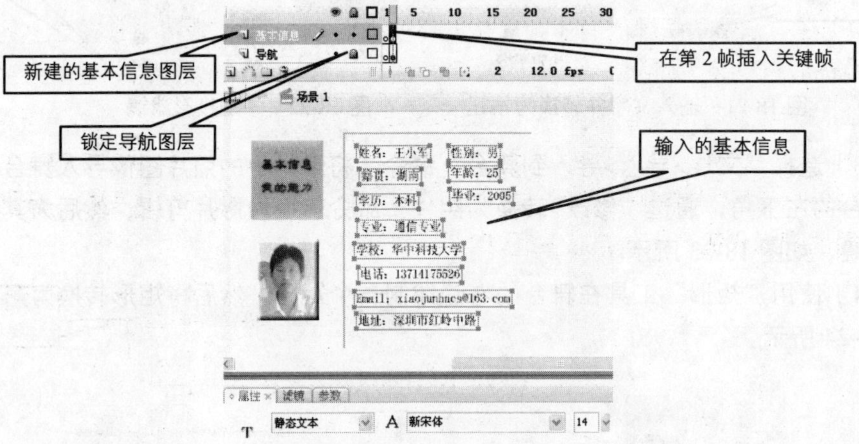

图 18-26　添加文字

（17）拖曳选取左边的文字，展开对齐面板，单击“左对齐”和“顶部分布”按钮，同样，将右边文字也进行对齐，如图 18-27 所示。

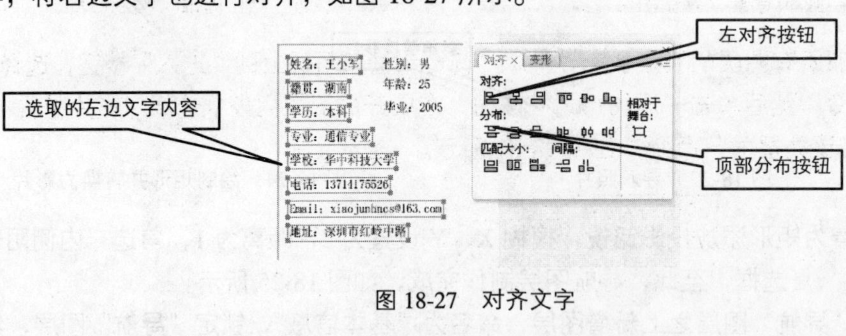

图 18-27　对齐文字

（18）新增“我的能力”图层，在第 3 帧上按 F6 快捷键，插入关键帧，添加个人能力的信息文字，关于自我评价的段落文字比较多，输入的行距过短，不美观，需要调整行距，拖曳选取段落文字，单击编辑格式选项按钮，在弹出的“格式选项”对话框中，设置行距为 6，单击“确定”按钮，如图 18-28 所示。

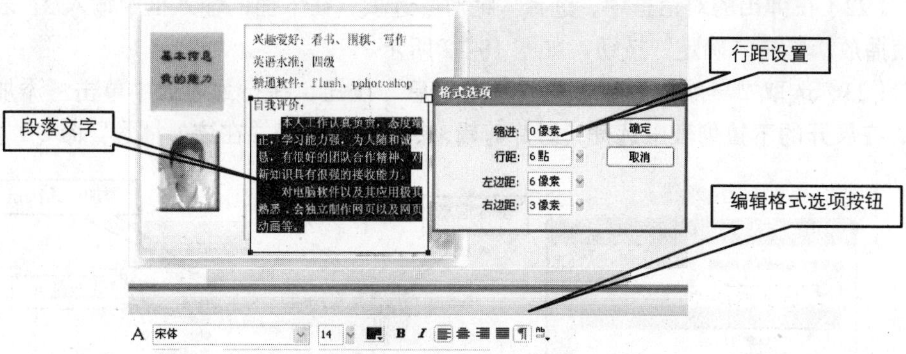

图 18-28　制作“我的能力”图层

（19）在“背景”图层的第 3 帧上按 F5 快捷键，插入帧，使得背景图层上的背景能在 3 个帧中都显示出来。同样，在“导航”图层的第 3 帧上按 F5 快捷键，插入关键帧，使得导航层上的内容能在第 3 帧中显示，如图 18-29 所示。

（20）在“我的能力”图层之上新建名为“as”的图层，在“as”图层的 3 个帧上分别按 F6 快捷键，插入关键帧，然后选择“窗口>动作”命令，展开动作面板，分别为 3 个帧添加相同的脚本代码“stop();”。如图 18-30 所示。

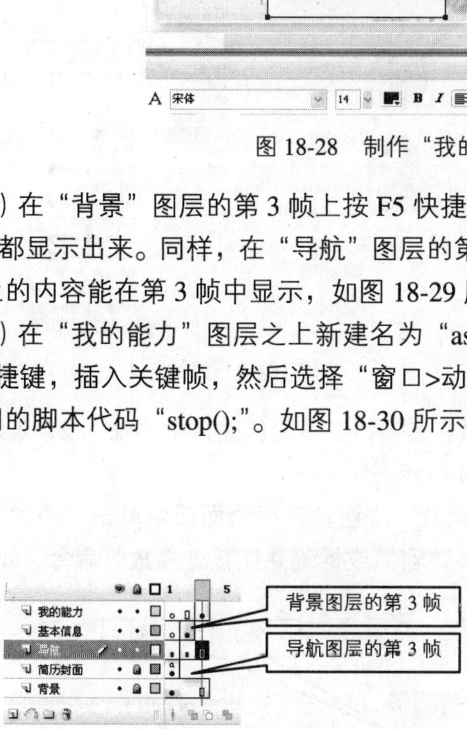

图 18-29　延长背景、导航图层

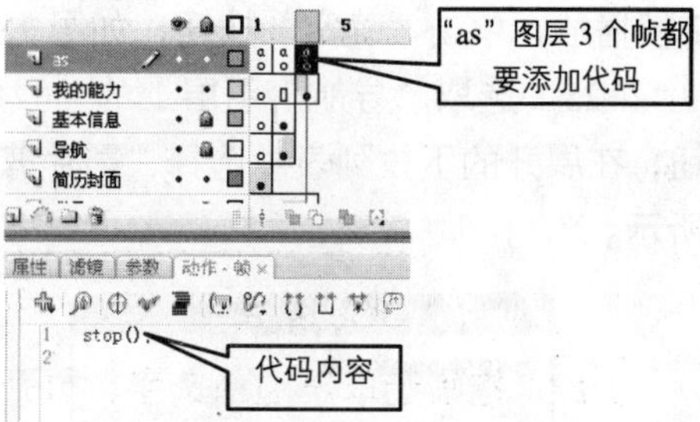

图 18-30　添加“停止播放”控制命令

（21）取消所有图层的锁定状态，选取“简历封面”图层上的“进入”按钮，选择“窗口>行为”命令，然后单击“添加行为”按钮，在展开的下拉列表中选择“影片剪辑>转到帧或标签并在该处播放”命令，如图 18-31 所示。

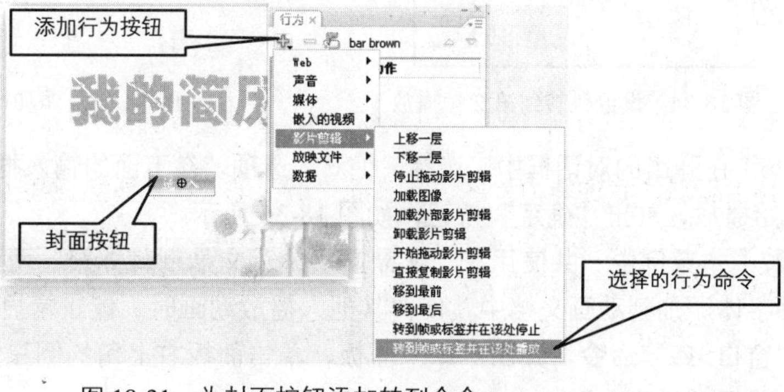

图 18-31　为封面按钮添加转到命令

（22）在弹出的对话框中，选择“绝对”选项，在下面的输入框中输入 2，表示转到第 2 帧播放，单击“确定”按钮，如图 18-32 所示。

（23）选取“导航”图层上的“基本信息”按钮，在行为面板中单击“添加行为”按钮，在展开的下拉列表中选择“影片剪辑>转到帧或标签并在该处播放”命令，如图 18-33 所示。

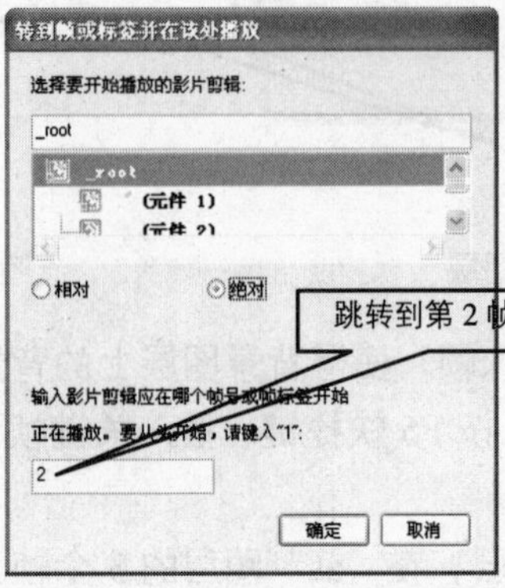

图 18-32 设置跳转到第 2 帧播放

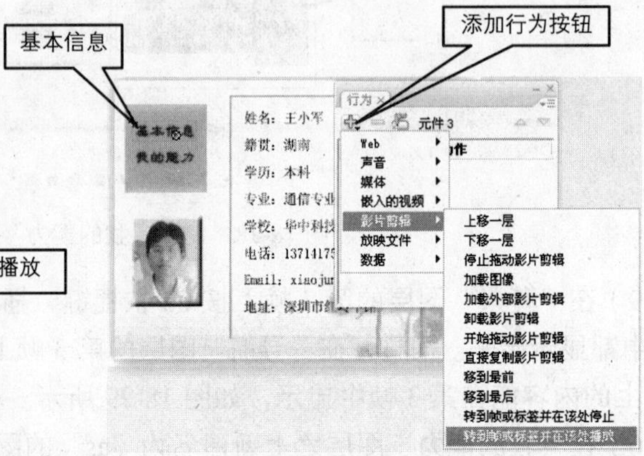

图 18-33 添加行为

（24）在弹出的对话框中，选择“绝对”选项，在下面的输入框中输入 2，表示转到第 2 帧播放，单击“确定”按钮，如图 18-34 所示。

（25）选取“导航”图层上的“我的能力”按钮，在行为面板中单击“添加行为”按钮，在展开的下拉列表中选择“影片剪辑>转到帧或标签并在该处播放”命令，如图 18-35 所示。

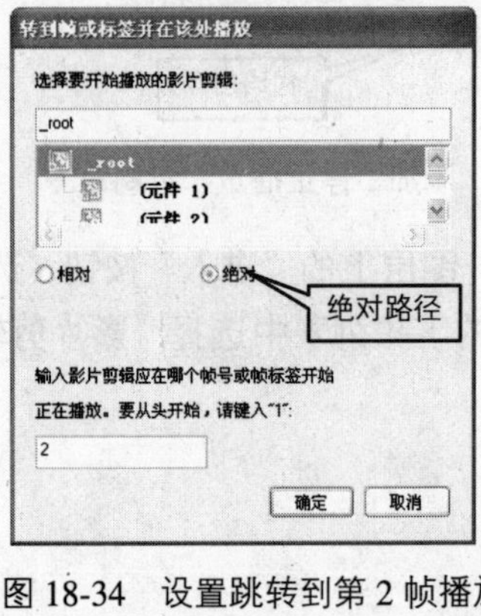

图 18-34 设置跳转到第 2 帧播放

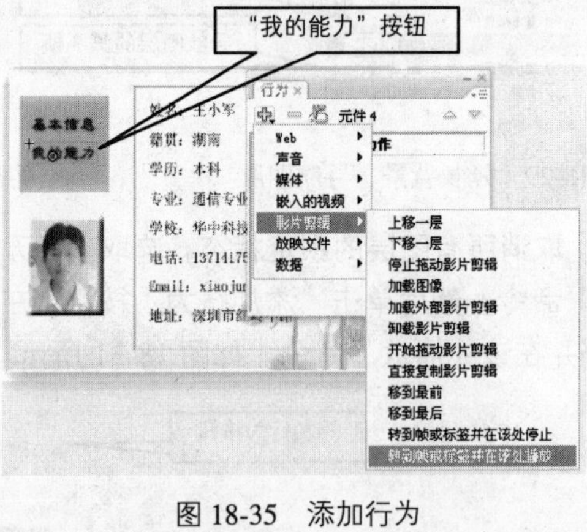

图 18-35 添加行为

（26）在弹出的对话框中，选择“绝对”选项，在下面的输入框中输入 3，表示转到第 3 帧开始播放，单击“确定”按钮，如图 18-36 所示。

（27）本范例中一共使用了“文鼎霹雳体、文鼎荆棘体繁”两种特殊字体，下面就将这两种字体添加到动画文档中，使得其他人播放动画时，能正常显示这两种字体的文字。选择“窗口>库”命令，弹出“库”面板，单击面板右上角的倒三角按钮，在展开的下拉列表中选择“新建字型”命令，如图 18-37 所示。

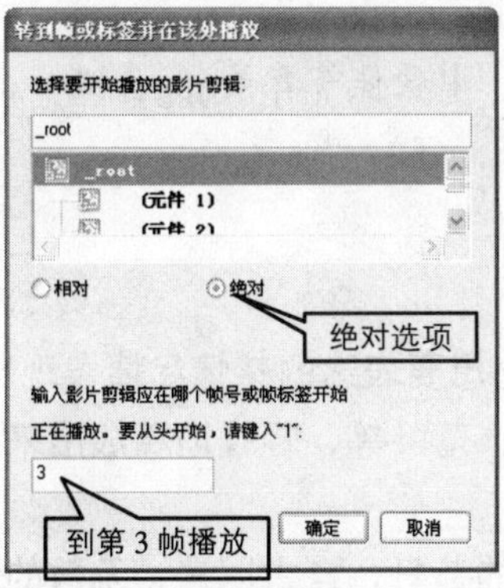

图 18-36　设置跳转到第 3 帧播放

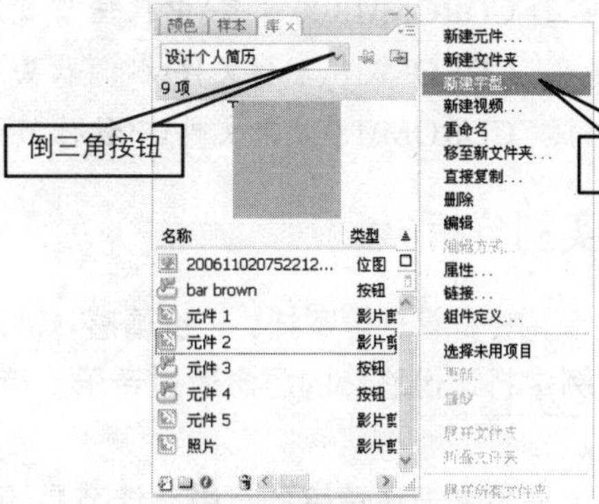

图 18-37　新建字型

（28）弹出“字体元件属性”对话框，选择字体“文鼎霹雳体”，单击确定，将字型添加到动画中。如图 18-38 所示。

（29）重复步骤 28，然后将字体“文鼎荆棘体繁”添加到动画中。如图 18-39 所示。

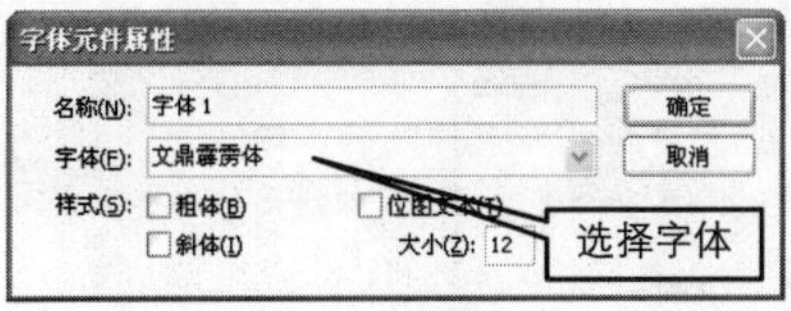

图 18-38　设置添加的字体

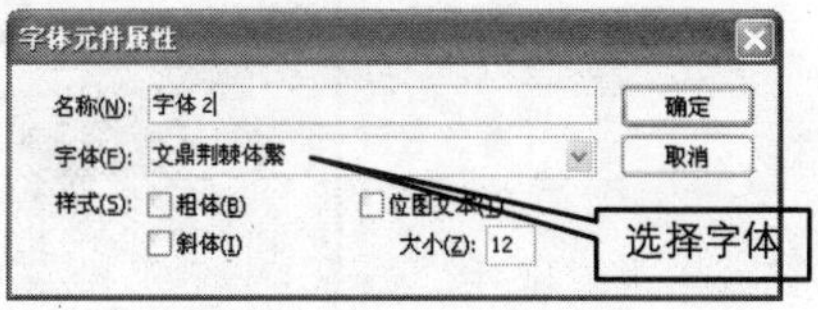

图 18-39　设置添加的字体

读者如果没有以上所使用的特殊字体，那么在设计的过程中，请使用另外一种美观字体代替，在添加字体的时候，同样添加读者所使用的字体。

到此为止，简历的制作就完成了，按 Ctrl+Enter 快捷键，测试影片的效果。

18.2　制作电子贺卡——中秋佳节

现在来制作一个中秋佳节的贺卡，将自己亲手制作的精美 Flash 贺卡附上一份思念寄给亲朋好友，这将是非常独特的祝贺。如图 18-40 所示为制作出来的效果。

图 18-40　中秋佳节效果

源 文 件：	CDROM\18\源文件\中秋佳节效果.fla
素材文件：	CDROM\18\素材文件\水调歌头.txt、中秋佳节背景.jpg、枫叶.ai、蜻蜓.ai
效果文件：	CDROM\18\效果文件\中秋佳节效果.swf

18.2.1 实例分析

一份贺卡，融缩着一份寄托、一份情感，将自己想要表达的感情尽情表现出来吧！“中秋佳节”范例中将这份悠悠的思念通过音乐、诗词、落叶等，轻轻地释放出来。先来对范例进行分析。

（1）贺卡是用来表达情感的，中秋佳节是团圆的节日，自古以来，无数的诗人已经将中秋的情怀都写在了诗歌中，在制作的时候，可以充分利用这些诗歌，这样，不仅可以表达心意，而且还富有诗意，提升作品品味。范例中就使用到了苏轼的《水调歌头》，如图 18-41 所示。先收集一些与中秋相关的素材，包括图像、文学内容、音乐等。

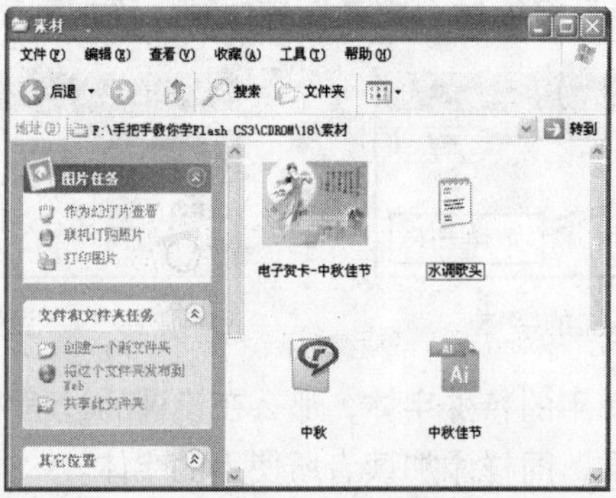

图 18-41　收集的素材

（2）有了资料，就可以进一步对贺卡进行构思。中秋贺卡中流淌的是暖暖的亲情、友情，节奏感应是舒缓的，不能强烈。所以，在考虑动画效果的时候，就不能制作激烈、绚丽的效果。

（3）配以音乐才能更好地表达感情，有声有色的贺卡才能算是完美的贺卡，无声的世界总会缺少点生机。本范例就通过空灵的音乐将贺卡制作得绘声绘影，一曲《水调歌头》引人陶醉、共鸣。

18.2.2 制作流程

接下来对整个动画的设计制作流程进行分解与分析，让读者先有一个清晰的制作概念，了解制作的流程，方便掌控动画的设计制作。

动画的制作流程如下：

（1）创建 Flash 动画文档，规划舞台尺寸。如图 18-42 所示。

（2）导入预先准备好的背景图，并在舞台上调整其大小和位置。同时将其他的元素导入到组件库中，如蜻蜓、枫叶等元素。如图 18-43 所示。

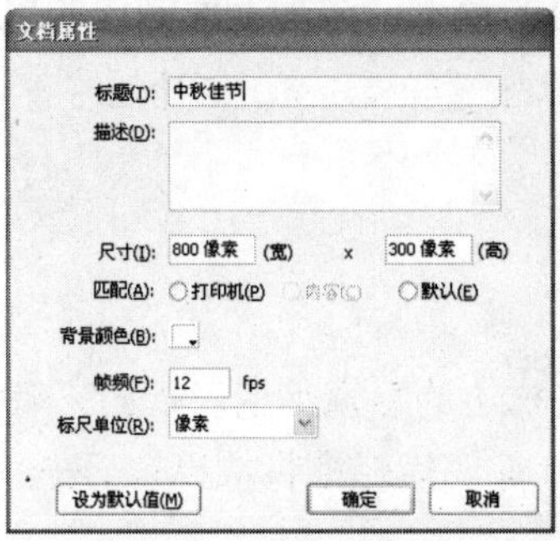

图 18-42　创建动画文档

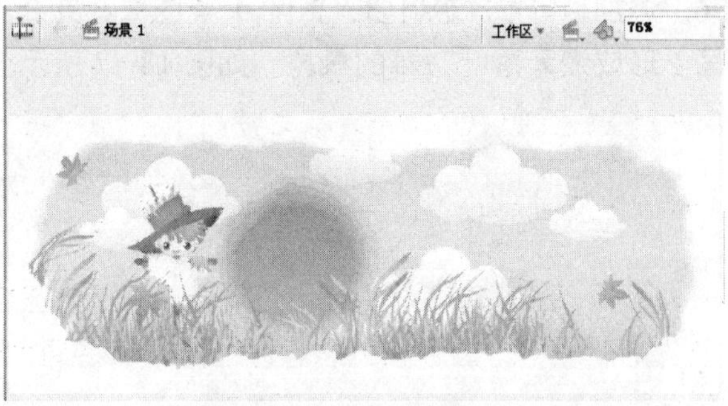

图 18-43　导入素材图形

（3）绘制渐变色正圆图形，套用模糊时间轴特效。如图 18-44 所示。

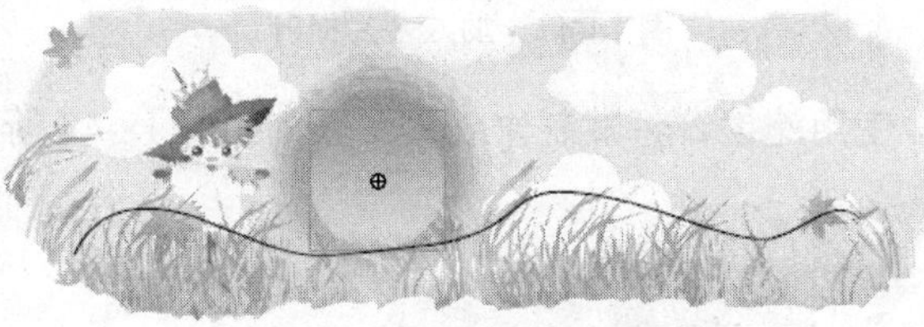

图 18-44　制作模糊特效

（4）制作蜻蜓扇动翅膀动画，并制作蜻蜓引导动画。如图 18-45 所示。

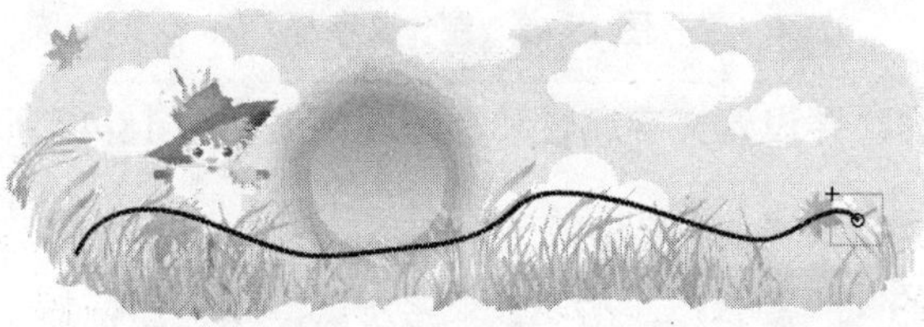

图 18-45　制作蜻蜓引导动画

（5）使用引导线图层制作枫叶飘落动画效果。如图 18-46 所示。

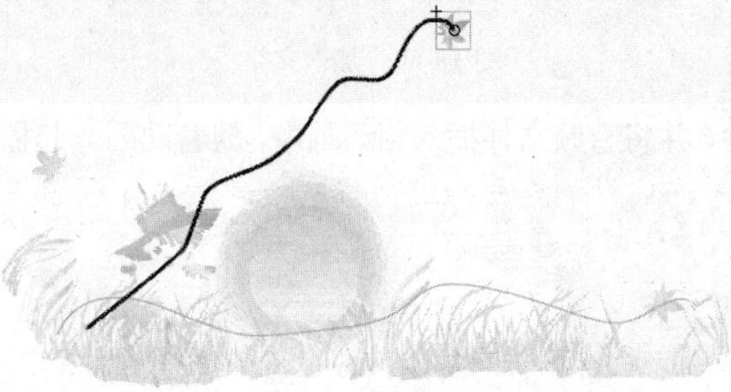

图 18-46　制作枫叶引导动画

（6）添加枫叶 2、枫叶 3、枫叶 4 等图层，并在不同的帧上，添加上面制作的枫叶飘落动画。形成漫天落叶飞舞的景象。如图 18-47 所示。

图 18-47　加入多片枫叶

（7）绘制矩形框，使用滤镜，将其制作成文字框，如图 18-48 所示。

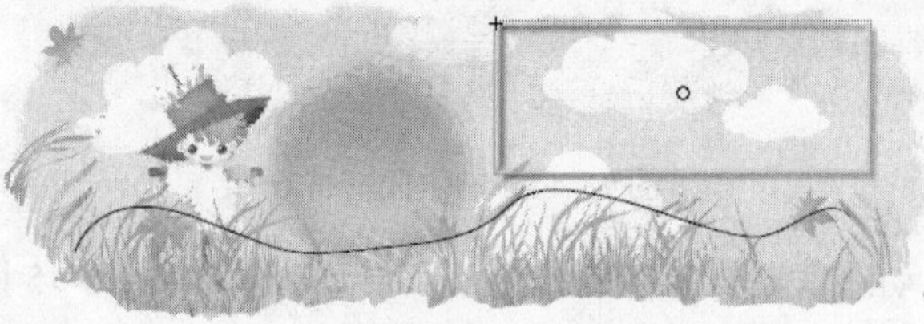

图 18-48　制作文字框

（8）添加文字内容，并设置文字属性和标题属性。如图 18-49 所示。

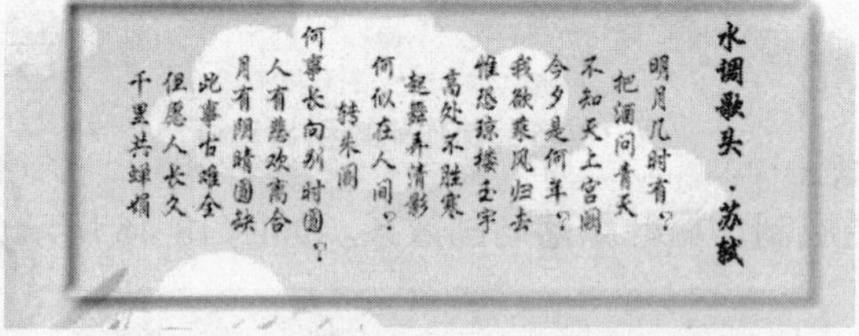

图 18-49　加入文字

（9）导入音频文件，并将音频文件插入到动画中，随着动画一起播放。如图 18-50 所示。

图 18-50　加入音频文件

18.2.3　制作步骤

（1）开启 Flash 软件，选择“文件>新建”命令，弹出“新建文档”对话框，切换至“常规”选项卡，选取“Flash 文件（ActionScript 2.0）”，单击“确定”。如图 18-51 所示。

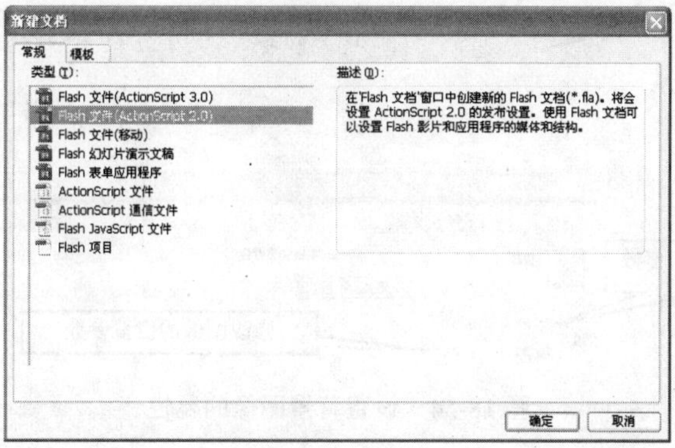

图 18-51　创建文档

（2）选择“修改>文档”命令，在弹出的文档属性对话框中将文档尺寸修改为“800×300”像素，标题为“中秋佳节”，如图 18-52 所示。

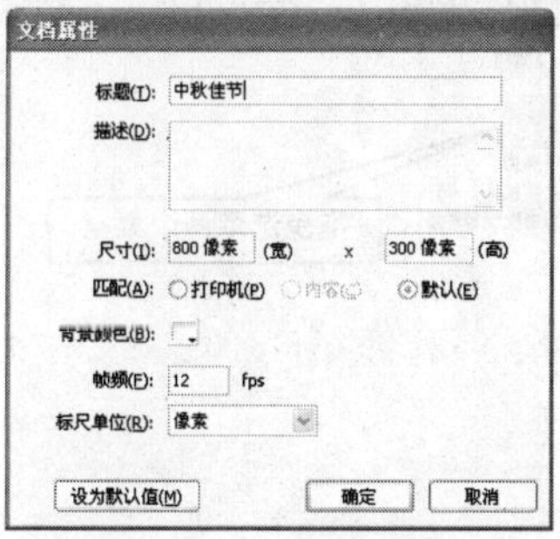

图 18-52　设置文档属性

（3）选择“文件>导入>导入到舞台”命令，选取素材库中的“中秋佳节背景”，单击“打开”按钮，将其导入到舞台上，如图 18-53 所示。

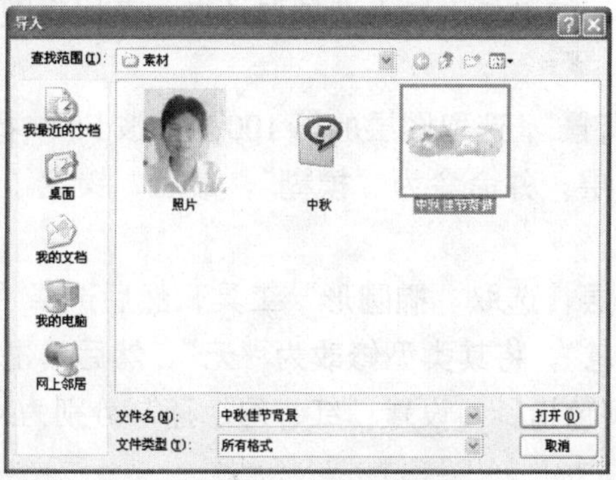

图 18-53　导入背景图像

（4）选取舞台上的背景图像，展开属性面板，将属性中的宽和高分别设置为 800 和 300 像素，将坐标中的 X/Y 设置为 0/0，如图 18-54 所示。

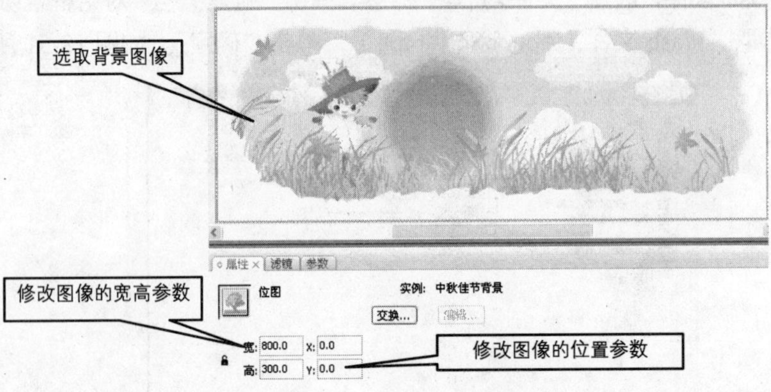

图 18-54　设置背景图像的属性

（5）选择“文件>导入>导入到库”命令，在弹出的“导入到库”对话框中，拖曳选取“枫叶”和“蜻蜓”两个 ai 文件，单击“打开”按钮，将两个素材导入到组件库中，如图 18-55 所示。

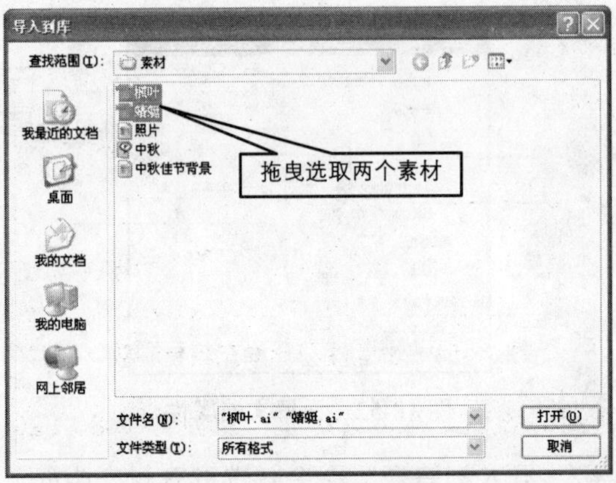

图 18-55　导入素材

（6）在导入的过程中，如果弹出导入选项对话框，选取将图层转换为“Flash 图层”，如图 18-56 所示。

（7）将图层命令为“背景”，选取图层的第 100 帧，按 F5 快捷键，插入帧，然后在“背景”图层之上新建一个图层，并命令为“模糊”，最后，锁定“背景”图层，如图 18-57 所示。

（8）选取“模糊”图层，选取“椭圆形”工具，然后选择“窗口>颜色”命令，展开颜色面板，单击“笔触颜色”，将其类型修改为“无”，然后单击填充颜色按钮，将类型修改为“线性”，单击左端颜色指针，设置“红、绿、蓝”分别为 243、119、37，Alpha 为 100%，如图 18-58 所示。

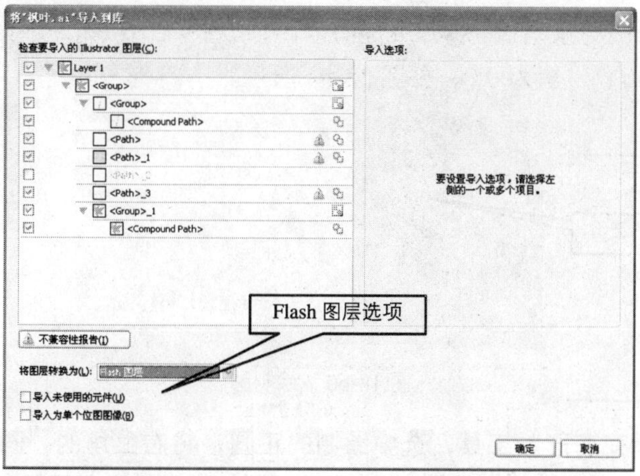

图 18-56　导入图形

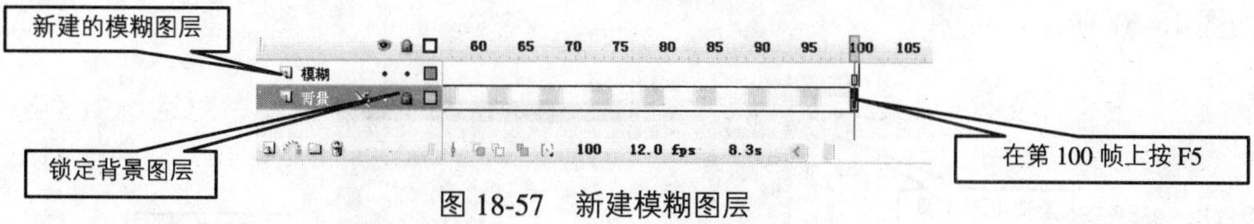

图 18-57　新建模糊图层

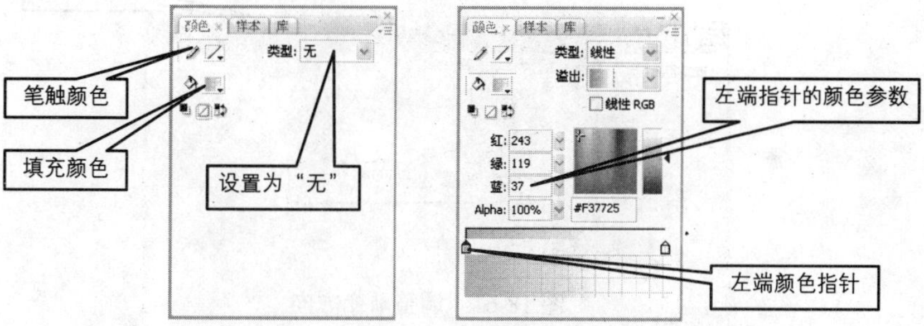

图 18-58　设置椭圆形填充颜色参数

（9）单击右端颜色指针，设置"红、绿、蓝"分别为 248、226、117，Alpha 为 0%，如图 18-59 所示。

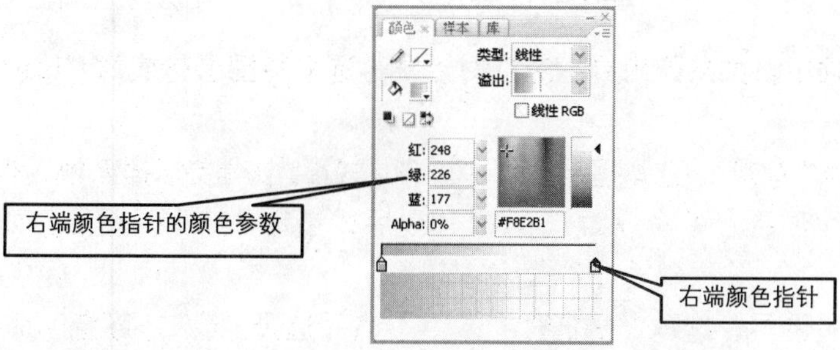

图 18-59　设置右端颜色指针

（10）在完成线性变化设置后，按住 Shift 键，在舞台背景图像中的太阳位置拖曳绘制正圆图形，如图 18-60 所示。

图 18-60　绘制圆

（11）选取“渐变变形”工具，选中绘制的正圆，将右上角的“圆形手柄”拖曳到右下角，使得从左到右的渐变效果改为由上到下的渐变效果，即上面颜色深，下面颜色浅。如图 18-61 所示。

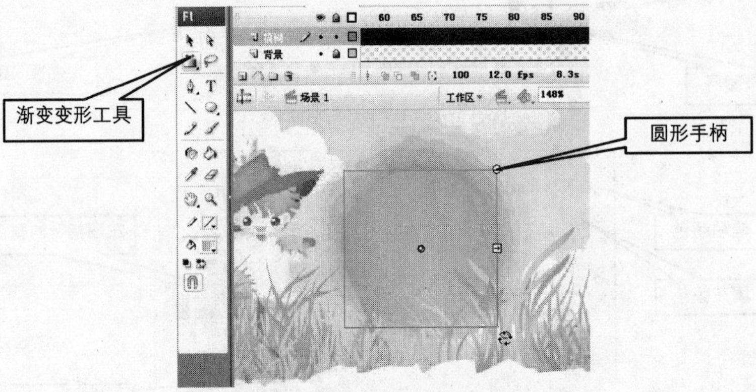

图 18-61　调整渐变方向

（12）选取“选择”工具，选择“插入>时间轴特效>效果>模糊”命令，在弹出的模糊参数设置对话框中，使用默认的参数设置，单击“确定”按钮，如图 18-62 所示。

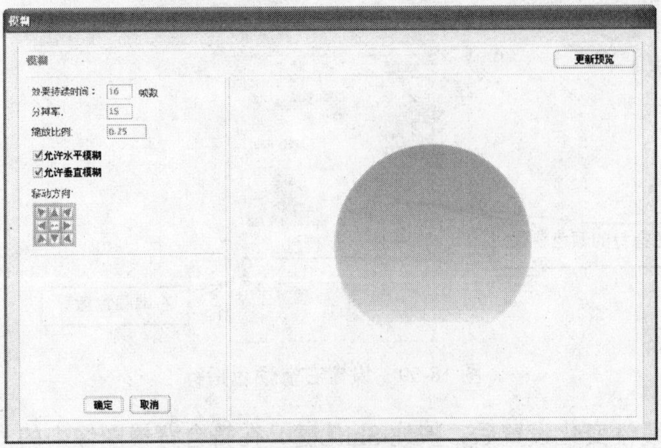

图 18-62　套用模糊特效

（13）在“模糊”图层的第 100 帧按 F5 键，插入帧，使得模糊动画能一直循环播放到动画最后，锁定模糊图层，如图 18-63 所示。

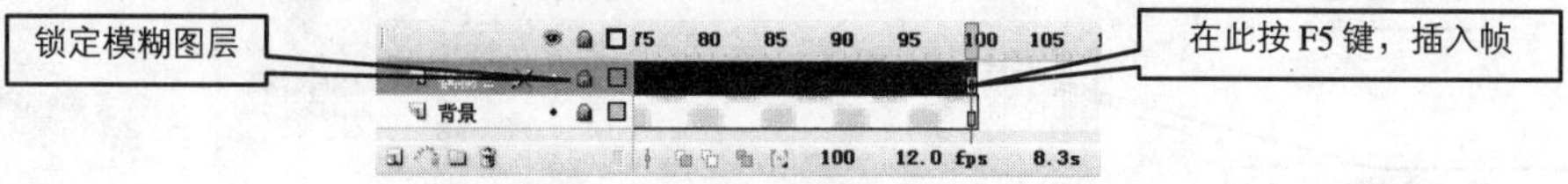

图 18-63　延长模糊效果播放时间

（14）在模糊图层之上新建图层，命名为“蜻蜓”，展开库面板，将库中的“蜻蜓”组件拖入到舞台的右下角。如图 18-64 所示。

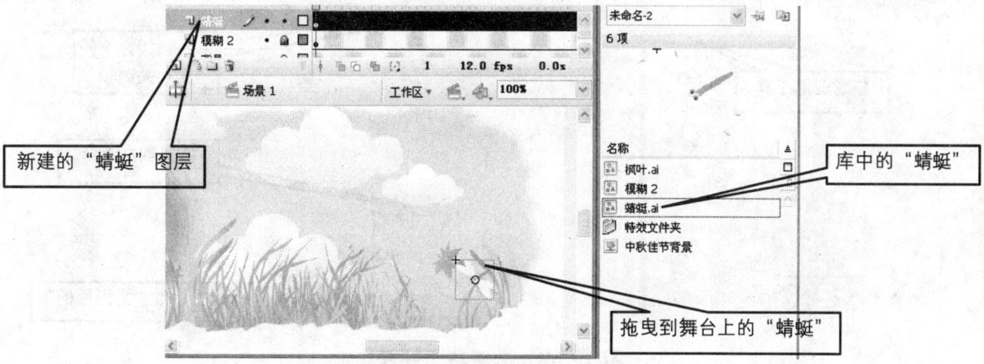

图 18-64　加入蜻蜓

（15）选取蜻蜓，按 Ctrl+=快捷键，放大蜻蜓，然后双击组件，进入组件编辑状态。蜻蜓的 4 个翅膀颜色太白，需要调整透明度，不停地双击其中一片翅膀，直到进入到最原始的图像，然后通过颜色面板，将 Alpha 属性设置为 60%，如图 18-65 所示。

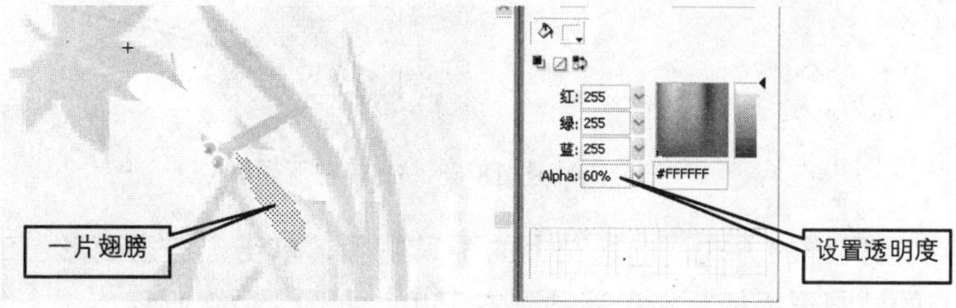

图 18-65　修改翅膀透明度

（16）修改完一片翅膀后，单击“蜻蜓.ai”按钮返回，重复上面的方法，将其他 3 支翅膀的透明度也修改为 60%，这样，蜻蜓的效果就更逼真了，最后再单击“蜻蜓.ai”按钮，如图 18-66 所示。

（17）在“蜻蜓.ai”组件编辑状态中，在图层“Layer1”的第 3 帧和第 5 帧分别按 F6 快捷键，插入关键帧，然后选取第 3 帧，并选取右下的两只翅膀，单击“任意变形”工具，然后，将两只翅膀中心的“圆形手柄”拖曳移动到左上角，如图 18-67 所示。

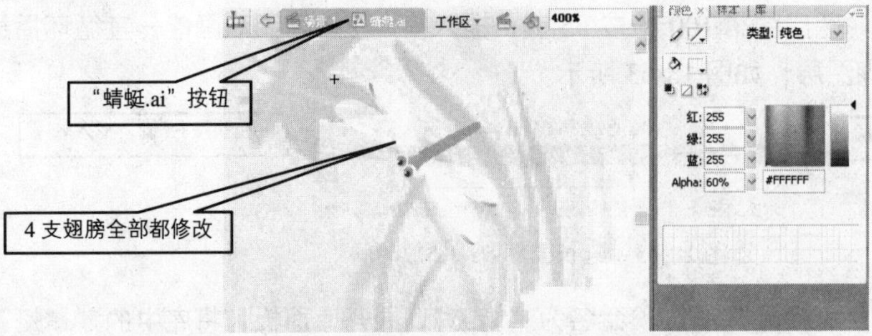

图 18-66　修改所有翅膀透明度

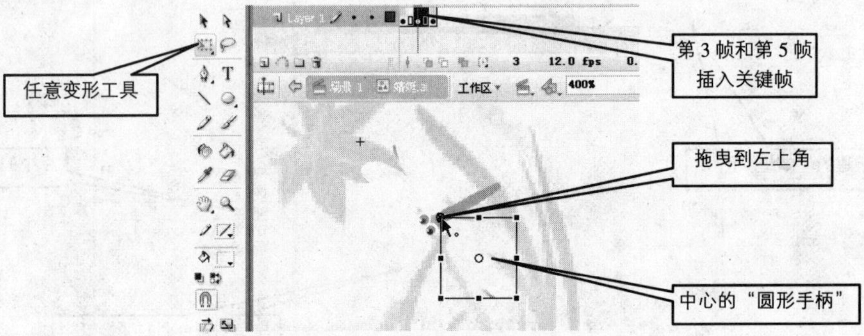

图 18-67　调整右下翅膀中心

（18）然后，以左上角为圆心，逆时针旋转两只翅膀，如图 18-68 所示。

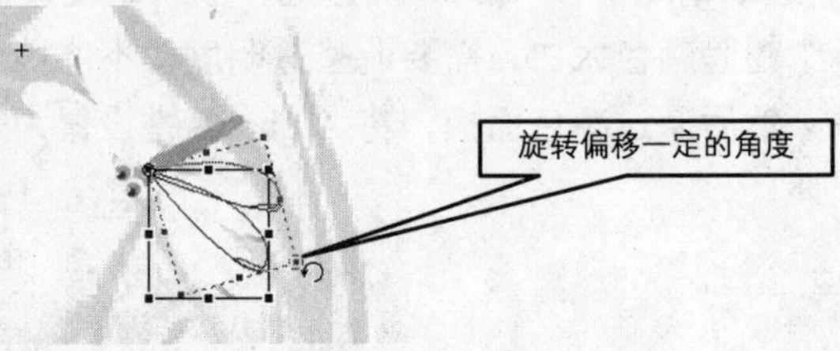

图 18-68　旋转右下翅膀

（19）用同样的方式，选取左上的两只翅膀，单击"任意变形"工具，然后，将两只翅膀中心的"圆形手柄"拖曳移动到右下角，如图 18-69 所示。

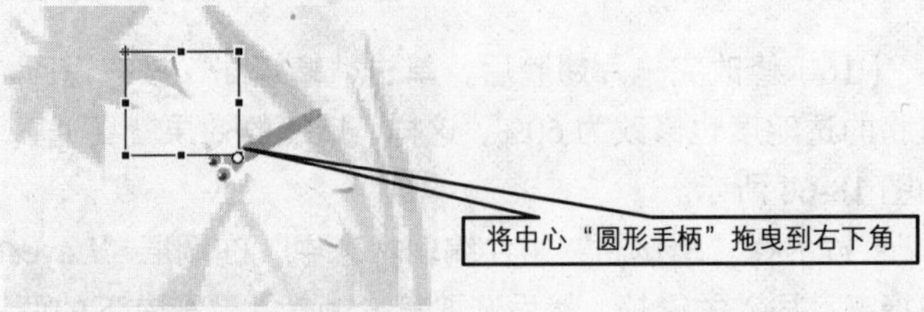

图 18-69　调整左上翅膀中心

（20）然后以右下角为圆心，顺时针旋转两只翅膀，这样就制作出了翅膀向后扇动的效果，如图 18-70 所示。

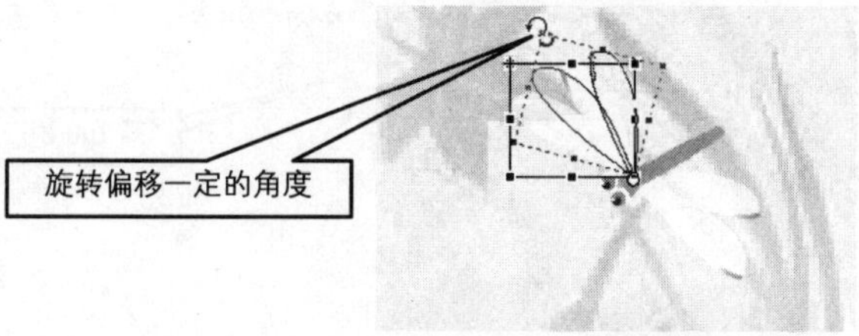

图 18-70　旋转左上翅膀

（21）单击“场景 1”按钮，返回主场景，然后，单击“添加运动引导层”按钮，然后，在引导层上使用铅笔工具绘制一条曲线，如图 18-71 所示。

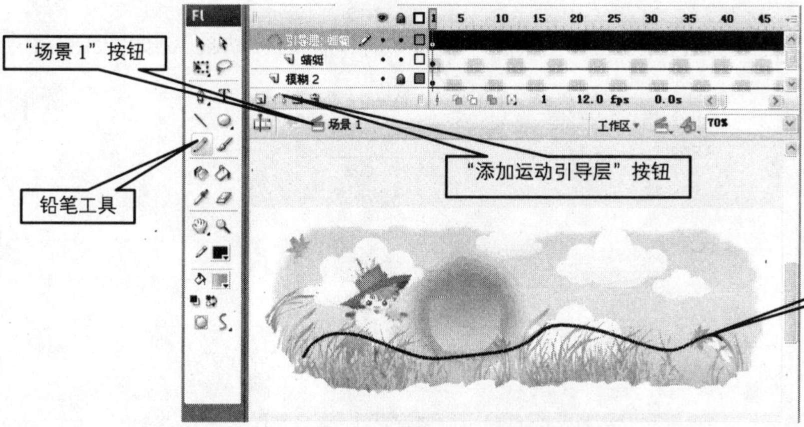

图 18-71　制作引导动画

（22）选取蜻蜓图层的第 1 帧，按 Ctrl+=快捷键，放大蜻蜓，使用“选择”工具将蜻蜓的中心点移动并吸附到引导线上，如图 18-72 所示。

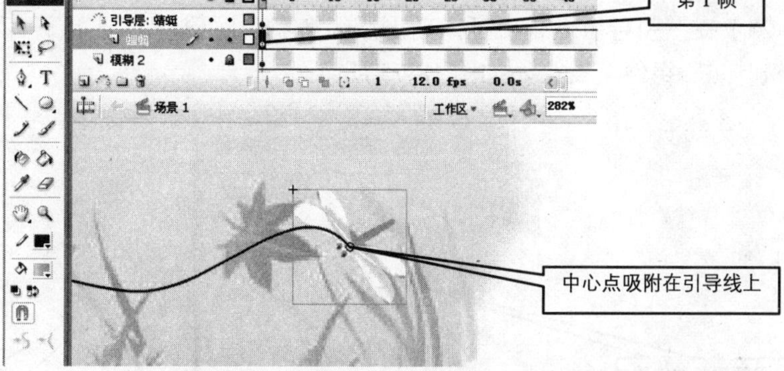

图 18-72　确定蜻蜓起飞点

（23）在蜻蜓图层的第 100 帧按 F6 快捷键，插入关键帧，然后将蜻蜓拖曳移动到曲线的另外一端的终点。其中心点同样要吸附在引导线上，如图 18-73 所示。

图 18-73　确定蜻蜓飞行终点

（24）选取“蜻蜓”图层，展开属性面板，设置“补间”为“动画”，如图 18-74 所示。

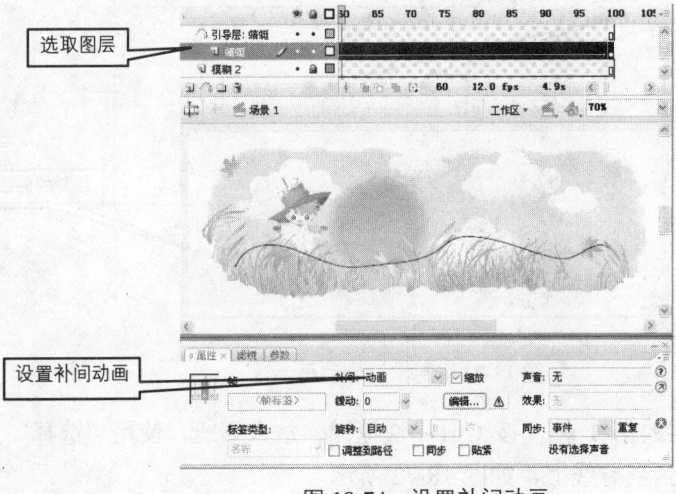

图 18-74　设置补间动画

（25）在“引导层”之上插入新图层，命名为“枫叶 1”，展开库面板，从库面板中拖曳“枫叶.ai”组件至舞台，如图 18-75 所示。

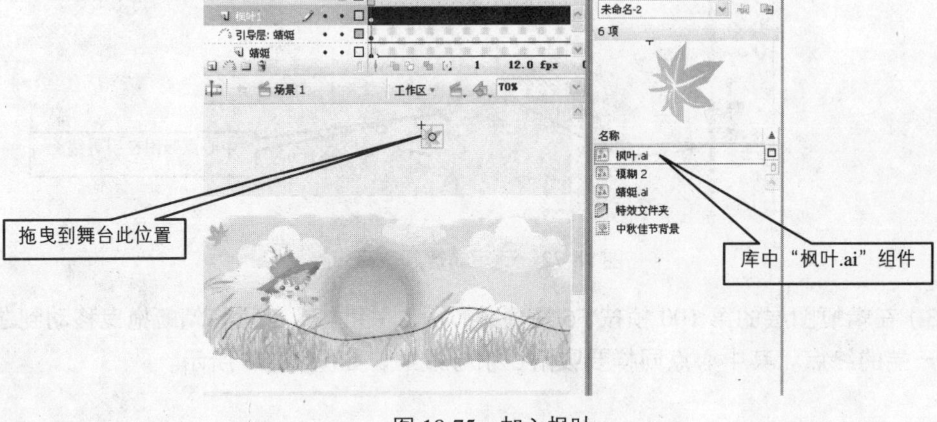

图 18-75　加入枫叶

（26）选取拖入到舞台上的枫叶，选择“修改>转换为组件”命令，在弹出的“转换为组件”对话框中，设置名称为“枫叶飘落动画”，类型设置为“影片剪辑”，单击“确定”按钮。如图 18-76 所示。

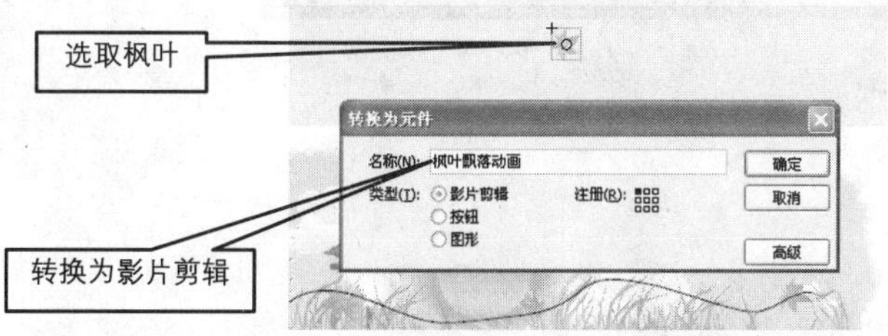

图 18-76　转换为影片

（27）双击枫叶，进入枫叶动画编辑舞台，在第 70 帧按 F6，插入关键帧，然后单击“添加运动引导层”按钮，添加引导层，选取引导层，使用铅笔工具绘制曲线，用作枫叶飘落的路径，如图 18-77 所示。

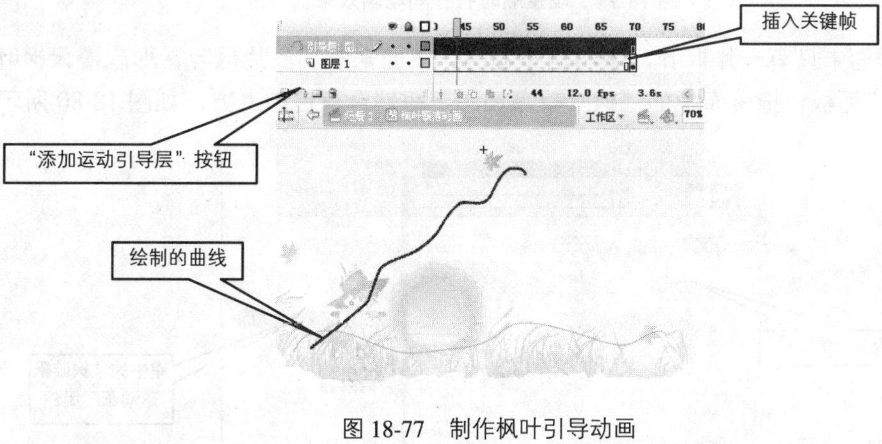

图 18-77　制作枫叶引导动画

（28）选取图层 1 的第 1 帧，将枫叶组件拖曳移动并吸附到曲线的上端，选取第 70 帧，将枫叶组件拖曳移动并吸附到曲线的下端，如图 18-78 所示。

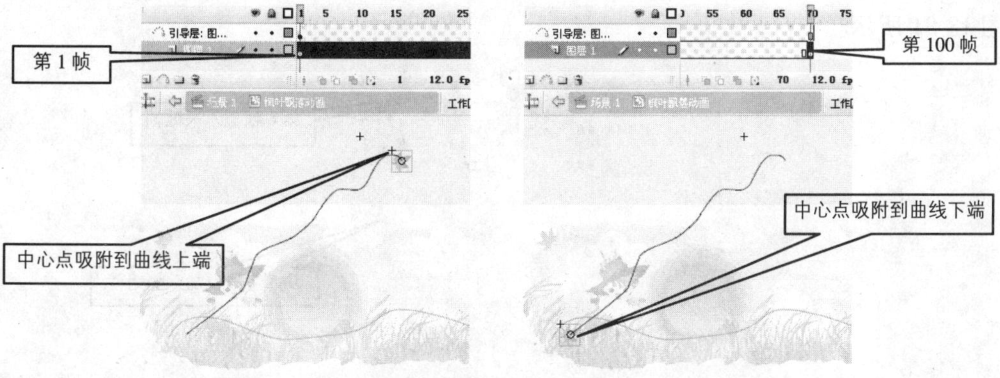

图 18-78　确定枫叶飘落的起点和终点

（29）选取图层 1，在属性面板上设置“补间”为“动画”，然后设置旋转为“顺时针 3 次”，勾选“调整到路径”，然后单击“场景 1”按钮返回主场景。如图 18-79 所示。

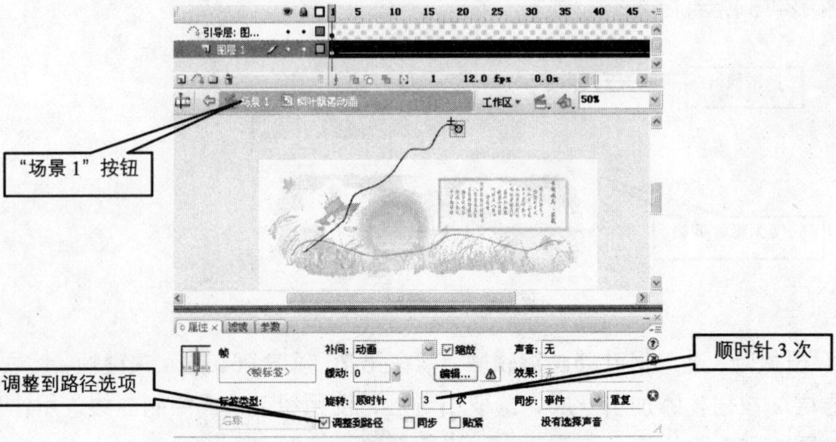

图 18-79　设置顺时针补间动画效果

（30）画面中只有一片枫叶，显然是不够的，下面来添加多片枫叶，形成漫天枫叶的景象。展开库面板，拖曳库中的“枫叶飘落动画”组件至舞台的上方，如图 18-80 所示。

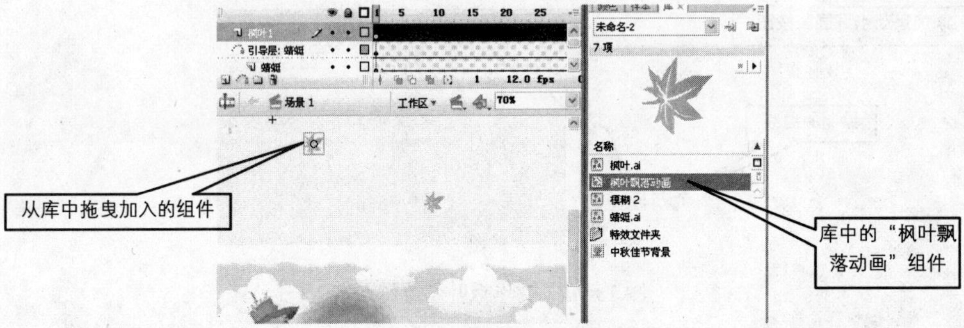

图 18-80　加入更多的枫叶飘落影片

（31）新建图层，命名为“枫叶 2”，在第 8 帧上按 F6，插入关键帧，添加更多的枫叶，如图 18-81 所示。

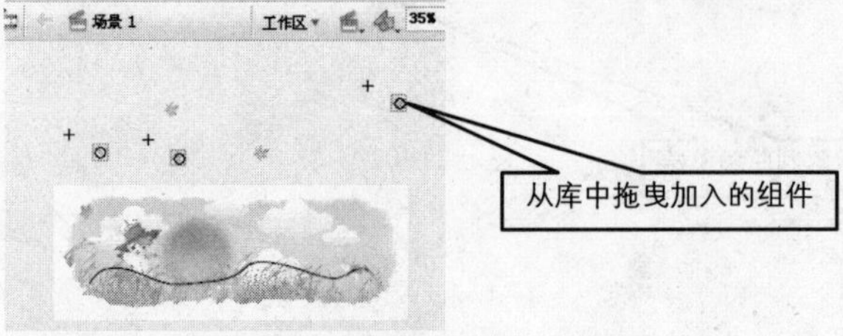

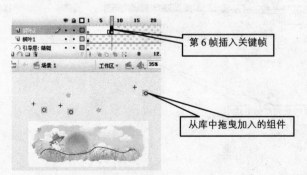

图 18-81　加入更多的枫叶飘落影片

（32）按照上面的方法，新建“枫叶 3、枫叶 4”图层，并分别在第 15 帧和第 25 帧上插入关键帧，添加枫叶动画。在加入枫叶的时候，注意其位置最好不要在同一水平线上，避免飘落的枫叶效果单一，如图 18-82 所示。

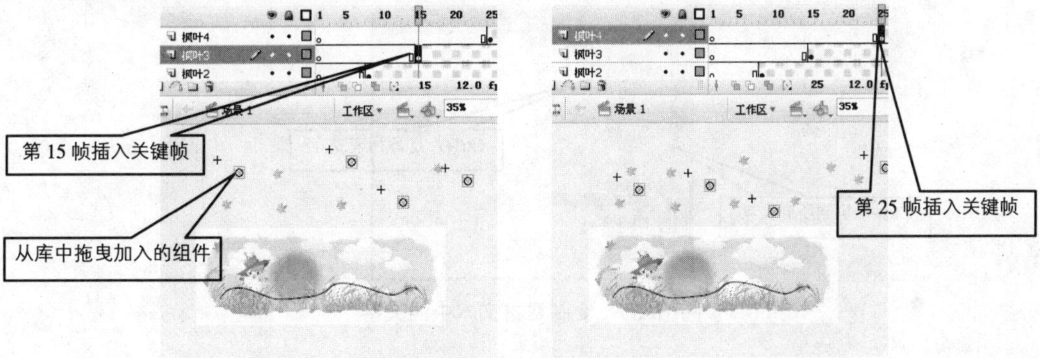

图 18-82 加入更多的枫叶飘落影片

（33）在“枫叶 4”图层之上新建图层，命名为“文框”，选取“矩形”工具，在舞台上绘制矩形，选取矩形图形，选择“修改>转换为组件”命令，选择“影片剪辑”类型，单击“确定”按钮，将其转换为影片剪辑组件，如图 18-83 所示。

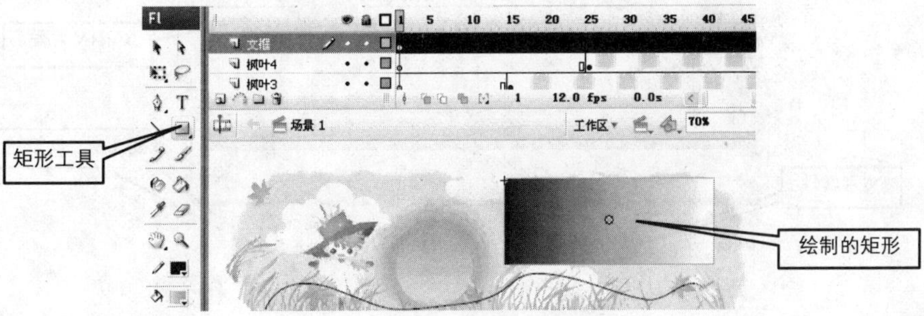

图 18-83 绘制矩形

（34）选取矩形，展开“滤镜”面板，单击添加滤镜按钮，添加“渐变斜角”滤镜和“投影”滤镜，参数设置分别如图 18-84 所示。

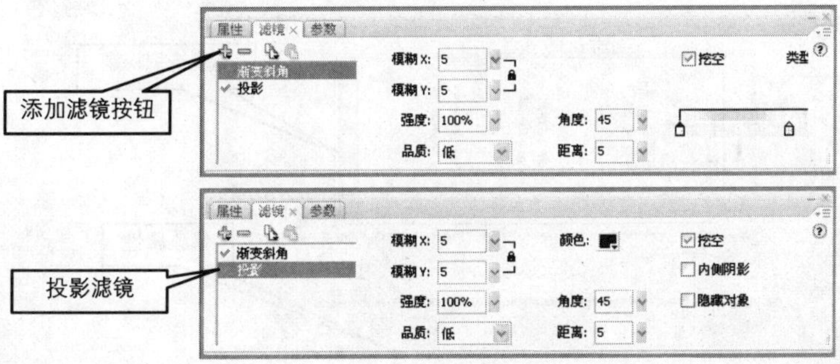

图 18-84 添加滤镜

（35）在“文框”图层之上新建图层，命名为“诗词”，将素材中的“水调歌头.txt”文本中的诗词添加到动画中来，打开“水调歌头.txt”文本，按 Ctrl+A 快捷键，选取所有文字内容，再按 Ctrl+C 快捷键，复制内容。如图 18-85 所示。

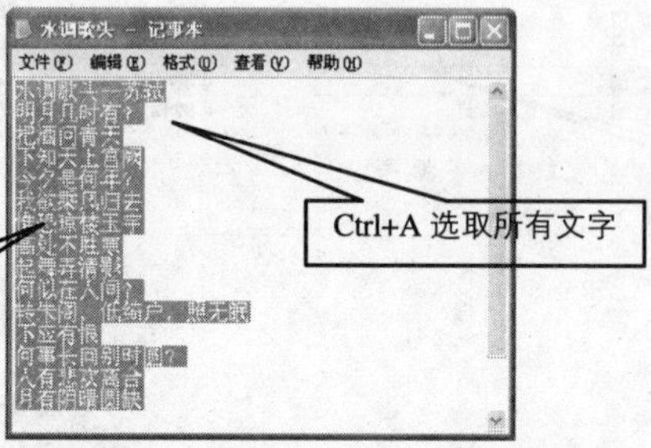

图 18-85　复制素材文本中的文字

（36）选取“文本”工具，拖曳出一个文本框，然后在文本框内按 Ctrl+V 快捷键，粘贴文字内容，设置字体为“文鼎行楷碑体”，大小为 12，颜色为“黑”，单击“改变文本方向”按钮，选取“垂直，从右向左”选项，如图 18-86 所示。

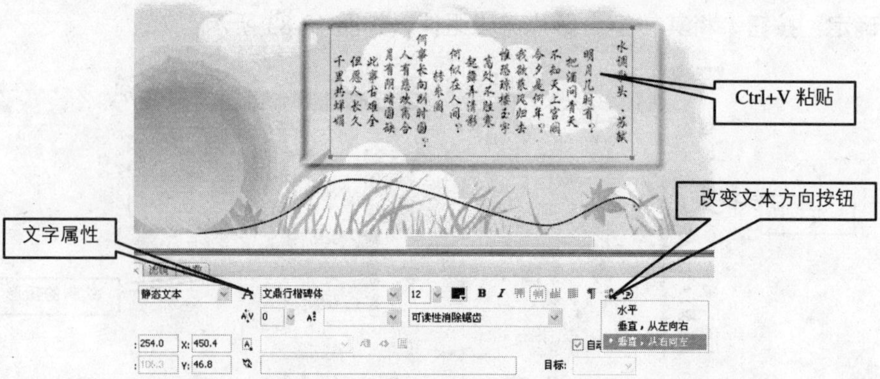

图 18-86　调整文字参数与效果

（37）拖曳选取诗词标题“水调歌头·苏轼”，将其大小修改为 14，单击切换粗体按钮，如图 18-87 所示。

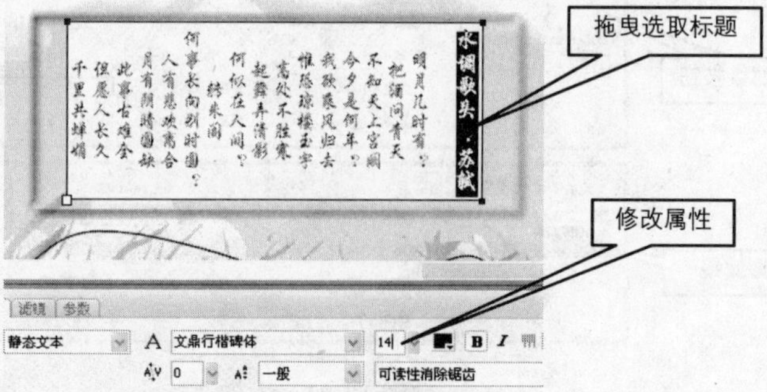

图 18-87　修改诗歌标题

（38）选择“文件>导入>导入到库”命令，在“导入到库”对话框中，选取素材中的“中秋.mp3”音频文件，单击“打开”按钮，将其导入到库中，如图 18-88 所示。

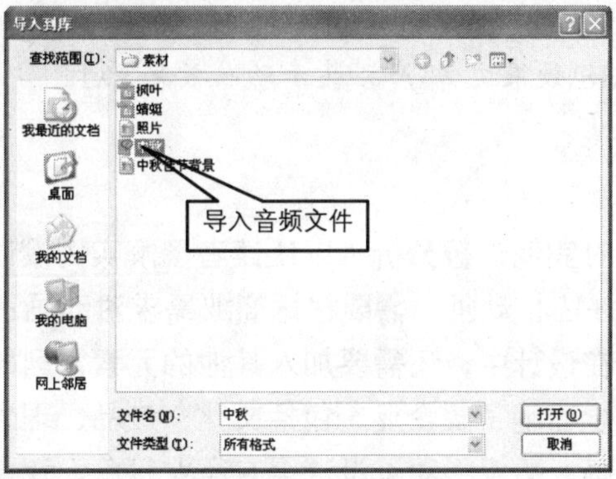

图 18-88　导入音频

（39）在“诗词”图层之上新建图层，命名为“音乐”，选取“音乐”图层，展开属性面板，设置声音为“中秋”，效果为“淡出”，同步为“开始”。如图 18-89 所示。

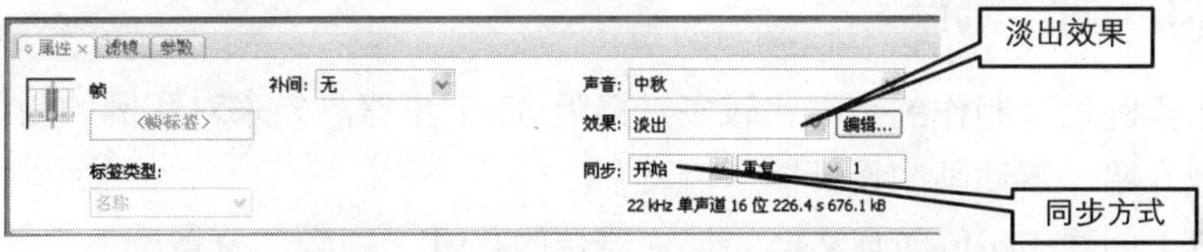

图 18-89　在动画中加入音频

至此，一个声色俱全的中秋佳节动画就完成了，按 Ctrl+Enter 快捷键，测试影片的效果，并插上音箱或耳机，试听音乐的效果。

18.3 商业广告制作——产品展示动画

Flash 之所以在今天发展如此之快，其在商业广告中的应用功不可没，Flash 动画广告相对于其他的广告来说，成本具有极大的优势，而且其制作元素也非常丰富，表现形式多样，在这里，就来设计制作一个产品展示动画。图 18-90 所示为制作出来的动画效果。

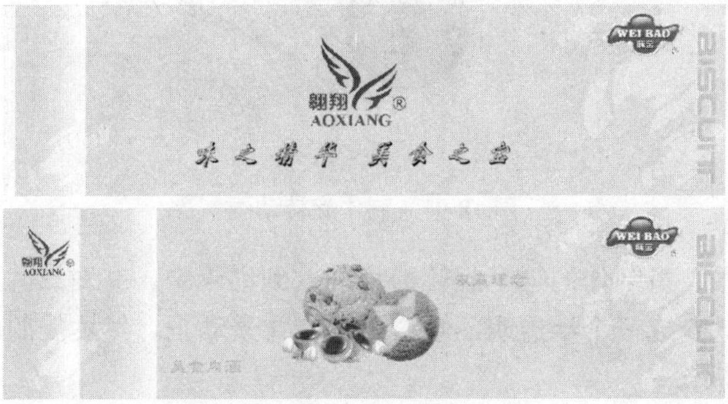

图 18-90　产品展示效果

源 文 件：	CDROM\18\源文件\产品展示动画效果.fla
素材文件：	CDROM\18\素材文件\logo1.png、logo2.png、饼干 1.png、饼干 2.png、饼干 3.png……
效果文件：	CDROM\18\效果文件\产品展示动画效果.swf

18.3.1 实例分析

在设计制作之前，先对实例进行分析，以让读者了解实例设计制作的构思。

（1）作为商业用途的 Flash 动画，需要根据商业需求对动画进行设计，本范例中制作的虽然是产品展示，但是在设计中，还需要加入其他的元素，例如企业理念、文化等，作为商业广告，需要让他人全面地了解企业，包括文化、产品、理念、经营等。

（2）作为产品展示动画，需要将动画设计得有商业气息，背景元素要丰富，不能过于单调乏味。实例中就制作了半透明圆环旋转的效果、光芒穿梭效果等作为背景，以便烘托动画的主题。

18.3.2 制作流程

本实例设计制作的步骤比较多，接近 80 个步骤。先来对实例的制作进行解剖，下面，简单地介绍一下动画的设计制作流程。

（1）创建 Flash 动画文档，规划舞台的尺寸、帧频、背景颜色，并且将舞台的辅助工具网格和标尺都显示出来。

（2）创建一个影片剪辑元件，在该元件中设计绘制两个旋转动画，一个顺时针旋转，一个逆时针旋转，如图 18-91 所示。

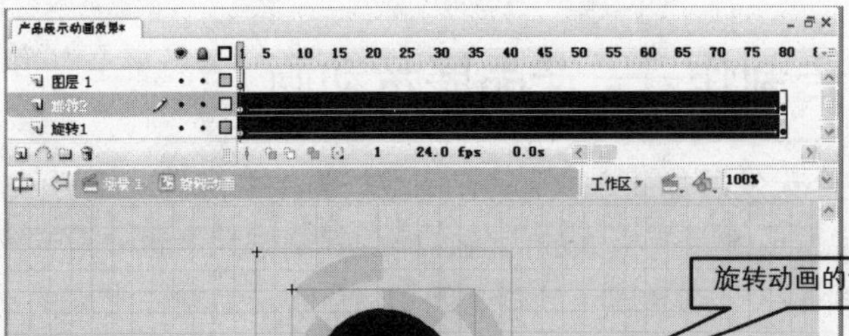

图 18-91 制作旋转动画

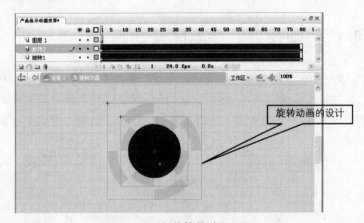

（3）返回主场景，将制作的这个旋转影片插入到动画中，并对影片进行旋转、亮度、透明度等修改，使其变成一个半透明、倾斜的旋转背景动画，然后复制出多个，加入到舞台中。如图 18-92 所示。

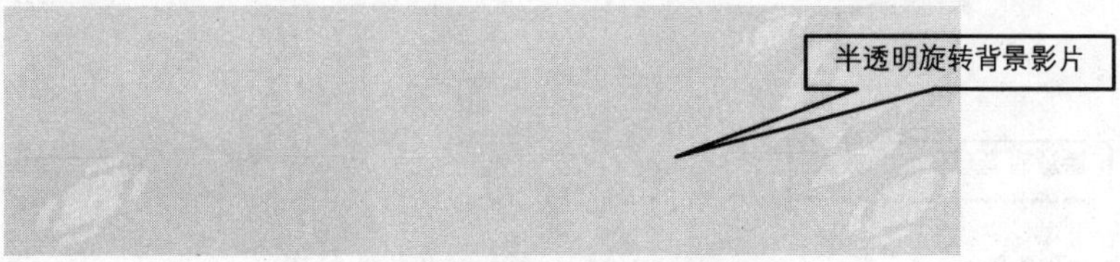

图 18-92 修改透明度后的旋转影片效果

（4）创建一个影片剪辑元件“晃动背景动画”，在影片内先制作一个白色矩形元件，矩形的一侧透明，另外一侧为白色，然后制作 4 个此矩形元件移动的动画，两个矩形从左到右移动，另外两个矩形则从右到左移动。如图 18-93 所示。

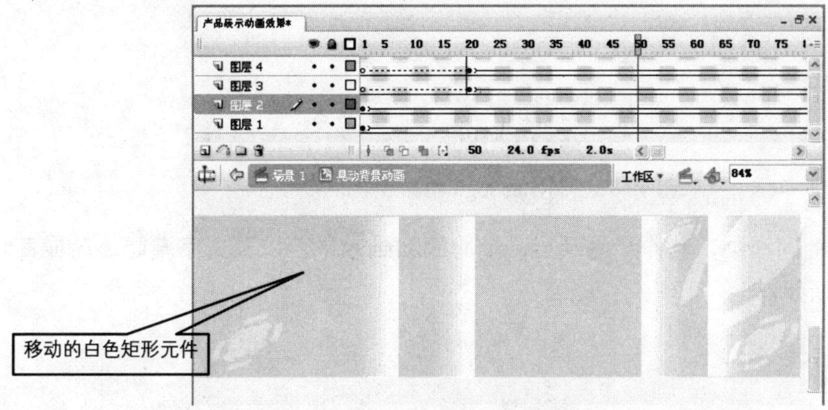

图 18-93 制作晃动背景动画

（5）返回主场景，新建图层，将“晃动背景动画”插入到动画中。

（6）创建“光芒背景动画”影片，在影片中绘制网格与光球，然后制作遮罩动画，将网格作为遮罩图形，光球则制作在舞台中穿梭的移动动画，如图 18-94 所示。

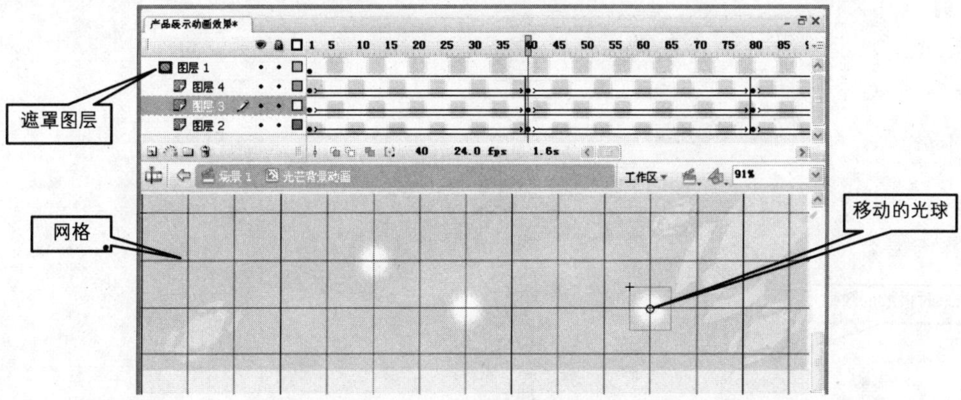

图 18-94 制作光芒穿梭动画

（7）上面制作的效果是光球，但是被遮罩后，在动画中播放的效果则是十字星型穿梭的效果，如图 18-95 所示。

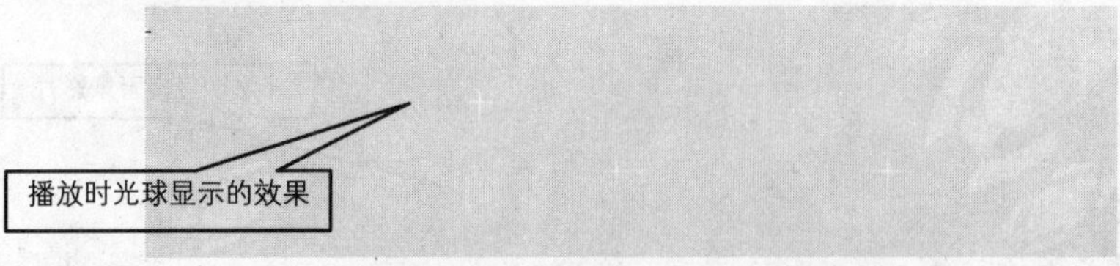

图 18-95　播放中光芒的效果

（8）在完成了上述 3 个背景动画制作后，下面接着就开始导入产品图形，先制作 logo 动画效果，在舞台正中央放大显示出 logo，然后缩小移动到舞台的左上角，同时制作其他的图形动画。如图 18-96 所示。

图 18-96　制作的 logo 动画效果

（9）然后利用补间动画，制作产品渐显、渐隐的动画效果，以及文字渐隐、渐显变化效果，如图 18-97 所示。

图 18-97　加入产品

（10）调整制作其他产品以及各种文字的效果，主要应用补间动画，如图 18-98 所示。

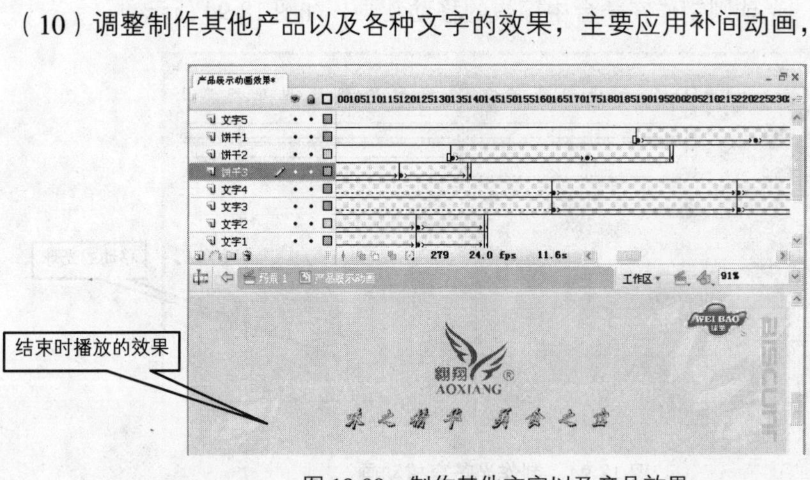

图 18-98　制作其他文字以及产品效果

在设计制作的过程中，随时测试影片的效果，整个设计过程比较繁琐，所以需要耐心地学习。

18.3.3　制作步骤

（1）开启 Flash 软件，选择“文件>新建”命令，弹出“新建文档”对话框，切换至“常规”选项卡，选取“Flash 文件（ActionScript 2.0）”，单击“确定”。如图 18-99 所示。

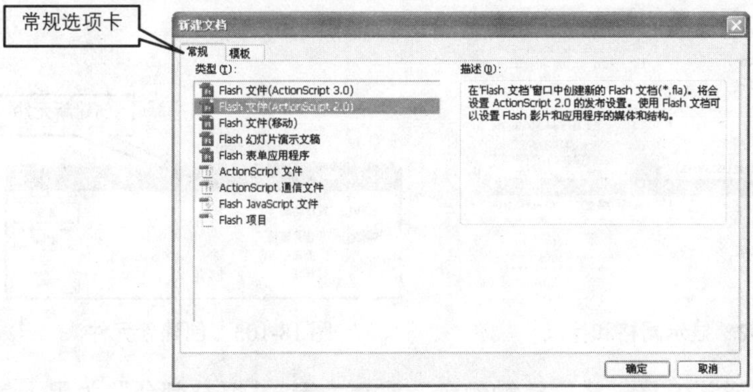

图 18-99　新建文档

（2）选择“修改>文档”命令，在弹出的文档属性对话框中将文档尺寸修改为“778×200”像素，标题为“商业广告”，帧频修改为“24” fps，标尺单位使用“像素”。单击“确定”按钮完成设置，如图 18-100 所示。

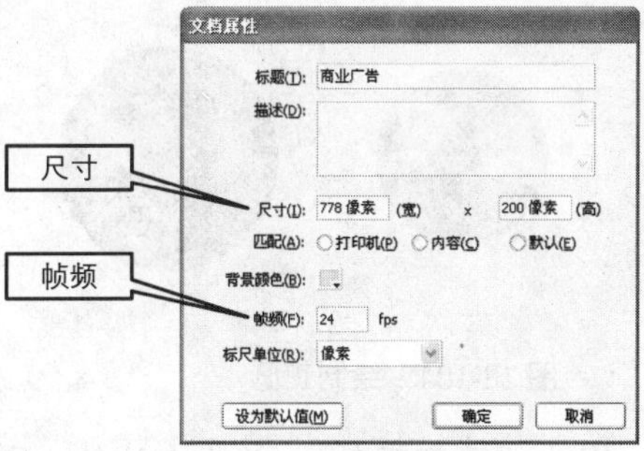

图 18-100　修改文档属性

（3）在属性面板中，单击“背景颜色”框，在展开的调色板中，单击右上角的“颜色”按钮，选取蓝绿色为背景色，颜色具体参数如图 18-101 所示。

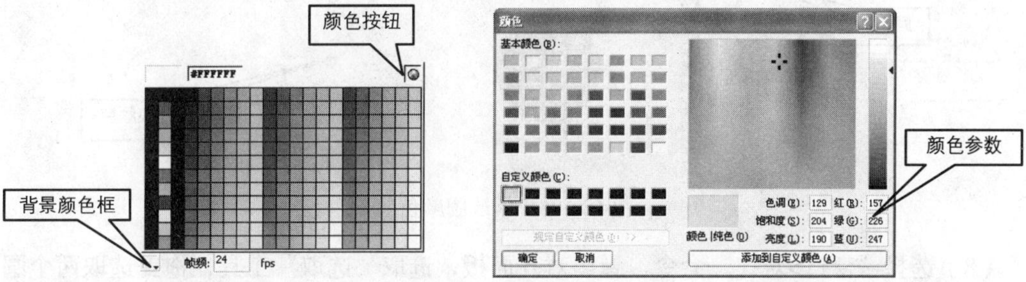

图 18-101　设置文档背景颜色

（4）选择“视图>标尺”命令，显示标尺，选择“视图>网格>显示网格”命令，显示网格。如图 18-102 所示。

（5）选择“插入>新建元件”命令，在弹出的“创建新元件”对话框中设置新元件名称为“旋转动画”，类型为“影片剪辑”，单击“确定”按钮，如图 18-103 所示。

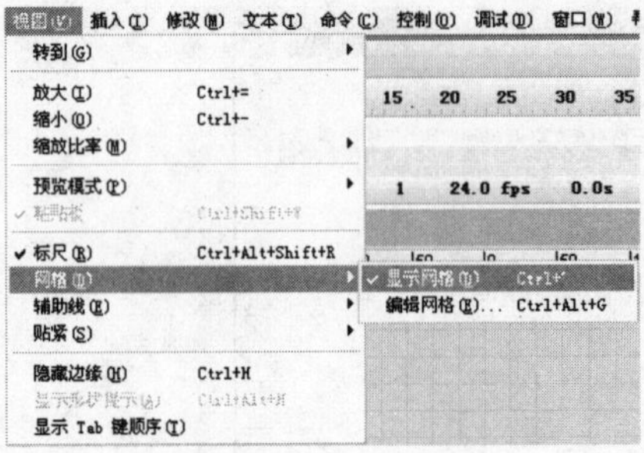

图 18-102　显示网格和标尺

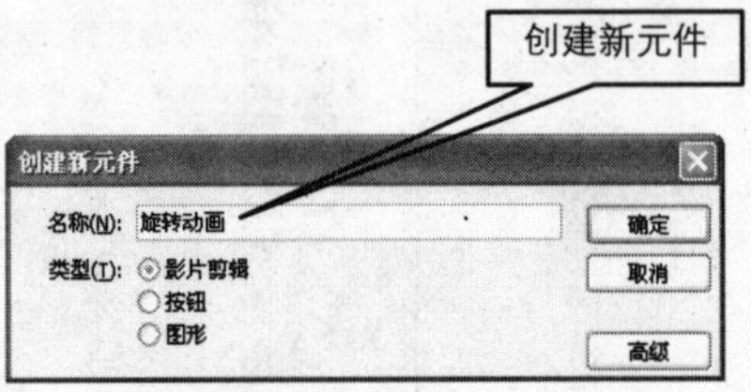

图 18-103　创建新元件

（6）选取“椭圆形”工具，将“笔触颜色”设置为无，“填充颜色”为黑，然后在舞台上分别拖曳绘制一小一大两个正圆，左边绘制小圆，右边绘制大圆。如图 18-104 所示。

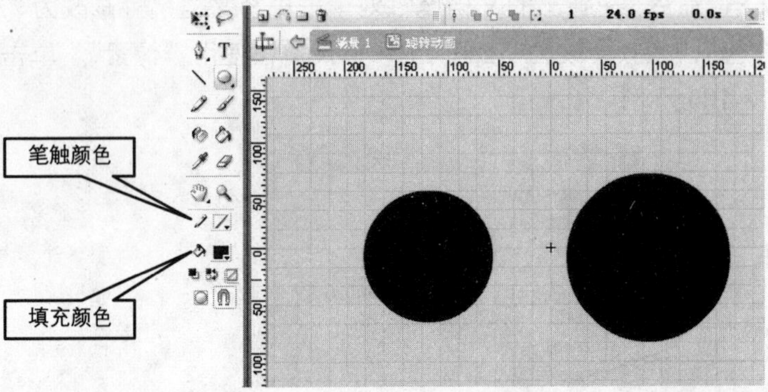

图 18-104　绘制正圆

（7）选取“颜料桶”工具，修改“填充颜色”，单击右边的大圆，为其修改颜色，如图 18-105 所示。

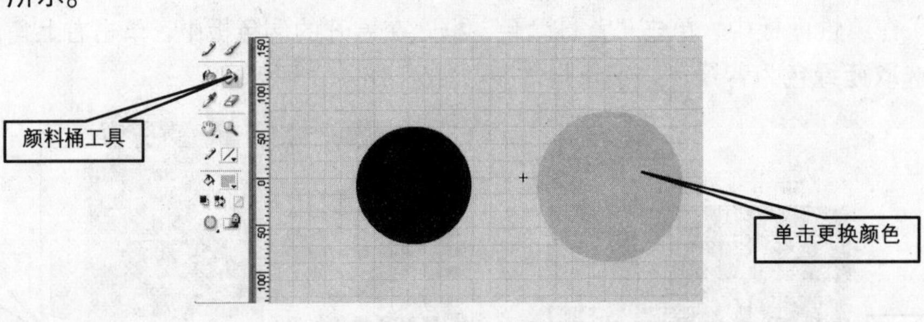

图 18-105　修改圆颜色

（8）选择“窗口>对齐”命令，弹出对齐面板，选取“选取”工具，拖曳选取两个圆，然后依次单击“垂直中齐”、“水平中齐”两个按钮，如图 18-106 所示。

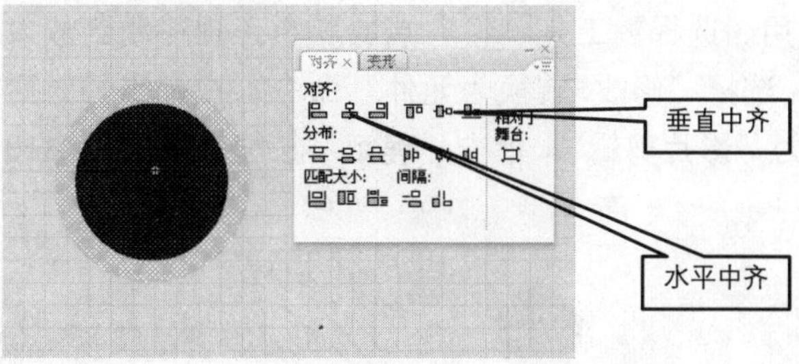

图 18-106 重叠两圆

提示 注意在对齐之前，小圆必须在左端，大圆在右端，对齐后，左端的小圆将会覆盖到右端的大圆上，如果大圆在左端，那么将会完全覆盖小圆，就做不出所需要的圆环。

（9）选择“选取”工具，将中心的黑色正圆拖曳移动到圆环的右端，选择“线条”工具，在属性面板上设置线条“笔触高度”为 4 像素，“笔触样式”为实线，颜色为黑色。然后以圆环的中心为对称点，依照网格，仔细绘制 4 条线条，将圆环切割成为 8 块区域，如图 18-107 所示。

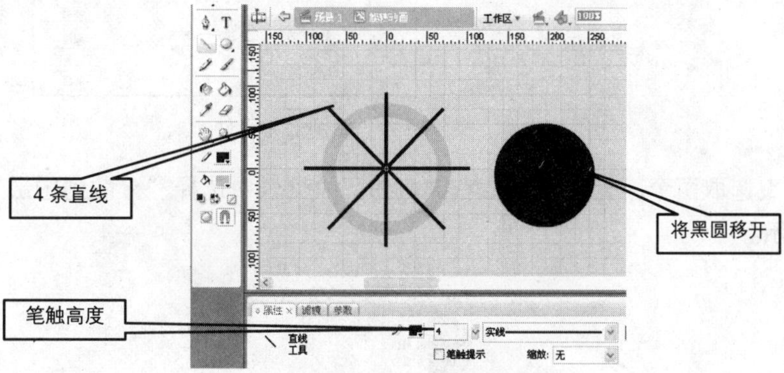

图 18-107 切割圆环

（10）按住 Shift 键，依次选中圆环的不相邻的 4 块区域，拖曳移动到左端，如图 18-108 所示。

（11）在黑色线条上双击选取所有的黑色线条，按 Delete 键，将线条删除，然后使用“自由变形”工具拖曳选取中间的图形，将其放大，如图 18-109 所示。

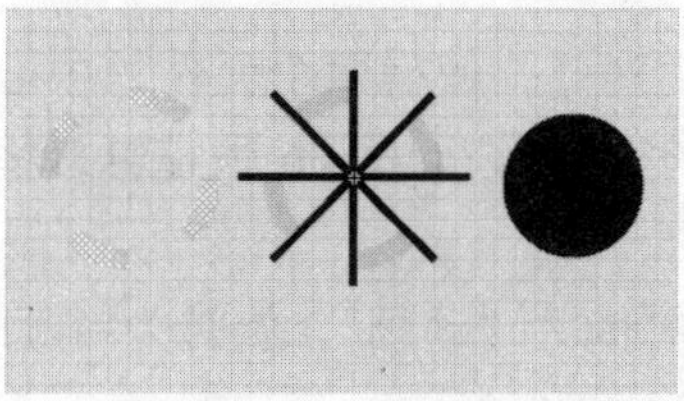

图 18-108 移动圆环不相邻的 4 块区域

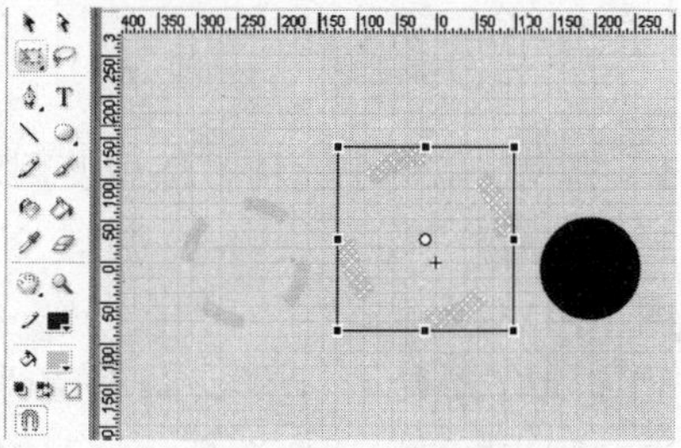

图 18-109 放大图形

（12）使用“选择”工具，将右端的黑色正圆移动到放大的图形中央，然后拖曳选取图形和正圆，选择“修改>转换为元件”命令，在弹出的对话框中设置新元件名称为“旋转 1”，类型为“影片剪辑”，单击“确定”按钮，如图 18-110 所示。

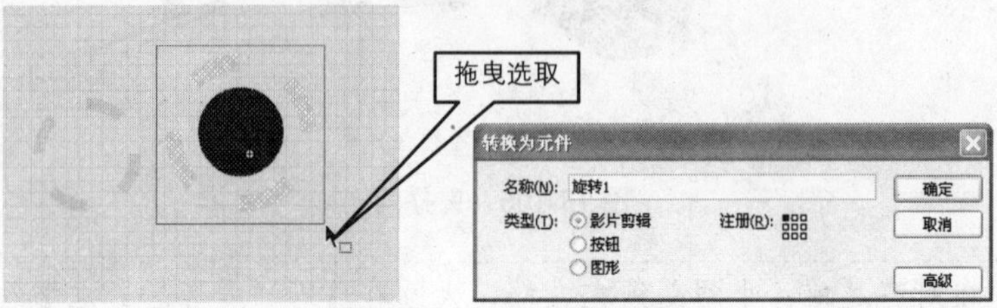

图 18-110　组合在一起转换元件

（13）拖曳选取左端的图形，选择“修改>转换为元件”命令，在弹出的对话框中设置新元件名称为“旋转 2”，类型为“影片剪辑”，单击“确定”按钮，如图 18-111 所示。

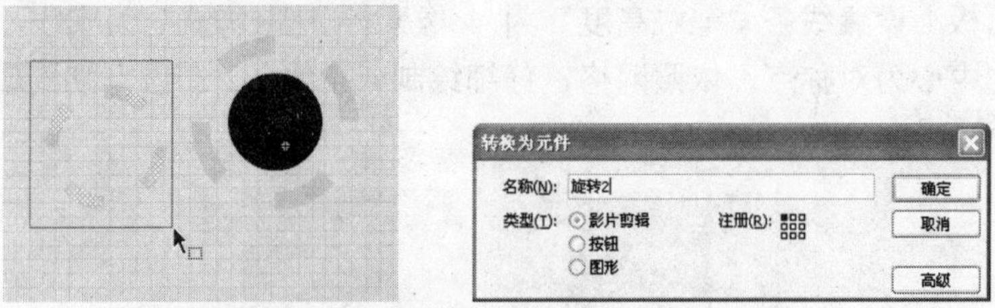

图 18-111　转换另外一组图形为元件

（14）拖曳选取两个新元件，单击右键，在下拉列表中选择“分散到图层”命令，如图 18-112 所示。

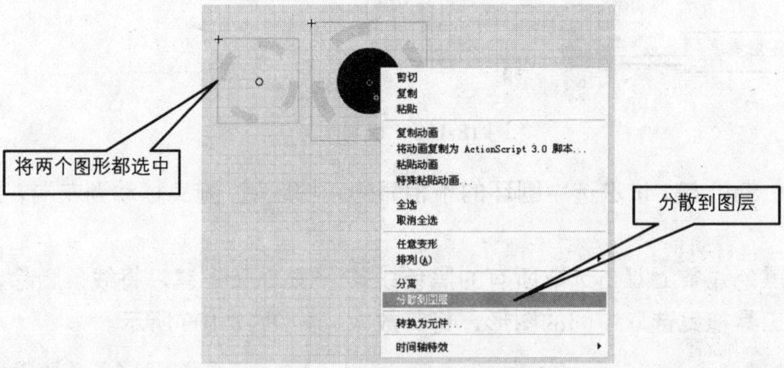

图 18-112　将两元件分散到图层

（15）拖曳选取两个元件，然后使用对齐工具将之对齐，使得两个元件的中心点都重叠在一起，然后分别在“旋转 1、旋转 2”两个图层的第 80 帧上按 F6 快捷键，插入关键帧，如图 18-113 所示。

（16）选取“旋转 1”图层，展开属性面板，设置补间为“动画”，旋转为“顺时针”2 次，勾选“同步”、“贴紧”选项。如图 18-114 所示。

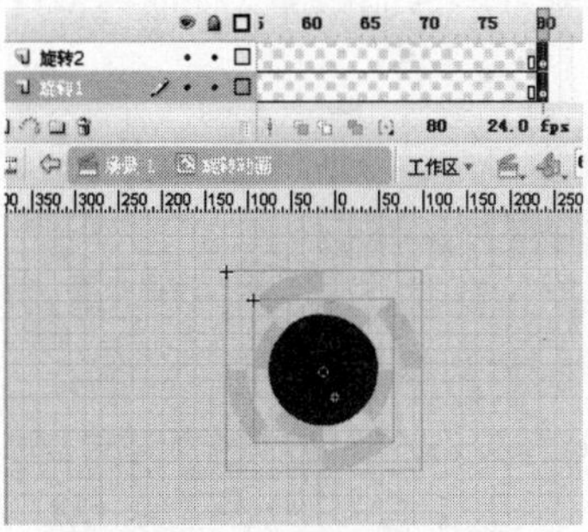

图 18-113　插入关键帧

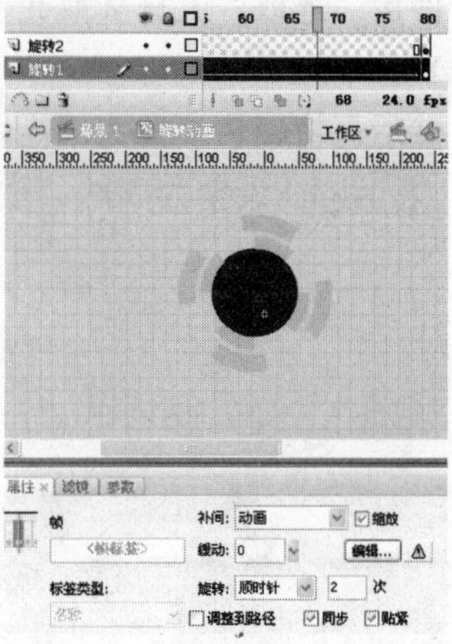

图 18-114　设置补间动画

（17）选取“旋转 2”图层，设置补间为“动画”，旋转为“逆时针”2 次，勾选“同步”、“贴紧”选项。然后单击“场景 1”按钮，返回主场景。如图 18-115 所示。

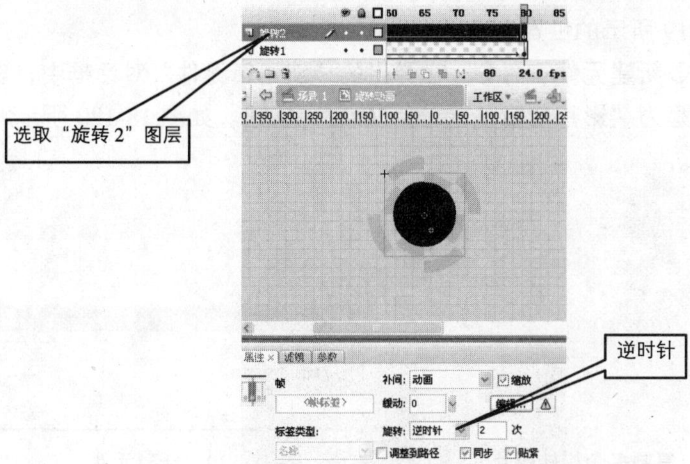

图 18-115　设置补间动画

（18）按 Ctrl+-快捷键，缩小工作区，展开库面板，拖曳“旋转动画”至舞台的右上方，然后使用“自由变形”工具对其进行大小变形、倾斜变形。如图 18-116 所示。

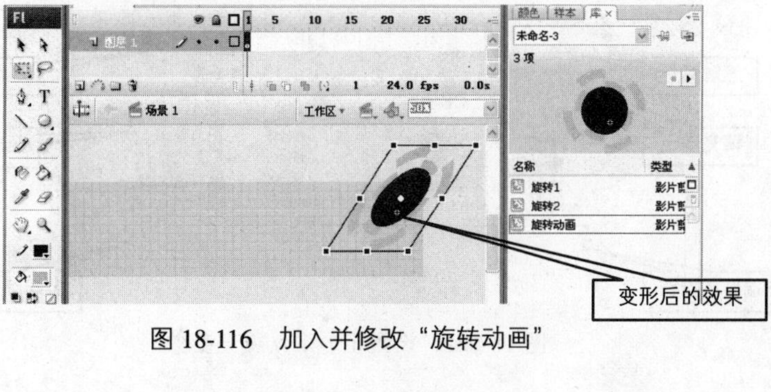

图 18-116　加入并修改“旋转动画”

（19）使用“选取”工具选取元件，在属性面板中设置颜色为“亮度”，将亮度值调整到 100%，如图 18-117 所示。

（20）然后再将颜色设置为“高级”选项，单击“设置”按钮，在弹出的“高级效果”对话框中，将 Alpha 调整为 30%，使制作的旋转动画为半透明效果。如图 18-118 所示。

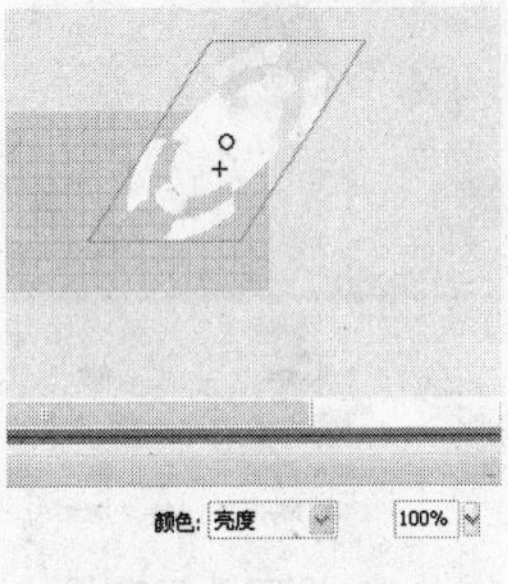

图 18-117　设置亮度

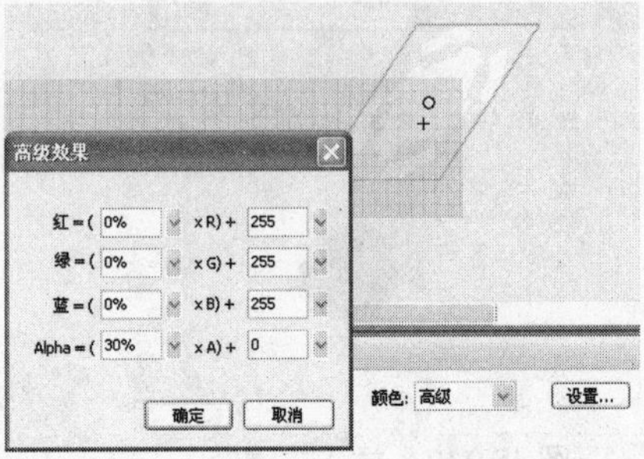

图 18-118　设置透明度

（21）将图层重命名为“旋转背景动画”，然后按住 Ctrl 键的同时拖曳半透明“旋转元件”，复制 3 个半透明“旋转元件”，并使用“自由变形”工具缩小复制的“旋转元件”，最后移动到如图 18-119 所示的位置。

（22）选择“插入>新建元件”命令，在弹出的“创建新元件”对话框中，设置名称为“晃动背景动画”，类型为“影片剪辑”，单击“确定”按钮。如图 18-120 所示。

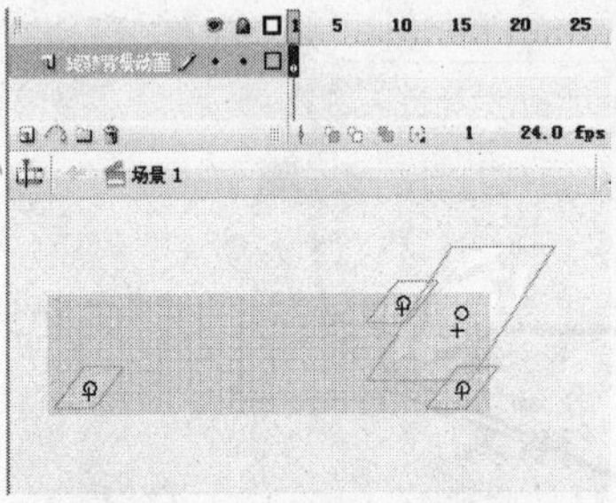

图 18-119　复制多个旋转影片

图 18-120　新建元件

（23）选取“矩形”工具，然后展开“颜色”面板，将“笔触颜色”设置为无色，将“填充颜色”设置为“线性”，然后单击左端颜色指针，将透明度设置为 0%，颜色为白色，单击右端颜色指针，将透明度设置为 70%，颜色为白色，如图 18-121 所示。

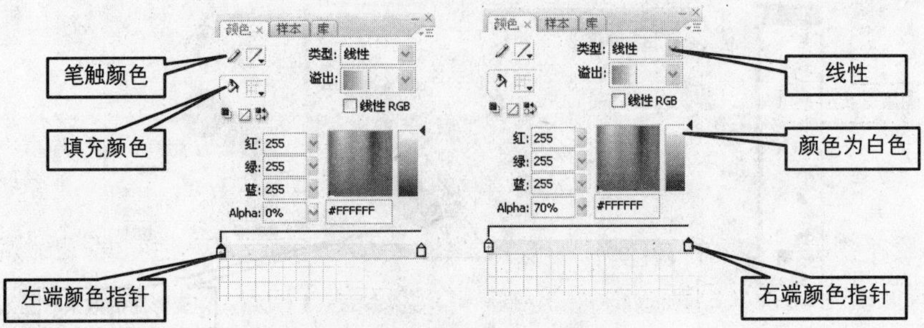

图 18-121　设置矩形工具填充参数

（24）在舞台上拖曳绘制一个宽 80 像素，高 200 像素的矩形。注意其位置为坐标（0，0）的左下方向，如图 18-122 所示。

（25）选取此矩形图形，然后选择“修改>转换为元件”命令，将其转换为名为“晃动”的影片剪辑元件，单击“确定”按钮。如图 18-123 所示。

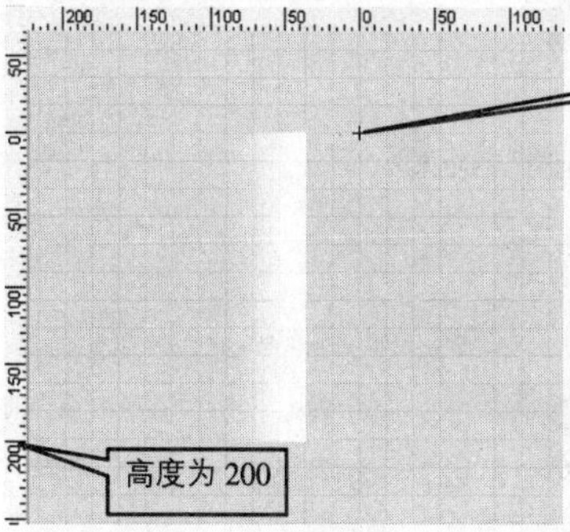

图 18-122　绘制矩形

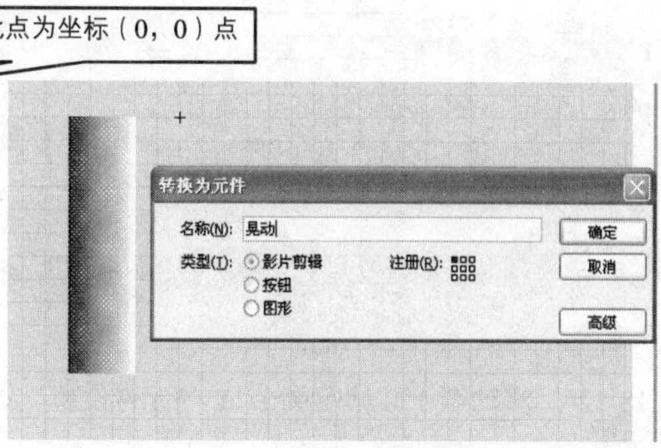

图 18-123　将矩形转换为影片元件

（26）在图层 1 的第 120 帧按 F6 快捷键，插入关键帧，然后新建“图层 2、图层 3、图层 4”3 个图层，“图层 1、2”将制作晃动元件从左向右移动的效果，而“图层 3、4”将制作从右向左移动的效果。如图 18-124 所示。

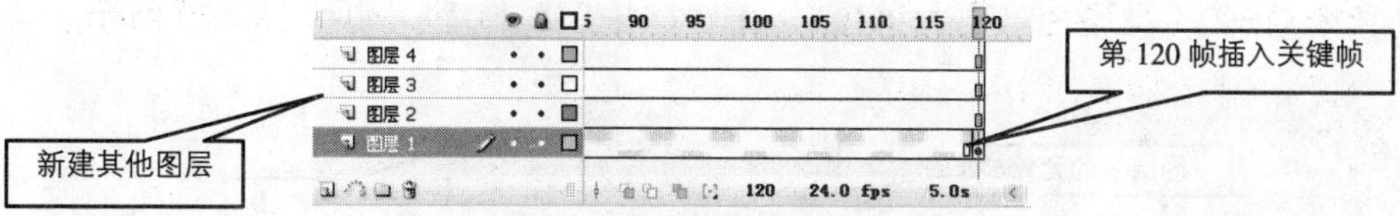

图 18-124　插入关键帧并新建图层

（27）选取“图层 2”，从库中拖曳“晃动”元件至舞台，位置在图层 1 的元件的左端，如图 18-125 所示。

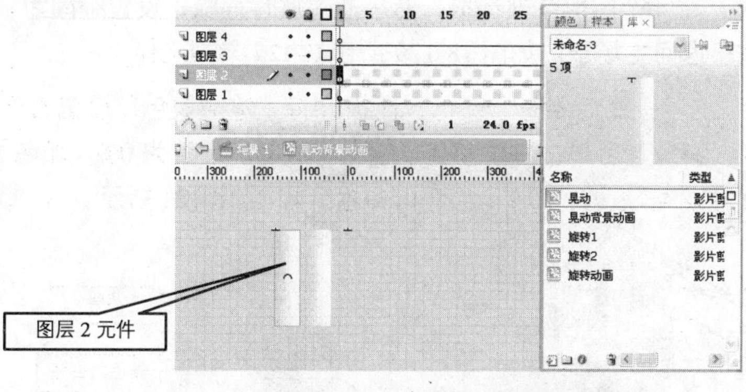

图 18-125　为图层 2 加入晃动元件

（28）在“图层 2”的第 120 帧按 F6 快捷键，插入关键帧，然后将第 120 帧上的晃动元件沿着水平线拖曳移动到舞台标尺 X 轴：800 的右端，同样，将“图层 1”第 120 帧上的晃动元件移动到右端，并且位于“图层 2”晃动元件的右边。如图 18-126 所示。

（29）分别在“图层 3、图层 4”的第 20 帧上按 F6 快捷键，插入关键帧，并分别从库中拖曳晃动元件至舞台的右端，位置为 X 轴：800 的右端，两个图层中的元件的位置如图 18-127 所示。

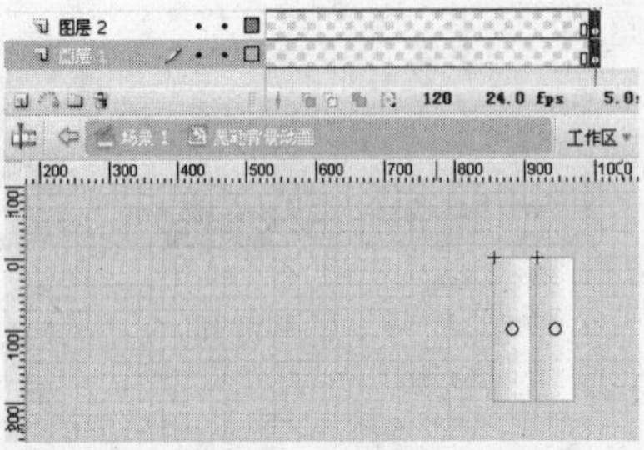

图 18-126　移动第 120 帧图层 1、2 的元件位置

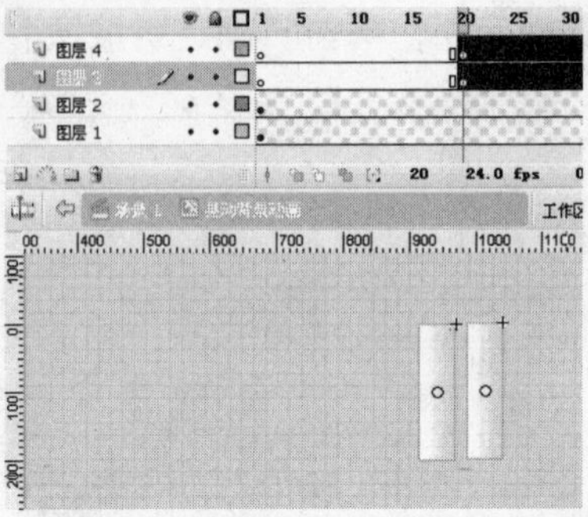

图 18-127　为图层 3、4 加入元件

（30）在图层 3、图层 4 的第 120 帧上按 F6 快捷键，插入关键帧，然后，分别将此帧上的元件移动到 X 轴：0 的左端，如图 18-128 所示。

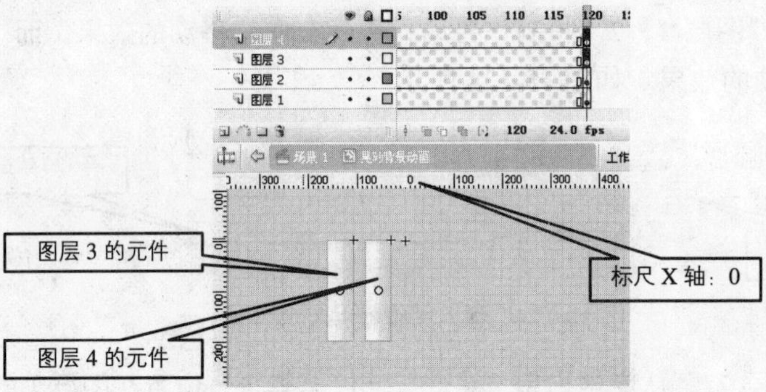

图 18-128　移动元件位置

（31）按住 Shift 键，将 4 个图层全部选取，然后通过属性面板，设置补间为“动画”，然后单击“场景 1”按钮返回主场景。如图 18-129 所示。

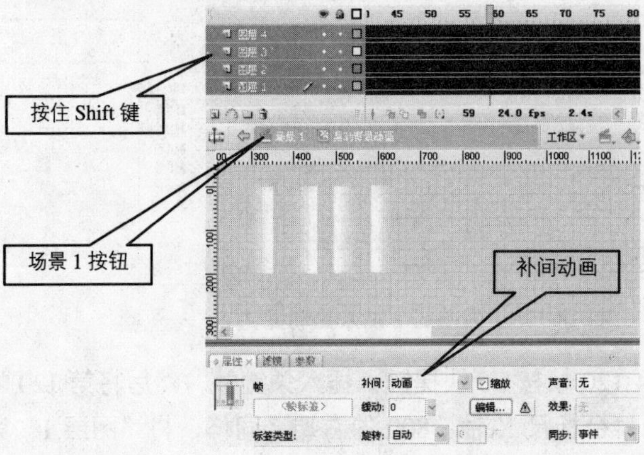

图 18-129　设置补间动画

（32）在主场景中，锁定“旋转背景动画”图层，新建“晃动背景动画”图层，展开库面板，将“晃动背景动画”元件拖曳至舞台的左端，如图 18-130 所示。

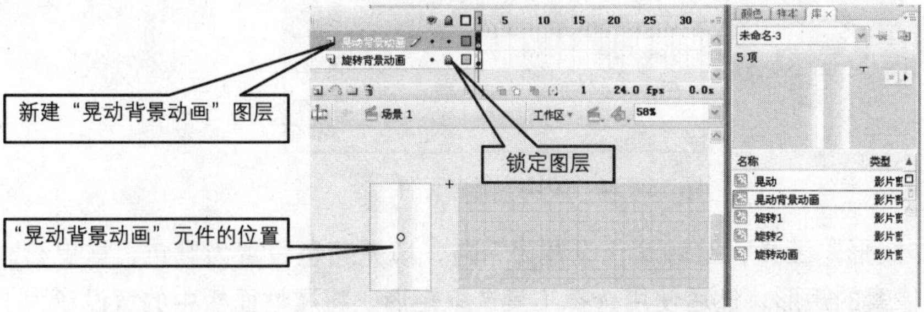

图 18-130　将晃动背景动画添加到舞台上

（33）选择“插入>新建元件”命令，在弹出的“创建新元件”对话框中设置名称为“光芒背景动画”，类型为“影片剪辑”，单击“确定”按钮。如图 18-131 所示。

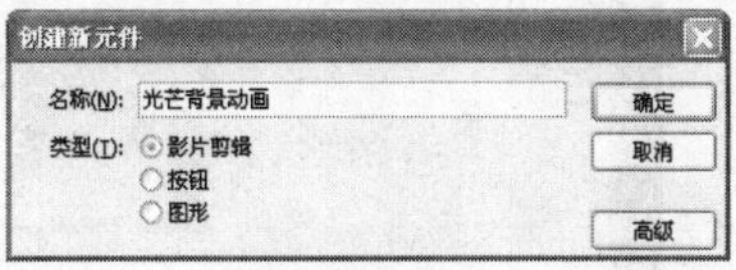

图 18-131　新建光芒背景动画

（34）选取“椭圆形”工具，然后展开“颜色”面板，将“笔触颜色”设置为无色，将“填充颜色”设置为“放射状”，然后，单击左端颜色指针，略微向右移动，并将透明度设置为 100%，颜色为白色，单击右端颜色指针，将透明度设置为 0%，颜色为白色，如图 18-132 所示。

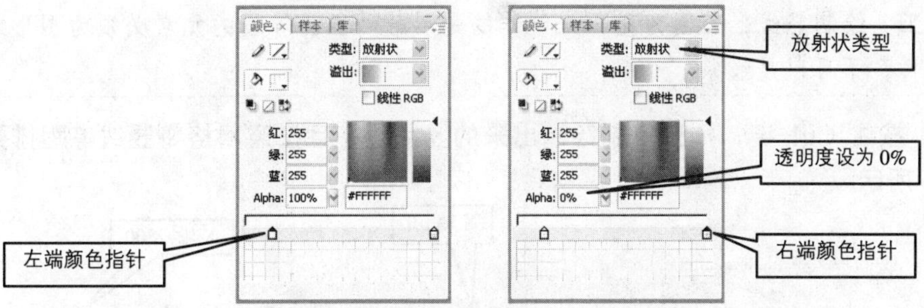

图 18-132　设置填充参数

（35）在舞台上，按住 Shift 键拖曳绘制圆形的光芒，如图 18-133 所示。

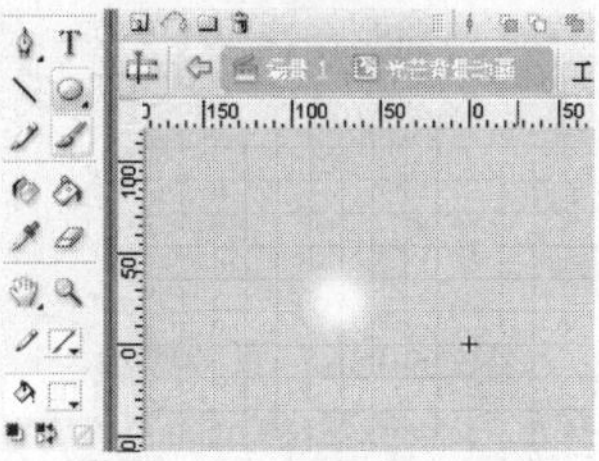

图 18-133　绘制光芒

（36）选取光芒圆球，选择“修改>转换为元件”命令，在弹出的对话框中设置名称为“光芒”，类型为“影片剪辑”，单击“确定”按钮。如图 18-134 所示。

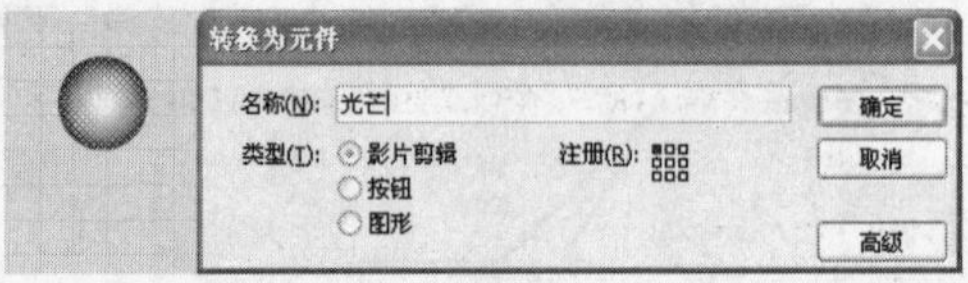

图 18-134　转换为光芒元件

（37）选取“矩形”工具，笔触颜色设置为无色，填充颜色设置为黑色，拖曳绘制一个高度超过 200 像素的矩形，然后使用选择工具选取矩形，将属性面板中的宽设置为 1 像素，使其变成一条高 200 像素的细长竖线。如图 18-135 所示。

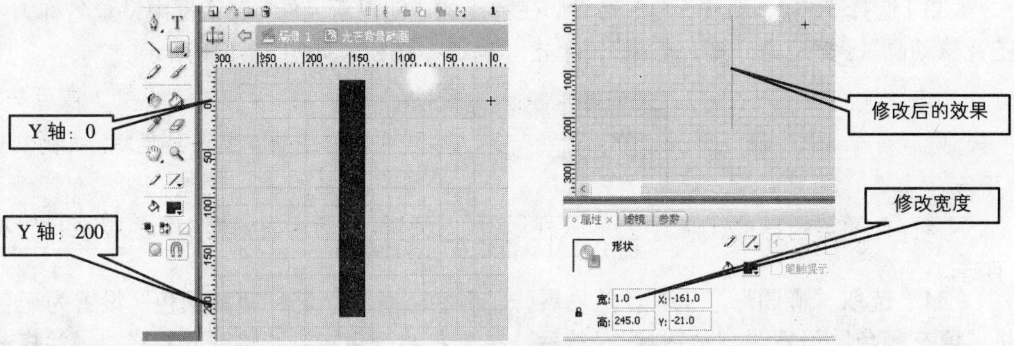

图 18-135　绘制竖线

提示 在这里，之所以要使用“矩形”工具来绘制一条细长的竖线，而不使用“线条”工具绘制竖线，是因为接下来制作的是屏蔽动画，屏蔽的元素必须为图形或者元件，不可以是线条。

（38）按住 Ctrl 键，拖曳复制绘制出来的竖线，并且按照网格将竖线等距排列。如图 18-136 所示。

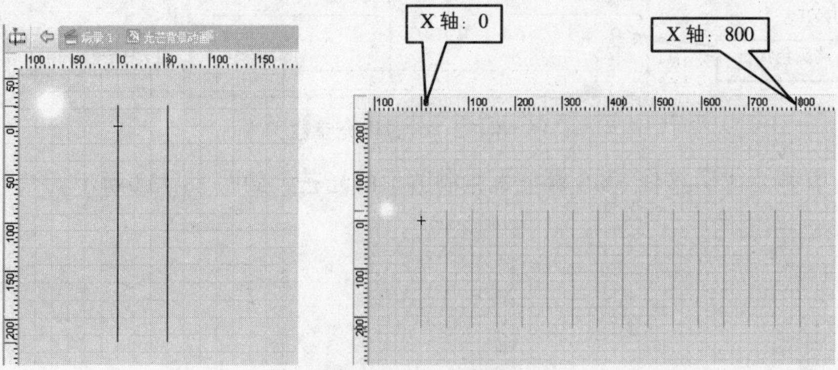

图 18-136　复制竖线

（39）按照步骤 37 的方法，绘制宽度超过 800 像素的矩形，然后将矩形的高度设置为

1 像素，如图 18-137 所示。

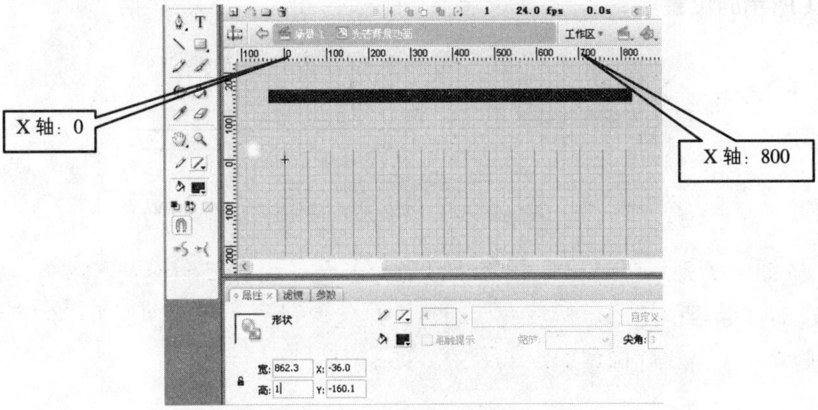

图 18-137　绘制水平矩形

（40）按住 Ctrl 键，拖曳复制水平线，并且按照网格将水平线等距排列。最后与竖线一起构成一个网格。然后，选取舞台上的“光芒”元件，按 Delete 键将其删除。如图 18-138 所示。

（41）在图层的第 120 帧上按 F6 快捷键，插入关键帧，然后再新建 3 个图层，如图 18-139 所示。

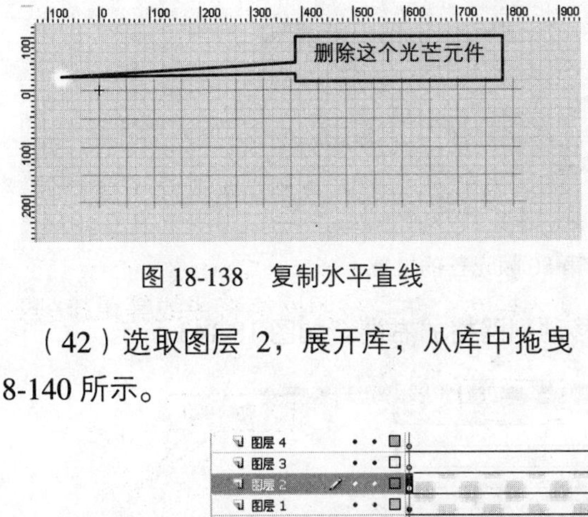

图 18-138　复制水平直线

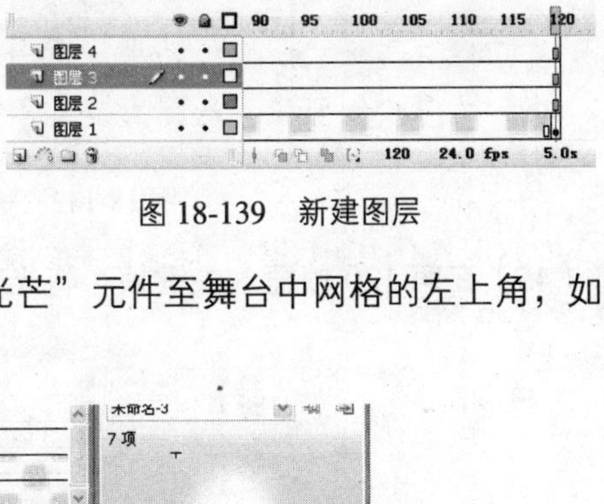

图 18-139　新建图层

（42）选取图层 2，展开库，从库中拖曳“光芒”元件至舞台中网格的左上角，如图 18-140 所示。

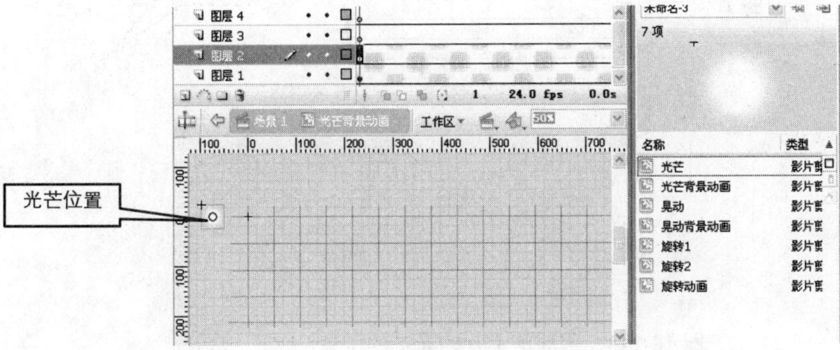

图 18-140　加入光芒

（43）在第 40 帧上按 F6 快捷键，插入关键帧，使用“选择”工具将光芒元件移动到如图 18-141 所示的位置。

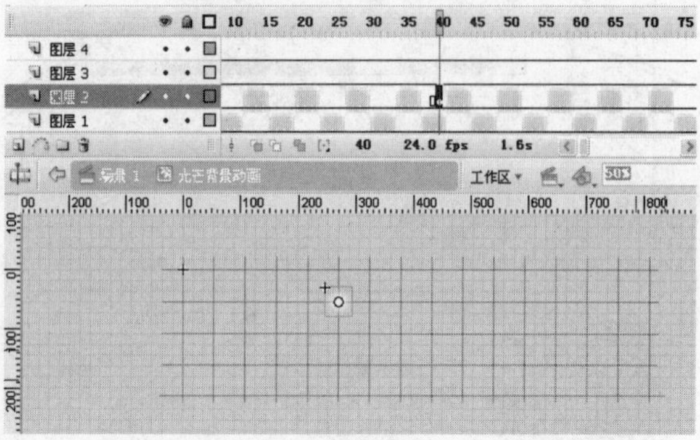

图 18-141　移动第 40 帧光芒的位置

（44）在第 80 帧插入关键帧，将光芒继续换一个位置，使其向下移动。如图 18-142 所示。

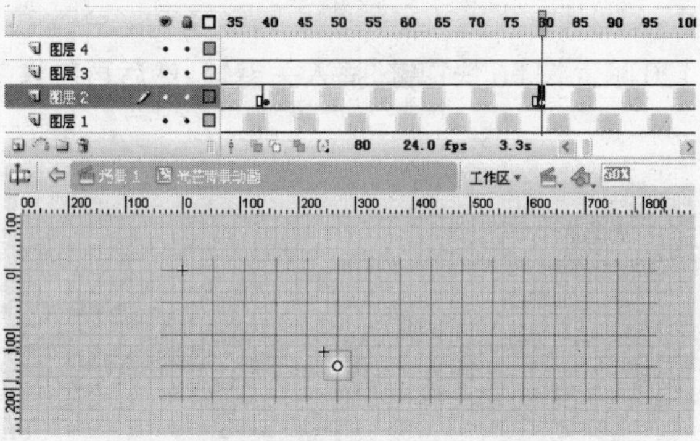

图 18-142　移动第 80 帧光芒的位置

（45）在第 120 帧插入关键帧，将光芒移动到网格的右端。如图 18-143 所示。

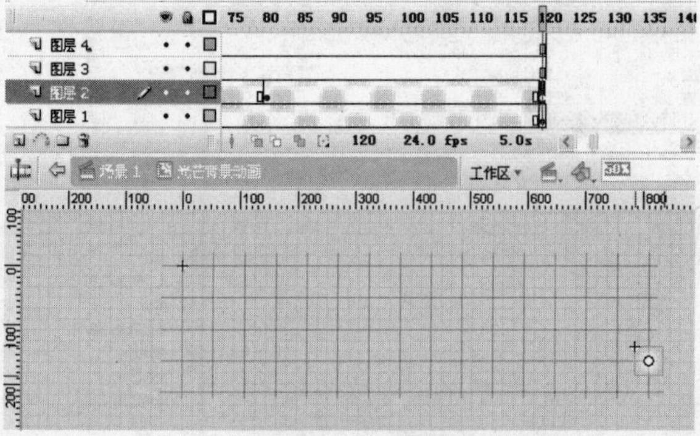

图 18-143　移动第 120 帧光芒的位置

（46）选取图层 3，从库中拖曳“光芒”元件至网格的中上方，如图 18-144 所示。

（47）在第 40 帧上按 F6 快捷键，插入关键帧，使用“选择”工具将光芒元件移动到如图 18-145 所示的位置。

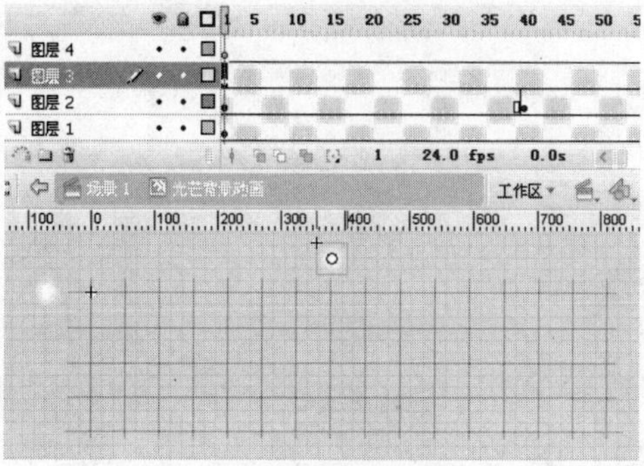

图 18-144 加入光芒

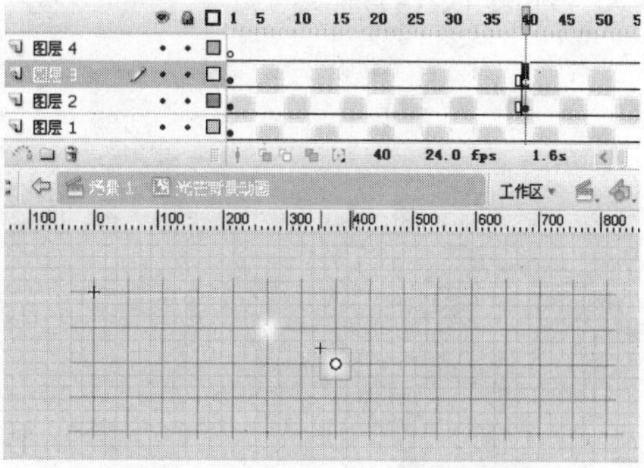

图 18-145 移动第 40 帧光芒的位置

（48）在第 80 帧插入关键帧，将光芒继续换一个位置，使其向左移动。如图 18-146 所示。

（49）在第 120 帧插入关键帧，将光芒向下移动。如图 18-147 所示。

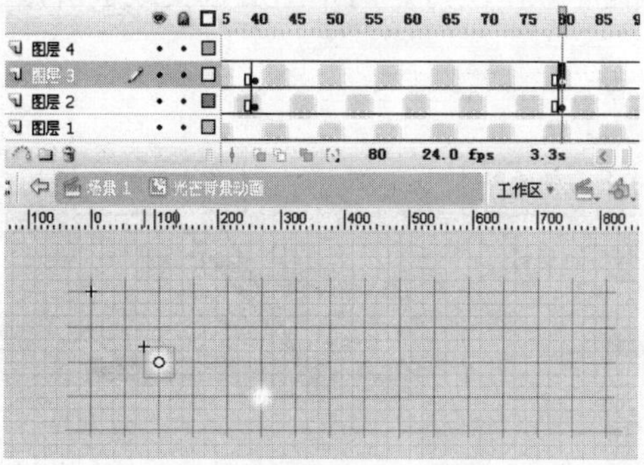

图 18-146 移动第 80 帧光芒的位置

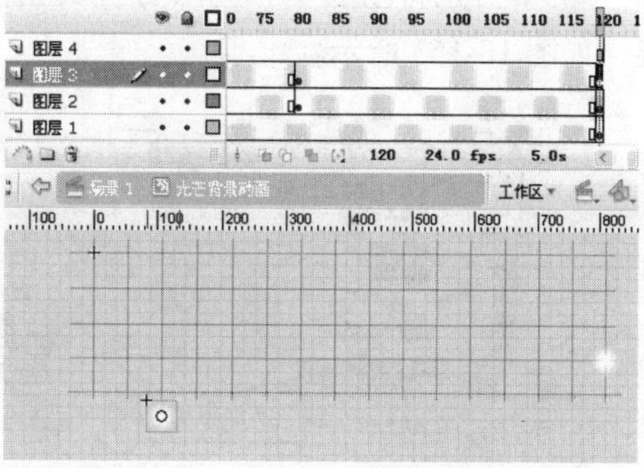

图 18-147 移动第 120 帧光芒的位置

（50）选取图层 4，从库中拖曳“光芒”元件至网格的右上方，如图 18-148 所示。

（51）在第 40 帧上按 F6 快捷键，插入关键帧，使用“选择”工具将光芒元件向左下移动，如图 18-149 所示。

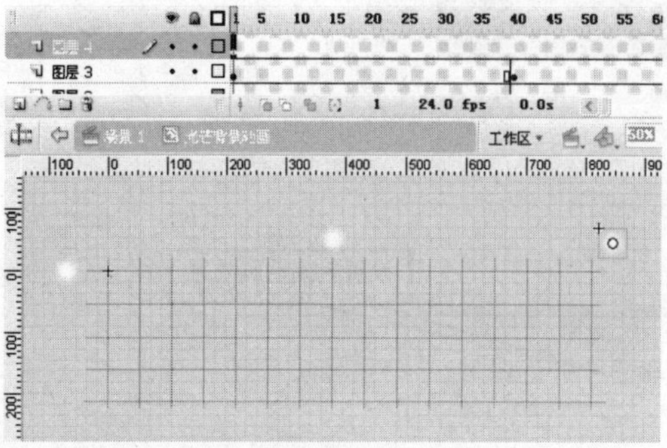

图 18-148 加入光芒

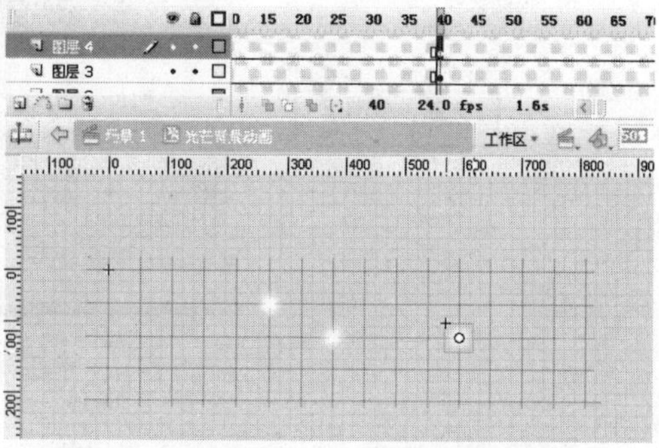

图 18-149 移动第 40 帧光芒的位置

（52）在第 80 帧插入关键帧，将光芒换一个位置，使其向左移动。如图 18-150 所示。

（53）在第 120 帧插入关键帧，将光芒移动到左上角。并使用“自由变形”工具放大光芒。如图 18-151 所示。

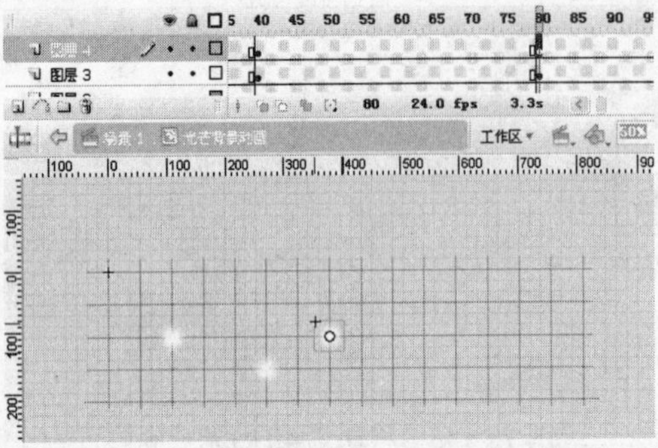

图 18-150　移动第 80 帧光芒的位置

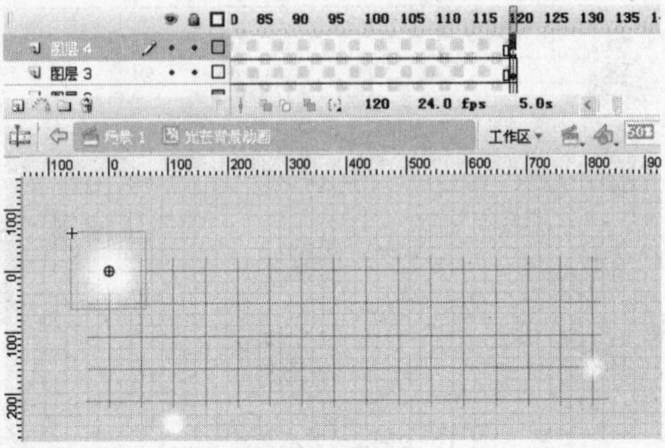

图 18-151　移动第 120 帧光芒的位置

（54）拖曳“图层 1”至最上层。然后在“图层 1”上单击右键，在弹出的菜单中选择“遮罩层”命令，制作屏蔽动画，如图 18-152 所示。

（55）分别将图层 3 和图层 2 拖曳至图层 1 的下方，使得这两个图层也变成被屏蔽图层，如图 18-153 所示。

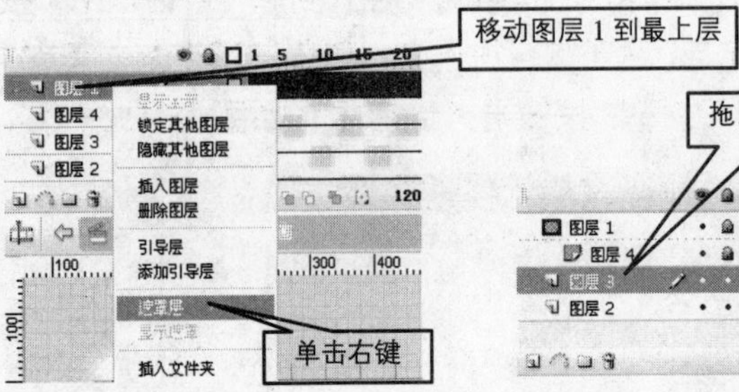

图 18-152　套用遮罩效果

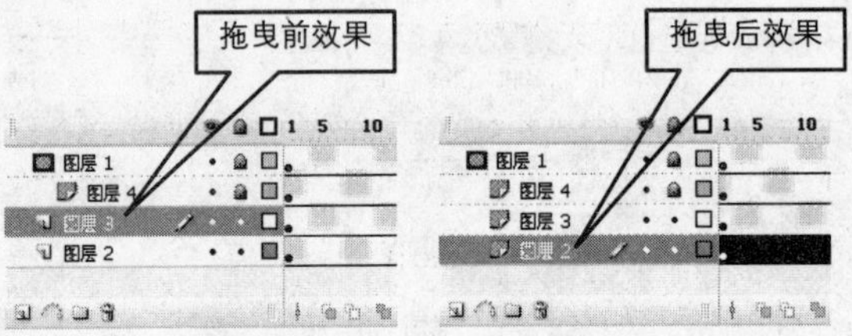

图 18-153　移动图层位置

（56）按住 Shift 键，同时选取被屏蔽的 3 个图层“图层 2、3、4”，然后展开属性面板，设置补间为“动画”，最后单击“场景 1”按钮，返回主场景，如图 18-154 所示。

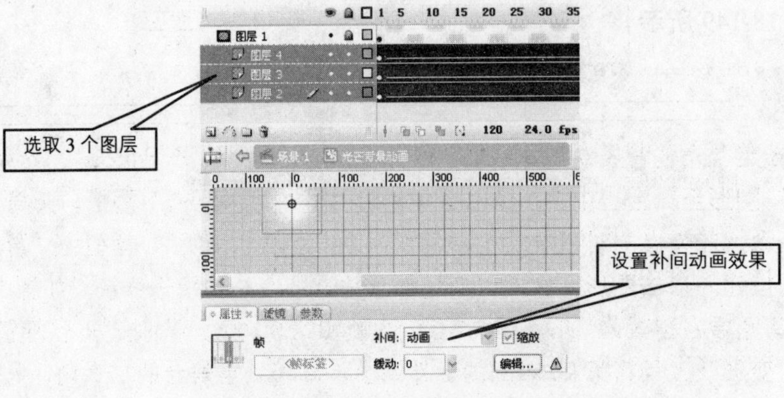

图 18-154　设置补间动画

（57）锁定“晃动背景动画”图层，新建图层，命名为“光芒背景动画”，展开库面板，从库中拖曳“光芒背景动画”元件至舞台的中央，并立即在属性面板上设置 X 参数为 0。如图 18-155 所示。

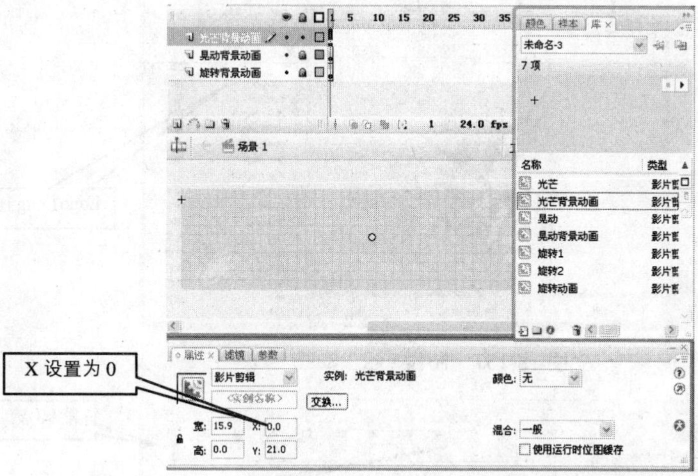

图 18-155　制作光芒背景动画

（58）选择“文件>导入>导入到库”命令，在弹出的“导入到库”对话框中，按住 Shift 键，将素材中的“logo1、logo2、饼干 1、饼干 2、饼干 3、草莓、巧克力、巧克力 2、巧巧棒、字母”图像文件都选取，单击“打开”按钮导入到库中，如图 18-156 所示。

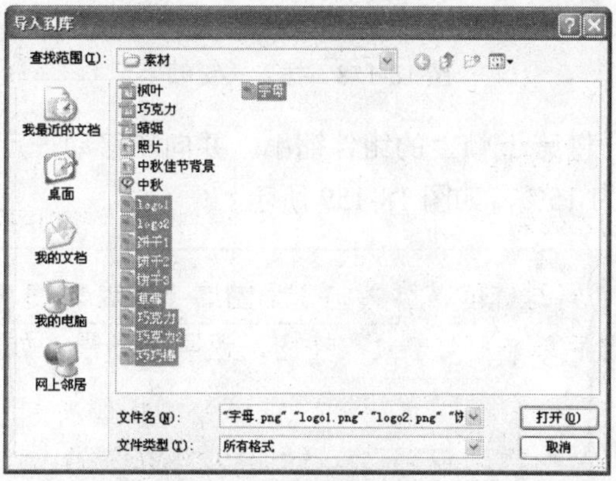

图 18-156　导入图形素材

（59）锁定“光芒背景动画”图层，新建图层，命名为“产品展示”，然后从库中拖曳“logo1.png”图形至舞台正中央，然后选中舞台上的“logo1.png”图形，选择“修改>转换为元件”命令，在弹出的对话框中设置名称为“产品展示动画”，类型为“影片剪辑”，单击“确定”按钮。双击图形，进入“产品展示动画”影片的编辑舞台。如图 18-157 所示。

（60）将图层名称改为“logo1”，在第 50 帧和第 90 帧上分别按 F6 快捷键，插入关键帧，使用“变形”工具将第 90 帧上的元件缩小，并移动至舞台的左上角，如图 18-158 所示。

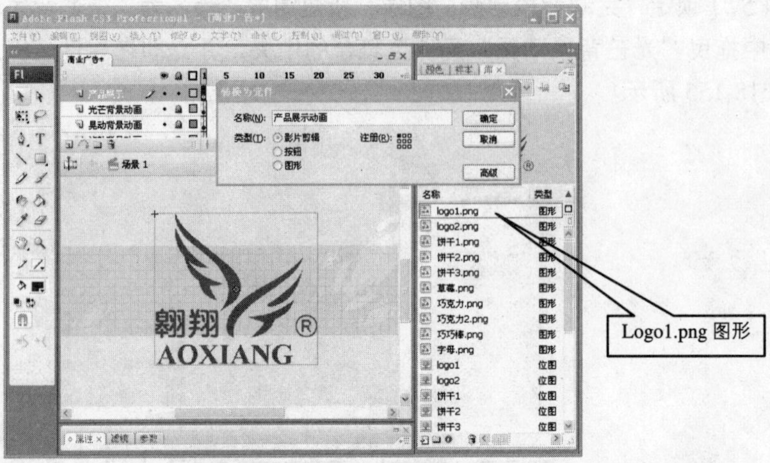

图 18-157　制作 logo1 动画

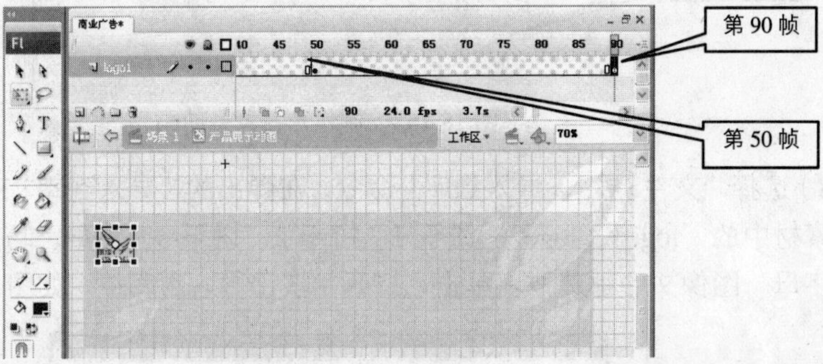

图 18-158　插入关键帧

（61）选取第 1 帧，将第 1 帧上的组件缩小，并向左移动一定的距离，然后通过属性面板，将其透明度设置为 15%，如图 18-159 所示。

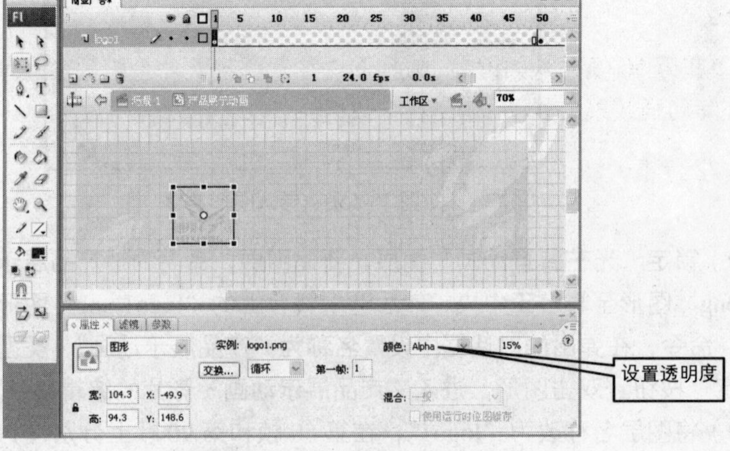

图 18-159　设置透明度

（62）选取第 50 帧，适当缩小组件，移动到舞台的正中央，然后选取整个“logo1”图层，通过属性面板，设置补间动画效果。如图 18-160 所示。

图 18-160　设置补间动画

（63）新建图层“logo2”，在第 20 帧插入关键帧，并从库中拖曳“logo2.png”图形至舞台右上角的外面，并使用“自由变形”工具缩小到如图 18-161 所示的大小。

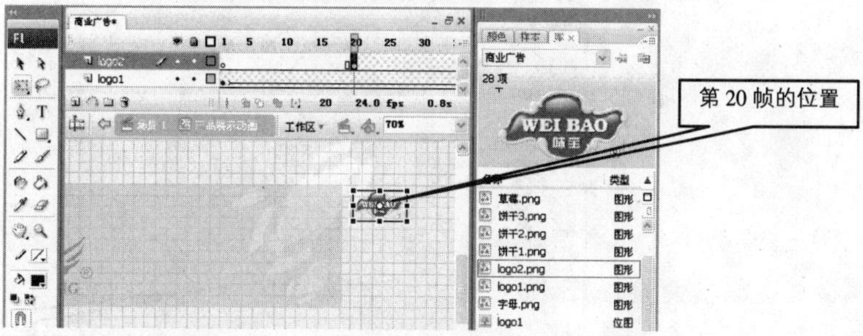

图 18-161　加入 logo2 图形

（64）在第 50 帧插入关键帧，将 logo2 图形移动到舞台内的右上角，并为“logo2”图层设置补间动画效果。如图 18-162 所示。

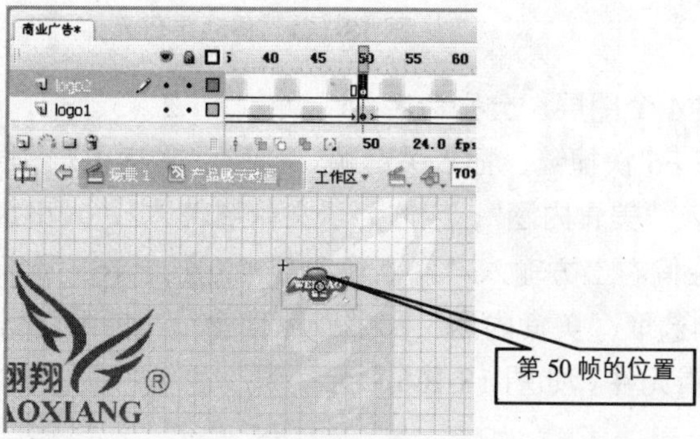

图 18-162　为 logo2 设置补间动画

（65）新建“字母”图层，在第 40 帧上插入关键帧，从库中拖曳“字母.png”图形至舞台，并通过属性面板，将图形设置为宽 21 像素，高 160 像素，如图 18-163 所示。

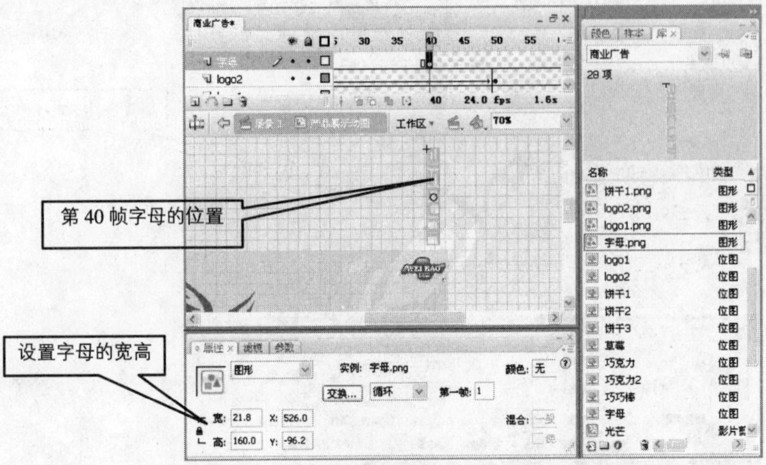

图 18-163　加入字母元件

（66）在“字母”图层的第 90 帧按 F6，插入关键帧，将字母图形向下移动，使其位于舞台的最右端，然后，为“字母”图层设置补间动画。如图 18-164 所示。

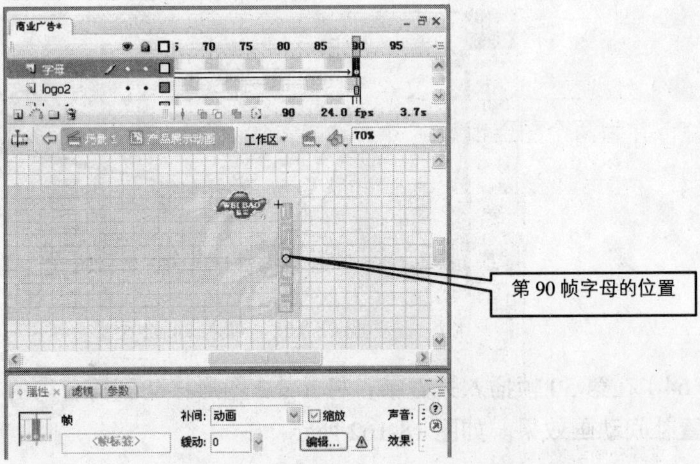

图 18-164　移动字母元件

（67）新建 4 个图层，分别命名为“文字 1、2、3、4”，分别在“文字 1、文字 2”图层的第 75 帧按 F6 快捷键，插入关键帧，选取“文字 1”图层，使用“文本”工具，在舞台偏左下方输入“美食内涵”，字体为“文鼎荆棘体”，大小为 30，颜色为暗黄，选取“文字 2”图层，在偏右上方输入“双赢理念”，如图 18-165 所示。

（68）分别选取“美食内涵”和“双赢理念”，使用“修改>转换为元件”命令，将其转换为影片剪辑元件。如图 18-166 所示。

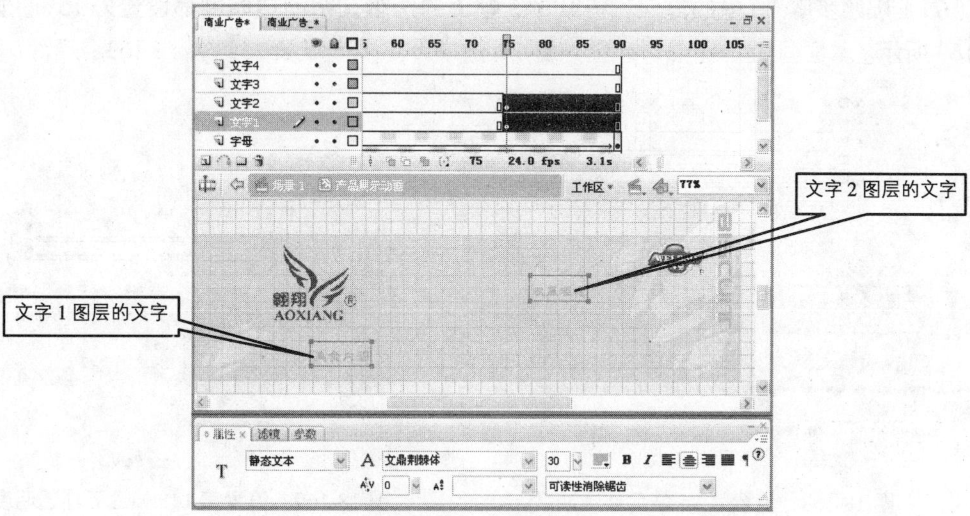

图 18-165 插入文字

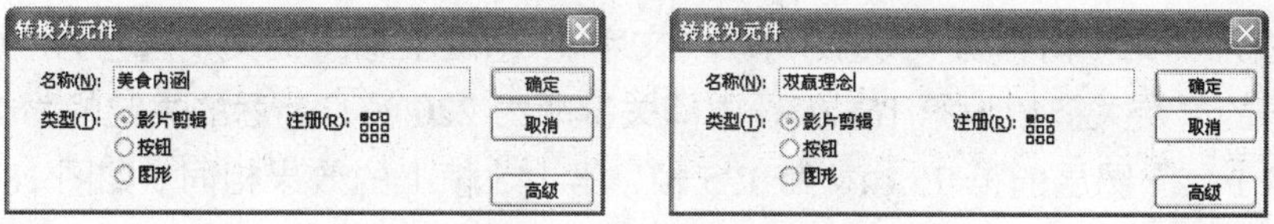

图 18-166 转换为元件

（69）分别在“文字 1、文字 2”两个图层的第 125 帧和第 145 帧按 F6 快捷键，插入关键帧，并为两个图层都设置补间动画效果。如图 18-167 所示。

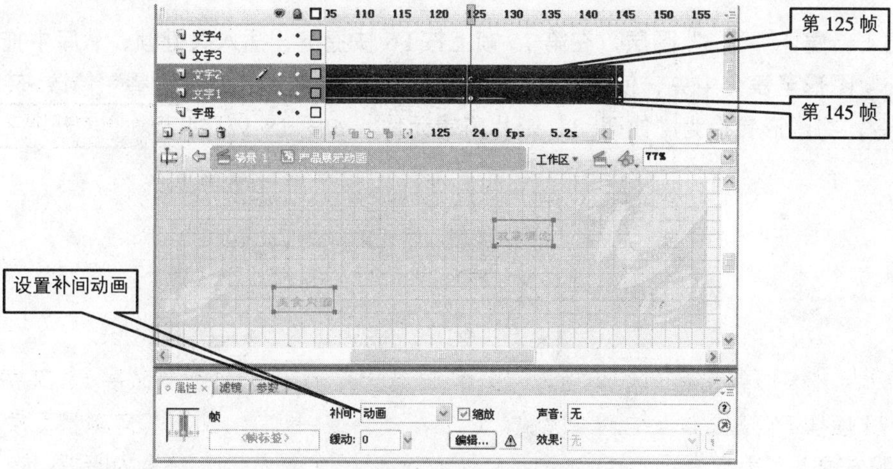

图 18-167 设置补间动画

（70）选取“文字 1”图层的第 75 帧，然后选取此帧舞台上的文字内容，通过属性面板，设置透明度为 15%，同样，将“文字 2”图层第 75 帧上的文字的透明度也修改为 15%。如图 18-168 所示。

（71）按照步骤 70 中的方法，将第 145 帧上的两组文字的透明度都设置为 15%。如图 18-169 所示。

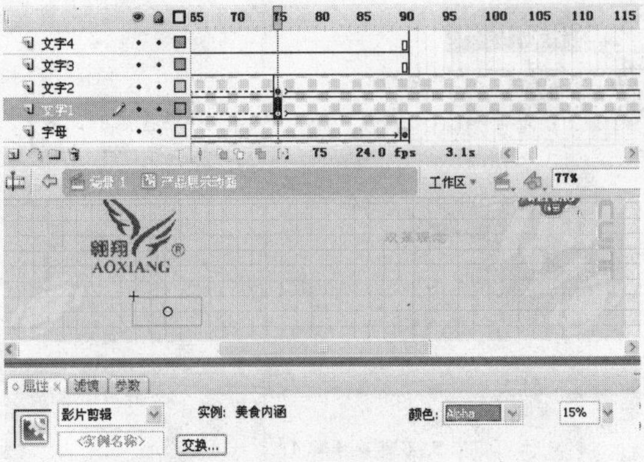

图 18-168　设置第 75 帧元件透明度

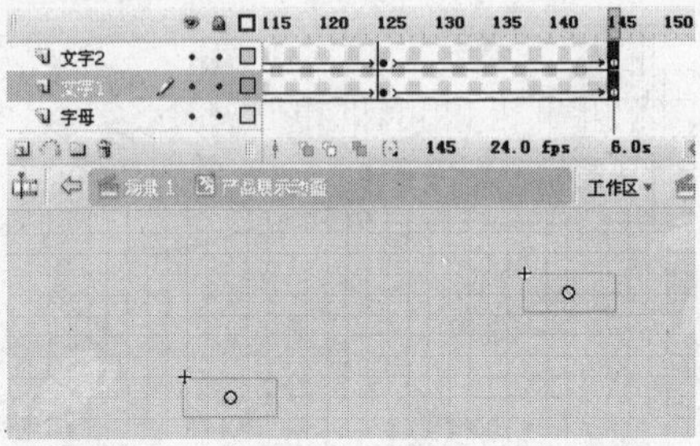

图 18-169　设置第 145 帧上元件透明度

（72）按照制作“文字 1、文字 2”图层的方法，制作“文字 3、文字 4”图层，“文字 3”图层上输入的文字内容为“共洒汗水”，“文字 4”图层上输入的文字内容为“共享收获”，这两个图层的起始关键帧为第 165 帧，中间关键帧为 220 帧，最后的关键帧为 245 帧，分别与“文字 1、2”图层的第 75 帧、第 125 帧、第 145 帧上的效果相同。如图 18-170 所示。

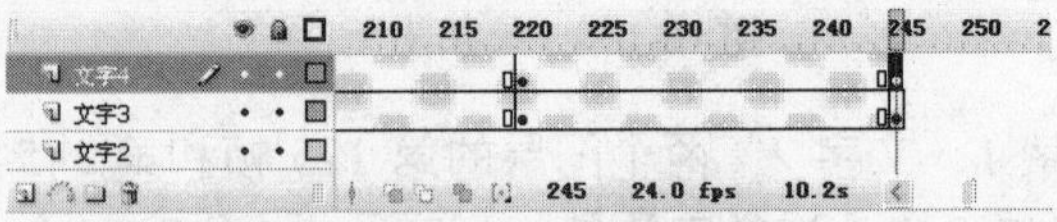

图 18-170　制作其他文字

（73）新建“饼干 3”图层，在第 75 帧上按 F6 快捷键，插入关键帧，从库中拖曳“饼干 3.png”图形至舞台中央，使用“自由变形”工具缩小图形，然后选择“修改>转换为元件”命令，将图形转换为“饼干_3”影片剪辑元件。如图 18-171 所示。

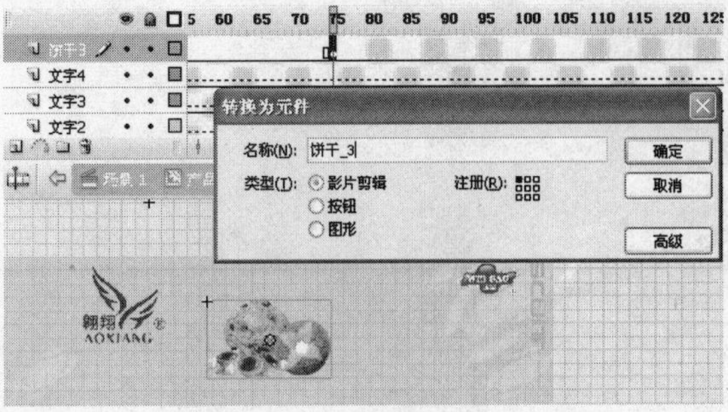

图 18-171　转换为影片

（74）在第 120 帧和第 140 帧上按 F6 快捷键，插入关键帧，选取“饼干 3”图层，设置补间动画效果，然后拖曳选取第 140 帧以后的所有帧，按 Delete 删除。然后将第 75 帧和第 140 帧上的饼干元件的透明度 Alpha 设置为 15%，如图 18-172 所示。

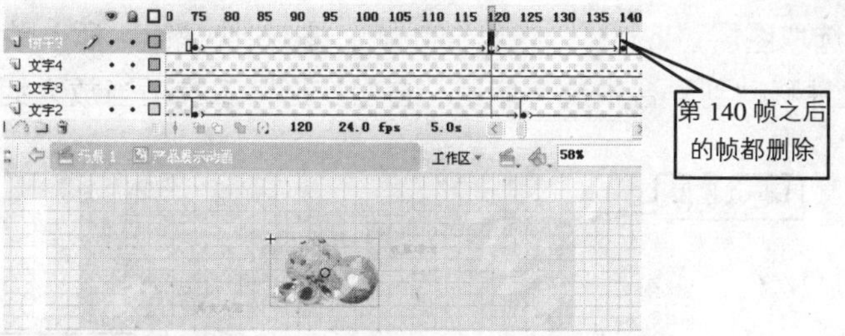

图 18-172　制作“饼干 3”的效果

（75）按照步骤 73 至 74 制作“饼干 3”动画的方法，制作“饼干 2”、“饼干 1”，“饼干 2”的 3 个关键帧为第 135、175、200 帧，“饼干 1”的 3 个关键帧为第 190、225、245 帧。如图 18-173 所示。

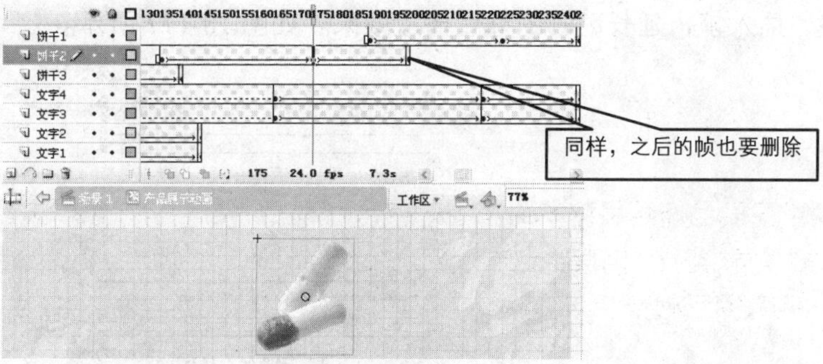

图 18-173　制作其他饼干动画

（76）新建“文字 5、文字 6”两个图层，分别在两个图层上输入文字“味之精华”和“美食之宝”。字体为“文鼎雕刻体”，大小为 45，颜色为黑，字母间距为 13，然后，分别将文字转换为影片剪辑，拖曳选取两组文字，单击对齐面板中的“垂直中齐”按钮，使两组文字处于同一水平线上。如图 18-174 所示。

（77）分别在“文字 5、文字 6”两图层的第 280 帧上按 F6 快捷键，插入关键帧，然后，移动其上的文字向中间靠拢，最后选取两图层，设置补间动画效果。如图 18-175 所示。

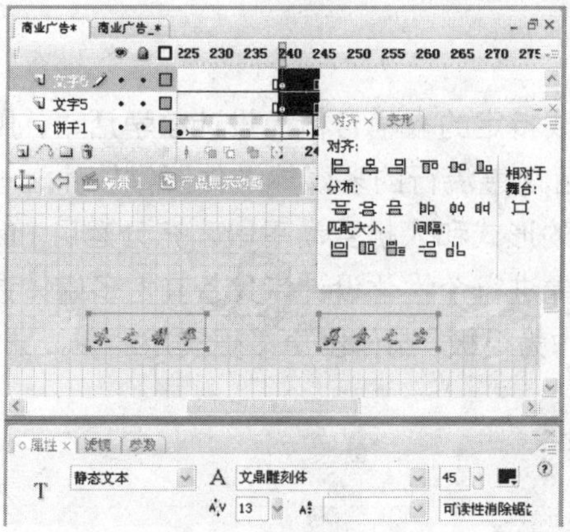

图 18-174　加入文字

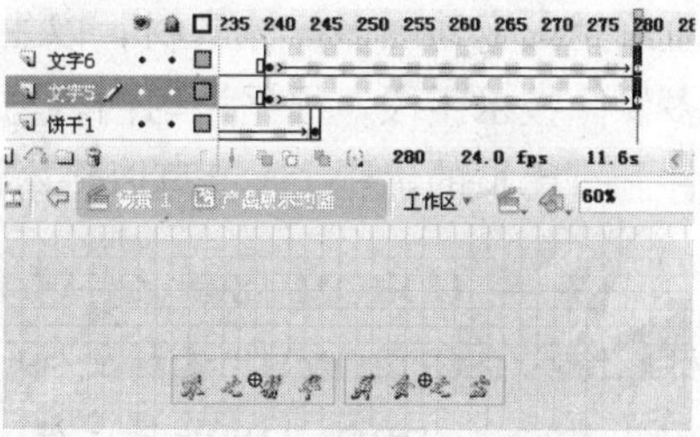

图 18-175　移动文字效果

（78）选取图层“logo1”，在第 280 帧上按 F6 快捷键，插入关键帧，然后，将舞台上的“logo1”元件移动到舞台中央，使用“自由变形”工具适当放大组件，如图 18-176 所示。

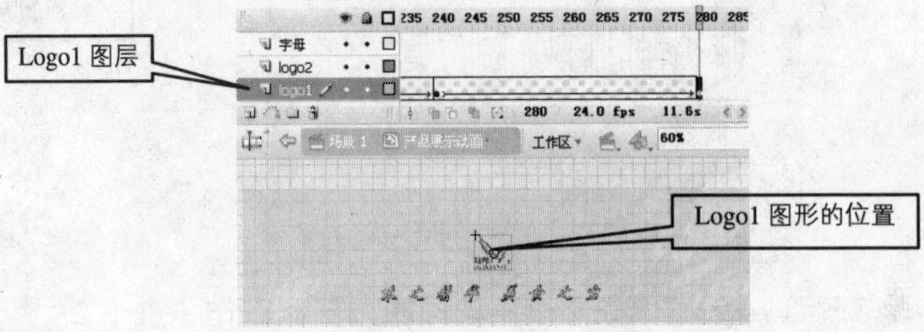

图 18-176　制作 logo 效果

（79）分别在“logo1、logo2、字母、文字 5、文字 6”5 个图层的第 330 帧上按 F5 快捷键，插入帧，延长动画的静止播放效果。如图 18-177 所示。

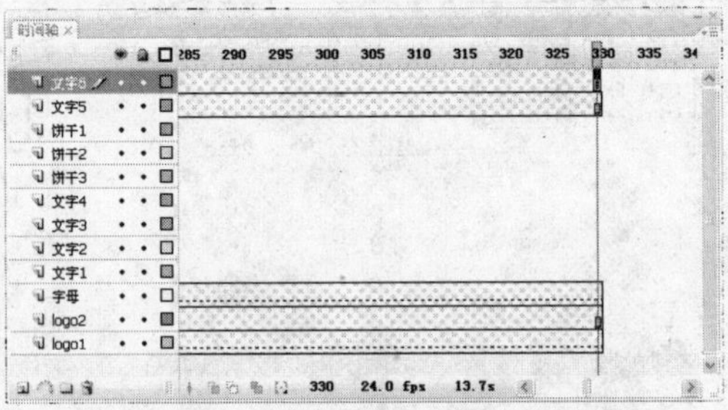

图 18-177　延长动画播放时间

至此，产品展示动画的制作就算完全结束了，过程相对比较繁琐，在制作的过程中需要有耐心，在导入的素材图形中，还有巧克力、草莓等，限于篇幅，本实例就没有加入这些图形制作动画效果了。

18.4 制作多媒体课件——少儿看图识字（一）

18.4.1　实例分析

课件是指在一定的学习理论指导下，为达成特定的教学目标而设计教学活动，用来反映某种教学策略和教学内容的软件。Flash 是目前最流行的多媒体课件制作软件之一，通过大量采用影音动画多媒体素材，以生动直观的形式和人机互动手段，充分运用 Flash 的网络多媒体技术手段，根据学习内容与学习对象进行个性化设计，具备其他多媒体课件制作软件无可比拟的优势。读者可以将本课实例作为模板，制作出更多更实用的多媒体课件。

源 文 件：	CDROM\18\源文件\看图识字.fla
素材文件：	CDROM\18\素材文件\
效果文件：	CDROM\18\效果文件\看图识字.swf

18.4.2　制作流程

步骤 1：动画前期：脚本的编写
步骤 2：动画前期：背景设计
步骤 3：动画前期：角色设计
步骤 4：动画中期：动作设计
步骤 5：动画后期：发布

18.4.3　制作步骤

（1）选择“文件>新建”命令，在弹出的对话框中选择“常规”选项卡下的“Flash 文件（ActionScript）”选项，单击“确定”按钮，创建一个影片文档，选择“修改>文档”命令，在文档属性对话框中设置大小为 720×576，帧频为 25，背景色为白色，如图 18-178 所示。

（2）选择“插入>新建元件”命令，在新建元件对话框中输入名称“场景”，类型选“图形”，单击“确定”按钮绘制背景，如图 18-179 所示。

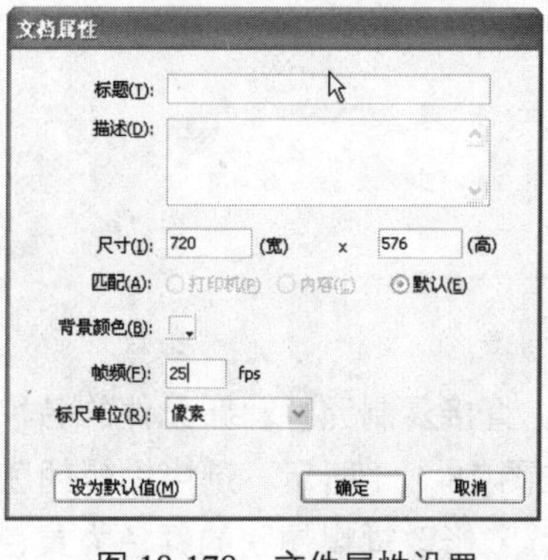

图 18-178　文件属性设置

图 18-179　场景

（3）选择“插入>新建元件”命令，在新建元件对话框中输入名称“蓝色蝴蝶翅膀”，类型选“图形”，单击“确定”按钮绘制蝴蝶翅膀，如图 18-180 所示。

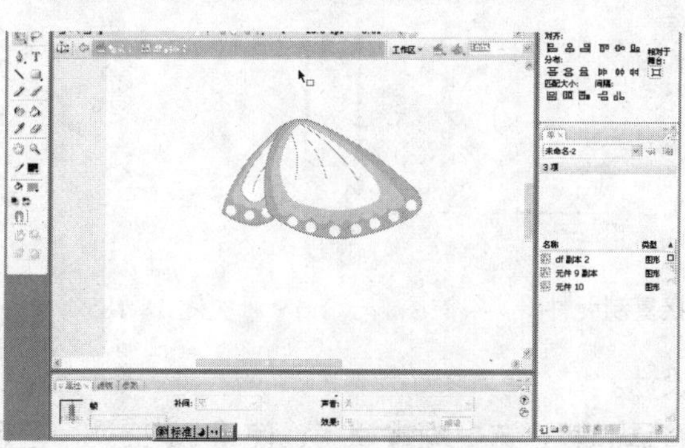

图 18-180　蓝色蝴蝶翅膀

（4）选择“插入>新建元件”命令，在新建元件对话框中输入名称“蝴蝶身子”，类型选“图形”，单击“确定”按钮，绘制蝴蝶主心骨如图 18-181 所示。复制一个蝴蝶翅膀，用选择工具 选中蝴蝶翅膀和蝴蝶身子，单击鼠标右键，选择“转换为元件”命令，将图形转化为元件“蓝色蝴蝶”，类型选“图形”，单击“确定”按钮，如图 18-182 所示。

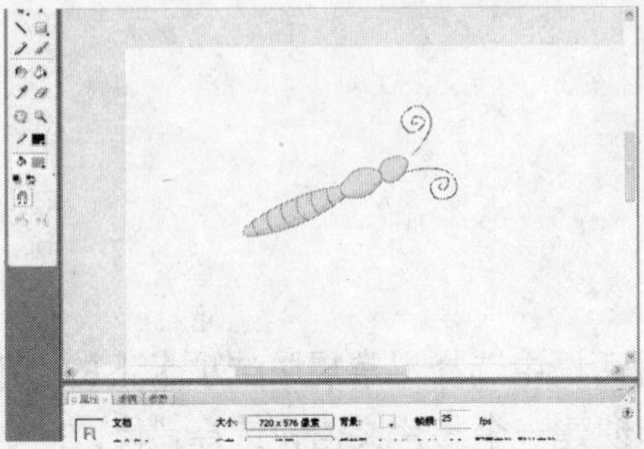

图 18-181　蝴蝶身子

图 18-182　转化为元件

蓝色蝴蝶绘制完成，如图 18-183 所示。

图 18-183　蓝色蝴蝶

（5）用 选中元件“蓝色蝴蝶”，单击鼠标右键，直接复制元件，新元件的名称定为“黄色蝴蝶”，类型选“图形”，单击“确定”按钮，如图 18-184 所示。选中蝴蝶翅膀，同理直接复制元件，设元件名称为“黄色蝴蝶翅膀”，用 修改蝴蝶翅膀的颜色为黄色，修改后如图 18-185 所示。

图 18-184　直接复制元件

图 18-185　黄色蝴蝶

（6）蝴蝶动作的设计。

1）打开元件“黄色蝴蝶”，选中蝴蝶翅膀，使用 工具，把翅膀的重心移动到如图 18-186 所示的位置。

2）选中第 4 帧，插入关键帧，对蝴蝶翅膀进行变形，第 4 帧如图 18-187 所示。

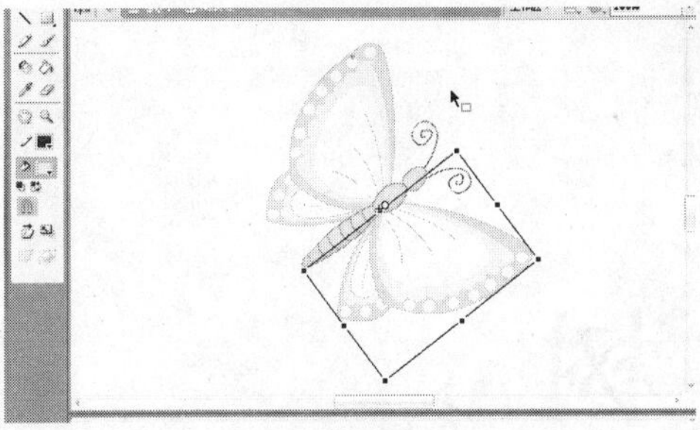

图 18-186　黄色蝴蝶重心位置

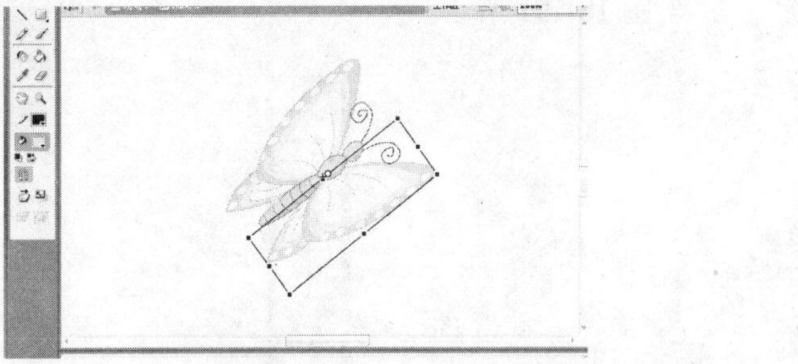

图 18-187　蝴蝶翅膀变形

这样，黄色蝴蝶的动作设计就完成了，同理，按照上述的做法，把蓝色蝴蝶的动作制作出来。

3）选择“插入>新建元件”命令，在新建元件对话框中输入名称“蝴蝶盘旋飞”，类型选“图形”，单击“确定”按钮，绘制两个圆圈，分别作为两只蝴蝶动作的引导线，如图 18-188 所示。

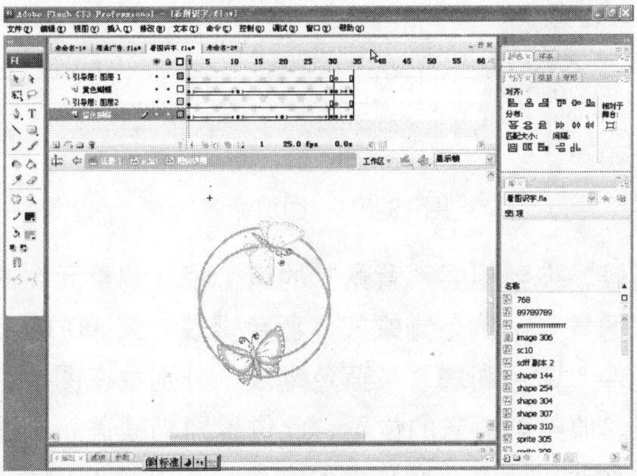

图 18-188　蝴蝶盘旋的动作制作

（7）选择“插入>新建元件”命令，在新建元件对话框中输入名称“房子的标示牌”，类型选“图形”，单击“确定”按钮，选择第 1 帧，绘制房子的标示牌，如图 18-189 所示。在第 4 帧插入关键帧，并使用 工具把牌子放大，并旋转，效果如图 18-190 所示。

图 18-189　绘制元件

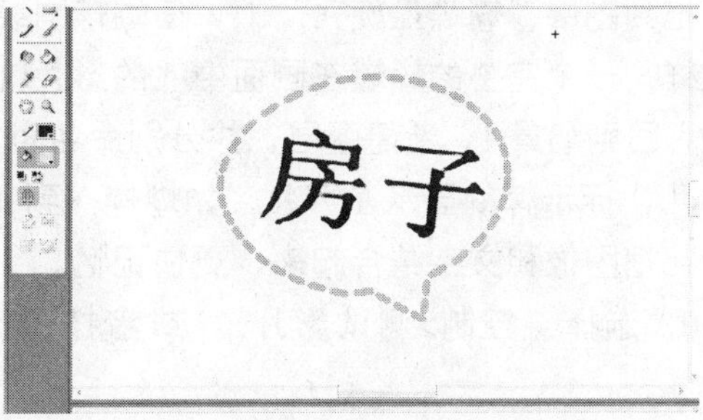

图 18-190　放大并旋转

单击鼠标右键，直接复制元件，设元件名称为“树的标示牌”，制作树的标示牌，如图 18-191 所示。

图 18-191　树的标示牌

同样方法，制作出图画中各种事物的标示牌。

（8）选择“插入>新建元件”命令，在新建元件对话框中输入名称“影片”，类型选“图形”，单击“确定”按钮。建立 4 个图层，并命名，如图 18-192 所示。

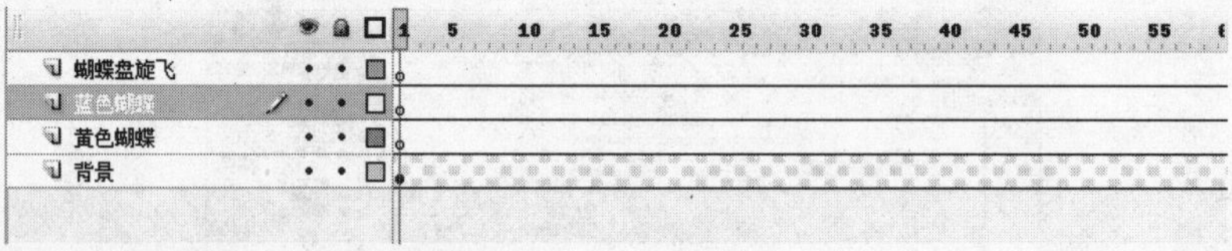

图 18-192　图层命名

把库里的元件“场景”拖到图层“背景”的第 1 帧，调整元件的大小，放在适当的位置，然后分别在图层“场景”、“黄色蝴蝶”、“蓝色蝴蝶”第 90 帧上，单击鼠标右键，插入关键帧，把库里的元件“黄色蝴蝶”、“蓝色蝴蝶”分别放在图层“黄色蝴蝶”、“蓝色蝴蝶”上，此时放大背景，调整到适当的位置，此位置即蝴蝶进入画面的位置，在第 180 帧插入关键帧，背景向左移动，此时花在画面的右边，选中第 90 帧，单击鼠标右键，创建补间动画，分别在图层“黄色蝴蝶”、“蓝色蝴蝶”的第 210 帧插入关键帧，蝴蝶向右移动到花上，选中第 180 帧，单击鼠标右键，创建补间动画，然后在图层“场景”、“黄色蝴蝶”、“蓝色蝴蝶”的第 235 帧、第 350 帧插入关键帧，放大背景画面，并向下移，使太阳占满整个画面，两只蝴蝶上移到太阳的下面，最后在第 350 帧的位置，把库里的元件“蝴蝶盘旋飞”拖到图层“蝴蝶盘旋飞”上，使蝴蝶围绕太阳旋转。

这样，一个完整的蝴蝶在画面中飞的影片就完成了。

（9）回到场景 1，新建图层，并分别命名为“标示牌”、“影片”，下面的任务就是蝴蝶飞到哪儿，标示牌就显示在哪儿，如蝴蝶飞到花上，“花的标示牌”就显示出来，这样有易于少儿把图像和文字结合起来，更快记忆。

（10）选择“控制>测试影片”，或者按快捷键 Ctrl+Enter 观看效果。如图 18-193 所示。

图 18-193 效果图

18.4.4 实例小结

这种利用 Flash 制作的多媒体课件，表现形式生动活泼，更容易使少儿对文字产生浓厚的兴趣。少儿可以像看卡通片一样看到一个动态的过程，在轻松的氛围中就可以学到汉字，这种多媒体课件的教学方法使少儿学在其中、练在其中、乐在其中，识字变成了轻松有趣的过程。这样，可以节省更多的精力和时间，何乐而不为呢?

18.5 制作多媒体课件——少儿看图识字（二）

Flash 动画不仅仅在网络中广泛地应用，在日常生活中也有比较多的应用。在教学等方面，在一般的 PPT 文档中可以插入一些 Flash 动画。有了图文并茂的动画效果能增加知识对学生的吸引力，学习气氛轻松活泼，这样，学生能更牢固地掌握所学的知识。尤其对少儿来说，动画对他们的吸引力更大。下面，就来设计一个少儿看图识字的 Flash 课件。最后的效果如图 18-194 所示。

源 文 件：	CDROM\18\源文件\少儿识字.fla
素材文件：	CDROM\18\素材文件\
效果文件：	CDROM\18\效果文件\少儿识字.swf

图 18-194　少儿识字课件实例

18.5.1　实例分析

（1）少儿识字实例主要的对象是刚刚入学或者没有入学的儿童，那么，让他们学习的字不能太难，应尽量简单并且容易让他们记住。比如“高兴”、“伤心”，等等词语。

（2）儿童对新事物都会有浓厚的兴趣，那么，所给出的图片要尽量精美，人物或者事物要有较强的卡通效果。

（3）设计字体的时候一定要标准，并用“田”字格将字框起来。学字的时候要学习它的一笔一划，所以，偏旁部首要能很明显地显示出来。如图 18-195 所示。

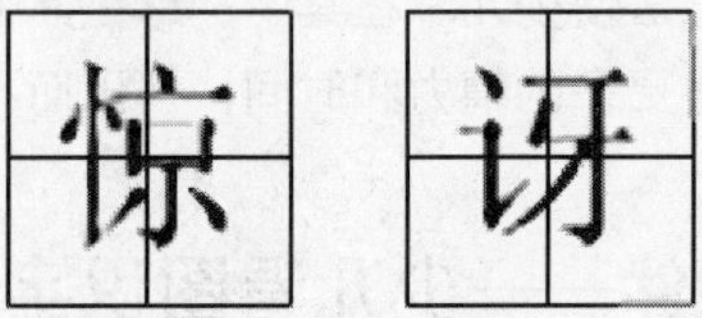

图 18-195　田字格效果图

（4）实例要尽量简单明了，能很清楚地反映出字的含义，因为儿童的理解能力不够强，所以，尽量要让他们能很简单地就理解了字的含义。

（5）实例要能方便地操作，方便在讲解的时候能顺利进行。

18.5.2　制作流程

（1）少儿喜欢色彩丰富的东西，所以先给场景加上边框，这样会让场景变得丰富多彩，儿童更容易接受。如图 18-196 所示。

图 18-196 边框效果

（2）然后，从外部导入一些卡通图片到库当中，根据这些卡通图片来设置相应的汉字。导入的图片要尽可能小，而且具有很丰富的含义，卡通效果也很明显。

（3）根据图片，在它的旁边写上不同的汉字，汉字为宋体，而且用中国最标准的“田”字格将这些字排列在其中。这样是按照最标准的方式来教学。

（4）每一幅卡通图片和相应的汉字构成一个影片剪辑元件。然后，放到主场景的图层中，按顺序放好每一个影片剪辑，这样，通过逐帧查看的方式来实现讲解的效果，如图 18-197 所示。

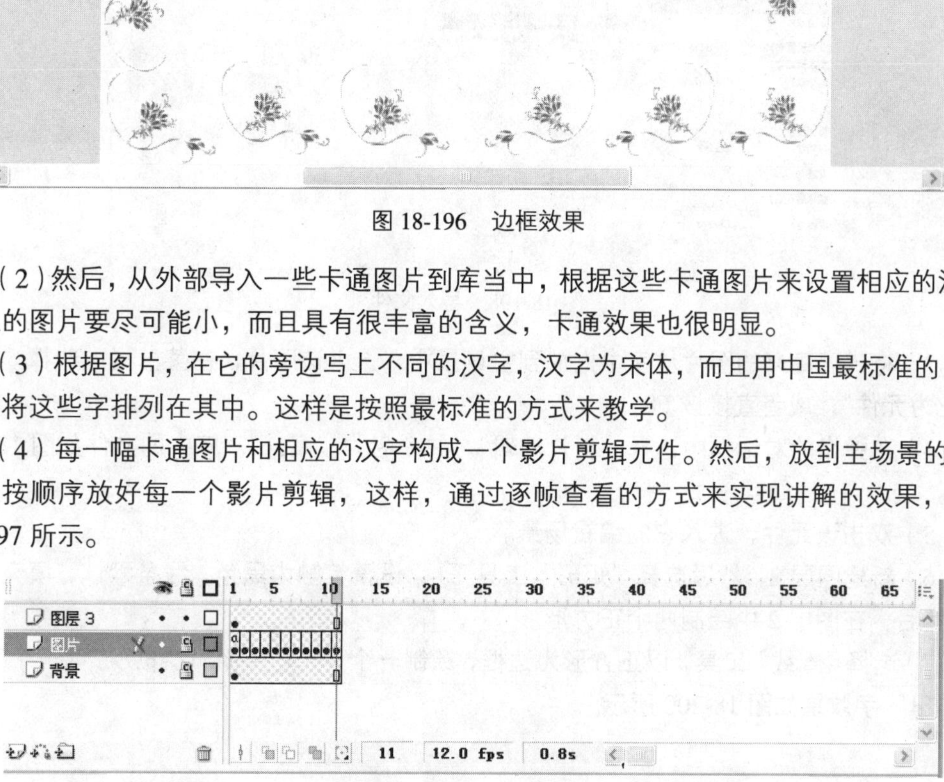

图 18-197 帧的排列顺序

（5）最后设置按钮，并在按钮上添加脚本，实现逐帧查看的效果。

高手点评

对流程分析得越细，制作的速度就越快。

18.5.3 制作步骤

（1）新建一个 Flash 文档，设置文档的属性。尺寸为 550 像素×300 像素，背景色为白色，帧频为 12fps。

（2）选择“文件>导入>导入到库”，从外部导入卡通图片。如图 18-198 所示。

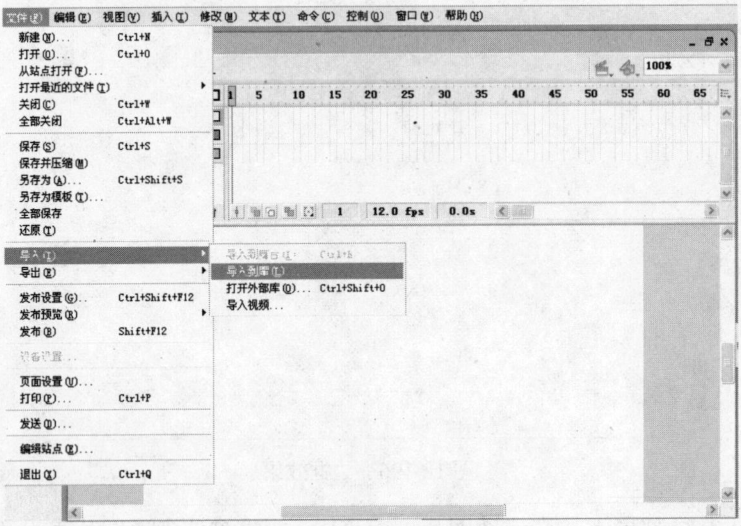

图 18-198 导入文件

（3）将代表高兴的图片从库中拖放到主场景中，选中该图片，在菜单栏中选择“修改>转化为元件”，或者直接按 F8。

（4）在弹出的对话框中选择“影片剪辑”，并命名为“高兴”。库中的文件如图 18-199 所示。

（5）双击该元件，进入它的编辑场景。

（6）新建图层 2，然后选择“矩形”工具 ，设置笔触为黑色，线条默认，填充色为无。然后，在图层 2 中绘制两个正方形。

（7）选择“直线”工具，以正方形为边框，绘制一个“十”字形。这样就形成一个“田”字。“田”字效果如图 18-200 所示。

图 18-199 库中的源文件

图 18-200 “田”字效果

（8）新建图层 3，选择“文字”工具 ，在图层 3 中输入“高兴”。

（9）选中文字，选择“修改>分离”或者按 Ctrl+B。将分离后的文字分别放到“田”字框中。

（10）调整字的大小，使得字和“田”字框刚刚符合。最后，字放在其中的效果如图 18-201 所示。

（11）其他字的设置基本上都是相同的，只是字不一样。最后，库中元件如图 18-202 所示。

图 18-201　字的效果

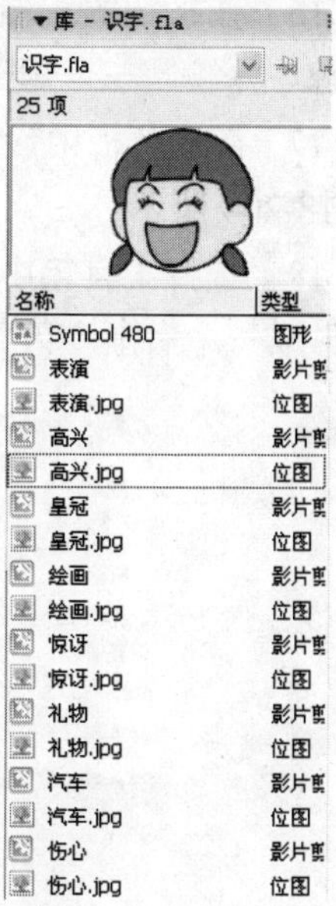

图 18-202　库中元件

（12）返回到主场景，将边框元件放到图层 1 的舞台当中，并居中对齐。

（13）新建图层 2，在第 1 帧放入影片剪辑“高兴”，并调整在舞台中的位置。以后每一帧都放置一个影片剪辑，并调整好每一帧。

（14）选择图层 2 的第 1 帧，按 F9，并输入脚本“stop();”。最后，时间轴的效果如图 18-203 所示。

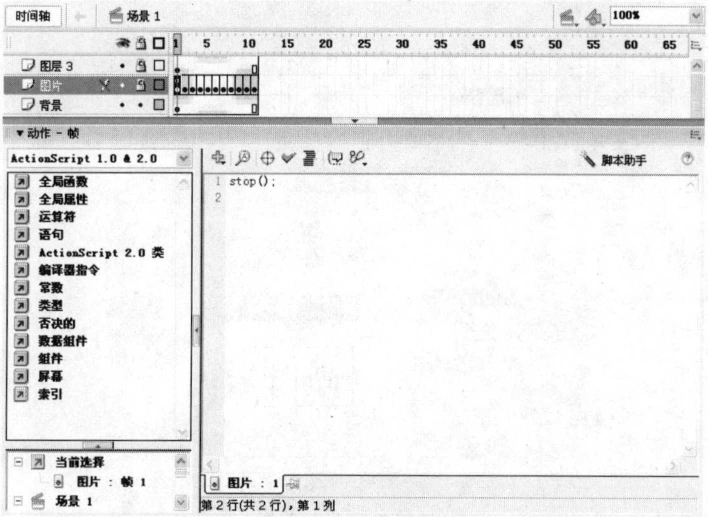

图 18-203　时间轴效果

（15）选择菜单中的“插入>新建元件”，在弹出的对话框中选择“按钮”，并命名为“上一幅”。

（16）在按钮的编辑场景中，选择工具箱中的“矩形”工具 □，在属性面板中设置没有笔触。并绘制一个矩形框。

（17）在调色板中设置类型为“线性”，两端的颜色分别为“#2C55B1”和“#85B3E3”。如图 18-204 所示。

（18）选择工具箱中的“油漆桶”工具，按住 Shift 键，在矩形框中从下往上拖放，最后形成一个有渐变效果的矩形框。矩形框效果如图 18-205 所示。

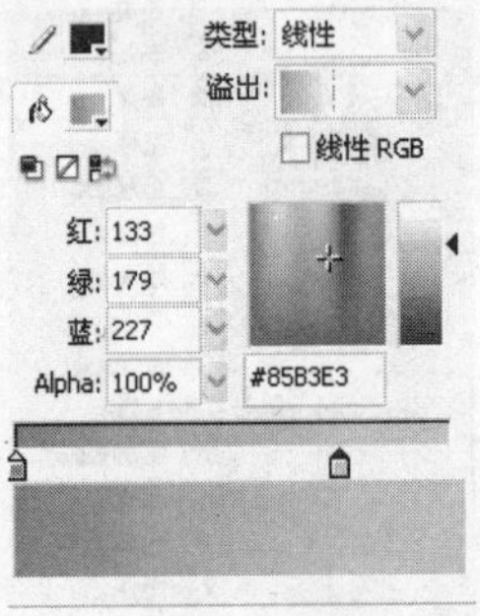

图 18-204　调色板

图 18-205　矩形框效果

（19）在“弹起”帧中输入文字“上一幅”，并在“指针经过、按下、点击”帧分别按 F6，插入关键帧。

（20）选中“按下”帧，调整矩形框变小。这样就完成了一个按钮。

（21）以同样的方式设置按钮“下一幅”。最后，就做好了两个按钮。

（22）返回到主场景中，将按钮放置到合适的位置，在按钮“上一幅”和“下一幅”中分别输入脚本“on (release) {prevFrame();}”、“on (release) {nextFrame();}”。最后的效果如图 18-206 所示。

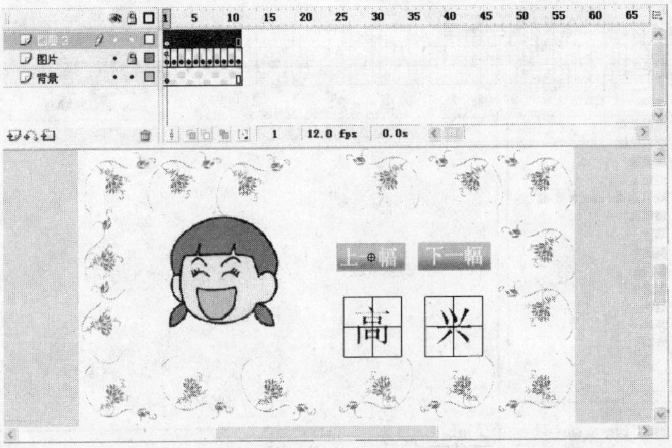

图 18-206　实例效果

（23）最后，发布 Flash 影片。这样就完成了少儿识字动画。

18.5.4 实例小结

本实例涉及的主要知识有图片的导入、将导入图片转化为元件、元件的布局、脚本的输入、按钮的制作、绘图工具和文字工具的组合使用，等等。通过本实例可以更熟悉 Flash 的基本特性。按钮的制作、图片转化为元件等是 Flash 设计必须要掌握的知识。

通过以上的学习，还可以丰富这个实例，比如再添加一些文字的发音，把静态的图片改为有动画效果，等等。在学习的时候，要尽量丰富自己的作品，在作品中运用的知识点越多，作品就越优秀。

18.6 商业广告制作——产品宣传动画

18.6.1 实例分析

本课讲述了使用 Flash 制作商业广告的方法与技巧，采用理论与实践相结合的方式。商业广告剧本构思独特，利用 Flash 生动直观的特点，以幽默搞笑、动感十足的风格制作动画，作为一种商业宣传方式。下面就来模拟一个具体的商业广告制作。

源 文 件：	CDROM\18\源文件\商业广告.fla
素材文件：	CDROM\18\素材文件\
效果文件：	CDROM\18\效果文件\商业广告.swf

18.6.2 制作流程

步骤 1：动画前期：脚本，商业广告动画创意

步骤 2：动画前期：角色设计

步骤 3：动画前期：背景设计

步骤 4：动画中期：动作设计

步骤 5：动画后期：配音

步骤 6：动画后期：测试

18.6.3 制作步骤

（1）选择“文件>新建”命令，在弹出的对话框中选择“常规”选项卡下的“Flash 文件（ActionScript）”选项，单击“确定”按钮，创建一个影片文档，选择“修改>文档”命令，在文档属性对话框中设置大小为 550×400，帧频为 12，背景色为白色，如图 18-207 所示。

（2）选择“插入>新建元件”命令，在新建元件对话框中输入名称“压框”，类型选“图形”，单击“确定”按钮，如图 18-208 所示。

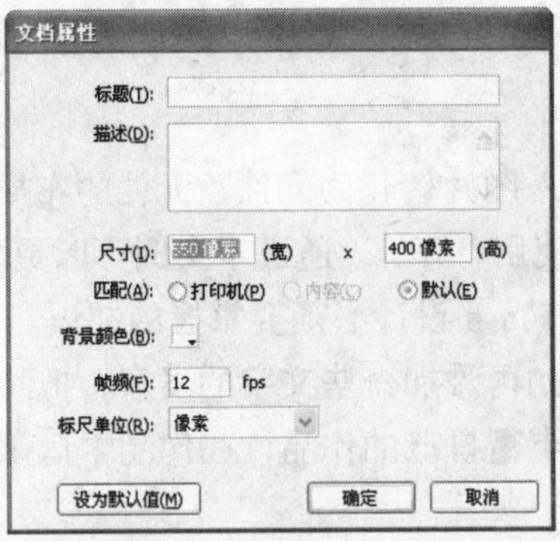

图 18-207 文件属性设置

图 18-208 创建新元件

（3）如图 18-209 所示制作元件“压框”。

（4）回到场景 1，把元件“压框”拖到图层 1 上，并把图层 1 命名为“压框”。执行“插入>新建元件”命令，在新建元件对话框中输入名称“兔子”，类型选“图形”，单击“确定”按钮，选择 工具，绘制兔子的正面图和侧面图，如图 18-210 所示。

图 18-209 制作元件“压框”

图 18-210 兔子的正面图和侧面图

（5）选择“插入>新建元件”命令，在新建元件对话框中输入名称“场景”，类型选“图形”，单击“确定”按钮，选择 工具，也可以选择 工具，进行绘制，如图 18-211 所示。

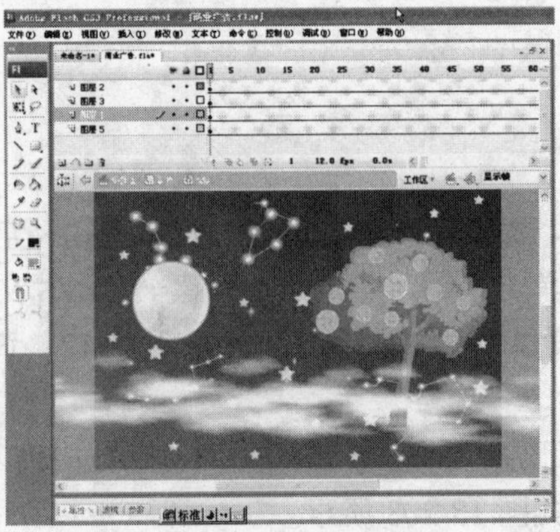

图 18-211 制作场景

（6）选择“插入>新建元件”命令，在新建元件对话框中输入名称“兔子从月亮里跳出来”，类型选“图形”，单击“确定”按钮，选择工具，也可以选择工具，进行绘制，如图 18-212 所示。

图 18-212　兔子从月亮里跳出来

（7）选择“插入>新建元件”命令，在新建元件对话框中输入名称“兔子侧面走路”，类型选“图形”，把兔子身体的各个部分分散到图层，并转化为元件，如图 18-213 所示，分别在第 5 帧、第 9 帧、第 13 帧、第 17 帧插入关键帧，制作每一帧兔子的动作，如图 18-214 所示。

图 18-213　兔子分解图

图 18-214　兔子动作

选择所有帧，单击右键，选择“创建补间动画”，如图 18-215 所示。

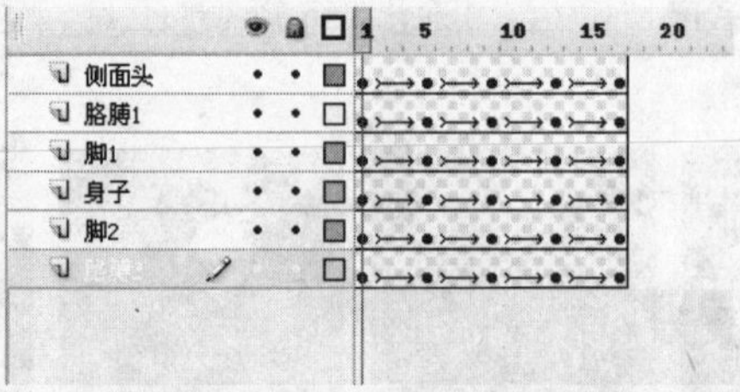

图 18-215　创建补间动画

（8）选择“插入>新建元件”命令，在新建元件对话框中输入名称“兔子摘月饼”，类型选“图形”，单击“确定”按钮。选择 工具，也可以选择 工具，进行绘制，如图 18-216 所示。

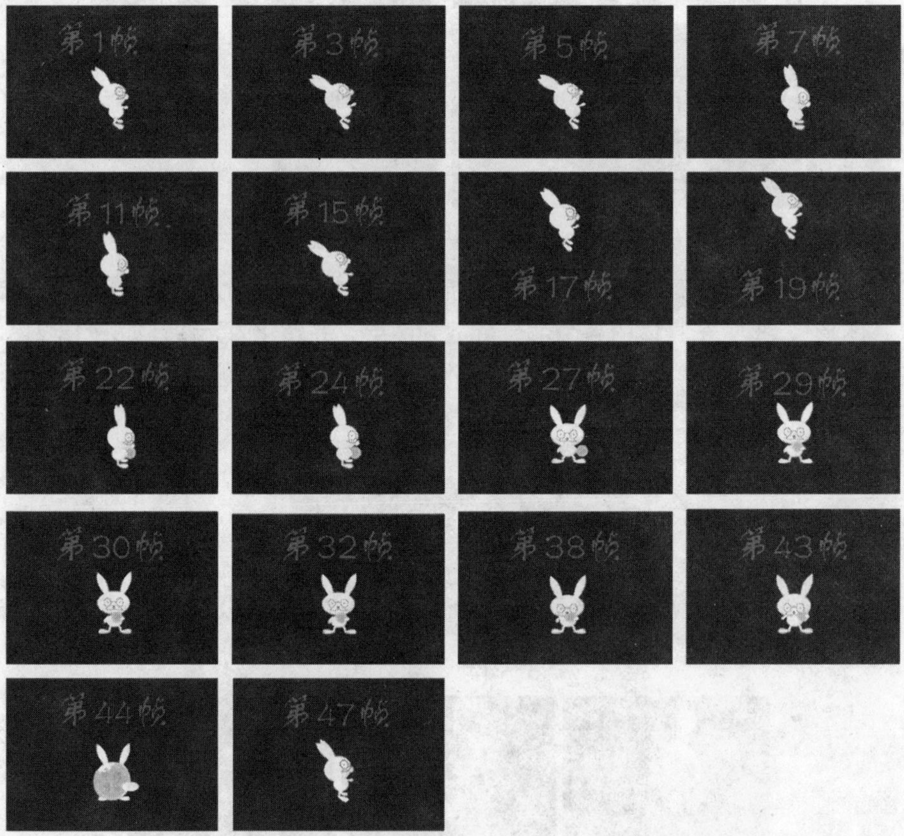

图 18-216　兔子摘月饼

这样，兔子的动作就全部完成了。

（9）回到场景 1，新建图层 2，命名为“场景”，把元件“场景”拖到图层场景中，新建图层 3，命名为“兔子”，在第 62 帧，单击鼠标右键，插入关键帧，把元件“兔子从月亮里跳出来”放在第 62 帧，位于场景中月亮的位置，把“兔子侧面走路”放在第 105 帧，在 143 帧插入关键帧，把兔子移动到树下的位置，选中第 105 帧，单击右键，选择“创建补间动画”，然后把元件“兔子摘月饼”拖到第 153 帧上，在图层“场景”和图层“兔子”的第 196 帧，分别插入关键帧，选择工具 ，拖动鼠标，全选，使用变形工具 ，将兔子和场景同时放大，使兔子位于画面中间的位置。

（10）从素材库中找一些合适的音乐进行配音。

（11）选择“控制>测试影片”，或者按快捷键 Ctrl+Enter 观看效果，如图 18-217 所示。

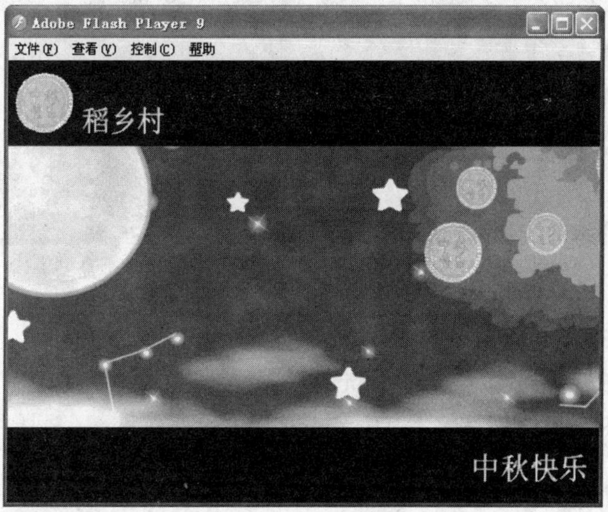

图 18-217　效果图

18.6.4　实例小结

使用 Flash 制作商业广告，目前已经成为一种商业宣传方式。使用 Flash 制作商业广告视觉效果突出，而且交互功能也非常强，可以采用幽默搞笑、动感十足的制作风格，让人轻松地欣赏，并且看后印象深刻，所以，现在很多商业广告都使用 Flash 技术来制作。Flash 在商业中的应用已经越来越广泛了，不仅仅用来制作产品广告，还可以制作网站宣传等。

18.7　制作 Flash 小游戏

Hiroshima 是根据网上流行游戏《是男人撑 20 秒》改编的小游戏，玩家操控一架飞机，在成群的子弹中穿梭躲避，维持尽量长的时间不被子弹击落，最后，玩家被子弹击中，游戏结束，显示玩家的游戏时间并提示重新开始。设计游戏时间大约为上手后每次游戏 1 分钟到 3 分钟。结合考虑《是男人撑 20 秒》的游戏难度，设计游戏中飞机不会一次被击毁，只会被击伤，被子弹击中 3 次才会最终损毁。显示一个血条，表示飞机的破损程度。如图 18-218 所示。

图 18-218　Hiroshima 游戏效果图

源 文 件：	CDROM\18\源文件\Hiroshima.fla
素材文件：	CDROM\18\素材文件*.mp3、*.bmp
效果文件：	CDROM\18\效果文件\Hiroshima.swf

18.7.1　实例分析

重新审视一下上面对这个游戏的陈述，对它加以整理，把补充叙述部分整合，让它更直接精准地反映要编写的游戏，得到如下陈述：玩家控制飞机在子弹群中穿梭。飞机被子弹击中即损伤，损伤程度由左上角图标显示。飞机被击中 3 次即损毁，显示 GameOver、游戏时长和重新开始提示。

接下来对这段描述进行一下抽象，这段描述的意思是让人通过键盘，操纵屏幕上一个物体在游戏场景范围内移动，同时还有一群不受键盘控制的物体也在游戏场景中移动，计算机除了绘制这些移动的物体，还要计算它们是否相撞，并对相撞次数加以记录。最后游戏结束，根据游戏规则统计游戏时间，并显示一些必要的文字。

到这里，已经可以分析出游戏中有哪些对象了。游戏中有飞机（Plane）、子弹（Bullet）以及飞机状态（PlaneState）几个可视对象，还有一些比如游戏时间之类抽象的对象。知道有哪些对象，就可以对每个对象加以分析了。

1. 对象分析

优先对可视的对象加以分析，抽象的对象和程序执行流程关联比较大，不做专门的分析，在流程设计的时候一并加以分析和设计。

屏幕上可见的物体，肯定有坐标位置（x，y），还有物体大小（高度，宽度）。这些共性的东西已经在 Flash 中封装了，可以通过继承 Sprite 或 MovieClip 类实现。分析一下飞机和子弹类的特性。

先考虑飞机类的属性。飞机类需要有飞行速度属性，键盘按键可以改变速度的大小、方向。飞机还需要生命值属性，依此确定游戏是否结束。再考虑飞机类的方法。首先是实现飞行动画的方法，游戏中飞机不可能按固定的路线飞，所以动画自然也不可能做成影片剪辑，只能做成程序控制的帧动画。实现飞行动画的方法，其实就是计算下一帧中飞机位置的方法。然后是碰撞检测的方法，检查给定子弹坐标是否在飞机范围内，依此判断子弹是否击中飞机。

子弹类的属性和方法简单得多，基本和飞机一样，而且碰撞检测方法可以省略，因为子弹与子弹相撞不需要判断，生命值属性也可以省略。

下面，用图表描述这两个类。

飞机	
属性	velX（横向速度） velY（纵向速度） health（生命值）
方法	nextPosition（下一位置） confirm（碰撞检测）

子弹	
属性	velX（横向速度） velY（纵向速度）
方法	nextPosition（下一位置）

飞机状态类没有特别的属性和方法，只需要制作 3 个帧的图标即可，实际运行时，用影片播放语句控制跳转到要显示的帧就可以表示状态。

2．逻辑流程分析

游戏开始，完成初始化后，即进入主循环过程中，直到游戏结束。主循环中完成移动、碰撞检测和飞机生命值计算。飞机移动位置按当前位置加上速度值的方法计算，速度则根据键盘按键取得。考虑到主循环的循环频率应和帧速率相一致，所以，循环通过 timer 来实现，为了保证游戏流畅，设计为 40 毫秒延迟。即每 40 毫秒执行一次循环，完成移动和碰撞计算。

碰撞计算的方法使用两点距离法，假设飞机是一个圆，计算子弹和飞机中心的距离，然后和圆的半径比较，依此确定飞机是否撞上子弹。

子弹也和飞机相似，子弹在一开始随机生成于屏幕边缘的某个位置，速度也随机生成，方向指向飞机当前位置。子弹移动的时候，用子弹当前的位置加上速度值，但还要做一个判断，如果子弹的位置已经超出屏幕，则重新生成子弹的位置。

初步设计的流程图如图 18-219 所示。

3．优化设计

在初步设计的基础上，尝试用 Flash 进行一些简单的测试，结果发现 Flash 的执行性能不高，在一次循环周期的 40 毫秒里常常完成不了大量子弹的移动和碰撞检测计算，从而使画面不够流畅。解决画面不流畅问题的方法是创建一个辅助循环，把碰撞检测和移动绘图分开。这样，专管移动绘图的循环可以有效地执行，画面变得流畅了。如图 18-220 所示。

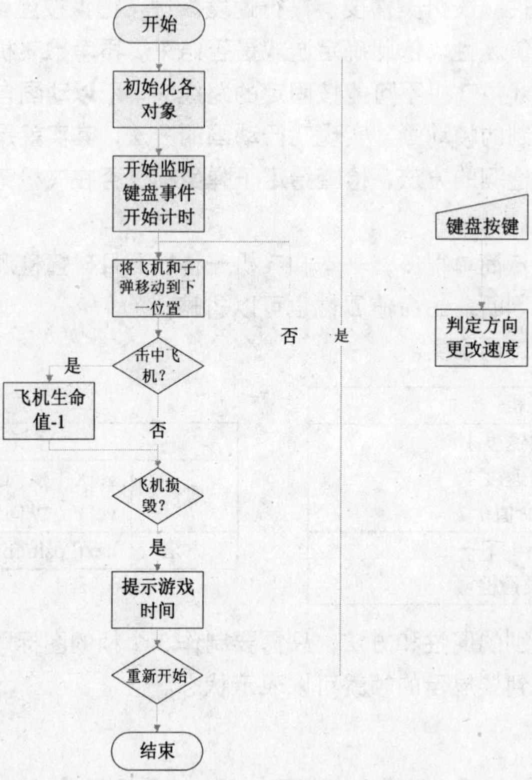

图 18-219　初步流程图

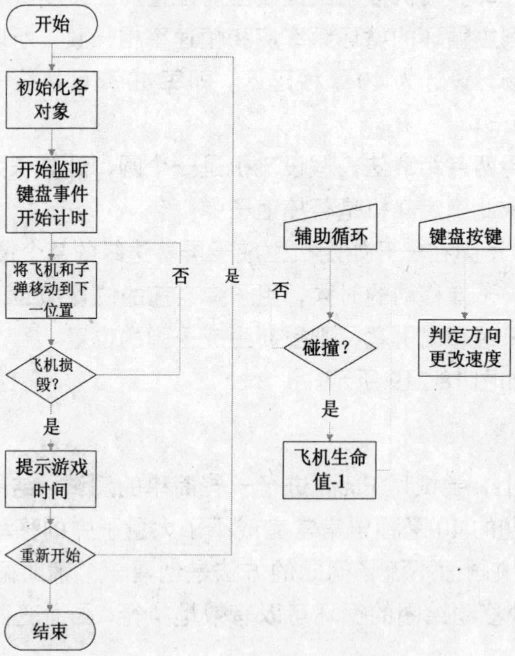

图 18-220　建立碰撞检测辅助循环

但是问题没有完全解决，执行碰撞检测的时候，计算量比较大，仍然不能在 40 毫秒内完成几十颗子弹的计算，这会导致画面上出现子弹穿心而过，飞机仍没有损伤的情况发生。需要优化子弹碰撞检测算法。将飞机看做一个方块，而不是一个球，那么，只要做最多 4 次逻辑判断就可以计算出是否碰撞，比两点间距离计算更简洁。另外，将游戏场景划分为几个区域，然后，在每次碰撞检测前，先检查子弹是否和飞机处于同一区域，可以把一部分计算工作从辅助循环分摊到主循环中。如图 18-221 所示。

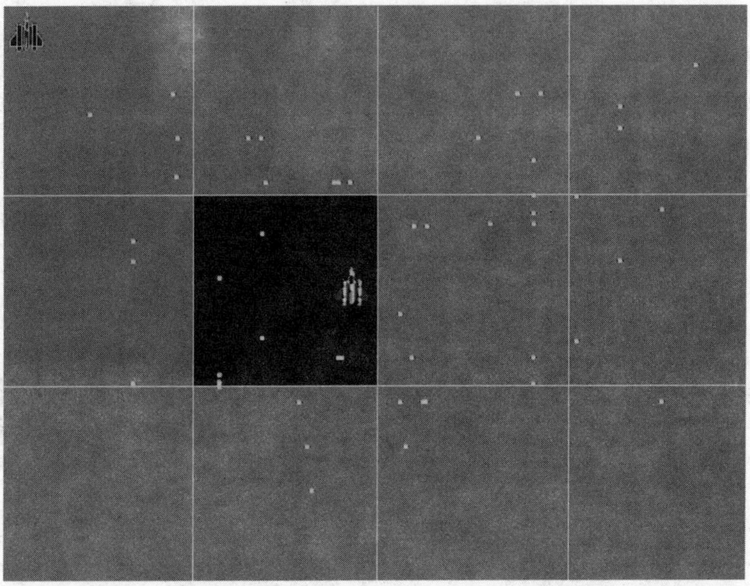

图 18-221　只检测飞机同区域内的子弹

子弹飞出边界以后，不马上回收它们，视觉上和可玩性上差异并不很大。为了进一步优化性能，子弹回收需求的计算工作再放进一个新的辅助循环中，并且让这个辅助循环每 80 毫秒或更长时间执行一次，这样可以有效降低子弹回收的计算工作。

高手点评

实例分析运用了一些面向对象分析手法，已经超出本书定位，故没有详述理论，读者跟着做，跟着思考即可。分析过程是程序设计的重点，做一个好程序，70%的功夫花在分析上，如果分析不到位，后期制作常常需要返工。经验对分析来说也很重要，请多练习。

18.7.2　制作流程

概括一下基本制作流程：

（1）素材准备。设计制作飞机、子弹等可视物体的具体形态，转换为元件。

（2）对象编码。对飞机、子弹等对象的具体行为进行编码，完成逻辑上的功能。

（3）对象绑定。将对象和元件绑定在一起。

（4）逻辑流程编码。

（5）功能测试、修改完善。

18.7.3 制作步骤

（1）新建一个 Flash（ActionScript 3）文件。右键单击场景编辑区，然后单击“文档属性”菜单项，将宽度改为 640 像素，高度改为 480 像素。背景颜色选择一个暗色，帧频改为 25fps。如图 18-222 所示。

（2）单击“文件”菜单，指向“导入”，单击“导入到舞台”项。

（3）选择素材中的 plane.bmp 文件。

（4）选定刚导入的位图，单击“修改”菜单，指向“位图”，在弹出的菜单中选择“转换位图为矢量图”。如图 18-223 所示。

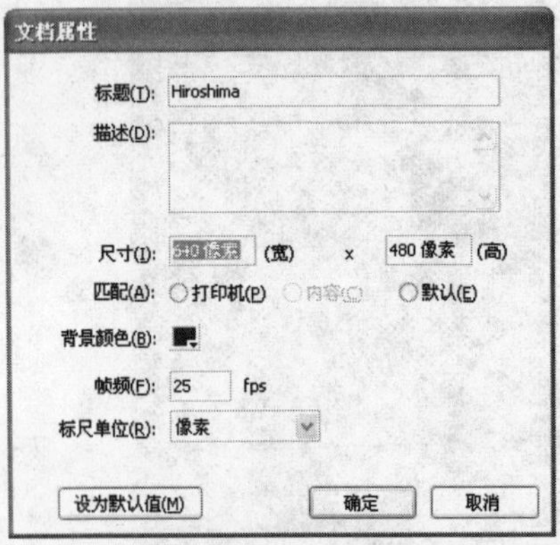

图 18-222　修改文档属性

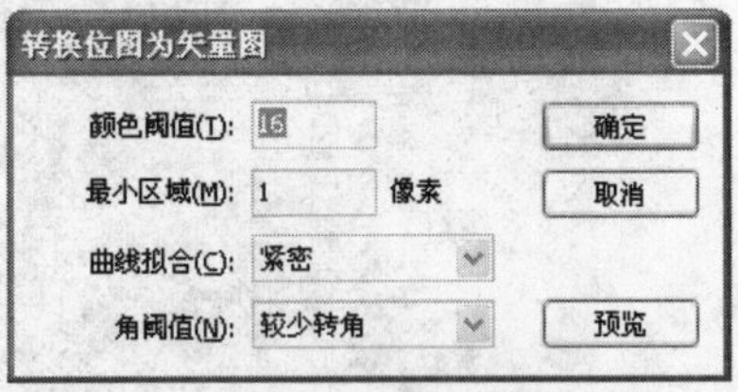

图 18-223　转换位图为矢量图

（5）适当调整参数，然后单击“确定”按钮。

（6）单击选定白色的背景，按 Delete 键删除。再框选飞机图标，右键单击，然后选择“转换为元件”菜单项。在弹出的对话框中选择 ◉ **影片剪辑**　，并确定。

（7）用“直线”工具勾勒出飞机的骨架，并转换为影片剪辑元件。如图 18-224 所示。

图 18-224　飞机骨架

（8）双击飞机骨架元件前的图标，进入元件编辑，在时间轴上插入新的关键帧，然后调整线条颜色。最后，在 3 个关键帧中做出飞机不同损坏状态的图标。

（9）单击，返回场景编辑。单击“刷子”工具，单击按钮，调整刷子到较小程度，然后，选择一个合适的颜色，画一个点表示子弹。将这个点也转换为影片剪辑元件。

（10）项目工程较大，在动作面板中编码会很难维护，所以，选择使用独立.as 文件。为了方便管理，新建一个 Flash 的项目。

（11）如果没有找到 项目 × 面板，单击“窗口”菜单，然后单击“项目”菜单项。

（12）单击项目面板中的“新项目”链接，创建一个新的项目。如图 18-225 所示。

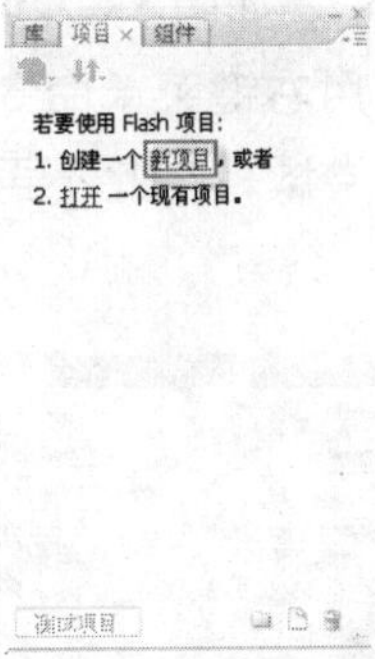

图 18-225　项目面板

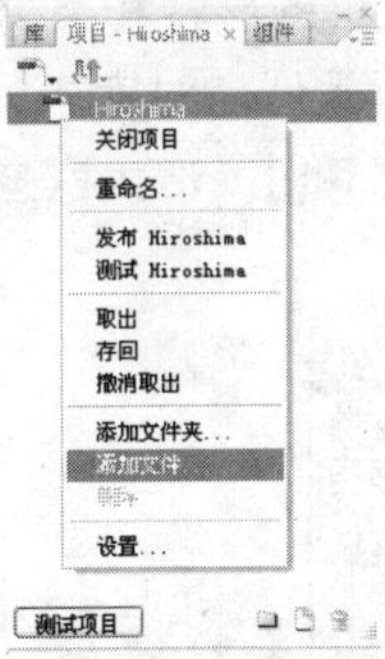

图 18-226　添加文件

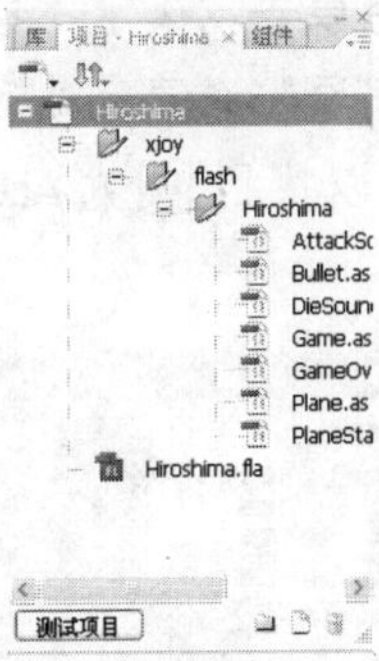

图 18-227　虚拟目录结构

（13）在弹出的窗口中为项目命名“Hiroshima”，然后，单击“保存”按钮。

（14）项目提供的是一个虚拟目录结构，在项目面板中，右键单击鼠标，然后，单击“添加文件”项，可以选择一个文件加入项目中。如图 18-226、图 18-227 所示。如果还没有编写完成.as 文件，可以马上新建。如图 18-228 所示。

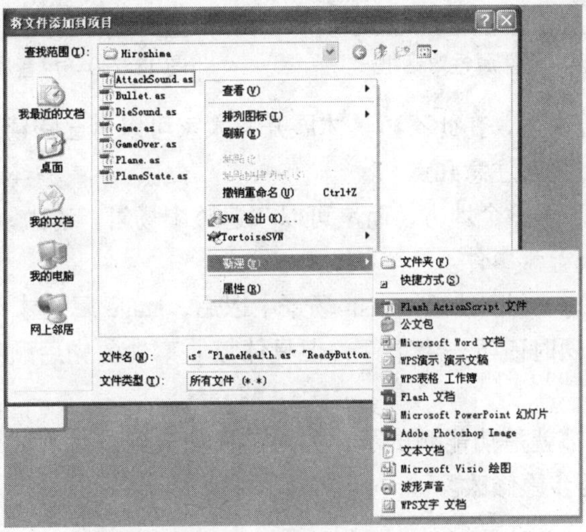

图 18-228　为项目添加文件时新建.as 文件

（15）请读者自己为对象编写代码，实现前面分析的方法和属性。可以参考案例文件中的代码。

本来一个 ActionScript 类本身是没有图形的，如果需要图形，只能编写复杂的脚本绘制。Flash 作为一款完备的多媒体创作工具，还提供了一个高级方法，让用户既可以使用 Flash 的作图工具绘制图形，又可以用 ActionScript 语句方便地访问控制它们。这就是为对象绑定，就是把一个抽象的用户类和一个具体的多媒体元素绑定在一起。下面来实践。

（16）在 库× 面板中右键单击一个元件。然后单击“属性”菜单项。

（17）在弹出的对话框中，勾选 ☑为 ActionScript 导出(X)，然后，在上面的“类”文本框中，填写要绑定的编写的类的全名，包和类的结构应符合实际文件目录结构（不能仅符合 Flash 项目面板中的虚拟目录），在接下来的“基类”文本框中填写所编写的类的基类。

（18）然后单击“确定”按钮，这个图形就和类绑定起来了。如图 18-229 所示。

（19）除了图形，声音绑定方法也类似。对库中的声音，用右键菜单命令打开属性对话框，同样可以找到 ☑ 为 ActionScript 导出，请大家自己具体尝试，在此不再赘述。如图 18-230 所示。

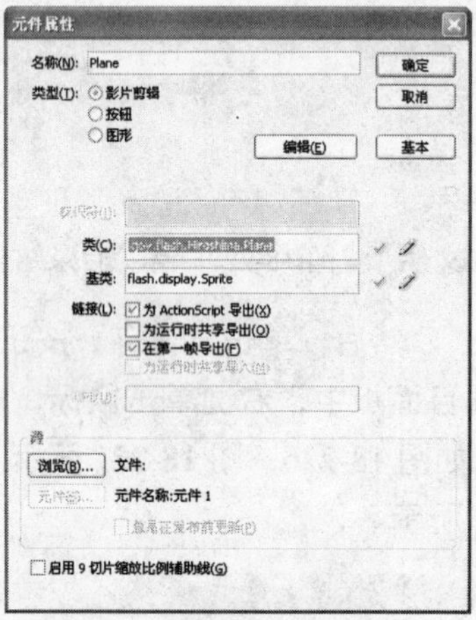

图 18-229　元件属性对话框

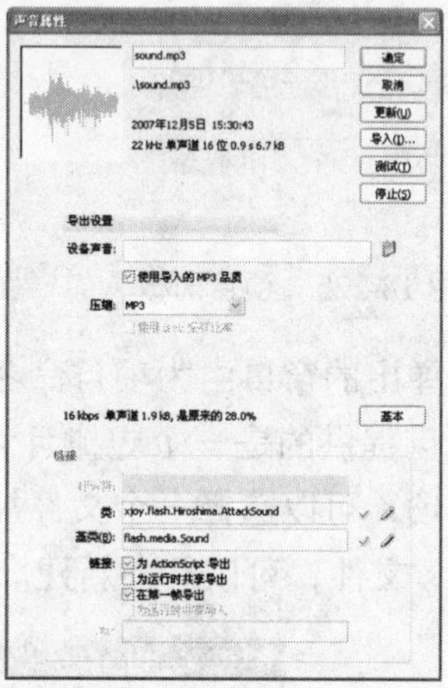

图 18-230　声音属性对话框

程序流程上面已经讲述，在此不再具体展开，大家可以自己阅读实例代码，入口程序在 Game.as 中。只提请大家注意几点：

1）因为飞机不局限于一个地方，而是可以飞遍整个场景，请为 stage 属性所引用的对象添加事件侦听器侦听键盘事件。

2）只有被 addChild 方法添加到 Flash 场景中以后，stage 属性才不为 null。

3）多个对象可以同时侦听一个事件，但具体接收事件的先后顺序视情况而定，请测试后使用。

（20）最后一个环节就是功能测试了，如果前面功夫到位，测试一般都能成功。如果发现问题，请返回前面步骤修改。

高手点评

用好对象绑定功能，能事半功倍。编码是需要细心和耐心的，请中途也对已经编写好的部分做测试。统计表明，编码错误发现得越早，造成的修改难度越小。

18.7.4　实例小结

编写脚本程序是不容易的，不但要求以前学习的 Flash 制作技巧熟练掌握，还要求拥有逻辑清晰的头脑。编写游戏程序更不容易，游戏开发常常涉及许多枯燥无味的技术优化，而且要做一个好游戏，更需要对游戏可玩性参数做细致的调整。本例图形绘画并不精美，但几乎覆盖了所有常用的 ActionScript 技术。编写游戏程序需要热情和毅力。

读者在充分掌握本节实例的知识之后，可以尝试自己扩展本游戏的功能，美化游戏界让它成为一款广泛受人喜爱的游戏。